NOUVEL ABRÉGÉ

DES

ÉLÉMENTS DE PHYSIOLOGIE

LISTE DES PRINCIPAUX LIBRAIRES

chez lesquels on peut se procurer le *Nouvel Abrégé des Éléments de Physiologie :*

Paris	J.-B. BAILLIÈRE et fils. GERMER BAILLIÈRE. V. MASSON et fils. F. SAVY. P. ASSELIN. CHALLAMEL aîné.
Blida	MAUGUIN.
Bône	CAUVY.
Constantine . . .	ARNOLET.
Miliana	GUILLAUME.
Oran	ALESSI.
Philippeville . . .	BERTIN.

Et dans toutes les librairies d'ouvrages de médecine.

TYPOGRAPHIE ET LITHOGRAPHIE A. JOURDAN.

NOUVEL ABRÉGÉ
DES
ÉLÉMENTS DE PHYSIOLOGIE

PAR

Toussaint MARTIN

DOCTEUR EN MÉDECINE

CHEVALIER DE LA LÉGION-D'HONNEUR, MÉDECIN DE L'HOPITAL CIVIL D'ALGER,
CHIRURGIEN-MAJOR DE PREMIÈRE CLASSE EN RETRAITE, MÉDAILLÉ DE Ste-HÉLÈNE,
MÉDAILLÉ DE LA VILLE DE PARIS, POUR LE CHOLÉRA, EN 1832,
MEMBRE DE PLUSIEURS SOCIÉTÉS SAVANTES.

ALGER
(MAISON BASTIDE, FONDÉE EN 1833)
A. JOURDAN, LIBRAIRE-ÉDITEUR
4, PLACE DU GOUVERNEMENT, 4.

1872

A LA MÉMOIRE

DU BARON DOMINIQUE LARREY,

A L'ILLUSTRE CHIRURGIEN EN CHEF D'ARMÉE DU 1er EMPIRE,

Hommage de gratitude et de vénération.

TOUSSAINT MARTIN.

*

AVANT-PROPOS

Ayant été chargé, pendant quelque temps, de faire un cours de physiologie pour les élèves de l'hôpital civil d'Alger, avant l'installation d'une école préparatoire de médecine en cette ville, nous nous sommes livré, particulièrement à ce sujet, à des études, et nous avons fait des recherches sur cette partie importante de nos connaissances médicales, la *physiologie,* afin de remplir le plus convenablement possible les obligations que nous nous étions alors imposées.

Continuant ensuite, pendant plusieurs années consécutives, ce genre d'étude, et poursuivant les recherches que nous fîmes dans quelques auteurs anciens, mais surtout dans les modernes, nous sommes arrivé à penser qu'en restreignant, jusqu'à de certaines limites, les documents et les explications contenus dans les grands ouvrages, on arriverait à pouvoir présenter, plus brièvement (sous forme d'abrégé), les éléments de physiologie contenus dans les grands traités, sans trop en altérer la forme, et sans nuire à la compréhension des sujets.

Nous pensons que les étudiants pourraient retirer d'un pareil livre certains avantages dans quelques circonstances de leurs études médicales, où il est nécessaire de puiser des connaissances indispensables, sans y dépenser une somme de temps considérable.

Nous faisons ici allusion aux époques des examens, des concours, où on a besoin de repasser ce qu'on a pu déjà avoir connu, mais qu'il faut vivement retracer à sa mémoire, en acquérant, promptement, le plus de connaissances possibles.

A cet effet, nous avons cherché à nous maintenir entre un livre trop élémentaire et les grands ouvrages où les détails abondent et épuisent entièrement le sujet. Ce qui n'empêche pas de revenir à ces œuvres de génie, pour les méditer lorsque la volonté nous y porte, et que le temps (cette image mobile de l'immobile éternité. PASCAL) nous le permet.

Nous dirons aussi que dans la vie il y a des instants où l'on aime rappeler à son esprit *(amant meminisse periti)* des sujets qu'on a étudiés autrefois, mais dont la mémoire a perdu un peu les détails.

Il peut d'autant mieux être remédié, ici, à cet état, que nous avons tâché d'expliquer, dans cet ouvrage, ce qui a pu être avancé de nouveau dans ces dernières époques, et qui nous a paru avoir été le mieux accepté...

D'ailleurs, les compositions plus restreintes, peuvent inscrire des données, des découvertes, qui ne trouvent leur place dans les grands traités que lorsqu'elles ont été sanctionnées par le temps, ou qu'elles ont reçu une espèce de consécration en passant par les sociétés savantes. Ces compositions permettent ainsi de se tenir au courant de la science.

En physiologie, il se fait tous les jours des découvertes nouvelles.

Tous les jours, de nombreux matériaux s'accumulent dans le champ de la science, qui sont souvent fournis par des esprits supérieurs ou d'élite.

De plus, les journaux de médecine, les thèses, les publications périodiques, les comptes-rendus des académies, témoignent journellement des progrès que fait la science médicale sur ce point. C'est pour cela que les traités de physiologie vieillissent vite et ont besoin d'être revus et augmentés assez souvent.

Nos grands physiologistes ne sont-ils pas constamment à l'œuvre ? Les travaux particuliers de quelques-uns d'entre eux, les discussions que ces travaux suscitent dans le sein des académies lorsqu'ils les y présentent, les discours de certains membres de ces doctes assemblées : des Flourens, des Longet, des Cl. Bernard, et de plusieurs autres savants, n'ont-ils pas enrichi la science, tout récemment encore, de faits nombreux et des plus importants ?

N'est-ce pas en parlant de l'un d'eux (M. Cl. Bernard) que P. Bérard a dit que cet éminent physiologiste paraissait destiné à nous faire connaître des découvertes aussi importantes qu'inattendues....., faisant allusion à la fonction glycogénique du foie; découverte, en effet, dont la science s'est enrichie, et qui se trouve être appuyée par des preuves qui ne laissent aucun doute sur la réalité du fait.

Nous aurons, dans le cours de cet ouvrage, l'occasion de citer les œuvres de plusieurs éminents auteurs de physiologies, et d'inscrire leurs noms à côté des citations. Nous mettrons tout le soin possible à le faire, et dussions-nous répéter souvent leurs noms, nous le ferons, pour ne pas sembler nous attribuer un mérite (quel qu'il fût) qui ne nous appartiendrait pas : *suum cuique opus.*

Pour ce qui est de notre sujet, nous répétons que pour aider la mémoire dans quelques circonstances, comme examens, concours, il fallait mettre sous les yeux des lecteurs des ouvrages qui continssent dans ce genre (comme cela a pu se faire dans d'autres) des explications plus succintes, moins développées, sans nuire pour cela à la clarté et à la compréhension du sujet, sauf plus tard à revenir aux grands traités, qu'il est toujours bon de revoir et de consulter lorsque le besoin s'en fait sentir..... C'est par leur lecture, dit Richerand, que ceux qui veulent se livrer à une étude approfondie des sujets, parviendront à acquérir toutes les connaissances de la science et à en mesurer les progrès.

Honneur aux savants auteurs de ces grands traités, à

ces hommes laborieux qui composent de pareilles œuvres. Leurs travaux sont impérissables (1). Ils resteront comme monuments dans la science médicale qu'ils ont toujours fait marcher dans la voie du progrès.

C'est autour de ces grands traités, de ces productions de l'esprit et du travail, que d'autres ouvrages, plus humbles, plus timides, presque supplémentaires, rayonnent et gravitent comme des satellites autour d'astres éclatants qui les éclairent souvent de leur propre lumière.

TOUSSAINT MARTIN.

---

(1) Voir les ouvrages de Haller, Richerand, P. Bérard, Magendie, J. Béclard, Longet, Cl. Bernard, etc.

NOUVEL ABRÉGÉ

DES

ÉLÉMENTS DE PHYSIOLOGIE

LIVRE I

INTRODUCTION A L'ÉTUDE DE LA PHYSIOLOGIE

> La physiologie est la science qui traite des phénomènes qui se passent dans les êtres vivants, et qui recherche les lois et les conditions de ces phénomènes dans l'état de santé.
>
> P. Bérard, *Cours de Physiologie.*

CHAPITRE PREMIER.

OBJET DE LA PHYSIOLOGIE.

L'objet de la physiologie humaine est la connaissance des fonctions de l'organisme humain.

Elle a pour sujet les phénomènes de la vie et les conditions dont ils dépendent.

Le mot physiologie dans son acceptation générale comprendrait l'étude de tous les êtres de la nature et devrait considérer la vie dans ce qu'elle a de commun et de plus général à tous ces êtres (physiologie générale). Mais restreignant le sens de ce mot et n'appliquant cette étude qu'à une seule espèce, nous arrivons à une physiologie spéciale; c'est-à-dire ne s'occupant que d'une classe des êtres vivants, *physiologie de l'espèce humaine*, à laquelle se rattache ce qui peut concerner les animaux sous le rapport de leur comparaison et de leur rapprochement anatomiquement et fonctionnellement parlant.

L'homme est un animal pourvu d'une intelligence, qui sous ce rapport, le met au-dessus de tous les autres animaux. Animal pensant, agissant d'après sa volonté, et capable après une opération de son esprit, de son intelligence, de former un jugement, ce qui le distingue éminemment des autres animaux; mais pour le reste, ses organes fonctionnent, sauf quelques variations, comme chez les animaux; son anatomie présente aussi quelques différences.

Dans nos études nous devons aussi nous occuper, quelque peu, des rapprochements et des comparaisons qui peuvent exister entre les animaux et les végétaux; car, sous certains rapports, les deux règnes, le *règne végétal et le règne animal*, s'enchaînent et fournissent réciproquement des moyens d'existence l'un à l'autre. Le corps des animaux est un laboratoire animé où les substances inorganiques, que les végétaux se sont assimilées, sont introduites pour y prendre une forme, une organisation et se substituer aux principes constituants des corps organisés et vivants. En d'autres termes: les végétaux qui sont si répandus sur la surface de la terre, y accomplissent leur alimentation, leur développement et par conséquent leur existence, au sein d'un milieu inerte (la terre) où ils trouvent cependant le moyen de faire des substances organiques avec des principes inorganiques, au contact, toutefois, de substances organisées. Ces substances servent ensuite à l'entretien, à la composition du corps des animaux qui les a utilisées, transformées, et qui les restituent ensuite au règne inorganique. Ainsi se lient et s'enchaînent tous les actes dans la nature, et rien n'est périssable.

Quels sont les points de comparaison que l'on peut établir dans les deux règnes (végétal et animal) sous le rapport du développement et des fonctions des êtres qui les composent? Aussitôt que l'être humain a pris naissance, une série de fonctions, d'opérations, se passent en lui. Presque en conformité de structure, de besoins avec l'animal, il voit ses organes se développer, fonctionner selon les différents temps et les différentes nécessités de sa vie. L'accroissement de toutes ses parties, l'entretien de sa vie, s'opèrent au milieu des éléments qui l'entourent, et au moyen des substances qui sont ingérées dans son intérieur. C'est-à-dire qu'il prend à l'air qui l'environne et aux autres corps ambiants, certains éléments qui lui sont nécessaires; il introduit dans son intérieur des substances appropriées à son individu, se les assimile; c'est-à-dire qu'il les rend semblables à sa propre substance par une opération qui lui est propre, l'*absorption*, d'où, sa nutrition.

Le végétal absorbe aussi pour son entretien et son développement des matériaux qu'il puise dans le sein de la terre, et des gaz qu'il aspire, pour ainsi dire, par les feuilles ou parties tendres situées à l'extérieur.

L'absorption, qui se fait par ses racines, a lieu au moyen des dernières radicules pourvues d'une ampoule; et les cellules qui se succèdent les unes les autres, et qui remplacent l'ancien système des trachées, favorisent, par l'endosmose et l'exosmose, la circulation des matériaux puisés par les radicules dont nous avons parlé.

La cellule végétale, premier élément de tout corps organisé, est, comme chez l'animal, pourvue intérieurement de son blasto derme (ou blastème), contient un liquide à peine visible au microscope, albumineux sans doute, séreux peut-être, on n'a pu encore s'en assurer; car la portion liquide contenue dans cette cellule est infiniment petite.

Les parties autres que celles devenues nécessaires à la vie du *végétal* et qu'il a absorbées par les dernières ramifications à leur extrémité, sont ensuite éliminées par le moyen de ce renouvellement qui s'opère dans tout son individu, à sa surface, et encore mieux par le feuillage qui tombe et se remplace chaque année. Ce sont de nouveaux produits qu'il forme, les autres sont usés, ont fait leur temps, ou ne contiennent plus les éléments qui sont utiles aux fonctions du végétal.

« Le végétal puise dans le sein de la terre les sucs qui montent

« des racines au sommet où les feuilles évaporent le résidu de la » nutrition et transpirent ce que la plante n'a pu s'assimiler. »

De cette endosmose dans le règne végétal à celle qui se passe, ou qui a lieu, dans le règne animal sous l'influence des forces vitales, il y a un rapprochement à faire et qui explique le phénomène de nutrition dans le premier règne comme dans le second ; ce qui donne aussi l'explication de ces remplacements successifs ; c'est-à-dire de cette assimilation et de cette désassimilation qui s'opèrent dans toutes les parties du végétal comme de l'animal ; tandis que dans le règne minéral (pour le dire en passant), rien de semblable n'a lieu ; le minéral croissant par juxta position de couches, ayant toutes ses parties homogènes, et n'offrant toujours dans toutes ses parties, même étant divisées à l'infini, que des parties d'aspect et de constitution semblables.

Mais entre le végétal et l'animal il y a cependant cette différence : que le remplacement n'est que partiel dans le premier (le végétal) ; attendu qu'il lui est permis d'ajouter, presque indéfiniment, à sa propre substance ; il peut aller toujours croissant ; tandis que l'animal est borné dans son développement ; notons, malgré cela, qu'il y a aussi des exceptions dans certaines espèces du règne végétal, à cet accroissement.

Nous devons ajouter que dans les êtres organisés et surtout dans les êtres supérieurs, nous voulons surtout parler du règne animal, leur composition est bien autrement complexe : là sont des solides, des liquides, des vaisseaux, des nerfs, des organes fonctionnant différemment : chaque partie étant composée de différentes parties. Le végétal est beaucoup plus homogène ; le minéral l'est encore davantage, aussi ce dernier appartient aux corps inorganiques ou bruts.

Quoiqu'il en soit, la physiologie végétale n'est pas sans nous fournir de précieux renseignements et quelques rapprochements : *la théorie cellulaire nous a été importée de l'anatomie végétale.*

Sans doute il y a des caractères distinctifs entre un animal et un végétal. Ce n'est pas par une fantaisie, ou un jeu de l'esprit, que presque tous les physiologistes ont fait ces rapprochements.

Il est évident que si, à part quelques données physiologiques que nous venons d'exposer, on compare un animal un peu élevé dans l'échelle, avec un végétal cotyledoné, les caractères différentiels se présenteront en foule. Mais cette comparaison doit se faire entre des êtres assez parfaits, aussi bien pour le végétal que pour l'animal. Alors les rapprochements, ou les oppositions, paraissent plus saisissables, tant sous le rapport matériel que sous celui des fonctions qu'ils exécutent l'un et l'autre.

Nous nous expliquons : sous le rapport de la *composition* et au bas de l'échelle dans les deux règnes, les différences ne sont pas très considérables; les espèces semblent marcher l'une vers l'autre; le zoophyte le plus imparfait, rapproché d'une plante la plus simple après les monocotyledonés, ne traduit pas une grande différence. Les caractères différentiels sont presque effacés. C'est dans les espèces les plus parfaites qu'il peut exister des caractères qui les différencient. « Presque effacés vers les limites extrêmes « qui séparent les deux règnes, ces caractères ressortent nette- « ment lorsqu'on les applique à la distinction des individus les « plus parfaits de chacun d'eux (1). »

Cependant, chez les uns et chez les autres, l'absorption se fait par les porosités de la matière organique; dans les uns et dans les autres, elle fait pénétrer les matières qui jouent le rôle d'aliments. Cette absorption ne s'exerce non plus que sur des substances liquides ou gazeuses ; et à moins que les solides n'entrent en dissolution, ils sont exclus des voies de l'absorption.

Les végétaux, aussi bien que les animaux, absorbent les substances colorantes dissoutes, les poisons, les sels solubles (2).

L'évaporation cutanée et pulmonaire joue, relativement à l'absorption des animaux, un rôle analogue à celui que remplit dans les végétaux l'évaporation qui a lieu à la surface des feuilles et des parties tendres. Nous l'avons déjà mentionné, mais ce qui

---

(1) Lanoix Gustave. *(Tableaux synoptiques d'histoire naturelle)*.

(2) Le phénomène de l'absorption n'a pas une importance moindre dans la physiologie végétale que dans la physiologie animale. L'absorption par les racines et l'ascension des fluides absorbés par ces organes offrent une analogie frappante avec l'absorption des radicules lymphatiques et jettent un grand jour sur le mouvement de la lymphe dans les vaisseaux.

n'est pas du tout de même, c'est que les végétaux ont des parties (*racines*) projetées au dehors ; et qu'il n'y a que par l'endosmose ou par l'aspiration déterminée par l'évaporation des feuilles qu'il peut y pénétrer quelque chose. Les animaux ont, au contraire, tout leur système absorbant, mais surtout nutritif, à l'intérieur (*vaisseaux chylifères et veines*), renfermé dans un canal musculaire (1). Les mouvements qui s'y passent (*mouvements péristaltiques*) en exprimant la masse alimentaire, exercent en même temps une compression sur les produits liquéfiés de la digestion qui les fait pénétrer dans les vaisseaux et parcourir le tube intestinal où cette absorption s'opère. Les vaisseaux chylifères et veines doivent alors être considérés, pour la comparaison, comme de véritables racines intérieures qui absorbent les matières alibiles aidées par une certaine compression.

De la respiration et de l'absorption dans les animaux et dans les plantes. — Relativement à la respiration, chacun sait que sous ce rapport physiologique on pourrait encore établir quelque rapprochement et quelques points de comparaison. Les feuilles vertes et les parties tendres qui n'ont pas de feuilles, opèrent ce phénomène. C'est par elles que les gaz de l'atmosphère (oxygène, acide carbonique), sont absorbés ou expirés.

Pour les animaux, toute partie exposée au contact de l'air et qui ne présente pas une épaisseur telle que ce fluide ne puisse agir sur le sang ou suc nutritif, est le siége d'un phénomène de respiration.

Une foule d'animaux qui n'ont pas d'organe respiratoire ont, pour y suppléer, toute la surface de leur corps qui se trouve pénétrée par le fluide atmosphérique.

Ainsi donc, pour le végétal, introduction de l'air dans les parties de la tige, lequel air se dépouille de son oxygène à me-

(1) Le système absorbant n'existe véritablement pas comme *système :* toute la matière absorbe ; mais, à l'intérieur, ce sont particulièrement les vaisseaux chylifères, les lymphatiques et les veines qui sont chargés de ce soin.

sure qu'on l'examine plus près de la racine *dans les cavités pneumatiques de la plante* (Dutrochet). Les cellules qui se succèdent les unes les autres, et qui ont remplacé l'ancien système des trachées, ne sont pas étrangères dans ce phénomène, bien que leur action principale soit de favoriser, au moyen de l'endosmose et l'exosmose, la circulatiou des matériaux puisés dans le sein de la terre par les radicules dont il a été parlé au sujet de l'absorption (1).

Mais après ces rapprochements nous arrivons vite à des différences assez tranchées et qui dépendent des besoins des uns et des autres. En effet, l'animal, par une organisation plus compliquée, avait une nécessité plus grande d'augmenter les moyens de contact de l'air avec son sang.

Pour cette nécessité, des organes particuliers sont établis chez lui qui permettent, par le peu d'épaisseur des membranes interposées entre le fluide aérien et le sang, une action réciproque, ou plutôt une transmutation, ou si l'on aime mieux encore, un échange de gaz nécessaire à son existence. (On dit aujourd'hui échange de gaz dans les poumons).

Le végétal n'a pas d'organe central pour l'*échange* de ces gaz. La respiration des plantes dépend de l'action de la lumière (radiations solaires). Chez les animaux elle est continue, et se fait aussi bien à la lumière que dans l'obscurité.

Les animaux absorbent de l'oxygène le jour comme la nuit ; les plantes absorbent le jour de l'acide carbonique qu'elles décomposent incessamment sous *l'influence de la lumière* en s'appropriant le carbone et en restituant l'oxygène à l'air. Les animaux, eux, expirent l'acide carbonique qui provient de la substitution d'un gaz venant de l'atmosphère (l'oxygène) à un gaz que le sang charrie (acide carbonique). C'est un échange (ainsi qu'il a été dit) qui se fait dans les poumons par l'absorption et

---

(1) Ce qui distingue essentiellement les animaux des végétaux, c'est le mouvement et la sensibilité.

Le système nerveux est propre aux animaux. (J. BÉCLARD, *traité élémentaire de Physiologie*, p. 43).

l'expulsion simultanée de gaz venus de dehors, et des gaz produits dans l'organisme. C'est en vertu de la propriété physique des tissus (endosmose et exosmose) à l'égard des fluides gazeux que cet échange a lieu, et n'est pas une combustion comme on le croyait autrefois. On a admis aussi que l'oxygène inspiré, aussi bien que celui de l'air qui pénètre toutes les parties du corps, peut, en passant dans les capillaires généraux, y brûler le carbone des tissus ; et le sang venir aux poumons chargé d'acide carbonique. — Ce qu'il y a de certain, c'est que le sang qui se rend aux poumons par l'artère pulmonaire, *sang veineux*, est plus chargé d'acide carbonique que le sang artériel.

Pour les plantes, la décomposition de l'acide carbonique, contenu dans les tuyaux aériens, ne s'opère dans les feuilles que par les radiations chimiques de la lumière, et si, la nuit, elles dégagent de l'acide carbonique, c'est que ces radiations n'existant plus, elles ne peuvent combiner sur place le carbone avec l'eau, et quelquefois avec l'azote, pour faire des principes immédiats, et mettre l'oxygène en liberté. Alors l'acide carbonique que les parties du végétal absorbent ne peut être réduit et l'évaporation s'en opère.

En définitive, et ceci a une importance à un point de vue hygiénique, les animaux absorbent, à leur profit, l'*oxygène* que les plantes expirent en s'appropriant l'acide carbonique. Ces dernières (les plantes), ont pris dans l'air un corps comburé (l'acide carbonique) qui doit contribuer à la formation de leurs parties constituantes ; et les animaux y puisent un corps comburant l'*oxygène* qui attaque et détruit la matière organique, mais sans lequel ils ne pourraient vivre (1).

De la circulation dans les êtres qui composent le règne animal et le règne végétal. — Il y a un mouvement direct, progressif, de la sève qui monte dans les végétaux

(1) Le végétal est un être éminemment *carboné* ; l'animal est éminemment *azoté*.

de la racine aux branches ; il y a, dit-on, aussi un mouvement rétrograde des branches vers les racines.

Chez l'homme, et dans les animaux qui lui ressemblent le plus, il y a un cours circulaire de fluides au moyen d'un système de vaisseaux qui ramènent ces mêmes fluides, de moment en moment, dans les mêmes parties, leur faisant parcourir ainsi un cercle entier (sanguinis circulus).

Il y a-t-il une comparaison à établir dans ce phénomène de mouvement de liquides entre les végétaux et les animaux ?

Cette proposition est une des plus intéressantes qui aient été présentées et traitées dans les ouvrages de physiologie.

Tous les auteurs ont cherché à établir un parallèle entre les deux règnes (végétal et animal), sous le rapport non seulement d'organisation première, mais encore sous celui de fonctionnement, et l'on a vu déjà que nous n'y avons pas manqué non plus, puisque nous avons tâché de faire des rapprochements sous le rapport des tissus primordiaux auxquels nous avons donné comme point de départ la *cellule*... Nous avons dit que la théorie cellulaire nous avait été importée de l'anatomie végétale à l'anatomie animale, par Schvann, en 1831, qui l'avait prise de Schleiden, créateur de la théorie *cellulaire végétale* (1).

Nous avons aussi considéré la *nutrition*, l'*absorption* et la *respiration* dans les végétaux comparativement à celles des animaux ; mais dans aucun endroit le parallèle n'a prêté à des considérations aussi intéressantes que celui de la circulation, et à des rapprochements ou à des oppositions, toutes choses qui intéressent également la science ; car c'est en comparant qu'on établit plus sûrement des inductions et des déductions. *S'il n'y avait pas d'anatomie comparée, l'anatomie de l'homme serait moins avancée. La physiologie végétale ne nous est pas moins secourable !*

Nous considérons donc que le végétal a puisé dans le sein de

---

(1) La *cellule* est le premier élément de tout corps organisé ; cellules élémentaires (cellulæ nucleatæ). Ce sont des vésicules contenant un liquide parfois un peu grenu dont la paroi très mince renferme un corps plus petit et de couleur plus foncée qu'on appelle noyau.

la terre, par l'extrémité des radicules (spongioles) dont il est pourvu, les sucs qui montent des racines au sommet. Autrefois, que l'on croyait ces organes percés d'orifices comme ceux d'une éponge, on faisait jouer à l'absorption des sucs nourriciers un rôle qu'aujourd'hui l'on considère comme étant un phénomène d'*absorption* également, mais qui rentre entièrement dans ceux qu'on appelle *osmotiques*.

Ces sucs, parvenus aux extrémités supérieures, se répandent dans les feuilles, qui évaporent le résidu de la nutrition, et transpirent ce que la plante n'a pas assimilé.

Les fluides, dans l'homme et dans les animaux, ont un cours circulaire. S'il s'est introduit des sucs par absorption dans les vaisseaux, il y en a qui ont servi à la nutrition ; d'autres, qui sont le produit ou le résultat de cette nutrition, se sont échappés par la transpiration, par les sécrétions, et ont été éliminés de l'économie ; comme les parties, autres que celles nécessaires à la vie du végétal, ont été rejetées par l'*évaporation*.

L'évaporation cutanée et pulmonaire joue un rôle analogue, chez les animaux, à celui que remplit, dans les végétaux, l'évaporation qui a lieu à la surface des feuilles et des parties tendres.

Cette évaporation détermine la pénétration des liquides dans les tissus et peut-être l'ascension vers les parties supérieures du végétal, où elle se fait avec le plus de force et de rapidité. *Le végétal respire par ces parties et y évapore le résidu de la nutrition.*

Reste à déterminer si le mouvement ascensionnel de la sève et celui de son retour des feuilles vers les racines, est un circuit, comme il y en a un chez l'homme et certains animaux.

D'abord, le double mouvement de la sève dans le végétal n'est opéré ni par des vaisseaux spéciaux, ni par un organe d'impulsion qui ressemble au cœur.

S'il n'y a pas d'agent propulseur, il y a-t-il un passage de la sève dans des ramifications particulières où se ferait une transmutation de cette sève en une autre plus ou moins riche en matériaux, comme cela a lieu chez les animaux dans le système capillaire, où le sang, d'artériel qu'il était, devient sang veineux, contenant moins d'oxygène et plus d'acide carbonique que le premier?

De plus, chez l'animal, les globules du sang sont ramenés plusieurs fois au point de départ ; et il n'y a pas de point de départ, ni d'endroit d'arrivée dans le végétal, il est même douteux que la sève retourne une seconde fois aux feuilles. *C'est dans un phénomène purement de capillarité, d'endosmose et d'hydrostatie,* qu'il faut chercher l'explication du mouvement des sucs dans les plantes.

Nutrition dans les plantes et les végétaux par comparaison à celle des animaux. *Il y a-t-il une comparaison, un parallèle à établir entre la nutrition des plantes et celle des animaux.*

Pour compléter les rapprochements qui peuvent se faire, sur certains points, entre le règne végétal et le règne animal, il resterait à examiner ce qu'est la nutrition chez les êtres qui constituent ces deux règnes.

Nous dirons donc d'abord que les parties autres que celles nécessaires à la vie du végétal (ainsi que nous l'avons expliqué en parlant de l'absorption chez les végétaux), et qu'il a puisées dans le sein de la terre, au moyen des dernières ramifications et à leurs extrémités, ont été introduites, comme une espèce d'aliment — dans son intérieur, — puis ont été incessamment éliminées par l'évaporation.

Par les remplacements qui se font chaque année, sur la plupart des végétaux, à la chute du feuillage, certaines éliminations ont plus particulièrement lieu. Ce sont des remplacements qui s'effectuent et peut-être une épuration nécessaire.

« La plante perd à chaque année, si ce n'est à chaque saison, « ses organes respiratoires, tous les ans elle pousse de nouveaux « jets. » — P. Bérard, p. 187.

De cette *endosmose liquide* et *gazeuze* que le végétal accomplit dans le milieu où il est placé et pour sa *nutrition*, à ce qui se passe dans le règne animal sous l'influence des propriétés *vitales*, il y a un rapprochement à faire, et qui explique les phénomènes de nutrition dans le premier règne comme dans le second. Ce qui donne aussi l'explication de ces remplacements successifs sur place, c'est-à-dire de cette assimilation et désassimilation qui s'effectuent dans toutes les parties constituantes du végétal comme de l'animal, mais beaucoup mieux dans ce dernier.

Dans le règne minéral il ne se passe rien de semblable : le mode d'accroissement des corps inorganiques se fait par l'addition de nouvelles couches à leur surface ; c'est-à-dire que s'ils augmentent de volume, c'est par juxtaposition de couches. Il a d'ailleurs (le minéral) toutes ses parties d'aspect et de constitution semblables. Il y a homogénéité dans tout son ensemble, et même dans ses parties les plus divisées.

Nous avons parlé du mouvement de décomposition et de remplacement dans les deux règnes (végétal et animal), mais nous devons observer que dans l'animal il est bien plus incessant et plus marqué : les végétaux n'ont pour ainsi dire pas de bornes dans leur accroissement ; sans perdre beaucoup dans leur rénovation, ils ajoutent des couches nouvelles aux anciennes ; et cela pour ainsi dire indéfiniment. L'augmentation d'épaisseur d'un tronc d'arbre et de ses branches se fait par l'application de couches à l'intérieur de l'écorce et à l'extérieur du bois. Cela diffère de l'accroissement des animaux qui sont bornés dans leur développement ; il arrive même un moment où ce développement graduel s'arrête.

La nutrition se borne alors à remplacer dans l'organisme les matériaux usés et qui deviendraient plus nuisibles qu'utiles s'ils n'étaient expulsés (sécrétions).

Tout ce travail se fait pour remédier aux pertes que le corps des animaux éprouve, mais sans accroissement sensible de l'individu. C'est par intussusception, c'est molécule à molécule et dans l'intimité des tissus, que ce travail nutritif et de remplacement s'opère.

On voit, d'après cela, que si l'on continuait cet examen, on trouverait peut-être autant de différence et d'opposition entre le règne animal et le règne végétal que nous avons trouvé de rapprochements et de similitude. Nous n'avons voulu que toucher seulement ce point de physiologie comparée, indiquant les caractères les plus saillants de leur ressemblance ou de leur séparation ; car l'analogie est loin d'être complète dans le parallèle qu'on voudrait établir à ce sujet, surtout dans la nutrition.

En effet, dans les mammifères, dans l'homme par conséquent, nous voyons une composition d'organisme bien autrement complexe : là sont des liquides, ici des solides : il y a des vaisseaux, des muscles, des os, des nerfs ; chaque partie est composée de différentes parties. La nutrition, par conséquent, doit différer en raison de la différence des organes sous le rapport de leur composition et des substances qui y sont destinées, ou plutôt élaborées.

Dans l'homme, dans les mammifères, *cette nutrition* se fait au moyen de l'assimilation des substances nécessaires à l'entretien de la vie. Cet entretien se fait ou s'opère par des moyens qui ne sont pas semblables à ceux que le végétal emploie pour son accroissement : le végétal n'a besoin que de l'imbibition pour que les sucs nourriciers pénètrent dans son intérieur et pour les faire cheminer (la sève par exemple) suivant les forces *osmotiques* qui lui sont départies (1).

Mais dans l'animal qui prend, lui aussi, à l'air et aux corps qui l'environnent, certains éléments qui lui sont nécessaires, il y a de plus introduction dans son intérieur (et par des ouvertures affectées à cet effet), des *substances appropriées* à son individu, qui le font vivre et grandir... Chez lui c'est par intussusception que se fait cette opération. C'est par des substances assimilables, c'est-à-dire qui peuvent être rendues semblables à sa propre substance, qu'il existe et prospère. Il transforme donc les matériaux qu'il ingère et qui ont, pour lui, des qualités nutritives.

Cette action assimilatrice suppose une série d'opérations préparatoires subies par les substances alimentaires, et qui sont accomplies par des actes fonctionnels particuliers : *insalivation* et *mastication*, *digestion* et *absorption*, etc. Il se fait aussi dans les organes, et par ces divers actes, une réparation des parties dé-

---

(1) Il y a bien aussi ascension déterminée par l'évaporation qui se fait à l'extrémité des feuilles, et dont nous avons parlé. D'aucuns ont prétendu que l'électricité était pour quelque chose dans le phénomène de l'ascension de la sève dans les végétaux; c'est à voir et à prouver.

truites (désassimilées comme nous l'avons dit) et qui sont ensuite emportées au dehors, soit qu'elles proviennent de la décomposition de ces mêmes substances alimentaires, soit qu'elles reconnaissent une formation nouvelle au sein de nos tissus; car les organes puisent dans le sang qu'ils reçoivent les matériaux assimilables et destinés à leur réparation; mais ils en préparent aussi d'autres comme la bile, l'urée, les larmes (dans l'urine se trouve principalement l'urée) et qui doivent être rejetées comme excrémentiels. Cette assimilation et désassimilation n'est autre qu'un des actes de la nutrition, et la nutrition *c'est la vie*.

Au reste, nous reviendrons plus longuement sur ces différents points lorsqu'il sera question, en particulier, de la digestion et de la nutrition. Nous tâcherons cependant d'éviter les redites; mais ainsi que l'a dit un auteur (1) : « Il est impossible, en dé- « crivant une action, une fonction de l'organisme, de ne pas « empiéter sur une autre, car tout se tient et s'enchaîne dans « l'économie animale. »

CHAPITRE II.

CORRÉLATION DE LA PHYSIOLOGIE ET DE L'ANATOMIE.

Après avoir vu ce que l'anatomie comparée, *végétale* et *animale*, pouvait nous fournir de lumières en *physiologie humaine*, il est utile de reconnaître quelle est la corrélation qu'il y a de la physiologie et de l'anatomie dans l'espèce humaine et dans les animaux.

Ce sont deux sciences qui n'en forment pour ainsi dire qu'une seule : car si l'anatomie est cette science ou plutôt cette partie de la science qui s'attache particulièrement à connaître la structure ou la constitution des organes à l'état de repos, la physiologie a pour étude leurs fonctions, leur mode d'agir lorsqu'ils sont en mouvement, ou autrement dit mis en action par les propriétés vitales qu'ils possèdent, et qui sont inhérentes à la matière organisée.

C'est l'instrument qui fonctionne; organe et fonction sont

(1) Richerand.

corrélatifs : il n'y a pas de fonction sans organe ; l'instrument est en action ou considéré comme apte à agir (1).

L'anatomie est la partie fondamentale et tout-à-fait indispensable de la physiologie. Comment, en effet, connaître les fonctions d'un organe si vous n'en connaissez pas la composition et si vous ignorez l'arrangement de toutes ses parties ? Autant vaudrait, peut-être, vouloir expliquer le mouvement ou les rouages d'une montre ou de tout autre mécanisme aussi compliqué, sans connaître l'ordre et la disposition des différentes pièces qui composent cet appareil.

De même, encore, la connaissance d'un organe ne suffit pas pour en expliquer la fonction, car le plus ordinairement cet organe ne fonctionne que par différents autres organes ou parties d'organes à lui annexés, et qui servent au travail qu'il doit accomplir. De façon qu'il y a des pièces auxiliaires, qui s'ajoutent à la principale pour en faciliter l'opération.

Ce sont ces différentes parties réunies qui constituent ce que nous nommons *un appareil*. Tel, l'appareil visuel, ou celui de la génération, de la digestion, etc.

Il faut donc commencer, avant d'indiquer ou de décrire le fonctionnement d'un organe (une fonction), par connaître l'organe lui-même ; énumérer aussi tous les autres moyens adjuvants qui contribuent à rendre complet et aussi parfait que possible le travail que cet organe est chargé d'accomplir dans l'économie. Pour exemple, prenons un organe des plus importants : le foie.

Il est certain qu'on ne pourrait expliquer sa fonction, ou ses fonctions, car il en accomplit deux à la fois : la formation de la bile et celle de la glucose ou sucre de raisin (2), si on ne connaît sa composition, ses dispositions anatomiques, ses rapports avec les autres parties et les deux organes importants qui lui servent d'annexes : *la rate*, pour l'accomplissement de son opération

---

(1) La texture anatomique des organes révèle, pour ainsi dire, à elle seule, le mécanisme des fonctions qu'ils exécutent.

(2) Le foie, par son double appareil, *biliaire* et *glucogène*, participe et des glandes tubuleuses et des glandes sanguines. (MOREL, *Précis d'histologie*, p. 209).

sanguine, et *le pancréas*, pour coopérer aux qualités que la bile doit posséder, en se mêlant dans le conduit cholédoque avec elle. Le premier, en effet (la rate), lui envoie un sang préparé à l'avance pour les transformations qui doivent être opérées dans l'intérieur de l'organe, et l'autre en venant verser dans son canal excréteur le produit de son élaboration particulière pour être mêlé au suc biliaire, concourt ainsi, avec lui ou séparément, dans le duodénum, à la digestion de certaines substances alimentaires (1).

Mais ce n'est pas tout : le système de la *veine porte* joue un rôle dans la ou les fonctions de l'organe hépatique. Il faut connaître l'arrangement et la distribution particulière de cette *veine* dans le foie, en même temps que les différents vaisseaux qui *la* forment, et qui, une fois constituée, distribue le sang dans l'organe à la manière des artères.

Nous avons dit que la *rate* était une annexe du foie ; c'est qu'en effet le sang qui est apporté à cet organe par la veine splénique, après qu'elle a reçu la petite mésaraïque, et que la grande mésentérique s'est réunie à elle, derrière le pancréas, pour former le tronc de la *veine porte abdominale*, ne lui charrie ce liquide que lorsque déjà il a subi dans la rate la préparation nécessaire pour le rendre apte au travail que le foie doit faire consécutivement sur ces ondées sanguines qui lui arrivent de toutes parts. On voit que ceci n'est pas un diverticulum au *sang* de la veine porte, mais plutôt un adjumentum nécessaire à sa composition. Enfin, que l'on accepte l'explication de M. J. Béclard sur la dissociation des globules ou plutôt la dissolution de ces globules du sang dans l'intérieur de la rate, et dont le résultat serait un changement dans les parties constituantes du sang qui doit se rendre au foie (2); ou que l'on admette simplement, comme le dit P. Bérard, t. III, p. 552, que la masse du sang qui sort de la

(1) Le pancréas a une branche qui se rend directement dans le duodenum.

(2) Kolliker considère aussi la rate comme un organe destructeur des globules rouges. (MOREL, *Histologie*, p. 230).

rate et qui s'ajoute à celui qui provient de l'estomac (1), diminue dans celui-ci la proportion relative des matériaux hétérogènes dont il vient de se charger (2). Il sera toujours indispensable, et aujourd'hui plus que jamais, pour expliquer le travail physiologique de cet organe, *le foie*, de s'appuyer sur son anatomie, aidés que nous sommes de tout ce que le microscope a pu nous fournir de connaissances sur la composition intime de l'organe hépatique.

Autre exemple de la corrélation de l'anatomie à la physiologie :

Serait-il possible d'expliquer le moindre phénomène de l'innervation, si l'on ne connaissait (par l'anatomie) les *nerfs*, les *centres nerveux* et les nombreuses communications des deux ordres de nerfs qu'on nomme nerfs de la vie animale (nerfs cérébro-rachidiens), et nerfs de la vie organique (ou grands sympathiques) ?

On sait que pour ces derniers il y en a deux, un de chaque côté de la colonne vertébrale, pourvus, sur leurs trajets, de nombreux ganglions d'où partent des filets internes ou anastomotiques, qui se lient à tous les nerfs rachidiens, et même à ceux des sens ; ce qui établit le consensus général et explique une foule de phénomènes sympathiques qui nous échapperaient sans cela (3).

---

(1) Veine gastro-colite, tronc veineux qui se jette dans la mésentérique.

(2) Le foie reçoit du sang de deux sources différentes : le sang qui revient des intestins grêles et d'une partie du gros intestin se mélange avec le sang qui revient de la rate, là où la mésentérique supérieure se joint à la veine splénique derrière le pancréas, pour aboutir à la *veine porte*.

Ainsi donc, le foie, indépendamment du sang rouge apporté par l'artère hépatique, reçoit du sang noir transmis par le système de la *veine porte*, qui a reçu les affluents des veines grande et petite mésaraïques, par la veine splénique. — En définitive, le foie reçoit deux sortes de sang : sang artériel et sang veineux.

(3) C'est sur la connaissance des sympathies particulières entre différents organes, que s'appuie et que s'éclaire l'*étiologie* de certaines maladies. C'est surtout sur les rapports sympathiques qu'est fondée la théorie des révulsions.

Nous traiterons un peu plus loin ce sujet : *les sympathies*.

L'anatomie nous a fait connaître que ce sont les *racines postérieures* des nerfs rachidiens, celles qui sont munies d'un ganglion, qui président au sentiment (sensibilité), et que les racines antérieures sont destinées aux mouvements (motilité ou motricité).

N'est-ce pas la découverte de Ch. Bell qui nous a fait connaître, toujours par l'anatomie, ces phénomènes si distincts de la *sensibilité* et de la *motricité*, qui appartiennent à ces nerfs (nerfs encéphalo-rachidiens). L'anatomie nous a appris que ces deux facultés, si faciles à faire apprécier à l'origine des nerfs rachidiens, c'est-à-dire à leur sortie des centres nerveux et avant leur réunion dans les trous de conjugaisons, ne l'étaient plus du moment qu'ils avaient franchi cet endroit ; et qu'alors ils marchaient ensemble, sans qu'il fut possible de découvrir quelle est la partie du nerf qui apporte au cerveau la sensibilité, c'est-à-dire l'impression sentie, et celle qui, par action reflexe, commande ou ordonne le mouvement (motricité de Flourens).

Ainsi donc, pour l'innervation, partie importante de la physiologie, trois phénomènes physiologiques s'appuient irrévocablement sur l'anatomie : phénomènes de la vie animale, phénomènes de la vie organique, phénomènes des sens. Ces derniers se rapportent, comme les premiers, aux nerfs *céphalo-rachidiens*; les autres, c'est-à-dire les phénomènes de la vie organique, se rattachent au système des nerfs ganglionnaires ou plus spécialement *grands sympathiques*. Nous avons dit que ces nerfs étaient, *eux*, pourvus, sur leurs trajets, de nombreux ganglions, espèces de petits cerveaux, comme l'a dit Bichat, d'où partent des rameaux nerveux d'une couleur différente de ceux qui proviennent du centre cérébro-spinal (1), et qui, loin de

---

(1) M. J. Béclard dit, page 901 : Il n'y a pas, dans les branches du nerf grand sympathique, de tubes nerveux d'une constitution anatomique *spéciale*, qui mériteraient le titre de fibres nerveuses grises ou de fibres nerveuses organiques, ainsi que quelques auteurs les ont admis plutôt pour le besoin d'une explication physiologique, que conformément à l'inspection microscopique. Celle-ci ne montre dans les branches du nerf grand sympathique que des tubes nerveux primi-

diminuer en s'éloignant des ganglions, augmentent souvent au contraire, malgré les nombreux filets qu'ils fournissent et qu'ils envoient dans toutes les directions ascendantes ou descendantes, semblables en cela aux *ganglions lymphatiques*, qui ont des rameaux afférents et efférents, mais dissemblables à ceux-là mêmes et aux nerfs *cérébraux rachidiens*, dont les filets émergents se portent toujours dans un sens. Il n'y a guère, dans l'économie, que le nerf *récurrent* ou *larynge*, qui affecte une marche quelque peu contraire à cette disposition, dans les nerfs de la vie animale.

Malgré cette distinction, on pense généralement que le *grand sympathique* puise son énergie d'action, comme tous les autres nerfs, dans la *moëlle épinière*. Ses nombreuses communications avec le centre nerveux *rachidien*, ses anastomoses avec cet ordre de nerfs, soit supérieurement du côté de la tête, par les ganglions ophthalmique, sphéno-palatin, otique, sous-maxillaire, etc., auxquels il est relié par les filets de communication envoyés par le ganglion cervical supérieur (tous placés sur le trajet des nerfs crâniens, moteurs et sensitifs), établissent une unité dans le système nerveux qui explique, comme nous l'avons déjà dit, les sympathies d'affections organiques, en formant un tout qui concourt au même but: l'*innervation*, mode d'activité propre et inhérente au tissu nerveux central et périphérique (1).

« Les dernières recherches anatomiques permettent même de regarder comme constant ses relations avec les nerfs des sens; car le *grand sympathique* envoie des filets dans les nerfs optiques et olfactifs eux-mêmes. La pulpe célébrale en recevrait aussi quoiqu'il soit difficile de suivre ses expansions dans cette partie du cerveau. » — P. BÉRARD.

---

tifs, généralement d'un petit calibre, mais en tout semblables à ceux des autres nerfs. La gangue celluleuse qui réunit les éléments nerveux les uns aux autres, est plus abondante dans ce nerf que dans les autres.

(1) C'est le rameau carotidien qui établit la communication entre le ganglion cervical supérieur et le ganglion ophthalmique.

Des sympathies. Qu'est-ce qu'on entend en physiologie par le mot sympathie ?

On entend par sympathie, en physiologie, *les rapports* qui s'établissent dans l'économie entre une partie et une autre plus ou moins éloignée, et qui sont presque en conformité de nature et d'étendue entre eux. Ainsi, le rapport qui existe entre deux organes, malgré leur éloignement, est une sympathie (sympathie de Hunter). L'affection de l'un se transmet alors, à distance, à l'autre, ou à plusieurs autres; car, plusieurs organes peuvent être pris de sympathie simultanément. L'état de grossesse développe sympathiquement des phénomènes vers les mamelles chez tous les mammifères; la présence des entozoaires dans le tube intestinal, peut par action reflexe, occasionner une toux sèche opiniâtre, déterminer des convulsions et la dilatation de la pupille. La transmission d'une affection sur un autre organe, que ce soit primitivement, c'est-à-dire au début de la maladie, ou consécutivement, devient souvent une cause d'aggravation et d'embarras, tant sous le point du diagnostic, que sous celui de la thérapeutique.

Si on ne connaissait les diverses sympathies qui peuvent s'établir pendant le cours des maladies, et le mode par lequel elles peuvent se produire, on pourrait errer dans l'un et l'autre cas.

L'action sympathique d'un organe par suite d'une impression faite sur un autre, suppose toujours que l'impression a gagné un centre nerveux par un nerf, et a été réfléchie, de ce centre nerveux, vers un autre organe par un autre nerf (1). Voilà le point physiologique et l'explication qui s'en suit.

---

(1) La sympathie, la solidarité, qui unissent les différents organes d'un même appareil, peuvent donner la raison des accidents divers qui viennent souvent compliquer la première affection. Ce n'est plus ici une sympathie s'établissant à distance et dans un autre appareil : c'est une extension du mal, une nouvelle affection par propagation dans le même appareil ; comme l'*orchite*, l'*hydroorchite*, l'*épididymite* se produisent pendant une blennorrhagie par la voie des canaux éjaculateurs et le canal déférent. Pour les douleurs arthritiques et toutes manifestations rhumatismales, et aussi bien la pericardite que l'endocardite, les sympathies des tissus semblent l'expliquer par la similitude de leurs

On pensait jadis que les sympathies morbides, ou autres, s'établissaient toujours par l'intermédiaire du système nerveux du grand sympathique, et seulement par lui. Aujourd'hui que l'on admet qu'il puise son action dans les centres nerveux, ces sympathies, quoi qu'elles existent, ne peuvent se faire que par une participation de ces centres; et le grand sympathique serait impropre à les produire seul.

Une action réflexe quoi qu'appartenant à la sensibilité *organique*, n'en est pas moins la même: le grand sympathique a ses filets, et ses filets distincts; en cela il est comme les filets des nerfs rachidiens, « dont les fibres motrices et sensitives, qui ne « contractent jamais d'union ensemble, marchent séparées les « unes des autres, jusqu'à leur destination, sans avoir aucun « conflit entre elles. » La sensation transmise au cerveau, ou à la moëlle épinière, réagit par l'intermédiaire de ces deux organes (moëlle et cerveau) sur les fibres *nerveuses*, *motrices*, et détermine ainsi les mouvements dits réflexes appartenant à la vie animale, comme il en arrive, et cela à notre insu, dans la vie organique.

Ainsi, certains mouvements qui succèdent à des sensations, et que dans certains auteurs on a fait dépendre des anastomoses du *grand sympathique* (ce qui lui a valu ce nom) se trouvent rentrer aujourd'hui dans la loi commune, c'est-à-dire que dans les nerfs, il n'existe que des fibres *motrices* et des fibres *sensitives*, et que ce n'est toujours que par la perception de la sensation produite, et portée par les nerfs sensitifs aux centres nerveux, que l'action reflexe, ou les mouvements réflectifs ont lieu. Ce qui fait dire qu'une impression faite sur un organe doit gagner un centre nerveux pour qu'il y ait possibilité que cette impression soit réfléchie par un autre nerf sur une autre organe. Il faut que les centres nerveux interviennent: de nombreuses expériences (et

---

tissus comme les systèmes organiques qui s'affectent par similitude de composition; ainsi qu'on le voit dans l'endocardite qui a son retentissement dans les tissus fibreux des articulations et réciproquement; mais à ces distances comme nous le disions, c'est par action réflexe et sympathique des tissus, ce qui nous dégage un peu de la théorie des métastases. — (MARCHAL DE CALVI, *Réforme médicale*).

nous en citerons quelques-unes au chapitre de l'innervation) ont confirmé ce fait.

Le grand sympathique qui préside plus particulièrement à la vie organique (où des actions peuvent se passer sans que nous en ayons conscience) peut cependant exalter la sensibilité au point qu'elle devienne *percevante*, comme cela se voit dans les inflammations de certains organes dans lesquels il ne semblait pas y avoir une sensibilité qui fut capable de tomber sous notre perception.

Il parait assez singulier de parler d'une sensibilité qui ne peut être perçue. Le langage est ainsi établi, et nous aurons l'occasion de parler plus loin de ce fait, aussi bien que d'une contractilité sensible et insensible, volontaire ou involontaire.

Les auteurs ont conservé ces distinctions introduites dans la science par Bichat, pour l'explication de certains phénomènes physiologiques (1).

Mais sensibilité perçue ou non perçue, contractilité sensible ou insensible, il faut toujours que par le moyen ci-dessus indiqué, c'est-à-dire par la correspondance du nerf *grand sympathique* avec les centres nerveux, l'action reflexe se produise. « Et si « quelquefois ces mouvements reflexes ou reflèchis, sont purement locaux, c'est parce que l'action transmise aux centres « nerveux éprouve de la tendance à se communiquer spécialement à ceux des nerfs moteurs dont l'origine se rapproche le « plus des nerfs sensitifs excités.

« En résumé les phénomènes, dits sympathiques, rentrent dans « les mouvements par actions reflexes. » — J. BÉCLARD, page 917 (2).

---

(1) Il faut distinguer cette sensibilité physiologique de celle qui au moral est une disposition d'esprit, une impression de l'âme qui fait naître des idées vives, rapides et d'où résulte, sur les sens, un sentiment pénible ou agréable.

(2) Les sympathies qu'entretiennent entr'elles ces diverses parties d'un organe ou d'un tissu, et que la pathologie met souvent en évidence, se propagent par l'intermédiaire du système nerveux. C'est par une réaction qui porte particulièrement sur ces *tuniques contrac-*

CHAPITRE III.

DE L'ORGANISME EN GÉNÉRAL.

Qu'est-ce que l'organisme ? « L'*organisme* est le siége des « phénomènes de la vie. On peut considérer les corps comme « ayant dans leur composition naturelle la raison suffisante des « phénomènes auxquels ils donnent naissance. » — P. BÉRARD.

Après cette définition, nous n'avons plus qu'à rechercher quelle est la composition du siège de ces phénomènes, de l'*organisme* en un mot. Mais pour connaître cette composition il faut nous livrer à une appréciation de chaque partie constituante de l'organisme ; car il y a dans sa composition des éléments divers ; il y a des solides, des liquides, des gaz ; cette composition est complexe ; et de la réunion, ou de la concentration de ces divers matériaux dans un être vivant (sous la même enveloppe), et par un concours réciproque de toutes ces parties il y a un tout, une individualité ; un *organisme*.

La physiologie, ainsi que nous l'avons dit, étant la science de la vie, ou si l'on veut la science qui s'occupe des actions organiques qui se passent dans un être vivant, étudier l'organisme c'est étudier la vie, la vie telle que nous la voyons, et que nous considérons comme résultat des phénomènes qui se produisent sous nos yeux par le fonctionnement des organes.

Ainsi donc le concours d'actions par lesquelles s'accomplissent les fonctions dans un corps organisé et vivant ; ou encore l'ensemble des lois qui régissent l'économie animale, constitue la vie.

Ces différentes explications ou définitions de l'organisme, théâtre de la vie, sont invoquées ici pour tâcher de préciser à l'avance ce qu'on entend par fonctionnement de l'organisme ainsi que

---

tiles des vaisseaux que les phénomènes de nutrition et de secrétion se trouvent modifiés sur des points plus ou moins éloignés du tissu ou de l'organe malade et que l'inflammation se propage. — J. BÉCLARD, page 917.

le mot *vie;* et ne pas nous jeter dans des idées métaphysiques à ce sujet. Il est périlleux, dit Bérard, de poser cette question sans en avoir bien étudié l'importance, la profondeur, et cela pour ainsi dire au seuil de la science!

Si nous disons que la vie est la collection des phénomènes qui se passent dans les êtres organisés et vivants, et qu'elle est le produit de l'organisation, nous ne voulons pas faire cependant de l'organisme pur; c'est-à-dire, voir seulement dans l'organisme la raison de tous les phénomènes, même ceux dits *vitaux*, et faire purement et simplement rentrer ces phénomènes sous les lois de *la physique*, de *la chimie* et *même de la mécanique*, en les y subordonnant complètement; ce serait trop nous éloigner de l'école de Bichat, et nous ne voulons pas négliger la part afférente aux phénomènes *vitaux* pour lesquels nous professons quelque respect; et que nous ne pouvons voir négligés, sacrifiés et pour ainsi dire offerts en holocauste à la doctrine organicienne. « Qu'il « y ait un grand nombre d'actes dans l'organisme pouvant s'ex- « pliquer d'une manière satisfaisante par les lois des sciences « physique et chimique, ceci ne fait aucun doute. » Mais que tous les actes de l'économie puissent s'y ranger, et se trouver régis par ces mêmes lois, c'est ce que ne peuvent aussi facilement admettre un grand nombre de physiologistes. Nous tâcherons de démêler dans ce conflit (qui existe encore), ce qui nous semble appartenir aux uns et aux autres; ne pouvant nous déterminer à répudier ainsi, audacieusement, des propriétés qui ne trouvent pas encore une plus satisfaisante explication jusqu'à ce jour; en plaça-t-on le principe, dans la *circulation* ou dans l'*innervation* par la vibration de la fibre nerveuse, comme on l'admet pour le *son, la lumière, le calorique;* et dont le principe d'activité ne reconnaîtrait pas d'autres causes que celles qui régissent le monde physique (1).

Mais l'organisme pris comme un tout, comme ensemble de

(1) Bérard dit dans une autre circonstance que nous rappellerons : Quand même vous auriez soumis les mouvements vitaux aux lois de l'électricité et que vous eussiez placés les mouvements sous la puissance de la force électrique, le problème n'en serait pas plus clair.

parties qui constituent un être vivant, a, comme nous l'avons dit, une composition ; cette composition forme une organisation, c'est-à-dire qu'il y a des organes qui la constituent et qui sont eux-mêmes composés par des parties solides ou liquides, dont les éléments ultimes existent dans la nature matérielle.

Les parties composantes des êtres vivants portent le nom d'organes (de *organum*, instrument).

La chimie a démontré que les corps, dans leurs éléments constitutifs, sont destinés à se transformer les uns en les autres ; que les principes matériels de ces corps sont puisés à la même source, et qu'ils ont une commune origine.

Aussi, l'organisme, par sa constitution, se trouve en communauté de rapports avec les autres corps de la nature, il lui emprunte les matières organiques qui le constituent, et en cède à son tour aux différents règnes de la nature.

C'est ainsi que les organes, soit par leur composition, soit par leur fonctionnement, ne peuvent se passer d'établir une réciprocité d'intérêt et d'action avec les corps environnants ; que ces corps soient solides, liquides ou gazeux. « Les corps vivants sont « à la fois composés de solides, de liquides et de gaz ; la matière « existe, en eux, sous trois formes. — J. Béclard. »

L'organisme, ainsi que nous l'avons dit, étant composé d'organes, et chaque organe étant lui-même un composé de matières différentes, nous nous trouvons de suite avoir, par cette diversité d'éléments constitutifs, des différences phénoménales, ou fonctionnelles, et des différences matérielles qui nous permettent d'établir, entre les deux règnes de la nature, une distinction en *corps inertes ou inorganiques, corps organiques ou organisés*.

Ces différences phénoménales sont de suite visibles, appréciables, dès que l'on jette les yeux sur ce qui se passe dans un être organisé, et qu'on s'aperçoit que rien de semblable ne se présente dans un être faisant partie du règne inorganique.

Les phénomènes de la circulation, de la respiration, et les mouvements volontaires qui se montrent dans les animaux différencient, à eux seuls, les différents règnes de la nature. Toutes les actions qui caractérisent la vie ne se remarquent, en quoi que ce soit, dans les corps inorganiques ; leur état est toujours le même. Les phénomènes qu'ils présentent sont très bornés; leur accroissement, s'il s'en fait un, s'opère par la déposition, à leur surface, de couches superposées. « Les changements d'état que nous nommons *phénomènes* ne se produisent pas dans le règne minéral. Il n'ajoute rien à lui-même et par lui-même à ce qu'il possède déjà. Le minéral tombe en poussière et s'altère par la suite des temps s'il est exposé à l'action des corps ambiants qui peuvent le détruire ; il ne pourvoie pas au remplacement de ses matériaux usés ou détruits.

» Il n'en est pas de même de l'être organisé ; qu'on le prenne à l'état de germe, à l'état d'accroissement, ou à l'état de développement complet, il a le pouvoir d'attirer à lui les éléments qui l'entourent ; il les associe en combinaisons nouvelles, et les transforme en sa propre substance.

» Ainsi se développe et s'accroît le grain dans le végétal, la vésicule germinative dans l'œuf des oiseaux et dans l'ovule des mammifères. — J. Béclard. »

Il est vrai qu'à ces phénomènes il est nécessaire d'y joindre les conditions de *fécondation* et la position dans des circonstances particulières et favorables au développement de l'être végétal ou animal ; mais rien de semblable ne se passe dans les corps inertes. C'est en vain qu'on les mettrait dans les mêmes circonstances, rien ne paraîtrait, rien ne bougerait. C'est ainsi que se reconnait cette propriété des corps organisés de se reproduire et de s'accroître ; c'est aussi ce qui constitue l'organisation complexe de l'un et la simplicité de l'autre, organisation tout-à-fait différente et qui fait des uns des *corps organisés*, et des autres des *corps inorganiques*, deux grands règnes dans la nature et tout-à-fait *dissemblables*.

La propriété pour le règne organique de s'accroître, de se développer et de se reproduire, est donc spéciale chez lui...

De là aussi des actions spéciales ; pour son développement, il prend les éléments nécessaires à cet objet aux corps qui l'environnent et qu'il introduit dans son intérieur. Ces éléments sont liquides ou gazeux ; car ils doivent pénétrer, pour son existence et son accroissement, au travers des tissus qui composent son organisme, et rien ne pénètre dans les parties organiques qu'à l'état de dissolution, et par les porosités invisibles de la matière organisée, d'où tout s'échappe par de semblables voies.

« Le règne inorganique n'offre aucun exemple de ce genre. Mais cette propriété, *accroissement et développement*, a des limites dans les corps organisés ; car si ce pouvoir est très développé dans le germe végétal qui s'accroît, il est borné dans la plupart des animaux adultes, qui ne réparent plus qu'incomplètement les mutilations qu'on leur fait subir. Pour les plantes, cependant, elles peuvent remplacer les parties qui ont été enlevées ; elles peuvent aussi croître d'une manière continue : un arbre peut arriver à des dimensions colossales ; les tissus nouveaux s'ajoutent aux tissus anciens...

« Dans les animaux qui sentent et qui se meuvent, l'accroissement est pour ainsi dire limité ; il s'établit chez eux un équilibre organique.

« La forme que l'être organisé présente constamment, a un caractère qui le distingue éminemment des corps bruts. Il possède la forme *arrondie* ou *la courbe*, non seulement pour chacune des parties élémentaires de son organisme, mais encore par l'ensemble même du corps. Né de la forme particulière que nous attribuons à l'être organisé (vésicule ou cylindre), il conserve pendant toute la durée de sa vie cette forme adoucie, arrondie malgré le travail de rénovation qui s'opère en lui, et qui est dû à la composition et à la décomposition des organes par le fait de la nutrition, de l'assimilation et de la désassimilation qui en sont la conséquence.

« Le corps brut, le *minéral*, quoique soumis à un état complet de repos et d'inertie, ou peut-être à cause de cela, est limité par des surfaces planes ; ses lignes sont droites, arrêtées, quelquefois anguleuses.

« Cette forme constante pour l'être organisé (lignes adoucies, formes arrondies) tient donc à sa nature même, à sa composition spéciale. Tous les corps d'ailleurs ont une tendance à prendre la forme qui leur appartient. » « *Les substances minérales ont aussi, en elles, une disposition, tout aussi mystérieuse*, à reprendre leur forme caractéristique ; la cristallisation d'une solution saline est toujours la même. » Mais ce qui est le plus remarquable, c'est que l'être vivant abandonne constamment des matériaux qui devenus, de nouveau, fluides ou gazeux, sont rejetés au dehors pour s'en assimiler d'autres provenant du monde extérieur, et qu'il les remplace.

Nous avons dit que cette rénovation, pour ainsi dire insensible de l'individu, molécule à molécule, était due à la fonction dite de *nutrition*; c'est qu'en effet ces deux mouvements de composition et de décomposition sont très marqués dans les animaux et dans tout être animé; avec cette remarque que le second, *celui de décomposition*, l'est très peu dans le végétal.

Il était nécessaire que l'augmentation des solides ne fut pas indéfini dans les animaux comme il l'est dans les végétaux.

Il suffit, en effet, aux animaux que les matériaux soient introduits dans leur intérieur, qu'ils circulent dans les tissus organisés et y subissent les mutations nécessaires pour le remplacement des parties de l'organisme usées, détruites, décomposées par le jeu des organes dans leur fonctionnement, tandis que le végétal perd peu, et ajoute tous les jours, pour ainsi dire, à sa propre substance.

L'organisme humain est toujours lui, avec des *matières nouvelles*. Il est périssable; le végétal croît sans cesse, et traverse des siècles presque sans fin. — (Richerand).

Mais pour que l'organisme fut le théâtre d'un grand nombre d'actions et de diverses sortes, il fallait que chacune de ses parties fonctionnât séparément (secrétions, absorptions générales ou particulières), et cependant de façon à se trouver avoir une mutuelle dépendance; et que toutes ces parties fussent arrangées de manière à servir à l'ensemble. Ce sont là les rouages de la vie. Quoique douées de forces particulières, aucune de ces mêmes parties n'a le pouvoir d'agir que parce qu'elle tient au tout.

Tous les êtres organisés et vivants sont doués de certaines propriétés inhérentes à leur organisation (*propriétés vitales*). Ils en ont tous au moins une, sans cela ils ne seraient pas vivants; et, celle qu'ils ont tous sans exception, a reçu le nom de *nutrition*; c'est la seule qui soit commune à tous les éléments anatomiques.

Ces *propriétés*, bien que nous les considérions comme résultat de l'arrangement et des rapports particuliers des principes constituants matériels, dont l'assemblage momentané produit les corps organisés, et que, pour cela, comme le dit Bérard, on pourrait appeler *propriétés organiques*, ces propriétés, disons-nous, font distinguer les êtres qui en sont doués par la complication des éléments qui naissent sous leur influence. Cette propriété que possèdent les organes de se renouveler, de s'accroître, de persister au milieu du renouvellement continuel des matériaux de l'organisme ; les différents phénomènes que ces propriétés font apparaître dans l'organisme où tout se meut, tout croît, tout prospère, nous forcent à admettre une puissance dans l'organisme toujours en action, qui permet aux éléments qui le constituent de se renouveler pour ainsi dire sans fin, ou du moins de persister tant que des matériaux lui seront fournis pour sa rénovation continuelle. Ce sont les résultats de tous ces phénomènes organiques qui constituent *la vie*.

Après ces explications sur l'organisme, données à un point de vue général, il est nécessaire de le considérer sous le rapport du fonctionnement des organes qui le composent ; et ici se justifie l'expression de Rostan : *L'anatomie nous donne la composition des organes dont la physiologie nous enseigne le fonctionnement, les actions*.

Dans cet état d'actions (actions physiologiques), il y a des phénomènes qui s'y passent et qui peuvent être rapportés à quatre ordres différents : 1° *phénomènes mécaniques*, 2° *phénomènes physiques*, 3° *phénomènes chimiques*, et 4° *phénomènes vitaux*.

Et par phénomènes, nous n'entendons pas parler de ces circonstances insolites, extraordinaires, et dont la cause ne semble pas d'abord évidente, nous entendons tout changement appréciable par nos sens qui survient dans nos organes ou dans une fonction (changement d'état).

Il y a de ces phénomènes qui sont purement physiques, chimiques ou mécaniques ; mais il y en a aussi derrière lesquels se trouve *la vie*, c'est-à-dire qui n'appartiennent qu'à la vie, et qui ne peuvent se faire et s'exécuter sans elle......

Sans doute, elle n'apparaît pas toujours sur le moment, et semble être à l'écart, se dérobant à notre observation ; mais si l'on y fait bien attention, on verra qu'il y a de ces phénomènes qui lui appartiennent en propre, et que pour cela nous nommons *phénomènes vitaux*. On verra même que souvent elle (la vie) intervient, et se montre dans les trois autres ordres de phénomènes pour en coordonner et régulariser l'action.

Nous en avons, pour ainsi dire, constamment des exemples sous les yeux ; nous en citerons quelques-uns.

Phénomènes physiques, chimiques et vitaux. — Nous avons mentionné que, pour les phénomènes mécaniques, il n'y en avait pas qui n'eussent derrière eux la vie. C'est-à-dire, que ces phénomènes sont bien de ceux qui appartiennent à la mécanique (et les mouvements sont de ce genre) ; mais la cause qui met les parties en action appartient bien aussi à la puissance vitale (*phénomènes vitaux*) ; car le cadavre, qui est pourvu des mêmes instruments ne les exécute pas. On ne confondra pas, dit Bérard, les mouvements d'un automate avec ceux qu'exécutent l'homme et les animaux.

Nous savons que pour la pesanteur et particulièrement pour les liquides, qui, par leur propre poids, tendent à se porter vers les parties inférieures ; la vie n'y entre pour rien et que le phénomène est purement physique, se trouvant là sous une loi d'*hydrostatique*. Mais en est-il de même lorsque les liquides remontent des parties inférieures vers les supérieures ? Oh ! non ; il faut faire intervenir ici une force de propulsion ; et cette force où réside-t-elle ? dans le cœur qui est lui sous la dépendance de la force vitale, de la vie enfin, car un sujet privé de la vie n'a plus de circulation, le sang qui a été porté vers les extrémités ne retourne plus vers l'organe d'impulsion, *le cœur*... Le phénomène physique qui s'était montré d'abord s'arrête, le phénomène *vital* s'y ajoute et complète l'action.

Si, poursuivant notre examen dans le même ordre de faits, *phénomènes physiques*, nous examinons ce qui a lieu dans un organe des sens, l'*œil* par exemple, qui sert à une fonction (la vision), nous constatons que les rayons lumineux partant d'un objet éclairé traversent les divers milieux de l'œil qui sont de densité et de convexité différentes, qu'ils y subissent les lois de réfraction (dioptrique), pour enfin arriver à la rétine, organe d'impression qui transmet au cerveau l'image qui est venue se peindre au fond de l'œil dans la position renversée, comme il est facile de s'en convaincre en plaçant devant ses yeux un œil de bœuf dont le segment antérieur (cornée transparente) est dirigé du côté de l'objet qui doit venir se peindre dans l'œil ; tandis que, en fixant ses regards sur la rétine par une ouverture habilement établie à cet effet sur la cornée opaque (partie latérale), on voit que cet objet est venu se peindre sur la rétine comme dans un miroir, et dans la position indiquée, c'est-à-dire renversée.

Toutes les impressions qui sont faites ainsi sont des phénomènes *physiques* ou *de daguerréotype*, où la vie n'intervient que pour maintenir l'œil et ses différentes parties dans un état d'intégrité favorable à la production du phénomène ; car s'il y avait altération ou destruction d'une partie de l'organe, ce phénomène ne pourrait se reproduire. Il en serait de même si l'œil de bœuf n'était pas dans l'état frais, et que les milieux fussent troublés dans leur transparence ; puisque quelque temps après la mort de l'animal le phénomène n'a plus lieu.

Mais à ce phénomène physique en succède un autre tout-à-fait vital, et qui est *la perception de l'image* dans sa position réelle. Ce qui donne l'appréciation de sa couleur, de sa forme, de son étendue, de sa nature même : opération de l'intelligence, phénomène *vital*, *psychique* même, c'est-à-dire où l'entendement, l'intelligence joue un rôle. Et ces phénomènes appartiennent bien à *la vie*.

En effet, les nerfs optiques, deuxième paire des nerfs crâniens, sont chargés de transmettre l'impression sentie ; mais la perception de l'image appartient au cerveau, qui en apprécie les différents états, et qui seul peut parfaire le phénomène.

Et, si *la choroïde*, membrane d'une couleur foncée (excepté chez les albinos), et qui est chargée d'absorber les rayons lumineux dispersés (1), est altérée dans une partie de sa totalité, l'impression et la perception ne sont plus les mêmes : un état variqueux des vaisseaux qui existent entre la choroïde et la face

(1) C'est-à-dire qui ne servent pas à la vision.

postérieure de l'humeur vitrée, sur laquelle cette membrane se développe, suffit pour troubler, altérer *la vision.* C'est-à-dire que le phénomène *physique* derrière lequel doit se montrer le phénomène *vital* ne s'effectuera plus de la même façon. La perception de l'image en souffrira d'abord par son défaut de netteté, et l'appréciation qui doit en être faite par un travail consécutif du cerveau, se trouvera aussi en défaut.

Il y a donc dans la vision, nous voulons dire dans la fonction de la vision, un phénomène d'optique d'abord, *phénomène physique*; et ensuite un phénomène *vital* sans lequel la vision n'a pas lieu... L'intégrité de l'organe cérébral n'est pas moins nécessaire que celle des autres parties.

Une preuve que le phénomène *physique* ne suffit pas seul, c'est qu'après la section du nerf optique, les choses se passent de la même façon par rapport à la dioptrique. C'est-à-dire que la lumière traverse les différents milieux de l'œil en subissant les déviations ou les réfractions qu'elle éprouve en traversant les corps transparents; mais alors c'est sans résultat : la sensation visuelle ne peut avoir lieu si l'organe qui transmet l'impression (le nerf optique) n'est pas dans son état d'intégrité normale.

Il en serait de même de l'ouïe, dans le cas ou le nerf auditif aurait subi une altération, une destruction : en vain les ondes sonores arriveraient au pavillon de l'oreille; en vain elles viendraient frapper la membrane du tympan et mettre en oscillation les osselets contenus dans l'oreille moyenne, pour de là se répandre dans l'oreille interne par la fenêtre ronde et la fenêtre ovale sur laquelle repose la base de l'étrier, la perception du son n'aurait pas lieu, et le phénomène physique, quoique existant dans toute son étendue, ne produirait aucune impression, s'il n'y avait pas, ensuite, le phénomène vital pour compléter l'action, au moyen d'un nerf spécial : le seul qui ait la propriété de ressentir l'impression et de la transmettre au centre nerveux, *le nerf acoustique ou labyrinthique*, nerf de la septième paire (1).

(1) Tout ce qui se rapporte de près ou de loin à l'action nerveuse (innervation), rentre dans les phénomènes vitaux.

Si donc les ondes sonores rencontrent le nerf, elles arriveront à la perception, s'il est coupé, l'effet est nul et sans portée.

Il en sera d'un autre organe comme de celui-ci; l'appareil *olfactif*, pour nous servir encore d'un dernier exemple pris dans les nerfs des sens, supportera les mêmes désordres si le nerf de la première paire est lésé dans ses parties : les odeurs se répandront toujours sur la membrane pituitaire (ou membrane olfactive), où le nerf se déploie, mais il n'y aura jamais, après la pénétration des corps odorants, une perception, une appréciation de leur nature et de leur intensité : l'impression n'ayant pas été portée au centre nerveux, à l'organe de perception, qui en fait une appréciation par la propriété vitale qui est en lui, qui lui est inhérente.

Pour l'organe du goût, ce sera le même effet, si le nerf lingual et le glosso-pharyngien sont lésés ou coupés, les impressions sapides et tactiles n'auront pas lieu (1).

Mais si quittant les exemples que nous avons choisis à dessein dans ce que l'on appelle les organes des sens, afin de montrer d'une manière plus frappante que derrière les phénomènes physiques se montrent des phénomènes vitaux, et que sans eux les premiers sont comme non avenus pour les besoins de l'économie; si, quittant, disons-nous, ces exemples, il nous fallait en chercher dans un autre ordre de faits, nous trouverions encore de nouvelles démonstrations dans d'autres fonctions.

Nous avons déjà cité la circulation qui, aux phénomènes *physiques :* pesanteur des liquides, compression des liquides, présente, comme phénomène *vital*, l'aspiration qui se fait dans la poitrine consécutivement à la dilatation de la cavité thoracique, opérée par l'action des muscles intercostaux et autres, qui sont tout-à-fait sous l'empire de la volonté, constituant, par cela, un phénomène *vital* que la vie seule produit : quoique l'on ait

---

(1) Des cinq nerfs qui se distribuent à la langue, le glosso-pharyngien paraît plus particulièrement présider à la gustation, mais seulement pour la partie postérieure; le lingual serait affecté aux sensations tactiles et gustatives, en même temps, dans le reste de l'organe.

L'hypoglosse est le nerf chargé des mouvements.

cherché mécaniquement à provoquer cette dilatation, ce soulèvement des côtes, et qu'avec de la persévérance on ait fini par l'obtenir assez souvent, si on ne se rebute pas trop tôt. — On a vu des soins bien administrés être couronnés de succès au bout d'une demi-heure, une heure, et alors que tout espoir semblait perdu, soit dans un cas d'asphyxie par submersion, par strangulation, ou par gaz non respirables (acide carbonique, hydrogène sulfuré, etc.).

Il est évident que dans ces cas on cherche à rappeler l'action vitale, momentanément suspendue, et dont une absence plus prolongée détermine la mort.

Pour ce qui est du sujet qui nous occupe principalement ici, et dans lequel nous cherchons à faire la part de ce qui appartient, dans l'organisme, aux phénomènes physiques et aux phénomènes *vitaux*, nous devons mentionner maintenant que par rapport aux phénomènes *chimiques*, il y a aussi des explications à donner à ce sujet.

Dans la digestion, par exemple, fonction assez compliquée, il y a une foule de phénomènes qui appartiennent à ces trois ordres de faits. Il y a des phénomènes *physiques*, il y en a de *chimiques*, mais il y en a aussi de *vitaux* qu'on ne peut méconnaître.

Les mouvements particuliers de l'estomac; ceux des intestins, que l'on appelle mouvements *péristaltiques* et *antipéristaltiques*, la production du suc digestif dans cet organe sont sous l'influence des forces de la vie (forces vitales). Les différents autres phénomènes qui se produisent ensuite pour arriver à l'acte de la nutrition, appartiennent plus ou moins aux forces *vitales;* mais la nutrition est un phénomène éminemment *vital*, et auquel la digestion, et les différents autres actes de l'économie qui la précèdent, viennent aboutir nécessairement, car la *nutrition* proprement dite succède à l'absorption et l'*absorption* se fait au fur et à mesure que les substances ingérées dans l'estomac, sont arrivées, par la digestion, au point d'être absorbables et *assimilables* à notre propre substance, en se substituant, molécule à molécule, aux parties désassimilées.

Ainsi les aliments, par le premier acte, subissent au moment de leur introduction dans la bouche, un travail de trituration tout-à-fait sous l'influence des mouvements musculaires soumis à l'empire de la volonté; l'*insalivation* qui vient ensuite, ou autrement dire la pénétration, l'imbibition de toutes les parties alimentaires par le liquide salivaire, au contact de l'air, est un phénomène physico-chimique, quoique tous les aliments ne subissent pas le premier effet de la salive qui, par sa constitution, peut être considérée comme une diastase (salivaire) qui s'exerce sur les substances féculentes, et contribue à la transformation subséquente de la fécule (amidon) en dextrine, puis en glycose ou glucose; ce n'est là que le commencement d'une altération spéciale de produits salivaires à la surface de la membrane muqueuse buccale, au contact de l'air qui y joue un rôle. C'est une première opération *physico-chimique*, avons-nous dit, qui s'exerce seulement sur les substances amylacées (substances ternaires), les autres passent mêlées au fluide sécrété et trouvent autre part leur dissolution et leur transformation; car une autre diastase leur sera fournie par le liquide biliaire, pancréatique, suc intestinal aussi, et s'appliquera aux substances *protéiques*. Tous ces actes sont évidemment *physico-chimiques;* car dans un matras, une soucoupe, les substances animales dites azotées (substances quaternaires) et en présence de la pepsine, d'un acide et d'une température voulue, ces substances éprouveront le même effet que dans l'estomac, où ces mêmes liquides *pepsine*, *acide lactique* se trouvent y être fournis en état de santé par une action *vitale* (1). Ce qui constitue pour nous, dans cette action de l'organisme, un phénomène *physico-chimique* précédé ou accompagné d'un phénomène *vital*.

---

(1) Pendant quelque temps on n'était pas bien assuré de la nature du liquide stomacal digestif, on pensait que ce pouvait être de l'acide hydrochlorique (acide chlorhydrique), peut-être acide sulfurique; mais l'éminent professeur de l'Ecole de Paris, a fixé la question : c'est de l'acide lactique.

Le fait avait été soupçonné par Chevreul, et pour ainsi dire, démontré par Bernard, qui affirme que le suc gastrique dans lequel entre la pepsine, ne liquéfie pas les aliments, il en opère le gonflement et les dispose à la liquéfaction qui s'en opère hors de l'estomac, dans l'intestin grêle, par les fluides biliaire, pancréatique, suc intestinal. (NYSTEN, art. *pepsine*).

Enfin les substances ternaires, aussi bien les huiles que les corps gras, trouvent dans la bile et le suc pancréatique le moyen d'arriver à l'état d'émulsion qui leur permet d'être absorbés par les *chylifères*, les vaisseaux *lymphatiques* et les *veines*.

Ce qui veut dire qu'une grande partie des substances alimentaires amenées à l'état voulu d'absorption, vont servir à de nouvelles transformations : *chyle*, *peptone* ou *peptose*, *glycose* même, qui fournissent au sang les matériaux assimilables, ou autrement dire, capables de remplacer les parties détruites, usées par le jeu des organes dans leur fonctionnement ; acte *vital* s'il en fut et incessant ; car il y a toujours des remplacements à faire ou des accroissements à opérer, par conséquent, *assimilation, désassimilation*, phénomènes de *nutrition* ou incorporation de principes immédiats à nos parties solides et liquides ; le tout sous l'influence des forces vitales, de la *puissance vitale*.

En résumé, les phénomènes physiques sont nombreux dans l'économie animale ; les *phénomènes chimiques* ne le sont pas moins ; nous leur devons beaucoup dans ce grand acte de la digestion, mais nous ferons appartenir l'*absorption* qui la suit et la nutrition proprement dite qui la termine, aux phénomènes *vitaux*. Nous pensons, plus que jamais, que le remplacement dans nos organes, molécule à molécule, des parties éliminées est un acte *vital*, un phénomène *vital*, et que la vie seule peut produire.

Nous savons bien que la *nutrition* ne se fait pas seulement au moyen des aliments en y comprenant même l'eau, car l'eau est considérée comme un aliment.....

Les corps extérieurs qui nous entourent ont aussi leur action physique ou chimique dans la *nutrition*. L'oxygène de l'air, qui opère sur le sang des modifications si importantes dans ce grand acte de l'hématose, sert incontestablement à l'entretien et au développement du corps des animaux. L'action de l'oxygène sur le sang veineux, dans l'intérieur du poumon, est évidemment une action physique, *phénomène physico-chimique*, si l'on veut, car l'échange de gaz se fait aussi bien dans un vase et à l'air libre, que dans les vésicules pulmonaires et au travers des porosités des vaisseaux capillaires ; mais l'oxygène qui est introduit dans nos parties avec les portions alibiles qui ont été amenées au point d'être absorbables et assimilables à notre propre substance, cet oxygène, disons-nous, comme celui qui a été introduit sur toute la surface du corps par l'absorption cutanée et que nous nous sommes approprié, fait partie de notre organisation et en forme un des principes immédiats, chimiquement parlant; or, il n'est devenu partie intégrante de notre organisme que par un phénomène essentiellement vital, *la nutrition* (1).

Nous n'avons pas besoin de rappeler qu'il n'existe rien de semblable dans un corps inerte, dans un corps mort; rien ne se répare, rien ne se reconstitue molécule à molécule, dans le règne inorganique, comme cela a lieu dans les corps organisés et vivants.

Nous terminerons l'énumération des phénomènes *mécaniques, physiques, chimiques* et *vitaux*, par l'énonciation d'un de ces derniers, celui qui semble plus en rapport avec *la vie* qu'aucun autre, et qui lui appartient en propre comme phénomène *vital*. Nous voulons parler de l'influence nerveuse, action du système nerveux (innervation) et ses effets dans certains phénomènes de l'économie animale.

« Rien ne se meut, rien ne sent, ne s'agite dans le corps humain sans la participation des nerfs. » (P. BÉRARD). Les nerfs sont les conducteurs de la sensibilité et du mouvement. Une partie ne vit plus si le nerf qui la parcourt est détruit ou si elle ne reçoit d'autre part des filets nerveux provenant d'une autre source... Nous avons dit quelque chose, déjà, de la composition des nerfs : leur usage est de donner le sentiment et le mouvement dans toutes les parties du corps... Une partie quelconque reçoit une impression, elle est transmise de suite aux centres nerveux, et les centres nerveux réagissent, commandent, ordonnent l'action que les muscles exécutent... C'est la *motricité*

(1) Cet oxygène fait du reste partie du sang vivifiant, du sang artériel, comme celui qui a été puisé dans les poumons par une action *vitale* (la respiration), qui a déterminé l'entrée de l'air dans les poumons et consécutivement l'action *physico-chimique* de l'oxygène sur le sang.

ou faculté de produire des mouvements. De quelle manière, de quelle façon cette impression est-elle transmise? et de quelle manière les mouvements sont-ils exécutés? C'est ce qu'il est assez difficile, pour ne pas dire impossible, de démêler dans les *nerfs mixtes*.

Mais la découverte de Ch. Bell nous a démontré que les racines des nerfs, en sortant des *centres nerveux*, se divisent immédiatement, et avant leur entrée dans les trous de conjugaisons, en racines antérieures et racines postérieures; Ch. Bell, disons-nous, nous a fait connaitre par des expériences qui seront relatées à la fontion d'*innervation*, que les racines postérieures des nerfs rachidiens président à la *sensibilité* et les racines antérieures à la *motilité*, autrement dit aux mouvements (faculté de se mouvoir), et nous nous sommes trouvés initiés à ce phénomène tout-à-fait *vital :* que la sensibilité existait par les nerfs, et que les mouvements leur appartenaient aussi, sans qu'on puisse découvrir, dans leur *continuité*, si telle partie appartient à la sensibilité et telle autre aux mouvements. Cependant, à leur origine, les racines postérieures (celles de la sensibilité) témoignent de cette faculté, de plus, elles sont moins fortes, moins volumineuses que les antérieures qui président aux mouvements.

Mais, comme après leur sortie des trous de conjugaisons, les fibres sont mêlées, il n'est plus possible, dans les nerfs des membres et des autres organes, de distinguer celles de ces fibres qui appartiennent à la sensibilité et celles qui sont affectées aux mouvements. Cependant, comme dans les nerfs *cephalo-rachidiens* il y a des fibres grises et d'autres plus blanches, on est porté à croire que les fibres grises, ou plutôt les tubes (1) qui affectent cette couleur, sont plus particulièrement destinées à la sensibilité, et les tubes ou fibres blanches aux mouvements. Nous dirons, en décrivant le système nerveux, quelle est la composition des nerfs. Nous avancerons seulement ici qu'il y a dans un

(1) Aujourd'hui, on appelle *tubes nerveux* l'élément essentiel du tissu nerveux, et que faute d'un grossissement suffisant, on a longtemps décrits comme des fibres. Le mot *fibre nerveuse* est cependant resté dans la science.

nerf une substance amorphe, *pulpe nerveuse*, et qu'elle est répandue dans les nerfs mixtes aussi bien que dans les tubes (fibres nerveuses) qui composent la moëlle rachidienne, et que, de plus, il y a une fibre centrale qui occupe l'axe de cette pulpe nerveuse (c'est le cylindre de l'axe ou axe central). L'envelôppe qui entoure ces parties, névrilème, est désigné par M. Robin sous le nom de *périnèvre*, lorsque l'on veut désigner l'élément anatomique qui offre une disposition tubuleuse autour des *faisceaux primitifs* des tubes, dans les nerfs de la vie animale et dans les filets blancs du grand sympathique. Ce névrilème contient une multitude de ces fibres et constitue le *nerf*; car non-seulement il forme autour de chaque nerf, mais aussi autour de chaque fibre nerveuse, dont l'ensemble concourt à former un nerf, une sorte de canal dans lequel est logée cette pulpe nerveuse.

Ce sont, pour ainsi dire, trois tubes emboîtés l'un dans l'autre: tube névrilématique, tube ou pulpe nerveuse, axe central ou cylindre de l'axe. Voilà, avec les vaisseaux qui se ramifient sur la surface des nerfs, tout un système, dirons-nous, qui est chargé de nos impressions et de nos mouvements. Ajoutons que dans les nerfs crâniens il y en a de sensitifs, il y en a de moteurs et il y en a même encore qui président aux différents *sens*.

Ainsi, le nerf *lingual* est un nerf tactile; le *glossopharyngien* un nerf du goût; le nerf *hypoglosse* préside aux mouvements de la langue. Cet organe reçoit donc des nerfs de trois espèces différentes, sans compter la corde du tympan, rameau du nerf vidien, qui s'accole au lingual, et quelques rameaux du laryngé supérieur provenant du *pneumo gastrique*.

Mais si nous connaissons qu'il y a dans les nerfs mixtes des fibres pour la *sensibilité* et des fibres pour la *motilité*, savons-nous comment se fait cette transmission par ces fibres ou tubes nerveux? Les nerfs peuvent-ils être comparés à des cordes vibrantes? Sont-ce des fibres ou des *fils* électriques? La substance pulpeuse demi-fluide, interposée entre deux membranes qui serviraient d'armature et qui enveloppent la dissolution presque aqueuse de la moëlle, ferait-elle office de conducteur?

« Ce serait donc l'électricité qui ferait mouvoir la machine humaine. » (P. Bérard).

Cet auteur, après s'être posé ces questions, ajoute : « Cette opinion a des partisans..... »

« Le fluide électrique, dans les corps organisés vivants ne serait qu'une modification du fluide universel qui remplit l'espace. » (P. Pultier).

L'électricité dans les corps vivants, parait être le résultat des actes chimiques d'assimilation et de désassimilation qui caractérisent la *nutrition*.....

En hiver, les corps très-refroidis, ne montrent aucune électricité ; mais celle-ci apparait, peu à peu, à mesure que les corps s'échauffent.

Les boissons spiritueuses développent de la chaleur comme les mouvements, les frottements ; et augmentent la quantité d'*électricité*. (Nysten).

Un auteur a dit que certains fluides de l'économie, le *sang* par exemple, était *électropositif* par nature, par tempérament, par tension ; ainsi, électrisé d'une manière, et d'autres liquides impressifs permanents, de l'économie, étant négatifs, il finissaient par se constituer en état d'électricité permanente, et, par leur influx réciproque, déterminaient les mouvements organiques de la *vie* (1). D'après le même auteur, le sang veineux est moins électropositif que le sang artériel (page 23) ; et l'appareil nerveux est un conducteur continu soumis à ces divers impressifs dans des points d'impression particuliers à chacun d'eux. Alors, de cette triple considération ressort cette large synthèse : l'*organisme vivant est un système physiologiquement semblable au système universel* (ouvrage cité, page 20).

Mais pour qu'il en fut des nerfs comme des fils électriques, il faudrait qu'ils fussent bon conducteurs ; et que l'électricité agit sur eux comme sur les fils. Et, si elle agit, ce n'est pas du moins de la même façon, et avec la même rapidité. Il y a de plus à observer qu'un fil électrique, quoique interrompu dans sa continuité, transmet encore l'électricité si les deux extrémités de ce fil sont mises en contact bout à bout.

---

(1) Durand, de Lunel, *Recherches sur la qualité électro-chimique du sang*, page 2.

Un nerf coupé ne transmet plus l'impression, quoique vous approchiez et réunissiez les deux extrémités. Si vous touchez le bout périphérique, la sensation n'est pas perçue; l'impression n'est pas sentie comme on le dit, et le mouvement réflexe ne se fait pas.

C'est clair! La transmission du mouvement ne peut avoir lieu que si l'impression a été perçue; et elle ne peut se produire (encore une fois), que s'il n'y a pas d'interruption dans la continuité du nerf.

Dans ce dernier cas, la transmission se fait assez rapidement, il est vrai; mais est-elle comparable pour sa vélocité à celle de l'électricité, qui se meut avec une rapidité deux fois plus grande que celle de la lumière! La différence est de 460,000 à 260,000 kilomètres par seconde!.....

Pour le fluide nerveux, cette différence serait de plusieurs centaines de milliers de fois moindre!

Si par inadvertance vous appliquez le doigt sur un corps brûlant; aussitôt la perception se transmet et le mouvement est ordonné; c'est-à-dire que le doigt est retiré précipitamment; c'est prompt, très-prompt, sans doute; mais cette rapidité égale-t-elle celle de l'électricité qui parcourt 460,000 kilomètres par seconde?

Il y a dans ce fait, et sans qu'on y fasse attention, entre l'impression perçue et l'action réflexe qui la suit, un laps de temps court, c'est vrai, mais qui cependant est appréciable.

Si par exemple encore, vous voulez saisir un corps, un objet quelconque, puis, qu'au moment de le faire vous ne le voulussiez plus. Eh bien, malgré cela, vous avez déjà mis la main dessus, parce qu'il y a eu un intervalle assez grand entre vouloir et ne plus vouloir. Intervalle qui a donné au vouloir le temps d'exécuter l'action.....

Par quel moyen la sensation est-elle perçue et transmise? Nous le savons; ce sont les nerfs qui en sont les conducteurs. Quel est l'agent de conductibilité? C'est le fluide nerveux à n'en pas douter qui est mis en jeu, sous l'influence d'une *action vitale;* ce qui constitue, pour nous, un *phénomène vital;* point où nous voulions en venir; car il n'y a plus d'action nerveuse après la mort; en d'autres termes l'*innervation* n'existe plus; et le fluide électrique ou galvanique ne rappellerait alors que momentanément quelques mouvements dans les parties que l'on soumet à son action; et encore, faut-il pour cela que les parties soient tout récemment privées de la vie; comme lorsqu'on galvanise les extrémités inférieures d'une grenouille, dont on a mis le nerf sciatique à découvert. Et, si d'autres parties de l'animal semblent être sensibles à cette action, comme lorsqu'on l'applique sur un muscle, c'est que le galvanisme ne développe qu'une contractilité fibrillaire, qui n'est pas la contraction, c'est-à-dire une action musculaire, comme celle qui est sous l'empire de la volonté (1).

On voit que nous cherchons toujours à dégager ce qui nous semble vraiment *vital* dans un phénomène, d'avec ce qui est entièrement physique, chimique ou mécanique.

De cette façon, nous ne ferons pas comme le *vitalisme pur*, qui met sous la dépendance du principe vital toutes les actions organiques, l'existence du principe vital, comme être ou substance distincte, est, ainsi que le dit M. J. Béclard (1), une hypothèse

---

(1) La contractilité n'est pas la contraction, toute contractilité n'est pas motilité.

La *motilité* est plus spécialement affectée à la vie animale, aux mouvements volontaires.

L'autre, contractilité musculaire (myotilité de Chaussier), semble plus particulièrement appartenir à la vie organique. Cl. Bernard a reconnu que le *curare* anéantit toutes les propriétés des nerfs de la vie animale, et laisse intactes celles de la vie organique; ce qui lui a permis d'étudier ainsi les usages du grand sympathique.

Il résulte de nombreuses expériences que la contractilité musculaire est une propriété inhérente à la fibre musculaire. Cette propriété peut-être mise en jeu, soit sous l'influence nerveuse (volonté ou excitation sensitive réflexe), soit sous l'influence d'agents qui agissent directement sur elle, tels que l'action mécanique, l'action chimique et l'action galvanique.

Le curare, dont M. Cl. Bernard s'est servi dans ses singulières expériences sur la fibre nerveuse et musculaire, et qui lui a permis d'étudier les usages du grand sympathique, lui a fait constater aussi que cette substance a le singulier effet d'anéantir absolument la propriété *excito-motrice* des nerfs, tout en laissant aux muscles la propriété de se contracter (contractilité) sous l'influence des excitants directs. (J. Béclard, page 621).

(1) *Traité élémentaire de physiologie*, page 10.

insoutenable et inutile. Nous faisons une large part à ce qui peut se rapporter aux lois de la physique, de la chimie et de la dynamique ; mais nous ne pouvons renoncer à voir des phénomènes purement *vitaux*, quand ils se montrent ; comme nous ne pouvons méconnaître qu'il y a même de ces phénomènes (vitaux) qui précèdent ou accompagnent les phénomènes physiques, chimiques ou mécaniques dans les actes fonctionnels, dont l'ensemble constitue la vie.

Aussi allons-nous nous occuper plus spécialement des phénomènes où la vie intervient plus particulièrement, qui se trouvent par conséquent sous sa dépendance, et qu'elle seule peut produire.

Nous avons vu les phénomènes mécaniques, physiques et chimiques les plus saillants de l'économie, et dans ces derniers nous avons mentionné ceux qui interviennent physiquement et chimiquement pendant la *digestion.*

Phénomènes vitaux proprement dits. Mais nous voulons nous arrêter un moment sur ceux qui se montrent dans *cet acte* et dans celui qui le suit, c'est-à-dire l'assimilation des matériaux alibiles à notre propre substance, après que *l'absorption* s'en est emparée, et que le sang les a charriés et portés dans tous les organes et les tissus ; opération qui en dernier résultat est *la nutrition.*

Ainsi donc, les substances alimentaires mélangées, ou plutôt élaborées par le fait de *la digestion*, ont été amenées à l'état de substances absorbables (les fécules, les substances protéiques et les corps gras).

Ces substances sont désormais *alibiles*, qu'il faut distinguer des substances alimentaires, attendu que ces dernières contiennent toujours, outre la partie nutritive ou alibile, des portions qui ne peuvent servir à la nutrition et qui doivent être rejetées au dehors comme *excrémentitielles*.

Nous supposons donc que ces mêmes substances, comme toutes les autres parties du chyme qui sont de nature à servir à l'entretien du corps, ont été, soit émulsionnées, soit converties en *albuminose*, *peptone* ou *peptose*, voire même en glycose; le tout par le fait de la digestion et de l'action de certains organes, et de leurs produits dans l'intestin grêle.

Toutes ces conversions isomériques ont été portées par les vaisseaux *chylifères* et *les veines* dans le torrent de la circulation au moyen du canal thoracique pour le côté gauche, et du grand vaisseau lymphatique pour le côté droit, qui les ont versées, le premier dans la veine sous-clavière gauche, et le second dans la veine sous-clavière droite.

La veine cave supérieure, qui se trouve formée par la réunion de ces deux veines, les reçoit, et comme elle vient s'ouvrir à la partie supérieure de l'oreillette droite, ces substances font alors partie du sang, qui les transporte dans toutes les parties du corps. Quant aux absorptions qui sont faites dans le canal intestinal par les veines gastro-colites, mésentériques et spléniques, elles ont été portées aussi dans le sang, d'abord dans le système de la veine porte, puis dans la veine *cave inférieure,* pour être versées ensuite dans la partie postérieure et inférieure de la même oreillette droite; de sorte que ces matériaux, comme les premiers, deviennent partie intégrante du liquide nutritif (le sang).

Ils sont en effet mêlés au sang, ils circulent avec lui et avec lui parviennent dans les poumons, où ils sont soumis à l'hématose. Ce sont ces mêmes matériaux qui fournissent à l'économie les moyens de réparer (par l'assimilation à nos parties de leurs principes) les pertes, les usures causées dans l'organisme vivant par la désassimilation progressive qui s'en fait d'une manière continue.

C'est donc à leurs transformations isomériques qu'est dû le mouvement de composition et de décomposition qui s'opère dans l'économie animale. Ici nous entrons pleinement dans les phénomènes *vitaux*, car ces substances n'ont pu subir les transformations que nous avons assez longuement détaillées, et n'ont pu s'incorporer à nos parties solides ou liquides que par un arrangement moléculaire différent entre les atômes élémentaires, et que par un acte ou action vitale, phénomène que la vie seule peut produire. Ce n'est, en effet, que par les propres forces de la vie qu'il a lieu, et, en dehors d'elle, il ne peut s'opérer. Nous avons dit, d'après Bérard, que « l'organisme était le théâtre de

« la vie ; que c'était une sorte de laboratoire animé dans lequel « pénètrent, *pour jouir de la vie*, les molécules du monde inor- « ganique, et d'où sortent les molécules qui ont vécu : il est « toujours lui avec des matières nouvelles. »

Les phénomènes *vitaux* sont donc ceux qui se passent dans l'organisme vivant et qui ne peuvent être ramenés ni aux lois de la physique, de la chimie, ni de la mécanique.

Mais le couronnement de l'œuvre pour les phénomènes, c'est ce qui se passe sous nos yeux et qui existe dans un grand nombre de nos parties. Nous en avons déjà touché quelque chose en parlant des organes des sens ; nous voulons parler du phénomène de *l'innervation*, mode d'activité propre et inhérent au tissu nerveux central et périphérique.

Nous avons dit ailleurs que le système nerveux était l'ensemble de tous les nerfs et des centres nerveux avec lesquels ces nerfs communiquent ; nous avons dit comment ils se fusionnaient dans ces centres, et comment ils s'épanouissaient à la surface du corps, c'est-à-dire comment ils se répandaient dans la peau, de manière à lui donner cette sensibilité si exquise qu'elle possède.

Nous répétons qu'à cet effet, les nerfs arrivés à la périphérie subissent une ramescence à l'infini ; ils quittent leur *nevrilème* (enveloppe) et s'étalent en forme de filaments même imperceptibles, dans le corps muqueux de la peau, ou couche de malpighi ; de façon que tous les points du corps sont pourvus d'une sensibilité qui est l'origine du tact et du toucher ; deux choses qu'il ne faut pas confondre, ainsi qu'il sera dit ailleurs.

Il résulte des recherches, toutes récentes, de MM. Vulpian et Philippeaux, que les nerfs à leur extrémité périphérique, comme à leur extrémité centrale, se résolvent en une espèce de masse pulpeuse qui, pour l'extrémité centrale, est très-étendue, d'une certaine consistance, et forme la substance cérébrale ; c'est le lieu où ils se perdent et où on ne peut les suivre, formant en cet endroit la substance blanche et la substance grise cérébrale : la substance blanche considérée comme renfermant les tubes nerveux destinés aux *mouvements* et la substance grise comme contenant l'épanouissement de ceux qui président à la *sensibilité*. Pour l'extrémité périphérique des nerfs, ils se termineraient à la peau et se perdraient en présentent à leur extrémité un point ou petite houppe molle assez développée et qui formerait ce qu'on a appelé de tout temps *houppe nerveuse*, se produisant par masses très-étendues et qui donneraient selon leur nombre et leur quantité, plus ou moins de *sensibilité*, dans telle ou telle partie.

On admet aujourd'hui que parmi ces fibres, qui se divisent ainsi à l'infini, il y en a qui se répandent dans tous les tissus et dans tous les organes dont ils entretiennent la contractilité par une action réflexe en même temps qu'ils y donnent la sensibilité, la *vie*. Or, c'est ici qu'apparaît le phénomène vital ; car cette action réflexe est tout-à-fait sous sa dépendance ; nous n'en avons nullement conscience ; c'est ainsi que presque tous les organes fonctionnent à notre insu ; et cependant il s'y passe des mouvements, des contractions, ou plutôt une contractilité dont nous n'avons pas conscience.... Ils sont sensibles ces organes ; c'est-à-dire pourvus de la sensibilité qui leur est propre sous l'influence de l'agent spécial de cette sensibilité. Exemple : le foie est un organe sensible, peut-être pas éminemment sensible comme sensibilité perçue, eh bien, quand cette sensibilité insciente (non consciente comme on dit), est arrivée à l'exaltation, par suite d'une inflamation, ou d'une cause irritative, cette sensibilité développée dans cette circonstance devient percevante et la moindre pression à l'endroit de cet organe fait naître une souffrance, tant cette sensibilité s'est accrue. Autre exemple : l'estomac qui fonctionne pour ainsi-dire sous nos yeux a aussi une sensibilité et même une contractilité qui n'est pas perçue et par conséquent en dehors de notre volonté ; nous y sentons à peine les aliments quand ils y sont introduits, eh bien, cependant, leur présence excite dans cet organe tous les phénomènes qui appartiennent au commencement de la *digestion*.... Si cette sensibilité se trouve exaltée par une cause quelconque, *état morbide, ou autre*, alors elle devient percevante ; mais dans l'état ordinaire, l'organe n'a pas moins déterminé, par la sensibilité (*sui generis*) que les aliments y ont fait naître, une action réflexe qui fait qu'il se contracte, se ramasse, se roule pour ainsi-dire sur lui-même et par des mouvements comme de reptation, semblables aux mouvements des intestins (mouvements péristaltiques et anti-péristaltiques) mais plus prononcés ; le phénomène chimique qui s'y passe d'abord, se trouve accéléré ; c'est-à-dire que la chimification, un des premiers actes de la digestion, s'y accomplit.

Ces mouvements particuliers de l'estomac sont une action réflexe non sentie (inscientc) sous l'influence de son excitant naturel (les aliments). La production du suc gastrique qui s'y trouve sécrété, n'est pas moins que l'autre un phénomène vital. L'action réflexe se produit dans bien d'autres circonstances ; mais toujours constituant un phénomène *vital:* la présence de l'urine dans la vessie ; celle des matières fécales dans l'intestin rectum, font naître le besoin d'une évacuation, par action réflexe.

La présence de ces matières liquides ou solides a fait éprouver une sensation qui a été transmise aux centres nerveux qui ont eux, déterminé l'action (l'expulsion de ces matières) et cette fois par un autre phénomène vital, mais soumis à l'empire de la volonté (l'effort). Disposition des mieux établies, car les contractions naturelles de la vessie et de l'intestin eussent surmonté l'obstacle que peuvent opposer les sphincters de la vessie et du rectum (1), s'ils n'avaient été placés sous l'empire de la volonté.

Les contractions propres de la vessie et celles de l'intestin sont un phénomène vital, par action réflexe non perçue. L'effort d'expulsion est un phénomène vital, sous la dépendance de la volonté, et la contractilité permanente des sphincters, pour éviter les fuites, est aussi une action vitale sous l'influence de la volonté, attendu que de cette manière, et par la volonté, cette même contractilité peut être augmentée ; au point de retarder l'expulsion qui serait devenue imminente sous les contractions réflexes non perçues des deux organes *vessie* et *rectum* (2). Ceci ne souffre d'exception que si un de ces organes ou les deux ensemble se montent au degré de souffrance ou d'irritation, comme cela se voit dans certaines affections de la vessie et de

(1) La vessie a aussi un sphincter quoiqu'il ait été nié : ne fut-ce que la portion antérieure du releveur de l'anus.

(2) Il y a de plus une contractilité permanente qui est une propriété du tissu vivant et que possèdent toutes les ouvertures à sphincter.

l'intestin, où la volonté est impuissante à mettre obstacle aux évacuations qui se produisent alors.

Il y a, comme on le voit, des phénomènes vitaux, *sensibilité, contractilité* non perçues, *sensibilité, contractilité* perçues ; ce sont des propriétés *vitales* qui produisent des actions réflexes ou qui en sont les effets. Les unes sont soustraites à l'empire de la volonté ; d'autres sont sous sa dépendance. En un mot, il peut y avoir action vitale, phénomène vital, sans que nous le sachions, sans que nous le voulions et il y a des actions vitales, des phénomènes vitaux que nous pouvons diriger nous-mêmes.

Nous avons dit que les nerfs, dont les parties intérieures en forme de tubes (tubes nerveux), sont remplies par une substance molle, demi-fluide (pulpe nerveuse) (1), communiquaient avec les centres nerveux ; nous devons ajouter que ces nerfs, qu'ils soient soumis à l'influence de la volonté, ou qu'ils y soient soustraits, tirent leur origine des centres nerveux, ce qui équivaut à dire qu'ils s'y rendent ou qu'ils en sortent, selon que l'on voudra les y faire arriver ou les en faire partir. On place cependant l'origine des nerfs au cerveau. Dans tous les cas, ils y puisent la force d'action des centres nerveux et toujours des centres nerveux. Des expériences faites à ce sujet par MM. Flourens, Cl. Bernard, Longet, prouvent évidemment que c'est dans certaines parties du cerveau et de la moëlle épinière (centres nerveux), que les nerfs, soumis ou non à notre volonté, ont leur source, leur principe d'action. Il faut que toute *sensation*, ou pour mieux dire toute impression perçue ou non perçue, arrive à un point des centres nerveux, passe par ces centres nerveux pour aller au cerveau, si l'impression doit être sentie, et au centre rachidien (moëlle épinière), si elle est inconsciente. Mais cette dernière sensibilité peut être exaltée (comme nous l'avons dit) au point d'en avoir conscience, et alors il faut que sa transmission ait lieu jusqu'au cerveau pour qu'elle devienne percevante, comme on le voit dans les inflammations des tissus organiques.

Le mot *sensation*, que nous avons employé à la place de celui

(1) C'est une huile demi-solide, dans l'état de vie, qui isole les axes fibrineux des axes des tubes voisins. — J. Béclard, p. 901.

de *sensibilité*, peut faire équivoque et prendre ce mot dans un sens qui ne lui appartient pas, comme de l'entendre de l'impression faite par les objets extérieurs sur les organes de l'entendement et dont le cerveau a la perception : sensation plus ou moins pénible, plus ou moins agréable, que reçoit l'âme d'une impression qui la frappe. Les phénomènes de ce genre se produisent dans les organes de la pensée, de l'intelligence, ils sont plus spécialement du domaine de la psychologie que de la physiologie pour laquelle la science a adopté le mot *sensibilité* et le lui a conservé.

Quoi qu'il en soit, nous avons cherché à démontrer qu'un organe, quoiqu'ayant été impressionné à sa manière, c'est-à-dire par le stimulant qui lui est propre, une action réflexe s'en suit, action réflexe soumise ou non soumise à notre volonté.

Pour la vie organique, le plus souvent l'impression et l'action réflexe (à moins de circonstances particulières), ne sont pas appréciables (elles sont inconscientes)... Nous citerons par exemple *le cœur*, dont les battements témoignent bien qu'il s'y passe une action sous la présence du sang, son stimulant naturel ; mais avons-nous eu conscience de l'impression que l'organe en a reçue ? Non, eh bien, c'est cependant cette impression particulière, spéciale, qu'il en éprouve, qui a déterminé sa contraction, et le tout en dehors de nous, sans notre participation ou volonté !

Dernier exemple d'un phénomène *vital* qui n'est pas senti et qui n'en est pas moins suivi de l'action réflexe qui lui appartient : nous avons déjà cité l'effet de la lumière sur les différents milieux de l'œil, et nous avons dit qu'on ne pouvait voir là qu'un phénomène d'optique, phénomène physique ou de *dioptrique ;* mais que la rétine vienne à être frappée un peu trop vivement par un objet fortement éclairé ; à l'instant, et par action réflexe, la pupille se contracte pour ne laisser pénétrer qu'une certaine quantité de rayons, qui ne pourront alors blesser la sensibilité de la rétine, sur laquelle les rayons viennent tomber... Ceci est un phénomène vital en dehors de notre volonté ; c'est l'organe qui a agi par le moyen de ses nerfs et sans que nous puissions l'empêcher ; car, si de fermer et d'ouvrir la paupière, cela constitue aussi un phénomène vital, et cela aussi pour épargner une impression trop vive à l'organe de la vision (ou pour éviter l'atteinte d'un corps étranger), on ne le confondra pas avec le premier phénomène, qui en diffère essentiellement, parce que ces deux actions, quoique appartenant à une action réflexe, ne sont pas du même ordre. La première est une sensibilité organique perçue par l'organe, et dont nous n'avons pas la conscience : *sensibilité*, *contractilité insensibles* de Bichat.

Nous avons dit que ces deux phénomènes ne sont pas du même ordre : c'est qu'en effet les nerfs qui se distribuent à ces parties, ne le sont pas non plus. La dilatation et le resserrement de la pupille, qui a lieu à notre insu, se fait par le moyen des filets du grand sympathique, qui se distribuent à l'iris par le ganglion dit ophthalmique et par l'intermédiaire des nerfs ciliaires ou iriens. L'iris est contractile, mais il est insensible à l'excitant de la lumière ; la rétine seule jouit de cette propriété. L'iris est constitué par des fibres lisses, semblables à celles des muscles de la vie organique, et, comme pour ces derniers, sa contraction ou sa dilatation est complètement involontaire. Les mouvements de l'iris ne sont qu'indirectement excités par la lumière ; puisque c'est la rétine seule qui en reçoit l'impression, et que c'est selon le plus ou le moins grand degré de cette impression que l'iris se dilate ou se contracte ; ses mouvements sont entièrement liés à l'intégrité de la rétine. Du reste, leur mécanisme sera plus longuement expliqué à l'endroit où il sera question de la vision.

Quant au second phénomène, c'est-à-dire à l'abaissement de la paupière pour éviter un trop grand éclat de la lumière, et qui est bien un phénomène *vital*, il est sous l'influence de la volonté, il appartient aux muscles de la vie animale et se trouve sous la dépendance des nerfs de la septième paire, *nerf facial*, et de la troisième paire (moteur oculaire commun), qui animent les muscles orbiculaires des paupières, et élévateur de la paupière supérieure (nerfs crâniens).

Ainsi, l'occlusion de la paupière sous l'impression d'une lumière trop vive est un phénomène *vital* sous la dépendance de la volonté ; l'occlusion de la pupille ou plutôt la contraction, le resserrement de l'iris ou sa dilatation, n'est pas sous la dépendance de la volonté. Et voilà un effet physique, produisant une impression suivie d'une action réflexe, qui met en jeu des propriétés *vitales* de la vie organique et de la vie animale (1).

Quant à la perception de l'objet, c'est un phénomène *vital*, par suite de l'impression produite sur la rétine et transmise au cerveau qui en apprécie la couleur, la forme, l'étendue ; action de l'esprit qui appartient au jugement, à la liaison de nos idées et qui comme opération de l'intelligence, sont des phénomènes *animiques* qu'il ne faut pas confondre avec les phénomènes *vitaux* que nous avons présentés ; pas plus qu'il ne faudrait entendre ici par *animiques* ce qui a rapport à l'âme prise dans un autre sens et placée dans un autre lieu que celui où nous établissons en ce moment ces phénomènes, c'est-à-dire, au cerveau, siége du raisonnement et des opérations de notre intelligence, comme il l'est de la douleur, des impressions gaies et des passions affectives. Le cerveau secrète la pensée comme le foie, les reins, secrètent la bile, l'urine, c'est sa fonction avec d'autres encore qui lui sont propres.

Ce n'est donc pas ce qu'on pourrait entendre de *anima animæ*, système dans lequel l'âme est considérée comme la cause qui préside à tous les phénomènes de la vie ; et que l'on fait intervenir dans les corps organisés (considérés comme inertes) pour principe d'action, pour cause première, *animisme* de *Stahl*, qui considère l'âme comme un être immatériel qui est la cause de l'activité des corps organisés, veillant à sa réparation, à sa conservation et qui préside à tous les actes : de *nutrition*, de *sécrétions*, de *sensations;* d'où il suit, que les phénomènes morbides résultent des efforts que font les causes morbifiques, et de la résistance de l'âme qui veille à l'intégrité des fonctions.

« Barthez reprenant les idées de Stahl, avait lui-même abandonné cette doctrine aux sciences métaphysiques, ne considérant que le principe vital commun à tous les animaux, et qui résume, d'après lui, l'ensemble des forces vivantes ou des propriétés particulières de la matière. » RICHERAND.

(1) L'iris est, pour ainsi dire, toujours en action : étant chargé d'augmenter ou de diminuer le champ de la pupille, afin de graduer l'impression de la lumière sur la rétine, il doit agir à chaque instant du jour ; dans l'obscurité sa dilatation est considérable.

Ainsi donc, pour nous, et afin de nous résumer à ce sujet; les phénomènes qui surviennent dans l'organisme; c'est-à-dire, les modifications, les changements d'état qui peuvent s'y passer, sont établis en cinq classes qui souffrent des sous-divisions : 1° *phénomènes physiques ;* 2° *chimiques ;* 3° *mécaniques ;* 4° *vitaux ;* 5° *animiques.*

Les uns ne sont pas spécialement propres à l'homme, aux animaux ; ils sont communs à tous les corps de la nature, aux corps bruts comme aux êtres organisés ; ce sont les phénomènes mécaniques, physiques et chimiques. Ces derniers consistent particulièrement dans des transformations successives des matières qui constituent l'organisme, ou doivent entrer dans sa composition ; mais l'assimilation progressive des matières alibiles, et par suite ces transformations moléculaires de la matière organisée sont de la nutrition, et la nutrition est un phénomène vital (1). Il n'y a que la vie qui puisse produire l'assimilation, c'est-à-dire l'incorporation à nos parties solides ou liquides de principes immédiats.

Il y a des phénomènes qu'on n'observe jamais dans les corps *inorganiques*, et dont les manifestations dans ceux où ils s'opèrent impliquent nécessairement l'organisation et la vie, comme par exemple : la transmission des impressions de la circonférence au centre et du centre à la circonférence (action réflexe vitale), la contraction musculaire, c'est-à-dire occasionnant toute espèce de mouvements sous l'empire de la volonté (action directe vitale).

Ces phénomènes sont réfractaires aux lois physico-chimiques et cessent avec la vie : car ce sont eux qui la caractérisent essentiellement. Il y a plus, ils dominent les phénomènes chimiques dont ils sont les conditions. Il en est de même pour la vie organique : le suc gastrique ne transformerait pas les substances albuminoïdes si l'action vitale n'avait produit le suc digestif (pepsine, acide lactique, etc.).

---

(1) La nutrition est la propriété vitale la plus simple ; puisqu'elle consiste uniquement dans le fait continu de combinaisons et de décombinaisons des principes immédiats, constituant la substance organique. (NYSTEN).

Nous nous résumons : il peut y avoir des phénomènes physiques, chimiques et vitaux sans conscience ; il peut y en avoir dont nous avons conscience.

Les phénomènes vitaux dont nous avons la conscience ont surtout rapport aux mouvements, aux sensations.

Aux phénomènes animiques se rattachent ceux qui ont rapport à l'entendement, aux opérations de notre pensée, de notre jugement, de notre intelligence.

Ces phénomènes sont sous la dépendance du *cerveau*. Ils lui appartiennent en propre.

Leur siége paraît être dans les hémisphères cérébraux, et principalement à la partie antérieure pour les facultés intellectuelles.

« La localisation spéciale pour telle ou telle faculté a été tentée avec un certain talent, par Gall, qui a proclamé que l'intelligence avait des conditions matérielles. Mais ses idées n'ont pas généralement prévalu, quoique ses successeurs et ses disciples aient encore étendu le champ de ses observations, et par conséquent, le nombre des facultés localisées. » P. BÉRARD.

Ainsi donc, les endroits, les points du cerveau où gîte certaine faculté de l'intelligence ne peuvent pas encore être assignés avec autant d'exactitude et de bonheur qu'on s'est plu à le dire. Le siége des facultés intellectuelles à la partie antérieure des hémisphères cérébraux est généralement admis ; mais il n'en est plus de même pour la désignation de l'endroit où réside telle ou telle de ces facultés.

Nous avons fait connaître quels sont les points du cerveau que l'on a, *expérimentalement*, reconnus être le siége de certains phénomènes *vitaux*. Lorsqu'il sera question de certaines fonctions, nous chercherons à spécifier plus particulièrement encore le lieu d'où ces facultés fonctionnelles puisent leur centre d'action ; et quelques points établis par MM. Flourens, Longet, Cl. Bernard où serait l'origine de certains actes physiologiques, comme la respiration, et une nouvelle propriété fonctionnelle du foie, seront indiqués d'après leurs auteurs.

CHAPITRE IV.

DE L'ORGANISME.

Quelle est la composition de l'organisme? L'organisme est constitué par des parties solides et des parties liquides.

Les parties solides sont: les *os*, les *cartilages*, les *muscles*, les *tendons*, les *vaisseaux*, les *nerfs*, les *membranes*, les *ligaments*, etc.; dans lesquels on trouve comme dans les liquides, les principes médiats de l'organisme, considérés alors comme éléments de la matière.

Les liquides ou humeurs de l'économie sont nombreux, ils peuvent se diviser en liquides circulants et liquides sécrétés. Les liquides circulants sont: le *sang*, le *chyle*, la *lymphe*, les liquides sécrétés sont: la salive, la bile, le suc gastrique, le suc pancréatique, le suc intestinal, le lait, le sperme, les larmes, l'urine. Il y a dans tout le corps un liquide qui pénètre, baigne et imbibe toutes les parties, c'est la sérosité qui émane du plasma du sang, sans transformation notable.

Il y a aussi des gaz qui se rencontrent dans les fosses nasales, l'oreille moyenne, le larynx, le pharynx, la trachée-artère, les bronches et leurs divisions. Les cellules pulmonaires, les intestins sont, comme toutes ces autres parties, parcourus par des gaz. Le sang contient aussi des gaz, mais en quelque sorte, à l'état liquide.

Les principes immédiats de l'organisme sont, *minéraux* ou organiques. Parmi les principes immédiats minéraux se trouve l'eau, qui forme les 75mes de l'organisme entier, puis des sels: carbonates, sulfates, chlorures, phosphates, etc.; des acides: carbonique, lactique, etc.

Les principes immédiats organiques se divisent en azotés et non azotés. Les premiers sont quaternaires: *oxygène*, *hydrogène*, *carbone* et *azote;* les seconds ternaires seulement: *oxygène*, *hydrogène* et *carbone*.

Les principes immédiats azotés sont: la fibrine spontanément coagulable, l'albumine coagulable par la chaleur, la *caseïne* coagulable par les acides faibles, la *créatine*, la *créatinine*, l'*acide inosique*, l'*acide urique*, l'*urée*, etc.

Les principes immédiats non azotés sont: les *corps gras*, la *matière glycogène*, véritable amidon humain (glycose ou sucre du foie).

Les principes médiats de l'organisme, sont les éléments (corps simples) de la chimie : oxigène, hydrogène, carbone, azote, soufre, phosphore, fluor, fer, calcium, sodium, potassium, magnesium, etc.

Tous ces principes forment les parties constituantes des liquides ; ils forment aussi les parties intégrantes des solides : tels que les os, les cartilages, les muscles, en un mot toutes les parties solides du corps des animaux et dans lesquelles ces principes immédiats sont considérés comme éléments de la matière.

Qu'est-ce que l'on entend par propriétés vitales, force vitale, puissance vitale, dans le fonctionnement de l'organisme ? Les propriétés vitales sont des manières d'être de certains organes qui produisent certaines manifestations qu'on ne peut rapporter à d'autre cause qu'à la vie.

Elles appartiennent à l'organisme vivant ; elles dépendent donc de l'organisation.

Elles distinguent les corps *organisés* des corps *inorganiques*. C'est pour cette raison qu'on pourrrait les appeler, ainsi que le dit P. Bérard, propriétés organiques. Les autres corps de la nature, par rapport à leur organisation propre et particulière, pourraient être considérés comme possédant des propriétés inorganiques.

Et en effet, ces premières propriétés ne s'observent que dans les corps dits organisés, où la vie seule peut les produire ; de là : propriétés *vitales*.

On appelle (dit Nysten) « propriétés vitales le mode spécial d'activité de la substance organisée ; c'est-à-dire des éléments anatomiques, tant amorphes que figurés. Beaucoup d'éléments anatomiques ont plus d'une propriété vitale ; ils en ont tous, au moins une ; car sans cela ils ne seraient pas vivants ; ils n'auraient pas de vie ; celle qu'ils ont tous sans exception, est celle qui a reçu le nom de *nutrition.* »

Les propriétés *mécaniques* ou *physiques* sont celles qui se développent par action réciproque des masses ; telles sont la *dureté*, la *solidité*, la *liquidité*, etc.

Les propriétés *chimiques* sont celles qui se développent par les actions des corps, sous le rapport de leurs combinaisons.

Telles sont : *l'oxydabilité*, la *fusibilité*, la *dissolubilité*, etc. Les propriétés vitales sont des actions d'organes qui, encore une fois, ne peuvent avoir lieu que sous l'influence de la vie et qui cessent à la mort.

Elles doivent être distinguées des éléments physiques ou chimiques qui peuvent les compliquer, et auxquels elles s'adjoignent le plus souvent pour la production d'un phénomène, d'une fonction.

Nous l'avons vu pour la vision, nous l'avons vu pour la digestion ; c'est-à-dire, que dans l'une et l'autre de ces fonctions les phénomènes physiques et chimiques précèdent le phénomène *vital*, et seraient sans résultat si la propriété vitale qui est la *sensibilité* ne produisait, à son tour, la sécrétion du suc gastrique et si cette autre propriété vitale, la *contractilité* de l'organe, ne venait jouer dans ces deux fonctions (vision et digestion) le rôle qui lui appartient. Ces exemples ne sauraient être rappelés trop souvent ; ce sont des démonstrations et les démonstrations valent souvent mieux que les définitions. La *sensibilité*, la *contractilité* (ou si l'on veut, l'irritabilité, l'excitabilité) mises en jeu dans ces exemples, sont des propriétés ou facultés éminemment *vitales*.

Les propriétés vitales peuvent être distinguées en propriétés de la vie de relation ou de la vie animale ; et en propriétés de la vie nutritive ou organique.

Les premières sont : la *sensibilité* et la *contractilité animales*. Les secondes sont : la *sensibilité* et la *contractilité organiques*.

D'après l'école de Bichat, cette dernière se subdivise en contractilité sensible apparente et en contractilité *insensible* (1) ; la myo-

(1) On donne comme exemple de *contractilité* évidente ou apparente, tangible même, celle du cœur, sans participation de la volonté. Et

tilité de Chaussier est le nom qu'il a donné à la contractilité musculaire, elle n'est pas la tonicité (1).

Les différentes expressions de motilité, myotilité, motricité, contractilité ont aussi des sens différents : la motilité est la faculté de se mouvoir ; la myotilité de Chaussier est, comme nous l'avons dit, la contractilité musculaire indépendante de la volonté, qu'il ne faut pas confondre avec la *contraction* qui est toujours volontaire ; et la *motricité* ou *incitomotricité* qui est un mode propre à la substance encéphalo-rachidienne, et qui a la propriété de déterminer la contraction du tissu musculaire, par l'intermédiaire des nerfs moteurs.

Quoi qu'il en soit, la sensibilité peut être perçue ou non perçue ; dans le premier cas comme dans le second, la sensibilité est d'ordre organique ou vital. (Propriétés qui ne s'observent que dans les corps vivants).

La première, la *sensibilité perçue*, est caractérisée par ce fait que les éléments anatomiques qui en jouissent, après avoir reçu une impression ou irritation, excitation, du dehors, la transmettent de ce point à un autre où ils la perçoivent.

Celle-ci, aussi bien que la *sensibilité non perçue*, se trouve suivie de l'action réflexe : *motilité* pour la sensibilité consciente, et, *contractilité* pour la sensibilité insciente, ou dont nous n'avons pas apprécié l'*impressionnabilité ;* car dans la *sensibilité*, il y a trois propriétés secondaires : 1° l'*impressionnabilité*, faculté de recevoir une impression ; 2° *transmissibilité* ou propriété de transmettre, et 3° *perceptivité* ou faculté de percevoir.

L'acte d'incitation motrice ou de motricité est donc transmis du dedans au dehors, à l'inverse de la *sensibilité* qui a marché de la périphérie au centre, pour arriver à la perceptivité (c'est au cerveau qu'a lieu la perception).

Ces distinctions ne sont pas arbitraires, ni oiseuses, elles sont nécessaires pour l'explication de certains actes physiologiques qui

---

comme contractilité insensible, non-percevable, celle des intestins, et qui cependant existe, puisque les mouvements qui s'y passent font cheminer les matières alimentaires.

(1) Elle est indépendante de la volonté.

ne pourraient se concevoir sans ces définitions, et dont au reste, nous aurons la démonstration lorsqu'il sera question (dans l'innervation) des nerfs mixtes qui contiennent des filets de sensibilité et des filets moteurs ou de motricité, distinction qu'il est facile d'apprécier à l'origine des nerfs, au moment de leur émergence des centres nerveux, parce qu'alors les racines antérieures et les racines postérieures des nerfs sont bien distinctes, tandis que dans le parcours de ces nerfs, et lorsqu'ils ont mêlé leurs branches, il n'est plus possible de distinguer ceux qui appartiennent au sentiment de ceux qui sont affectés aux mouvements.

La sensibilité, la contractilité, qu'il ne faut pas confondre avec l'élasticité, sont deux propriétés *vitales*, ainsi qu'il a été dit au commencement de cet article.

Qu'est-ce que l'on entend par force vitale? La force vitale ne doit pas être considérée comme un *principe interne* qui anime les corps et soit distincte d'eux.

C'est une propriété des corps organisés et vivants. La puissance *vitale*, la force *vitale*, c'est la faculté que possèdent ces corps de produire des manifestations qui n'appartiennent qu'à eux seuls; c'est-à-dire qu'elles ne sont *ni d'ordre physique ni d'ordre chimique*.

Les propriétés vitales, la force vitale résultent d'un arrangement particulier de la matière, tel que nous le voyons dans les êtres organisés, et qui a la propriété de donner naissance à des phénomènes qui sont irréductibles aux lois de la physique ou de la chimie.

C'est un mot, une abstraction, si l'on veut, qui peint l'état des choses, et qui traduit des actes dont la vie seule est le théâtre.

On ne connait pas le principe vital; or, le mot *force vitale* est là pour caractériser cette force inconnue, qui anime nos organes, et leur fait produire des effets différents de ceux que nous pouvons rapporter à des actions qui rentrent dans le domaine de la physique ou de la chimie.

On entend généralement par *force* toute cause d'un effet quelconque, mesurable ou non, d'après l'effet produit. La force *vitale* est propre aux végétaux comme aux *animaux*; c'est-à dire qu'il y a chez eux une cause ou des causes qui engendrent des effets organiques.

Force vitale! C'est une puissance inconnue dans son essence; aussi l'appelle-t on *puissance vitale* dans certaines circonstances.

Ainsi donc, ne pouvant définir le mot *force vitale*, l'on s'en sert comme on emploie le mot *force d'attraction*, *force centripète*, *force centrifuge*, *force de cohésion*, force d'affinité en chimie et en physique, sans pouvoir préciser quelle est l'essence de cette force; on a même dit force d'inertie comme cause d'un effet qui est sans puissance, et qui est une résistance active à tout changement. Nous avons dit, en résumé, que le mot force était une abstraction, un mot, auquel on semble prêter une existence qu'il n'a pas en réalité; il est pris, pour ainsi dire, au figuré (1).

Si nous avons dit que la contractilité n'était pas l'élasticité, la contractilité n'est pas non plus la contraction. Ces deux propriétés vitales affectent des éléments anatomiques différents. La myotilité, avons-nous dit aussi, désigne plus spécialement la contractilité des éléments musculaires de la vie organique. Et toute *contractilité* n'est pas *myotilité;* car les éléments musculaires ne sont pas les seuls qui soient doués de la *contractilité*. Exemple : les cils vibratiles des épithéliums cylindriques ou côniques (1).

La contractilité est toujours animale; c'est-à-dire qu'elle appartient toujours à des éléments anatomiques des animaux. La *contractibilité* des tissus est appelée *rétractilité*.

Bichat avait distingué une *contractilité sensible*; c'est-à-dire évidente ou apparente, et une contractilité *insensible*, ou seule-

(1) Le mot force, disent quelques-uns, ne peut être légitimement employé en médecine que lorsqu'il sert à exprimer le degré de résistance ou d'énergie de l'organisme : considérant toujours cette résistance, cette vitalité, ces forces, comme un résultat, un produit inhérent à la matière organisée; au lieu d'en être les prémices ou *une unité de principe : l'unité réelle est l'organisme vivant.* »

(1) Les cils vibratiles des epithéliums, quoique dépourvus de nerfs, sont doués cependant d'un mouvement que l'on a comparé aux épis d'un champ de blé, qui s'abaissent, se relèvent, et sont agités dans un sens.

ment appréciable par ses effets. La première était dite volontaire ou involontaire, ou en d'autres termes des appareils de la vie animale ou de ceux de la vie organique. « Il ne faut pas cependant attacher à cette distinction de contractilité animale et de « contractilité organique, un sens tellement rigoureux, que l'on « suppose deux forces motrices tout-à-fait indépendantes l'une « de l'autre : la différence des phénomènes observés tient à ce « que ce sont des espèces différentes d'éléments qui jouissent de « la contractilité, avec des différences d'énergie d'une espèce à « l'autre. » — P. Bérard.

Nous avons dit que la contraction musculaire diffère de la myotilité ou *contractilité musculaire* de la vie organique, parce qu'elle est sous l'influence de la volonté par l'intermédiaire des nerfs moteurs; mais le muscle, par cette contraction, ne diminue ni n'augmente de volume, quoi qu'il change d'état : il se raccourcit comme le biceps dans la flexion du bras. Contraction musculaire n'est donc pas resserrement, condensation des fibres d'un muscle, pas plus qu'il n'en est sa dilatation. Une expérience faite par Matucci, rapporte que des grenouille sont été mises dans un bocal fermé à sa partie supérieure par un bouchon de liége muni d'un tube gradué qui plonge dans le bocal, comme on pourrait le faire pour toute autre expérience. Ces animaux ayant été soumis à l'action d'une pile électrique, ont été agités des mouvements les plus désordonnés, sans que les contractions musculaires ou convulsions auxquelles ils étaient en proie, sous l'influence du fluide électrique, eussent en quelque chose augmenté l'élévation du liquide dans le tube gradué.

Une autre preuve que les muscles en contraction n'augmentent pas de volume, est que si l'on plonge le bras dans un vase rempli d'eau, et que l'on se livre aux contractions musculaires que l'on peut y exécuter, le niveau du liquide ne change pas sensiblement.

Les muscles, en effet, par leurs contractions, déplacent bien les fibres qui les constituent dans le sens de leur direction ; mais comme les muscles du mouvement sont des muscles qui présentent des stries dans leur longueur et leur largeur, ils forment alors des zigzags qui, en diminuant leur longueur dans le phénomène de la contraction, n'augmentent en rien leur volume.

La *contracture* est un état de rétraction, plus ou moins permanent, des muscles d'une partie; c'est un état de contraction rigide, dû souvent à une contraction musculaire longtemps prolongée, et qui constitue alors un état pathologique que la volonté est impuissante à faire cesser.

Les convulsions épileptiformes et autres sont des contractions involontaires : les muscles, dans cette circonstance, sont évidemment les organes mis en exercice; mais cet acte se lie nécessairement à un désordre quelconque du système nerveux : l'innervation.

Le *tétanos* est la rigidité, la tension convulsive d'un plus ou moins grand nombre de muscles. C'est une rigidité musculaire dont le siége précis et la nature intime de la maladie, sont encore inconnus; ce qu'il y a de remarquable, c'est qu'au milieu de ce désordre de l'innervation, les facultés intellectuelles restent intactes.

Des systèmes et des appareils en physiologie. Qu'est-ce que l'on entend par appareils et par systèmes en physiologie?

Bichat a dit qu'un appareil est un assemblage d'organes divers qui, par leur disposition réciproque et leur agencement, constituent un tout coordonné, dont l'action a un résultat unique. « En un mot, c'est la réunion ou l'ensemble des organes qui concourent à une même fonction. »

Il a été dit précédemment que les liquides et les solides composaient l'organisme vivant; que les liquides circulants et sécrétés étaient *le sang*, *la lymphe*, *le chyle* et les différents produits des sécrétions. Ces liquides forment les 7/10e au moins de l'économie. P. Bérard dit 6,667/10,000e en moyenne.

Les solides forment les masses musculaires, la charpente du corps (osseuse), les tissus, les vaisseaux, les nerfs, etc.; en un mot, tout le reste de l'organisme. Ces solides et ces liquides constituent par leur ensemble, des organes; et un ensemble d'organes forme un appareil : *appareil digestif, circulatoire, urinaire, respiratoire*, etc.

Chacun de ces appareils est donc formé de différentes parties qui se lient plus ou moins ensemble pour concourir à l'exécution d'une fonction. Ces parties, comme nous venons de le dire, sont des organes. Il n'y a pas de fonction sans appareil, comme il n'y a pas d'appareil sans organes (1).

On compte dans l'organisme humain un assez grand nombre d'appareils, douze au moins peuvent être rapportés, à cause de leur importance, ce sont : 1° l'appareil *digestif*, qui s'étend de la bouche à l'anus ; 2° l'appareil *lymphatique*, plus particulièrement chargé de l'absorption ; 3° l'appareil *circulatoire*, composé du cœur, des artères, des capillaires et des veines ; 4° l'appareil *respiratoire* ou *pulmonaire*, qui comprend le poumon, ses divisions, la trachée, les fosses nasales, etc.; 5° l'appareil *glandulaire* ou *sécrétoire*, qui comprend les glandes et leurs canaux sécréteurs ; 6° l'appareil *sensitif* ou *nerveux*, qui comprend les organes des sens, les nerfs, la moëlle épinière, le cerveau ; 7° l'appareil *musculaire*, dans lequel on doit ranger, non-seulement les muscles, mais encore les tendons, les aponévroses, etc.; 8° l'appareil *vocal* ; 9° l'appareil *sexuel* ; 10° l'appareil de la *locomotion*, qui comprend les os et leurs dépendances, les cartilages, les ligaments, capsules synoviales, etc...; 11° l'appareil de la *vision* ; 12° l'appareil de *l'ouïe* ou de *l'audition* (2)...; 13° l'appareil *urinaire*, comprenant les reins, la vessie, les uretères ; 14° l'appareil de la *génération* ou de la reproduction chez l'homme et chez la femme, dans lequel figure en grande partie l'appareil sexuel. Enfin, on a parfois compris l'appareil *encéphalique* ou de la *pensée*, comme exerçant une fonction qui serait l'élaboration des idées, du jugement, de la pensée.

---

(1) Les appareils sont, de toutes les parties intérieures, celles qui, par leur réunion, constituent le plus immédiatement l'organisme. Ils seront étudiés en même temps que les fonctions auxquelles ils se rapportent.

(2) Tous ces appareils, avons-nous déjà dit, seront décrits (mais d'une manière un peu succinte) en même temps que les fonctions. Et comme il n'y a pas de fonction sans organe, et que le plus souvent la fonction requiert l'action de plusieurs organes, les appareils devront être connus avant chaque acte fonctionnel ou plutôt avant chaque fonction.

Mais chacun de ces appareils est, comme nous l'avons dit, formé de différentes parties qui se lient plus ou moins ensemble pour concourir à l'exécution d'une fonction.

Ces parties sont des organes. S'il n'y a pas de fonction sans appareil, il n'y a pas d'appareil sans organe (1). On a dit, il est vrai, que la nutrition était bien une fonction et qu'elle n'avait pas d'organe spécial. La nutrition est une propriété de tissus; c'est une propriété *vitale* la plus simple, puisqu'elle consiste uniquement dans le fait continu de combinaison et de décombinaison des principes immédiats constituant la substance organisée, ou autrement dire d'assimilation et de désassimilation.

Des systèmes. Un *système* est un ensemble de parties qui se ressemblent, et qui sont formées de tissus semblables, et même de tissus différents (2).

Pour certains physiologistes, les mots appareil et système seraient la même chose, cependant on ne dit pas l'appareil osseux mais bien le système osseux. On dit quelquefois appareil sanguin (3); mais on devrait dire système sanguin, système artériel, système veineux et appareil circulatoire quand il est question des différents organes, cœur et vaisseaux, qui le composent (4).

Bérard dit: Nous nommerons système organique l'ensemble des parties qui se ressemblent et sont plus ou moins répandues dans l'économie : l'ensemble des artères forme le système artériel, l'ensemble des muscles le système musculaire, etc., etc.

Il y a des systèmes simples et des systèmes composés ; c'est-à-dire composés d'un tissu simple, ou de plusieurs tissus de différentes natures. Nous nous expliquerons plus catégoriquement dans un instant.

Au reste, des parties du corps qui sont semblables dans toutes

---

(1) Ils en ont tous au moins un.

(2) Le système veineux, le système artériel, sont chacun composés de membranes ou de tissus différents.

(3) Lorsqu'il est question, ensemble, du système artériel et du *système* veineux.

(4) M. J. Béclard dit alternativement : L'appareil vasculaire sanguin du fœtus, page 1111, et page 1114, le *système* vasculaire du fœtus.

les régions de l'économie où elles se trouvent, comme le sont les fibres musculaires, les ostéoplastes et celles qui occupent la totalité du corps, ou à peu près, en conservant partout les mêmes caractères, comme les *os*, le *tissu adipeux*, le *tissu cartilagineux*, le *nerveux*, forment des systèmes.

Cette distinction une fois faite, voyons ce que c'est qu'un organe, principe essentiel pour la composition d'un appareil et l'exécution d'une *fonction*.

Qu'est-ce qu'un organe ? Un organe (de *organum*, instrument), est un objet, ou plutôt une partie, qui dans l'organisme joue un rôle quelconque, ou autrement dit encore : quelle que soit la partie d'un corps organisé qui exécute une fonction, c'est un *organe ;* ce qui équivaut à dire que les parties composantes des êtres vivants, sont pour la plupart des organes; leur arrangement, leur disposition constituent l'*organisme*. Exemple : l'œil est l'organe ou l'instrument de la vue (1) ; les muscles sont les organes de la locomotion. « L'anatomie nous fait connaître la structure du corps humain ; et la physiologie nous apprend l'action des organes dans l'état sain. » ROSTAN.

Il y a des organes de premier ordre, *organes premiers* ; ceux qui sont composés de parties similaires et destinés à une seule et même fonction : les veines, les artères, les nerfs sont des organes premiers ; les mains, les bras, les jambes sont des organes secondaires sous le rapport de leur composition, dans laquelle entrent des parties qui ne sont pas similaires. Un système organique, avons-nous dit plus haut, comprend toutes les parties qui se ressemblent et qui sont formées d'un tissu semblable ; l'ensemble des vaisseaux lymphatiques forme le système lymphatique ; comme l'ensemble des veines forme le système veineux

(1) On réserve le mot *viscères* pour désigner plus particulièrement, des parties du corps qui jouent un rôle dans la digestion, l'alimentation et la nutrition, l'estomac, le foie, la rate, les poumons, sont des organes, mais en même temps des viscères, puisqu'ils servent à la digestion et à la nutrition. Mais le mot viscère ne pourra jamais s'appliquer à l'œil, au cerveau, à l'oreille.... Le cœur n'est pas un viscère. (P. BÉRARD.)

ou le système artériel, si c'est l'ensemble des artères dont on veut parler, et ainsi de suite.

Mais un organe a, lui aussi, une composition, et si les organes sont, anatomiquement parlant, les principes immédiats des appareils, les organes ont aussi des principes qui les constituent; ce sont leurs éléments constitutifs.

Or, dans les parties constituantes d'un organe, quel qu'il soit, à part une enveloppe fibreuse ou séreuse, qui contient souvent l'organe sans lui appartenir en propre, comme le péritoine, la plèvre pour les organes splanchniques, la membrane sclérotique pour l'œil, à part ces membranes, disons-nous, qui appartiennent à un *système défini*; il y a une enveloppe, *tissu conjonctif, lamineux, connectif*, si l'on veut, qui pénètre plus ou moins profondément dans l'organe et qui appartient à un des cinq systèmes généraux ou générateurs dont il sera bientôt question, *système cellulaire* autrefois (1), aujourd'hui *conjonctif* ou coalescent pour le distinguer de la formation *cellulaire*.

Il y a aussi dans un organe des vaisseaux sanguins de deux ordres, *artériels* et *veineux*. Il y a des nerfs, des vaisseaux lymphatiques, autres systèmes généraux ou générateurs, puis une substance propre à l'organe comme au foie, qui est ici contenue dans les cellules hépatiques et qui sont elles-mêmes formées par les mailles d'un tissu interstitiel dans lequel se ramifient encore (à part les filaments que la membrane propre de l'organe y envoie, les divisions les plus déliées des vaisseaux, des nerfs, on dit même des vaisseaux lymphatiques pour plusieurs. « C'est supposable, sans que ça puisse être démontré; il en est de ces derniers comme dans les nerfs. » P. Bérard.

(1) Ce mot était mal choisi parce que ce tissu ne renferme pas de cellules comme éléments constituants. Cellulaire voulait dire qu'on y développait artificiellement des cavités ou cellules par insufflation d'air. Il s'appelait aussi aréolaire. C'est encore lui que l'on insuffle dans les abattoirs pour donner à la chair des animaux une plus belle apparence. Le mot est cependant encore dans la science. Le mot lamineux convient mieux, car les derniers éléments de ce tissu sont des filaments longs, aplatis, minces, grêles, mous, hyalins, lisses, peu élastiques.

La capsule de Glisson qui entre dans la composition du foie, est une sorte de membrane (tissu cellulaire) très-dense qui environne les ramifications de la veine porte-hépatique (1).

Il en est de même de la rate, glande vasculaire sanguine à vésicules closes sans conduit excréteur apparent. La rate, outre sa trame fibreuse constituée par des lamelles entrecroisées qui forment sa charpente, contient des corpuscules constitués par des vésicules, corpuscules de malpighi, d'une très-petite dimension (un demi millimètre de diamètre) situées sur le trajet des capillaires artériels, sans communications avec eux ; ce sont les vésicules closes, ou éléments glandulaires. Il y a des vaisseaux, des nerfs, « il y a des cellules qui sont en communication avec les veines. » P. Bérard, p. 282.

Le contenu des cellules de la rate est demi liquide ; les corpuscules de la rate, placés le long des capillaires artériels, sont donc, en quelque sorte, baignés dans le liquide contenu dans les cellules spléniques. Ces cellules sont circonscrites par des lamelles diversement entre-croisées (trabécules) dans lesquelles circulent les vaisseaux *artériels* qui entrent dans la rate ; arrivés à l'état capillaire ils se continuent avec les veines. Les veines naissantes présentent sur leurs parois une multitude d'ouvertures qui font communiquer leur calibre intérieur avec les cellules propres de la rate ; de cette manière le sang qui arrive à la rate ne s'écoule pas seulement dans la veine splénique, mais se répand aussi dans les espaces celluleux de la rate, ce qui fait que le sang ne passe pas directement dans les veines ; il séjourne un temps plus ou moins long, car il n'est pas chassé immédiatement de l'organe ; et pendant ce temps le sang y subit des modifications assez importantes, il prend une couleur violacée parti-

(1) La substance propre du foie, quoique formée par les différents éléments anatomiques dont nous venons de parler, contient aussi des granulations, *granulations hépatiques* (acini) terminaison des conduits sécréteurs de la bile en forme de cœcum.

Les acini sont (dit Morel, *Histologie* page 218) composés : 1° par une masse considérable de cellules ; 2° de l'appareil de la veine porte et de la sushépatique ; 3° de l'appareil biliaire, composé de canaux. Chaque globule représente un foie tout entier.

culière, qui est liée à un travail de décomposition du sang, qui porte spécialement sur les globules.

Ces détails, un peu étendus sur la nature et les fonctions de la rate, à propos de la composition des organes, ont leur raison d'être ici, parceque la rate est un des organes les plus compliqués; et qu'ensuite ses usages et ses fonctions ont reçu diverses explications; et qu'il devenait utile de chercher à être un peu mieux fixé sur ce sujet, en vue surtout de ce que nous aurons à dire plus tard, sur l'action de cet organe, dans la préparation du sang qui se rend au foie; et qui fait partie alors du système de la veine-porte.

D'ailleurs, toutes ces données sont récentes, elles appartiennent en propre au professeur J. Béclard, qui les a expliquées avec son talent ordinaire, dans son *Traité de physiologie*, page 526.

Il les a appuyées sur des expériences les mieux faites et qui sont des plus concluantes pour nous.

Nous n'avons cherché à en faire ici qu'un très-court extrait.

Pour ce qui est de notre sujet, on voit que dans un organe il entre des éléments premiers: *tissu conjonctif*, *vaisseaux*, *nerfs*, *etc.*

Ces parties constituantes se répètent dans tous les organes; ce qui fait qu'on les retrouve presque partout, et qu'on les nomme systèmes généraux ou générateurs.

Bichat admettait aussi des tissus simples qu'il appelait systèmes. Aujourd'hui, avec la distinction que nous avons faite de l'assemblage des organes en appareils, nous nommerons et nous considérerons comme formant un système, les parties du corps composées d'un tissu simple, ou de plusieurs tissus différents, et destinées à remplir dans l'économie des fonctions analogues. C'est l'ensemble de ces tissus simples ou composés qui constitue un système : ainsi l'ensemble des artères forme le système artériel; l'ensemble des muscles le système musculaire; des nerfs le système nerveux, et ainsi pour les autres.

Il y aura donc des systèmes simples et des systèmes composés : un vaisseau fait partie du système artériel ou veineux, et il est lui-même composé, puisque le tissu qui le constitue appartient à des ordres différents.

« Il faut rapporter aux systèmes comme attribut physiologique, toutes les propriétés des tissus; plus l'idée d'*usage général* rempli à l'égard de tout ou presque tout le corps; mais variant selon chaque système. »

Mais vu la grande distribution de certains d'entre eux, dans l'économie, et leur participation à la formation ou composition des organes, nous nommons ceux-là, comme il a été dit, *systèmes généraux* ou *générateurs.*

Ce sont des systèmes composés qu'il faut distinguer des systèmes simples ou tissus simples. Les systèmes artériel, veineux, lymphatique, nerveux, conjonctif, sont les cinq systèmes dont nous venons de parler et qu'on trouve les plus répandus dans l'économie.

Du système conjonctif. Le *conjonctif*, quoiqu'il occupe ici la dernière place, est cependant celui qu'on rencontre partout: pas une de nos parties qui ne soit pourvue de tissu cellulaire ou *conjonctif.* Aujourd'hui que nous avons acquis de nouvelles connaissances sur les formations primordiales, auxquelles l'élément cellulaire appartient, nous distinguons le tissu cellulaire, quoique son ancien nom n'ait pas été abandonné dans la science (1).

Quoiqu'il en soit, c'est lui qui est, comme on l'a dit, généralement répandu dans l'économie, et qui lie ensemble les organes ou parties d'organes; forme la trame, le tissu, les mailles de plusieurs d'entre eux; se condense à la surface du corps, de ses cavités, ainsi qu'au pourtour des organes, en membranes enve-

(1) Les tissus entrent dans la composition des systèmes, Bichat les avait confondus. Il en distinguait sept comme tissus généraux ou générateurs, qui sont ceux que nous avons nommés; seulement il y joignait le système exhalant et le système absorbant, qui n'existent véritablement pas comme systèmes. Le système nerveux était, pour lui, nerveux organique, et nerveux animal, aujourd'hui nous savons que les nerfs de la vie organique puisent leur principe d'action dans les centres nerveux (comme ceux de la vie animale) par la communication du grand sympathique avec les nerfs cérébro-rachidiens, non pas, dit P. Bérard, que Bichat crût simples ses systèmes généraux ou générateurs, mais parcequ'il pensait que ces systèmes se forment les uns des autres, d'abord, et qu'ils engendrent tous les autres ensuite.

loppantes; il envoie dans leur intérieur des fibres, des lamelles qui en constituent la trame, le canevas. C'est sous le nom de tissu interstitiel qu'il se ramifie ainsi dans l'intérieur des organes et sur les vaisseaux. On pourrait l'appeler *conjonctival*, *connectif*, on le dit *lamineux* lorsqu'il forme de fines trames, de fines lamelles, comme la pie-mère (enveloppe immédiate du centre nerveux qui est essentiellement formée de tissu lamineux très vasculaire). Le tissu conjonctif est généralement plus riche en vaisseaux que les organes qu'il enveloppe; c'est lui qui supporte le réseau des vaisseaux. Il est, en un mot, comme la charpente, le squelette de tous les organes.

Lorsqu'il affecte une forme spéciale, au lieu d'être amorphe, comme dans le premier état que nous venons de décrire, il forme, en étant plus condensé, les membranes *fibreuses*, les membranes *séreuses*, etc. Les derniers éléments de ce tissu (éléments anatomiques) sont des filaments longs et grêles, mous, hyalins, élastiques, lisses, et décrivant des ondulations fort régulières.

Les éléments essentiels du tissu conjonctif, dit Wirchoff (*Pathologie cellulaire*), sont représentés par des fibres et des cellules. Il y a deux sortes de fibres, les *fibres connectives* proprement dites et les fibres *élastiques*. Les cellules habituellement *étoilées*, quelquefois ovales ou fusiformes, ont reçu le nom de cellules plasmatiques ou *corpuscules du tissu conjonctif*. Voilà son histologie.

Du système artériel. Le système artériel est formé par l'ensemble des artères considérées depuis leur origine au cœur, jusqu'à leurs dernières divisions ou terminaisons dans les organes.

Le *système veineux* peut recevoir la même explication, car si le premier est divisé à l'infini dans le réseau capillaire, dernières ramifications vasculaires que le sang traverse pour se rendre des artères dans les veines, celles-ci viennent immédiatement établir une continuité non-interrompue, pour le parcours du sang, formant alors le *système sanguin général* (1).

En outre, le système veineux montre aussi sa présence dans

(1) Système vasculaire sanguin.

toutes les parties du corps par des divisions microscopiques ; les veines accompagnent très souvent les artères, pour ne pas dire toujours ; enfin il y a des vaisseaux autour des vaisseaux (vasa vasorum).

Le point de départ du système artériel est au cœur, l'origine de l'autre, système veineux, est dans tous les organes par des ramuscules fort ténus ; sa terminaison est au cœur d'où l'autre est parti. Ils établissent entre eux un circulus non interrompu, au moyen du système capillaire.

Le lymphatique et le nerveux sont aussi très-généralement répandus, nous nous expliquerons dans un instant sur ces systèmes, que nous ne faisons que mentionner ici pour la compréhension de cet exposé.

En disant que ces cinq systèmes composent à eux seuls les organes, on reste surpris qu'avec la même composition fondamentale les organes soient si variés et remplissent des fonctions si différentes. Pourquoi, dit Bérard, avec les mêmes éléments, ici un muscle, là un foie, une rate, un estomac, des intestins, un œil ?... « Il est vrai que ces cinq éléments n'y sont pas placés de la même façon, dans le même ordre, et n'affectent pas la même disposition dans chacun d'eux », nous le verrons plus tard.

Voilà donc les parties constituantes des organes ; parties qui se pénètrent les unes les autres et qui contribuent à former les autres systèmes dont il sera bientôt question. Mais si nous tâchons de savoir quels sont les éléments de ces éléments, toujours au point de vue anatomique, pour en déduire des considérations physiologiques, nous trouvons que le système *artériel*, comme le *veineux*, comme le *nerveux*, le *lymphatique* et le *conjonctif* lui-même, est formé de tissus, de membranes appartenant à d'autres systèmes.

En effet, le système artériel dont nous avons déjà dit quelque chose, a une composition complexe ; c'est-à-dire que les artères ont un tissu qui leur est propre, *tissu artériel*, qui est d'un jaune grisâtre. Mais ce tissu est composé de trois tuniques superposées ; ces tuniques, moins épaisses dans les artères de petit calibre, font que ce tissu devient d'une couleur plus ou moins rouge, et qu'il laisse apercevoir la couleur du sang. Il est formé de trois membranes, disons-nous, ou plutôt tuniques superposées, savoir, une externe *fibro-celluleuse*, une moyenne *tunique artérielle* (membrane propre des artères). Ce sont des fibres transversales; obliques, jaunâtres ou blanchâtres qui la constituent. (C'est un tissu *fibro-élastique*) (1). Enfin il y a une membrane interne qui est un prolongement de celle qui tapisse le ventricule gauche du cœur; *séreuse des artères*, d'après quelques auteurs, *membrane nerveuse*, selon Haller et Morgagui (2). « La tunique interne des « artères a pour limite une couche épithéliale ; en dessous de cette « couche, qui est baignée par le sang, il existe une autre lamelle, « feuillet amorphe, de nature élastique très-fragile, on la désigne « sous le nom de membrane fenêtrée. » — MOREL, p. 131 et 133.

Ainsi que nous le disions, les systèmes généraux sont formés eux-mêmes de tissus différents et qui appartiennent à des systèmes définis, mais plus simples qu'eux : *tissu fibreux, fibro-élastique*, etc. Leur généralité seule, dans l'économie, les a fait nommer ainsi, et ils sont en même temps générateurs des organes. Les systèmes forment les organes.

Il y a des systèmes dont la composition est simple ; cela veut dire qu'ils sont formés par des tissus élémentaires, comme le *système épidermique*, qui n'est composé que de cellules épithéliales ; le système *cartilagineux*, qui n'est formé que de tissu de cette espèce. Les systèmes composés comme le musculaire, le nerveux, reconnaissent dans leur composition, non-seulement des tissus simples comme la fibre musculaire, la nerveuse, mais encore du tissu cellulaire, des artères, des veines, etc.

Du système veineux. Le système veineux pourrait recevoir

(1) Morel, page 131, dit que dans la structure de la *tunique moyenne*, il entre des fibres élastiques et des fibres musculaires lisses.

(2) La tunique externe fibro-celluleuse est un feutrage de fibres connectives et élastiques.

La tunique moyenne fibro-élastique est un tissu jaunâtre ou blanchâtre analogue aux ligaments jaunes des vertèbres.

La tunique interne couche épithéliale avec des lamelles ou feuillet amorphe de nature élastique. — MOREL, p. 133, *Histologie*.

une grande partie des explications dans lesquelles nous sommes entré au sujet du système artériel.

D'abord le système veineux est très-répandu dans l'économie; et les veines ont à peu près la même composition que les artères, sauf que leurs parois sont moins épaisses; que la tunique moyenne est très-mince et composée de fibres longitudinales, ce qui leur donne, avec moins d'épaisseur et d'élasticité, la faculté de s'affaisser et de ne point maintenir leur calibre béant comme les artères quand elles sont coupées.

La tunique externe ressemble en tout point à celle des artères, il y a seulement quelques fibres musculaires dans les couches profondes, et dirigées dans le sens longitudinal.

La membrane interne est lisse, plus extensible que celle des artères, se continue avec celle des cavités droites du cœur. « La « couche épithéliale de la tunique interne présente absolu- « ment la même physionomie que celle des artères. » — Morel, p. 136.

Les artères, avons-nous dit, sont aussi répandues que le tissu conjonctif, elles forment, avec les vaisseaux et les nerfs qui se ramifient sur elles, le système *artériel :* il en est de même du système *veineux*.

Du système lymphatique. Tout aussi étendu que le précédent, le système lymphatique occupe toutes les parties de l'organisme : pas un endroit qui ne soit envahi par des lymphatiques. Tous les tissus absorbent, sans doute, les vaisseaux eux-mêmes se livrent à l'absorption, mais c'est surtout par les lymphatiques que cette action s'opère, et la rénovation de nos parties ne peut s'exécuter que par les lymphatiques, qui transportent au sang les différents produits des élaborations opérées dans l'économie (1).

---

(1) Le sang contient les *matériaux nutritifs* qui se transfusent par endosmose dans les tissus. Les vaisseaux lymphatiques existent dans toutes les parties du corps, ils versent dans les veines des fluides blancs ou incolores qu'ils ont pompés à la surface des membranes ou dans les tissus des organes, par de fins réseaux d'origine; et de la

Les vaisseaux lymphatiques ont été découverts en 1650 par Ludbeck et Bartholin, après que Asselli eût trouvé, sans les chercher, les vaisseaux chylifères en 1622. Mais les uns et les autres ne connaissaient pas leur usage ; ils les faisaient se rendre au foie, comme c'était l'opinion générale à cette époque.

Nous disons que les vaisseaux lymphatiques se trouvent dans toutes les parties de l'économie, ceci ne souffre d'exception que pour certains organes où ils n'ont pu encore être découverts, mais il est probable qu'ils existent, vu leur fonction utilitaire générale. Leur origine est dans tous les organes et dans tous les tissus. Des plus fines divisions qu'ils peuvent avoir alors, ils forment, en se réunissant, des branches moins ténues, et successivement leur volume augmente comme leur calibre. En se groupant dans certains endroits, ils forment de nombreux ganglions d'où naissent des branches plus grosses qui, après de nombreuses anastomoses, aboutissent toutes à deux troncs principaux. L'un, sous le nom de *canal thoracique*, est situé dans le côté gauche du thorax et reçoit les lymphatiques de l'abdomen, des membres inférieurs, du côté gauche de la poitrine, et du côté correspondant de la tête et du cou ; il s'ouvre dans la sous-clavière gauche. L'autre, appelé grand *vaisseau lymphatique droit*, reçoit ceux des membres pelviens et thoraciques droits, de ce même côté de la tête et du cou, puis il s'écoule dans la sous-clavière du tronc brachio-céphalique droit.

Le système lymphatique se compose donc des glandes et des vaisseaux de ce nom ; ces vaisseaux sont très-déliés, transparents ; ils sont formés de plusieurs membranes ou tissus ; leur tunique interne est très-mince, c'est une simple couche épithéliale reposant sur quelques fibres élastiques ; la moyenne est composée de fibres musculaires transversales, les fibres élastiques y sont très-rares ; la tunique externe possède un grand nombre

---

même façon que les vaisseaux chylifères absorbent et transportent le chyle, qui est séparé des aliments pendant l'acte de la digestion, ils se rendent, les uns et les autres, au canal thoracique, pour verser leur contenu dans le sang et servir à sa formation. Les vaisseaux chylifères, hors de la digestion, ne sont que des lymphatiques.

de fibres musculaires à direction longitudinale. Ces vaisseaux présentent, dans toute leur longueur, une suite de renflements produits par des *valvules* placées dans leur intérieur. L'élément contractile entre également dans la structure des valvules des vaisseaux lymphatiques, qui, pour le reste, ressemblent aux valvules veineuses; leur direction est la même, et le fluide (lymphe) qu'ils contiennent et qu'ils versent dans les veines, ainsi qu'il a été dit, suit la même marche que le sang veineux, ce qui explique le rôle des valvules dans ce système aussi bien que dans l'autre. On pense que les vaisseaux lymphatiques ont des communications avec les veines dans l'intérieur des ganglions. On connaît peu (dit Nysten) le rapport des vésicules glandulaires avec les lymphatiques; seulement, ceux-ci se subdivisent à l'infini, et deviennent très-flexueux en pénétrant à une extrémité du ganglion; les ramifications capillaires passent à la surface des vésicules, qu'elles enlacent, et se réunissent de nouveau à l'extrémité opposée pour reconstituer les vaisseaux volumineux qui marchent vers le cœur.

En somme, le système lymphatique, un des plus intéressants de ceux qui composent le corps de l'homme et des animaux, est chargé, d'une part, de fabriquer la lymphe, humeur qui partage, avec le *chyle*, l'office de servir à la formation du sang *artériel;* de l'autre, il est généralement considéré comme l'instrument de l'absorption dite interstitielle, qui effectue la décomposition du sang. Il recueille donc, à son origine, divers matériaux, fabrique avec eux la lymphe, et la conduit dans le système veineux, tout près du lieu où ce système s'abouche lui-même dans le cœur.

Il traverse, dans l'intervalle, un nombre considérable de ganglions, qui font eux-mêmes partie du système lymphatique, et semblent être le résultat, comme les ganglions nerveux, d'un entrelacement de filets unis ensemble par un tissu cellulaire très-fin, et enveloppés par une membrane commune : l'intérieur présente aussi une disposition particulière.

Du système nerveux. Le système nerveux, chez l'homme et chez les animaux des classes supérieures, est composé d'une masse centrale, dite masse *cérébro-rachidienne,* de prolongements périphériques, ou nerfs, qui se distribuent dans toutes les parties du corps, et de nombreux ganglions qui se trouvent sur leur trajet. C'est donc l'ensemble de tous les nerfs et de tous les centres nerveux, avec lesquels ils communiquent, qui constitue le système nerveux.

Le système nerveux se ramifie, disons-nous, dans tous les organes et dans tous les tissus, par des filets de plus en plus déliés qui, sortis d'un centre ou des centres nerveux par des cordons assez volumineux, finissent par arriver à des divisions extrêmes, et se perdent, soit en se résolvant en une espèce de renflement ou papilles nerveuses, comme à la paume de la main, à la plante des pieds, aux bords latéraux des doigts ou de la langue; soit, du côté du cerveau, en une substance qui se continue avec les cellules de la substance grise de l'organe cérébral.

« Les tubes nerveux se terminent par des extrémités libres, « légèrement renflées, à la périphérie du corps (dit M. J. Bé- « clard, page 903), dans les corpuscules de Pacini. » Ils forment les corpuscules du tact (1). « Pour les centres nerveux, *moelle* « et *cerveau*, rien n'autorise à admettre que les tubes primitifs « qui entrent dans la composition des nerfs, se terminent par « des extrémités libres; toutes les observations, au contraire, « démontrent que ces tubes, partout continus avec eux-mêmes, « s'abouchent avec les cellules de la substance grise sans pré- « senter nulle part de solutions de continuité. Les terminaisons « périphériques des nerfs n'ont pas été étudiées avec autant de « soin dans les autres tissus, et la science laisse encore à désirer « sous ce rapport. » — J. Béclard.

Le système nerveux reconnaît dans sa composition : 1° un névrilème, membrane celluleuse (tissu lamineux), peu résistant, qui enveloppe chaque nerf et qui forme non-seulement autour de chacun d'eux, mais aussi autour de chaque fibre nerveuse, dont l'ensemble concourt à former un nerf, une sorte de canal dans lequel est logée la pulpe nerveuse.

Ce névrilème pénètre aussi entre les faisceaux primitifs ou

---

(1) On trouve des corpuscules du tact dans l'épaisseur du sommet d'un certain nombre des papilles de la peau et de la langue. — Nysten.

filets produits par la réunion des tubes nerveux. « Ce qu'on appelle périnèvre (Ch. ROBIN) est une espèce particulière d'élément anatomique qui offre une disposition tubuleuse autour des faisceaux primitifs des tubes dans les nerfs de la vie animale et dans les filets blancs du grand sympathique : il les entoure comme le myolème entoure les fibrilles musculaires (1). » Le névrilème, par ses deux extrémités, se continue, d'une part, avec la pie-mère, membrane avec laquelle il a la plus grande analogie, et de l'autre, c'est-à-dire à l'extrémité périphérique, il s'identifie avec le tissu cellulaire.

C'est le long des parois de toutes les gaines fournies aux tubes nerveux, par le névrilème, que courent des vaisseaux sanguins d'une grande ténuité.

Toutes les fibres nerveuses (aujourd'hui tubes nerveux) sont accolées les unes aux autres suivant la direction longitudinale du nerf qu'elles constituent.

Ce sont donc ces tubes nerveux (ils conservent encore le nom de *fibres nerveuses*) qui, réunis par le tissu conjonctif, *névrilème*, forment le nerf lui-même.

Ces tubes présentent des dimensions qui sont variables : il y en a : 1° de un millième de millimètre à deux centièmes de millimètre ; 2° ils contiennent à leur intérieur une substance demi-fluide (moelle nerveuse, appelée axe central des tubes, (tubes nerveux) axe cylindrique.

« L'axe central des tubes nerveux primitifs est constitué par une substance albuminoïde qui offre à peu près la même réaction que la *fibrine*. La moelle nerveuse placée entre cet axe et la gaine du tube nerveux primitif, est formée par une substance grasse ; c'est cette huile demi-solide qui, sur le vivant, isole ces axes fibrineux des axes des tubes voisins » (2). Ce sont comme trois tubes emboîtés l'un dans l'autre. Les tubes nerveux les plus fins se rencontrent dans les nerfs des organes des sens, dans les racines postérieures des nerfs *rachidiens* et dans les

---

(1) NYSTEN, *dictionnaire*.
(2) J. BÉCLARD, page 902.

filets du grand *sympathique* ; nous avons dit qu'ils peuvent varier de 0mm 001 à 0mm 02 de diamètre.

Bichat avait établi le système nerveux en système nerveux de la vie organique et en système nerveux de la vie animale. L'unité du système nerveux ne permet plus de faire cette distinction. Les filets du nerf grand sympathique (qui fait partie dus système nerveux général, avec les nombreux ganglions qui se rencontrent sur son trajet) ces filets, avons-nous dit, sont de petite dimension ; ils sont plus fins, mais leur composition est la même ; ils se distribuent aux divers organes ; et par les rameaux anastomotiques, le grand sympathique se trouve relié aux nerfs rachidiens et même à ceux des sens ; comme ceux-ci, il puise sa puissance d'action dans les *centres nerveux* (1). Enfin les ganglions qui se trouvent sur le trajet périphérique des nerfs et qui font partie du système nerveux, sont de petites masses isolées, toujours situées, cependant, sur le parcours d'un cordon ou d'un filet nerveux ; ces petits corps sont rougeâtres ou grisâtres ; chaque tube sensitif porte sur un point de son trajet un corpuscule, *cellule ganglionnaire*, leur structure offre de l'analogie et leur fonction aussi, avec les centres nerveux eux-mêmes ; on rencontre également dans les ganglions des éléments vésiculeux, ce sont les corpuscules nerveux, ou cellules nerveuses (2).

---

(1) L'inspection microscopique ne montre dans les branches du nerf grand sympathique, que des tubes nerveux primitifs, généralement d'un petit calibre ; mais, en tout, semblables à ceux des autres nerfs (J. Béclard, page 901).

(2) C'est sur le trajet du double cordon du nerf grand sympathique, l'un à droite, l'autre à gauche de la colonne vertébrale, que se rencontrent de nombreux ganglions. Ces ganglions situés dans l'intérieur des cavités splanchniques, ont la même composition que ceux de la tête (ganglion ophtalmique, ganglion de Meckel ou sphéno-palatin, ganglions cervicaux, etc.).

Les rameaux nerveux, qui partent des ganglions qui se trouvent sur le trajet du grand sympathique, au lieu de diminuer de volume en s'éloignant des ganglions, augmentent souvent, au contraire, malgré les nombreux filets qu'ils fournissent.

Chacun des ganglions du grand sympathique placés le long de la

Nous terminons ici la description du *système nerveux* pour tâcher de ne pas trop nous répéter dans ce que nous aurons à dire aux fonctions de la relation, chapitre de l'*Innervation*; chose assez difficile, dit Richerand, quand il faut traiter des sujets comme ceux qui ont rapport aux fonctions de l'économie animale, où tout se tient et se commande.

Les cinq systèmes généraux ou générateurs que nous venons d'exposer ici ne sont pas précisément ceux de Bichat ; il en comptait sept, parce qu'il faisait figurer le système exhalant et celui des absorbants ; mais, ni l'un ni l'autre ne peuvent trouver leur place ici en tant que systèmes. Dans les autres qu'il comptait, avec ses systèmes généraux, au nombre de vingt-et-un, il y avait aussi : le médullaire, le synovial et le muqueux. P. Bérard, admet bien aussi vingt-et-un systèmes organiques ; mais, il n'y comprend pas ceux dont nous venons de parler : Il admet à leur place : le *système adipeux*, le *système capillaire*, le *lymphatique* et celui des *tissus érectiles*. En modifiant la nomenclature de Bichat et en s'exprimant sur les autres systèmes ou tissus de cet auteur, P. Bérard, dit : « Il est regrettable que l'espèce de dédain systématique que Bichat professait contre le *microscope*, et l'état peu avancé de l'*histologie* à l'époque où ce dernier écrivait, l'ait un peu égaré dans la détermination des tissus généraux ou générateurs, qu'il confondait dans le nombre des vingt-et-un systèmes ou tissus de l'économie. »

Nous passerons en revue successivement les vingt-et-un systèmes organiques de P. Bérard, en mentionnant ce que l'*histologie* nous a appris de nouveau sur ces systèmes, sous le rapport des éléments premiers qui composent chacun d'eux. Aussi nous importe-t-il d'étudier l'arrangement des éléments fondamentaux, avant de nous occuper de celui des vaisseaux, des nerfs et d'autres parties composées ; car dans les tissus que nous devons examiner, il y en a de simples, mais il y en a aussi de com-

colonne vertébrale reçoit, par son côté externe, des rameaux (rameaux émergents, externes) provenant de la moelle par l'intermédiaire des racines rachidiennes et les anastomoses, établissent de ce côté l'unité du système nerveux.

posés (1). Les découvertes et les travaux plus récents en anatomie générale ont poussé nos connaissances beaucoup plus loin que du temps de Bichat, sur la composition intime de l'organisme, formant l'être vivant, et les ont fait arriver aujourd'hui au point que ces connaissances font partie des études *anatomo physiologiques* et qu'il n'est plus permis de les ignorer. Car, quoiqu'en ait pu dire, dans ces derniers temps, une célébrité chirurgicale qui ne paraît pas apprécier à un haut degré les recherches ou études histologiques, puisqu'elle n'y voit « *qu'un faux semblant d'une science exacte et profonde empruntée presque exclusivement aux recherches microscopiques* », il n'en reste pas moins démontré, pour beaucoup d'autres capacités médicales, que les recherches et les connaissances en *histologie* ont une grande valeur comme science ; et qu'elles sont d'une utilité pratique, incontestable en *anatomie pathologique* et d'un grand secours en *physiologie*.

Les travaux des Lebert, des Robert, des Broca, des Morel, des Wirchow et autres, ne peuvent pas être considérés comme n'ayant aucune valeur scientifique et médicale ; et ne servant, a-t-on dit, qu'*à détourner l'attention de l'étude des grands enseignements et des précieuses indications qui sont journellement fournies par la clinique*. (Textuel).

L'histologie en biologie (a répondu, avec bonheur et vérité, M. le professeur Verneuil), achève et couronne l'œuvre grandiose de Bichat ; et en médecine, développe et complète l'*anatomie pathologique*.

Pour nous, qui ne pouvons méconnaître l'importance scientifique des recherches microscopiques, et les services rendus à la physiologie par l'*histologie*, nous exposerons quelques données sur cette science, dans la mesure de nos moyens, et les limites que nous impose le titre de cet ouvrage.

---

(1) Un vaisseau, un nerf sont chacun un élément de la composition de la plupart des organes et des autres tissus ; et cependant un vaisseau n'est pas un tissu simple. P. Bérard.

CHAPITRE V.

HISTOLOGIE.

Ayant admis que l'arrangement des éléments fondamentaux doit être observé avant celui des vaisseaux, des nerfs, ou d'autres parties composées dans leur organisation, nous n'en maintenons pas moins le mot *système*, voulant désigner par là les parties du corps qui ont la même composition ; qui se ressemblent et sont plus ou moins répandues dans l'organisme humain.

Ces *systèmes* sont parfois, cependant, formés de plusieurs tissus, ou d'un seul tissu, qui sont les éléments constitutifs de ces systèmes. P. Bérard dit, qu'on devrait les appeler *éléments des systèmes organiques*. Nous n'y voyons pas d'inconvénient, puisqu'ils sont la base des systèmes organiques, comme les systèmes sont la base fondamentale des organes ; et comme les organes forment les appareils et les appareils l'organisme en entier, autrement dit, l'être vivant anatomiquement et fonctionnellement parlant.

Quels sont les tissus simples du corps des animaux, tissus fondamentaux, tissus élémentaires ? Les tissus simples ou élémentaires des animaux, sont ceux qui ne comportent dans leur contexture aucune *association hétérogène*, comme leur nom, du reste, l'indique.

Le mot *tissu* ordinairement, et d'une manière générale, désigne des parties plus ou moins consistantes et solides du corps des animaux, formées par la réunion, ainsi qu'il a été dit déjà, de nombreux éléments anatomiques, d'une ou de plusieurs espèces, enchevêtrés ou simplement superposés, juxtaposés, dans un ordre détermin ou vice-versâ ; « ce sont des parties similaires, solides des systèmes qui se subdivisent par simple dissociation physique en plusieurs espèces d'éléments anatomiques. » (P. BÉRARD).

En découvrant et isolant les éléments qui les composent, on détermine la nature des tissus, qui sont souvent des parties complexes ; de là les tissus simples et les tissus composés.

Ces éléments, au point de vue de la forme qu'ils revêtent et de l'agencement qu'ils offrent pour constituer les tissus, font l'objet de l'étude de l'histologie.

« Toutefois, il faut avant d'examiner ce que sont les tissus chez l'homme et l'animal adulte, rechercher ce qu'ils ont été à leur naissance. (P. Bérard, p. 204).

Théorie cellulaire. Ce n'est que depuis les travaux de plusieurs éminents histologistes, Wirchow, Kolliker, Frey, Henle, Robin, Morel et d'autres, qu'on a pu être fixé sur la nature des systèmes organiques, c'est-à-dire, de leurs éléments constitutifs.

La théorie cellulaire, presque généralement admise, fait connaître que la *cellule* est l'organe formateur de tout élément histologique. Les tissus les plus simples reconnaissent cette formation.

La cellule est l'organe doué de vie par excellence. (Morel).

La théorie cellulaire végétale a été créée par Schleiden et importée à l'*histologie animale*, par Schwann en 1831, qui lui-même l'a copiée sur celle que Schleiden avait émise relativement à la cellule végétale. (Morel, page 32, *Traité élémentaire d'histologie humaine.*)

« La matière organique, dans l'état le plus simple où elle puisse se trouver, est une dissolution ; tel est l'état de l'albumine et de la fibrine dans le sang, dans la lymphe. Ces liquides ou liqueurs renferment des globules, des cellules, quelquefois un granule, ou des granules, qui venant à s'agglomérer, forment des noyaux de cellules. L'état le plus simple, le plus rudimentaire est celui de granules ; et souvent ceux-ci, dans beaucoup de circonstances, sont animés d'un mouvement assez vif, qui doit être assimilé sans doute au mouvement de Brown. » (P. Bérard).

Qu'est-ce donc que la cellule ? La cellule, dans le sens le plus large du mot, serait une vésicule de forme et de volume très-variables, limitée à l'extérieur par une enveloppe membraneuse distincte et offrant un contenu de nature et d'aspect divers. (Morel, page 25).

Les cellules précèdent les tissus des animaux ; elles donnent

6

presque toujours naissance à ces tissus, comme les cellules végétales aux vaisseaux et aux parties constituantes des plantes.

Comment se forment les cellules ? Les cellules se formeraient comme les cellules végétales (suivant certains auteurs) au sein d'une humeur liquide nommée cytoblastème ; il y aurait dans cette humeur des granulations qui se grouperaient autour d'un nucléole, pour former un noyau sur lequel la cellule s'engendre.

« Il est plus convenable d'admettre (dit Bérard, page 214) que « les noyaux résultent tout simplement de l'agglomération de « granules élémentaires, et que des particules graisseuses pro« venant de quelques granulations, se réunissent pour former, « peut-être, le nucléole dans le noyau. » M. Morel dit, page 30, *Traité d'histologie humaine :* « Toute cellule dérive d'une autre « cellule préexistante; telle est l'idée qui me paraît fatalement « ressortir de l'observation des faits relatifs au développement « des tissus normaux et des produits pathologiques orga« nisés. » (1).

Qu'est-ce que la cellule à noyau? La cellule à noyau est un corps arrondi ou polyédrique marqué d'un point plus opaque et granulé; c'est une poche ayant des parois membraneuses et une cavité. L'état de vie doit amener des transformations dans la progression de la matière animale, puisque avec un même élément il apparaît des tissus aussi variés que le sont

(1) M. Morel dit à ce sujet, page 32 : La théorie du blastème, ou théorie de la formation spontanée, nous paraît une simple vue de l'esprit. La formation de la cellule végétale qui a servi de modèle à Schwann, est même formellement rejetée par des botanistes éminents de notre époque. (Ceci a été écrit en 1864).

Pour M. Morel, le noyau semble être constamment le point de départ des métamorphoses qui s'opèrent dans l'intérieur de la cellule. Quel que soit le mode de développement qui en résulte : qu'il soit le fruit de la segmentation du vitellus (végétation endogène) ou de la division de cellules qui prennent ainsi naissance (fissiparité) pour se diviser ensuite elles-mêmes.

ceux des animaux. L'élément organique, c'est la cellule ; mais comment cette cellule ou ces cellules, par la même organisation, pourraient-elles engendrer la fibre celluleuse, la musculaire et la nerveuse? La cellule, en effet, par sa composition, permet de supposer des transformations : elle a d'abord une enveloppe hyaline ; il y a un contenu habituellement granuleux, qui renferme lui-même une vésicule, c'est le noyau ou cytoblaste (1). Enfin, au milieu du contenu granuleux de celui-ci, on aperçoit une granulation plus volumineuse que les autres, et qui représente le *nucléole.*

Les parties constituantes que nous venons d'indiquer, se trouvent le plus ordinairement dans les cellules ; quelques-unes cependant ne présentent pas ces mêmes parties constitutives : les unes manquent de noyau, chez d'autres le contenu granuleux, transparent et de consistance liquide, est remplacé, en partie ou en totalité, par des grains opaques et très-foncés *(granulations pigmentaires)*, comme dans les cellules pigmentaires de la choroïde de l'iris, du mamelon, de l'épiderme, dans certaines parties ; mais lorsque le noyau manque dans une cellule ou qu'il a disparu, on peut conclure, dit Morel, que ce corpuscule a déjà subi des transformations de structure qui portent atteinte à l'intégrité de ses fonctions et paraissent abolir, en lui, la faculté génératrice ou de reproduction (cellules de l'épiderme).

« Il est aussi des cellules où le contenu est normalement parsemé de petites vésicules sphériques à contours foncés, et douées d'un grand pouvoir réfringent. Ces petites perles sont constituées par ce que l'on appelle *de la graisse libre.* Les cellules hépatiques en contiennent des quantités variables.

(1) De *kutos*, cavité, et *blastos*, bourgeon, production, nom donné autrefois au noyau, lorsqu'on croyait que toute cellule commençait par l'état de *nucléole*, d'où dérivait le noyau, qui lui-même aurait servi de germe à la cellule (Nysten). Aujourd'hui, on dit plutôt blastème, pour désigner une matière amorphe liquide ou demi-liquide, où se développent des éléments anatomiques. On sait d'ailleurs que chez l'adulte, et même chez le fœtus, dans les liquides exsudés, naissent des éléments ayant forme de fibres, sans qu'ils passent préalablement par l'état de cellules. — Morel.

« La présence de la graisse dans les cellules, qui n'en con-
« tiennent pas ordinairement, c'est-à-dire normalement, annonce
« sa décomposition prochaine, et indique, pour le moment, un
« arrêt ou bien une perversion de son fonctionnement physio-
« logique. » — MOREL, p. 27.

La cellule est-elle, avec ou sans son contenu, le seul élément constitutif et primordial de nos tissus ? L'analyse des éléments anatomiques qui entrent dans la composition du corps humain, permet de rattacher ceux-ci à l'un des quatre types suivants : 1° substance amorphe; 2° cellule; 3° fibre; 4° substance cristalline (1).

Comme on le voit ici, il n'y a pas seulement que la cellule comme état primordial des tissus des animaux ; mais on peut dire que c'est l'élément le plus répandu, quoique certains tissus, comme les cartilages, les os, ont pour substance fondamentale la substance amorphe solide (2), et que *la fibre*, autre élément constitutif, apparaît dans la fibre connective.

La fibre, élément constitutif, élément primordial, est homogène quelquefois dans son entier, ou bien elle est constituée par un tube dont l'enveloppe se distingue parfaitement du contenu; telles sont les fibres musculaires et certaines fibres nerveuses.

« La cellule peut aussi affecter des formes diverses, qui sont :
« la cellule sphérique, polyédrique, lamellaire, cylindrique ou
« cônique, vibratile, fusiforme, cellule étoilée ou rameuse. On
« peut ramener les autres formes à ces différents types. » — MOREL.

L'enveloppe des cellules se compose de substance protéïque, surtout dans les cellules jeunes, qui, solubles dans l'acide acétique, cessent de l'être, même dans l'eau, l'alcool et l'éther, lorsqu'elles sont vieilles.

---

(1) La substance cristalline (otolithes) n'a été constatée chez l'homme que dans l'oreille interne ; mais dans les productions pathologiques, elle revêt des formes multiples et présente des réactions chimiques *très-variées*. — MOREL, p. 25.

(2) Il y a des cellules à noyau bien caractérisées, qui sont disséminées dans la matière homogène des cartilages. — P. BÉRARD, p. 200.

Que deviennent les cellules dans leurs transformations, et quel rôle jouent-elles dans la production des tissus? Nous avons dit que ce qui arrive à la cellule, pendant qu'elle est jeune, permettait de supposer qu'il y avait des mutations chimiques dans les parties où les cellules se transforment, puisque de solubles qu'elles étaient dans l'acide acétique, elles cessaient de l'être lorsqu'elles étaient vieilles.

Les changements dans la forme ne sont pas moins importants: quelques cellules s'aplatissent; d'autres s'élargissent, se collent par leurs bords, perdent leur cavité (si elles en avaient une) et sont désormais des lames, des écailles, comme on le voit à l'épiderme (cellules à noyaux réduites en écailles.)

La cellule dans le sens le plus large du mot, avons-nous dit, est une vésicule de forme et de volume très-variable, limitée à une enveloppe membraneuse distincte et offrant un contenu de nature et d'aspect divers. Or, nous voyons qu'elle peut subir des changements, soit dans sa constitution chimique, soit dans sa forme, et le contenant et le contenu semblent disparaître. Les cellules dans l'embryon ne sont qu'un état transitoire, elles disparaissent pour faire place aux tissus, ceci a déjà été dit, mais voyons comment se forment les tissus simples.

Formation ou genèse des tissus simples. Plusieurs micrographes croient aujourd'hui que les cellules se liquéfient au moment où des tissus vont les remplacer. « La formation des cellules n'en serait pas moins, à mes yeux, dit Bérard, une opération préalable, importante, à en juger par la généralité du phénomène dans les parties qui se développent. Ce serait un premier essai du passage de l'état liquide à l'état de solide organique, et peut-être la matière modifiée par l'état cellulaire est-elle devenue apte à revêtir d'autres formes. »

P. Bérard développe à ce sujet une théorie sous forme d'hypothèse qui ne paraît pas dénuée de fondement: « Si les cellules s'engendrent les unes les autres et que l'on suppose des cellules placées bout à bout, et qu'elles se touchent, les parois, par lesquelles elles se trouvent en contact, pourront se détruire, et une communication s'établira dans leur continuité, de là un vaisseau capillaire, un canalicule d'un organe sécréteur comme seraient ceux des reins, des testicules, ou d'une glande en cul-de-sac de l'estomac, peut-être des lymphatiques, dont suivant Hadgkin, les valvules ne seraient que des traces, des cloisons ; c'est l'analogue de ce qui se passe dans les végétaux.

« Admettons maintenant une autre disposition de ces cellules ; leur réunion, leur groupement sur un point, et qu'il y ait également destruction des points par lesquels ces portions se touchent, il en résultera une cavité comme celle qui termine chaque radicule de certaines glandes.

« On peut encore admettre pour la genèse des tissus animaux, un autre procédé de la part de la cellule et toujours de la cellule : supposant simplement que les cellules s'allongent ; leur cavité disparaît ; ces cellules ainsi allongées se joignent par leurs extrémités, et donnent ainsi naissance à un ordre de fibres que l'on nomme *fibres de cellules*. Le caractère de ces fibres est de devenir translucides, gélatiniformes sans se dissoudre complètement.

« Tout cela est possible, ajoute ce judicieux écrivain ; c'est très-séduisant, mais, ce n'est pas prouvé, quoiqu'en aient dit certains auteurs. »

Cependant il y a des parties qui se développent sans avoir été précédées de *cellules* : certaines membranes, hyalines, minces, homogènes, peuvent naître de petites plaques qui se réunissent par leurs bords, sans qu'on puisse affirmer que des cellules aient précédé ces plaques : « ainsi naitraient, suivant Henle, l'épithélium pavimenteux des vaisseaux, la capsule cristalline, la membrane de Demours, etc. »

Que deviennent les cellules sous le rapport de leur contenu ? A. Chez les animaux l'état cellulaire est transitoire dans leur développement ; les cellules étant alors remplacées par différents tissus ; telles sont les cellules embryonnaires : les globules du sang de l'embryon sont des cellules à noyau pendant une période très-courte de son développement.

Il y a cependant des parties où les cellules persistent (1) quant

(1) Ce sont les cellules antérieures du cristallin, les cellules des pigments, les cellules de quelques tissus morbides.

à leur noyau, elles en contiennent le plus ordinairement, ils disparaissent le plus communément.

Ce qu'on appelle *fibres de noyaux*, est une transformation de noyaux en un ordre particulier de *fibres*. C'est un élément important de l'organisme ; mais, il n'est pas positivement démontré qu'elles proviennent de noyaux de cellules.

B. Les noyaux disparaissent dans les animaux à sang chaud, où elles n'ont qu'une existence très-courte ; 2° dans les cellules de l'épiderme et celles aux dépens desquelles se forme l'ongle ; 3° dans les cellules du cristallin au moment où elles passent à l'état de fibres, ou pour tenir un langage moins affirmatif, dit Bérard, au moment où des fibres vont succéder à des cellules.

Il y a encore bien d'autres parties dans lesquelles les noyaux disparaissent toujours lorsque les fibres doivent remplacer les cellules.

Ainsi, la formation des *tissus* est un fait d'anatomie qui se rapporte à la théorie cellulaire, nous devions en dire quelques mots en répétant, que, chez les animaux, l'état cellulaire est transitoire dans leur développement, et qu'au contraire, les tissus pathologiques, forment leur accroissement par une production incessante de nouvelles cellules.

Quant aux tissus de nouvelles formations, *tissus cicatriciels*, ils sont analogues aux tissus normaux, et à l'encontre des tissus pathologiques ils sont réparateurs. « Là où il se fait des cicatrices, dit M. Hebert, cité par Bérard, il y a des globules *fibro plastiques* qui s'y rencontrent ; ces globules passent peu à peu à l'état de fibres de cicatrices. » M. Morel dit aussi que le tissu cicatriciel dérive des cellules fusiformes ; pour M. Morel, la cellule fusiforme se rencontre principalement dans les masses embryonnaires qui sont en voie de transformation fibreuse. Page 28, ouvrage cité.

Les cellules épithéliales succèdent aux cellules de pus dans les plaies qui se cicatrisent (1).

---

(1) Nous devions exposer ces nouvelles vues (en quelques points différents) sur la genèse des tissus, en en puisant les détails dans l'ouvrage de Bérard qui, lui-même, cite assez souvent M. Lebert.

En résumé, tous les tissus ou au moins le plus grand nombre, procèdent des transformations de cellules.

C'est de l'évolution ultérieure des *cellules* que naîtraient toutes les parties du corps des animaux. Le sang, le chyle, la lymphe contiennent les éléments constitutifs de l'organisation. Ils y existent à l'état *vésiculaire*, sous l'apparence de particules isolées, suspendues dans un liquide salin qui maintient la pureté de leur forme ; et la circulation porte ces particules dans tous les points de l'organisme (1).

Les globules du sang de l'embryon ont des cellules à noyau, pendant une période très-courte de leur développement.

Ainsi, pour l'état primordial, *tissus, vaisseaux et lymphe*, tout procède de la cellule ou vésicule; le point de départ de toute partie organique est là, les globules du sang, ainsi qu'on vient de le voir, ne reconnaissent pas d'autre formation ; ils sont constitués, dans l'embryon, par métamorphose des *cellules primordiales*, qui occupent l'axe du vaisseau en voie de développement.

Les cellules embryonnaires, pour donner le globule sanguin, se chargent d'hématine en même temps qu'elles s'aplatissent un peu, et que le noyau tend à disparaître.

Chez l'adulte, le développement des globules rouges paraît se faire aux dépens des globules lymphatiques qui, d'après Kolliker, s'aplatissent et se chargent de matière colorante pendant que le noyau se résorbe. (MOREL, page 147 (2).

P. Bérard, dans ses prolégomènes, page 204, répète que l'avenir de la théorie cellulaire est incertaine comme théorie histolo-

---

Nous mentionnerons aussi d'autres passages, ici ou ailleurs, de certains auteurs (qui ont traité le même sujet) ne pouvant mieux faire que d'invoquer le témoignage, l'appui des hommes qui se sont le plus occupés de l'histologie humaine ; nous citons, parfois, *textuellement* les passages de leurs écrits pour ne pas déflorer leur style, leur langage et pour conserver à leur argumentation, toute la valeur qu'elle peut avoir.

(1) J. BÉCLARD, page 8, *Traité de physiologie*.

(2) Bischoff, cité par Morel, croit que la cellule ronde s'aplatit d'abord, puis qu'elle se contracte, et qu'elle forme ainsi le corpuscule sanguin permanent. — MOREL, *Traité élémentaire d'histologie humaine*, page 146.

gique (1); mais que ceux qui, sous ce prétexte, négligent d'en prendre connaissance ou la dédaignent, se condamnent à ignorer une foule de faits qui n'ont pas besoin d'emprunter à une théorie quelconque, leur intérêt ou leur importance.

M. Morel, qui a suivi dans son traité élémentaire d'*histologie humaine*, les idées de Wirchow et qui les a même appuyées par des faits vérifiés et affirmés par lui, a soin de déclarer, dans sa préface, page 3 : « que ses convictions sont établies par l'étude directe des faits, et que, frappé de leur concordance et de leur parfaite harmonie avec la doctrine du célèbre professeur de l'Université de Berlin, il admet cette doctrine. (Doctrine ou théorie cellulaire de Wirchow).

Ce travail de M. Morel, indique tout le soin et la conscience qu'il y a apportés : les planches qui composent l'atlas ont été faites par M. le Dr Villemin qui, à des connaissances positives, joint un talent peu commun d'*iconographie*, dit M. Morel. Et en effet, sous ce rapport, l'ouvrage se trouve ne rien laisser à désirer, comme sous celui de l'exposition des faits qui séduit et entraîne dans cette étude, où dans notre pays (dit encore M. Morel), peu de médecins ont porté leur attention : l'histologie ayant été jusqu'à présent peu sympathique aux savants, et surtout à certains médecins qui ne devraient pas cependant la négliger. Il est vraiment étonnant (continue le même auteur) de voir ces derniers croire à l'excellence de la science fondée par Bichat, et mettre en doute la valeur des résultats fournis par l'*histologie ;* nous avons déjà vu P. Bérard, regretter lui-même, que Bichat, l'illustre auteur de l'anatomie générale appliquée à la physiologie, n'ait pas trouvé l'état de l'histologie plus avancé à son époque, « et que l'espèce de dédain systématique, qu'il professait contre le microscope, l'ait un peu égaré dans la détermination des tissus générateurs. »

Théorie de la substitution. Il est une autre théorie que nous devons exposer pour en terminer avec toutes ces savantes recherches, et toutes ces connaissances en histologie, dont la physiologie ne peut que profiter.

---

(1) Comme explication générale de la formation *des tissus*.

Nous voulons parler de la ***théorie de la substitution***, que M. C. Robin a exposée sous ce titre, et que nous trouvons assez développée dans l'ouvrage de M. Morel (1) pour que nous puissions, à son exemple, en donner ici plus qu'un fragment ou extrait. Le sujet est assez important pour que nous citions textuellement (en suivant M. Morel), cette partie du travail de l'auteur qui est relative au développement des éléments anatomiques chez les animaux (2).

« 1° Dans l'œuf, les éléments des tissus transitoires ou cellules embryonnaires, se forment par segmentation du vitellus; d'où résulte la naissance de l'embryon, et se termine de la façon suivante :

« (*a*) Les cellules de la couche superficielle du feuillat séreux du blastoderme seulement, se métamorphosent à la manière des cellules végétales en éléments des produits (cellules de l'amnios, cellules épithéliales, etc.).

« (*b*) Toutes les autres cellules embryonnaires se terminent par dissolution ;

« 2° Dans les tissus de l'être formé :

« (*a*) Les éléments produits (épithéliums, etc.), naissent à l'état de cellules, se forment de toutes pièces, et se métamorphosent directement en corne, ongle et autres produits, par une métamorphose analogue à celles des cellules embryonnaires correspondantes, et comme toutes les cellules végétales.

« (*b*) Les éléments des tissus fondamentaux muscles, derme, etc., ou tissus proprement dits, naissent par formation de toutes pièces *sans passer par l'état de cellules, ni se métamorphoser*. Ils naissent dans le blastème résultant de la dissolution des cellules embryonnaires, ou dans celui que laissent exsuder les vaisseaux.

Ce mode de formation de toutes pièces par substitution aux cellules embryonnaires est propre au règne animal.

(1) Morel, *Traité élémentaire d'histologie humaine*, préface, page 11.

(2) Voyez, *Comptes-rendus de la Société de biologie*, page 189, 190 (1849), et *Manuel de physiologie* de Muller, annoté par Littré, tome II, page 774 (Paris 1850). — Morel, page 34 et 35, *Traité élémentaire d'histologie humaine*, 1864.

Telle est la théorie de la *substitution*, plus complexe que celle de Wirchow, ou de la métamorphose. Nous devions en faire mention ici, tant à cause de son importance que du rang que son auteur occupe dans la science.

Ces théories, quelque différentes qu'elles soient sur certains points, n'en n'offrent pas moins un grand intérêt, et aujourd'hui il devient indispensable de joindre aux études anatomo-physiologiques, des connaissances sur l'*histologie* dans ses rapports avec le règne animal. Il y a encore, il est vrai, quelque dissidence d'opinion sur la théorie cellulaire elle-même, en ce que le travail de la végétation *endogène* de la cellule n'est pas apprécié de la même manière, à savoir : 1° si le noyau se forme autour du *nucléole*, et si celui-ci a véritablement l'antériorité ; 2° si le noyau précède toujours la cellule et mérite le nom de cytoblastème (ou plutôt blastème) ; 3° enfin, si la cellule se forme autour de lui en s'appliquant d'abord à sa surface, ainsi qu'on l'a dit, comme un verre sur la montre, pour l'envelopper ensuite plus ou moins complètement : puisqu'on a trouvé des noyaux à l'intérieur de la cellule, c'est-à-dire attachés à ses parois, et qu'il y a des cellules qui n'ont pas et qui n'ont jamais eu de noyaux (1). Il y a aussi des noyaux qui n'ont pas été revêtus de la cellule.

Ce qu'on nomme *fibres de noyaux* est une transformation de ces noyaux en un ordre particulier de *fibres*. C'est un élément important de l'organisme ; mais il n'est pas positivement démontré qu'elles proviennent de noyaux de cellules, avons-nous dit page 87, nulle part (a dit Henle) on n'a surpris des noyaux s'allongeant, se ramifiant, etc.

Il s'élève donc un doute, un désaccord sur la question de savoir si dans les cellules munies de noyau (il y en a quelquefois deux, cellules épithéliales, glando-salivaires, pancréas, etc.), ce dernier a été l'organe précurseur de la cellule et l'occasion de sa formation, ou s'il n'est qu'un résidu solide de la matière (2) aux

(1) M. Mandl, cité par Bérard, ne voit que du blastème consolidé, et non une véritable cellule autour d'un noyau.

(2) Espèce de blastème ou cytoblastème, liquide épanché, humeur amorphe comme le serait la liquéfaction des cellules ou l'exsudation formée par les vaisseaux nourriciers.

dépens de laquelle s'est formée la cellule (Dujardin). Enfin, le nucléole, comme la tache germinative, se développerait ou ne se développerait pas avant la vésicule proligère. La formation de la tache germinative, sous le rapport de son origine, n'est pas non plus sans conteste, aussi bien que son évolution ultérieure (1).

La différence de la théorie de la substitution à la théorie de la métamorphose est celle-ci : Dans la première, ainsi que son nom l'indique, tous les éléments constituants chez les animaux se forment *par substitution* des éléments aux cellules embryonnaires ou transitoires qui disparaissent. Il y a remplacement d'une partie des cellules embryonnaires (qui se dissolvent) par des éléments définitifs qui naissent de toutes pièces et sont dûs à une génération nouvelle, spontanée, à l'aide du blastème, résultant de cette liquéfaction. Il y a ainsi substitution d'éléments permanents, définitifs, à des cellules embryonnaires, éléments transitoires qui disparaissent par liquéfaction et résorption.

Pour le second mode, ou théorie de la métamorphose, tous les éléments anatomiques des végétaux, tous les éléments de produits chez les animaux, dérivent directement des cellules embryonnaires par métamorphose, c'est-à-dire par changement de forme, de consistance et de volume : leur état n'étant que transitoire pour arriver à la transformation ou métamorphose.

Nous avons exposé les différents points principaux de la théorie cellulaire qui semblent ne pas être en parfait accord chez différents auteurs; que devons-nous admettre dans cette divergence d'opinion. Nous croyons, d'abord, que la réduction de la matière animale en granulations élémentaires est un fait acquis à la science; nous admettons que le cytoblastème, ou plus simplement le blastème, existe pour les formations animales; 2° que les cellules naissent au sein de cette humeur épanchée, provenant d'une exsudation des vaisseaux nourriciers, et sont un résidu solide de sécrétion.

(1) La tache germinative (d'après Vagner) est simplement le noyau de la cellule qui constitue ce qu'on nomme la vésicule germinative. C'est dans cette vésicule que se remarque la tache germinative.

3° Que le noyau peut exister avec la cellule (cellula nucleata) ou sans la cellule ; qu'il nous semble être constamment le point de départ des métamorphoses qui s'opèrent dans l'intérieur de la cellule ; que les granulations élémentaires se voient surtout dans le noyau, et quelquefois il y en a entre le noyau et la cellule ; ce sont ces granulations qui forment le noyau, qui résulte alors de l'agglomération des globules élémentaires *sur un point principal*.

4° Qu'ils n'ont pas la même constitution chimique que la cellule ; car l'un (le noyau) se dissous dans l'acide acétique, et l'autre non.

5° Enfin, des membranes ou cellules peuvent naître autour d'amas de granulations (1). Et le nucléole, comme la tache germinative, se développerait avant la vésicule proligère (2). P. Bérard (page 206) dit que le noyau ou cytoblaste n'est pas l'organe le plus important et celui par lequel commence l'impulsion formatrice. C'est le nucléole qui jouit de ce privilège. C'est un petit corps semblable à un anneau épais ou à un globule creux qui se remarque dans l'épaisseur du noyau ou cytoblaste.

En résumé, il peut être admis que le cytoblastème (ou plutôt blastème, tout court) est une humeur épanchée, résultant de l'exsudation des vaisseaux nourriciers ou de la liquéfaction des cellules embryonnaires. C'est un liquide amorphe, où se développent les éléments anatomiques : 1° il y a des granulations qui proviennent de la réduction, en cette forme, de la matière animale ; 2° des membranes ou cellules prennent naissance autour d'amas de granulations ; 3° celles-ci, en se condensant autour d'un point principal, donnent naissance à un noyau à

(1) Nous avons dit que M. Mandl, cité par Bérard, n'y voyait que du blastème consolidé et non une véritable cellule autour du noyau. M. Raspail compose les parois des cellules d'autres cellules placées côte à côte, et celles-ci de cellules plus petites encore, jusqu'à l'infini. M. Morel dit : *toute cellule dérive d'une cellule préexistante* (page 30).

(2) La tache germinative, d'après Wagner, est simplement le noyau de la cellule qui constitue ce que l'on nomme la *vésicule germinative*. C'est dans cette vésicule que se remarque la tache germinative.

leur centre, et des membranes ou cellules peuvent également se former, soit qu'il n'existe pas encore de noyau, soit qu'il se forme en même temps que la membrane.

Quant au nucléole ou aux nucléoles, car il y en a quelquefois plusieurs, ils paraissent se former consécutivement dans le noyau; jamais on ne les a vus isolés hors du noyau. Nous avons dit que d'après la théorie cellulaire de Schleiden (citée par Bérard) le noyau cytoblaste ne serait pas l'organe le plus important et celui par lequel commence l'impulsion formatrice : ce serait le nucléole qui jouirait de ce privilège (1). Cette opinion conforme à la théorie cellulaire végétale ne serait pas complètement admise aujourd'hui, par des botanistes distingués.

« Le nucléole ou les nucléoles (dit cependant M. Mandl) se forment dans le noyau par liquéfaction partielle. » Bérard ajoute : « C'est une des hypothèses qui se rapportent à la théorie cellulaire végétale ». (Page 225).

Le nucléole, pour sa formation, n'est pas l'objet d'un consensus général ; parcequ'il n'y a pas toujours des nucléoles dans des noyaux qui sont parfaitement constitués à tout autre égard. C'est un corpuscule, il est vrai, très-petit de 0mm 005 à 0mm 002, d'un aspect différent des granulations du noyau, au milieu desquelles il se trouve. Il est plus gros et plus brillant au centre que ces granulations ; sa présence ou son absence dans le noyau peut être constatée, cependant, assez facilement.

CHAPITRE VI.

TISSUS SIMPLES DE L'ÉCONOMIE ANIMALE OU DE L'ORGANISME HUMAIN.

Quels sont les tissus simples de l'économie? Nous avons déjà vu, page 84, que les tissus simples élémentaires pou-

(1) Le nucléole est un petit corps semblable à un anneau épais, ou à un globule creux qui se remarque dans l'épaisseur du noyau ou cytoblaste. Il est plus gros et plus brillant au centre que les granulations ; on dirait un vide, une partie fluidifiée ou un globule graisseux. — P. Bérard, page 212.

vaient être divisés en cinq classes comprenant plusieurs genres.

Ces tissus sont plus nombreux qu'on ne le supposait autrefois, quand on admettait seulement trois éléments : le *cellulaire*, le *nerveux* et le *musculaire*, auxquels Chaussier avait ajouté l'albuginé, formant les tendons, les ligaments ; et Richerand, la substance épidermique ou cornée. Ces éléments prenaient naissance dans une substance homogène, coagulée ou coagulable, qui formait la base de tout être organisé et constituait la masse cellulaire du corps et tout ce qui dérive du tissu cellulaire.

Les globules, autre forme primitive de la matière organique, placés à la file dans la substance coagulée ou coagulable, composaient des fibres et notamment la fibre nerveuse et la fibre musculaire. Voilà ce qu'on appelait la fibre élémentaire. « Aujourd'hui, dit Bérard, c'est bien moins d'une fibre primitive que des tissus simples, élémentaires, qu'il faut rechercher le caractère. »

1re CLASSE DES TISSUS SIMPLES.

La première classe des tissus simples du corps des animaux est composée exclusivement de cellules.

Elle comprend les *épithéliums*, les *pigments*, le *tissu adipeux*.

La deuxième classe comprend les tissus formés d'une substance *amorphe* parsemée de cellules ou de traces de cellules. Tels sont : les *cartilages*, les *os*.

A la troisième classe appartiennent les fibres simples comme la *cellulaire*, la *fibre dite de noyaux*, la *fibre élastique*, la *fibre musculaire*. Ces fibres forment le tissu cellulaire, le musculaire, le vasculaire, le névrilèmatique.

Dans la quatrième classe sont placés : les *tubes primitifs*, des *nerfs* et les *corpuscules ganglionnaires* qui se développent sur ces tubes.

Enfin, la cinquième classe comprend la membrane amorphe, qui se trouve au cul-de-sac des glandes, formant le tissu glandulaire sécréteur (1).

---

(1) Ce tissu ne peut se ranger dans aucune des classes précédentes. Il constitue la partie du cul-de-sac par lequel se terminent ou commencent les divisions des conduits excréteurs.

Cette membrane est un peu granuleuse, mais sans aucune trace

Nous avons dit précédemment : Que l'analyse des éléments anatomiques, qui entrent dans la composition du corps humain, permettait de les rattacher à l'un des quatre types que nous avions indiqués alors, d'après M. Morel. Eh bien, nous venons d'en faire l'application en désignant les tissus élémentaires (éléments des systèmes organiques) que forment : 1° la cellule ; 2° la substance amorphe parsemée de cellules, puis la fibre simple comme la *cellulaire,* la *musculaire* ; 4° enfin, la formation des tubes primitifs des nerfs et 5° la formation par la substance amorphe de la partie fondamentale du cul-de-sac des glandes, constituant le tissu glandulaire sécréteur dont nous avons parlé.

Mais le genre *épithélium* (1re classe) comprend trois espèces, qui sont : le *pavimenteux* simple ou stratifié, le *cylindrique* ou *cônique* et le *vibratile.*

Ces différentes espèces ont leurs caractères particuliers, qu'une description plus complète et plus histologique que celle qu'il nous est permis de donner ici, peut seule faire connaître plus particulièrement : Nous bornant à indiquer ces espèces d'épithéliums, comme provenant toujours des cellules.

Le tissu *pigmentaire* (toujours de la première classe) formant le 2me genre, provient également des cellules, il n'est plus considéré aujourd'hui comme un produit de sécrétion ; on sait que les pigments sont de véritables *tissus*, mais exclusivement formés de cellules à noyaux, disposées en couches simples ou stratifiées.

Le *tissu adipeux*, 3me genre de la 1re classe, est formé de vésicules, ou cellules microscopiques ; l'huile ou la graisse qu'elles contiennent est à la température du corps et diversement colorée, suivant les animaux et les organes, ou parties, qui contiennent du tissu adipeux (1).

---

de fibres. La face interne de cette membrane propre, est tapissée (c'est-à-dire celle qui regarde la cavité du tube excréteur) par un épithélium spécial pour chaque glande. — P. BÉRARD. T. I, page 237.

(1) C'est dans de petites vésicules particulières tout à fait distinctes du tissu cellulaire que la graisse est renfermée.

IIe CLASSE.

Le *tissu cartilagineux*, le *fibro-cartilagineux*, le *tissu osseux*, qui composent cette classe, sont formés d'une substance amorphe fondamentale, parsemée, comme nous l'avons dit, de cellules et de traces de cellules.

La substance fondamentale ou intercellulaire du tissu cartilagineux, est de nature variable; c'est-à-dire que la cellule cartilagineuse, restant toujours la même, la substance fondamentale est, ou bien amorphe, ou bien fibreuse; de là deux espèces de cartilages: le cartilage hyalin ou vrai, et le fibro-cartilage. Nous savons que les noyaux disparaissent dans les cartilages d'ossification.

Ainsi, le fibro-cartilage ne diffère du cartilage hyalin qu'en ce que la substance fondamentale au lieu d'être amorphe est fibreuse.

Pour le développement du fibro-cartilage, une partie seulement des cellules embryonnaires se métamorphose; tandis que l'autre se transforme en fibres.

Quoique le nom de fibro-cartilage éloigne l'idée d'un tissu simple, P. Bérard le considère cependant comme tel, parce que les fibres lui semblent être un degré plus avancé du développement du cartilage; et qu'elles diffèrent de celles qui, dans le tissu fibreux proprement dit, paraissent provenir d'une transformation des *fibres celluleuses*.

Le *tissu osseux* qui forme le 3e genre de la 2e classe, a une substance fondamentale ou intercellulaire, et des cellules spéciales pour éléments constitutifs.

Ces cellules osseuses, *corpuscules osseux*, *ostéoplastes*, ressemblent en quelque sorte aux cellules plasmatiques étoilées; elles sont fusiformes. Il y a des linéaments qui rayonnent en tous sens et qui se détachent du pourtour de ces cellules pour se ramifier, s'anastomoser entre eux et avec ceux des cellules voisines.

Ces appendices filiformes de cellules sont des *canalicules*, leur communication est apparente au moyen d'un grossissement de 350 à 400. Ils viennent s'ouvrir à la surface de l'os; et sont entourés, au nombre de trois ou quatre fois, par une couche concentrique de la substance fondamentale.

Le canal vasculaire et les canalicules dont nous venons de parler, ont entre eux de nombreuses communications. Cette circonstance est à noter au point de vue de l'entretien des os; c'est-à-dire, que ces communications entre le canal vasculaire (canaux de Havers) et les canalicules des cellules osseuses permettent à ceux-ci de puiser le liquide échappé des vaisseaux, et de le transporter dans toutes les branches du réseau qu'ils constituent, en commun, avec les cellules osseuses.

IIIe CLASSE.

1er genre : *fibres primitives.*

Cette classe comprend quatre sous-divisions, qui sont : la fibre cellulaire, la fibre dite de noyaux, la fibre élastique, la fibre musculaire lisse ou striée.

Ces fibres diffèrent autant par leur distribution dans les tissus et leur aspect, que par leur composition chimique; car elles ne se comportent pas de même avec l'acide acétique; et de plus, la fibre du tissu cellulaire qui est cylindrique, très-déliée, donne par l'ébullition de la *gélatine.*

La fibre élastique donne de la *chondrine;* et la musculaire de la *fibrine.*

L'acide acétique ne dissout pas la fibre cellulaire; il la rend gélatineuse et transparente.

Cette fibre ou plutôt ces fibres (fibres cellulaires) sont ordinairement assez pâles, et le plus souvent elles sont réunies en faisceaux onduleux ou décrivant des flexuosités.

Elles sont l'élément anatomique du tissu cellulaire.

2me genre : *fibre de noyaux.*

On lui a attribué la formation d'un certain ordre de fibres : Henle a décrit une espèce de fibres, sous le nom de fibres de noyaux. Elles sont insolubles dans l'acide acétique; elles existent véritablement; mais on ne croit pas qu'elles se forment comme le dit Henle. M. Lebert nie positivement cette transformation des noyaux de cellules (voyez P. Bérard, page 221) qui consisterait en ce que ces noyaux s'allongeraient simplement en envoyant, parfois, des prolongements autour des faisceaux de fibres de cellules formant ainsi, tantôt des fibres droites, tantôt des fibres spirales; et ces prolongements ramifiés et anastomosés donneraient naissance à une sorte de réseau.

On les trouve dans la peau, les séreuses, les muqueuses, quelquefois striées ou marquées de granulations moléculaires.

« Réunies en faisceaux, on les voit dans les membranes élastiques (les cordes vocales, l'aponévrose fascialata). Elles sont véritablement élastiques; et Henle qui les avait rangées parmi celles du tissu élastique, déclare qu'elles ne diffèrent de celles du noyau que parce qu'elles sont réunies en faisceaux. » — P. BÉRARD, tome 1er, page 233.

3me genre : *fibres élastiques*.

Les fibres des ligaments jaunes des vertèbres, ont toutes les caractères du genre. Les fibres de la tunique des artères (tunique jaune) la possèdent aussi : la différence n'existe que dans les anastomoses que forment, dans ces dernières, les fibres qui la composent, et qui constituent un réseau à mailles plus ou moins larges ; on dirait des vaisseaux anastomosés.

La fibre élastique est-elle pleine? Bérard dit que non d'après M. Mandl.

Ce dernier auteur attribue à cette circonstance l'aspect sombre qu'elle présente vue au microscope.

De toutes les espèces d'éléments anatomiques, c'est celle qui offre le plus de diversité de conformation.

Les fibres du dartos (dartoïques), *fibres de noyaux*, sont tortueuses, peu ramifiées et anastomosées.

Dans les ligaments jaunes ces fibres sont larges ; elles sont très-étroites dans l'*endocarde* où elles se trouvent ramifiées et anastomosées.

Dans la tunique moyenne des artères elles sont en lames minces, membraneuses striées, et réticulées. Elles sont résistantes à l'action de l'acide acétique et des autres réactifs.

4me genre : *fibres musculaires* (1).

Il y a deux variétés de fibres musculaires, fibres musculaires lisses, fibres musculaires striées. Elles jouissent toutes deux de l'irritabilité (contractilité de Bichat), c'est-à-dire de cette faculté de *se contracter, que possèdent en propre* ces deux ordres de fibres, *sans qu'elle leur soit transmise par les nerfs*, qui ne font qu'en déterminer l'accomplissement. Elles se contractent par elles-mêmes, étant chacune homogène en soi, et sans que le contact d'un nerf soit nécessaire (2). Elles sont toutes deux solubles dans l'acide acétique.

Les fibres musculaires lisses sont plates, lisses, comme le nom l'indique, transparentes, rangées les unes à côté des autres, et de couleur pâle.

Les fibres musculaires striées sont au contraire légèrement rosées ; les plus petites sont encore cylindriques, M. Morel dit prismatiques, rarement cylindriques. Elles présentent des stries longitudinales, d'autres transversales, un peu ondulées et très-rapprochées. La cause de cet aspect strié est inconnue. Sa couleur réside dans son contenu, elle ne provient pas du sang ; on ignore sa nature.

---

(1) P. Bérard dit que de l'aveu des plus habiles micrographes, la fibre que l'on décrit sous ce nom n'est pas la fibre primitive des muscles, mais un petit faisceau de fibres primitives contenues dans une gaine amorphe nommée *périmysium*.

M. Morel, page 101, ouvrage cité, établit que les fibres musculaires, faisceaux striés ou primitifs des muscles, sont unies les unes aux autres par des lamelles délicates de tissu conjonctif, tissu lamineux *périmysium*, et constituent des faisceaux secondaires.

Le sarcolème, par ses propriétés physiques et chimiques, se rattache à la substance élastique. — MOREL.

(2) Le domaine des muscles lisses, borné d'abord aux organes évidemment contractiles, s'agrandit de jour en jour. Ainsi on a trouvé des éléments contractiles dans les villosités de la muqueuse intestinale, dans les conduits excréteurs de la plupart des glandes, dans les vaisseaux artériels veineux et lymphatiques, dans les organes génitaux de l'un et de l'autre sexe, etc.

C'est la contraction de ce genre de muscles (muscles lisses), qui produit l'allongement et la rigidité du mamelon.

Au point de vue de l'histogénèse, le tissu musculaire, dans son ensemble, représente divers degrés de développement du même élément, dont la fibre striée est le dernier terme.

« La substance musculaire proprement dite, *fibre musculaire*, *faisceau primitif*, est variable dans sa physionomie : elle n'offre de constant à l'œil de l'observateur qu'une enveloppe et un contenu strié.

« L'élément essentiel du tissu musculaire, c'est-à-dire l'élément contractile, se présente sous deux formes : *la cellule*, *la fibre*.

« La cellule n'est qu'une forme transitoire ou bien ne s'observe que dans les organes qui restent en quelque sorte à l'état embryonnaire. La fibre, sous deux aspects différents, va constituer les deux espèces de muscles que l'on connaît : les *muscles striés* ou *rouges*, et les *muscles lisses*, beaucoup plus pâles, presque rosés ; muscles de la vie organique. » M. Morel, page 106, dit que le tissu musculaire provient, comme les autres tissus, de cellules primordiales de l'embryon, cellules qui d'abord sont les mêmes partout, mais qui plus tard subissent des métamorphoses spéciales pour former tel ou tel élément *histologique*. Ce qui revient à dire que primordialement tout, ou presque tout, est cellules.

Les fibres musculaires dont nous venons de rechercher l'élément primordial, et qui forment, par leur réunion, des faisceaux primitifs, puis des faisceaux secondaires, sont unies ensemble par un tissu lamellaire *périmysium*, dans l'épaisseur duquel voyagent les nerfs et les vaisseaux nourriciers, le tout enveloppé par une membrane, sarcoléme, qui représente la gaine aponévrotique de l'organe.

IVe CLASSE.

Tubes primitifs des nerfs et corpuscules nerveux.

L'élément essentiel du *tissu nerveux*, celui qui compose essentiellement la substance nerveuse, est formé par des tubes que l'on a décrit longtemps sous le titre de *fibres nerveuses*.

Cette rectification est devenue nécessaire par suite de nouvelles connaissances fournies à cette partie de l'anatomie générale au moyen de grossissements suffisants et des recherches récentes dans cette partie des études *histologiques*.

Cependant le mot *fibre nerveuse* est (comme nous l'avons dit) resté dans la science, et alors il faut penser à la faire creuse, ainsi qu'elle l'est effectivement, pour se rappeler que ces fibres sont des *tubes*.

Les tubes primitifs des nerfs sont cylindriques. Ils sont constitués par une enveloppe et un contenu parfaitement distincts.

Tantôt, au contraire, dit M. Morel, page 112, contenant et contenu se confondent de telle sorte qu'il en résulte une *simple fibre homogène*.

L'enveloppe paraît être tout-à-fait anhiste, c'est-à-dire sans texture déterminée; elle jouit d'une certaine élasticité.

En dedans de cette enveloppe se trouve une substance molle, d'un blanc laiteux, amorphe; c'est la *moelle nerveuse*.

Elle est homogène et forme un tube régulier. On l'a appelée *gaine médullaire*.

Tous les auteurs s'accordent à dire qu'après la mort elle se désagrége; le tube se resserre par place, pousse le contenu dans des parties qui se dilatent, ce qui donne à la fibre nerveuse l'aspect variqueux.

Nous avons donc déjà un contenant et un contenu; mais cette gaine médullaire est creuse elle-même, et l'axe du tube est occupé par un *cylindre* de substance amorphe, de nature albumineuse, plus compacte, connue sous le nom de *cylindre de l'axe*.

La largeur des tubes nerveux mesure, en moyenne, 1/100e de millimètre.

Mais il est d'autres fibres plus petites, qui n'offrent à l'examen que deux lignes superposées. L'une correspond à l'enveloppe, et l'autre au contenu.

Enfin, les fibres les plus fines, de 1/700e à 1/900e de millimètre, paraissent sous forme de cylindres pleins, et il est impossible de trouver une enveloppe et un contenu distincts dans ces fibres. On a conclu de là que la fibre à double contour était dépourvue de moelle, n'offrant que l'enveloppe et le cylindre de l'axe, et que les fibres les plus fines étaient constituées seulement par ce dernier (cylindre de l'axe). Une couleur grisâtre et transparente distinguerait ces fibres de celles qui renferment de la moelle (1).

Il ne faudrait pas croire pour cela, dit Bérard, que les cordons nerveux soient composés exclusivement, les uns de fibres blanches, les autres de fibres grises.

Ces deux ordres de fibres, *tubes primitifs*, sont au contraire renfermés dans chaque cordon nerveux. Les nerfs *cérébro-spinaux* en sont seulement plus fournis ; c'est-à-dire, que les fibres blanches, ou à double contour, y sont plus nombreuses. Les fibres grises apparaissent surtout dans les divisions du grand sympathique.

Quelle est la terminaison des fibres nerveuses ? La terminaison des fibres nerveuses n'est établie que pour certains tissus et appareils ; mais, il est démontré que dans les *ganglions* et les *centres nerveux, encéphalo-rachidiens*, les fibres aboutissent à des cellules nerveuses.

Pour leur autre extrémité (extrémité périphérique) les fibres se terminent (après s'être divisées) dans les muscles ; et quelquefois, après s'être anastomosées, dans les muqueuses et dans la peau par des extrémités libres.

Pour les fibres sensitives, des expériences de Cl. Bernard, tendent à établir qu'un grand nombre de ces fibres se terminent en anse, ou, tout au moins, en formant un réseau.

Rappelons, en terminant, que, pour l'état primordial, les *tissus simples*, *élémentaires*, provenant de cellules à noyau, sont le résultat d'un état transitoire, puisque pour la formation de la plupart des tissus du corps, les cellules sont remplacées par ces *tissus ;* et que au contraire, dans les tissus pathologiques, l'accroissement se fait par une production incessante de nouvelles cellules.

L'arrangement des éléments fondamentaux devant être observé avant d'étudier celui des vaisseaux, ou autres parties, nous avons dû nous étendre un peu sur ce sujet, plus peut-être que ne le comportait le titre de cet ouvrage ; mais, l'importance de la

(1) Morel, page 114.

question, nous dirons presque sa nouveauté, nous a paru mériter le développement que nous lui avons donné.

En définitive et pour préciser plus particulièrement le sujet, nous dirons en nous récapitulant :

1° C'est à Schleiden, que nous devons la théorie cellulaire végétale ; c'est lui qui l'a créée. Elle a donné naissance à la théorie cellulaire animale ;

2° Cette théorie ingénieuse a été importée par Schwan en 1831, dans l'histologie animale.

3° Le cytoblaste et le noyau (Schleiden), le cytoblastème l'humeur organisable, contenue dans le sac embryonnaire. Nous avons dit, que le cytoblaste, pour Schleiden, et d'après Bérard, n'est pas encore l'organe le plus important, celui par lequel commence l'impulsion formatrice, mais bien le nucléole, qui a ce privilège.

Cependant, Nysten, (dict. art. *cytoblaste*) dit qu'on donnait ce nom, autrefois, au noyau, lorsqu'on croyait que toute cellule commençait par l'état de nucléole, d'où dérivait le noyau, qui, lui-même, avait servi de germe à la cellule. Ce mot n'est plus guère employé, depuis que l'on sait que cellule et noyau naissent simultanément et que, lorsque le noyau naît seul, il reste tel, sans être le germe d'une cellule. Si quelquefois, autour de lui naît une masse, ou corps de cellule, il n'est pas le point de départ de celle-ci.

Quoiqu'il en soit, dans la théorie de Schleiden, c'est de l'évolution ultérieure des cellules que naitraient enfin toutes les parties des végétaux.

La plus curieuse des applications de la théorie cellulaire, fut sans doute, dit Bérard, page 206, la détermination des différentes parties de l'œuf des animaux.

Purkinje de Breslau, avait établi quelque chose d'analogue à la théorie cellulaire, en montrant le jaune de l'œuf se condensant autour de la vésicule germinative et s'entourant ensuite de la membrane vitelline.

N'était-ce pas un peu l'image du noyau entourant le nucléole (représenté par la tache germinative) et servant de germe à la cellule ?

Pour ce qui a trait principalement à la formation des tissus chez les animaux, nous dirons que c'est un fait d'anatomie qui se rapporte à la *théorie cellulaire*. L'état cellulaire chez eux et pendant leur développement, est transitoire, la cellule étant remplacée par les différents tissus.

Les tissus cicatriciels de nouvelle formation, sont analogues aux tissus normaux et, à l'encontre des tissus *pathologiques*, ils sont réparateurs.

Là où se fait des cicatrices, M. Lebert, cité par Bérard, décrit des globules fibroplastiques. Les globules passent peu à peu à l'état de *fibres de cicatrices*. Les cellules à noyau ne seraient qu'un état transitoire pour la formation de la plupart des tissus du corps des animaux.

Les cellules épithéliales succèdent aux cellules de pus dans les plaies qui se cicatrisent (1).

L'assimilation ou nutrition procède par métamorphose organique et ne reconnaît pas de formation cellulaire.

Nous avons dit, que partout où il y a un organe, il y a des tissus, puisque ce sont eux qui le composent ; avec cette remarque, à nouveau, qu'un vaisseau est un élément de la plupart des organes et même de certains tissus, et cependant le vaisseau n'est pas un tissu simple.

On a pensé que tous les tissus, ou au moins le plus grand nombre, procédaient des transformations de cellules ; c'est en s'efforçant de suivre et de découvrir ces transformations, qu'est née la théorie *cellulaire*.

Voyons en terminant dans quels tissus les cellules à noyau persistent.

Nous avons dit que par les progrès du développement, chez les animaux, les cellules disparaissent : mais certains tissus en sont encore plus ou moins complétement composés chez l'adulte :

---

(1) Les épithéliums sont composés de cellules à noyau. Elles s'applatissent et se réduisent en espèce d'écailles dans l'épiderme ; mais on les voit nettement dans l'épithélium des muqueuses. — P. Bérard, p. 209.

« (a) Tous les épithéliums sont composés de cellules à noyaux, elles s'aplatissent et se réduisent en espèces d'écailles, dans l'épiderme; mais, comme il vient d'être dit, on les voit nettement dans les épithéliums des muqueuses.

« (b) Les grains de pigments sont renfermés dans des cellules à noyaux.

« (c) Il y a des cellules bien caractérisées dans la matière homogène des cartilages.

« (d) La partie antérieure du cristallin est composée de belles cellules à noyaux.

Les corpuscules ganglionnaires, qui se remarquent sur le trajet des nerfs, contiennent chacun une cellule dont le noyau est très-distinct. » — P. Bérard, page 209.

Enfin, si dans le développement des animaux, l'état cellulaire est transitoire, les cellules étant remplacées par différents tissus, on sait que les cellules persistent, en général, dans les tissus pathologiques dont l'accroissement se fait par une production incessante de nouvelles cellules, et que la face interne de la membrane propre des glandes, dans le cul-de-sac terminal de chaque radicule du conduit excréteur, est pourvue de cellules qui s'y forment incessamment, se rompent, se détachent ensuite, et constituent ainsi, avec le liquide qu'elles contiennent, une partie du produit sécrété.

Une dernière remarque, en terminant, est celle-ci qui a son importance en anatomie pathologique : les tissus de nouvelle formation, dont quelques-uns éprouvent une évolution si fâcheuse pour l'économie, peuvent être considérés comme des embryons qui prennent naissance au sein d'un autre corps plus ou moins avancé en âge. Il est vraiment curieux de constater qu'ils débutent, comme les embryons normaux, par des cellules ; mais, avec cette différence, que dans le développement des animaux, ainsi que nous l'avons dit, l'état cellulaire est transitoire : il est remplacé par des tissus définitifs ; au lieu que dans l'autre cas, c'est-à-dire dans les tissus anormaux pathologiques, l'état cellulaire persiste, et leur accroissement n'est dû qu'à de nouvelles et incessantes productions de ces cellules morbigènes.

Les produits morbides, *pus*, *lymphe plastique*, *matière couen-*

neuse, *exsudat plastique*, contiennent des globules granuleux parmi lesquels il y en a qui sont pourvus de noyaux.

Dans le tissu *cancéreux*, et principalement dans l'*encéphaloïde*, il y a des cellules à noyaux.

CHAPITRE VII.

DES DIFFÉRENTS SYSTÈMES QUI ENTRENT DANS LA COMPOSITION DE L'ORGANISME HUMAIN.

Quels sont les différents systèmes qui entrent dans la composition de l'organisme humain? D'après ce que nous venons de dire, sur les différents tissus et leur composition, soit primordiale, soit définitive, il nous sera facile d'indiquer la nature et la distribution des systèmes organiques qui constituent par leur arrangement et par leur ensemble ce que nous nommons l'organisme humain.

Les tissus que nous venons de passer en revue sont les éléments de ces systèmes.

Il y a certains systèmes dont la composition est simple, c'est-à-dire qu'il n'entre dans leur formation qu'un seul des tissus simples élémentaires, dont nous avons exposé les caractères : tels le système épithélial ou épidermique, le système cartilagineux composé de cellules répandues au sein d'une matière amorphe, l'adipeux, le pigmentaire, ce dernier formé exclusivement de cellules à noyaux disposées en couches simples ou stratifiées.

D'autres reconnaissent dans leur composition différents tissus élémentaires, tels : le système musculaire et le système nerveux qui contiennent l'un et l'autre (outre leurs fibres propres) du tissu cellulaire, des artères, des veines, etc. Si on examine les tissus qui entrent dans les systèmes composés, on voit que tantôt ce sont de nos tissus simples, comme les fibres celluleuses, les fibres à noyaux, les fibres élastiques; et tantôt ce sont d'autres systèmes organiques comme le système *artériel*, le système *nerveux*.

Le plus souvent ce sont les uns et les autres.

Ainsi, dans un nerf (système nerveux), il y a des fibres celluleuses simples, mais il y a aussi des productions du système artériel, veineux, etc.; systèmes qui sont eux-mêmes composés; de sorte que les systèmes se pénètrent les uns les autres, se forment les uns des autres; ainsi que l'avait pensé Bichat pour ses systèmes généraux ou générateurs qu'il avait fusionné ou compris, dans ses tissus simples.

Les tissus simples forment aussi des systèmes; mais il faut reconnaître qu'ils en forment (par leur réunion) de composés, ainsi qu'il vient d'être dit.

Les systèmes généraux ou générateurs sont des systèmes composés, ils sont au nombre de cinq; nous les avons décrits page 68; nous n'y reviendrons pas, nous rappellerons seulement que Bichat en comptait sept, car il y comprenait le système exhalant et le système absorbant qui n'existent pas, pour nous, comme systèmes.

Quels sont les systèmes qui n'admettent dans leur composition que l'ordre des tissus simples? Ce sont: 1° le système épithélial ou épidermique. Il recouvre toute la surface de la peau, ne s'arrête pas, comme on pourrait le croire, à l'entrée des membranes muqueuses; il revêt encore ces dernières dans toute leur étendue sous le nom d'*épithélium*. Il pénètre dans la profondeur des organes et dans les conduits excréteurs. Toutes les cavités sont pourvues d'*épithélium;* il porte le nom d'épiderme lorsqu'on ne l'examine qu'à la peau et à la langue, où il est très-épais, surtout chez certains animaux; partout ailleurs il retient le nom d'épithélium (1).

Lorsque nous avons parlé, *histologiquement*, de la genèse des tissus, nous avons dit que celui-ci, l'épithélial, aussi bien que le

(1) Beaucoup d'auteurs considèrent, à tort, dit Bérard, l'épiderme, comme synonyme d'épithélium. L'épiderme est formé de cellules épithéliales; mais il offre des caractères de consistance ainsi que de structure que n'offre pas l'épithélium des muqueuses, des séreuses.

Épithélium est un terme générique, épiderme est un terme spécifique désignant l'épithélium spécial de la peau. Pour les autres membranes, on dit simplement épithélium de telle muqueuse, épithélium de telle séreuse.

pigmentaire, le corné et le tissu adipeux étaient exclusivement composés de cellules.

Or, le système épithélial doit être simple, étant uniquement formé de cet élément anatomique. Inutile de répéter alors qu'il ne contient ni tissu cellulaire, ni vaisseaux, ni nerfs. En effet, les épithéliums sont des membranes très-minces et constituées exclusivement par l'élément *cellulaire*. On les rencontre sur toutes les surfaces libres que présente l'organisme. Les *épithéliums* naissent, se développent et se reproduisent comme les cellules dont ils se composent (MOREL). Mais l'épithélium, ou plutôt le tissu épithélial, si généralement répandu, est-il le même partout? Non, certes. D'abord il n'a pas la même forme dans tous les points où il existe : ici il est *pavimenteux* simple ou stratifié, là il est cylindrique, columnaire ou cônique, pourvu ou non de cils vibratiles. C'est sa forme qui détermine ces variétés, et ses usages y sont en rapport.

L'épithélium de la muqueuse de l'estomac, l'épithélium des trompes et d'autres lieux, sont de différentes sortes et ont des usages différents. Il y a donc profit et utilité de savoir quel est l'épithélium qui revêt telle surface, telle cavité, tel conduit. Nous indiquerons, en parlant des organes et de leur fonctionnement, les endroits de chacun d'eux qui sont pourvus de tel espèce d'épithélium. Nous avons reconnu au système épithélial, page 96, trois formes différentes de cette espèce d'élément anatomique. Quelques auteurs les comptent au nombre de quatre et leur donnent des noms qui leur semblent être plus en rapport avec leur forme : ainsi les mots columnair, pavimenteux, prismatique, nucléaïre, cônique, cylindrique, varient dans différents ouvrages. Nous nous restreindrons un peu dans cette nomenclature, en reconnaissant (d'après M. Morel) :

1° Le *pavimenteux*. Par l'agencement des cellules épithéliales dans celui-ci, elles se trouvent étalées simplement en une seule lame, ou bien elles forment des couches multiples superposées les unes aux autres, ce qui constitue, dans le premier cas, l'épithélium simple, et dans le second, l'épithélium stratifié.

La naissance, le développement et la reproduction des épithéliums, sont les mêmes que pour les cellules; nous n'avons pas besoin de répéter ce que nous avons dit relativement à la formation de la cellule en général, puisque c'est l'élément cellulaire qui la compose en entier.

Disons toutefois que les épithéliums, quoique reconnaissant la même origine que les cellules, diffèrent de forme et d'aspect, et que souvent ils existent séparément, quoique les endroits où l'on rencontre l'une ou l'autre espèce soient nombreux dans l'organisme.

Les épithéliums sont assez rarement confondus ou réunis dans le même lieu. Epithélium mixte (vessie, uretères) (1), mais plus souvent ils se succèdent, comme cela se voit au cardia, où l'épithélium pavimenteux, qui tapisse la bouche, une partie du pharynx et l'œsophage, s'arrête à l'entrée de l'estomac (ou cardia), pour être continué par l'épithélium cylindrique (on dit aussi cônique), qui revêt alors toute la muqueuse digestive jusqu'à l'anus.

Les séreuses, la face interne des vaisseaux, celle du cœur, et généralement les membranes tégumentaires, sont pourvues d'un *épithélium pavimenteux*.

De même qu'il s'arrête au cardia, de même aussi il ne dépasse pas le milieu du col de l'utérus, après avoir revêtu, toutefois, la vulve, le vagin, et l'orifice de l'urètre chez la femme. La muqueuse du corps de l'utérus est tapissée d'*épithéliums cylindriques à cils vibratiles.*

2° L'*épithélium cylindrique* (ou *cônique*) représente un cône en forme d'entonnoir, dont la partie la plus étroite touche à la membrane sur laquelle la cellule est posée; tandis que sa partie large regarde la cavité de l'organe.

Cet épithélium, après avoir succédé, près du cardia, à l'épithélium pavimenteux, se répand sur toute la muqueuse digestive, s'introduit dans les canaux excréteurs du foie, du pancréas, pénètre jusqu'à leurs extrémités les plus reculées, ainsi que dans les follicules simples de l'estomac et des intestins, tapisse

(1) Lorsque les épithéliums se trouvent réunis ou confondus ensemble, sans qu'aucune des variétés l'emporte sur l'autre, on l'appelle épithélium mixte. L'épithélium pavimenteux domine en général.

l'urètre chez l'homme, ainsi que le canal déférent jusqu'aux filaments des testicules, etc., etc.

P. Bérard dit que M. Gruby (contrairement à Henle, auquel il fera souvent des emprunts dans cette partie purement descriptive de son ouvrage) affirme que dans l'intestin, la partie élargie de la cellule d'épithélium à cylindre est ouverte, et que la cellule entière représente un entonnoir dans lequel s'engagent des globules du chyle de l'intestin. Par cette disposition en forme de cône tronqué et d'entonnoir, peut-être fera-t-on jouer un rôle important à cette forme d'épithélium dans l'absorption du chyle dans l'intestin?

L'épithélium cylindrique ou cônique est normalement sans cils, du cardia jusqu'à l'anus, mais il est à cils vibratiles dans les fosses nasales, la trompe d'Eustache et presque généralement dans les conduits où se meuvent certains liquides. Les cils, dans ce cas, sont insérés sur la face qui regarde la cavité, et la substance de la cellule est comme épaissie. Nous allons indiquer plus particulièrement les endroits où l'on rencontre l'épithélium à cils vibratiles.

3° L'*épithélium vibratile* n'est pas, peut-être, plus borné dans sa distribution, que les deux espèces précédentes : la conjonctive palpébrale et les replis de cette membrane qui passent des paupières à l'œil ; les conduits lacrymaux, le sac lacrymal et le canal nasal ; les fosses nasales et la trompe d'Eustache en sont pourvus. La cavité du tympan, le larynx, la trachée, toutes les voies aériennes depuis la base de l'épiglotte jusqu'aux vésicules bronchiques, sont tapissés par cet épithélium. La cavité du pharynx possède aussi cet élément anatomique.

Enfin, la moitié supérieure du col de l'utérus, la cavité utérine, et celle des trompes, jusqu'au pavillon, sont également recouvertes par l'épithélium vibratile.

L'épithélium cylindrique chez les mammifères est le seul qui porte des cils, ainsi donc, l'épithélium vibratile ne diffère de l'épithélium cylindrique que par la présence des cils ou filaments excessivement grêles, implantés, en nombre variable, sur la surface libre des cellules. Ces filaments sont, comme nous venons de le dire, excessivement déliés et sont animés d'un mouvement de va-et-vient comme des épis de blé qui s'abaissent ou se relèvent ; et ce mouvement est assez surprenant pour ces cils qui ne possèdent ni vaisseaux ni nerfs. La ténuité de ces cils est telle, qu'ils ne mesurent pas plus de 0mm005 à 0mm050. Ils se meuvent par eux-mêmes, par un mouvement d'inclinaison, de courbure alternative.

Quels sont les usages de l'épiderme et des épithéliums ? L'épiderme qui n'est lui-même qu'un composé de cellules épithéliales protège le derme ; lui assure l'intégrité de ses fonctions si compliquées.

L'épithélium des muqueuses remplit un rôle semblable à celui de l'épiderme ; mais on le voit, aussi, absorber et modifier certains produits, qui entrent ensuite dans le torrent circulatoire et servent ensuite à la *nutrition* (intestins grêles), uo bien encore il établit une barrière infranchissable à des liquides qui agiraient comme des poisons s'ils étaient absorbés, *épitélium vésical.* — Morel, page 36.

Les épithéliums sont donc des corps protecteurs, leur insensibilité et leur rénovation permettent de les considérer comme pouvant modérer les impressions que la matière vivante et sensible pourrait éprouver de la part des agents extérieurs, sans diminuer considérablement la sensation tactile, mais, lorsque les parties sont dépourvues ou dépouillées d'épiderme, ou les muqueuses d'épithélium, cette sensation se convertit en douleur ; ainsi qu'il arrive lorsqu'on a enlevé, à la peau, son épiderme par l'application d'un vésicatoire, ou que par tout autre cause, une partie de muqueuse est privée de son épithélium.

Organes protecteurs du tégument extérieur et intérieur, ils garantissent ce dernier surtout, de l'action trop prompte et trop violente que pourraient avoir, sur lui, des substances toxiques, ou corrosives, qui seraient introduites dans notre intérieur ; (bouche, pharynx, estomac, etc.)

Ces parties mêmes, quoique revêtues d'un épithélium (épithélium cylindrique) sont plus accessibles à l'action des substances nuisibles, parce qu'à un corps composé de couches celluleuses, pavimenteuses, stratifiées, a succédé un épithélium à cellules allongées en forme de cône, ou d'entonnoir, plus favorables à l'absorption, que les couches stratifiées de l'épithélium *polyédrique pavimenteux* et facilement rénovable.

4° L'épithélium vibratile (cils vibratiles) a des fonctions, ou du moins des usages dans l'économie.

Les parties qui sont pourvues de cet épithélium et que nous avons désignées (voies lacrymales, voies aériennes, etc.) sont toutes des parties sur lesquelles glissent ou passent, des gaz, des liquides. La vibration de ces cils qui sont doués d'un mouvement assez vif, sans que l'on puisse l'attribuer à une action nerveuse (puisque l'on n'a pu découvrir aucun filet nerveux dans cet épithélium) tend à diriger vers un point, les gaz ou les liquides qui les traversent. Ils (ces cils) balayent en quelque sorte et *incessamment*, les corps qui viennent les frapper ; ils s'opposent ainsi à leur stagnation dans certains endroits en les faisant cheminer dans d'autres.

Ainsi s'expliquent, par exemple, le cours des larmes, celui de l'ovule jusque dans la matrice, dont la surface interne, la moitié supérieure du col, l'intérieur des trompes se trouvent tapissés par cet épithélium à cils vibratiles. Ainsi, pourrait-on se rendre compte de la progression de certains liquides dans quelques canaux. Quelquefois le sens des mouvements suivant lequel s'inclinent les cils vibratiles, change au bout d'un certain temps pour s'opérer dans un sens opposé.

Quoiqu'il en soit, le mouvement, partout où on l'observe, est capable de faire progresser lentement le mucus et d'autres produits de sécrétion. J. Béclard dit : « et les substances déposées à la surface des membranes muqueuses. » Il ajoute : « L'épithélium à cylindre qui tapisse quelques membranes muqueuses présente une particularité remarquable ; les cylindres qui le constituent portent à leur surface libre de petits appendices, cils vibratiles, doués d'un mouvement assez vif.

« Il n'est pas impossible que ce mouvement des cils vibratiles des trompes, dans l'espèce humaine, ne contribue à diriger l'ovule du côté de l'intérieur et que les cils qui se meuvent dans les petites bronches, ne facilitent l'expulsion des mucosités pulmonaires. » — J. Béclard, page 607.

Je ferai remarquer dès à présent, dit aussi J. Bérard, page 228, la singularité que nous présente l'implantation de ces filaments, doués d'un mouvement très-vif et spontané, sur des parties qui ne sont ni sensibles, ni contractiles, ni vasculaires.

Système corné. Le *système corné* est un tissu simple. Il appartient, aussi bien que le tissu épithélial, à cette formation de cellules qui se succèdent, se joignent, s'aplatissent pour former un revêtement à certaines parties du corps ; et même en constituer quelques-unes par leur juxtaposition, leur empilement, leur entassement les uns au-dessus des autres, tels sont : les *ongles*, les *cornes*, les *sabots*, tous formés de *cellules épithéliales pavimenteuses* fortement adhérentes ensemble, et formant alors une espèce d'appareil *kératogène*.

L'aspect strié ou fibreux de la surface des cornes, des ongles, est dû à la rangée de cellules soudées, saillant au-dessus des autres et moulées sur des élévations qui sont formées par les papilles vasculaires sous-jacentes.

La couleur noire de la corne est due à des granulations pigmentaires placées dans les cellules, ou plus souvent entre elles.

Système pileux. Le système pileux est bien différent de celui des cornes, des sabots et des ongles. Dans un temps, encore peu éloigné, on croyait que les poils n'étaient qu'une production du même genre, c'est-à-dire *épidermique ;* mais il n'en est rien.

Bien qu'une couche épithéliale revête la surface des poils, leur constitution anatomique permet d'y reconnaître une composition hétérogène qui en fait des organes particuliers, et en forme un petit appareil ou système *pileux*.

Il se compose : 1° du follicule, pourvu à son fond d'un renflement ou bulbe formé de la même substance ; 2° de l'épiderme qui les recouvre ou les tapisse ; 3° des glandes pileuses annexées au follicule et sous-cutanées comme lui (1).

---

(1) N'oublions pas de dire que partout où il y a des poils (et le corps de l'homme comme celui des animaux en a presque dans toutes les régions), les glandes sébacées, qui appartiennent à un autre système,

Le bulbe est un renflement placé au fond du follicule; il fait saillie dans sa cavité sous forme de cône ou d'hémisphère; une couche de cellules épithéliales, plus petites que celles de l'épiderme, mais pavimenteuses et à noyaux, tapisse le follicule. Deux glandes pileuses sont affectées à chaque follicule, glandes en grappe simples; quelquefois réduites à un seul cul-de-sac: mais en offrant, ordinairement, deux ou plusieurs, selon le volume des poils ou leur nature.

La couleur des poils est en rapport avec le développement du pigment dans certaines parties du corps des animaux.

Le système pileux est assez généralement répandu chez l'homme. Le microscope en fait découvrir une multitude sur des surfaces où il ne semble pas y en avoir.

Chez les animaux il est en quelque sorte général; et semble être établi chez eux comme moyen protecteur de leur individu, pour les corps vulnérants qui pourraient les atteindre; et pour les garantir aussi de l'intempérie des saisons.

Dans l'espèce humaine où il se trouve en plus grande quantité à la tête, il porte le nom de cheveux, ailleurs celui de barbe, de moustaches, de sourcils, le nom de poils est le terme générique.

Certaines contrées du globe présentent des individus, dans l'espèce humaine, qui ont le corps presque tout couvert de poils, les Papous ont des chevelures tellement luxuriantes et touffues qu'elles peuvent les abriter des rayons du soleil et de l'eau de la pluie, sans que leur crâne ou le cuir chevelu en éprouve des atteintes.

Les poils sont peu conducteurs du calorique et ils préservent du froid, en même temps qu'ils protègent les régions du corps où ils abondent.

Au point de vue de la structure, le poil se compose de trois parties, qui sont: 1° la substance propre; 2° la moelle qui est au centre; 3° une couche épithéliale qui en tapisse la surface.

---

viennent s'ouvrir à la peau par l'intermédiaire du follicule pileux; de sorte que celui-ci leur sert de canal excréteur, et la matière sébacée a pour rôle principal ici d'entretenir la souplesse des poils, et de s'opposer à leur dessèchement.

La substance propre, *substance pileuse*, est un élément anatomique spécial qui est distinct de la *corne* et des ongles.

C'est une matière homogène, dure, incolore, striée longitudinalement, et se déchirant en ce sens plus facilement que de toute autre manière. Elle peut être colorée du blond pâle, au noir foncé; ce qui est dû à ce qu'elle est imbibée, imprégnée, molécule à molécule, d'une substance huileuse, unie elle-même à une quantité plus ou moins grande de *mélanine*.

Cette matière, lorsqu'elle ne se développe pas, donne lieu à l'*albinisme* des cheveux; et en disparaissant, lorsqu'elle existait, à la *canitie*.

Le follicule ou bulbe producteur du poil, est très-vasculaire, et reçoit des nerfs. La tige n'a ni vaisseaux, ni nerfs.

Le moindre ébranlement que cette tige reçoit, se propage à la partie sensible, *bulbe*, sur laquelle elle s'implante, ce qui fait que ce petit appareil, qui est très-développé chez certains animaux, et dans certaines parties de leur corps, comme la moustache du chat, du phoque, de l'écureuil américain, et d'autres animaux, devient, pour eux, une organe de tact qui les prévient de leur approche des corps qui peuvent leur être plus ou moins nuisibles.

Système pigmentaire. Le système pigmentaire est constitué par des matières organiques contenues dans des cellules dites pigmentaires.

Mais parfois les grains de pigment se trouvent particulièrement répandus dans certaines parties, ou déposés dans certains tissus, comme cela se voit dans les cellules du *tissu cancéreux*, sans être pour cela dans des cellules propres ou *cellules pigmentaires*.

La couleur des pigments tient à leur composition. Cette matière revêt la teinte brune ou roussâtre qui donne à la peau la couleur particulière que l'on remarque dans les différentes espèces animales, et quelquefois dans certaines parties de leur corps. Tantôt rassemblés sur un point, tantôt étendus ou étalés en couches plus ou moins épaisses, ils forment ces enduits que l'on remarque à la surface des membranes, comme à la *choroïde*, à la face postérieure de l'*iris* et les *procès ciliaires*. Le pourtour du mamelon doit sa teinte permanente, chez certaines femmes, à du pigment dont la couleur perce à travers l'épiderme. Cette circonstance se remarque souvent chez les femmes, pendant la grossesse et la lactation.

D'autres parties du corps, chez l'homme, présentent aussi cette permanence de coloration brune : la peau de la verge, du scrotum, etc., ont une teinte généralement plus foncée.

Les parties de la peau exposées aux rayons du soleil pendant l'été, se couvrent quelquefois, chez certaines personnes, à la face surtout, d'un sablé de points jaunes appelés taches de rousseur.

Cet état peut être permanent chez certaines personnes blondes. Enfin, quelques taches mélaniques désignées sous le nom d'*envies*, sont dues à l'accumulation locale et partielle de certaine couleur de pigment.

Le tissu pigmentaire appartient-il principalement à la peau du nègre? Est-il absent chez la race blanche? P. Bérard dit que les différences de teinte entre les races dites blanches et entre les individus d'une même race, d'une même localité, ne peuvent guère s'expliquer que par des différences dans la constitution du *système pigmentaire*. Les cellules pigmentaires, ajoute le même auteur, page 267, ouvrage cité, ont été vues par le docteur Simon dans l'auréole brune du sein des femmes en couches, dans les taches de rousseur et dans les taches de naissance, comme nous venons de le dire. Mais, ajoute cet écrivain, on n'a pu savoir si le tissu pigmentaire appartient spécialement à la peau du nègre. Plusieurs auteurs, Gordon entre autres, ont vainement cherché la couche pigmentaire chez le blanc. Plus récemment M. Flourens, après avoir décrit quatre couches entre le corps papillaire et l'épiderme du nègre, a avancé que deux de ces couches manquaient chez le blanc. « Il est évident qu'entre « un *albinos*, dont la peau est entièrement blanche, les cheveux « transparents et incolores, l'iris et la choroïde privés de ma- « tière noire, entre cet albinos, dis-je, et l'homme blanc non « atteint d'albinisme, la différence ne peut tenir qu'à l'absence « ou la présence du *pigment*. » — P. Bérard, p. 267.

Il y aurait même, selon le même auteur, des cellules pigmentaires chez tous les hommes ; elles seraient incolores chez les uns, plus marquées chez les autres. Le nombre et la couleur des graines de pigment qu'elles renferment, seraient la cause des différences de coloration dans les diverses races et dans les divers individus d'une même race. La question semble ainsi vidée.

Mais quel est le siége principal du pigment dans le corps des animaux ?

On peut dire généralement que le pigment, qui est un composé d'une substance organique particulière, unie à divers principes immédiats azotés et non azotés, se présente partout à l'état de granulations pigmentaires libres, comme il a été dit plus haut, et forme ces taches mélaniques plus ou moins foncées (mélanoses, envies, taches de rousseur); mais toujours ces granulations sont déposées dans les *cellules de la rangée profonde de la couche de malpighi* .. C'est leur siège.

Chez les nègres, et dans diverses espèces animales, sauvages ou domestiques, ces cellules occupent toute l'étendue de la peau. L'absence de cette matière dans quelques circonstances, pour certaines parties ou dans quelques conditions morbides pour tout le corps, constitue ce qu'on appelle l'albinisme partiel ou général. Le nègre *pie* est un albinisme partiel.

Pour *l'albinisme*, c'est-à-dire cet état si particulier que l'on rencontre chez des individus et même chez des animaux, « c'est une anomalie congénitale d'organisation, qui consiste dans la diminution ou même l'absence complète du *pigment* destiné à colorer la peau d'une race quelconque, humaine ou animale. »

On a fait la remarque que chez le nègre l'impression des rayons du soleil était moins vivement sentie, que la transpiration ou la sueur s'établissait très-rarement chez lui, et que les liquides dans lesquels on le plonge (liquides aqueux) ne laissaient aucune humidité ou goutte d'eau sur sa peau noire, qui semble être enduite d'un corps gras ou huileux.

Le pigment serait-il pour quelque chose dans ce phénomène aussi bien que pour celui de la chaleur et de la transpiration. P. Bérard dit dans un endroit que des expériences ont prouvé que le soleil cause moins la vésification de la peau lorsqu'elle est protégée par une couleur noire.

Le *système pigmentaire* ne reconnait pas d'autre origine ou formation que le système épithélial : il est aussi simple que lui, quoi qu'il soit pour ainsi dire plongé au milieu d'un système sanguin et nerveux. Il ne reçoit ni vaisseaux ni nerfs. Les *cellules* qui le composent sont placées dans un tissu cellulaire amorphe.

Le tissu *pigmentaire* n'est plus considéré comme un produit de sécrétion ; et, comme nous l'avons dit page 96, il est exclusivement formé de cellules à noyaux disposées en couches simples ou stratifiées (1).

8

Nous avons dit que les systèmes empruntaient aux tissus qui les forment tous leurs caractères, plus une conformation générale propre à chacun d'eux. Ici l'idée d'usage général est de toute évidence.

Tissu adipeux. Partout il y a du *tissu adipeux ;* et si on en excepte le cerveau, les paupières, le pénis, le scrotum, et le tissu flexible qui permet les mouvements du pharynx, le système *adipeux* est un des plus répandus dans l'*organisme*. Seulement son accumulation dans ces différents endroits serait devenue nuisible ; et comme ce tissu est ordinairement mis en réserve dans l'économie et dans certains endroits pour ses besoins (phénomène de nutrition) sa présence en excès, par suite d'accumulation dans les parties que nous venons de nommer, aurait considérablement gêné leurs fonctions : Elles en sont heureusement préservées.

« Il est de toute nécessité que le tissu adipeux soit préparé d'avance dans le corps des animaux ; car il y forme une sorte de dépôt qui sert de combustible quand les aliments *thermogènes* (hydrate de carbone) font défaut, et leur accumulation ou dépôt n'a lieu que quand ceux-ci sont en excès. » — J. BÉCLARD.

---

(1) Quoique l'on admette que le nombre et la couleur des cellules pigmentaires est la cause des différences de coloration dans les diverses races et dans les divers individus d'une même race ; il n'est pas parfaitement reconnu que la coloration que prennent, chez l'Européen, les parties exposées au soleil, ait son siége dans les cellules pigmentaires.

La graisse donc, envisagée à ces deux points de vue (phénomènes de nutrition et de la chaleur animale) est un dépôt transitoire plutôt qu'un véritable tissu permanent. Les parties où se fait cette réserve et parfois cette accumulation, sont principalement ; la *peau*, le *péritoine*.

C'est à l'épaisseur plus ou moins considérable de la couche graisseuse sous-cutanée, sous péritonéale et intermusculaire, qu'il faut rapporter la différence qui existe de l'état de maigreur à l'état d'embonpoint, chez l'homme et les animaux en santé.

C'est aussi au tissu adipeux qu'il faut rapporter les expressions de *moelle*, de *suc médullaire*, de *suc huileux*, selon la place qu'il occupe ; car non-seulement il remplit les espaces intercelluleux qui se trouvent dans le pli des membres, dans le bassin, autour des reins, de l'œil, dans les épiploons, etc., etc. ; mais il occupe aussi, sous différents aspects, la cavité des os longs, où il est tenu là, en réserve, comme ailleurs, pour des besoins de nutrition, ainsi que nous venons de le dire il y a peu d'instants (1).

Le *tissu cellulaire* a été souvent désigné sous le nom de *tissu adipeux*, parcequ'on croyait que c'était dans les mailles de ce tissu (ses aréoles) que se déposait la graisse et qu'elle s'y trouvait immédiatement contenue.

C'était une erreur : la graisse est renfermée dans de petites vésicules particulières, formant le tissu adipeux, tout-à-fait distinct du tissu cellulaire.

Ces vésicules ne sont visibles qu'au microscope ; elles ont de 6 centièmes à 8 centièmes de millimètre de diamètre.

C'est le tissu adipeux qui forme sous la peau le panicule graisseux : *membrane adipeuse*.

Le tissu adipeux reconnaît pour sa formation, ainsi que nous l'avons dit page 96, des vésicules ou cellules *microscopiques*.

---

(1) Cependant Nysten (*Dictionnaire de médecine*, 1855) art. *moelle*, s'exprime ainsi : « La moelle qui occupe le canal des os cylindriques, représente un cylindre moulé sur les parois osseuses de ce canal. C'est un tissu bien distinct de l'adipeux par sa consistance et surtout par sa composition : il est formé de *myéloplaxes*, de *médullocelles*, de *matière amorphe granuleuse* qui prédomine dans la variété gélatiniforme.

M. Morel a constaté la présence de cristaux dans l'intérieur de la cellule adipeuse (1). Cette huile ou cette graisse est à la température du corps et diversement colorée suivant les animaux et les organes ou parties du corps, qui contiennent du tissu adipeux. Ces cellules ont pour siège, avons-nous dit, le tissu cellulaire dont elles écartent les mailles, laissant alors, entre elles, des cloisons, plus ou moins séparées par les vésicules (qui communiquent cependant les unes entre les autres).

C'est sur ces cloisons incomplètes de tissu cellulaire que rampent les vaisseaux, ou autrement dire : les cellules, en se déposant dans le tissu cellulaire sous forme d'amas, écartent ce tissu, tout en établissant leur communication. Elles ne possèdent pas de vaisseaux dans leurs parois ; les vaisseaux existent sur les cloisons formées par le tissu *cellulaire.*

Dans l'embryon, les *vésicules adipeuses* apparaissent sous la forme de gouttes d'huile fort petites dans le tissu cellulaire.

Ce n'est que lorsque ces amas ont atteint le volume de 3 à 5 centièmes de millimètre, qu'une mince membrane azotée naît autour de chaque amas. Alors est formé l'élément anatomique : *vésicule adipeuse.*

Le phénomène est le même chez l'adulte. Nysten repète que l'on a confondu à tort la moelle des os (qui, suivant les cas a, ou n'a pas de vésicules adipeuses), avec le tissu adipeux, où les vésicules prennent la forme polyédrique en raison de leur pression réciproque.

Système tégumentaire. Le mot tégument (de *tegere*, couvrir) indique l'usage d'abord du système que nous nous proposons d'étudier ici.

Le nom de tégument *externe*, lui appartient quand il n'est question que de la peau ; et celui de tégument *interne*, lorsqu'il s'agit de désigner l'espèce de tégument qui recouvre les cavités qui viennent s'ouvrir directement ou médiatement à l'extérieur ;

(1) Les cristaux irradiés, vus de face et de côté, qu'elles offrent, sont des cristaux de margarine, qui se sépare de l'oleïne, laquelle reste liquide. — MOREL.

certains canaux, certains conduits, sont également pourvus de ce tégument interne, c'est la *membrane muqueuse*.

Il y a-t-il quelque différence, sous le rapport anatomique, dans les deux grandes divisions de téguments ? Il y a au contraire une certaine analogie (sous certains rapports), dans la composition du tégument externe et du tégument interne, il y a même quelque ressemblance sous le rapport fonctionnel, mais ils ne sont pas identiques.

Tégument externe. Le *tégument externe*, comme les muqueuses, est revêtu d'un épithélium qui porte, pour lui, le nom d'épiderme et pour les muqueuses celui d'épithélium pavimenteux simple ou stratifié, polyédrique, cônique, etc., selon les endroits où il se trouve réparti.

Le tégument externe, comme le tégument interne, est pourvu de glandes sécrétoires ; pour le premier, il y a les glandes ou follicules congloméruIés et pour le dernier, les follicules muqueux qui les uns et les autres lubréfient les parties, les surfaces qu'ils recouvrent et entretiennent leur souplesse.

La muqueuse du canal alimentaire, dit M. Morel, page 206, offre la même structure dans ses parties fondamentales : ainsi elle se compose de deux feuillets, dont l'un correspond et ressemble à la zône dermique supérieure ; c'est le feuillet muqueux proprement dit ; l'autre fait suite à l'épiderme, c'est le feuillet épithélial.

C'est surtout au niveau des ouvertures naturelles qué la continuité de la peau et des muqueuses se fait remarquer.

La transition est quelquefois insensible et graduelle, comme à l'anus ; dans d'autres endroits elle est brusque, comme aux paupières, aux lèvres.

Deux portions, ou plutôt deux points de tégument externe mis en contact permanent, ne tardent pas à prendre l'apparence d'une muqueuse, et secrètent bientôt du *mucus*. Le phénomène inverse peut s'opérer lorsqu'une muqueuse est amenée au dehors, et y séjourne ; c'est-à-dire qu'elle prend les caractères de la peau et qu'elle cesse de produire du mucus. « J'ai deux fois

« constaté cette transformation, dit P. Bérard, sur la muqueuse « du vagin amenée au dehors par une chute complète de l'uté- « rus. La texture offre un nouveau point de similitude entre la « muqueuse et la peau. »

Le tégument externe étant constitué par la peau ; voyons quelle est sa composition et ses fonctions.

D'abord sa distribution est celle que nous lui voyons affecter chez l'homme et chez les animaux, c'est-à-dire qu'elle couvre toutes les surfaces extérieures.

Elle est constituée par une membrane dense, épaisse, résistante et flexible.

Elle n'a pas d'autre caractère général que d'être molle et étendue en forme d'enveloppe à l'extérieur du corps des animaux : *mammifères*, *oiseaux*, *reptiles* et *poissons*.

Réunie à la muqueuse et sans interruption, ces deux téguments contiennent tous les organes comme entre deux couches. Tout se trouve compris entre eux, et les organes fonctionnent ainsi renfermés dans ces deux enveloppes : *tégument interne*, *tégument externe*.

La composition du tégument externe, *la peau*, est cependant plus compliquée que celle des muqueuses. On y distingue deux couches, *l'épiderme* et *le derme*. L'épiderme se compose de la couche de malpighi et de la couche cornée.

C'est dans la couche profonde du corps de malpighi que se trouvent les granulations pigmentaires qui donnent à la peau la couleur qu'elle peut avoir dans certaines parties du corps des animaux et dans la race nègre, où la coloration n'est pas bornée seulement à la couche de malpighi, mais s'étend à la couche cornée. P. Bérard dit, page 263, qu'à la surface extérieure du derme, on trouve une membrane amorphe que M. Mandl nomme *tunique propre dermoïque*, et qu'il ne faut pas confondre avec le fameux corps de malpighi, *corps muqueux* ou *réticulaire*, objet de tant de discussions, qui n'est qu'un épiderme naissant.

Quoi qu'il en soit, le derme est constitué par des faisceaux serrés de *tissu lamineux* accompagnés de capillaires qui s'y distribuent, et il est traversé par des nerfs. Ces papilles, *papilles nerveuses*, occupent la face externe du derme ; elles font partie de ce corps et y sont souvent mêlées aux papilles vasculaires, qui se rendent elles-mêmes aux papilles nerveuses.

Il y a aussi de nombreuses fibres élastiques minces et anastomosées ensemble, qui donnent à la peau son élasticité. Il y a encore d'autres organes annexés à la peau, qui concourent, avec les nerfs (papilles nerveuses), à en faire un organe de tact et de toucher (1). Nous avons dit que les glandes ou follicules glomérulés s'y trouvaient cependant, et que les follicules pileux (appareil pileux), dont le bulbe est la partie essentielle, et qui appartiennent à un autre système, *tissu adipeux sous-cutané*, ne lui appartenaient pas en propre; qu'ils ne faisaient que traverser la peau pour se rendre à la surface (poils, glandes sebacées).

Tégument interne (muqueuses). Le tégument interne (muqueuses), a une étendue non moins considérable.

Vu la distribution des muqueuses qui constituent ce tégument interne dans le corps des animaux vertébrés, surtout des mammifères, on en a fait deux grands départements : l'un, sous le nom de muqueuse *gastro-pulmonaire*, tapisse les voies olfactives et lacrymales, pénétrant dans les sinus frontaux, sphénoïdaux, maxillaires supérieurs; s'introduisant en même temps par la trompe d'Eustache, pour fournir un prolongement dans la caisse du *tympan* et les cellules mastoïdiennes, puis, descendant ensuite dans le pharynx et le larynx, elle va tapisser, par ces deux conduits, toutes les voies aériennes d'une part, et toutes les voies digestives de l'autre.

---

(1) Les papilles nerveuses à corpuscules du tact ne se montrent qu'à la paume de la main, à la plante des pieds, aux faces antérieures et latérales des doigts, du poignet, à la partie rose des lèvres; partout où le tact s'exerce avec finesse et rapidité, comme à la pointe de la langue et à l'extrémité des doigts.

Les papilles sont formées d'une substance amorphe finement granuleuse, renfermant aussi quelques rares noyaux libres. Elles font partie du derme et s'élèvent en éminences régulièrement côniques à la surface de la peau et des membranes muqueuses à épithélium pavimenteux, particulièrement à la langue. — NYSTEN, *Dictionnaire*, art. *Papilles*.

Ce revêtement (la muqueuse) s'étend donc, d'un côté, depuis la bouche et le larynx jusqu'aux dernières divisions bronchiques, et de l'autre, depuis le même endroit jusqu'à l'anus.

Partout, continue avec elle-même, elle est couverte d'un épithélium, tantôt *pavimenteux*, simple ou stratifié, tantôt cônique ou à cils vibratiles.

L'épithélium accompagne la muqueuse aussi bien dans ces grands conduits que dans ceux plus étroits, plus ténus, des glandes salivaires, des canaux biliaires et pancréatiques.

La seconde division du tégument interne est la muqueuse *gastro-urinaire*, qui, succédant à la peau sans interruption, mais par une transition fort apparente à la vue, se distribue à la fois à ces deux appareils en suivant deux directions différentes : 1° l'appareil génital, constitué par le vagin, l'utérus et les trompes chez la femme ; 2° les conduits éjaculateurs, les vésicules séminales, les conduits déférents, ceux des glandes de Cowper et de la prostate chez l'homme.

Toutes ces parties sont revêtues de la muqueuse sans interruption, si ce n'est à l'endroit, *chez la femme*, où la trompe utérine s'ouvre dans le péritoine.

« Là il y a évidemment un point de continuité interrompue ; « c'est peut-être le seul exemple qui puisse être noté dans l'éco- « nomie. » — P. Bérard.

Les muqueuses présentent généralement des saillies qui portent le nom de *villosités*, comme la peau nous en avait présenté, et que nous avons désignées sous le nom de *papilles ;* mais il y a cette différence que les papilles de la peau sont en rapport avec la faculté de sentir ; et que les *villosités* de l'intestin et d'autres parties sont destinées à favoriser l'accomplissement de certains phénomènes de la vie *nutritive*, et l'absorption en particulier.

Nous avons dit, au commencement de cet article, que la muqueuse ou tégument interne, qui se continue avec la peau, offre la même structure dans ses parties fondamentales. Cependant M. Morel, qui admet cette similitude, observe (page 245, ouvrage cité) que les muqueuses, quoique ayant beaucoup d'analogie avec la peau, s'en distinguaient par leur revêtement épithélial, qui ne présente jamais la couche cornée de l'épiderme.

Enfin, dit-il : en se fondant sur les caractères généraux de structure des muqueuses, il est même impossible de donner une définition qui établisse une ligne de démarcation bien nette entre ces membranes, *les séreuses, les synoviales.*

Système glandulaire. Pour le *système glandulaire*, on n'est pas toujours d'accord sur la signification du mot *glande*. Les uns ne veulent employer cette expression que pour désigner ceux de ces organes qui, assez variés, du reste, dans leur composition, sont pourvus d'un conduit excréteur. D'autres ont plus généralisé le mot *glande*, et l'emploient pour tout corps de ce genre qui sécrète un liquide et le verse sur une surface tégumentaire, ou même ne l'y verse pas ; supposant qu'il s'y fait quelque déhiscence (dans la glande) qui permet, ou plutôt procure l'écoulement du produit sécrété ; ou qu'il s'y passe quelque absorption pour débarrasser la glande de sa sécrétion (glandes sans conduits excréteurs dans ce dernier cas) (1).

Les glandes lacrymales, les salivaires, la mammaire, le foie, le pancréas, les reins, les testicules, seraient les glandes du premier ordre, c'est-à-dire qui renferment une humeur séparée du sang par l'action de ces organes, et qui versent ce produit, soit sur une surface, soit au dehors (glandes appelées conglomérées, pourvues d'un conduit excréteur).

Les anciens avaient désigné sous le nom de glandes le corps thyroïde, le thymus, les capsules surrénales, la rate. Les modernes les avaient séparés, mais ils les ont replacés dans la catégorie des glandes, après les en avoir distraits pendant un certain temps.

Le poumon, les ovaires, dont on considère les trompes comme conduits excréteurs, et les ganglions lymphatiques sont-ils des glandes ?

---

(1) Les follicules clos de Peyer et les glandes de Brunner, qui existent dans l'épaisseur de la muqueuse intestinale, appartiennent à cet ordre.

On a pensé que ces petits sacs pouvaient s'ouvrir, comme les ovaires, d'une manière intermittente, et vider leur contenu sur la muqueuse.

En signalant une analogie entre le mode de développement du poumon et celui des glandes ; entre les divisions, les arborisations des bronches, et celles des conduits excréteurs ; entre le cul-de-sac des ramuscules bronchiques et celui des radicules glandulaires, quelques anatomistes ont fait figurer le poumon parmi les glandes ; on a même décrit aussi sous le nom de glandes, *glandes synoviales*, les pelotons graisseux qui avoisinent les articulations. — P. Bérard, page 270.

Cet auteur ne pense pas qu'il y ait le moindre avantage, pour la physiologie, à étendre ainsi la compréhension du mot glande ; et réserve ce nom aux *parties qui séparent du sang une humeur qu'elles versent sur une membrane tégumentaire par un orifice appréciable.*

Quelle est la composition des glandes, leur distribution et leur fonctionnement ? Pour figurer parmi les *systèmes*, le glandulaire a besoin de réunir les conditions qui doivent lui mériter ce nom ; c'est-à-dire présenter un ensemble de parties qui se ressemblent ; qui soient de même composition ; c'est-à-dire formées de tissus semblables, et de se trouver plus ou moins généralement répandues dans l'économie (telle est la définition du mot système).

Eh bien, pour la première proposition, les glandes, celles dont nous avons parlé et qui présentent les caractères spéciaux que nous avons indiqués (voir page 126), offrent des traits communs dans leur organisation (1).

---

(1) La distinction que nous avons faite par rapport à ce caractère spécial des glandes : c'est-à-dire d'être pourvues d'un conduit excréteur versant sur une surface tégumentaire le produit de leur sécrétion, nous a fait implicitement exclure de notre catégorie du système glandulaire les glandes synoviales, le corps thyroïde, le thymus, les capsules surrénales, la rate, les ganglions lymphatiques, conservant cependant, comme nous l'avons dit, les follicules clos, les ovaires qui dans certaines conditions laissent échapper une humeur séparée du sang, ou formée dans leur intérieur par l'action propre de ces mêmes organes et la versant sur une surface libre par des ouvertures qui s'y établissent de temps à autre.

D'abord le tissu des glandes a pour attribut anatomique de ne posséder aucun élément fondamental caractéristique, sauf une forme *spéciale de l'épithélium.*

Ensuite, deux choses différentes se rencontrent dans les glandes (et ce caractère est général), ces deux choses ont chacune leur structure propre ; c'est d'une part, le tissu sécréteur représenté par *les culs-de-sac* dans l'épaisseur de chaque acine ou tube sécréteur (portion sécrétante), et d'autre part la portion excrétante (ou conduit excréteur). Chacune de ces deux portions ayant un épithélium différent.

Un autre trait commun de leur organisation est que les conduits par lesquels elles s'ouvrent sur les surfaces tégumentaires, commencent dans l'épaisseur des glandes et plus généralement dans le tissu sécréteur ou cul-de-sac ; les parois de ces derniers étant formées par la membrane simple fondamentale ; c'est-à-dire par une membrane amorphe homogène, souvent un peu granuleuse sans aucune trace de fibres.

C'est cette membrane propre qui est tapissée à sa face interne, c'est-à-dire celle qui regarde la cavité du tube excréteur, par un épithélium spécial pour chaque glande.

« Un amas de cellules endogènes à divers degrés de développement, et que la sécrétion sépare incessamment, remplit les terminaisons en culs-de-sac de certaines glandes ; et, les variétés de ce contenu endogène déterminent, suivant M. Mandl, les différences qu'on observe, dans ce qu'on appelle le parenchyme glandulaire. » Joignez à cela, dans les conduits et à l'intérieur, quelques fibres de tissu cellulaire, des fibres de noyaux, et même des fibres musculaires lisses; puis, à l'extérieur de cet appareil, et dans un tissu cellulaire plus ou moins abondant, des vaisseaux sanguins dont les dernières ramifications offrent, dans plusieurs glandes, des dispositions qui seront signalées plus tard aux sécrétions ; ajoutez, des nerfs, des vaisseaux lymphatiques, une membrane propre d'enveloppe et l'organisation du système glandulaire sera complet, sauf quelques rares différences dans la structure propre (1).

(1) Nysten signale comme variété d'épithélium dans les glandes, la

Quant à sa distribution dans l'économie, on sait dans quelle proportion il se rencontre (1).

Ces glandes sont en nombre considérable avec conduits excréteurs ou sans conduits excréteurs.

Elles prennent toutes leur dénomination, et établissent leur espèce, d'après la disposition des tubes, ainsi qu'il a été dit, c'est-à-dire qu'il y a des tubes sécréteurs, ou des vésicules closes qui sont, avec l'épithélium, les parties essentielles, et qui les distinguent en *glandes folliculeuses*, *tubuleuses;* et puis, il y a les glandes en grappes conglobées (ganglions lymphatiques), conglomérées (le foie, les reins, etc.): Ce sont celles qui sont pourvues d'un conduit excréteur.

Pour leur fonctionnement il est divers : chacune d'elles travaille à sa façon, et toutes en vue des sécrétions qu'elles accomplissent toujours dans un but d'utilité pour l'économie.

Les unes séparent, du sang, des matériaux qui y sont contenus; d'autres transforment ces matériaux en leur fesant subir des changements presque complets; d'autres enfin, créent des *produits* qui ne se trouvent (dans aucune), avoir les principes nécessaires à *cette composition* dans le suc nourricier qui leur est fourni, et font exception à la règle générale.

Nysten dit que les glandes sont des parenchymes spéciaux, d'une structure complexe, offrant des alternatives de repos et d'action très-prononcées à des intervalles de temps souvent très-rapprochés, ordinairement sans régularité ni périodicité, analogue à celle que présentent, sous l'influence régulatrice du système nerveux, les mouvements des poumons et des muscles.

En général, partout où existe un parenchyme glandulaire, il s'opère une sécrétion spéciale. C'est pour les glandes une obliga-

---

mamelle où l'épithélium est *nucléaire* dans les acinis ou tubes sécréteurs; *pavimenteux*, dans les conduits excréteurs et où, dit-il, les parois n'ont pas la même structure.

(1) En thèse générale, on peut dire qu'il y a dans l'organisme une foule de tumeurs qui sont caractérisées anatomiquement par des éléments essentiels, *éléments des glandes*.

C'est la réunion ou la distribution de ces glandes dans l'économie qui constitue le *système* glandulaire.

tion fonctionnelle; mais partout cette sécrétion spéciale est distincte des sécrétions générales qui ont lieu dans les autres tissus, tels que les tissus *séreux*, *muqueux*, etc. Le produit peut contenir aussi, mais exceptionnellement, quelque principe immédiat particulier *cristallisable* ou *coagulable* formé dans la glande, sans qu'il préexiste dans le sang, comme le *venin de la vipère*, le *sperme*, le *virus rabique*, etc.

Système séreux. Nous rapprochons le *système séreux* du système glandulaire, non parcequ'ils se ressemblent, mais parce qu'il y a entre eux un mode d'action sécrétoire qui, sans être semblable, n'en est pas moins des plus utiles à l'économie par les produits que ces sécrétions fournissent.

Nous venons de dire que ces deux sécrétions étaient distinctes, et que celles des glandes différaient des produits qui ont lieu dans d'autres tissus *séreux*, *muqueux*, *synovial*, etc.

Quoiqu'il en soit, le système séreux occupe de larges surfaces dans l'économie; et l'ensemble des membranes *séreuses* forme le système dont nous nous occupons ici.

Ces membranes sont minces, transparentes; elles sont étendues principalement dans les deux cavités splanchnique et thoracique, où elles forment des sacs sans ouvertures, dont les parois sont humectées par une sérosité analogue au serum du sang. Elles sont adhérentes par leur surface extérieure aux organes qui les avoisinent; et libres, par leur surface interne, elles se touchent sans contracter d'adhérences ; lubréfiées qu'elles sont par le liquide dont nous avons parlé; ce qui leur permet de glisser l'une sur l'autre sans bruit et sans effort.

Les membranes *séreuses* sont formées d'un tissu qui a pour élément fondamental des fibres *lamineuses* généralement disposées en faisceaux, et s'entrecroisant sous des angles très-nets. Il y a aussi quelques fibres élastiques flexueuses qui accompagnent ces fibres lamineuses de façon à donner à ce tissu un certain degré de rétraction après extensibilité (élasticité). Au total, le *tissu conjonctif lamineux* s'y trouve étalé en membranes, mélangé de fibres élastiques et revêtu de son épithélium (épithélium pavimenteux).

Le tissu cellulaire (dit Bérard) forme la base des membranes séreuses ; il se condense de plus en plus de leur surface adhérente vers leur surface libre que recouvre *un épithélium pavimenteux*.

Dans les séreuses, selon M. Morel, les faisceaux de fibres connectives se croisent en tous sens et constituent ainsi un feutrage plus ou moins condensé : comme dans les *aponévroses*, le *derme*, les *muqueuses* et les *synoviales*.

Maintenant, par rapport à la distribution et à l'usage des séreuses, on peut dire que ces membranes sont le plus souvent placées comme moyens protecteurs des mouvements, ou plutôt des frottements qui pourraient avoir lieu entre des organes qui se touchent.

Ces organes exécutent alors des glissements faciles les uns contre les autres, et au moyen de la sérosité, dont les surfaces sont enduites, ou plutôt humectées, toute adhérence est prévenue entre elles, du moins dans l'état normal. Il n'y a même le plus souvent que de l'humidité entre les deux feuillets ou parois des membranes séreuses dans l'état ordinaire; mais elle n'y est certainement pas à celui de vapeur.

Les séreuses prennent des dénominations particulières, des membranes qui sont répandues dans différents endroits de l'économie et qui nous permettent de les classer ainsi :

1° Séreuses splanchnique ; 2° les synoviales ; 3° les bourses muqueuses des tendons ; 4° les bourses muqueuses sous-cutanées.

1° *Séreuses splanchniques* : elles tapissent les parois des trois cavités thoracique, cérébro-rachidienne et abdominale, se déployant sur les organes qu'elles renferment, elles forment d'abord dans la cavité crânienne et rachidienne :

A. L'*arachnoïde*, qui couvre la face interne de la dure-mère et entoure l'axe cérébro-spinal ;

B. Les *plèvres* qui revêtent la face interne de la poitrine, le diaphragme, la face externe du poumon, recouvrant aussi toutes les parties contenues dans le médiastin antérieur et postérieur, qui n'est lui-même que le résultat de l'écartement des plèvres droite et gauche, qui, après avoir, l'une et l'autre, recouvert les parties latérales du rachis, s'adossent l'une à l'autre en forme d'x et constituent le médiastin antérieur et le médiastin postérieur ; le premier, par l'écartement des plèvres, comme il vient d'être dit, lorsqu'après s'être adossées l'une à l'autre elles se séparent et vont tapisser les parties latérales du sternum ; le second, le médiastin postérieur, est l'intervalle triangulaire et étroit (qui reste entre les plèvres, lorsqu'après avoir tapissé comme il a été dit également tout-à-l'heure) les parties latérales, du rachis. Ces membranes se rapprochent l'une de l'autre.

C. *Feuillet séreux du péricarde.* Il est étendu sur la face interne du feuillet fibreux de ce sac ; sur la face externe du cœur et de l'origine des gros vaisseaux.

Il tapisse une portion de l'aponévrose centrale du diaphragme auquel ce sac membraneux (fibro-séreux) est adhérent.

D. Le *péritoine*. La plus étendue des membranes séreuses splanchniques, tapissant la cavité abdominale ; se prolongeant sur la plupart des organes renfermés dans cette cavité, les enveloppant en partie ou en totalité, se réfléchissant des parois abdominales sur eux, elle les maintient en place et dans leurs rapports respectifs, au moyen de prolongements ou replis ligamenteux, elle les recouvre, sans les contenir dans son intérieur.

Le péritoine présente une surface interne, lisse et humectée de sérosité, elle est partout en contact avec elle-même, son épithélium est pavimenteux.

L'épiploon, le mésentère et le mésocolon sont des replis ligamenteux fournis par le péritoine, qui contiennent dans leur duplicature les intestins et les fixent sans les étreindre.

On peut considérer la *tunique vaginale* comme une production du péritoine ; car, chez le fœtus mâle, le péritoine accompagne le testicule qui le pousse devant lui dans le scrotum pendant sa migration.

Pour le fœtus féminin, il forme un petit prolongement, qui s'engage dans le canal crural et appelé canal de *nuck*.

2° Les *synoviales*. Bichat en avait formé un *système*. Quoiqu'il n'y ait lieu de considérer comme tel, que des parties qui se ressemblent, ces synoviales sont formées d'un ou de plusieurs tissus et sont plus ou moins répandues dans l'économie.

Il faut faire rentrer les *synoviales* dans la classe des séreuses, malgré qu'elles diffèrent sur certains points des *séreuses splanchniques*, séreuses proprement dites, par la raison que, semblables à celles-ci, elles se déploient sur toutes les articulations à *surfaces contigues ;* s'étalent sur la face interne des ligaments capsulaires, se réfléchissent sur les extrémités articulaires des os, comme les vraies séreuses sur les organes qu'elles recouvrent sans les contenir ; et enfin, parcequ'elles ont la même composition et fournissent aussi un liquide qui les humecte et facilite les glissements.

Quelques auteurs croient que c'est à tort qu'on les a réunies, parceque précisément, le fluide que les *membranes séreuses articulaires* séparent ou exhalent (la synovie) n'est pas de même nature que la sérosité émanée des séreuses splanchniques ; qu'elle est plus filante, plus visqueuse et moins diaphane.

Ils allèguent aussi, que ces petits sacs membraneux, sans ouverture, ne sont formés que d'un seul feuillet, qui se déploie sur les surfaces des cavités articulaires et aux endroits seulement où glissent des tendons. Et enfin, ils le disent plus dense et moins souple que celui des membranes séreuses vraies, avec lesquelles on concède qu'elles ont cependant de l'analogie, quoiqu'elles soient moins vasculaires et renferment moins de fibres élastiques dans leur trame qui adhère intimement au tissu fibreux articulaire qu'elles tapissent.

Voilà bien des raisons, sans doute ; eh bien, toutes ces considérations ne sont que des en moins ; et, quant à l'objection de leur *épithélium pavimenteux* qui disparaît de bonne heure, chez les enfants, au moins par places et qui ne se retrouve qu'en très-petite quantité, chez l'adulte, il devrait servir à établir l'analogie avec les vraies séreuses, plutôt qu'à les en éloigner ; puisque le même phénomène se passe sur quelques parties de certaines séreuses, chez l'adulte, par suite de frottements.

3° Les *bourses muqueuses des tendons ou synoviales des tendons* doivent être rapprochées, sinon confondues, avec les synoviales articulaires, par leur composition, qui est de même nature ; par leur étendue ou leur nombre, qui est considérable dans l'économie et par leur analogie de fonctions avec les *synoviales articulaires*.

En effet, elles revêtent en même temps les tendons et les parties sur lesquelles ils glissent comme dans une coulisse, diminuant ainsi les effets des frottements et rendant plus facile la transmission de l'action musculaire.

« L'analogie entre les synoviales des tendons et les synoviales articulaires n'est jamais plus démontrée qu'à l'endroit où l'on voit le tendon du poplité, celui de la longue portion du biceps et celui du sous-scapulaire, emprunter aux synoviales articulaires voisines, leurs moyens de glissement. » — P. BÉRARD.

4° *Bourses muqueuses, mucilagineuses, bourses synoviales sous-cutanées.*

Ces bourses peuvent se rapporter aux séreuses les plus simples. Ce sont des espèces de petites vésicules qui sont interposées sous la peau et contenues dans de petites membranes formant de petites *bourses synoviales sous-cutanées.*

Elles sont placées sur certaines parties osseuses ou cartilagineuses, saillantes, toujours recouvertes par la peau ; comme sur le trocanter, la rotule, l'olécrâne, etc., partout où doit s'exercer des frottements, ou des pressions habituelles.

Il peut s'en développer accidentellement, aussi, à la malléole externe, chez les tailleurs ; entre l'acromion et la peau qui recouvre cette éminence, par suite des pressions occasionnées par des fardeaux portant sur ces parties ; chez les portefaix et autres.

Ce sont ces trois espèces de membranes (bourses muqueuses, synoviales, bourses mucilagineuses) qui constituaient le système synovial de Bichat et qui le constituent encore pour certains auteurs qui les ont réunies ainsi classiquement.

On a (dit Bérard, page 259) mis en doute, l'existence des vaisseaux sanguins dans les membranes séreuses. La dispute ne pourrait se soutenir qu'à l'aide d'une subtilité anatomique : sans doute il n'y a pas de vaisseaux dans la couche épithéliale, mais plus profondément.

Les séreuses ont des lymphatiques.

D'après de récentes recherches de M. Sapey à ce sujet, il paraitrait, que dans les séreuses, le feuillet pariental est étalé sur des vaisseaux sanguins, *capillaires artériels,* et le feuillet viscéral sur les vaisseaux lymphatiques; dispositions anatomiques qui permettraient de tirer une loi physiologique, d'après laquelle le feuillet pariétal présiderait à l'exhalation par les *vaisseaux sanguins*, et le feuillet viscéral à l'absorption, par les vaisseaux *lymphatiques*. M. J. Béclard, dit que cette assertion a besoin d'une démonstration plus rigoureuse et d'une sanction plus formelle.

Les séreuses reçoivent quelques nerfs.

Nous avons dit que la base des membranes séreuses était le tissu cellulaire recouvert d'un *épithélium pavimenteux ;* que ce tissu conjonctif était mêlé, ou traversé, par quelques fibres élastiques ; P. Bérard, dit que plusieurs *séreuses splanchniques* sont doublées au dehors, par des espèces de *fascia* très-élastiques, où prédominent les larges fibres de noyaux.

Système osseux. Le *système osseux* est l'ensemble des os qui forment le squelette humain, maintenus en place par leurs moyens naturels ou par d'autres artificiels; en un mot, c'est la charpente du corps dans ses parties solides (1).

Cette charpente osseuse sert d'appui à tous les autres organes; elle forme elle-même des cavités (cavités crânienne, thoracique, abdominale) dans lesquelles sont contenus certains organes, et où ils sont garantis de l'action des corps extérieurs.

Le système osseux représente aussi des leviers : *fémur*, *tibia*, *péroné*, *humérus*, etc., sur lesquels les muscles s'insèrent et qu'ils font mouvoir par suite de leur contraction, sous l'influence de la volonté le plus ordinairement. Ainsi, le déplacement d'un membre, le transport du corps d'un lieu dans un autre, tous les mouvements enfin ne se font qu'au moyen du système musculaire prenant ses points d'attache dans différentes parties du squelette, plus ou moins éloignés de ceux d'insertion. C'est ainsi que sont mises en action certaines portions du système osseux, et quelquefois sa totalité, avec plus ou moins de rapidité : *marche*, *course*, *saut*, *danse*, etc.

---

(1) Nous rappelons ici que la proportion des liquides aux solides a déjà été indiquée, et qu'elle est, selon l'expérience de Chaussier et l'observation faite par Senac, de 9/10e.

Lorsqu'il sera question des fonctions de relation, article mouvements, nous indiquerons plus particulièrement les différents *leviers* représentés dans certaines attitudes et mouvements du corps. Nous n'avons à traiter en ce moment que la distribution et la composition du *système osseux*, aussi intéressant que les autres, et sur lequel de nouvelles découvertes, tant sur sa formation primordiale que sur le travail qu'il subit dans la composition du cal, dans les fractures, appellent une attention particulière.

Le tissu osseux se développe par l'addition de couches osseuses produites par le périoste, de la même manière que le bois grossit par des couches ligneuses qui se superposent en zônes concentriques autour de la moelle, avec cette différence que les couches ligneuses peuvent croître pour ainsi dire indéfiniment. Les nouvelles couches, une fois formées, s'ajoutent aux précédentes et ne se détruisent plus ; leur développement se fait par intussusception : les os, eux, éprouvent, chez l'adulte seulement, un travail d'entretien qui les soumet à une sorte d'absorption moléculaire et de remplacement.

Ce phénomène s'opère chez eux comme dans les autres tissus.

Pour l'os en voie de formation, il est le siége d'un travail nutritif très-actif; mais une fois arrivé au développement complet, il éprouve une formation et une résorption continuelles de substance.

Nous admettons une nutrition dans les os comme dans les autres tissus. Il y a nécessité de *l'imbibition* des os par le plasma nourricier du sang, pour leur entretien régulier, et c'est le périoste qui fournit les matériaux, aussi bien du développement et de l'entretien des os que de leur remplacement. (Voir *nutrition des os,* dans cet ouvrage).

Le système osseux reconnaît-il pour sa composition intégrale une seule substance ; est-ce, en un mot, un tissu simple?

« Les os ont pour substance fondamentale la substance « amorphe solide. » — Morel.

« Le système osseux se développe de très-bonne heure : le « système nerveux ne le précède que de très-peu. La tache germinative vient à peine d'indiquer la présence du système

« nerveux, par une petite gouttière allongée, que déjà on aper-
« çoit, en dehors d'elle et de chaque côté, une série de petites
« plaques quadrilatères très rapprochées, qui, se soudant vers la
« partie moyenne et en avant de la moelle épinière, forment les
« corps des vertèbres. » — J. Béclard, p. 1104.

L'état cartilagineux (cartilages temporaires) précède toujours la formation osseuse, mais il ne tarde pas à présenter des vestiges des os, il sera, bientôt, envahi par l'ossification. Ces cartilages, le fœtus les a puisés, comme toutes les autres parties de son corps, dans son organisation. Il est évident que c'est par un état cartilagineux que l'os semble devoir préalablement passer; mais de quelle manière se fait ce passage?

Les cartilages sont le produit d'une exsudation albumineuse de vaisseaux sanguins, et se forment seulement dans la substance des cartilages qui doivent passer à l'état osseux. Ailleurs, les cartilages ne présentent pas ce phénomène; leur entretien se fait au moyen des vaisseaux des parties environnantes. — Pour les autres, des vaisseaux s'organisent, pénètrent dans le tissu primitif, fournis qu'ils sont par la face interne du *périoste*, qui s'est organisé sur eux.

Du moment que cette organisation a eu lieu, et que le périoste a formé son union au moyen de petits prolongements fibreux et d'une multitude de ramuscules vasculaires, l'ossification est assurée et la nutrition aussi.

Le *tissu osseux* a pour éléments constitutifs une substance fondamentale ou intercellulaire finement granuleuse, et des cellules spéciales.

Ces cellules osseuses, *corpuscules osseux*, *ostéoplastes*, ressemblent en quelque sorte aux cellules plasmatiques étoilées. Il y a des linéaments qui en partent et qui rayonnent en tous sens. Ils s'anastomosent entre eux et avec ceux des cellules voisines. Ces appendices filiformes de cellules sont des *canalicules* qui viennent s'ouvrir à la surface de l'os. Le canal vasculaire (canaux Havers) et les canalicules ont entre eux de nombreuses communications, et c'est par ce moyen que la nutrition s'opère.

Ainsi le *système osseux* ne constitue pas un *système simple*; puisqu'avec la matière osseuse, proprement dite, *substance fondamen-*

tale, *canalicules*, *corpuscules osseux*, indiqués plus haut, il y a des vaisseaux artériels et veineux communiquant avec les canalicules; et qu'il y a des nerfs qui pénètrent dans le canal nourricier.

Système musculaire. Le *système musculaire* est formé par tous les muscles qui se trouvent dans l'organisme humain. Mais il n'y a pas que chez l'homme qu'on trouve des muscles. Tous les animaux qui ont à mouvoir leur corps, ou certaines parties de leur individu sont pourvus de *muscles*.

Les *radiaires*, animaux sans vertèbres, et qui offrent une disposition rayonnée autour d'un axe; les mollusques, troisième embranchement du règne animal, animaux également invertébrés et sans squelette intérieur ; les poissons, cinquième et dernière classe des animaux vertébrés à squelette cartilagineux, etc., sont pourvus d'un *système musculaire* qui, comme on le pense bien, n'offre pas le même développement que chez les mammifères, et les quadrupèdes, où, de forts et puissants muscles sont mis à la disposition d'une organisation plus complète.

« Les animaux inférieurs dans lesquels les divers tissus ne sont pas nettement distincts les uns des autres, sont souvent constitués (les protozoaires, les rotatoires) par une masse contractile dans son ensemble. » — J. Béclard, page 613.

C'est en remontant dans l'échelle animale qu'il devient surtout utile d'étudier la nature et la disposition des muscles pour en bien concevoir l'usage et les fonctions.

Nous disons la nature et la disposition des muscles; car dans les classes les plus élevées des animaux, les muscles offrent deux genres particuliers et distincts, quoique se trouvant sur le même individu : les *muscles striés* et les *muscles lisses*. Les premiers appelés aussi muscles de la vie animale, et les seconds muscles de la vie organique; se différencient par leur aspect, leur structure et leurs usages.

Les muscles *striés* sont généralement plus rouges, plus forts que les muscles *lisses*.

Leurs fibres, dites fibres musculaires, sont composées de *fibrilles* minces, larges au plus de 0mm001 ; composées elles-mêmes de musculine (fibrine des muscles) réunies les unes à côté des autres pour former les faisceaux musculaires (primitifs ou striés), chaque faisceau ayant son enveloppe spéciale (sarcolemme ou myolemme).

Ces faisceaux concourent à former le muscle par leur réunion.

Les fibres musculaires de la vie animale (fibres striées) sont appelées aussi fibres primitives par certains auteurs ; mais à tort, puisqu'elles ont déjà pour élément des faisceaux contractiles de *fibrilles musculaires*.

« Les fibres musculaires sont constituées par des fibrilles réunies, et accolées intimement entre elles par une substance amorphe : formant ainsi les faisceaux primitifs qui peuvent exister pour leur diamètre entre 0mm01 et 0mm03. Un faisceau primitif est composé de plus de cent fibrilles. » — J. BÉCLARD, page 609.

Les tissus des animaux élémentaires sont simplement doués de contractilité.

« La disposition striée des faisceaux primitifs, des muscles de la locomotion, n'existe pas seulement chez l'homme et les mammifères ; on l'observe aussi dans les oiseaux, les reptiles et dans les poissons et aussi dans un grand nombre d'invertébrés, pour la locomotion, bien que chez les poissons et les invertébrés, les muscles de la vie animale ne soient point colorés en rouge comme chez l'homme et les animaux supérieurs. — J. BÉCLARD. p. 611.

Les muscles, soumis à la volonté, reçoivent des nerfs qui proviennent exclusivement de l'*axe cérébro-spinal*. Il y a constamment des fibres de sentiments associées à des fibres de mouvements. Les muscles creux ou de la vie organique (cœur, etc.) reçoivent principalement des fibres du grand sympathique.

L'extrémité du sarcolemme des faisceaux striés, adhère aux faisceaux des fibres tendineuses qui terminent les muscles. L'extrémité des fibres tendineuses adhère également, sans interposition d'aucune substance, au sarcolemme de l'extrémité des faisceaux striés des muscles.

Notons, en passant, que les aponévroses et les tendons sont des tissus fibreux en dehors des fibres musculaires et qui servent pour l'insertion, ou l'attache des muscles ; leurs fibres sont distinctes de la fibre musculaire, celles des aponévroses sont analogues aux fibres lamineuses. Les tendons sont formés par des faisceaux de fibres tendineuses.

Le *sarcolemme* ou *myolemme*, dont nous vons parlé et qui entoure chaque fibre musculaire (faisceau primitif) est homogène, présente une élasticité et une résistance plus grande que les fibrilles et n'est pas contractile.

Les lignes ou stries transversales sont dues à une particularité de teinte, de pouvoir réfringent et de juxta-position, les unes à côté des autres, de toutes les parties de même couleur des *fibrilles* d'un faisceau.

M. J. Béclard, page 610, attribue la striation transversale que présentent les faisceaux primitifs des muscles striés, aux ondulations des fibrilles qu'un *faisceau primitif* contient ; c'est-à-dire, aux vestiges permanents de la contraction musculaire.

« Il y a, dit-il, une liaison directe entre la contraction des muscles et la striation des *fibrilles* ; celle-ci n'est probablement, de même que les inflexions à plus grandes dimensions qui portent sur le faisceau lui-même, que les vestiges persistants de la contraction musculaire elle-même. »

Au total, les muscles striés ou faisceaux primitifs existent chez l'homme dans tous les muscles soumis à la volonté, ou muscles de la vie animale.

Il n'y a pour les muscles intérieurs que le cœur qui, quoique non soumis à l'empire de la volonté, soit un muscle *strié*. Il est creux et présente une disposition particulière de ses fibres dont il sera parlé dans un autre endroit.

Tous ces muscles, *muscles striés*, ont pour usage, en prenant leurs points d'attache ou d'insertion sur une partie de la charpente osseuse (squelette) par des tendons ou des aponévroses, de faire mouvoir certaines de ces parties ; de fournir à la déambulation les moyens d'exécution, et d'agir dans toutes les circonstances où il faut déployer un appareil de force, ou exécuter des mouvements plus ou moins rapides.

Il n'en est plus de même pour la seconde espèce de muscles qui constituent le système musculaire en entier.

Les muscles de la vie organique muscles à *fibres lisses* présentent d'autres usages et d'autres dispositions. Ils ne sont plus groupés de la même façon ; ils sont beaucoup plus faibles et leurs éléments constitutifs ne se présentent plus de la même manière ; c'est-à-dire que les muscles de la *vie organique* ou *végétative* peuvent être décomposés sans passer par les faisceaux *primitifs*, car ils ne sont pas réunis en groupes ; ils n'ont pas de membrane spéciale.

Néanmoins, les muscles intérieurs, tels que la tunique musculaire des intestins, de la vessie, de l'estomac, de l'utérus et de certains conduits, ont comme les *muscles striés*, des contractions ; mais elles sont beaucoup plus lentes ; ces contractions font circuler les liquides ou matières plus ou moins solides dans les canaux qu'ils entourent plus ou moins complétement.

Les matières alimentaires dans le tube digestif, les différents liquides qui se trouvent dans les canaux excréteurs et certains réservoirs sont mus par l'action de ces muscles (muscles à fibres lisses) sur lesquelles la volonté n'a pas de prise.

Malgré leur faiblesse et la lenteur de leurs contractions, leur action n'en est pas moins manifeste par le chemin que ces contractions font parcourir aux liquides plus ou moins épais que contiennent ces canaux et qui, dès-lors, les traversent pour ainsi dire à notre insu.

Les fibres des muscles de la *vie organique* sont plates ; c'est leur élément fondamental ; elles sont moins rouges que les fibres *striées* ; elles sont placées longitudinalement et circulairement, parfois, sur les organes qui en sont pourvus : *œsophage*, *bronches*, *pharynx*, *uretères*, *canaux excréteurs* des glandes, etc.

On n'y trouve pas un tissu cellulaire à peu près amorphe composé lui-même de fibres cellulaires et qui, avec des vaisseaux, des nerfs, entoure comme une membrane propre, la fibre primitive ; ainsi que cela existe dans les muscles striés pour les *faisceaux primitifs*.

En d'autres termes, dit M. J. Béclard, page 611, ces fibres ne sont pas réunies en groupes définis, entourées d'une membrane spéciale ; elles sont simplement accolées entre elles dans la masse d'un muscle par le tissu cellulaire général. Les fibres *musculaires lisses* des muscles intérieurs entourent en partie et par portion des cavités et des canaux, *intestins*, *vessie*, etc., car elles sont loin de mesurer toute la circonférence des parties sur lesquelles elles se déploient (1). Elles se trouvent entremêlées avec les éléments d'autres tissus, tels que, tissu cellulaire, tissu élastique, etc.

Du reste, elles ont des dimensions extrêmement faibles, de 0mm 004 à 0mm 006, aussi les désigne-t-on communément, en *histologie*, sous le nom de *fibres cellules* ; tandis que les fibres primitives, *faisceaux primitifs*, des muscles striés avec les fibrilles qui les composent, mesurent toute la longueur du muscle et vont d'une extrémité à l'autre du corps charnu. La longueur des fibres primitives de la vie végétative, n'a guère plus de 0mm 04, à 0mm 08, sur une épaisseur de 0mm 004, à 0mm 006.

Les fibres musculaires lisses, ont besoin, pour exercer leur action contractile, sur les parties, de se fixer par leurs extrémités à la membrane fibreuse ou celluleuse condensée, qui forme la charpente des organes : elles sont répandues dans des points différents de l'économie et étant entremêlées, comme nous l'avons dit, avec le tissu cellulaire et autres, elles donnent aux tissus dans lesquels on les rencontre, la puissance contractile que nous leur voyons posséder.

Système capillaire. Le *système capillaire* fait partie du système vasculaire sanguin. Il en constitue cependant une division assez tranchée pour être mentionné à part, surtout à cause de sa grande généralité dans l'économie.

Interposé entre les artères et les veines, il est une terminaison des unes et le commencement des autres.

Il est formé par des canaux d'une dimension dans l'un et l'autre ordre, qui arrive à des petitesses extrêmes et dans lesquels on a de la peine à comprendre (vu leur exiguité) la circulation, dans leur intérieur, du liquide sanguin.

---

(1) Fibres musculaires lisses, fibres fusiformes, cellules contractiles, fibro-cellules, sont les mêmes expressions ; elles ont généralement la forme étroite, allongée, aplatie, de beaucoup de *fibres* et quelque chose de la cellule, en ce qu'elles renferment un noyau central et quelquefois deux. — NYSTEN, art. *fibres*.

Cette étroitesse dans le calibre des vaisseaux capillaires n'est plus dépassée, une fois qu'elle est arrivée, dans les artères, à pouvoir se confondre, dans la profondeur des organes, avec le commencement, non moins ténu, des capillaires veineux.

Les terminaisons des divisions artérielles s'abouchent pour ainsi dire, avec les capillaires que présentent les vaisseaux veineux dans ces endroits.

En d'autres termes, le passage des artères aux veines, se fait par un ensemble de canaux à fines dimensions, lesquels canaux sont continus, d'un côté avec les artères et de l'autre avec les veines. Et cela, de telle façon, que dans le réseau inextricable, qu'ils forment alors, il est impossible de distinguer les parties de ce fin réseau qui appartiennent aux artères de celles qui forment la naissance ou l'origine des veines.

Cependant, les capillaires ne sont pas tellement ténus, que les globules sanguins ne puissent s'y engager. On évalue leur diamètre à 0mm 005 ; or, leur lumière serait moindre que l'épaisseur des globules qui ont 0mm 007 ; mais, comme ceux-ci sont discoïdes, ils y pénètrent encore facilement.

Ce cheminement des globules sanguins peut très bien être aperçu, au microscope, dans la membrane natatoire, la langue de la grenouille, et dans le mésentère du même animal.

Il y a, malgré cette ténuité dans les capillaires, deux ou trois variétés établies sur la largeur de leurs tuniques, car ils en ont plusieurs comme les artères et les veines. Ils se différencient alors par leur épaisseur qui, quelquefois, arrive à devenir visible à l'œil nu : les plus gros sont distincts comme *artérioles* et comme *vésicules*, par leur distribution.

« Il est impossible, dit P. Bérard, page 255, de distinguer, à « l'aspect des parois, si un vaisseau est artériel ou veineux, tant « que le diamètre n'excède pas un ou deux centièmes de ligne. »

Les vaisseaux capillaires les plus fins se montrent dans le poumon, le système nerveux, les muscles et la peau. Ils sont élastiques : on ne leur attribue pas de contractilité. Les petites veines, les artères, qui ont de 2mm à 0mm01 de diamètre, sont contractiles. Quant aux vaisseaux capillaires proprement dits, qui ont de 0mm01 à 0mm005 de diamètre, l'inspection microscopique ne montre plus en eux qu'une tunique transparente, amorphe, élastique, dépourvue de fibres musculaires; c'est la partie fondamentale de ces vaisseaux. Mais dès qu'ils offrent un développement qui dépasse cinq millièmes de ligne (Henle) leur membrane fondamentale reçoit en dedans la couche dite d'*épithélium pavimenteux* et en dehors, les rudiments des tuniques, selon qu'ils appartiennent au système artériel ou au système veineux, surtout dans les vaisseaux un peu développés.

On ne peut regarder comme système capillaire que la portion du système vasculaire placé entre les artères et les veines ; et où les branches produisent ensemble un réseau uniforme, dont les mailles sont à peu près également grandes et semblablement délimitées.

Le système capillaire établit une communication intime entre les veines et les artères par des insertions qu'on nomme *anastomoses*.

Le système capillaire constitue le principal élément de nos organes. Il est la source de la chaleur animale et des *hémorrhagies* le plus communément ; il est formé par les dernières ramifications que le sang traverse pour se rendre des artères dans les veines ; il établit une continuité, non interrompue, entre ces deux ordres de vaisseaux.

Du côté des artères comme du côté des veines, la transition se fait d'une manière insensible.

Système érectile. Le *système érectile* n'est pas, à beaucoup près, aussi répandu dans l'économie que les autres. Quelques parties, seulement, présentent dans leur composition, le tissu érectile.

Ce tissu doit ses propriétés à un arrangement ou agencement particulier de ses parties constituantes.

D'abord, il est formé par des fibres lamineuses, des fibres musculaires de la vie organique et quelques fibres élastiques formant des cloisonnements, ou trabécules ; espèces de mailles dans lesquelles il y a un amas de dilatations veineuses qui forment par leurs nombreuses anastomoses une espèce de substance spongieuse, dans laquelle le sang attiré, poussé, puis ensuite retenu, par une cause quelconque, détermine une turgescence de ce tissu quelquefois rapide.

Les aréoles communiquant ensemble, le tissu se gonfle par le sang qui est versé directement dans ces mailles par les dernières extrémités des artères encore invisibles à l'œil nu.

Et, comme les veines n'ont pas la ténuité capillaire, qu'elles ont même plus d'ampleur et qu'elles sont plus extensibles, le sang y séjourne plus ou moins de temps avant qu'il y soit repris. C'est une dilatation forcée et due à la disposition de ce tissu qui est constitué, en un mot, par des cellules, ou dilatations veineuses avec faisceaux et cloisons rétractiles intermédiaires.

Les cellules constituées par l'entrecroisement des lames et des fibres, communiquent donc largement les unes avec les autres et communiquent aussi avec les veines.

« Ces cellules sont, dans les tissus érectiles, l'origine même des radicules veineuses.

» La communication entre les artères et les veines ne se fait pas dans les tissus érectiles par un réseau capillaire analogue à celui des autres parties ; il y a dans ces tissus, entre le système artériel et le système veineux, un réservoir multiloculaire qu'on peut considérer comme des diverticules veineux. » J. BÉCLARD, page 254, *ouv, cit.*

L'érection de la partie congestionnée, par le sang qui s'y trouve ainsi retenu et qui occasionne la turgescence du tissu érectile, se prolonge jusqu'à ce qu'il soit rentré dans la circulation et que la cause de l'excitation ait cessé (1).

Le tissu érectile existe dans les corps caverneux du pénis, dans les corps spongieux de l'urètre, c'est-à-dire bulbe de l'urètre, gland, et portion intermédiaire de l'urètre ; dans les corps caverneux du clitoris, dans le gland du clitoris.

C'est à tort qu'on a admis du tissu érectile dans le mamelon : il ne doit son durcissement et son dressement dans certaines cir-

(1) Non-seulement le cours du sang est retardé dans les cellules dont nous parlons, par la disposition qu'elles affectent ; mais il peut s'y accumuler et y être temporairement retenu par les contractions des radicules veineuses et celles des muscles du *périné*.

constances, qu'à la contraction des fibres musculaires de la vie organique de la peau, et du tissu lamineux sous-cutané correspondant.

Système cartilagineux. En décrivant le tissu cartilagineux pages 97 et 98 de cet ouvrage, nous avons dit qu'il était formé d'une substance fondamentale amorphe, homogène, finement granuleuse, dans laquelle se trouvaient des corpuscules ou cellules caractéristiques.

D'après M. Morel, la nature de la substance fondamentale, ou intercellulaire, est variable. C'est elle qui circonscrit les cellules et quelquefois elle est fibreuse : de là, deux espèces de cartilages : le cartilage hyalin ou vrai, et le fibro-cartilage ; selon que la substance fondamentale est amorphe, homogène, ou bien *fibroïde* (1).

Les cartilages sont *vrais ou fibreux.* Ceux qui ont la substance homogène la présente creusée de cavités contenant un liquide clair, des corpuscules et des cellules.

Il ne faudrait pas prendre, dit Bérard, ces petites cavités pour des cellules ; elles les contiennent seulement.

Les cartilages d'ossification du fœtus et les couches d'accroissement des os sont donnés comme exemple de ceux de ces cartilages qui sont formés d'une substance homogène creusée de cavités larges de 1 à 2 centièmes de millimètre, sans corpuscules ni cellules. Les autres cartilages d'ossification du fœtus, ont la substance homogène avec des cavités étroites, allongées, aiguës à

---

(1) On donne, en anatomie générale l'épithète de fibroïde à toute substance organisée homogène, au fond, qui offre des stries droites ou onduleuses parallèles ou entrecroisées se comportant, au point de vue de la direction, comme des fibres ; mais ne pouvant être isolées et séparées les unes des autres. — Nysten.

Tout cartilage vrai se compose d'une matière homogène et de cellules ; tels sont ceux qui revêtent les extrémités articulaires, ceux du nez, le cartilage thyréoïde, cricoïde, arythénoïde et d'autres dont l'énumération serait trop longue.

Soumis à l'ébullition dans l'eau, les cartilages se dissolvent et se convertissent en une substance appelée *chondrine.*

leur extrémité et ne contiennent que des corpuscules ou amas de granulations (cartilage d'ossification du fœtus autres que ceux du crâne).

Les cartilages occupent différentes parties du corps. Ils servent de revêtement à l'extrémité des os (cartilages articulaires); ils préservent ces extrémités de déformation, ou d'usure. D'autres constituent certaines parties de nos organes, comme ceux du nez et de tout l'appareil respiratoire (cartilages vrais).

Il y a un grand nombre de cartilages qui remplissent des usages particuliers dans l'économie, par leur élasticité, leur souplesse : tels sont ceux du larynx, de la trachée, des bronches, des fosses nasales. Les cartilages costaux assurent aussi les mouvements d'inspiration et d'expiration par leur solidité et leur flexibilité.

On a fait, comme nous l'avons indiqué, deux variétés de cartilages, selon leur constitution *histologique :* « Dans les cartilages diarthrodiaux, on ne trouve que la substance fondamentale et les cellules décrites précédemment. C'est donc dans ces points un tissu simple n'ayant ni vaisseaux, ni tissu cellulaire, ni nerfs. — P. Bérard, page 219.

Les cartilages ont généralement une couleur qui varie du blanc opalin au blanc jaunâtre.

Ils sont transparents, *hyalins*, comme on dit. Quoique solides, ils ont une certaine souplesse et élasticité, nous l'avons mentionné pour les cartilages intervertébraux ; mais ils peuvent s'user avec assez de facilité, sous l'effet des pressions et des frottements trop forts ou trop souvent répétés. Nous ferons remarquer que les ligaments intervertébraux sont des fibro-cartilages.

La plupart des cartilages manquent de vaisseaux. La surface libre de ceux qui sont indépendants, leur transmet leur nutrition au moyen de la membrane (périchondre) qui la revêt et qui seule, reçoit les vaisseaux.

Il ne se forme de vaisseaux dans les cartilages que pour ceux qui doivent passer à l'*ossification* (cartilage d'ossification). Le thyréoïde et les costaux, peuvent éprouver une dureté presque osseuse par les progrès de l'âge ; mais les cartilages articulaires s'ossifient difficilement. Si on observe l'ankylose par soudure des articulations, elle est le plus souvent précédée de la destruction plus ou moins complète des surfaces articulaires dans leur revêtement cartilagineux, par usure, absorption, suite de pression ou de frottements exagérés.

Système fibro-cartilagineux. Ce qui a été dit sur la composition du système cartilagineux nous dispense d'entrer dans de longs développements au sujet des *fibro-cartilages* : sachant déjà qu'il ne doit être rapporté à ce système que ceux qui sont *fibroïdes ;* c'est-à-dire dont la substance fondamentale, toute entière, s'est convertie en fibres plus ou moins souples au milieu desquelles sont plongées les cellules, sans cependant se subdiviser en fibres isolées.

Malgré cette distinction, on trouve dans la classe des fibro-cartilages une énumération de certains d'entre eux, qui sont considérés comme tels et qui semblent se rapprocher des cellules cartilagineuses plutôt que des fibres.

On ne voit pas en eux les caractères tranchés d'un cartilage diarthodial (hyalin). C'est vrai ; mais, les cartilages de l'*oreille* (1), celui de la trompe d'Eustache, de l'épiglotte, le cartilage interarticulaire de l'articulation sterno-claviculaire, et les revêtements cartilagineux des surfaces de l'articulation temporomaxillaire, quoique n'étant pas *hyalins* et ne comptant que dans les fibro-cartilages, comme dans les ligaments intervertébraux, ont cependant des apparences qui semblent devoir les faire rentrer dans les cartilages vrais. Et, n'était leur constitution *histologique*, ils figureraient parmi ces derniers.....

Aussi les trouvons-nous dénommés sous le nom de cartilages : cartilages de l'oreille, de l'épiglotte, etc., quoique la trame soit

(1) Le pavillon de l'oreille est une lame fibro-cartilaginense recouverte par une couche cutanée. — NYSTEN.

Il faudrait donc reconnaître la substance fondamentale de l'oreille fibro-cartilagineuse, et d'autres parties, plutôt fibroïdes que cartilagineuses. Mais il se peut qu'une substance d'abord fibroïde devienne fibrillaire ou fibreuse par suite des progrès de développement et devienne divisible en fibres.

fibroïde. Du reste, tous les auteurs ne sont pas d'accord sur la dénomination précise de ces tissus de l'économie ; histologiquement leur distinction existe.

Système fibreux. Le *système fibreux*, ainsi que son nom l'indique, est composé de fibres. Ces fibres sont des filaments déliés, réunis, serrés ; d'un blanc plus ou moins mat et présentent, dans certaines circonstances et surtout lorsqu'elles sont réunies en faisceaux, comme *tendons, ligaments*, une grande résistance (1).

Lorsque le tissu est ainsi réuni en faisceaux compactes, il présente ces faisceaux, plus fortement adhérents entre eux, que lorsqu'ils constituent des membranes.

Quelque soit l'aspect sous lequel il se présente : *tendons, membranes, ligaments, aponévroses*, il est composé des mêmes éléments ; ce sont ceux du tissu cellulaire ou lamineux (2).

Il n'est, pas plus que lui, un tissu simple ; c'est-à-dire, qu'il est bien formé par la transformation de fibres *cellules*, mais il entre aussi dans sa composition, des vaisseaux, des nerfs, comme dans le tissu cellulaire.

Cette disposition ne le rend que plus intéressant au point de vue de sa distribution dans l'économie et de ses usages.

Mais si des vaisseaux et des nerfs sont assez nombreux dans les parties de ce tissu disposées en membranes, il n'en est plus de même lorsqu'il constitue les cordes ligamenteuses ou tendineuses, les ménisques et ligaments articulaires.

Les produits accidentels, *tumeurs, corps fibreux*, dans la com-

---

(1) Les tendons ne diffèrent des aponévroses, que par leur forme. Ce sont des cordons ou des faisceaux fibreux plus ou moins longs, quelquefois ronds ou un peu aplatis, attachés à un os par une de leurs extrémités et se continuant par l'autre avec des fibres charnues dont ils reçoivent les insertions.

Les tendons sont formés de fibres très-minces analogues aux fibres lamineuses mais plus étroites et plus raides.

(1) On pourrait à la rigueur considérer comme du tissu cellulaire condensé en fibres plus ou moins fortement unies les unes aux autres, le tissu fibreux.

Tous les deux se réduisent en gélatine par l'ébullition.

position desquels il entre en grande partie, sont le plus souvent dépourvus de vaisseaux et de nerfs.

Quelles sont les parties du corps que ce tissu occupe ?

Il forme, particulièrement, uni à la matière amorphe compacte, les *ménisques interarticulaires* du *genou*, la *périphérie* de *ceux* des *vertèbres*, les *capsules* et *ligaments articulaires*, les *ligaments interosseux*, le *ligament obturateur*, *etc.*

Souvent, sous forme de membranes, il sert d'enveloppe à certains organes, dont, sous le nom de membranes fibreuses d'enveloppement, il protège le parenchyme, mou et délicat. Il entoure par cela un grand nombre de viscères. Il donne, parfois attache à des muscles (sclérotique). La tunique albuginée du testicule est un exemple de membrane enveloppante, les reins, la rate, sont dans le même cas, aussi bien que la prostate et les corps caverneux de la verge.

La membrane tendineuse qui sépare la cavité abdominale de la cavité thoracique, et qui sert d'insertion aux fibres charnues du diaphragme, appartient au tissu *fibreux*. Le tissu des valvules du cœur, des veines et des lymphatiques, la dure-mère, tant cérébrale que spinale, la membrane du tympan ; enfin, le périoste, le périchondre et d'autres tissus de l'économie, qu'il serait trop long d'énumérer, appartiennent aussi au système fibreux.

En résumé, sous forme de cordons, il constitue, par l'assemblage de ses fibres, les tendons, les ligaments qui servent d'insertion aux muscles et assujettissent fortement les os les uns avec les autres.

Nous avons dit que sous forme de lames, il constituait les aponévroses et qu'il fournissait les membranes d'enveloppe à certains muscles et qu'enfin sous le nom de capsules fibreuses ou de capsules articulaires, il entourait les articulations comme une sorte de cylindre ou de cône tronqué et que quelquefois il se disposait en gaînes, en coulisses, qui retiennent les tendons en place et dans lesquelles ils glissent, lubréfiés en ces endroits par une sérosité qui facilite les mouvements. Nous ferons remarquer, en terminant, que dans quelques aponévroses « celle du *fascialata*, par exemple, le tissu fibreux est joint à une grande proportion de tissu élastique ou plutôt de fibres de noyaux réunis en faisceaux. » — P. BÉRARD, page 215.

Tissu fibreux élastique. Le *tissu fibreux élastique* comme le tendineux, est différent du tissu fibreux ordinaire et ne doit pas être confondu avec lui. Bérard dit que Bichat, sous le nom de *système fibreux*, a compris le système fibreux ordinaire et le tissu élastique qui *en diffère sensiblement* (1) ; le tissu fibreux élastique se présente dans l'économie sous deux formes : *élastique fibreuse anastomosée*, *élastique lamelleuse*. La première variété se rencontre dans les ligaments jaunes des arcs postérieurs des vertèbres, au ligament phalangetto-phalanginien rétracteur de la phalange onguéale des carnassiers, (griffe du chat, du lion, du tigre) dans le ligament cervical postérieur chez les quadrupèdes.

Ce ligament cervical, si puissant chez ces animaux, est presque rudimentaire chez l'homme.

Dans la deuxième variété, c'est-à-dire sous forme *lamelleuse*, il se trouve dans la tunique moyenne des artères et dans celle des veines pulmonaires, et dans les conduits des voies aériennes, *trachée* et les *divisions bronchiques*.

Cette variété de tissu est tout-à-fait dépourvue de vaisseaux, et, comme les cartilages, ce tissu se nourrit en empruntant aux tissus vasculaires environnants les moyens de nutrition.

La première variété a pour éléments accessoires des fibres élastiques, soit des fibres lamineuses, soit des capillaires ; mais ces capillaires accompagnent le tissu lamineux sans pénétrer dans l'épaisseur des faisceaux constitués par les fibres élastiques.

Le tissu élastique est, suivant certaines parties du corps, ou blanc mat, ou jaunâtre, ou enfin jaune plus ou moins foncé. Il est remarquable aussi par sa consistance, qui est considérable, ainsi que son élasticité dans certaines parties.

(1) P. Bérard, *Cours de physiologie*, page 277.

CHAPITRE VIII.

DES LIQUIDES ET HUMEURS RÉPANDUS DANS L'ORGANISME ET ENTRANTS DANS LA CONSTITUTION DU CORPS DES ANIMAUX.

Lorsque nous avons parlé de la composition de l'organisme, nous avons dit qu'il était formé par des solides et des liquides; que les premiers étaient dans une proportion moindre, c'est-à-dire comme 1 est à 3 au moins, et qu'enfin il s'y trouvait des gaz.

Nous avons vu quels étaient les solides; il nous faut mentionner à quel état se trouvent les liquides, c'est-à-dire quelle est leur composition, leur siége et leurs usages dans l'économie, ainsi que les humeurs, qui ne sont autres, toutefois, que des liquides, et auxquelles nous conservons ce nom parce qu'il semble indiquer une composition plus consistante, ayant plus de cohésion et pouvant renfermer des particules solides susceptibles de passer à un degré premier d'organisation, du moins pour certaines de ces humeurs. C'est ce qui sera expliqué incessamment.

Bornons-nous pour le moment à examiner ce que l'on nomme plus particulièrement liquides de l'économie, quoique, à bien prendre, ces liquides soient des humeurs. On dit le liquide nourricier en parlant du sang, quoique l'on sache que tous les liquides, ou si l'on veut les humeurs de l'économie, se réduisent, en définitive, à un seul : *le sang*. Incessamment renouvelé par l'alimentation, et formé d'abord dans les organes digestifs à l'état de chyle, ce liquide acquiert, par l'hématose, ses caractères définitifs, porte dans tous les organes les éléments de la nutrition, et reçoit dans sa masse les produits de la résorption. Soumis dans son cours à l'élaboration de plusieurs appareils, il cède au foie des matériaux pour la bile ; aux glandes salivaires et pancréatiques, à l'estomac, les sucs nécessaires à la digestion ; aux glandes lacrymales les larmes, aux testicules, aux glandes mammaires le sperme et le lait. Dans les reins il laisse une portion notable de liquide et des sels qui le constituent primitivement.

Enfin, aux membranes muqueuses et séreuses, il fournit les éléments de leur sécrétion ; à la peau, ceux des excrétions normales ou morbides qui se font à sa surface. Le sang fournit à toutes les élaborations des autres liquides ou humeurs, et reçoit certains liquides, certaines humeurs qui doivent servir à sa formation. Le chyle est pour ainsi dire la seule humeur première : le chyle forme le sang, et le sang forme le suc nourricier qui fournit à toutes les parties du corps et à toutes les humeurs de l'économie (1).

Aussi plaçons-nous le sang au premier rang des liquides de l'économie, puis viennent la lymphe, le chyle, comme liquides circulants, et les autres humeurs comme liquides sécrétés ou excrétés.

« A ces deux genres d'humeurs qui forment le sang, il faut « joindre l'humeur autre que le *chyle*, laquelle résulte de la « transformation que l'aliment a subie ; humeur très-riche en « matières organiques, qui pénètre, comme nous le verrons, « dans les veines du tube digestif. » — P. BÉRARD, p. 284.

Le *sang* se meut circulairement dans les voies vasculaires ; c'est au sang que toute chaleur aboutit ; c'est du sang que sortent toutes les humeurs, aussi peut-on diviser les humeurs en celles qui vont au sang et qui le forment et en celles qui en sortent.

Le *chyle*, d'abord, que nous avons appelé *humeur première* est le vrai principe formateur du sang ; la *lymphe*, et le produit de la digestion dont les veines se chargent directement, contribuent à cette formation (2). Ce sont les trois humeurs qui se rendent dans le sang qui parcourt ensuite, lui, toutes les parties du corps comme un grand fleuve (dit Bérard) qui dans un cours assez rapide enverrait sur son passage une infinité de branches, de divi-

---

(1) Le sang, le chyle, la lymphe, contiennent les éléments constitutifs de l'organisation ; ils y existent à l'état *vésiculaire*, sous l'apparence de particules isolées répandues et suspendues dans un liquide salin qui maintient la pureté de leur forme ; et la circulation porte ces particules dans tous les points de l'organisme. J. BÉCLARD, p. 8.

(2) On donne le nom de chyle au liquide qui circule dans les vaisseaux lymphatiques de l'intestin au moment de l'absorption digestive.

sions fertilisantes, mais qui s'épuiserait bientôt s'il n'en recevait incessamment d'autres qui, par plusieurs canaux principaux, versent leur contenu dans le fluide central pour recommencer de nouveau son cours et sans interruption.

Il y a des humeurs qui portent partout les matériaux de la réparation ; il y en a qui recueillent partout ceux de la décomposition.

Le *chyle* qui figure en première ligne dans la première catégorie est un fluide blanc, opaque, ayant à peu près l'aspect du lait. Il provient de l'action de certains produits des organes de l'animal sur la matière alimentaire. Il est absorbé dans l'intestin grêle par les vaisseaux dits *chylifères*, qui le portent au canal thoracique pour être de là versé dans le sang et servir à sa formation. Il a un aspect laiteux, avons-nous dit, une saveur salée et alcaline, et une odeur particulière. Il a quelque analogie avec le sang. Dans le canal thoracique il prend des qualités qui le rapprochent encore davantage de ce fluide. Enfin, près d'arriver à la masse du sang, il semble qu'il n'ait plus besoin que d'être soumis à l'acte respiratoire pour devenir du sang parfait.

« Abandonné à lui-même, il se partage en sérum albumineux et en caillot fibrineux. Il contient les matières grasses absorbées dans l'intestin et qui s'y trouvent à l'état d'émulsion, sous forme de très-petites gouttelettes, ayant au plus un millième de millimètre. Il contient, en outre, une petite quantité de *globulins* semblables à ceux de la lymphe et du sang, c'est-à-dire sphériques, larges de 0mm005, insolubles dans l'eau et finement granuleux. » — NYSTEN.

La *lymphe* provient de presque toutes les parties du corps ; elle est rapportée par les vaisseaux lymphatiques qui la contiennent et qui vont se rendre, après avoir formé, en se réunissant, de nombreux ganglions, dans deux troncs principaux appelés *canal thoracique, et grand vaisseau lymphatique droit ;* l'un s'ouvrant dans la sous-clavière gauche, l'autre dans la portion sous-clavière du tronc brachial droit.

La *lymphe* est très-coulante, claire, transparente, légèrement jaunâtre, inodore et d'une saveur franchement salée. Elle a une réaction alcaline ; elle contient des corpuscules, ce sont des globulins et des globules blancs (sphériques et lisses) « la lymphe extraite des vaisseaux, ne tarde pas à se prendre en une gelée incolore, claire et tremblottante ; le caillot consiste en fibrine mêlée avec une partie des corpuscules de la lymphe, la quantité de fibrine va en augmentant depuis l'origine du système lymphatique jusqu'à son embouchure dans les vaisseaux sanguins, dont nous avons parlé. Le sérum de la lymphe est de l'eau contenant une petite quantité d'albumine et de graisse avec divers sels. »

Les vaisseaux lymphatiques existent dans toutes les parties du corps.

La lymphe prend naissance dans le sein même des organes ; les globules qu'on aperçoit dans la lymphe se forment dans l'intérieur du système lymphatique ; comme les globules du sang se forment dans le système sanguin lui-même : aucune ouverture n'existant aux extrémités originelles des lymphatiques, le liquide qu'ils contiennent ne peut s'y introduire qu'au travers des parois vasculaires.

La lymphe (selon quelques physiologistes) serait le résultat de l'*absorption* interne de toutes les matières que celle-ci recueille dans toutes les parties du corps. La lymphe serait faite par le système lymphatique au moment même où il accomplit cette absorption. Le sang parvenu dans les radicules artérielles serait partagé en deux parties, l'une rouge qui est portée au cœur, l'autre séreuse, qui est absorbée par les vaisseaux lymphatiques et qui constitue la lymphe proprement dite. Lesquels vaisseaux recueillant chemin faisant le *chyle* le versent en même temps que la lymphe dans le sang veineux et concourent ensemble à former le fluide sur lequel agit la respiration.

Le troisième liquide qui vient aussi contribuer à la formation du sang est cette humeur qui résulte de la transformation que l'aliment a subi ; humeur très-riche en matières organiques, substances protéiques (excepté la graisse), qui pénètre dans les veines du tube digestif.

Nous avons dit page 54 de cet ouvrage, que les liquides sécrétés étaient la *salive*, la *bile*, le *suc gastrique*, le *suc pancréatique*, le *suc intestinal*, le *lait*, le *sperme*, les *larmes*, l'*urine* et d'*autres encore*, parmi lesquels il y en a qui font partie des excrétions : comme la bile, l'urine, les larmes ; la bile surtout, dont une partie sert aux phénomènes de la digestion et l'autre partie passe dans la défécation. La sueur est aussi une humeur excrémentitielle mais elle modère la chaleur et assouplit la peau ; la matière grasse de la peau est excrémentitielle, mais elle entretient les poils et la peau ; l'urine est peut-être la seule humeur qui n'ait aucun usage, si ce n'est celui de dépuration.

Toutes les autres humeurs de l'économie remplissent différents usages.

Lorsqu'il sera question des sécrétions, nous les indiquerons plus particulièrement, mentionnons seulement quelques-unes de leurs compositions, et quelques-uns de leurs emplois dans certaines circonstances, soit qu'elles servent à l'entretien de l'individu, soit qu'elles soient destinées à la conservation de l'espèce : « tels seraient, dans ce dernier cas, le sperme, l'humeur « prostatique, le liquide des vésicules de de Graaf ; les liquides « qui sont contenus dans la membrane vitelline, dans la vésicule « proligère et dans la cavité de l'amnios. Nous plaçons ici également le lait, première nourriture du nouveau-né. » P. BÉRARD.

Pour celles des humeurs qui servent à l'entretien de l'individu, nous trouvons la salive, le suc gastrique, le sang, le chyle, la lymphe, dont nous avons déjà indiqué l'origine et la composition, et enfin nous ajouterons toutes les humeurs sécrétées ou perspirées dans le tube digestif, et qui contribuent à l'action digestive des substances alimentaires, en exerçant une action dissolvante et altérante sur ces substances.

Quant à leur composition, elle est de plusieurs sortes. Il y a, dit Berzélius, deux classes de fluides sécrétés, savoir : ceux de *sécrétion proprement dite*, c'est-à-dire les fluides destinés à remplir quelque office dans l'économie, et les fluides d'excrétion qui doivent être expulsés du corps. Les humeurs de la première classe sont toutes *alcalines*, celles de la seconde classe sont *acides* (1).

---

(1) Nysten dit que la bile est alcaline chez les herbivores et les omnivores pendant la digestion, mais acide pendant les intervalles. Elle est toujours acide chez les carnivores. — BERNARD.

Les humeurs alcalines se divisent en deux classes. Les unes, comme la bile, le fluide spermatique, etc., contiennent précisément la même proportion d'eau que le sang ; les autres, comme les humeurs de l'œil, la salive, la sérosité des membranes séreuses et du tissu cellulaire, ont une proportion d'eau plus considérable que celle qui existe dans le sang. Les unes et les autres ont les mêmes sels que le sang, et dans les deux classes le travail formateur a porté sur la matière albumineuse du sang, qui a fourni la substance qui caractérise chacune des humeurs sécrétoires.

Les excrétions comme l'urine, la sueur, le lait, contiennent toujour de *l'acide lactique*, suivant Berzelius ; et l'urine a de plus l'acide urique. Indépendamment des principes immédiats particuliers qui caractérisent certaines *excrétions*, on obtient de toutes, par l'évaporation, un résidu plus abondant que celui des sécrétions.

LIVRE II

FONCTIONS DE NUTRITION

CHAPITRE Ier.

DES FONCTIONS EN GÉNÉRAL ET DE LA DIGESTION.

Après la description de l'organisation de l'homme, après l'énumération et le détail des parties constituantes de son organisme, nous devons étudier quel rôle remplissent tous ces objets dans l'économie animale, pour quelle part chacune de ces parties entre en action, dans le fonctionnement général, pour le maintien de l'équilibre et pour l'état harmonique de toutes ces mêmes parties, concourant chacune isolément, comme pourrait le faire un *organe* ou comme peuvent le faire plusieurs réunis (appareil) tendant à l'exécution d'une fonction, c'est-à-dire à un but commun. La *fonction* serait donc *un ensemble ou une série d'actes concourant à un but commun*, laquelle fonction a pour son accomplissement, et comme facteur, un organe ou un appareil d'organes.

Cette seconde partie de la définition n'a pas la complète approbation de Bérard, attendu, dit-il, qu'il y a des fonctions dont il ne voit pas nettement *l'organe* ou *l'appareil*. « Il n'y a pas, « ajoute-t-il, d'appareil pour *l'absorption*, et je ne crois pas « qu'on puisse dire aujourd'hui qu'il y en ait un ? Toute la ma- « tière organique absorbe ; il n'y a pas besoin de vaisseaux pour « l'accomplissement de cette fonction, et lorsqu'ils existent, ils « ne jouent d'autre rôle que de transporter, avec plus ou moins « de rapidité, vers les centres, la substance que l'absorption a fait

« pénétrer dans les courants des liquides qu'ils charrient. » (1).

Il peut exister, en effet, quelque confusion à ce sujet, et rattacher à une fonction ce qui appartient en partie à un autre organe ou appareil ; ainsi, pour ce que nous venons de dire, si on voulait regarder certains vaisseaux comme constituant l'appareil de l'absorption, il faudrait emprunter la principale pièce de cet appareil, le *système veineux*, à un autre appareil, celui de la circulation. On en pourrait dire autant du plus grand nombre des appareils affectés aux fonctions (2). Tout se lie et s'enchaîne dans l'organisme.

On doit pressentir combien doivent être nombreuses et diverses les classifications des fonctions. C'est peut-être cette divergence d'opinions et cette compréhension parfois trop étendue des fonctions, qui a porté, dit Bérard, la plupart des physiologistes étrangers à supprimer complètement la classification des actes de la vie, et à entrer en matière sans avoir même prononcé le mot fonction. Haller avait donné cet exemple, et de nos jours Burdach et Muller l'ont imité.

Il y aurait, malgré cela, une lacune regrettable, si avant d'entrer dans la description des fonctions, on n'en présentait pas le dénombrement et la classification.

Bichat avait établi deux grandes divisions des fonctions : *les fonctions relatives à la conservation de l'individu, et celles relatives à la conservation de l'espèce.*

Presque tous les auteurs, après lui, l'ont suivi dans cette voie.

Il y a les phénomènes de la vie *individuelle* et les phénomènes de la vie *animale*, dans les fonctions relatives à la conservation de l'individu.

Les phénomènes de la vie individuelle consistent : 1° dans la

---

(1) P. Bérard, page 294, *cours de physiologie.*

(2) P. Bérard, *(loco. cit.)*

Nota. L'absorption n'a pas d'organe ou d'apareil spécial pas plus que la nutrition, mais si certains vaisseaux sanguins absorbent, tout en faisant partie d'un autre apareil (celui de la circulation, par exemple) le système lymphatique prend sa large part dans l'absorption, car il a pompé à la surface des membranes, ou dans les tissus des organes, des fluides qu'il verse dans les veines.

formation et la transformation incessante des parties dont le corps de l'homme est composé ; ce sont les fonctions nutritives *fonctions de la vie organique* ou *végétative*. Elles comprennent la *digestion*, l'*absorption*, la *circulation*, la *respiration*, les *sécrétions*, la *nutrition* proprement dite (1).

2° Les fonctions de relation ou de la vie animale ; c'est-à-dire, les sensations qui comprennent : la vue, l'ouïe, l'odorat, le goût, le toucher, les mouvements ou locomotion, la voix, la station et les diverses attitudes. Joignez-y, comme fonctions de relation, le langage mimique et l'innervation.

Pour les fonctions relatives à la vie de l'espèce ou fonctions de génération, elles exigent dans l'espèce humaine le concours des deux sexes. Elles peuvent être également partagées comme les premières, en un certain nombre de divisions ; telles que l'ovulation, la copulation, la fécondation, la gestation, la lactation, etc.

La première des fonctions relatives à la conservation de l'individu, est la *digestion*.

§ 1er. **De la Digestion.** — DÉFINITION : « La digestion est cette fonction à l'aide de laquelle l'économie répare ses pertes incessantes.

« Elle prépare, au moyen des aliments, les matériaux de réparation dont l'absorption s'empare, pour les porter dans le torrent de la circulation.

« La digestion peut être considérée comme le premier temps de la nutrition. » J. BÉCLARD, page 19, *Traité de physiologie*, 1862.

L'appareil digestif pourrait être décrit préalablement, et avant d'entrer dans les phénomènes de la *digestion* et des actes divers qui s'accomplissent pendant cette fonction, mais d'autres phénomènes la précèdent et donnent lieu à des considérations si importantes qu'il est nécessaire de les passer en revue avant d'entreprendre la description de l'acte lui-même : la *digestion*.

(1) Les vaisseaux lymphatiques ramènent de toutes les parties du corps, un liquide qui peut être considéré en grande partie comme un résultat de la décomposition des organes.

D'abord, il est à considérer que le corps des animaux en général, mais en particulier celui de l'homme, a besoin de moyens réparateurs, presque journaliers, pour fournir aux pertes continuelles qu'il ne cesse de faire par les mouvements qu'il exécute; et par la désassimilation progressive des matériaux qui ont servi à sa nutrition. Cela s'entend et de la perspiration cutanée, et des excrétions de toute espèce, de toute nature, qui sont expulsées du corps de l'homme; car, comme il est utile de le rappeler, les matières excrétées, ou si l'on veut excrémentitielles, sont bien le résidu de l'élaboration de la digestion (et sont impropres à la nutrition); mais il y a aussi d'autres pertes qui se trouvent dans les matières *récrémentitielles,* c'est-à-dire dans celles qui après avoir été séparées du sang par un organe sécréteur y sont reportées par la voie de l'absorption pour servir à la nutrition des parties (humeurs, produits), et qui, en définitive, sont éliminées du corps; car chaque particule, chaque atôme pour ainsi dire du corps des animaux, doit être renouvelé sinon journellement, du moins à certains temps, sous peine de voir la fin, la terminaison, l'anéantissement de tous les organes. Cette substitution, cette transformation de la matière est tellement manifeste et utile, qu'il faut que l'organisme se régénère pour ainsi dire en entier, dans un espace de temps que quelques-uns ont évalué à une septennalité.

Or, ces déperditions d'une part, et les excrétions de l'autre, nécessitent l'arrivée de substances qui seront mises par la digestion et l'absorption en contact avec les tissus, les organes, pour leur reconstitution matérielle; et pour qu'en définitive de nouveaux produits se substituent à ceux qui ont été usés, éliminés. Cette alternative de consommation, d'usure ou de pertes doit se faire incessamment, molécule par molécule, comme il vient d'être dit.

C'est par les aliments, c'est par les boissons journellement ingérées que ces remplacements s'opèrent.

Mais il est bien entendu que ce reconfort ne se fait pas seulement de ce côté, et que le *sang* lui-même par son oxydation au contact de l'air, toutes les parties du corps par l'absorption cutanée de l'oxygène, aussi bien extérieurement que dans le poumon, contribuent à cette revivification. Tous ces rouages de l'économie qui ne cessent d'agir, tous ces actes fonctionnels constituent la *vie !*

C'est en vertu de ce travail incessant de l'organisme que le corps se maintient dans un équilibre parfait jusqu'à ce que l'un ou l'autre de ces deux points, c'est-à-dire les pertes ou les recettes venant à manquer, l'équilibre dans le budget du corps humain se trouve rompu ; à part tant d'autres causes (que nous confondons dans ces dernières) qui peuvent troubler l'organisme dans ses actes fonctionnels et amener la maladie.

Ceci nous mène à considérer l'*alimentation* dans différentes circonstances de la vie : *enfance* et *vieillesse*, et ce qu'elle doit être le plus communément pour sustenter le corps et réparer les pertes qu'il fait pour ainsi dire à chaque instant du jour, et qui sont en rapport avec les différentes époques de la vie, aussi bien que les remplacements qui doivent s'effectuer.

De là cette vérité incontestable que les êtres consomment d'autant plus qu'ils sont d'un âge moins avancé, qu'ils sont plus actifs, c'est-à-dire doués de plus de mouvements et de vitalité; car dans ce cas, le corps a non-seulement besoin de réparer des pertes incessantes, mais encore de fournir à son accroissement, puisqu'il n'est pas arrivé au terme de son développement.

Aussi voyons-nous que les animaux parvenus à cette époque font un stage, une espèce de *statu quo*, après lequel ils perdent moins par l'usure; et ont beaucoup moins besoin de réparer.

§ 2. Des Aliments, de leur nature, de leur composition. Deux grandes classes d'aliments servent à la nutrition, à la sustentation du corps de l'homme et des animaux. Mais il ne peut être ici question que de ceux de ces aliments qui doivent servir à la nourriture de l'homme, quoique cela puisse s'appliquer aussi en grande partie à certaines classes d'animaux.

De ces aliments, les uns sont pris sous forme solide, d'autres sous forme liquide. Mais les uns et les autres sont tirés des trois règnes, *minéral*, *végétal* et *animal*.

L'eau est une des plus abondantes sinon des plus substantielles parties nutritives dont nous faisons usage, et dont la grande consommation peut être calculée pour ainsi dire sur celles des parties liquides qui existent dans l'économie, et qui est de 75/00.

Ce premier aliment, l'*eau*, qu'il semble singulier de considérer comme une substance minérale n'est autre en effet ; puisque en nous représentant sa composition nous trouvons que, outre l'oxygène et l'hydrogène que le liquide renferme, il y a une grande quantité de sels : hydrochlorate, sulfate, carbonate, substances qui appartiennent au règle minéral ; aussi, lui a-t-on donné le nom d'oxyde (protoxyde d'hydrogène).

Ce n'est pas, disons-nous, la partie la plus nourrissante de nos aliments; puisque aucun homme ne pourrait vivre en ne faisant usage que de ce liquide; mais il est de toute nécessité pour l'existence du corps de l'homme et des animaux, attendu que ce grand dissolvant sert à l'élaboration, à la coction, à la dissolution des autres substances indispensables à l'économie.

Parmi les autres substantes nutritives dont nous faisons usage, les unes sont azotées (1), c'est-à-dire quaternaires (oxygène, hydrogène, carbone et azote), presque toutes prises dans le règne animal ; les autres non-azotées ou ternaires sont tirées en partie du règne végétal (sucre, fécule, amidon, dextrine, etc.).

Le corps de l'homme ne peut rendre azotées les substances qui ne le sont pas.

Il ne peut pas vivre complétement ou exclusivement, de substances azotées pas plus qu'il ne pourrait le faire avec des substances qui ne le sont pas.

Si les substances végétales dont il fait abondamment usage contiennent des substances alibiles, c'est-à-dire propres à la nutrition; les aliments qu'il tire du règne animal sont plus riches en principes de toutes espèces, et qui doivent servir à l'entretien et au développement de son corps, en remplaçant les pertes que l'économie éprouve (soit dans les tissus, les os, le sang, soit dans d'autres organes, par l'usure, les frottements, la désassimilation).

A cet effet, il se trouve dans les aliments du phosphore, du soufre, des sels, pour la reconstitution, molécule à molécule, de la charpente osseuse et de son tissu musculaire, car il s'y trouve

(1) Fibrine, albumine, caséine.

aussi, dans ces substances nutritives, de la fibrine, de l'albumine, du fer, qui entrent dans la composition du sang.

La gélatine même fait partie de l'organisme quoique dans un état particulier (1).

La chimie organique en faisant connaître les matières azotées et sucrées qui existent dans les végétaux, et qui servent, par une espèce de composition chimique, dans nos organes, à l'entretien de la vie, a aussi, et ce depuis assez longtemps, mis à notre connaissance que la fibrine, l'albumine font aussi parties intégrantes des substances animales que nous consommons et qui sont chargées aussi de pourvoir, par la digestion, aux dépenses que le corps fait journellement.

La *caséine* même qui se trouve dans le corps humain et surtout dans le lait (le lait de la mère), nous est encore fournie par le règne animal, puisque c'est une partie constituante du lait ordinaire ; et que ce caseum fait partie de nos aliments presque journaliers.

La *fibrine* qui a pour caractère particulier de se coaguler, de se déposer à froid ; l'*albumine* qui s'épaissit et se coagule à chaud par une température de 65 à 70 degrés, se rencontrent à chaque moment dans notre alimentation.

Il y a une distinction à faire entre les substances animales et végétales, sous le rapport des principes azotés qu'elles contiennent. La fibrine, l'albumine, que ces dernières renferment, (comme le froment, le riz, les haricots, etc.), ne sont pas identiques à la fibrine animale; l'albumine non plus.

Les substances non azotées ne peuvent être converties ni en sang, ni en chair ; elles ne peuvent pas être exactement assimilées.

Le pouvoir nutritif de cet espèce d'aliment (aliments non azotés) ne se résout donc pas, comme les premiers, en aptitude à

(1) La gélatine se rencontre dans les tissus ou organes blancs fibreux ou membraneux. Les cartilages, les os en contiennent d'assez grandes quantités. Elle n'existe pas toute formée dans les substances animales, elle est le produit de l'ébullition prolongée du tissu cellulaire, des tendons, des ligaments, etc.

être assimilés, mais bien en aptitude à subir l'action de l'oxygène introduit par la respiration dans le sang. Ce qui a pu faire croire que telle substance riche en fécule, mais peu en azote, était plus nutritive que telle autre substance azotée, c'est que nous reconnaissons que cette aptitude à subir l'action de l'*oxygène*, se lie à la chaleur animale, à l'action nerveuse, à la puissance contractile des muscles, à l'activité du mouvement, de la vie en un mot ; et de là ces dénominations d'aliments *plastiques*, d'aliments *combustibles*, *respiratoires*, etc. Telles sont la *fibrine végétale*, l'*albumine végétale*, la *caséine végétale* (1).

Nous avons dit que dans la chair, le sang et le lait des animaux qui contiennent aussi ces trois substances, elles y sont à un état différent et facile à constater (2) :

Les substances féculentes fournissent, à leur manière, à l'entretien de nos tissus, de nos organes.

C'est cette fécule que quelques-uns de nos organes contiennent et qu'on trouve dans le foie, dans le fœtus.

Elle est convertie en *glycose* ou matière sucrée, par une opération particulière qui se passe dans le foie, et qui sera décrite en son lieu et en son temps.

Quant à la graisse, si abondamment répandue dans l'économie

---

(1) Les principes immédiats azotés d'origine végétale sont : 1° la fibrine végétale ou gluten qui existe dans un grand nombre de graines et en particulier dans les graines de céréales ; 2° l'albumine végétale, qui existe dans les graines émulsives et aussi dans le suc des végétaux ; 3° la caséine végétale, nommée aussi *légumine*, parcequ'elle existe abondamment dans les pois, fèves, haricots, lentilles, etc.

L'aliment végétal en général diffère de l'aliment animal, en ce qu'il contient à égalité de volume, une proportion incomparablement moindre de principes immédiats azotés ; et qu'avec des principes azotés il contient d'autres principes immédiats ternaires non azotés, qui manquent dans la chair, et ne sont représentés que par la graisse.

(2) Les principes immédiats *azotés* et les principes immédiats *non azotés* existent dans les aliments d'origine animale et dans les aliments d'origine végétale ; mais les principes *azotés* dominent dans les animaux et les principes *non azotés* sont bien plus abondants que les autres dans les végétaux. — J. Béclard, page 29.

et qui se trouve particulièrement placée au pli du bras, de l'aine, sous la plante des pieds, aux intestins, *épiploons*, etc., elle nous est fournie par les animaux et par les végétaux ; car beaucoup de ces derniers contiennent des huiles (huile d'olives, huile de noix, etc., etc.).

Les fruits nous fournissent aussi par la maturité et la fermentation, une matière amilacée convertie en glycose.

Toutes ces substances d'ailleurs subissent dans le réservoir de l'estomac, dans les intestins, comme dans toutes les parties du corps, des transformations nécessaires à l'alimentation, d'une part, par les acides et les sucs qui se trouvent sécrétés dans différents endroits, et de l'autre, par le travail que chaque organe fait subir à la matière qui lui est fournie par le sang, soit pour l'assimiler à sa propre substance, soit pour former des produits de sécrétions récrémentitielles *presque tous alcalins*, qui doivent rester avec destination dans notre intérieur ; soit enfin, pour composer des excrétions, *matières ou liquides excrémentitielles*, qui doivent être rejetées au dehors et qui sont, presque *toutes acides*.

Ici se placent naturellement certaines élaborations, produits de la chimie vivante, qui toutes concourent au développement de nos tissus, de nos organes, quand ils n'ont pas acquis tout leur accroissement.

Ces élaborations travaillent au remplacement de la matière organique détruite, perdue, usée (comme nous l'avons dit) soit par le mouvement, soit, par la transformation de certains matériaux dans leur passage au travers de nos tissus, de nos organes, soit aussi, que ces matériaux aient été brûlés dans les capillaires, comme on l'a exprimé par rapport à l'oxygénation du sang et à la calorification, tous produits de combustion rejetés au dehors.

Proust, dit que le carbone est le principe nutritif par excellence et qu'il provient surtout des aliments *non azotés*, principes ternaires, qui introduisent dans le sang du carbone qui est brûlé par l'oxygène.

L'aliment est une substance qui, introduite dans l'appareil digestif, doit fournir les éléments de réparation de nos tissus et les matériaux de la chaleur animale. Aussi importe-t-il essentiellement dans la constitution de l'aliment de trouver la réunion de ces deux genres de principes immédiats : *principes azotés, principes non azotés* ; ce qui est bien plus important (dit M. J. Béclard, page 40) dans la considération des substances alimentaires que de savoir si ce sont des substances *animales* ou des substances *végétales* ; mais ce qu'il faut surtout, c'est que les aliments contiennent des principes immédiats, azotés, parceque nos tissus contiennent de l'*azote*, sans préjudice cependant de ceux des aliments qui doivent fournir à la calorification ; aliments combustibles, *thermogènes*, comme on le dit pour ces derniers.

En définitive, les principes ternaires : *oxygène*, *hydrogène*, et *carbone*, se trouvent dans les aliments qu'on appelle aussi *respiratoires* (Liebig), c'est-à-dire, la graisse, l'amidon, le sucre, la gomme, la pectine, la bassorine, la bière, le vin, l'eau-de-vie, etc.

Il est bien entendu que les principes ternaires sont riches en carbone, qu'ils sont destinés à être brûlés ; qu'ils sont non-plastiques ou inassimilables et ne peuvent devenir chair comme les principes immédiats azotés (1); mais, qu'ils pénètrent cependant dans le sang, par suite de l'absorption. Ils sont soumis dans les capillaires à l'action de l'oxygène qui est introduit dans les poumons par la respiration ; ils fournissent principalement leur carbone comme aliment de cette lente combustion qui se fait dans les tissus. « C'est ainsi qu'il faut entendre ce que Proust veut dire en parlant du carbone, comme principe neutre. » — P. BÉRARD.

Après ce que nous venons de dire, doit-on faire la question à savoir : si l'*homme peut vivre exclusivement d'un aliment et quel est l'aliment qui convient le mieux à son existence ?*

Il est certain, d'après ce qui a été dit, que les aliments pris

(1) Les aliments *plastiques*, d'après Dumas et Liebig, sont des substances qui renferment de l'azote *(gluten, albumine, caséine, fibrine, etc.)* et sont regardées comme spécialement destinées à être assimilées.

exclusivement dans le règne animal, pourraient le faire vivre convenablement, attendu qu'il trouverait, dans la chair et le sang des animaux, des substances identiques à sa propre nature et fournirait ainsi des matériaux au renouvellement de ses tissus.

Un individu qui ferait exclusivement usage du régime végétal pourrait-il également se sustenter par ce moyen ? L'expérience répond par l'affirmative : « quelques habitants de la Perse se contentent de dattes, les *Brahmes*, de fruits et d'eau ; les habitants des Apennins vivent de châtaignes, l'usage de la viande est interdit dans plusieurs cloîtres. » (P. Bérard.) Mais ce régime exclusif, dont s'accommodent quelques organisations, est loin de convenir à toutes ; il est cependant, rigoureusement, possible.

Il faut se rappeler que le régime végétal comprend, comme le régime animal, des principes immédiats *azotés* et des principes immédiats non *azotés*, seulement il y a une différence de *proportion* dans leur composition, la quantité de principes azotés, surtout, étant peu considérable dans les végétaux, il faut suppléer, par le *volume*, à la faible proportion de matériaux *azotés* que l'aliment contient.

« Les herbivores consomment par jour une quantité de nourriture solide ou liquide, qui correspond en moyenne au dixième, ou au douzième du poids de leur corps. » — J. Béclard.

Pour ce qui est de se nourrir d'un seul aliment, la question devient plus facile, maintenant, à résoudre : si cet aliment contient des substances azotées, la chose est possible ; certaines peuplades ne vivent que de poissons, ou de coquillages, les habitants du golfe persique et des bords de la Mer Rouge, les Samoïèdes, les Ostiaks, les Kamtschadales, les Esquimaux, les Groenlendais, sont encore aujourd'hui, *ichthyophages* (1) ; mais, ces aliments sont azotés et contiennent même d'autres substances alibiles. Faut-il conclure que l'homme est destiné à vivre de tel aliment (espèce végétale), ou de tel autre (espèce animale) ? L'homme au premier temps de la création a dû se nourrir avec les substances qu'il avait sous la main : quelques herbes, des fruits ;

(1) P. Bérard, *(Cours de Physiologie)* page 567.

ce qui a fait dire à Rousseau, que *l'homme* est, naturellement, *herbivore* et *frugivore*. — P. BÉRARD.

Mais bientôt, les animaux, nés en même temps que lui, fournirent leur chair aux peuples qui se mirent à la poursuite des bêtes sauvages. L'état de domesticité auquel il a réduit certaines espèces, lui a permis de se nourrir de leur lait et de leur chair. L'homme a donc dû pourvoir à sa subsistance, dans les premiers temps (et dans certains lieux, du moins), au moyen des plantes et des fruits.

« Aujourd'hui, c'est exceptionnellement qu'on voit l'homme se contenter de végétaux ou de chair. Il y a d'ailleurs des inconvénients, attachés pour nous à l'usage exclusif de l'une ou de l'autre espèce d'aliments. Il y a une dépression, une diminution des forces musculaires et de l'action cérébrale, par le régime végétal. » — P. BÉRARD (1).

§ 3. Des Boissons. Deux mots sur les boissons :

Les *boissons* comme les *aliments* ont été mis à la disposition de l'homme, ou plutôt l'homme, par un instinct de conservation, se les est procurées pour satisfaire aux besoins de son économie et réparer les déperditions des solides et des liquides qu'il fait continuellement.

L'eau est la boisson par excellence, elle seule répond et suffit au besoin naturel de la soif. Pure ou mélangée, elle doit venir presque incessamment arroser l'organisme vivant. L'être animé qui en est privé succombe bientôt à de cruelles souffrances. Mais il n'y a pas (pour l'homme sain) que ce liquide mis à contribution par lui : ses appétits, ses goûts, et quelques désirs immodérés d'excitation, ont fourni à son industrie l'occasion de confection-

(1) En définitive l'homme est omnivore. Il peut vivre de tous les régimes ; mais, celui qui lui convient le mieux, est celui dans lequel il associe le régime de la viande à celui des végétaux.

Il peut vivre de la chair des animaux ou de divers parties des végétaux, mais à la condition que ces deux régimes comprennent à la fois, des principes immédiats azotés et des principes immédiats non azotés. L'emploi exclusif de ces principes est impropre à l'entretien de la vie. — J. BÉCLARD.

ner d'autres breuvages au moyen desquels il satisfait (mais pas toujours à l'avantage de sa santé et de sa longévité) sa sensualité et ses goûts d'excitation, qui semblent lui rendre la vie plus agréable et plus belle. Les animaux, plus prévoyants, sinon plus sages que nous, vivent heureux et sains en n'usant que des dons de la nature (l'eau pure) pour se désaltérer.

Malgré toutes les combinaisons imaginées pour se procurer différents genres de boissons artificielles, dont l'hygiène doit apprécier les avantages ou les inconvénients (car tous les breuvages naturels ou artificiels ne sont pas préjudiciables à la santé de l'homme), c'est l'eau qui est un des éléments principaux de leur composition.

Les boissons, qu'elles soient naturelles ou composées, n'agissent pas de la même façon ni au même degré sur les divers individus, selon l'âge, le sexe, le tempérament; chacune d'elles agit aussi selon sa puissance désaltérante, sa digestibilité, sa vertu alimentaire. L'action spéciale qu'elle exerce sur le tube digestif et sur telle ou telle fonction de l'économie, doit être la première considération qui en détermine l'usage ou l'emploi.

Les boissons dont l'homme fait le plus généralement usage, sont : ou de l'eau, ou du vin, ou encore de l'eau et du vin mélangés. Il prend aussi de la bière, du cidre, diverses autres boissons fermentées. Il prend du thé, du café, des décoctions ou infusions de quelques simples. La base de toutes ces boissons est l'eau, aussi bien que dans les limonades, les orangeades, l'orgeat, qui ne sont, pour ainsi dire, que de l'eau assaisonnée, aromatisée.

L'eau qui sert de boisson n'est jamais pure, telle que serait l'eau distillée; celle-ci serait lourde, indigeste. Les meilleures eaux sont celles qui sont limpides, légèrement sapides, sans odeur, contenant de l'air, quelques atômes d'acide carbonique, une faible quantité de principes salins, ce qui la rend moins fade et plus digestible. Les eaux de source, de rivière, sont préférables à celles de puits, de citerne ou de pluie. « Il est nécessaire qu'il y ait dans l'eau une certaine proportion de subs- « tances salines (carbonate de chaux, chlorure de sodium), « pouvant aller de 25 à 50 grammes pour 100 litres d'eau, sans

« qu'elle cesse pour cela d'être potable. » — J. BÉCLARD, p. 35.

Une plus grande quantité de ces sels (et surtout s'il s'y trouve du sulfate de chaux) les rendrait d'une saveur désagréable. Elles dissolvent ordinairement le savon, et cuisent bien les légumes secs, quand les proportions salines y sont convenables ; dans le cas contraire, elles ne pourraient plus le faire, et seraient d'un goût détestable, étant alors, comme on dit, *crues*, *séléniteuses* ou *gypseuses*. Elles seraient même nuisibles à la santé et pourraient occasionner des diarrhées.

Le *vin* est le jus fermenté du raisin. Il est plus ou moins alcoolique, selon la provenance et la quantité d'alcool qui en forme la base. Ceux du *Roussillon*, du *Languedoc* et de *Provence*, sont très-capiteux et énivrent avec rapidité. Ils sont toniques, fortifiants, et leur usage habituel demande à les mitiger par l'eau ordinaire, pour ne pas en être incommodé sous le rapport de leur action tonique excitante. Les *vins acidulés*, comme ceux de la Moselle, des bords du Rhin, de la Champagne, sont désaltérants, poussent aux urines. Les *vins liquoreux*, qui contiennent encore beaucoup de sucre de raisin, comme ceux de Chypre, de Tokai, de Malaga, d'Alicante, etc., sont nourrissants et fortifiants, mais il faut encore se défier de leur effet congestif sur le cerveau. Les vins de Bordeaux ont peu d'alcool et conviennent aux convalescents ; les vins de *Bourgogne* sont généralement regardés comme les meilleurs pour l'état ordinaire de la santé.

La bière est une boisson alcoolique et spiritueuse légèrement amère et rafraichissante. Il y a plusieurs sortes de bières. Les bières légères, contenant un ou deux p. 0/0 d'alcool, sont bienfaisantes. Les plus fortes, sept ou huit p. 0/0 d'alcool, *porter*, *ale*, sont excitantes comme les vins spiritueux. Celles qui contiennent une assez grande quantité de mucilage et quelques autres substances nutritives, telles que l'amidon, le gluten, occasionnent de l'embonpoint chez les personnes qui en font un usage habituel.

Les boissons aqueuses excitantes sont le thé, le café. Le thé possède les mêmes propriétés que le café, mais à un moindre degré. Il occasionne de l'agitation nerveuse et de l'insomnie chez les personnes qui ne le prennent pas habituellement. Il dissipe l'ivresse et favorise la *digestion*. On regarde comme nuisible à la santé de prendre du thé le matin en guise de déjeûner ; une infusion de cacao mêlée avec du lait est préférable.

C'est une chose remarquable comme l'économie s'habitue à certaines de ces boissons sans en éprouver les inconvénients qui y sont attachés. Il s'établit une tolérance qui rend innocents, pour certaines personnes, des breuvages qui se trouvent être nuisibles pour d'autres. Aussi dirons-nous que toutes les boissons peuvent être utiles ou nuisibles, suivant l'usage ou l'abus qu'on en fait, et les idiosyncrasies des individus. Il faut savoir user de tout avec ménagement et sobriété. Jouir de tout avec convenance et mesure, c'est la base de la santé et de la sagesse. L'hygiène, pas plus que la morale, ne commande une vie austère et de privations, sous prétexte qu'une foule de maux puissent résulter de l'usage de certains aliments ou de quelques boissons. Il est une mesure que la prudence et la sagesse commandent : *est modus in rebus*.

§ 4. De la Faim, de la Soif, de l'Abstinence. On a diversement expliqué ce sentiment intérieur qui nous porte à prendre des aliments. Cette sensation, d'abord agréable lorsqu'elle ne consiste encore que dans un état qu'on appelle *appétit* (de *appetere*, désirer), ne prend vraiment le nom de faim *(fames)*, que lorsque le besoin de prendre des aliments se fait vivement sentir. Ce besoin, dans l'état ordinaire, qu'on appelle cependant de ce nom, quand il n'est pas arrivé à être violent, se manifeste à des intervalles réguliers et qui coïncident avec la vacuité de l'estomac et l'absorption des produits d'une digestion antérieure.

Lorsque ce sentiment du besoin de prendre des aliments se prolonge par une abstinence volontaire ou forcée, la sensation arrive alors au point de développer un état de douleur, de souffrance, que l'on rapporte généralement à l'estomac.

L'*inanition* est le résultat de l'abstinence trop prolongée ; c'est l'épuisement par défaut de nourriture ; c'est la mort qui arrive quand les animaux ont perdu 0,4 de leur poids initial. M. Chossat, dans ses recherches expérimentales sur l'inanition (Paris,

1843), distingue l'*inanitiation* de l'*inanition*, en ce que le premier état résulte d'une certaine privation d'aliments, avec les changements ou désordres qui en sont la suite dans l'économie, tandis que l'*inanition* est le terme de tous ces effets : c'est le dépérissement général produit par la privation forcée de nourriture ou par une maladie : une cause interne qui s'oppose à l'ingestion des aliments dans le tube digestif, ou à la digestion de ces mêmes aliments.

« L'inanition est une cause de mort qui marche de front, et « en silence, avec toute maladie dans laquelle l'alimentation « n'est pas à l'état normal. Les dangers d'une alimentation in- « suffisante ont appelé l'attention de tous les médecins, et en « particulier de MM Bretonneau, Piorry et Andral. Ce sujet a « été traité dans plusieurs dissertations inaugurales. » — P. BÉRARD, page 542.

L'épuisement par défaut de nourriture amène les désordres les plus graves, et lorsque le corps a souffert, pendant quelque temps, de la privation absolue de tout aliment, ce ne serait pas sans danger qu'on satisferait les exigences de l'appétit des individus qui ont eu à supporter une abstinence longtemps prolongée. Ceci s'applique aussi bien à ceux dont la privation d'aliments a été forcée par des circonstances accidentelles, qu'à ceux qu'une maladie, une cause interne, a obligé de tenir à un régime sévère, à une diète absolue; les changements ou les désordres qui surviennent dans l'économie ne sont pas la conséquence de la faim proprement dite, mais de l'absence des aliments. Ces désordres, qui se manifestent également dans une alimentation insuffisante (et qui s'est longtemps prolongée), sont très-souvent irréparables, quoi qu'on fasse pour ramener l'économie de l'estomac à son état naturel, et, par conséquent, pour relever les forces de ces faméliques (1), qui, presque tous, succombent, quoi qu'on ait pris les plus grandes précautions de n'arriver que par degrés à une alimentation un peu soutenue.

(1) Cette expression est ici employée (de *fames*, faim) pour désigner des hommes souffrant depuis longtemps de la faim.

L'année 1868, en Algérie, nous en a fourni de bien tristes exemples; plus de *cent mille Arabes* sont morts, dans cette terrible année, par suite d'insuffisance dans leur alimentation.

La *faim* qui s'est fait sentir alors dans tout le pays, et dans les autres pays voisins, a porté plus particulièrement sur les Arabes que sur les Européens plus précautionneux, plus prévoyants, et qui pour cette raison ont peu souffert, dans les campagnes, des conséquences malheureuses qui sont résultées, pour les récoltes et tous les biens de la terre, des trois fléaux qui se sont abattus successivement sur l'Algérie à cette époque (1867-1868); les sauterelles, la sécheresse ou stérilité de la terre, et le typhus qui est venu couronner l'œuvre.

Cette épidémie a été dûe chez les Arabes à leur misère, à leurs privations, à leur malpropreté, à leur fanatisme, à leur agglomération.

Ces circonstances les ont fait sortir de leurs réduits, de leurs gourbis, pour se jeter dans les villes où ils ont répandu le *typhus* comme les pélerins de la Mecque traînant après eux le *choléra* (1).

Eh bien, dans cette pénible circonstance nous avons vu, dans nos hôpitaux de l'Algérie, où la plupart de ces malheureux Arabes arrivaient exténués de faim et de misère, nous avons vu que malgré tous nos soins, malgré toutes les précautions prises pour diriger convenablement l'alimentation, la mort venait les frapper en nombre considérable.

La plus grande partie de ces décès était dûe aux désordres causés par l'insuffisance, antérieurement prolongée, de leur alimentation : et ne se nourrissant dans leur pérégrination que de racines trouvées dans les champs ou sur leur chemin.

Le typhus qui existait parmi eux s'est de suite communiqué dans les hôpitaux, où un certain nombre de malades européens a succombé; des sœurs, des infirmiers commis à soigner les *typhiques* ont été emportés; des médecins chargés de leur traitement

---

(1) C'est ce qui se passe en Irlande : quand le peuple meurt de faim et s'expatrie pour chercher de quoi vivre, les épidémies les accompagnent le plus souvent.

ont aussi payé, *dans les hôpitaux de l'Algérie*, leur tribut au typhus importé par les Arabes au milieu de nous (1).

§ 5. **Siége de la faim.** Le siége de la faim est-il dans l'estomac?

On a dit et écrit, que c'était un sentiment intérieur plus ou moins pénible selon son intensité, et qui avait pour siége l'estomac, dont les houppes nerveuses se frottaient les unes contre les autres pendant l'état de vacuité de l'organe......

D'autres l'ont attribué à la fatigue que les fibres contractiles de l'estomac éprouvent par suite de sa non-réplétion, et aux tiraillements des viscères abdominaux par ce même état de vacuité du gaster qui revenu sur lui-même se roule et se plisse dans différents sens......

Enfin, on a pensé que le suc gastrique exerçait alors une action irritante, et pouvait même aller jusqu'à corroder, ronger l'organe lui-même.

C'est en effet une sensation de rongement, de tiraillement qui devient très-pénible......

Il me semblait, dit M. Savigny, chirurgien de la frégate la *Méduse*, qu'on m'arrachait l'estomac avec des tenailles (2).

On a cherché aussi à savoir quel est le siége de l'impulsion qui nous porte, aussi bien que tous les animaux, à chercher dès le moment de la naissance le moyen de satisfaire ce besoin si impérieux, et s'il pouvait avoir son siége au cerveau.

La phrénologie a désigné l'endroit, le lieu où, chez l'homme, se manifeste l'organe qui le détermine à prendre sa nourriture.

Mais cette opinion n'a guère été soutenue que par les phrénologistes, et l'organe de l'*alimentivité* est encore, pour eux seuls,

---

(1) Cinq sœurs qui se sont remplacées, successivement, dans le service de l'auteur (à l'hôpital civil), ont été emportées par le *typhus*; sept infirmiers en ont été atteints ; aucun n'a succombé, sans qu'on sache au juste le pourquoi de cette prédilection.

(2) Savigny, observations sur les effets de la faim et de la soif, dans le naufrage de la *Méduse*, à douze lieues des côtes d'Afrique (thèse soutenue en 1818, rapportée par Bérard).

situé dans la fosse *zygomatique*, près de celui de l'*acquisivité* et devant celui de la *destructivité*.

« Certes, il eut été bien avantageux de pouvoir localiser cette action, comme on a pu le faire pour celle qui met en jeu automatiquement les muscles de la respiration ; mais les recherches au sujet du siége de la faim, dans une partie quelconque de l'encéphale, n'ont pas fourni les éléments que nous possédons sur l'autre ; c'est-à-dire sur l'action respiratoire, comme on le verra lorsque nous traiterons de la *respiration*.

« Du reste, la recherche d'un point central qui serait dans le cerveau ou dans la moelle allongée, et d'où partirait l'impulsion qui porte les animaux à exécuter les mouvements automatiques nécessaires à la préhension de l'aliment sans le concours aucun du raisonnement, n'empêche pas, ne détruit pas, celle de ces recherches qui a pour but de faire savoir quel est le lieu principal où se produit la sensation normale de la faim (1). »

On est assez d'accord que c'est dans l'estomac ; mais pour la cause prochaine de la sensation, c'est-à-dire quel est le nerf qui la développe et la transmet, c'est encore à trouver......

Si nous établissons que c'est dans ce lieu (l'estomac) qu'existe la sensation de la faim, que se passe-t-il alors dans cet organe pour produire cette sensation ?

La doctrine de la vacuité de l'estomac, et le tiraillement de ses membranes, de ses nerfs, par suite de cette circonstance, c'est-à-dire quand le besoin est arrivé à l'état de douleur, a été soutenue......

On a invoqué pour preuve de cette distension douloureuse, de ces tiraillements affreux que l'on éprouve, cette satisfaction agréable que l'on ressent lorsque l'estomac (où semble se faire particulièrement sentir la sensation de la faim) vient d'être rempli par des aliments.

« On s'appuie sur ce que cet état organique : vacuité et resserrement douloureux des fibres musculaires de l'estomac, cesse même lorsqu'on le remplit de substances dépourvues de matières *alibiles* ; et enfin l'on cite des peuples qui apaisent la faim en

(1) P. Bérard, page 549, *Cours de physiologie*.

remplissant leur estomac d'une argile onctueuse, de sciure de bois, de pierres friables, et d'autres substances minérales (1). » — P. BÉRARD.

M. William Beaumont a cherché à expliquer le sentiment de la faim par la réplétion des conduits qui contiennent le suc gastrique : si ces conduits éprouvent une distension modérée, la sensation ne sera nullement douloureuse, ce serait de l'*appétit;* une trop grande plénitude de ces conduits et leur développement occasionnerait la *faim*, qui passerait à l'état de douleur par une distension encore plus considérable..... Ce n'est plus ni le suc gastrique qui corrode la membrane muqueuse de l'estomac et impressionne douloureusement les nerfs ; c'est le trop-plein des canaux qui en serait la cause.

A cela on répond, dit Bérard, qu'il n'y a pas de raison pour que ce suc ne s'écoule plus loin, rien ne fait obstacle à cet écoulement : l'estomac, comme les intestins, travaillent toujours sur les produits qu'ils contiennent ; et l'estomac exercerait son action sur ce suc s'il en sécrétait hors de la présence des aliments. On sait aujourd'hui que l'estomac ne se fait pas provision du suc gastrique pendant l'intervalle des repas. Il n'en est pas du suc gastrique comme de la bile dans la vésicule du fiel (2).

La théorie de nos jours, celle qui a le plus de partisans, c'est que l'estomac est le siége de cette sensation plus ou moins pénible que l'on éprouve par suite de la privation des aliments en état de santé. La vacuité de l'estomac est la première cause du développement de cette sensation : la *faim*. L'appétit n'en serait que le premier degré. Le resserrement extrême des fibres musculaires de l'estomac par suite d'une abstinence prolongée, et complète, produirait l'état douleur (tenaillement). La membrane

(1) Blumenbach, cité par Bérard, dit que les Péruviens mangent quelquefois une argile d'une odeur agréable, une argile dite *comestible* et qui ne contient pourtant que du talc et du mica. Elle se vend sur les marchés de la Bolivie.

(2) Le sentiment de la faim ou le besoin des aliments est intimement lié avec l'ensemble des phénomènes de la nutrition. — J. BÉCLARD, page 21.

cellule fibreuse forme des plis à la face interne de l'organe, tant est grand ce resserrement.

L'abstinence des aliments se prolongeant encore, arriverait au point extrême qui serait l'inanition ou dépérissement général, précédé de la cessation des souffrances de la faim ; car à ce moment l'affaissement est extrême, mais le cerveau semble encore avoir conscience du besoin.

Ce dépérissement est si voisin de la mort que des aliments donnés, même avec précaution, ne peuvent surmonter tous les désordres qui se sont produits par affaiblissement dans toute l'économie (1). L'inanition continue alors son œuvre de destruction ; de sorte qu'il en serait des inanitiés comme des asphyxiés, auprès desquels il ne faut pas arriver trop tard pour espérer de voir ses soins couronnés de succès. Mais il n'en faut pas moins, pour ceux-ci comme pour ceux-là, recourir, et avec persévérance, à tous les moyens possibles, pour ranimer la vie qui semble à moitié éteinte chez les uns comme chez les autres (2).

---

(1) Les désordres qui surviennent dans l'économie ne sont pas la conséquence immédiate de la faim proprement dite, mais de l'absence des aliments qui laisse tous les organes sans soutien, sans secours, sans réparation des pertes que le corps fait de certains principes du sang, pendant l'inanition.

Le cri de souffrance de l'estomac n'en est que l'expression vivante.

M. J. Béclard, dit que le sentiment de douleur locale, page 21, n'est qu'un phénomène accessoire dans la sensation de la faim ; qu'il disparait et qu'on ne peut pas dire que la sensation de la faim n'existe plus ; car cette sensation au contraire, devient tellement dominante alors, que toutes les autres s'anéantissent devant elle, et qu'elle se transforme à la longue en un véritable délire furieux.

(2) Chez les faméliques Arabes, que nous avons eu nous même l'occasion d'examiner et de soigner à l'hôpital civil d'Alger, pendant la famine de 1868, bon nombre de ces malheureux qui souffraient depuis longtemps d'une alimentation impropre et insuffisante : racines d'herbes, de choux, de palmier, ramassés dans les champs, ne paraissaient pas souffrir les angoisses de la faim, mais ne semblaient pas non plus la voir satisfaite. Le sentiment de la faim était toujours sinon pressant et accompagné de douleur, du moins persistant.

Ils nous paraissaient même ne pas se rappeler qu'ils venaient de manger. Ils étaient comme les aliénés, qui un instant après le repas,

Quel est le terme après lequel tout espoir peut être perdu? On n'en sait rien au juste. Cela dépend de l'âge, de la force et de la constitution des individus.

Les naufragés de la *Méduse*, au nombre de 150, réfugiés sur le radeau, n'étaient plus que 15 au treizième jour, lorsqu'ils furent secourus.

Les enfants et les jeunes gens succombèrent les premiers, les hommes adultes et dans la force de l'âge périrent plus tard ; mais après les vieillards.

On estime que chez l'homme privé de toute nourriture, même de boissons, la mort arrive, en général, du cinquième au septième jour (Haller). Il y a cependant des exceptions à cet égard, puisqu'on en a trouvé vivants après 12, 15 ou 16 jours d'abstinence complète. Mais, dans ces derniers, il en est qui, bien que secourus, n'ont pu être conservés à la vie ; d'autres sont restés longtemps languissants.

De tout ce qui vient d'être dit, il faut conclure que la faim, l'abstinence, l'inanition, sont trois degrés d'un même état qui mettent l'organisme en péril selon leur durée et leur intensité.

Que la faim, premier degré, n'occasionne du côté de l'estomac qu'une sensation qui ne devient pénible que lorsque le besoin n'est pas de longtemps satisfait, et que, par conséquent, la privation d'aliments se prolonge.

2° Cette douleur, que l'on rapporte à l'estomac, n'est qu'un phénomène accessoire dans la *sensation de la faim*. Elle disparait, et cependant la sensation de la faim se continue, s'exaspère, et peut se transformer en délire furieux. — J. BÉCLARD, page 21.

3° Qu'au début de l'abstinence, la faiblesse est sympathique, et que plus tard elle est constitutionnelle.

Et qu'enfin, par rapport au siége du sentiment de la faim, il faut le chercher dans les centres nerveux, étant alors considéré

---

demandent des aliments comme si on ne leur en avait pas donné.
Eh bien, nos Arabes, qu'on leur donnât en certaine quantité des vivres ou qu'on leur en fournit peu à la fois, succombaient la plupart dans une espèce de marasme et d'épuisement qu'ils ne pouvaient surmonter.

(ce besoin, ce sentiment) comme une impulsion instinctive qui nous porte à la recherche des aliments au même titre que la sensation du besoin de respirer.

Les expériences sur les animaux faites par MM. Sédillot et Longet, qui ont agi sur le grand sympathique et le nerf de la 8e paire, n'ont pas privé pour cela les animaux de se nourrir. Et la conclusion en est que la sensation de « la faim est une sensation « attachée au sentiment instinctif de la conservation, dont le « siége doit être placé dans le système nerveux central, au même « titre que la sensation du besoin de respirer, et que le siége « réel en est encore à trouver. »

Le cri de l'estomac n'est pas celui d'un organe qui souffre seul, c'est plutôt l'expression de l'état de besoin de tous les autres organes, alors en souffrance par leur dépérissement; c'est lui, l'estomac, qui donne le premier l'alarme, parce que c'est lui qui doit préparer journellement les matériaux de soutien, de réconfort, pour les membres et les autres parties du corps. Il est ici, dans cette circonstance, *nuntius interpres* et *medicator* des besoins de l'économie tout entière. Les nombreux plexus et filets nerveux qui l'environnent, peuvent bien établir avec lui ces rapports de vie végétative.

§ 6. **Du siége de la soif et de sa sensation.** La sensation de la *soif*, comme celle de la *faim*, est de l'ordre des sensations internes. Elle pousse les animaux à ingérer des boissons dans leur estomac pour satisfaire ce besoin (la soif)... Sa cause, à n'en pas douter, est dans la diminution des proportions d'eau dans le sang. Toute perte, toute évacuation de liquide un peu considérable dans l'économie, éveille la sensation de la soif.

On peut donc définir la soif un besoin d'introduire des liquides dans l'économie, pour remplacer ceux dont le corps vient d'être privé par les évacuations ou excrétions naturelles ou par des sécrétions extemporanées.

Ainsi les évaporations cutanées, pulmonaires, les mouvements rapides et longtemps continués, comme ceux de la course, de la danse, ou ceux encore que nécessite un travail manuel fatiguant, excitent la soif par les déperditions qui se font à la surface de la peau (sueur) et par la chaleur développée à l'intérieur, par suite de ces exercices, qui augmentent en même temps l'exhalation pulmonaire.

Pour les sécrétions, les évacuations extemporanées, et les excrétions qui se font en dehors de celles qui ont lieu journellement, nous citerons les flux exagérés d'urine, de la salive, les évacuations sanguines quelconques, et les épanchements de sérosité qui se font dans l'intérieur des cavités, *hydropisies ascites, hydrothorax* ou du *tissu cellulaire, leucophagemasie, anasarque*.

Certains aliments excitent aussi la soif ; généralement tous les ragoûts épicés ou salés plus qu'il ne convient développent cette sensation chez les individus qui en font usage. Cet effet se produit par la chaleur que ces substances occasionnent dans les parties (estomac, intestins) où elles sont déposées, et par l'afflux des liquides du sang qu'elles nécessitent pour les étendre et les dissoudre, en calmant par là l'excitation qu'elles y ont produite.

Ces transsudations liquides ne peuvent se faire dans le tube digestif qu'au travers des parties des membranes intestinales, par une espèce d'exosmose de la partie liquide du sang à travers les porosités des vaisseaux. C'est toujours la partie la plus liquide du sang qui fournit à cette opération, ce qui fait que le sang est mis dans des conditions à nécessiter l'arrivée de fluides nouveaux qui, à leur tour, par endosmose, le remettront dans son état de fluidité ordinaire. P. Bérard pense que le plus ordinairement, et dans l'état normal, la soif ne se développe que quand les substances alibiles sont passées dans le sang. Dans d'autres états, et, en résumé, c'est un état particulier du sang, dont la partie aqueuse est diminuée, qui développe la sensation de la soif.

De ce que c'est le sang qui a perdu de ses principes constituants (la partie aqueuse), on conçoit que tout moyen qui pourra remédier à cet effet, étanchera la soif et fera cesser cette sensation interne, cette espèce de chaleur intérieure qui, instinctivement, nous porte à introduire des liquides dans l'estomac. Mais on conçoit aussi que toute voie qui pourra faire parvenir des fluides aqueux dans le sang, remédiera également à cet état et pourra conjurer la soif.

Aussi, dans certains cas où des liquides n'ont pu être introduits dans l'œsophage, a-t-on pensé à se servir de l'absorption qui peut s'en faire par la peau, en plongeant les individus dans des bains d'eau douce, ce qui s'est fait du reste dans certaines maladies et dans certaines circonstances (1). Et à défaut d'eau douce, dans l'eau de la mer, comme cela est rapporté dans l'histoire de certains voyages sur mer, où la privation d'eau douce a forcé d'avoir recours à ce moyen (2).

Pour ce qui est du siége de la soif, c'est-à-dire de l'endroit où ce sentiment pénible paraît se manifester, nous croyons qu'il en est de lui comme de celui de la faim, c'est-à-dire que l'économie entière est en souffrance, et que le lieu où la sensation de ce besoin paraît se produire plus particulièrement, comme la bouche, la gorge, le pharynx, n'est encore là que la traduction d'une sensation plus générale, c'est-à dire de la nécessité de faire arriver dans l'économie des liquides qui lui manquent par une cause ou par une autre.

La *digestion* étant considérée comme le premier temps de la *nutrition*, il devient nécessaire d'examiner cet acte par lui-même et d'entrer, autant qu'il nous sera possible (d'après le titre de cet ouvrage), dans les détails que comporte cette fonction.

D'abord, sous le rapport de l'appareil (appareil digestif) qui sert à la digestion chez les animaux et chez l'homme, nous trouvons qu'en partant du bas de l'échelle animale pour remonter jusqu'aux mammifères, les dispositions de cet appareil vont se compliquant de plus en plus.

Il y a des êtres qui n'ont pas d'appareil digestif proprement dit, mais qui ne trouvent pas moins les moyens de se sustenter.

---

(1) Un individu qui ne pouvait plus avaler, endurait toutes les tortures de la soif, Cruisenkan le fit mettre au bain deux fois par jour pendant un mois, la soif se calma. — P. BÉRARD, t. XI, p. 623.

(2) Dans l'*Histoire des voyages et découvertes dans le Nord*, par Forster, il est rapporté que les marins d'un bâtiment, privés d'eau douce, enduraient la soif depuis plusieurs jours. Le capitaine les fit plonger dans l'eau de mer deux ou trois fois dans le jour, il leur en donna l'exemple, et la soif fut apaisée. — P. BÉRARD.

Et, par gradation, on arrive jusqu'à ceux qui sont pourvus de cet appareil.

Commençant donc du plus bas de l'échelle animale, nous trouvons *les monades,* sans organe aucun de préhension, et qui cependant se mettent en communication avec les corps extérieurs. C'est-à-dire que dans les milieux où ils vivent, sans ouverture buccale et autres, ils absorbent, par la surface du corps, l'air qui leur sert d'aliment, ou les parties liquides au milieu desquelles ils se trouvent. L'animal prend alors ce qui convient à l'entretien de sa vie, rejetant par le même endroit, au moyen de certaines excrétions, les résultats de la combinaison qui s'est opérée dans toutes les parties de son être, pompant, comme le végétal, les sucs nourriciers dans les corps qui l'entourent, soit par absorption, soit par imbibition ou endosmose. Les infusoires, les zoophytes, les radiaires sont dans ce cas.

Puis viennent des êtres qui, comme les vers, les vermisseaux, ont une organisation moins simple, ayant cependant le même mode d'entretien, mais déjà pourvus de quelques organes de préhension (tentacules des poulpes), *limaces, limaçons;* puis viennent les *mollusques,* avec un canal intérieur, mais encore sans canal excréteur; puis enfin les *crustacés,* où, près de l'ouverture buccale, se trouve le canal excréteur.

Dans un ordre plus élevé, on trouve les *vertébrés* (poissons, reptiles). Les oiseaux qui font partie de cette classe ont un appareil digestif plus compliqué, avec organes pour la respiration et la circulation, et des glandes : *foie, glandes salivaires* et autres, qui versent dans le canal digestif, devenu de plus en plus complexe, certains produits d'élaborations destinés à préparer un suc nourricier pour l'entretien de la vie. Enfin, ils ont une ouverture pour rejeter les produits excrémentitiels.

En dernier lieu, et dans les *mammifères,* lorsqu'on parcourt leurs nombreuses divisions, on voit, non pas l'absence ou la multiplicité des organes pour quelques-uns, car dans cette série, presque tous possèdent la même composition, *cœur, foie, estomac, intestins,* etc., mais une diversité dans la composition des appareils, variant seulement dans leur forme, dans leur nature; puisque chez les *carnivores* et les *herbivores* les substances alimentaires, quoique devant parcourir le tube digestif, sont de nature ou d'espèces différentes, et que la longueur et la composition de ce tube et des organes qui s'y rapportent sont appropriées à l'espèce d'aliments dont l'animal doit faire usage. Aussi, y a-t-il une grande différence d'amplitude et de longueur du tube digestif du *lion*, du *tigre*, et de tous les animaux carnassiers, avec celui des *ruminants*, des *herbivores*, comme le bœuf, l'âne, le mouton, excepté le cheval, où les organes digestifs présentent cela de particulier, que la longueur des intestins est moindre que chez les animaux qui se nourrissent comme lui de graminées, de substances végétales (1).

Pour l'étendue en longueur chez les herbivores, il était nécessaire qu'il en fut ainsi par rapport à la nourriture dont il font usage ; car la désagrégation de ces substances est lente à s'opérer ; elles devaient parcourir des canaux plus spacieux, du moins d'une longueur plus considérable, pour laisser le temps aux aliments d'être pris par le travail de la digestion.

Quant aux moyens de préhension des aliments, tous les animaux des classes un peu élevées les possèdent.

Dans le règne animal, depuis la fourmi, la mouche et le caméléon, nous trouvons ces organes dans la langue.

Dans les poissons, il y a les dents en crochets qui garnissent le voile du palais. Chez quelques-uns, on voit les dents bien plutôt destinées à retenir leur proie ou les aliments dont ils font usage, que de moyens de la déchirer, de la diviser ; car, ces dents sont inclinées vers le gosier ; le *requin*, le *brochet*, *etc.*, sont dans ce cas.

Ainsi donc, chez les uns des tentacules qui servent d'organes tactiles et parfois de moyen de préhension de l'aliment. Chez d'autres, la langue, les lèvres comme dans la plupart des herbivores, cheval, bœuf, chameau, mouton ; aussi bien que chez les

(1) La longueur du tube digestif chez le lion est de trois fois celle de son corps, celle du bœuf quinze fois, celle de la brebis, du bélier, vingt-cinq fois.

La longueur du tube digestif chez l'homme, qui est omnivore, est, dit Bérard, par rapport à la proportion de l'intestin au tronc, comme 6 ou 7 est à 1.

carnivores, qui joignent à ce moyen celui de leurs pattes, de leurs griffes. Si ce n'est comme moyen de préhension et de transport des aliments à l'ouverture buccale, du moins comme organes de contention sur lesquels les lèvres et les dents s'appliquent pour diviser, déchiqueter l'aliment et l'introduire, déjà un peu préparé, au fond du gosier, par un mouvement de la langue et par un effort de déglutition qui tend à le faire arriver dans l'estomac.

La langue avec les lèvres, sont des organes de préhension pour les liquides ; car ce n'est, chez l'enfant et dans les premiers temps de la vie, qu'avec ces organes qu'il exécute la succion ; avec les lèvres d'abord, pour saisir le mamelon et avec la langue ensuite, qu'il retire en arrière, en forme de piston, pour opérer le vide.

Lorsque l'homme veut boire à l'aide d'un verre, c'est encore en faisant le vide qu'il y parvient ; alors il applique une de ses lèvres sur le vase et l'autre est placée à la surface du liquide, puis en opérant le vide avec la langue comme il vient d'être dit, la pression de l'air sur le liquide le précipite dans la bouche avec d'autant plus de facilité qu'on donne une inclinaison au vase qui le contient (1).

Les dents ont été, à plus juste raison, considérées comme moyen de division, de broiement des aliments, que comme moyen de préhension.

Ces organes sont un prolongement ou plutôt un épanouissement épithélial. Leur origine n'est plus, aujourd'hui, contestable, et le développement que ces parties prennent, dans l'enfance, dans le tissu osseux des mâchoires, les transformations qu'ils y éprouvent, expliquent leur formation et leur composition.

Tous ces changements ont lieu par suite de l'évolution que subit la cellule épithéliale qui, de pavimenteuse devient ovoïde, puis conoïde.

La dent ou les dents ont une composition dans laquelle on distingue un tissu corné comme celui des ongles et des poils ;

---

(1) Si l'on veut boire à plein liquide, c'est en humant et par un mouvement d'aspiration qu'on y parvient, mais cette aspiration ne peut se faire qu'au moyen de la dilatation de la poitrine.

tissu *lamelleux* d'une consistance très-ferme ; c'est l'*ivoire*, substance fondamentale, appelée aussi *dentine*, qui forme en grande partie la racine et qui se continue sans interruption avec la substance de la couronne. Les dents sont percées à leur centre d'une cavité qui s'ouvre au sommet de la racine, par un ou plusieurs trous, pour donner passage aux filets nerveux.

Il y a une substance plus extérieure, plus dure encore, lisse, polie, d'un blanc nacré, appelée *émail*, qui revêt la dent depuis la couronne jusqu'au collet et qui s'enfonce même dans les anfractuosités que présentent certaines molaires, chez quelques herbivores.

Sur la racine, cette substance, *émail*, est remplacée par une autre substance particulière appelée *cément*.

La cavité dentaire renferme la substance connue sous le nom de *pulpe dentaire*, riche en nerfs et en vaisseaux sanguins, dont aucun ne passe dans la substance de la dent (1). A l'extrémité de la racine, cette pulpe fait corps avec le périoste de l'alvéole ; elle reçoit des nerfs sensitifs de la branche du maxillaire inférieur du nerf de la 5me paire, pour les dents de la mâchoire inférieure, mais pour les incisives et canines supérieures, c'est le sous-orbitaire, branche du maxillaire supérieur qui les fournit.

Les dents diffèrent de forme et de nombre suivant les espèces animales ; leur conformation et leur position dans la mâchoire, est en rapport avec le genre de nourriture dont les animaux font usage. Les reptiles, les poissons, ne pouvaient pas se ressembler sous ce rapport, pas plus que le cheval, le bœuf, le chameau (herbivores), ne peuvent se rapprocher, sur ce point, du lion, du tigre, du chacal etc. (carnivores), dont la pâture ordinaire demande une grande force et une grande solidité dans les dents qui garnissent leurs mâchoires.

Il n'était pas non plus nécessaire qu'ils eussent des dents, bi ou multicuspides, pour broyer, diviser, des aliments déjà coupés,

---

(1) Il n'y a de vaisseaux et de nerfs que dans le noyau pulpeux ou bulbe de la dent.

C'est la partie superficielle de ce bulbe qui se transforme en ivoire. — DUVERNOY.

lacérés, par des incisives et des canines fortes et puissantes. Pas plus que pour les herbivores, il n'était utile qu'ils eussent des dents fortement implantées et retenues dans les alvéoles; un simple enclavement au bord alvéolaire de l'os intermaxillaire, comme cela se voit chez certains herbivores, devait suffire pour la solidité des dents qui n'étaient destinées qu'à s'exercer sur des herbages ou des substances facilement friables (1).

Il n'était pas non plus indispensable, pour ces animaux, qu'ils eussent ces muscles forts et volumineux, qui existent sur les parties latérales de la face des carnivores, et dont le *lion* présente le plus frappant exemple par la largeur de ses joues et le développement de ses apophyses zygomatiques, lieu où s'insèrent les muscles masséterins, qui jouent un grand rôle dans l'acte de la mastication.

Aussi, quelle différence dans la physionomie de tous ou presque tous les herbivores (figures placides et douces) avec celle des animaux carnassiers, dont l'aspect seul dévoile les instincts féroces.

Par suite de toutes ces dispositions et par suite aussi de l'organisation particulière qu'elles impriment aux parties qui sont en jeu, l'anatomie détermine à quelle espèce, à quel sujet, telle portion de la face (crâne, mâchoire ou dents) peut appartenir (2).

La conformation de ces parties étant différente, selon les espèces, par rapport au mode de nourriture, il devient possible aux naturalistes, à l'aspect d'un fragment, d'un fossile, d'une mâchoire, d'une dent, de découvrir « à quelle espèce d'animal cette partie appartient, quel genre il représente et à quelle famille il peut se rapporter. Quand bien même ce fragment appartiendrait à des êtres qui ont vécu sur la terre ou dans les eaux à des

---

(1) L'os intermaxillaire où incisif est un os pair qui occupe l'extrémité du museau entre les maxillaires supérieurs, chez la plupart des mammifères. — NYSTEN.

(2) Partout où il se fait de fortes attaches, les saillies osseuses sont fortement prononcées. Ces attaches augmentent encore le volume et la dureté de la partie. C'est quelquefois sur des surfaces étendues et par des fibres aponévrotiques ou tendineuses très-multipliées que ces insertions ont lieu.

époques tellement éloignées que nous n'avons aucune donnée pour en apprécier l'ancienneté. Le géologue, le naturaliste, n'en désigneront pas moins, disons-nous, que ce débris de corps organisé, rencontré dans le sein de la terre, ou ailleurs, est celui d'un animal de telle espèce, disparue du globe ou ayant encore son analogue dans celles qui existent aujourd'hui. » — RICHERAND.

Les parties dures après lesquelles les dents sont naturellement attachées, sont : la mâchoire supérieure et inférieure dans tous les mammifères. La mâchoire supérieure est toujours fixe, chez ces derniers, l'inférieure seule est pourvue de mouvements.

Les mouvements dont elle est susceptible et qui se rapportent à l'ordre de phénomènes que nous ne tarderons pas à étudier (la mastication) sont des mouvements d'abaissement, des mouvements de latéralité et quelques mouvements d'avant en arrière.

Il est certain que pour les carnivores, qui ne font que déchirer et diviser de plus en plus leurs aliments, les mouvements d'abaissement et d'élévation, étaient seuls nécessaires; car, pour ces animaux, l'aliment divisé et insalivé est tout ce qu'il faut; ces aliments arrivent dans leur estomac, où une force digestive considérable leur fera subir une nouvelle opération, qui les réduira en fragments de moins en moins épais et résistants, de telle sorte que, amenés enfin en une pâte convenable, la *digestion* pourra s'exercer sur cette masse qui, de dure et coriace qu'elle était, est devenue molle et pulpeuse, comme elle doit être pour les besoins de la digestion.

Mais ce mouvement de tenailles, de cisailles, de la part de la mâchoire, ce déchirement de la substance alimentaire plus ou moins résistante, ne s'exécute qu'avec des forces considérables. Il fallait des muscles énergiques pour opérer ces divisions ; il les fallait d'autant plus puissants que la mâchoire inférieure, au moment de la mastication, représente un levier dont le bras de la puissance est plus court que celui de la résistance (1).

---

(1) Des leviers à bras inégaux, le moins puissant sera celui dont le bras est le plus court.

La mâchoire inférieure forme un levier coudé double du 3e genre, dans lequel la puissance, représentée par les muscles temporaux,

Les muscles qui meuvent, dans ce cas, la mâchoire pour la fermer et la faire appuyer sur les corps qui se trouvent entre les arcades dentaires, sont placés près de la branche montante de l'os maxillaire inférieur.

Le premier de ces muscles, le muscle temporal (temporo-maxillaire), a ses fibres qui naissent de la fosse et de l'aponévrose temporale ; et il s'attache à l'apophyse coronoïde de la mâchoire inférieure. C'est un muscle fort et puissant, surtout chez les carnivores, mais il est situé à l'extrémité du bras de la puissance. Le masseter (zygomato-maxillaire, Ch.) s'insère en haut, au bord inférieur et à la face interne de l'apophyse *zygomatique*, ainsi qu'au bord inférieur de l'os de la pommette, et en bas, à la face externe du maxillaire inférieur et à l'angle de cet os.

Le *ptérygoïdien, grand ptérygoïdien*, s'insère en haut dans la fosse ptérygoïde, et en bas à la face interne de la branche du maxillaire inférieur, dans le voisinage de l'angle de cet os.

Dans les efforts de la mastication, ils agissent donc (ces muscles) assez loin de la résistance qu'ils doivent surmonter. Cette résistance, c'est l'objet placé sous les dents et qui doit être broyée. Les muscles élévateurs de la mâchoire sont plus puissants que les abaisseurs; mais les abaisseurs n'ont qu'une faible résistance à vaincre pour entraîner par en bas la mâchoire, qui, abandonnée à son propre poids, a une tendance naturelle à s'écarter de la mâchoire supérieure. Aussi les muscles abaisseurs : *ventre antérieur du digastrique, les muscles mylo-hyoïdien, genio-hyoïdien*, sont tous muscles faibles et attachés d'une part à l'apophyse *géni* ou à la ligne *mylo-hyoïdienne*, et de l'autre à l'os hyoïde. Ils prennent leur point d'appui sur cet os mobile par lui-même, et qui n'est, en cet instant, fixé ou immobilisé que par les muscles *sous-hyoïdiens*, *sterno-hyoïdiens*, *sterno-thyréo-hyoïdien* et *omoplato-hyoïdien*.

Il fallait donc que la nature suppléât par la force des muscles

---

masseters et *ptérygoïdiens internes*, se trouve placée entre le point d'appui et la résistance plus ou moins rapprochée du menton. — RICHERAND, *Nouveaux éléments de physiologie*, p. 217.

élévateurs à leur insertion, qui est peu favorable au service qu'ils sont appelés à remplir. Aussi, chez certaines espèces *animales*, et en raison du genre de leur nourriture, ces muscles sont ils forts chez quelques-unes, et faibles chez celles de ces espèces qui ne devaient faire éprouver à leurs aliments qu'une sorte de frottement, de broiement, avant d'être ingérés.

La disposition de l'articulation temporo-maxillaire nous donne aussi l'explication de certains mouvements qui se passent dans l'acte de la mastication, et nous rend compte de la manière dont ils s'effectuent.

Nous avons dit que les carnivores n'avaient besoin que des mouvements d'abaissement et d'élévation dans le jeu des mâchoires, et que, dans ces mouvements, l'inférieure seule entrait en jeu, la supérieure restant fixe. Cependant, et avant d'aller plus loin, on s'accorde à dire qu'il y a dans l'action de manger, chez l'homme, un certain mouvement de flexion de la tête en arrière sur le cou, de manière que le maxillaire supérieur est porté en haut avec la tête toute entière, par un mouvement qui s'exécute dans l'articulation de la tête avec la colonne vertébrale (articulation occipito-atloïdienne) (1). Nous avons dit aussi que les carnivores n'avaient besoin que des muscles pour l'abaissement ou l'élévation dans le jeu des mâchoires, et que chez les herbivores, la mâchoire inférieure avait un mouvement de latéralité, parce que c'était surtout sur les molaires que se passait l'action du broiement de leur nourriture; et, enfin, que ce mouvement leur était propre et s'apercevait très-bien en regardant manger un herbivore.

Nous nous complétons en disant que chez les rongeurs il y a un mouvement de glissement, de frottement des dents inférieures, *incisives* ou *canines*, on n'est pas encore fixé sur la dénomination (2) que l'on doit appliquer à ces organes (chez les

(1) Une expérience le prouve : si on place les dents de la mâchoire supérieure sur une lame de métal plate et fixe, et qu'on exécute des mouvements de mastication, on sent que, malgré soi, les dents de la mâchoire supérieure abandonnent le corps sur lequel elles reposaient.

(2) Geoffroy St-Hilaire a attaqué cette dénomination de dents inci-

rongeurs). Il y a, en effet, un mouvement de frottement qui est particulier dans cette classe d'animaux, qui fait qu'ils usent, qu'ils rongent, qu'ils grignotent les corps durs dont ils veulent se nourrir. Eh bien, chez l'homme, et c'est là notre objet principal, il y a trois mouvements combinés ou plutôt possibles d'exécuter, alternativement, dans l'action de manger.

La nature des dents de l'homme, la conformation de la mâchoire, lui procurent l'avantage, non pas de se nourrir d'herbes ou d'herbages, comme on a prétendu qu'il lui était possible de le faire, mais bien d'user de différents moyens de division des aliments pour sa nourriture :

1° Par les dents incisives, il divise certaines substances coriaces ou résistantes; 2° par les dents canines il déchire les tendons, les ligaments et autres substances plus ou moins résistantes; enfin, par les molaires, il triture, broye et réduit en petites masses ces substances déjà disposées ou d'autres qui n'ont pas besoin de tant de préparation. Le rongement, ou, si l'on veut, le grignottement de certaines substances, peut encore se faire par les incisives; la mâchoire inférieure pouvant glisser en avant ou en arrière de la supérieure, comme chez les rongeurs.

Mais pour toutes ces actions, il fallait que l'articulation temporo-maxillaire se prêtât à ces différents mouvements de haut en bas, d'arrière en avant, et de latéralité, qu'exécute la mâchoire : c'est ce qui a lieu en effet.

Les condyles sont dirigés horizontalement chez les *carnassiers ;* ils ont une direction antéro-postérieure chez les *rongeurs*, et ils sont constitués par des surfaces planes chez les *ruminants*. Ceci se conçoit, puisque, pour les premiers, il n'y a que des mouvements d'abaissement et d'élévation ; chez les seconds, des mouvements de va et vient, en avant et en arrière, sur la mâchoire supérieure; et qu'enfin, pour les ruminants (herbivores), il y a des mouvements de latéralité.

Chez l'homme, la direction et la forme des condyles tiennent

---

sives, et avancé que les dents antérieures des rongeurs étaient des *canines :* « Les prétendues dents incisives des rongeurs ne sont que des canines très-développées. » — P. Bérard, p. 642.

de toutes celles dont nous venons de parler : « L'homme est « donc à la fois herbivore et carnivore, non-seulement par ses « dents, mais encore par ses mâchoires. » — J. BÉCLARD, p. 47.

Quelle est donc, en définitive, la forme de cette articulation chez l'homme ?

Le condyle de la mâchoire inférieure de l'homme est oblique de dehors en dedans et d'avant en arrière. Cette obliquité est telle, qu'elle est bien plus voisine de la direction transversale que de la direction antéro-postérieure. Aussi, pendant la mastication, il s'opère différents changements dans les dimensions verticales de la bouche, au moment de l'élévation et de l'abaissement de la mâchoire inférieure.

Le maxillaire inférieur peut même exécuter, pendant ce même temps de la mastication, d'autres mouvements que ceux d'abaissement et d'élévation, comme on peut s'en convaincre par soi-même.

En effet, on sent que le maxillaire inférieur est porté à droite et à gauche ; qu'il est attiré en avant, ramené en arrière, les dents coupant, brisant, triturant les substances qui sont alors dans la bouche, et dont quelques-unes, qui réclament le jeu des molaires, ne pourraient en éprouver l'action, si un mouvement de latéralité ne déterminait un frottement de la surface de ces dents pendant la mastication.

Gerdy observe cependant que les molaires de l'homme se rencontrent, non par leurs surfaces planes, mais par les bords externes de leurs couronnes, avec lesquelles elles coupent ou divisent encore la chair (1).

Il y a quelque chose de particulier (et qui a été noté par les auteurs) pendant les mouvements de l'os maxillaire inférieur ;

---

(1) P. Bérard pense que cet effet ne peut avoir lieu que par une espèce de diduction latérale et un léger affaissement du condyle, du côté opposé à celui qui est en mouvement de mastication. Il dit à ce sujet : « Cette action exige, je pense, que le côté de la mâchoire opposé à celui avec lequel on mâche, soit légèrement abaissé. Cette variété de mouvements, qui n'a pas été décrite, est sans doute favorisée par le ménisque. On ne mâche pas des deux côtés à la fois. — P. BÉRARD, p. 645.

c'est que dans le mouvement d'abaissement de la mâchoire, le centre de ce mouvement n'est pas dans l'articulation temporo-maxillaire.

« Si vous placez, dit M. J. Béclard, votre doigt en avant du conduit auditif externe, vous sentez que le condyle articulaire du maxillaire inférieur abandonne la cavité glénoïde et se porte en avant à mesure que le menton s'abaisse, et se porte en arrière. Le centre du mouvement n'est donc pas dans l'articulation.

« Le mouvement a lieu autour d'un axe fictif qui traverse les deux branches montantes du maxillaire inférieur, au niveau du trou dentaire inférieur.

« Le condyle articulaire, en se déplaçant en avant dans les mouvements d'abaissement de la mâchoire, sort de la cavité glénoïde proprement dite, et se place au-dessous de la racine transverse de l'apophyse zygomatique.

« Au lieu de correspondre à une surface articulaire concave comme est la cavité glénoïde, le condyle vient se mettre en rapport avec une surface convexe comme il l'est lui-même.

« Les accidents de luxation seraient dès lors imminents dans tous les mouvements de la mâchoire ; s'il n'existait dans l'articulation un ménisque, ou cartilage inter-articulaire tellement disposé que dans tous les mouvements de la mâchoire, le condyle se trouve toujours correspondre à une surface concave, alors même qu'il est en rapport avec la racine de l'apophyse zygomatique.

« A cet effet le ménisque est biconcave. Dans l'état de repos de la mâchoire inférieure il est couché obliquement entre la partie antérieure du condyle articulaire et la partie postérieure de la racine transverse de l'apophyse zygomatique; mais du moment que la mâchoire s'abaisse, le condyle articulaire se porte en avant; et en même temps qu'il roule sur la surface concave du ménisque qui le regarde, ce ménisque lui-même glisse par sa face concave opposée sur la racine de l'apophyse *zygomatique*. Le ménisque inter-articulaire accompagne par conséquent le condyle articulaire dans tous les mouvements de son déplacement, et lui présente toujours une surface concave de réception (1).

« Le mouvement du ménisque articulaire est d'ailleurs associé à celui du condyle, par le muscle *ptérygoïdien externe* qui, non-seulement s'insère sur le condyle, mais aussi sur le ménisque lui-même, à sa partie antérieure. Ce muscle entraîne donc à la fois et en avant, le condyle et le ménisque. » — J. BÉCLARD, page 49, *Traité de physiologie.*

Ferrein, cité par Bérard, a dit que les condyles entraînent avec eux la coiffe que leur donne le *disque inter-articulaire;* ils se mettent dans un état de luxation imparfaite (2).

§ 7. Quels sont les nerfs affectés aux mouvements des mâchoires? Les nerfs qui animent les différents muscles que nous avons nommés : *temporo-maxillaire, masseter, ptérygoïdien externe*, sont des branches du nerf maxillaire inférieur; c'est lui qui anime ces différents muscles. Ils se trouvent par conséquent, sous son influence.

Le nerf maxillaire inférieur est un nerf mixte; il provient du nerf de la 5e paire ou trifacial qui naît par deux racines : une grosse qui donne naissance au ganglion de Casser; une autre plus petite qui s'unit à la troisième division de la grosse racine

---

(1) Les surfaces d'encroûtement ne sont pas cartilagineuses comme on l'a toujours dit, mais fibro-cartilagineuses. — P. BÉRARD, page 611, d'après dit-il, les micrographes modernes.

(2) Cet article sur les particularités des mouvements de l'os maxillaire inférieur, pendant la mastication et dans d'autres moments où la bouche doit s'ouvrir et se fermer, a été puisé en grande partie dans l'ouvrage de M. J. Béclard et dans celui de P. Bérard.

Pouvions-nous mieux faire que de donner les explications que fournissent à ce sujet, ces deux éminents physiologistes, quand surtout, M. J. Béclard cite lui-même P. Bérard, et qu'il dit au sujet du centre du mouvement transporté hors de l'articulation : M. P. Bérard a fourni à cet égard, une explication basée sur la connaissance anatomique des parties que l'expérience sur le cadavre justifie pleinement. Et, de là, d'après P. Bérard, l'explication du phénomène. Voyez J. BÉCLARD, page 49.

D'ailleurs, dans tous les cours de physiologie, ces explications sont données d'après ces deux grands maîtres ; et Haller a dit, en parlant de l'articulation temporo-maxillaire : *de hac articulatione multum pugnatum est.*

pour constituer le nerf maxillaire inférieur. C'est cette petite racine qui fait contracter les muscles des mâchoires; tandis que la grosse est affectée à la sensibilité et à d'autres usages.

Les nerfs que le maxillaire inférieur envoie dans les muscles temporo-maxillaire, masseter, ptérygoïdiens, etc., procèdent à la fois de la petite racine et de la racine glanglionnaire. Les nerfs qui s'introduisent dans les muscles portent, toujours réunis, des filets de sentiment et des filets de mouvement. Voilà pourquoi les muscles masticateurs reçoivent des branches provenant de ces deux sources.

Chez le nouveau-né, les mouvements de la mâchoire ne s'exécutent pas comme chez l'adulte: le centre du mouvement, au lieu d'être autour d'un axe fictif qui traverserait les deux branches montantes de l'os maxillaire inférieur, au niveau du trou dentaire inférieur; ce centre du mouvement se trouve être dans l'articulation même; c'est-à-dire que dans les mouvements d'abaissement et d'élévation du maxillaire inférieur, le condyle ne se porte plus en avant comme chez l'adulte. Une disposition anatomique peut en donner la raison : la branche de la mâchoire du fœtus, n'est pas redressée, sur le corps de la mâchoire; elle ne fait pas angle avec lui; le condyle n'abandonne pas la surface articulaire du temporal.

L'enfant peut ouvrir démesurement la bouche; y introduire des corps qui semblent être en disproportion avec cette ouverture, sans courir les risques d'une luxation, comme cela pourrait arriver à une époque plus avancée dans la vie.

Chez les vieillards, où le corps de la mâchoire devient horizontal; et fait un angle moins ouvert, en se portant en avant, avec la branche montante, la rencontre des dents devient plus difficile par ce fait; et, s'il y a perte de dents, la trituration des aliments en éprouve de grandes difficultés; car le bord alvéolaire de la mâchoire inférieure s'affaisse de plus en plus, et proémine en avant, tandis que le bord alvéolaire supérieur, en s'affaissant aussi, rétrocède en arrière; et de là résulte une condition très-défavorable dans le levier lui-même; et qui procure à la figure l'aspect dit ganache, en donnant au levier des conditions défavorables.

« Les recherches anatomiques, et les vivisections ont prouvé de la manière la moins équivoque, que la partie du nerf maxillaire inférieur qui va se répandre dans les muscles, correspond à la racine non ganglionnaire ou racine motrice du nerf de la cinquième paire ou trijumeau.

« C'est pour cette raison que la racine non ganglionnaire du nerf de la cinquième paire, ainsi que la portion correspondante du nerf maxillaire inférieur qui se rend aux muscles, est quelquefois désignée sous le nom de nerf masticateur.

« Les muscles génio-glosse, génio-hyoïdien, thyréo-hyoïdien reçoivent des filets nerveux du nerf hypo-glosse qui est aussi un nerf de mouvement. C'est aussi un nerf de mouvement, le nerf de la septième paire ou nerf facial, qui anime le ventre postérieur du muscle digastrique. Enfin, les muscles sous-hyoïdiens reçoivent leurs rameaux nerveux du plexus cervical. » — J. Béclard, page 53.

Muni de ces données, les mouvements des muscles de la face, leur sensibilité et les affections pathologiques de ces parties, peuvent être mieux compris, en ayant soin de distinguer ce qui appartient, en mouvements, à la petite racine de la 5e paire ou nerf trifacial. En effet, il est impossible de bien comprendre les mouvements des muscles qui servent à la mastication, sans se rappeler que la 5e paire (trijumeau ou trifacial) est affectée à la sensibilité et à la contractilité des muscles de la mâchoire inférieure. C'est une paire cervicale qui, comme les paires rachidiennes, a deux racines : une très-grosse qui donne naissance au ganglion de *Glasser* ; l'autre, beaucoup plus petite, plus mince, passe sous le ganglion sans prendre part à sa formation, c'est la petite racine ou racine motrice de la 5e paire. C'est cette petite racine qui s'unit à la 3e division de la grosse racine pour constituer le nerf maxillaire inférieur. C'est elle qui fait contracter les muscles de la mâchoire, tandis que la grosse racine est destinée à la sensibilité. C'est ce qui fait aussi que le nerf maxillaire inférieur est un nerf mixte, attendu qu'il procède à la fois de la petite racine et de la racine ganglionnaire, il porte donc des filets de sentiment et des filets de mouvement, puisqu'il se compose de toute la petite racine, plus une portion de la racine ganglionnaire destinée au sentiment.

Les muscles qui reçoivent des filets de mouvement, sont le temporal, le masseter, le ptéry-goïdien interne et externe, le digastrique (ventre antérieur), le mylo-hyoïdien. Les péristaphylins externes doivent leurs mouvements à la petite racine ; le nerf trijumeau ou trifacial, nerf de la 5e paire, se détache de l'encéphale, près du bord externe de la protubérance annulaire (1).

§ 8. **De la Mastication.** Pendant la mastication, les parties molles qui constituent les lèvres et les joues, et par conséquent une grande partie de la face entrent en action, et chacune pour la part qui lui appartient. La langue qui sert à l'articulation des sons, à la préhension des aliments, aux actes de la mastication et de la déglutition, prend une part active dans les différents temps de l'opération : c'est elle qui régularise ces mouvements, et qui est chargée de ramener incessamment sous les arcades dentaires les aliments qui sont soumis à la mastication ; elle les rassemble, elle les réunit par petites portions, et va même les chercher dans les diverses parties de la bouche (où ils peuvent s'être répandus), pour les présenter de nouveau à l'action des dents, chargées de les contondre ou de les diviser.

Les lèvres constituent la partie la plus extérieure de la *bouche;* mais cette cavité doit être considérée comme formée non-seulement des lèvres, ainsi qu'on l'exprime dans le langage ordinaire, mais encore d'autres parties qui lui appartiennent en propre et qui la constituent.

En effet, les lèvres ne la circonscrivent que en avant et dans sa partie antérieure. Le voile du palais et le pharynx la limite en arrière ; la voûte palatine forme sa partie supérieure et la langue constitue la partie inférieure ou le plancher.

---

(1) Les deux racines du trijumeau ou nerf de la 5e paire, l'une sensitive et l'autre motrice, ont leur origine apparente au même point : sur les côtés de la protubérance annulaire, là où les fibres transversales de la protubérance prennent le nom de pédoncules cérébelleux moyens. — J. Béclard, page 948.

Les joues qui forment ses parties latérales se joignent aux lèvres en avant, au pharynx en arrière, et ferment cette ouverture de toutes parts. Il y a donc à la bouche une paroi antérieure, une paroi postérieure, deux parois latérales, un plancher et une voûte, dite voûte palatine. Mais cette cavité, quoi qu'elle semble n'en former qu'une seule, en a réellement deux : 1° celle comprise intérieurement entre les lèvres et les deux maxillaires, quand ils sont réunis ; c'est le vestibule, et 2° la cavité buccale proprement dite, entre la partie interne des arcades dentaires rapprochées et l'isthme du gosier, ou plutôt le voile du palais.

Les lèvres agissent comme moyen de préhension et sont destinées à fermer l'ouverture de la bouche. Elles sont susceptibles de différents mouvements chez l'homme : il peut les froncer circulairement ; il peut leur donner les formes les plus variées dans les mouvements qu'il lui est possible de leur imprimer. L'orbiculaire des lèvres peut, avec les autres muscles de la face, jouer un grand rôle dans les diverses expressions que la physionomie peut prendre.

Il y a des nerfs qui animent ces parties ; des vaisseaux qui s'y rendent. Ces nerfs sont de deux ordres : les sensitifs et les moteurs. La 7e paire, ou nerf facial, préside aux mouvements ; ses rameaux sous-orbitaire, buccaux et mentonnier, se distribuent à tous les muscles de la face ; la 5e paire fournit à la sensibilité par l'intermédiaire de la branche maxillaire supérieure et inférieure.

Il est utile aussi de faire connaître dès à présent, quoiqu'il en sera plus longuement question lorsque nous traiterons de la spécialité d'action de certains nerfs cérébraux, que le nerf facial, nerf de la 7e paire, est un nerf de mouvement et qu'il anime certains muscles de la face ; l'occipital, l'auriculaire supérieur, antérieur, postérieur, le frontal, le sourcilier, myrtiforme, transversal du nez, pyramidal, orbiculaire des lèvres, etc., etc. Il se distribue à presque toutes les parties molles du visage ; ses filets se répandent surtout dans les muscles ; mais, la sensibilité de ce nerf, provient particulièrement des filets sensitifs de la 5e paire, qui, presque partout, marchent accolés avec lui, et sont confondus dans le même névrilème (1).

C'est l'adjonction de la branche auriculo-temporale de la 5e paire, au niveau du trou stylo-mastoïdien, qui communique au nerf facial la sensibilité dont il est pourvu. Cependant il ne faudrait pas croire que le nerf facial est entièrement insensible à son origine; il est légèrement sensible à la sortie du trou stylo-mastoïdien, alors qu'il n'a pas encore reçu l'anastomose du nerf de la 5e paire, cette sensibilité paraît lui être fournie par une petite racine qui lui est accolée, dès son origine; le nerf de Wrisberg (2).

Dans la distribution des nerfs aux muscles de la face, n'oublions pas de mentionner que le nerf maxillaire supérieur qui provient aussi du trifacial et qui sort du crâne par le trou grand rond, va aussi s'épanouir sur la joue : il se distribue à la lèvre supérieure, tandis que le maxillaire inférieur qui sort également du crâne, mais par le trou ovale, se distribue à la base de la face et à la lèvre inférieure.

Dans l'énumération des muscles de la face qui entrent en action pendant la mastication, nous ne devons pas omettre le muscle buccinateur, quoique son nom buccinateur, de *buccina*, trompette, semble plutôt indiquer une action de souffler, que

---

(1) Les tubes nerveux, qu'ils marchent séparément vers leur destination ultérieure, ou qu'ils se rassemblent et se rapprochent dans un névrilème commun, n'en conservent pas moins, jusqu'à leur terminaison, les propriétés qui leur sont propres. Les filets sensitifs du nerf de la 5e paire et les filets moteurs du nerf facial réunis entre eux dans les branches auriculo-temporales, sus-orbitaires et mentonnières, ne président pas moins les uns à la sensibilité des parties, les autres au mouvement musculaire. — J. Béclard, page 955.

(2) Quelques expériences de M. Bernard tendent à faire supposer que le nerf de Wrisberg n'est pas complètement assimilable à la racine sensitive de la 5e paire. Ce nerf devrait être envisagé, au moins en partie, comme une racine du système sympathique encéphalique et l'intumescence ganglionnaire du nerf de la 7e paire devrait être considérée comme un ganglion de ce système. — J. Béclard, loc. cit.

Le nerf facial à son origine se détache du bulbe par deux racines, l'une qui constitue la plus grande partie du nerf; l'autre, très-petite, qui lui est tout-à-fait accolée (nerf de Wrisberg).

celle de servir à la mastication des aliments ; c'est cependant lui qui, par une disposition particulière de ses fibres situées dans l'épaisseur de la joue, applique cette partie, à droite comme à gauche, contre les arcades dentaires, pour y pousser les aliments et faciliter la mastication ; propriété qu'il possède, à part celle de souffler.

C'est à la face, dit Bérard, page 672, que se montre de la manière la plus évidente la distinction entre les nerfs de mouvement et de sentiment. Et cependant, on a débuté par une erreur dans l'appréciation des fonctions de ces nerfs. Cette erreur a été de croire que la branche motrice de la 5e paire (la petite racine) se distribue au muscle buccinateur et même aux lèvres !...

Ch. Bell et Bellingeri ont propagé cette erreur. Aujourd'hui, la science est faite sur ce point de physiologie : la racine motrice du trijumeau ne parvient ni aux muscles des lèvres, ni au buccinateur : tous ces muscles se contractent sous l'influence exclusive du nerf *facial*, quel que soit le but à atteindre par ces contractions ; qu'il s'agisse de préhension de l'aliment, de mastication, de prononciation, d'expression faciale, etc.

Le défaut d'action du nerf facial, quelle qu'en soit la cause, anéantit constamment les contractions des lèvres et des joues : les lésions de la 5e paire ne produisent jamais cet effet.

« On dérivait à tort, continue le même auteur, le nerf buccal, de la racine motrice de la 5e paire. M. Longet s'est assuré, sur des pièces préalablement macérées dans l'eau acidulée avec l'acide azotique, que le nerf buccal qui est composé à son origine d'un mélange de filets provenant à la fois de la racine motrice et de la racine sensitive ou ganglionnaire (5e paire) abandonne les premiers dans les muscles temporal et ptérygoïdien externe et s'avance vers la joue réduit à ses filets sensitifs (1). »

---

(1) Pour la sensibilité, les muscles de la face la doivent à la grosse racine, ou racine ganglionnaire de la 5e paire, par la branche ophthalmique, par la branche moyenne ou maxillaire supérieure et par la branche inférieure, nerf maxillaire inférieur, devenu nerf mixte par son adjonction à la petite racine au-delà du ganglion et en partie seulement ; bien différent en cela des nerfs rachidiens dont la réu-

§. 9. **De la Bouche.** Nous avons exposé dans son ensemble cette partie qui joue un grand rôle dans la *mastication*. Il nous faut entrer dans quelques détails sur les organes qui complètent sa description et qui en dépendent.

Nous avons dit que la paroi postérieure de la bouche était formée par le voile du palais, attaché à la partie postérieure des os du palais. Ces os forment la voûte, ou partie supérieure de la cavité buccale (on les appelle os palatins). Elle est revêtue d'une membrane muqueuse, épaisse et dense ; elle est légèrement déprimée dans le milieu par une ligne blanchâtre qui la traverse d'avant en arrière.

Le plancher inférieur de la bouche est formé par la langue elle-même ; c'est un corps charnu, symétrique, composé de muscles susceptibles de lui donner diverses figures ; de l'allonger, de la raccourcir, de la recourber, de la creuser même en canal, ou en gouttière.

Elle est attachée, par sa racine, seulement, à l'os hyoïde par le muscle *hyo-glosse* et par une portion de sa base, à la mâchoire inférieure au moyen des muscles *génio-glosses* et par des fibres charnues du *mylo-glosse* qui, de la ligne oblique interne de la mâchoire, se portent au pharynx. — WINSLOW.

Les muscles qui entrent dans sa formation ont été distingués en *extrinsèques :* hyo-glosses, génio-glosses, stylo-glosses et en *intrinsèques :* les linguaux. Tous ces muscles entrecroisent leurs fibres charnues, de telle manière que vers la face supérieure leur arrangement avait été jugé inextricable. En effet, ils forment, à la région supérieure de la langue, une couche dans laquelle il est presque impossible de les discerner ; le muscle lingual proprement dit, qui marche d'arrière en avant, de la

---

nion est bien plus complète pour former les nerfs mixtes, c'est-à-dire de mouvement et de sentiment.

Nota. — L'étude partielle et fractionnée que nous faisons des fonctions des nerfs, à propos de la fonction de chaque organe, ne nous dispensera pas d'exposer, dans une vue d'ensemble, le rôle physiologique de chaque nerf ou paire de nerf en particulier, quand nous traiterons de l'*innervation*.

face inférieure de la langue, est cependant facile à distinguer. La projection de la langue, en avant et en dehors de la bouche, est effectuée par celles des fibres du génio-glosse qui se portent de l'apophyse-géni à la partie postérieure de la langue. Le retrait de cet organe dans la bouche est opéré par celles des fibres qui de l'apophyse-géni se portent à la partie antérieure de la langue. L'allongement du tissu même est produit par les fibres musculaires transversales qui rapprochent l'un de l'autre les bords latéraux de la langue. Quant à d'autres mouvements, ils sont expliqués par l'attache des muscles qui, des parties voisines se rendent dans cet organe.

La langue est tapissée d'une membrane muqueuse qui se continue avec celle qui revêt toute la cavité buccale. Un épithélium pavimenteux qui se renouvelle avec facilité, toutes les fois qu'il a été détruit, enlevé, par l'acte de la mastication et par le passage des aliments sur cette partie, la recouvre également.

Les papilles nombreuses que l'on observe sur le dos de la langue, sont de trois espèces et occupent des places différentes : 1° les papilles *côniques*, principalement situées à la pointe et sur les côtés de cet organe; les papilles *fongiformes*, en nombre indéterminé, occupent la partie moyenne et postérieure; 3° les papilles *lenticulaires* appelées aussi *caliciformes* ou *corrolliformes* (Sapey) sont de nombreuses cryptes muqueuses percées d'une ouverture d'où suinte le fluide muqueux qu'elles sécrétent; ce sont de véritables glandes salivaires; elles sont rangées sur deux lignes formant un V, dont la pointe serait au trou borgne de morgagni : large lacune située sur la face supérieure de la langue et qui est l'orifice commun de plusieurs follicules muqueux.

La langue reçoit ses nerfs moteurs du *grand hypo-glosse* : la section de ce nerf entraîne la paralysie de cet organe. La sensibilité, ou propriété tactile, lui est fournie par le nerf *lingual* branche de la 5e paire. Cette sensibilité joue un rôle important dans la mastication ; car pendant cet acte, c'est encore la langue qui va sentir les parcelles d'aliments qui se trouvent n'être pas encore arrivées au point de trituration convenable, pour les ramener sous les surfaces triturantes et assurer ainsi l'accomplissement de ce premier acte de la *digestion*. Quant à la partie gustative, elle est fournie par le glosso-pharyngien : « Il communique à la base de la langue la sensibilité gustative dont elle jouit. Ce nerf est du reste un nerf mixte, et il donne des filets aux muscles et des filets de sensibilité à la muqueuse des parties, où il distribue ses filets ; mais une grande partie de ceux-ci est dévolue à la sensibilité spéciale du *goût*. Le nerf lingual, tout en étant un nerf de sensibilité tactile, préside aussi, en même temps, à la sensibilité gustative des parties antérieures de la langue, là où cette sensibilité existe. — J. BÉCLARD, page 880.

Récapitulant la distribution des nerfs pour les différentes parties qui composent la face et la bouche, et qui a surtout son importance à un certain point de vue (nous voulons parler des névralgies et des paralysies de ces parties), nous trouvons :

1° Que les mouvements des lèvres et des joues sont sous la dépendance du nerf de la septième paire ou nerf facial, par l'intermédiaire des rameaux sous-orbitaires, buccaux et mentonniers (1).

2° Que la membrane muqueuse qui tapisse la face interne des lèvres et des joues, reçoit des filets sensitifs du nerf de la cinquième paire ou trijumeau, par l'intermédiaire de la branche sous-orbitaire, qui est la terminaison du maxillaire supérieur (lèvre supérieure) et du dentaire inférieur, branche du maxillaire inférieur (lèvre inférieure). Et pour la face interne de la joue, par le nerf buccal ou buccinateur, rameau du maxillaire inférieur qui se distribue dans la joue et particulièrement dans le muscle buccinateur. Tous nerfs sensitifs venant de la branche ganglionnaire (2).

---

(1) Les fibres sensitifs du nerf de la cinquième paire et les filets moteurs du nerf facial, réunis entre eux dans les branches auriculo-temporale, sus-orbitaire, sous-orbitaire, et mentonnière, ne président pas moins, les uns à la sensibilité des parties, les autres aux mouvements musculaires.

Le nerf facial est le seul qui fournissent des filets moteurs aux muscles de la face. — J. BÉCLARD, p. 956.

(2) On sait que la petite racine de la 5e paire (racine motrice), s'unit à la 3e division de ce nerf, portion ganglionnaire.

C'est un des plus puissants arguments que l'on puisse invoquer en faveur de l'existence séparée des racines motrices et sensitives.

3° Que les mouvements de la langue sont sous l'influence du nerf *hypo-glosse.*

4° Que la sensibilité de cet organe est en rapport, dans sa partie libre, avec le nerf lingual, l'une des branches du maxillaire inférieur, ainsi que la sensibilité gustative de ses bords et de sa pointe. Enfin, que la faculté gustative est fournie par le nerf glosso-pharyngien, principalement pour la base de la langue.

Pour les mouvements de la langue, c'est le nerf hypo-glosse qui y préside : l'irritation de ce nerf détermine des contractions et amène des convulsions dans la langue (1).

De tout quoi il résulte que la paralysie du mouvement des lèvres et des joues n'entrave pas d'une manière absolue la mastication, mais la rend plus difficile.

Nous devons ajouter que la mastication est cet acte qui prépare les aliments, dans l'intérieur de la bouche, au moyen des dents et de l'action musculaire qui met en mouvement les mâchoires, de manière qu'elles triturent et atténuent leurs masses, de façon à les rendre propres à être ingérés dans l'estomac.

Les aliments ainsi divisés sont plus aptes à recevoir l'imprégnation de la salive, sans laquelle aussi ils ne pourraient glisser sur le plancher que leur présente la paroi inférieure de la bouche. Leur passage dans le pharynx, puis dans l'œsophage, deviendrait impossible, s'ils n'étaient humectés par ce fluide, qui arrive dans la bouche de toutes parts.

Ce n'est pas seulement pour ce point que leur trituration primitive est nécessaire, elle le devient aussi pour l'estomac, où des sucs gastriques vont aussi les pénétrer pour un but qui sera incessamment indiqué.

La trituration de certaines substances alimentaires est tellement nécessaire pour leur imbibition par la salive et par les sucs gastriques, que les personnes qui ne peuvent broyer convenablement leurs aliments, soit par absence de dents ou par d'autres motifs, ont généralement les digestions pénibles.

(1) La section du nerf hypo-glosse entraîne la perte des mouvements de la langue.

Et ce n'est pas un des moindres inconvénients de la vieillesse (pour les digestions), lorsqu'elle est privée en tout ou en partie de ces moyens de trituration.

Mais quelle que soit la trituration qui peut résulter de la mastication, c'est-à-dire de toutes les forces, de tous les moyens de broiement que nous avons indiqués en parlant du jeu des mâchoires, de l'action des dents, des joues et des lèvres, certaines parties de ces aliments échappent encore à cette action, et quoique ingérées dans l'estomac, elles restent réfractaires aux sucs digestifs qui doivent agir sur elles : telles sont les parties épidermiques des végétaux; et, comme elles servent d'enveloppe à des parties nutritives, il faut que ces substances aient subi une coction complète, et qu'elles aient été fortement broyées et insalivées pendant la mastication, pour qu'elles puissent être employées utilement pour la digestion ; puisque sans cela les liquides digestifs ne les attaqueraient pas; et les fécules, ou principes azotés que ces enveloppes renferment, ne pourraient en être dégagés. Ainsi les pois, les fèves, les haricots, et tant d'autres substances, seraient employées en pure perte. Les grains d'avoine, pour les animaux, doivent être broyés, attaqués par les dents, sans cela ils sont rendus en nature, et n'ont pas cédé, par conséquent, leurs parties nutritives au corps de l'animal.

La mastication parfaite, le broiement complet, est bien moins nécessaire pour une nourriture animale : beaucoup de carnivores avalent des animaux entiers (1).

La mastication est une opération complexe, puisque, ainsi qu'il a été dit plus haut, l'aliment mâché est en même temps et insensiblement imprégné par la salive.

§ **10. De la Salive.** La salive favorise la mastication ; elle est utile à la déglutition ; elle est indispensable à la digestion.

---

(1) On a pu rapporter à une trituration imparfaite de l'aliment, certains troubles de la digestion éprouvés par des hommes qui apportaient trop de négligence à cette opération préparatoire. — P. BÉRARD, page 686.

La quantité de salive sécrétée et employée est en raison de la sécheresse de la matière alimentaire.

La perte habituelle de la salive peut entraîner des conséquences fâcheuses pour l'alimentation et amener les plus grands désordres dans l'économie.

Lorsque, par une cause quelconque, perte des lèvres, des joues, la salive s'écoule au dehors, au lieu d'être versée dans le tube digestif, il en résulte des troubles dans la digestion, de la faiblesse, de l'amaigrissement; la vie peut être compromise.

La quantité de salive qui peut être sécrétée journellement est considérable. Tous les auteurs ont enregistré des nombres, en poids, qui varient de quelque chose, mais ils indiquent, soit par des expériences directes faites à ce sujet, soit par suite de cas pathologiques (fistules accidentelles), qui ont permis de recueillir le produit de cette sécrétion, ils indiquent, disons-nous, des chiffres qui diffèrent peu les uns des autres.

D'abord, la quantité de salive qui s'écoule dans la bouche dans l'intervalle des repas est moins considérable que pendant les repas (cette sécrétion est intermittente); 2° ce sont particulièrement les parotides qui sécrètent abondamment pendant les repas; 3° cette sécrétion des parotides est aqueuse et très-fluide; 4° la sécrétion des autres glandes, *sous-maxillaires*, *sub-linguales*, n'est pas aussi abondante, mais elle est moins diminuée pendant l'abstinence, et enfin leur produit est plus visqueux et plus filant. Ces produits réunis forment la salive *mixte*.

La quantité de salive qui s'écoule dans la bouche pendant l'intervalle des repas, peut être augmentée aussi par le mouvement des mâchoires, comme on a pu s'en convaincre dans le cas de fistule. La sécrétion normale de ce fluide n'est pas tout-à-fait suspendue pendant la nuit : quelques personnes l'avalent en dormant; chez d'autres elle s'échappe de la bouche. Au total, sur un homme à jeun, la quantité de salive qui s'écoule dans la bouche par le canal de Stenon, est de 12 grammes à 14 grammes par heure, 300 grammes dans les 24 heures, en moyenne.

Il est probable, dit M. J. Béclard, page 81, que la quantité de salive sécrétée par l'homme en 24 heures est plus considérable qu'on ne serait tenté de le supposer, et qu'elle s'élève environ de 1 kil. 5 h. à 1 kil. 6 h.; car il faut remarquer que toutes les appréciations comparatives que l'on a faites du cheval à l'homme, par suite de certaines expériences, ne sont que de simples suppositions, qui ne sont pas suffisamment établies, puisqu'il faut faire le calcul en rapport avec le poids des glandes parotides, sous-maxillaires et sub-linguales de l'animal, et celui des mêmes glandes chez l'homme. Les expériences directes sur l'homme seraient peut-être plus concluantes? « Eh bien, un expérimentateur, en se tenant la bouche ouverte et inclinée en bas, en a recueilli 15 grammes en une heure, cela donnerait 360 grammes en 24 heures; mais on a négligé l'influence du repas, temps pendant lequel la sécrétion de la salive est notablement augmentée. » — P. Bérard.

Quant aux différentes qualités que possède la salive, qui est sécrétée par les trois glandes qui concourent à la former (salive mixte), M. Bernard pense que la salive parotidienne et celle des glandes labiales et molaires, en raison de leur fluidité, sont principalement en rapport avec la mastication, c'est-à-dire avec l'imbibition de l'aliment au moment où il est divisé par les mâchoires; tandis que la salive des glandes sous-maxillaires, sub-linguales, et des glandes palatines, en raison de sa viscosité, rassemble, englue en quelque sorte, les parcelles de l'aliment sous forme de bol alimentaire, et entoure ce bol d'une couche adhérente et liquide en même temps, qui favorise son passage dans les voies de la déglutition. « La salive des différentes glandes salivaires agit d'ailleurs aussi d'une manière différente dans les phénomènes chimiques de la digestion. — J. Béclard, p. 63.

§ 11. Quelle est la nature et la composition de la salive ? « La salive est alcaline : ce n'est que par exception, et dans certaines maladies qu'elle se trouve acide. Il y aurait à faire quelques recherches à ce sujet; et à trouver quel rapport il peut y avoir entre telle maladie, tel désordre organique des voies digestives, et les changements chimiques que la salive peut éprouver. » — Nysten.

Déjà nous savons que la salive parotidienne, et le liquide mixte qui se trouve dans la bouche (salive complète), offrent quelques différences dans le résultat des analyses ; puisque la salive parotidienne ne contient pas cette matière animale, cette diastase salivaire que l'on trouve dans la salive mixte ; 2° que la salive examinée au moment des repas, ou dans leur intervalle, le matin à jeun, ou dans la journée, et suivant qu'il y a ou non une irritation gastrique, présente des changements de composition.

Certaines particularités de la composition de ce fluide ont été étudiées par MM. Donné et Mialhe.

C'est la salive mixte de la bouche, chez l'homme, qui a servi le plus souvent aux expériences. On a profité aussi (dans les analyses que l'on a faites de la salive) de la circonstance qu'ont offerte certaines fistules parotidiennes produites accidentellement sur des individus, ou faites avec intention sur des animaux (ainsi que l'ont pratiqué MM. Leuret, Mitscherlich, Lassaigne), pour établir la comparaison avec le liquide salivaire mixte de la bouche chez l'homme.

Il y a eu à ce sujet, des études comparatives, faites par MM. Magendie, Rayer, Payen, et qui ne peuvent trouver place ici (1).

Il nous suffira de savoir que la salive est ordinairement une humeur claire, visqueuse, filante comme une dissolution légère de gomme dans de l'eau, d'une densité qui l'emporte de bien peu sur celle de l'eau ; 2° qu'elle a une couleur légèrement bleuâtre, et qu'en la laissant exposée quelque temps à l'air, la partie supérieure du liquide devient moins filante, plus claire, et le fonds plus épais, plus trouble ; 3° qu'elle dépose sensiblement ; et qu'enfin, la salive parotidienne est *alcaline*, celle qui provient de la sécrétion buccale est *acide*, et que selon la prédominence de cette dernière, la salive mixte devient acide.

Sous le rapport chimique, la salive est donc toujours ou presque toujours alcaline (2).

---

(1) Rapport lu dans la séance du 20 octobre 1845, à l'Académie de Médecine.

(2) M. Donné pense (dit Bérard) que la réaction légèrement alcaline de la salive est son état normal.

M. J. Béclard, dit page 81 : la salive doit son alcalinité au phosphate de soude tribasique.

L'explication de ce fait a été trouvée, pour quelques-uns, dans un excès de soude qu'elle contient ; pour d'autres, c'est à un carbonate ou à un bicarbonate de soude qu'il faut l'attribuer.

La commission de l'Institut en a trouvé la raison dans une grande quantité de *bicarbonate de potasse* qu'elle contient.

Nous admettons, dit P. Bérard, page 711, que la salive doit son alcalinité à un excès d'alcali fixe.

Dans tous les cas, la salive contient une très-grande quantité d'eau, quand on la chauffe, et qu'on chasse l'eau par évaporation, il reste environ une partie de résidu solide.

Ce résidu contient 98 pour 100 de matériaux salins ; elle contient aussi des matières organiques.

La salive (dit Richerand, page 223) est un liquide transparent, visqueux, légèrement *alcalin*. Il est formé d'environ quatre parties d'eau et d'une partie d'albumine, dans lesquelles sont dissous des phosphates de soude, de chaux et d'ammoniaque, ainsi qu'une petite quantité de muriate de soude.

Comme tous les liquides albumineux, elle (la salive) mousse quand on l'agite, en absorbant l'oxygène de l'air dont elle parait fort avide.

Suivant Berzelius, la salive contient 992,9 d'eau, 2,9 d'une matière organique (ptyaline, diastase salivaire ou mucine), 1,4 mucus et épithélium, 0,9 lactates alcalins, 1,9 sels divers (muriate de potasse de soude, etc.).

Mais cette analyse de la salive, prise dans la bouche, donne un résultat peu satisfaisant, puisque ce liquide y est mêlé aux produits de la sécrétion des follicules muqueux de la langue et du palais, et à ceux de la perspiration (1).

Pour obvier à cet inconvénient, MM. Leuret et Lassaigne ont analysé ce liquide (obtenu par la division du conduit parotidien sur des animaux) et celui recueilli sur un homme atteint d'une fistule salivaire. Voici le résultat de leur analyse :

(1) Chez les personnes qui ont la salive mixte acide, il y a prédominence de la sécrétion buccale qui est acide sur la sécrétion salivaire proprement dite, qui est alcaline.

Eau 98,99, mucus, traces d'albumine, de soude, de chlorure de sodium, de chlorure de potassium, de carbonate de chaux et de phosphate de chaux 1,01.

On sait que les sels sont assez abondants dans la salive de certaines personnes ; car l'encroûtement des dents qui survient souvent chez ces mêmes personnes ; le tartre, en un mot, qui s'amasse en forme de matière d'abord limoneuse, puis blanchâtre, puis jaunâtre et solide au collet des dents, est formé par une incrustation phosphato-calcaire qui finit par en environner la surface, et déchausser les dents, en refoulant constamment les gencives, si on n'a pas le soin d'enlever cet encroûtage (1).

En définitive, et pour en finir avec la composition de la salive qui, sous le rapport de son analyse, n'a pas toujours donné les mêmes résultats, nous dirons sommairement : « L'eau est prédominante dans la salive ; les chiffres qui, dans diverses analyses expriment le rapport de l'eau aux parties solides ou solidifiables (tant organiques que solides), tournent autour de 9,900 parties d'eau pour 10,000 parties de salive. Sur les 100 parties de matières solides, il y en a un peu plus de 40 fournies par les sels, et le reste est composé de matières animales.

« Les sels de la salive sont (en outre de ceux dont il a été parlé à propos de son alcalinité) le *chlorure* de *sodium*, le *chlorure* de *potassium*, des *phosphates* de *soude* et de *chaux*.

« D'autres sels sont en minime quantité dans la salive, ou même n'y sont pas généralement admis. » — P. BÉRARD, tome II, page 711.

§ **12. Quels sont les usages de la salive ?** La salive dissout les substances solubles.

C'est sur les matières féculentes, sur la fécule désagrégée, sur l'amidon, que la salive exerce son action. L'irritation que la présence ou le désir des aliments occasionne, excite les glandes

---

(1) M. Dumas explique ce dépôt par l'action de la salive alcaline sur le liquide acide de la bouche : dès que l'acide libre est saturé, les phosphates se déposent à l'état insoluble.

salivaires; elles deviennent ainsi des centres de fluxion (1).

On peut remarquer sur soi-même, que si l'on fait usage d'aliments doués de qualités âcres ou excitantes, ce liquide coule plus abondamment; il arrive alors, dans la bouche, en plus grande quantité que quand ces aliments ont une saveur douce. La vue aussi de substances alimentaires suffit pour faire arriver la salive dans la bouche.

Alors elle se mêle aux mucosités qui sont abondamment sécrétées par les glandes muqueuses *buccales*, *labiales*, etc., qui garnissent la bouche de toutes parts à son intérieur.

Dans cet état elle humecte, pénètre les aliments divisés par les dents, et leur imprime un premier degré d'altération par les matières azotées qu'elle contient; telle que cette matière animale particulière qu'elle renferme. La salive proprement dite, *celle de la parotide*, est privée de cette matière (dite diastase salivaire).

C'est la salive mixte, la salive ordinaire qui tient en dissolution cette même matière, désignée autrefois sous le nom de *ptyaline;* et qui aurait, comme la diastase végétale (que l'on trouve à la base de l'insertion des radicules), la propriété de faire éclater les globules d'amidon pour en isoler la dextrine qu'elle transforme, en grande partie, en sucre de *raisin* (glycose) (2).

---

(1) Les glandes salivaires sont les organes sécréteurs de la salive. Elles sont au nombre de six; trois de chaque côté : les deux parotides, les deux sous-maxillaires et les deux sub-linguales.

Il y a en outre, un grand nombre de petites glandes analogues sous la muqueuse des lèvres (glandes labiales), des joues surtout, près des dents molaires (glandes molaires), sous la muqueuse du palais, du voile du palais et même du pharynx. Les glandes salivaires sont des glandes en grappes composées.

Chacune des trois premières glandes est pourvue d'un canal excréteur. La parotide par le canal de Stenoz; la sous-maxillaire par celui de Warthon et la sub-linguale par celui de Rivinus, versent leur produit dans la bouche, sans compter d'autres petits conduits excréteurs qui pour cette dernière, vont s'ouvrir isolément sur les côtés du frein de la langue.

(2) M. Mialhe a proposé de nommer la diastase salivaire, *diastase animale*.

Tiedeman et Gmelin professent que la salive peut donner à l'ali-

La salive parotidienne sécrétée abondamment au moment de la mastication, parait avoir principalement pour objet de ramollir l'aliment; les glandes sous-maxillaires sub-linguales et les glandes buccales ou glandes molaires, seraient plus spécialement en rapport avec les métamorphoses chimiques de certaines substances alimentaires.

« Ce serait une erreur de croire, cependant, que l'aliment amylacé soumis à la mastication et insalivé, est déjà converti en dextrine et en glycose. La transformation est à peine commencée au moment de la déglutition, dans le plus grand nombre des cas; et c'est plus loin qu'elle s'effectue avec ou sans le concours d'un liquide, et notamment du fluide pancréatique (1).

Selon M. Bernard, les glandes parotides, labiales et buccales, sont celles qui sécrètent le liquide qui sert spécialement à la mastication, parce qu'il est plus clair que celui qui est fourni par les glandes sous-maxillaires sub-linguales et palatines. Ces dernières sécrètent une matière muqueuse, plus épaisse, plus mucilagineuse, et qui facilite le glissement du bol alimentaire dans l'acte de la déglutition.

La commission de l'Institut dans un rapport qu'elle a fait à cet égard, reconnait que la salive *parotidienne* du cheval ne convertit pas l'amidon en dextrine et en glycose et que la salive prise dans la bouche de cet animal (salive mixte) jouit de ce pouvoir transformateur.

On s'est demandé si l'origine du principe actif de la salive était produite par la membrane qui revêt la bouche, puisque la salive parotidienne et la salive sous-maxillaire mélangées et provenant du même animal, n'ont point fait obtenir de glycose; ou

---

ment un premier degré d'animalisation, en le pénétrant des principes azotés qu'elle renferme. « Je déclare, dit P. Bérard, page 723, que ce mot d'animalisation est presque un non-sens pour moi : nos principes azotés ne fournissent pas d'azote aux principes immédiats qui en manquent; ainsi ils ne peuvent les animaliser, mais la salive a une autre action sur les matières végétales : c'est sur les aliments féculents, sur la fécule désagrégée, sur l'amidon, que la salive exerce son action. »

(1) P. Bérard, page 733.

bien, si la matière active fournie par les glandes salivaires n'acquiérait ses propriétés définitives que dans la cavité buccale au contact du mucus sécrété par les glandes buccales et au passage de l'air qui agirait sur ces différents produits mélangés ?

La plupart des matières solides ou liquides jouissent de la faculté de transformer l'amidon en glycose, de sorte qu'il n'y aurait rien de spécial dans l'action de la salive. Magendie avait particulièrement signalé ce pouvoir dans le sérum du sang. Et d'autre part, nous lisons dans Richerand, qu'il y a toujours de l'air qui a été mélangé aux aliments; nul doute alors, que, agitée avec ces aliments par les mouvements de la mastication ; la salive n'absorbe de l'oxigène et ne mêle aux aliments une certaine quantité de ce gaz propre à favoriser les changements qu'ils doivent subir ultérieurement; car, ce n'est pas seulement dans la bouche qu'ils éprouvent une métamorphose; ce n'est qu'un commencement de celle qu'ils doivent subir plus loin, c'est-à-dire dans l'intestin, où le liquide pancréatique finira par opérer la transformation.

§ 13. **Déglutition.** La déglutition est la succession d'actes musculaires qui ont pour but le transport des aliments broyés, insalivés, de la bouche dans l'estomac.

C'est un acte très-rapide dans son exécution, surtout quand il s'applique aux boissons. Dans la déglutition il y a aussi bien transport dans l'estomac, de liquides que de solides, il y a même pendant ce temps introduction de gaz.

C'est particulièrement dans ce dernier cas, par aspiration, qu'ils y parviennent. Pour les autres circonstances, c'est par l'effet des contractions successives de quelques-unes des parties qui composent la bouche, le voile du palais, le pharynx et l'œsophage; et, chose assez remarquable, c'est que dans le jeu d'un grand nombre de ces parties qui prennent part à l'action et la rendent un peu complexe, il y en a qui sont sous la dépendance de la volonté; tandis que d'autres se trouvent soumises au mécanisme des actions réflexes. Les unes et les autres animées, par conséquent, par des nerfs d'origine différente. Nous aurons la démonstration de ce fait dans les explications qui vont suivre.

Nous avons dit que la déglutition était un acte très-rapide dans son exécution, et cependant, les auteurs le divisent en trois temps.

Dans le premier temps, lorsque l'aliment, formé de toutes les parcelles que les lèvres, les joues et la langue ont ramassées de toutes les différentes parties de la bouche (après les avoir, toutefois, soumises à la trituration des dents) une sensation vague, fugace, nous porte à opérer la *déglutition*.

La bouche se ferme, alors, par le rapprochement des mâchoires et la contraction du muscle orbiculaire des lèvres. La langue se trouve en ce moment chargée, sur sa face supérieure, ou dorsale, du bol alimentaire ainsi formé; elle s'applique alors, par sa pointe, à la voûte palatine en avant, en même temps qu'elle s'élargit un peu par l'action des linguaux verticaux, puis se portant un peu en arrière et sa base s'abaissant, le bol alimentaire ne peut plus trouver d'issue qu'en arrière, il fuit pour ainsi dire, dans cette direction, sur ce plan incliné : la langue se creuse en même temps derrière lui, ou si l'on veut devant lui (le bol alimentaire) pour lui ouvrir la voie, lui faciliter le passage et le faire arriver à l'isthme du gosier.

Mais dans ce premier temps, l'aliment a été pressé contre la voûte palatine; et pour qu'elle présente la résistance voulue, il faut qu'elle soit intacte, c'est-à-dire qu'elle ne soit affectée d'aucune solution de continuité; mais la voûte palatine n'est solide que dans la partie antérieure de la bouche, le reste est constitué par le voile du palais, membrane molle et mobile que la langue, par les pressions qu'elle y exerce, déprimerait et repousserait en haut avec le bol alimentaire, si ce voile du palais n'était tendu en travers par la contraction des muscles péri-staphylins externes et relevé par les péri-staphylins internes (ptérygo-staphylins, Ch.), muscles qui de l'apophyse ptérygoïde, se fixent à la crête de l'os palatin et se perdent dans l'épaisseur du voile du palais. Cette portion membraneuse est en même temps tirée en bas par la contraction des muscles placés dans les piliers antérieurs du voile du palais, ou *glosso-staphylins*. C'est par leur rapprochement qu'ils forment un sphincter oblique, de sorte que le plan, d'incliné par en bas qu'il était, devient oblique, et légèrement horizontal (1).

Le bol alimentaire ainsi poussé d'avant en arrière par le jeu de la langue, par la contraction des parties qui forment la bouche, arrive à l'isthme du gosier.

Il y a aussi un autre mouvement qui se joint à celui-ci pour que les aliments demi liquéfiés viennent se rendre jusque dans cet endroit; c'est la succion, c'est-à-dire un vide opéré par la partie postérieure de la bouche et qui ne peut se faire que par l'occlusion des fosses nasales et de la façon qu'il vient d'être dit. En effet, ces substances sont attirées en même temps que poussées pour être soumises à la déglutition : *accedit, certe sæp vis suctionis.* — Haller.

C'est, dit P. Bérard, la force de succion plus encore que la contraction des muscles intrinsèques de la langue qui applique celle-ci successivement d'avant en arrière à la voûte palatine, pendant que le bol alimentaire chemine dans le même sens.

2e *temps.* C'est au moment où le bol s'engage dans l'isthme du gosier, que le deuxième temps commence.

Pendant le premier temps tout était volontaire; dans le second temps qui est comme le troisième, soustrait à notre volonté, le bol alimentaire est porté, d'un seul coup, jusqu'à l'entrée de l'œsophage; ces mouvements appartiennent à la catégorie des actions réflexes, c'est-à-dire à l'insu de notre volonté. Une fois que l'aliment est parvenu à l'isthme il est, pour ainsi dire, fatalement saisi par le pharynx au moyen d'une sorte de mouvement convulsif, ou spasmodique. Alors, il traverse cette cavité instantanément, c'est-à-dire avec rapidité; mais une fois dans l'œsophage, le mouvement se ralentit involontairement et il y est beaucoup plus lent que dans le pharynx.

Si rapide cependant que soit le mouvement par lequel l'aliment y est entraîné (en lui faisant éviter deux écueils, les voies

---

(1) Ce sont aussi les glosso-staphylins (ou palatins) qui par leurs contractions empêchent le retour du bol alimentaire, ces muscles s'étendent des parties latérales et postérieures de la langue au voile du palais.

aériennes et les arrières narines) ce mouvement n'en est pas moins compliqué. D'abord et nous le répétons, il y a eu contraction, dans le premier temps, du plancher charnu de la bouche sous-jacent à la langue ; tension de ces parties par les mylo-hyoïdiens ; contraction énergique qui presse le bol alimentaire entre la base de langue et la voûte palatine.

L'aliment est poussé, alors, à l'entrée du pharynx et c'est à ce moment que les mouvements du pharynx et du larynx, ont lieu simultanément ; car il faut que la partie inférieure du pharynx s'élève pour que cet organe vienne présenter son canal au passage de l'aliment. Et pour cela il faut qu'il soit élevé ; d'abord, immédiatement, par l'effet de l'ascension du larynx, et directement, par l'action des muscles pharyngiens eux-mêmes, qui s'insèrent : le constricteur moyen, aux deux cornes de l'os hyoïde et le constricteur inférieur aux cartilages cricoïde et thyréoïde.

Le pharynx vient alors saisir le bol alimentaire et représente un canal plus court qu'il n'est réellement. Toutes les ouvertures, autres que celles de l'œsophage, étant fermées par en bas, l'aliment parvient sans peine dans le conduit qui est ouvert devant lui.

Mais comment la partie inférieure du pharynx est-elle élevée et entraînée par le larynx lui-même ?

Le pharynx est intimement lié aux cartilages du larynx et à l'os hyoïde par ses muscles constricteurs, moyens et inférieurs ; il est soulevé par l'action de ces muscles qui entraînent, par en haut, l'os hyoïde et le larynx, d'autres muscles se joignent encore à cette action : *digastrique* (ventre antérieur) *mylo-hyoïdien, génio-hyoïdien, etc., etc.*

Le pharynx n'est pas, à proprement parler, élevé par cette action ; son extrémité inférieure plus mobile que la supérieure, qui a ses attaches à l'apophyse basilaire, se rapproche de celle-ci et par conséquent le canal est racourci.

L'ascension du larynx est manifeste pendant la déglutition, comme on peut le voir sur soi-même en simulant, si l'on veut, cette action. L'organe ne peut faire aucun mouvement de totalité, sans entraîner la partie inférieure du pharynx avec lui.

Les muscles sus-hyoïdiens proprement dits, ne peuvent élever le larynx sans prendre leur point fixe sur la mâchoire inférieure, et celle-ci ne peut présenter de point d'appui sans être fixée par ses élévateurs ; de là cette nécessité de fermer la bouche au moment de la déglutition.

Ces mouvements étant ainsi combinés et exécutés, et le bol alimentaire étant rendu dans la partie supérieure de l'œsophage, il s'opère un relâchement dans ces parties ; larynx et pharynx tout retombe en même temps et revient à son état ordinaire : le deuxième temps de la déglutition est terminée.

Richerand pense que ce n'est pas seulement par le relâchement des muscles sous-hyoïdiens, par le propre poids du pharynx et du bol alimentaire (comme quelques-uns l'on dit), que cette détente a lieu, il l'attribue à l'action des muscles, qui du sternum se portent à l'os hyoïde : muscles sous-hyoïdiens.

Il a été dit plus haut que toutes les ouvertures autres que celle de l'œsophage, se trouvaient fermées par en bas.

Il le fallait bien dans ce mouvement précipité de déglutition, car les aliments se seraient introduits dans le larynx, ou seraient remontés (comme il a été dit) dans les fosses nasales par la pression qu'ils éprouvent alors. Mais, par le mécanisme que nous venons de décrire, ces ouvertures se trouvent fermées et l'accident est évité.

Quant au larynx, son ouverture toujours béante dans le pharynx, pour l'entrée et la sortie de l'air, se trouve heureusement fermée aussi, au moment du passage du bol alimentaire (et à ce moment seulement), par l'évolution que le larynx et le pharynx font ensemble dans la déglutition : à cet effet, le larynx s'est porté en avant, tandis que la base de la langue s'est inclinée en arrière, de telle façon que l'épiglotte est venue se placer sous la base de la langue, gonflée en ce moment.

Cette lame ou valvule fibro-cartilagineuse (l'épiglotte), toujours dressée au-devant de l'ouverture supérieure du larynx, se trouve renversée, culbutée en arrière, et alors elle oblitère le conduit aérien. Nul aliment, nulle boisson ne peuvent franchir cet obstacle.

Si, par hasard, cette introduction avait lieu, les lèvres de la glotte, par leur contraction, empêcheraient l'aliment d'aller plus loin, et bientôt des efforts de toux l'expulseraient, comme cela arrive quand, par inadvertance, on veut parler au moment d'avaler des aliments solides ou liquides.

3me *temps*. Le troisième temps est celui que l'aliment emploie pour parvenir de l'œsophage dans l'estomac.

§ **15. Œsophage.** L'œsophage est composé de deux plans de fibres, les unes circulaires, les autres longitudinales. La progression des aliments dans ce conduit musculo-membraneux, se conçoit dès lors par la contraction simple de ces fibres. De plus, la laxité du tissu cellulaire qui unit, à la membrane charnue de l'œsophage, les deux tuniques intérieures (tuniques cellulo-fibreuse et muqueuse), permet à ces dernières de se laisser pousser en avant par la contraction des fibres musculaires qui entrent dans la composition de l'œsophage. Et, de cette façon, le bol alimentaire arrive dans l'estomac accompagné d'un bourrelet de la muqueuse œsophagienne, qui se réduit immédiatement après la réception de l'aliment.

Il se passe là, dit P. Bérard, le même phénomène, et d'après le même mécanisme, qu'à l'anus des chevaux au moment de la défécation. Richerand rapporte qu'une femme qui présentait une large fistule de l'estomac, ouverte à l'intérieur, a été le sujet de cette observation de la procidence de la muqueuse.

Malgré tous ces temps et ces actions diverses, le passage des aliments de la bouche et du conduit œsophagien dans l'estomac est encore assez rapide. Chacun sait qu'assez promptement on sent, pour ainsi dire (sur soi-même), l'arrivée dans l'estomac des aliments liquides ou solides, surtout s'ils sont un peu froids ou un peu trop chauds.

Les liquides, surtout, semblent devoir mettre peu de temps pour franchir ces différents endroits et parvenir dans l'estomac.

Les ondées de liquide (dit Richerand) qui passent dans le cou du cheval lorsqu'il boit, indiquent avec quelle rapidité ce passage a lieu.

Sans doute, les solides doivent aller un peu moins vite, puisqu'ils sont soumis à une action réflexe qui, pour s'accomplir, demande qu'à chaque point de la muqueuse qui est touché par le bol alimentaire, les fibres musculaires se contractent et poussent ce bol dans la portion non contractée d'abord, et qui réagit ensuite comme l'a fait la précédente (1). Dans cette opération, il est facile de concevoir le jeu des fibres longitudinales et circulaires : les premières, en se contractant, raccourcissent le tube et amènent au-devant du bol, en la relâchant, la partie qui va la recevoir. Les fibres circulaires placées en dedans des précédentes, contractent le tube vers son axe, et expulsent devant elles le contenu.

Magendie affirme que le passage des solides, ou leur marche dans l'œsophage, est très-lente (2 ou 3 minutes avant d'arriver à l'estomac); qu'ils s'arrêtent à diverses reprises, et font quelquefois un séjour assez long à chaque station, et il ajoute :

« Il y a dans l'œsophage un mouvement particulier, et en quelque sorte rythmique, hors le temps de la digestion ; ce mouvement aurait lieu dans son tiers inférieur et consisterait en une contraction qui commencerait à la réunion des deux tiers supérieurs du conduit avec son tiers inférieur, et qui se prolongerait avec une certaine rapidité jusqu'à l'insertion de l'œsophage dans l'estomac. Sa durée moyenne est au moins de trente secondes. Ces mouvements sont sous l'influence du nerf *pneumogastrique.*

On pense que le nerf pneumo-gastrique, nerf exclusivement sensitif, recevrait du spinal les filets qui font contracter l'œsophage, ainsi que nous venons de le dire d'après M. Longet.

---

(1) L'œsophage est pourvu, comme nous l'avons dit, de deux plans de fibres, les unes longitudinales, les autres circulaires. La tunique musculaire est beaucoup plus épaisse que celle du tube intestinal. Les fibres des plans charnus (longitudinales et circulaires) sont des fibres striées.

« On pense que le nerf pneumo-gastrique, exclusivement sensitif, recevrait du spinal les filets qui font contracter l'œsophage. » — LONGET.

« Trois nerf, tous trois sortant par le trou déchiré postérieur : *nerf spinal*, *pneumo-gastrique* et *glosso-pharyngien*, se distribuent ou se répandent dans le pharynx et le voile du palais.

« Le spinal excite les contractions dans le pharynx, et il intervient dans la déglutition. Le nerf pharyngien, fourni par le pneumo-gastrique, est emprunté presqu'en totalité au spinal. — P. BÉRARD, p. 46.

Mais, dit P. Bérard, il m'a toujours paru difficile d'admettre que l'anastomose des filets du *spinal* avec le *pneumo-gastrique* pût suffire à tous les faisceaux musculaires auxquels il se distribue... Nous verrons ailleurs, continue le même auteur, si le pneumo-gastrique n'est pas plutôt un nerf mixte, comme l'a soutenu M. Bernard.

Quant au poids des aliments, qui favoriserait dans l'homme et dans les quadrupèdes la marche des aliments dans le conduit œsophagien, on sait que l'affaiblissement de la contraction musculaire de ce tube, aux approches de la mort, suffit pour empêcher, tout-à-fait, les boissons même de s'y introduire. Et, si par hasard cela a lieu, ce n'est qu'en faisant entendre un bruit de sinistre présage... Ce n'est pas sans danger que l'on insisterait pour faire prendre une tisane ou quelques cuillerées de potion à un malade dont la déglutition est impossible en ce moment ; l'asphyxie pourrait être la suite de cette pratique, c'est-à-dire de l'introduction de ces liquides dans l'œsophage ; car les mouvements réflexes, soumis ou non soumis à notre volonté, ne se produisent plus.

Les fibres de la membrane musculeuse du conduit œsophagien ne se continuent pas, comme on l'avait pensé, jusque dans l'estomac, où elles s'épanouissaient et constituaient le plan charnu de cette cavité, en allant jusqu'à la grande courbure de l'estomac. M. Sapey a démontré qu'il y avait interruption, intersection de la continuité de ces fibres ; et qu'une bande fibreuse et circulaire séparait évidemment les fibres de la membrane musculeuse de l'œsophage, de celles qui existent dans l'estomac, lesquelles attestent qu'elles n'affectent pas la même disposition : elles ne sont pas du même ordre de muscles, et ne sont pas sa continuation : comme il est évident aussi que l'épithélium qui revêt l'estomac n'est pas un épithélium pavimenteux stratifié, comme à l'œsophage, mais bien un épithélium cylindrique ou cônique. Ce changement, ou plutôt cette succession d'un épithélium cylindrique à un épithélium pavimenteux, s'explique par le besoin d'une sécrétion importante et d'une absorption active dont l'estomac est le siége.

Nous avons dit que le mouvement du bol alimentaire dans

l'œsophage était favorisé par l'épaisseur de la tunique musculeuse de ce conduit; la membrane muqueuse fait suite à celle du pharynx ; son épithélium est le même, *pavimenteux stratifié*, mais d'une épaisseur remarquable.

La disposition des fibres charnues longitudinales et d'autres circulaires, expliquent de quelle manière les aliments sont progressivement poussés dans l'estomac, toujours par la même action réflexe occasionnée par un stimulant : *la présence des aliments;* les fibres longitudinales prennent alors un point d'appui sur les fibres circulaires, qui se contractent, se resserrent à leur tour, et poussent plus loin, devant elles, le bol alimentaire.

Cette action est lente comme toute action réflexe, où la volonté n'intervient pas ; et c'est de cette manière, et par l'impression successive que chaque partie éprouve de la présence du *bol alimentaire*, que la contraction s'exerce de haut en bas pour le pousser dans l'estomac. Il n'y a pas de sphincter à l'orifice cardiaque, comme il y en a un au pylore; ce qui est à noter pour une explication physiologique que nous donnerons lorsqu'il sera question du *vomissement*. Nous devons dire ici, cependant, qu'une anse musculaire jetée en forme d'écharpe autour de l'orifice inférieur de l'œsophage, empêche le retour des aliments par en haut.

Les fibres de l'œsophage sont du reste plus fortes que celles de l'estomac qui est cependant chargé de remuer, de brasser les aliments.

Dans les intestins où il n'y a que des mouvements péristaltiques, antipéristaltiques, vermiculaires ou de reptation, ces fibres lisses sont encore moins développées. Le tout au reste tient à l'épaisseur, à la force de cette catégorie de muscles, *muscles à fibres lisses*, *muscles de la vie organique*, susceptibles de contractilité et non de contraction comme les muscles à fibres striées.

Nous avons dit que la membrane muqueuse du pharynx, et les muscles du pharynx reçoivent leurs filets sensitifs, et leurs filets moteurs du glosso-pharyngien et du pneumo-gastrique.

Pour l'œsophage, c'est encore le pneumo-gastrique qui se distribue à cet organe.

§ 16. **Estomac.** Nous en sommes arrivés au moment où les aliments parviennent dans l'estomac ; là, ils vont être soumis à différents ordres de *phénomènes : phénomènes physiques, phénomènes chimiques, mécaniques* et *vitaux*, et *quelques autres dits animiques.*

L'estomac, réservoir musculo-membraneux est situé dans l'abdomen ; il fait suite à l'œsophage et se continue avec le duodénum occupant l'épigastre et une partie de l'hypocondre gauche. Nous dirons succintement qu'il présente deux orifices, l'un supérieur, ou *cardia*, l'autre inférieur, nommé *pylore* ; deux bords, l'un concave, petite courbure, l'autre convexe, grande courbure ; deux extrémités, une grosse, ou grand cul-de-sac (extrémité splénique) et une petite (extrémité pylorique).

L'estomac est pourvu de plans musculaires ; mais la disposition des fibres n'est pas la même que dans l'œsophage ; il y a bien des fibres longitudinales et d'autres circulaires ; mais il y en a qui sont dirigées dans le sens du grand cul-de-sac de l'estomac ; ces fibres agissent en rapprochant les deux orifices. Il y a aussi un autre ordre de fibres qui affectent la forme d'anses (ou de fibres incomplètes), qui vont toutes dans une certaine direction ; c'est-à-dire qu'elles sont perpendiculaires au grand axe de l'estomac, et compriment la masse alimentaire suivant l'axe de cet organe. C'est sur la partie moyenne que les fibres circulaires paraissent agir avec le plus d'énergie.

L'estomac est pourvu de quatre membranes : une externe ou séreuse (c'est le péritoine), une musculeuse, une cellulo-fibreuse et une muqueuse qui est revêtue d'un épithélium cônique ou cylindrique, différent, ainsi qu'il a été dit, de celui de l'œsophage qui est pavimenteux stratifié.

Les vaisseaux de l'estomac sont fournis par les artères et les veines coronaires stomachiques, pyloriques gastro-épiploïques et les vaisseaux courts (gastro-spléniques) qui lui forment un double cercle artériel et veineux. Il reçoit ses nerfs du *pneumo-gastrique* (8e paire). Le grand sympathique lui envoie de nombreux filets.

L'estomac, situé sous le diaphragme et dans l'abdomen, comme nous venons de le dire, n'y est pas flottant : il est retenu en place par une duplicature du péritoine, située à sa partie postérieure, *épiploon gastro-splénique* qui l'embrasse, dans cet endroit, sans l'étreindre, et le maintient en place, tout en lui permettant de se développer dans le dédoublement que lui présente cette portion de l'épiploon (1). De sorte que, appuyé sur la colonne vertébrale, qu'il ne peut refouler même dans son état de plénitude, et couvert seulement à sa partie antérieure par les muscles et les parois du bas ventre, il peut se porter de ce côté, et soulever ces parois. De cette façon, sa partie postérieure fait un léger mouvement de bascule en devenant un peu inférieure; elle regarde alors en bas, tandis que l'antérieure devient un peu supérieure, et pousse en avant la région épigastrique; de manière à faire proéminer cette partie, et la rendre plus saillante et comme gonflée. C'est ce qui arrive dans certains cas de réplétion de l'estomac.

L'estomac reçoit les aliments et les fait passer successivement dans l'intestin. A cet effet, il s'opère préalablement dans cet organe (l'estomac) un phénomène physiologique, qu'on appelle *digestion*. Phénomène assez complexe, qui ne s'accomplit pas en entier dans l'estomac; et qui, consiste, pour lui, en l aconversion, dans son intérieur, de certaines substances organiques, en une espèce de bouillie grisâtre d'une saveur douceâtre ou acide.

Ces substances, lorsqu'elles ont subi un premier degré d'élaboration, constituent ce qu'on appelle le *chyme*. Ce chyme à mesure qu'il s'écoule en proportions variables, de l'estomac dans l'intestin, subit encore quelques transformations dans certaines parties qui le constitnent, et dont l'absorption commence à s'emparer; puis continuant son trajet dans l'intestin grêle, ce même chyme se dépouille peu à peu de certains principes propres à la formation du chyle qui passe en partie dans les vaisseaux chyli-

(1) « Dans l'abstinence, l'estomac se resserre et se retire en partie de l'intervalle des lames antérieures du grand épiploon. Le péritoine qui revêt les deux faces de l'estomac, revient aussi un peu sur lui-même par son élasticité.

« Les fibres musculaires se raccourcissent, tandis que la membrane externe, et la membrane cellulo-fibreuse qui la double, moins élastique que la séreuse, et ne jouissant pas du pouvoir contractile des fibres musculaires, forment des plis à la face interne de l'organe. » — P. Bérard, page 522.

fères. Il se forme aussi d'autres principes absorbables, dont les vaisseaux veineux s'emparent pour être portés avec lui dans la circulation. De manière que la digestion se continuant ou se perfectionnant dans tout l'intestin grêle, les parties alimentaires qui constituaient d'abord le chyme, puis le chyle dans le duodénum, le jejunum et l'ilion, avec d'autres produits, arrivent au gros intestin privées de toutes les substances devenues alibiles, c'est-à-dire propres à la nutrition par suite de l'action des sucs de l'estomac, de celle de la bile et de la sécrétion pancréatique sur les parties constituantes du chyme. Ces substances ainsi dépouillées de ce qu'il y avait de plus profitable aux besoins de l'économie, parviennent à l'extrémité du tube digestif, non sans avoir encore été épurées (par l'absorption) dans le gros intestin, de ce qu'elles pouvaient encore contenir d'absorbable et d'utile à la nutrition. Réduites enfin à une masse plus ou moins consistante, elles sont expulsées comme désormais inutiles à l'économie (sous le nom de matières stercorales).

Mais dans ces opérations successives, il s'est passé des phénomènes intermédiaires, phénomènes physiques, chimiques et vitaux.

A. D'abord, les aliments en arrivant dans l'estomac étaient imprégnés de salive, et d'une certaine sécrétion muqueuse, fournie par les glandes sous-muqueuses de la bouche, du pharynx et de l'œsophage ; car la salive, tout le temps qu'a duré l'acte de la mastication et de la déglutition, a été sécrétée en abondance, et mélangée aux aliments dans la bouche au contact de l'air. La quantité qui se produit de cette sécrétion est plus considérable en ce moment que celle qui est déglutie hors des repas ; c'est pour ce fait que cette sécrétion est considérée comme intermittente.

Cependant, hors des repas, il y a encore sécrétion pour humecter les parois du pharynx et de l'œsophage. Il y en a une certaine portion que nous introduisons dans l'estomac en avalant ; mais la plus forte sécrétion a lieu pendant le repas ; elle n'est donc intermittente que sous le rapport de la quantité.

Les aliments sont les excitants naturels des organes qui doivent la sécréter.

B. Les *aliments* en arrivant dans l'estomac n'y trouvent que quelques mucosités. Il n'y a ni suc gastrique, ni pepsine sécrétés à l'avance; ses parois seront pour ainsi dire affaissées, sans être cependant en contact; et, nulle sécrétion ne s'étant produite après la digestion, ils y trouvent une place d'autant plus grande que l'intervalle des repas aura été plus long, et la capacité de l'estomac plus grande. Mais les fluides nécessaires à l'élaboration, à la coction des aliments (comme on le disait autrefois), ne tarderont pas à arriver en quantité suffisante, du moment que les aliments pénétreront dans l'estomac.

On dirait que les organes sous-jacents à la muqueuse stomacale, se tenaient en réserve et tout prêts à entrer en fonction. L'excitant naturel ne faisant plus défaut, immédiatement aura lieu (dans l'état normal) la sécrétion des différents fluides qui sont nécessaires à une digestion normale. Ces fluides seront : la *pepsine* et un *acide;* les uns disent chlorhydrique (Proust), d'autres disent sulfurique, d'autres acétique (Lassaigne). Mais de nouvelles expériences prouvent que c'est de l'acide *lactique* qui, combiné avec la pepsine, forme le suc gastrique (1). Nous ne sommes pas encore en pleine digestion, quoique la pepsine, qui est contenue dans les cellules qui revêtent les parois des glandes gastriques, et qui vient d'être sécrétée en abondance, soit un digestif par excellence.

La pepsine est un produit de sécrétion des follicules de l'estomac que M. Ch. Bernard ne veut pas, pour cela, appeler glandes à pepsine. Cette matière qui est azotée constitue, avec l'acide lactique, le *suc gastrique* : c'est un ferment.

La pepsine n'agit que sur les aliments protéiques ou azotés : *viande*, *gluten*, *caséum*, *albumine*. Il y a aussi dans l'estomac un second ferment digestif qui y a été introduit pendant la mastication des aliments et la déglutition (et même en dehors du premier de ces actes) c'est la salive (diastase salivaire).

Une étude approfondie des phénomènes de la digestion a fait connaître qu'un autre ferment était nécessaire encore pour la digestion; et que celui-ci était sécrété par le pancréas, ferment

(1) La pepsine est le principe actif du suc gastrique. Il se trouve dans les glandes de l'estomac des animaux vertébrés.

15

spécial (pancréatine si l'on veut), qui serait l'agent d'une digestion suplémentaire, c'est-à-dire de celle qui se fait dans l'intestin, *vraie digestion,* puisque ce n'est que là, véritablement, que se fait l'absorption du chyle, par les vaisseaux chylifères et d'autres produits, par les radicules veineuses du système de la veine porte.

C'est là aussi que les matières *protéiques* qui ont échappées à l'action de la pepsine sont modifiées et transformées en *peptone* ou *peptose*, comme l'aurait fait la pepsine elle-même.

C'est encore là et en même temps, que les matières grasses sont modifiées, émulsionnées par ce même ferment (la pancréatine) et rendues *absorbables* par le suc pancréatique lui-même (1).

D'après cela on ne peut plus se demander si la *pepsine* seule pourrait attaquer les aliments, les dissoudre, et leur faire subir, en un mot, cette conversion qu'ils éprouvent par la présence de ce ferment. Non, il faut qu'il s'y joigne un acide et il s'y rencontre toujours.

C'est ce qui forme alors le suc gastrique (2), suc que l'on peut se procurer artificiellement en faisant digérer la membrane muqueuse de l'estomac d'un animal, dans de l'eau distillée à une chaleur de 30 deg. centig. Si c'est un ruminant, il faudrait s'adresser à l'estomac dit caillette, précipitant par l'acétate de plomb basique; lavant le précipité, le décomposant par le sulfide

---

(1) Il serait curieux de rechercher si chez les personnes et certains animaux qui ne font pas usage de féculents, cet état coïncide avec l'absence de sécrétion du pancréas.

On considère la pancréatine ou matière analogue à la caséine dans le suc pancréatique (quoiqu'elle en diffère par certaines propriétés), comme la matière active de la sécrétion de cet organe.

Le rôle du pancréas dans les phénomènes de la digestion est relatif à la formation du chyle, à l'émulsionnement et la digestion des matières grasses. — C. Bernard.

(2) Le suc gastrique est un suc particulier versé dans l'estomac par une multitude de petites cavités sécrétoires appelées *follicules gastriques*; en petite quantité pendant la vacuité de l'estomac; mais coulant en abondance lorsque les parois de cette cavité sont excitées par le contact des aliments, surtout d'aliments solides. — Nysten.

hydrique, évaporant la liqueur jusqu'à consistance sirupeuse, y ajoutant de l'alcool, recueillant et faisant sécher les flocons que celui-ci en sépare.

La pepsine ainsi préparée est jaunâtre, semblable à la gomme et soluble dans l'eau. Elle retient toujours de l'acide acétique ou lactique. Sa propriété la plus remarquable consiste en ce que sa dissolution très-étendue et mêlée avec de petites quantités d'acide, dissout l'albumine et la fibrine, avec le secours d'une chaleur modérée, beaucoup plus rapidement que l'acide étendu ne le ferait s'il était seul.

Elle ressemble à l'albumine dont elle diffère par l'action digestive qu'elle exerce sur plusieurs substances animales et parce que le cyanure de fer et de potassium ne la précipite pas de ses dissolutions acides. On a fait ainsi des digestions artificielles.

Pour la *digestion naturelle*, c'est au contact du suc gastrique (suc naturel) que vont se trouver les substances alimentaires qui ont été introduites dans l'estomac.

C'est surtout sur les substances *albuminoïdes* (fibrine, albumine, caséine) qu'il doit agir. C'est à celles-là qu'il s'adresse; les autres composés trouveront leurs dissolvants, leurs changements isomériques plus tard (graisse, huile, corps amylacés, sucrés, féculents); la digestion n'a pas un seul siége.

Ainsi, les substances féculentes, amylacées, celles qui ne contiennent pas de fibrine, ou pour mieux dire, celles qui ne contiennent pas de principes azotés, celles-là ont déjà éprouvé dans la bouche, ainsi que dans l'estomac, par l'action de la salive, une demi conversion en dextrine ou en glycose et elles passeront dans cet état; car la salive dont l'action est très-rapide sur la fécule cuite, en a déjà transformé une petite portion, pendant la mastication; quelques-uns disent aussi, dans l'estomac. Ici, il s'élève quelque doute sur la continuation de cette opération, au milieu d'un suc acide comme peut l'être le suc gastrique.

La salive est alcaline, et s'il se faisait un sel neutre, les propriétés du suc gastrique seraient diminuées. Mais il paraît qu'il n'en est rien et que les choses n'en marchent pas moins vers le travail que chaque substance doit éprouver, malgré même l'arrivée de la salive qui est fournie par les glandes salivaires et avalée dans l'intervalle des repas.

D'ailleurs, les digestions artificielles que l'on a faites et dont on a pu observer toutes les phases, parceque ces digestions ont été opérées dans des ballons ou globes de verre (M. Blondlot), ont semblé prouver que les aliments azotés (fibrine, albumine, caséine) promptement transformés en albuminose, ne peuvent plus être attaqués par les matières déjà converties en glycose et que ces dernières ne peuvent l'être non plus par les substances arrivées à l'état de peptone ou d'albuminose.

L'albuminose ferait obstacle à toute métamorphose de la glycose subséquente.

« Si l'on trouve, dit Bérard, T. II, page 166, de la dextrine ou du glucose (Bérard, dit glucose) dans l'estomac, peut-être même de l'acide lactique (car cet acide est une conversion ultime de la fécule), cela tient à ce que cette fécule, pénétrée d'une grande quantité de salive, commence à se métamorphoser avant d'arriver à l'estomac, et continue même à subir cette métamorphose dans ce viscère jusqu'au moment où le suc gastrique est assez abondamment sécrété pour l'arrêter. Il y a peut-être encore quelques expériences à faire; car la salive seule paraît agir sur l'albuminose et dissocierait ses éléments pour former un sel neutre. »

La *digestion stomacale* a divisé quelques physiologistes, sur ce point en quelque sorte théorique; les uns ne veulent voir qu'une trituration des parties alimentaires, d'autres une dissolution pure et simple des principes immédiats, qui permettrait de retrouver ces principes dans la matière du chyme, à l'aide des réactifs. D'autres enfin, et c'est l'opinion régnante, regardent la digestion stomacale, comme un changement, une transformation opérée des matières albuminoïdes; c'est-à-dire, que toute substance protéïque, fibrine, albumine liquide, albumine concrète, la caséïne, le gluten, sont digérés par le *suc gastrique* et transformés isomériquement (liquéfaction avec transformation et métamorphose, sans changement de composition élémentaire) en une substance soluble (albuminose de Mialhe) dans les humeurs du corps et qui, absorbée, est apte à reproduire dans ce même corps, suivant les besoins de l'économie, les parties élémentaires qui ont la même composition, c'est-à-dire oxygène, hydrogène, carbone et azote, qui le constituent.

Ainsi, au fur et à mesure que certaines portions du bol alimentaire auquel nous avons donné, maintenant, le nom de chyme, ou pâte chymeuse, seront arrivées au point voulu pour le travail digestif (action dont nous n'avons eu nullement conscience), ces parties passeront de l'estomac dans l'intestin *duodénum* en vertu de cette force de tonicité et de contractilité que possèdent les fibres longitudinales de l'estomac, et qui sont dirigées dans le sens du grand axe de cet organe. Ces fibres lui impriment un mouvement vers l'orifice *pylorique*; car, comme il y a aussi des fibres circulaires et des fibres en anse sur le grand cul-de-sac, le mouvement de la grande courbure située à gauche, est déterminé par les fibres perpendiculaires au grand axe de l'estomac qui agissent par compression sur les fibres circulaires et dans le sens de la petite courbure qui se trouve à droite.

Celle-ci présente à sa partie inférieure l'orifice pylorique, vers lequel semblent converger toutes ces fibres qui se portent de gauche à droite et qui forment le plan musculeux de l'estomac.

En résumé, les fibres longitudinales portent les aliments de la portion splénique vers l'ouverture pylorique; les fibres circulaires se resserrent par portion, brassent ainsi les aliments et les font échapper, lorsqu'ils sont assez avancés en digestion, par l'ouverture pylorique qui s'ouvre alors pour les laisser passer; car cette ouverture a un sphincter.

On pense bien que les fibres en anse sont également destinées à jouer un rôle dans ces différents mouvements, en ramassant l'estomac sur lui-même, de telle sorte que par ces mouvements qu'on ne peut parfaitement imiter dans des digestions artificielles, et qui appartiennent à un ordre d'action vitales, les aliments sont divisés, remués, brassés, et se présentent, pour ainsi dire, chaque partie à son tour, à l'action du corps qui est chargé de les dissoudre.

Ce corps dissolvant est comme nous l'avons dit le *suc gastrique* qui ne cesse d'arriver, et qui se renouvelle (dans l'état normal) tant qu'il y aura nécessité de soumettre des substances à son action. Cette action n'a lieu que partiellement, c'est-à-dire, sur certaines parties des aliments (1).

Le pylore, contrairement au cardia, est pourvu d'un sphincter; c'est le gardien de la porte, de *puley* porte, et de *ouros* gardien.

Pour quelques auteurs, c'est un muscle, *muscle pylorique ;* pour d'autres, ce n'est qu'un bourrelet circulaire, aplati, perpendiculaire aux parois de l'estomac qui circonscrit cette ouverture étroite par laquelle les aliments passent par portions dans l'intestin grêle ; c'est la valvule pylorique (2).

Le pylore ayant livré passage aux aliments amenés au point convenable d'élaboration, ils vont se trouver de suite en présence (dans le duodénum) du fluide pancréatique et du liquide biliaire : le premier sécrété, pour ce moment seulement, par le pancréas, glande en grappe pourvue d'un conduit excréteur qui vient s'ouvrir par deux canaux ; l'un dans l'intestin duodénum, l'autre dans le canal cholédoque, un peu avant que ce dernier ne s'ouvre lui-même dans le même intestin. De sorte que cette glande, dont la structure a beaucoup d'analogie avec celle des salivaires, mêle son produit à la bile au moyen du conduit hépatique, qui se rend aussi dans le canal cholédoque. Ce dernier verse le tout vers la partie postérieure de la seconde courbure de l'intestin duodénum. Une partie du suc pancréatique arrive donc pur dans l'intestin; l'autre est mêlée à la bile et devient alors un fluide biliaire mixte (3).

---

(1) L'estomac, vide, cesse de se mouvoir d'une manière apparente. On n'y observe plus les contractions, mouvements péristaltiques et antipéristaltiques. Il ne sécrète plus de suc gastrique. C'est un fait que des expérimentateurs ont observé sur des animaux vivants. — P. Bérard. loc. cit.

(2) Un cas de fistule stomacale, a donné l'occasion de vérifier l'exactitude de ce fait et même de constater sur le même sujet (un homme) que l'estomac ne fait pas provision de suc gastrique dans l'intervalle des repas.

(3) Le conduit cholédoque est formé par la réunion des conduits hépatique et cystique. Il est long de huit centimètres et va s'ouvrir dans le duodénum, vers la partie postérieure de sa seconde courbure, ayant reçu, presqu'au moment de cette ouverture, la grosse branche du canal pancréatique ou de Wirsung. La petite branche s'ouvre plus près de l'estomac que l'autre, par un petit orifice.

Ces deux fluides ont une composition qui les rend l'un et l'autre alcalins.

Ici va se produire de nouveaux phénomènes de digestion; et si quelques parties ont pu devenir absorbables dans l'estomac, et on le pense assez généralement, ce n'est complètement que dans l'intestin grêle, et un peu encore dans le gros intestin, que s'opère la digestion. On pourrait même dire qu'elle se termine en entier dans l'intestin grêle, car le gros intestin absorbe peu des produits alimentaires, mais il s'y fait encore quelque absorption : on sait qu'on peut nourrir un malade pendant quelque temps avec des bouillons, du jus de viande; mais cette alimentation est assez précaire, pratiquée ainsi en injections ou lavements.

Le liquide pancréatique paraît avoir deux missions spéciales. La première est une action émulsive sur les corps gras, conjointement avec la bile; la seconde est la conversion en dextrine de ce qui n'aurait pu être terminé dans les aliments féculents (sous le rapport de leur conversion), par le liquide salivaire.

Les corps gras qui sont introduits dans l'estomac, comme les graisses, les huiles animales ou végétales, ne peuvent être absorbés dans cet état, ils faut qu'ils subissent une espèce de transformation qui les rende plus propre à l'absorption; en un mot, il faut qu'ils soient *émulsionnés*.

A cet effet, le suc pancréatique, joint à la bile, ne tarde pas à opérer ce phénomène chimique. La bile, par sa composition, a la propriété de dissoudre aussi les corps gras. Elle est alcaline, contient des sels de soude, et ces corps agissent en procurant la solubilité des graisses, et, par conséquent, leur entrée dans les vaisseaux chargés de l'*absorption*.

En définitive, c'est à cet endroit que se fait l'élaboration qu'éprouve le chyme; élaboration qui le rend apte à fournir le *chyle*.

L'estomac est pourvu de vaisseaux lymphatiques; quelques absorptions peuvent bien se faire en partie dans cet organe, mais c'est l'intestin grêle qui est le plus fourni de vaisseaux chylifères. Ils y sont en si grand nombre et tellement développés, pendant la digestion, qu'on peut les voir à l'œil nu. Il est facile de suivre leurs divisions, leurs embranchements, quand on les examine sur un animal de forte taille (un chien) qui vient d'être sacrifié au moment de la digestion. Il y en a qui égalent la grosseur du tuyau d'une petite plume d'oiseau, ou de corbeau.

Les vaisseaux chylifères prennent, dans tout le cours de l'intestin grêle, le nom spécial de *chylifères*. Ils diffèrent par leur usage (et seulement pendant la digestion) des autres vaisseaux lymphatiques, car ils leur ressemblent par leur organisation et leur disposition anatomique.

On ne peut dire au juste où ils prennent naissance, ni le point précis où s'effectue l'action organique d'où résulte la formation du chyle ; pas plus qu'on ne connaît précisément la disposition des premières radicules des vaisseaux *chylifères*. Mais on sait qu'ils sont nombreux dans l'intestin grêle, et en petite quantité dans le gros intestin. Ils sont logés à leur sortie de l'intestin dans l'épaisseur du mésentère, entre les deux feuillets du péritoine (1).

Ils viennent aboutir aux nombreux ganglions lymphatiques, *glandes ou ganglions mésentériques*. Ils vont se terminer par plusieurs troncs dans la partie lombaire du canal thoracique.

L'absorption chyleuse commence à la fin du duodénum, se continue dans toute la longueur du jéjunum et cesse à la fin de l'iléon.

Ainsi donc, remplis du produit de la digestion, ces vaisseaux se rendent dans le canal thoracique, qui se rend lui-même dans l'artère sous-clavière gauche, pour y verser le chyle, qui va se trouver alors mêlé au sang près du cœur, d'où il sera bientôt porté par celui-ci au poumon, pour y être soumis à l'acte *respiratoire*, et pour éprouver d'autres transformations dans toutes les parties du corps, avec le sang, dont il fait désormais partie.

---

(1) P. Bérard dit, page 592 : Des vaisseaux d'un ordre *particulier*, les lactés, ayant des origines dans les villosités dont est hérissée la face interne de la membrane muqueuse intestinale, sont destinés à l'absorption et au transport d'un des produits de la digestion (le chyle), qui est ultérieurement conduit dans le sang.

Quelle est la quantité de chyle produite par la chylification ?

D'après les expériences de Magendie, la quantité de chyle versée dans la circulation est au moins de 180 grammes par heure, pendant les deux ou trois heures que dure la *chylification ;* mais hors ce temps de la digestion, il n'y a que très-peu de chyle, et après 24 heures d'abstinence, les vaisseaux chylifères ne contiennent plus que de la lymphe, comme les autres vaisseaux de cet ordre. — NYSTEN.

Cette opération, la *chylification*, est tout-à-fait sous l'influence des forces vitales ; car si on peut imiter la formation de la pâte chymeuse, et arriver à un état plus ou moins ressemblant au chyme (dans les digestions artificielles), il n'en est pas moins vrai qu'on n'a pu, jusqu'à présent, faire du chyle, c'est-à-dire ce fluide dont nous avons parlé, qui est séparé des aliments pendant l'acte de la digestion, dont les vaisseaux particuliers (vaisseaux chylifères), s'emparent et qu'ils portent dans le sang, pour servir à sa composition et pour subir, ultérieurement avec lui, les transformations qui sont nécessaires pour l'acte de la nutrition.

Quelle est la composition de ce liquide, le chyle ?

Le chyle, tel que le reçoivent les vaisseaux chylifères, est un liquide blanc opaque, ayant à peu près l'aspect du lait, une saveur salée et alcaline, et une odeur particulière. Il est peu coagulable ; mais il le devient davantage et prend une teinte rosée dans les ganglions mésentériques, où il se rend comme nous l'avons dit. On pense que c'est dans cet endroit que se forment les globules qu'il renferme ; aussi bien que dans les ganglions lymphatiques, se forment les globules de la lymphe, dont les vaisseaux aboutissent aussi au canal thoracique et au grand vaisseau lymphatique droit.

Enfin, dans ce canal thoracique, et près d'arriver dans la masse du sang, le chyle devient manifestement coagulable, et ses particules ne diffèrent de celles du sang que par une couleur moins foncée. « Il semble qu'il n'ait plus besoin que d'être soumis à l'acte respiratoire pour devenir du sang parfait. Aussi a-t-il alors, sous le rapport chimique, beaucoup d'analogie avec le sang, puisque, abandonné à lui-même, il se partage en sérum albumineux et en caillot : il en diffère cependant en ce qu'il contient une matière grasse particulière. » (1).

Le sang reçoit avec le chyle, mais par d'autres voies, une autre matière (la dextrine) qui a été formée par la diastase salivaire, et qui est dûe à la transformation qu'a subie la partie interne des globules d'amidon des aliments féculents. C'est dans son passage dans le système sanguin de la veine porte et à travers le foie, que cette dextrine se trouve particulièrement convertie en glycose ou sucre de raisin.

C'est au moyen de la matière que contient le foie dans ses cellules, et que pour cette raison on a appelées glycogènes, que cette conversion a lieu, car le foie, outre la bile, sécrète une matière particulière qui opère la transformation de la dextrine en glycose ou sucre de raisin (2).

Il résulte de tout ceci, qu'en outre de cette substance (la glycose), la digestion ferait parvenir, dans le sang, le *chyle*, par les vaisseaux chylifères qui se sont rendus au canal thoracique. Les matériaux albuminoïdes (fibrine, albumine, caseïne) convertis en albuminose, en peptone ou en peptose (peu importe) par le suc gastrique, y parviendraient par les veinules du système de la veine porte, formé par la veine splénique et les veines mésentériques, gastro-olites et autres. Les matières grasses émulsionnées (comme il a été dit) par la bile et le suc pancréatique, seraient absorbées par les chylifères aussi (3).

Le suc pancréatique jouerait ici un double, un triple rôle : 1° il exercerait son action sur les substances féculentes en aide de la salive ; 2° dans l'émulsionnement des corps gras (conjointement avec la bile), il aurait une action non moins évidente ;

(1) Nysten, art. *Chyle*.

(2) Le foie est un organe sécréteur de la bile et producteur du sucre. — Nysten, art. *Foie*.

(3) On pense, d'après Cl. Bernard, que cette action formatrice de la glycose, de la part du foie, s'exercerait même indépendamment de la présence de la dextrine provenant des féculents : le foie contenant en lui-même les éléments de cette production, ou ayant la propriété de la façonner comme la bile.

3° enfin, il concourt à la digestion des matières albuminoïdes. Rappelons aussi que cette dextrine, provenant des matières féculentes et convertie en glycose par l'action du foie au moyen de la matière glycogène, parviendrait dans le sang par les veines sus-hépatiques, qui la verserait avec d'autres produits dans la veine cave inférieure (1).

Toutes ces substances sont alors charriées par le sang; quelques-unes lui fourniront des globules par une action vitale préalablement exécutée dans les ganglions où ils se forment.

Ils seront chargés d'hématosine par une action physico-chimique, au contact de l'air dans l'acte de la respiration.

D'autres lui apporteront des matériaux d'une incontestable utilité, de sorte que, en définitive, le suc nourricier devient, par suite d'une autre action vitale (l'assimilation), le moyen fécondant et réparateur que la nature emploie pour entretenir la vie, c'est-à-dire cette succession régulière et non interrompue des actes organiques qui réparent les pertes que le corps éprouve, et fournit à son accroissement.

Dans l'énumération des différents liquides qui sont sécrétés pour les besoins de la digestion, nous n'avons pas fait mention du suc intestinal, parce que son rôle ne commence en effet que dans l'intestin, où se font toutes les conversions dont il a été question, et que c'est dans cet endroit qu'il apparaît (en se continuant toutefois dans toute la longueur des intestins). Nous avons vu que la digestion, premier temps de la nutrition, avait tout le tube digestif, y compris l'estomac, pour laboratoire.

En parcourant les différents conduits, depuis la bouche jusqu'à la fin du gros intestin, nous avons pu apprécier les différents changements que les aliments éprouvent en présence de certaines sécrétions : *salive, suc gastrique, bile, suc pancréa-*

---

(1) M. J. Béclard assure que M. Cl. Bernard, à qui l'on doit cette surprenante découverte de la confection de la glycose dans le foie, n'a pas prétendu que les chylifères n'absorbaient pas d'autres produits avec le chyle, et que *d'autres liquides* que le suc pancréatique ne pussent émulsionner les graisses et en favoriser l'absorption. — J. Béclard, p. 114, t. I, liv. I.

tique (1). Nous nous occuperons dans un instant du suc et du mucus intestinal.

Pour les sécrétions que nous venons de nommer, nous avons pu assigner à chacune d'elles le rôle qu'elle avait à remplir et qu'elle remplit effectivement avec suite et régularité. Mais, après la sortie des aliments de l'estomac et leur introduction dans l'intestin grêle, il ne nous a pas été aussi facile d'expliquer cette formation du *chyle*, cette composition, avec des matières hétérogènes, d'un corps blanc, laiteux, peu coagulable, à saveur salée et alcaline; fluide, enfin, qui est une des sources de réparation et d'entretien de l'économie. C'est qu'ici ces transformations sont sous l'influence de la vie.

On ne saurait dire l'origine des vaisseaux *chylifères*, c'est-à-dire la disposition des premières radicules de ces vaisseaux; comme aussi on ne saurait indiquer le point précis où s'effectue l'action organique d'où résulte la formation du *chyle*.

Cependant, comme ce sont des lymphatiques en temps ordinaires, c'est-à-dire hors ceux de la digestion, et que nous savons que, sous le rapport de leur organisation et de leur disposition anatomique, ces vaisseaux ressemblent entièrement aux autres vaisseaux lymphatiques, et que, rassemblés en cinq ou six grosses branches, ils vont se terminer dans la partie lombaire du canal thoracique, près de l'ouverture aortique du diaphragme : rien n'empêche de penser qu'ils doivent naître, comme tous les autres lymphatiques; c'est-à-dire qu'ils font partie d'un des cinq systèmes généraux ou générateurs qui entrent dans la composition, dans la trame de nos tissus; pé-

---

(1) Il est établi, en physiologie, que l'estomac, lorsqu'il renferme des aliments, sécrète toujours un liquide acide ; mais pour les intestins, on admet généralement que la *bouillie alimentaire*, une fois le pylore franchi, perd beaucoup de son acidité, devient même, plus tard, alcaline, puis redevient presque toujours acide dans le cœcum ......

Elle recouvre en général une réaction alcaline dans le reste du trajet du gros intestin. Ces variations peuvent aussi dépendre du genre d'alimentation et de diverses autres causes, mais surtout si cette alimentation est exclusivement animale ou végétale. — *Archives générales de physiologie*, 1868.

nétrant jusque dans l'intérieur de nos organes, et qu'ils font par conséquent partie de la composition organique des intestins. Ils y sont au même titre que le système sanguin, que le système nerveux et cellulaire ou conjonctif. Mais pourquoi ces vaisseaux n'existent-ils en aussi grand nombre que dans l'intestin grêle.

Parce que ce n'est véritablement que dans l'intestin grêle que leur utilité est aussi prononcée. C'est là qu'ils ont à prendre ce chyle qui y est produit en quantité, et non ailleurs. La nature a multiplié les moyens là où les nécessités étaient plus grandes.

Ce n'est pas que les vaisseaux lymphatiques, à l'ordre desquels ils appartiennent, ne fonctionnent dans d'autres parties et parfois très-activement, comme on le verra à l'article *absorption ;* mais ici, dans l'intestin grêle, les vaisseaux lymphatiques (chylifères) ont une destination spéciale, et c'est pour cela qu'ils portent ce nom, quoiqu'après vingt-quatre heures d'abstinence, ils ne contiennent plus que de la *lymphe.*

Nous avons dit qu'on ne connaissait pas le lieu précis où commencent ces transformations des parties chymeuses en chyle proprement dit. Cependant on sait que c'est dans le duodénum que sont versés les fluides, *bile*, *suc pancréatique*, destinés à émulsionner les corps gras, peut-être aussi à terminer les transformations *albuminoïdes*, avec le secours, comme nous l'avons expliqué, du suc pancréatique; puisque ce suc semble jouer ici deux rôles à la fois. Or, si c'est dans l'intestin duodénum que s'opèrent tous ces changements, lui qui est quelquefois si développé qu'on est tenté de le prendre pour un second estomac, est-il déraisonnable d'en faire le siége de ces transformations, et de lui attribuer, sous certains rapports, un lieu d'action aussi important que celui de l'*estomac*. N'est-il pas rationnel de dire que c'est vraiment dans cet endroit que commence la *chylification*, qui continuera son effet dans tout le reste de l'intestin grêle, au moyen d'un adjuvant, le suc intestinal, qui viendra se joindre à tous les éléments d'élaboration : salive, suc gastrique, bile, suc pancréatique, qui ont été fournis incessamment pendant l'acte de la digestion. La salive et le suc gastrique ont d'abord formé le bol alimentaire ou la pâte chymeuse, d'où les vaisseaux absorbants, *les chylifères* et *les vaisseaux veineux, radicules de la veine porte*, ont extrait (dans l'intestin) les substances alibiles (ou nutritives), albuminose (1) ou peptose, glycose, matières grasses émulsionnées, toutes celles enfin qui, après d'autres préparations, doivent être versées dans le torrent de la circulation, où, par de nouvelles transformations, elles serviront à l'entretien de la vie, comme on le verra à l'occasion de l'absorption et de la nutrition (2).

Le chyme, quoique d'apparence homogène, comme nous l'avons dit, contient des principes fort différents les uns des autres. Il y a déjà eu dans l'estomac action du suc gastrique sur les substances introduites ; mais on peut y retrouver encore tous les principes immédiats des aliments ingérés. Ils sont arrivés, il est vrai, à une division extrême, et c'est justement cette division sans fusion, sans incorporation, qui les dispose à se séparer les uns des autres.

Les substances albuminoïdes, devenues albuminose, les substances féculentes amidonnées, devenues en partie dextrine ou glycose, et maintenues dans leur état, comme il a été dit, en présence les unes des autres, n'ont pas changé de nature pour cela ; elles ont subi des transformations isomériques. Les corps gras n'ont encore rien éprouvé ; ils n'ont pas supporté de changement dans l'estomac.

Le fractionnement de toutes ces parties les maintient séparément et les met dans l'état le plus propre à la *chylification*.

---

(1) L'albuminose est la matière protéïque dissoute par le suc gastrique. — MIALHE.

(2) On sait, d'après les expériences de MM. Bouchardat et Sandras, que les substances protéïques : *chair musculaire*, *caseum*, *gluten*, etc., entrées en dissolution dans le suc gastrique même, sont absorbées en grande partie par les radicules veineuses qui environnent l'estomac. — *Annuaire de thérapeutique*, 1847.

P. Bérard admet le même mode de dissolution, seulement il croit que l'absorption se fait surtout dans l'intestin grêle, à la partie supérieure duquel ce savant physiologiste est disposé à croire que l'action de l'acide et du ferment gastrique se continue. — P. BÉRARD, *Cours de physiologie*, p. 450 et 457.

Or, dans le duodénum, où de nouveaux sucs sont mis en présence de tous ces matériaux, rassemblés dans l'estomac, la *chylification* s'opère, et, dès ce moment, des absorptions et des changements vont se produire : c'est-à-dire que l'action des chylifères va s'exercer, et celle aussi des veines ou veinules du système de la veine porte, *vaisseaux absorbants par leur effet*.

De même que les vaisseaux chylifères, les veines absorbent les produits albuminoïdes de la digestion, les sucres résultant de la digestion des féculents, l'eau, les sels et les boissons (1).

Elles se distinguent des chylifères (les veines) en ce qu'elles n'absorbent pas sensiblement les matières grasses.

« En résumé, tous les produits de la digestion sont représentés dans le *chyle;* les veines donnent passage aussi à ces divers produits, moins les substances grasses. Le mélange qui entre dans les vaisseaux chylifères diffère donc du mélange qui entre dans les veines, par la présence des matières grasses. » (2).

« C'est en définitive un singulier système, dit P. Bérard, que celui des chylifères qui se charge, évidemment et largement, des matières grasses émulsionnées, tandis que la plupart des autres substances introduites dans le tube digestif (nutritives ou non, toxiques ou indifférentes, salines, odorandes, colorantes), suivent la voie de la veine porte pour traverser le foie.....

« Les humeurs digestives elles-mêmes passent plutôt dans les veines que dans les lymphatiques. *Bilis non inficit chylum suâ amaritudine.* »

On croyait, il y a encore peu de temps, que le chyle était une substance de nature complexe, de composition peu définie et de nature variable, puisque les aliments peuvent être des matières albuminoïdes, *viande*, *albumine végétale*, etc., ou des corps

(1) Le sang de la veine porte d'un animal qui digère du sucre ou de la fécule, contient de la glycose.

Il suffit, pour s'en assurer, d'essayer ce sang après l'avoir débarrassé de son albumine par la liqueur bleue de Trommer. — J. BÉCLARD, page 160.

(2) J. Béclard, page 160, *Traité de physiologie*.

Et cet auteur ajoute : Nous chercherons plus loin à nous rendre compte de cette singulière particularité.

gras, *huiles*, *graisses*, etc., ou des aliments féculents, *sucre*, *amidon*, etc., et que le chyle contenait la partie nutritive extraite des aliments par la *digestion*.....

Mais récemment les expériences brillantes de M. Cl. Bernard viennent de limiter le rôle des chylifères et de définir nettement le chyle :

1° Le chyle est tout simplement une émulsion de graisse dans le suc pancréatique (1).

2° Les vaisseaux chylifères n'absorbent en réalité que les corps gras (2). M. J. Béclard, page 158, t. I, dit : « Nous avons déjà fait pressentir que les matières grasses neutres de la digestion s'introduisent dans le sang par la voie des chylifères. Nous ajouterons que les chylifères sont très-vraisemblablement la seule voie de leur absorption. »

Mais il ne s'en suit pas que ces vaisseaux n'absorbent pas autre chose, puisqu'il ajoute que les féculents, transformés en sucre ou glycose, s'engagent aussi en partie dans les vaisseaux chylifères (3).

Pour ne pas anticiper sur ce qui doit être dit à l'absorption, nous établirons seulement ici que la propriété absorbante n'est pas seulement dévolue aux chylifères, qu'il y a dans le tube di-

---

(1) C'est aux globules de graisse suspendus dans le suc du pancréas, que le chyle doit son aspect laiteux nacré, qui donne aux lymphatiques de l'intestin leur coloration particulière et caractéristique.

(2) « Je démontrerai, dit P. Bérard, p. 364, t. II, que le chyle n'est pas le seul produit de l'acte digestif, et que certains matériaux organiques réparateurs suivent une autre voie que les chylifères. »

Nous avons aussi indiqué dans ce volume, page 235, que M. J. Béclard assurait que M. Cl. Bernard n'avait jamais affirmé qu'il n'entrât pas dans les chylifères autre chose que des matières grasses émulsionnées.

(3) Il dit lui-même, page 159, paragraphe 65 :

« Les matières grasses ne sont pas les seules substances absorbées par les chylifères. Les produits liquides de la digestion des substances albuminoïdes, l'eau et les sels de l'alimentation, miscibles à cette émulsion et en constituant pour ainsi dire le menstrue, s'engagent aussi dans les vaisseaux *chylifères*.

gestif, aussi bien que dans toutes les parties du corps, des milliers de vaisseaux sanguins ; et que le tube digestif et tous les organes voisins, sont parcourus par une quantité innombrable de ces vaisseaux qui, eux aussi, sont pourvus de la faculté absorbante. Or les chylifères ayant, d'après M. Cl. Bernard, une affectation spéciale, c'est-à-dire, étant chargés de l'absorption de la matière chyleuse, produit de l'émulsionnement des corps gras (1), le reste de la digestion, ou autrement dire encore, le reste de la substance alibile, celle destinée à notre nutrition, celle qui doit enfin se convertir plus tard en notre propre substance, doit nécessairement être absorbée par d'autres voies.

La bouillie alimentaire elle-même, celle engagée dans l'intestin grêle, diffère déjà de la bouillie stomacale ou du chyme par la disparition de certaines parties déjà *absorbées* et par l'addition de la bile, du suc pancréatique et du suc intestinal.

Disons de nouveau, et pour être bien fixé à cet égard (car il y a eu controverse), que M. J. Béclard professe que l'absorption des matières grasses, commence dans le duodénum et qu'elle se prolonge tout le long de l'intestin grêle ; que le gros intestin s'empare aussi, parfois, d'une petite proportion de matières grasses émulsionnées.

« Les chylifères sont très-vraisemblablement les seules voies d'absorption des matières grasses , mais les matières grasses ne sont pas les seules substances absorbées par les chylifères ; les produits liquides de la digestion des substances albuminoïdes, l'eau, les sels de l'alimentation, miscibles à cette émulsion et qui en constituent pour ainsi dire le menstrue, s'engagent aussi dans les vaisseaux chylifères. » — J. BÉCLARD, page 158.

Ce qui n'ôte pas aux veines mésaraïques, à la gastro-colite et la gastro-épiploïque droite, la faculté de fournir au foie (avec

(1) Il vaudrait mieux dire que les corps gras émulsionnés sont *spécialement* absorbés par les chylifères. Voir à ce sujet notre remarque de la page 235 de ce volume, d'après M. J. Béclard.

M. J. Béclard a, du reste, annoncé et d'après M. Buisson, que les féculents transformés en sucre ou glycose, s'engagent aussi, en partie, dans les vaisseaux chylifères. — *Traité de physiologie*, page 159 et suivantes.

toutes les radicules de la veine porte) les moyens d'opérer sur les matériaux qu'elles lui apportent et à celui-ci de former, dans ses cellules, la glycose aussi bien que la bile que cet organe secrète et qui prendra une autre direction ; car cette glande (le foie) qui a une double sécrétion, versera le produit de son élaboration dans la veine cave abdominale (au moyen des veines sus-hépatiques) tandis que par le canal hépatique, elle versera la bile dans le duodénum.....

On sait que la bile seule, à cause de sa faible alcalinité, est incapable d'émulsionner les corps gras ; mais que, mêlée au suc pancréatique, elle concourt à mettre les corps gras dans l'état voulu à leur émulsionnement et à leur absorption par les chylifères (1).

Mais elle n'agit pas à l'instar du suc pancréatique pour transformer les matières amidonnées en glycose.

« La bile du bœuf sert de dissolvant aux dégraisseurs dans les opérations de leur métier, par la quantité de soude qu'elle contient.

« La bile aurait la propriété d'arrêter la fermentation et la décomposition spontanée des matières tirées du règne animal et de prendre part aux phénomènes chimiques de la digestion (2). » — P Bérard.

M. J. Béclard rapporte, page 123, T. I., d'après MM. Scherer et Frerichs, que, sous l'influence de la bile, la peptone se transforme de nouveau en albumine coagulable par la chaleur ; de telle sorte que les matières azotées (fibrine, albumine coagulée, caséïne, gluten, légumine) de l'alimentation se trouveraient, en résumé, livrées à l'absorption, sous forme d'*albumine* ; mais, ajoute M. J. Béclard, ce fait mériterait d'être étudié. »

« La bile est un produit d'excrétion, mais elle joue un rôle important dans les phénomènes de la digestion, dans le tube in-

(1) P. Bérard dit que la bile n'est pas l'agent exclusif de la dissolution des corps ; mais qu'il ne se croit pas autorisé à lui nier toute action dans la dissolution de ce principe.

(2) L'état de combinaison de la bile avec les aliments l'a fait considérer comme une humeur récrémentitielle ; car quoiqu'elle s'écoule au dehors, elle n'est pas excrémentitielle comme la sueur.

testinal; si elle n'était simplement qu'un produit d'excrétion, on ne voit pas pourquoi elle ne serait pas versée dans les dernières portions de l'intestin grêle, au lieu de l'être dans la deuxième courbure du duodénum (par un canal qui lui est commun avec le suc pancréatique) et dans une partie de l'intestin où les phénomènes de la digestion s'accomplissent encore avec toute leur activité. »

Elle joue dans l'économie un double rôle; elle est une humeur excrémentitielle, comme le sont l'urine et la sueur, et elle est évacuée par la partie inférieure de l'intestin (l'anus) avec les résidus non absorbés de la digestion, qu'elle colore en brun ; elle concourt, d'une autre part, aux phénomènes chimiques de la digestion.

Elle serait donc récrémento-excrémentitielle; car s'il s'en écoule une certaine quantité avec les *fèces*, une autre est utilisée dans les opérations de la digestion ; puisque si l'on enlève par une fistule biliaire pratiquée sur un chien, une certaine quantité de ce fluide (la bile) l'animal dépérit et ne tarde pas à succomber.

Ces expériences ont été faites quelquefois, par M. Blondlot en particulier et par M. Dalton; et, chaque fois qu'elles ont été suivies avec soin, on a remarqué que la quantité de matières grasses, absorbées dans l'intestin, diminuait de moitié. C'est à cela qu'il faut attribuer l'épuisement et la mort des animaux, auxquels on a pratiqué l'établissement d'une fistule biliaire.

C'est cependant la bile du bœuf qui a servi le plus ordinairement aux analyses (celle contenue dans la vésicule biliaire de cet animal). La bile de l'homme est un peu plus riche en matériaux solides; prise également dans la vésicule biliaire, elle présente la même composition que celle du bœuf. Voici l'analyse qu'en donne M. J. Béclard et d'après M. Frerichs, qui l'avait prise sur un homme mort par accident :

Eau, 86,0 ; cholate et choléate de soude 9,10 ; cholesterine 0,20, margarine et oléine 0,92 ; mucus et matières colorantes 0,95 ; sels 0,77.

La bile est un liquide (ou matière animale particulière) elle est jaunâtre ou verdâtre ; sa sécrétion se fait dans le foie, elle se rend, ainsi que nous l'avons déjà dit, dans le duodénum, pour servir à la digestion. Elle y est conduite par le canal hépatique, qui s'ouvre dans le conduit cholédoque, qu'il concourt à former avec le conduit cystique, qui donne passage, tour à tour, à la bile qui reflue dans la vésicule et à celle qui coule de la *vésicule* dans le duodénum, après qu'elle y était venue s'emmagasiner en refluant du canal hépatique.

Elle est alcaline, chez les herbivores et les omnivores, pendant la digestion, mais *acide* pendant les intervalles ; elle est toujours acide chez les carnivores. — BERNARD.

§ 17. Suc intestinal, mucus intestinal. *Quel rôle joue le suc intestinal ou mucus intestinal dans les phénomènes de la digestion ?*

Le mucus intestinal est le produit des membranes muqueuses de l'intestin ; partout où elles existent, cette humeur se présente à la surface de ces membranes ; et est sécrétée aussi dans les canaux excréteurs et dans le réservoir des glandes. Elle présente aussi dans sa constitution des éléments particuliers (des globules), ce qui la différencie du *liquide* qui lubréfie les membranes séreuses formé, lui, par les parties les plus ténues du serum du sang. Le mucus a une grande analogie avec les globules ou cellules qui se forment spontanément dans toutes les exsudations plastiques. Les cellules originaires de l'épiderme cutané, celles des couches profondes lui ressemblent sous bien des rapports ; et comme l'épiderme lui-même, le mucus se renouvelle incessamment sur les surfaces muqueuses.

« L'épithélium des membranes muqueuses a la même origine que l'épiderme cutané, que le mucus lui-même : la partie exhalée (hors des capillaires) du plasma du sang. » — J. BÉCLARD.

« Le mucus ne prend pas seulement naissance dans les follicules et dans les glandes en tube, *glandes de Lieberkuhn*, des membranes muqueuses, il nait encore sur toute la surface libre de ces membranes. La sécrétion fournie par les glandes muqueuses se trouve donc partout mélangée avec celle qui est fournie par la membrane muqueuse elle-même. On ne sait pas non plus si le liquide fourni par les follicules clos de l'intestin et qui constituent, par leur assemblage, les plaques de Peyer dans l'intestin grêle (et d'où il s'échappe par transsudation ou déhiscence) est doué de propriétés spéciales et autres que celui qui provient des autres sources. » — J. Béclard, page 524, livre I.

Le mucus contenant dans ses éléments organiques des globules de mucus, des cellules d'épithélium, de l'eau, des sels et quelques matières extractives, est insoluble dans l'alcool et dans l'éther, il se dissout très-difficilement dans l'eau.

« Les substances organiques du mucus se distinguent des matières albuminoïdes en ce qu'elles résistent énergiquement à l'action des sucs digestifs : c'est probablement (dit M. J. Béclard, page 525) pour cette raison que le suc gastrique qui attaque les aliments dans l'estomac, n'attaque pas la membrane muqueuse stomacale; protégée qu'elle est par un vernis muqueux incessamment renouvelé. »

§ 18. Le Suc intestinal. *Le suc intestinal* est un liquide limpide, transparent, alcalin. Il contient, indépendamment du mucus et d'une matière organique non définie, de l'eau, des sels et des matières grasses.

Le suc intestinal est sécrété dans toute l'étendue de l'intestin, depuis le pylore jusqu'à l'anus; c'est à lui que les aliments doivent la facilité de parcourir tout le tube intestinal. Mais, comme nous l'avons dit, les matières alimentaires, en arrivant dans le gros intestin, ont livré à l'*absorption* la plus grande partie des portions assimilables de l'alimentation. Le suc intestinal ne sert plus alors qu'à lubréfier les surfaces, les engluer pour ainsi dire, et faciliter le cours de ces matières.

C'est dans l'intestin grêle que l'action du suc intestinal se trouve principalement établie, car là, ce suc est sécrété en abondance. Et ceci est prouvé par de récentes expériences; il agit comme la salive et le suc pancréatique : il transforme les substances amylacées en dextrine et en glycose; il défend en quelque sorte, là, comme dans l'estomac, les parties intérieures de l'intestin de l'action des acides qui pourraient les offenser (1).

---

(1) L'acidité du suc gastrique, entraîné dans l'intestin avec les aliments, prédomine dans la plus grande partie de l'intestin grêle.

Comme la bile, comme le suc pancréatique, il jouit de la propriété d'émulsionner les graisses, mais à un faible degré.

Enfin, il concourt à la digestion des aliments féculents et à celle des aliments albuminoïdes ; mais tout cela dans des proportions d'action bien inférieures au suc gastrique, au suc pancréatique et au liquide biliaire.

Le suc intestinal a, comme on le voit, d'autres fonctions que celle de protection des surfaces intestinales, puisqu'il n'est pas étranger aux phénomènes de la *digestion*.

La composition de ce suc ou mucus ne diffère pas sensiblement des autres mucus : il est alcalin, se dissout très-difficilement dans l'eau ; mais se dissout facilement dans des solutions alcalines étendues. On peut le précipiter de ses dissolutions par l'alcool ou l'acétate de plomb (1).

Il est le produit des glandes qui sont répandues par myriades dans l'épaisseur de la membrane muqueuse, *glandes tubuleuses de Lieberkuhn*, et surtout des glandes plus composées de Brunner... Il jouit, nous l'avons dit, du pouvoir d'émulsionner les graisses.

Lorsqu'on agite vivement (dit M. Collin) cinq ou six parties du suc intestinal avec une partie d'huile d'olives ; celle-ci se transforme en une émulsion blanchâtre homogène.

Si on injecte dans une anse intestinale, qu'on a soin de fermer, une certaine quantité d'huile, cette substance est réduite, au bout d'une heure, en flocons blanchâtres homogènes, qui résultent évidemment d'une émulsion déjà fort avancée.

Enfin, ce suc intestinal paraîtrait agir également sur les substances amylacées.

Si on le met en digestion (dit le même auteur) avec de l'empois d'amidon, on observe une métamorphose en dextrine et en glycose, analogue pour la rapidité avec celle qu'amènent la salive et le suc pancréatique.

---

(1) Le suc intestinal contient indépendamment du mucus et d'une matière organique non définie, de l'eau, des sels, des matières grasses. — J. Béclard, page 124.

Le mucus intestinal (histologiquement parlant) est formé de globules et de cellules d'épithélium. — J. Béclard, page 525, liv. i.

Cependant il ne parait jouir qu'à un faible degré du pouvoir d'émulsionner les corps gras et d'en favoriser l'absorption.

C'est ce qui résulte de plusieurs expériences de M. C. Bernard.

Quant aux substances albuminoïdes, le suc intestinal ne jouit pas du pouvoir dissolvant au même degré que le suc gastrique.

A ce sujet, M. J. Béclard s'exprime ainsi, page 127, livre I :

« Le suc intestinal concourt à la digestion des aliments féculents, ainsi qu'à celle des aliments albuminoïdes ; et il jouit, mais plus faiblement que la bile et le suc pancréatique, du pouvoir d'émulsionner les corps gras. »

Il est une remarque à faire au sujet des *corps gras*, c'est que leur émulsionnement ne pourrait se faire soit par la bile, le suc pancréatique, le suc intestinal (ces trois substances même réunies), et par conséquent être livrés à l'absorption, si, au préalable, leurs enveloppes cellulaires n'avaient été dissoutes par le suc gastrique comme substances albuminoïdes ; car, ainsi que l'observe M. J. Béclard, page 127 (4e édition), ces enveloppes paraissent résister longtemps à l'action des liquides de l'intestin (1).

Ainsi donc, dans cet endroit (intestin grêle) et de cette façon, l'émulsionnement et l'absorption de ces substances (corps gras, huiles, graisses, végétales ou animales) se comprennent parfaitement : leurs enveloppes cellulaires, s'il y en a, ayant été soumises, préalablement, à l'action dissolvante du suc gastrique.

Nous avons fait la part de l'action que chacun des liquides, *salive, suc gastrique, suc ou liquide biliaire, suc pancréatique, mucus ou suc intestinal*, exerçait sur les substances alimentaires ; nous devons maintenant mentionner que dans l'intestin tous ces sucs se mêlent, se réunissent, se confondent et forment un liquide mixte.

Les expériences de M. C. Bernard confirment que ce liquide mixte, composé ainsi que nous venons de le dire, possède toutes

---

(1) Le suc gastrique prépare également les matières grasses à la digestion, en dissolvant leurs enveloppes cellulaires, lesquelles paraissent résister longtemps à l'action des liquides de l'intestin. — J. Béclard, page 127, liv. I.

les propriétés digestives que nous lui avons déjà attribuées. C'est-à-dire qu'il digère les matières albuminoïdes et les matières féculentes, qu'il émulsionne les matières grasses. Et si l'on veut bien se rappeler le rôle que nous avons assigné à chacun de ces sucs, pris isolément, on ne sera nullement surpris qu'ils aient ensemble, le pouvoir attribué à chacun d'eux séparément.

Une observation cependant se présente : c'est que malgré trois ou quatre matières alcalines, *bile*, *suc pancréatique*, *suc intestinal*, et si l'on veut y comprendre même la *salive*, l'acidité du suc gastrique prédomine dans la plus grande partie de l'intestin grêle. Ceci est vrai, surtout pour les animaux qui font usage de viande ou de nourriture mixte. Chez les herbivores, au contraire, la réaction du liquide contenu dans l'intestin grêle est généralement *alcaline*.

Que conclure de cela? C'est que le suc gastrique prédomine chez les carnivores, pour les besoins de la nourriture particulière de ces animaux ; c'est-à-dire que cette acidité est en rapport avec les mutations que les substances alimentaires doivent subir, et qui se font mieux dans ce milieu acide ; 2° que chez les herbivores, la sécrétion des sucs alcalins digestifs de l'intestin, prédomine par des causes semblables : les besoins particuliers de la digestion également, et dans un milieu alcalin, par conséquent différent.

Mais il y a encore une autre raison qui demande ici une légère explication : l'acide lactique et l'acide acétique, que nous avons reconnus être les seuls acides libres dans la digestion, ne se forment pas seulement dans l'estomac : ils sont le produit de la conversion, comme nous l'avons dit, de la glycose en acide lactique à une période plus avancée de la métamorphose des aliments féculents et sucrés (1).

Or, comme c'est dans l'intestin grêle que cette conversion s'effectue, et de plus en plus au fur et à mesure que les aliments

(1) Cet acide provient d'abord de la fermentation prolongée du sucre ou matières sucrées, au contact des matières azotées qui donne naissance à de l'acide lactique et ensuite à de l'acide butyrique, par un dégagement d'hydrogène et d'acide carbonique ; ces deux gaz existent parmi les produits de l'intestin. — J. Béclard, page 129.

parcourent le conduit, il en résulte que c'est là, plus qu'ailleurs, que prédomine l'acidité qui déjà était apparue dans l'estomac.

Il ne faudrait pas croire cependant, dit M. J. Béclard, page 128, que la totalité de la *glycose* (comme quelques auteurs l'ont dit) passe à l'état d'acide lactique avant de pénétrer dans les voies de l'absorption. Si cette transformation commence dans l'intestin elle y est, en somme, rudimentaire; et nous verrons que la plus grande partie de la glycose formée, pénètre en nature dans les voies de l'absorption. Le sucre de canne se transforme lui-même en *glycose*; et par une action prolongée de ces substances, au contact des matières azotées, on peut y trouver, mais rarement, de l'acide butyrique.

« Ainsi donc, dans l'intestin grêle, les phénomènes de la digestion pourront se résumer :

« 1° Dans l'émulsion des matières grasses qui pénètrent spécialement dans les chylifères;

« 2° Dans la métamorphose des aliments féculents en dextrine et en glycose;

« 3° Dans la dissolution des matières albuminoïdes, non encore dissoutes par le suc gastrique;

« 4° Dans la transformation du sucre de canne en glycose;

« 5° Dans la formation de petites proportions d'acide lactique et d'acide acétique, aux dépens d'une partie de la glycose formée, et dans la formation accidentelle de l'acide butyrique. » — J. Béclard, page 130, livre i.

Nous avons conduit la digestion jusqu'à la fin de l'intestin grêle. Que va-t-il se passer dans le reste du tube digestif?

D'abord, la bouillie alimentaire, celle provenant du *chyme*, et qui s'écoulait par portions de l'estomac dans le duodénum, n'a pas tardé à prendre, dans cet endroit, une couleur plus foncée : elle était grise en sortant de l'estomac, elle devient ordinairement jaune dans le duodénum à cause de la bile qui la pénètre; mais en arrivant au cœcum après avoir, toutefois, parcouru le jéjunum et l'iléon, elle se fonce de plus en plus. La fluidité de la masse alimentaire a diminué progressivement par suite des absorptions qu'elle a subies le long de l'intestin grêle. Cette fluidité va toujours diminuant jusqu'à l'anus, à moins que par une cause quelconque : sécrétion intestinale exagérée (cas pathologique) ou provoquée (purgatifs), ces matières n'aient perdu de leur consistance.

Dans l'état ordinaire, les matières alimentaires en passant dans le cœcum, franchissent la valvule *iléo cæcale*, dite valvule de Bauhin. Elles séjournent (dans cet intestin) un certain temps. Cette valvule est une duplicature de l'intestin ; elle a pour fonction de s'opposer au retour des matières excrémentitielles dans l'intestin iléon (ileum).

Les deux lèvres de la valvule de Bauhin contiennent un plan musculaire dans leur intérieur. Tout reflux est impossible par leur contraction, et par une disposition anatomique qui fait que les deux lèvres empiètent un peu l'une sur l'autre lorsque la valvule se ferme. De sorte que les deux valves s'appliquent l'une sur l'autre.

On peut, comme cela arrive dans nos dissections, retirer le cœcum, le remplir d'eau par sa partie inférieure, sans que cette eau s'écoule par la partie supérieure, quoique la contractilité du du plan charnu soit anéantie sur le cadavre.

L'iléum et le cœcum ne se continuent pas d'une manière directe et en ligne droite.

L'iléum s'ouvre latéralement et presque à angle droit dans le cœcum ; il en résulte que les efforts de cet intestin se propagent plutôt dans le sens du colon ascendant.

Le rôle du gros intestin, et de l'intestin cœcum en particulier, paraît être déterminé par la disposition qu'affectent les parties intérieures de cet organe, car non-seulement il est pourvu de la valvule dont il vient d'être question, mais il est très-développé, au point même que l'on a cru qu'il s'y faisait une digestion supplémentaire. Sa surface interne présente des saillies longitudinales et des enfoncements qui répondent aux dépressions et aux saillies de la surface externe. Nul doute qu'il ne se fasse là encore quelques dernières élaborations. Du reste, le suc intestinal est sécrété dans toute la longueur du tube et dans le gros intestin ; il jouit d'un pouvoir analogue à celui qu'il a dans l'intestin grêle.

Des expériences ont constaté qu'il pouvait encore y avoir un travail d'absorption des substances albuminoïdes et même des féculents dans le gros intestin, travail qui n'aurait cependant plus d'action sur les corps gras; l'acidité dominant dans ces parties. Ce qui n'empêcherait pas d'utiliser cette ressource d'absorption dans le cas où l'introduction des substances nutritives, par la partie supérieure, deviendrait impossible.

Dans le gros intestin, comme dans l'intestin grêle, les aliments cheminent en vertu du mouvement péristaltique et anti-péristaltique : c'est-à-dire que les intestins sont animés d'un mouvement d'après lequel la partie inférieure de l'organe où se trouve la bouillie alimentaire se porte en avant, de bas en haut, par la contraction de ses fibres longitudinales, pour aller au-devant d'elle; tandis que par un mouvement contraire, c'est-à-dire par une contraction de haut en bas, les fibres circulaires de la portion d'intestin qui est derrière le bol alimentaire, pousse celui-ci en avant.

C'est en vertu de ce mouvement régulier et combiné, que cette masse alimentaire est chassée, mais par portion, et de proche en proche, jusqu'à l'extrémité du tube digestif, à l'anus.

Là elle se rassemble, se moule et devient consistante : étant privée de plus en plus des matériaux nutritifs qu'elle contenait encore, elle continue son trajet jusqu'à la fin du tube digestif.

Ces matières ont pris, à partir du cœcum, une odeur particulière; odeur de matière fécale de plus en plus caractérisée, en même temps qu'elles sont devenues plus foncées en couleur.

Cette odeur est infecte chez les animaux qui ne font usage que de substances animales. Elle ne présente pas cet inconvénient chez les herbivores. Elle paraît dûe à la présence de la bile, car ce liquide, lorsqu'il est conservé à part, et en dehors de toute autre influence, ne tarde pas à manifester l'odeur caractéristique des excréments.

Cependant, on prétend que c'est à la bile que les aliments doivent la propriété de ne pas entrer en putréfaction dans les corps vivants, quoi qu'y séjournant parfois assez longtemps. Et hors du corps des animaux, les excréments sont putrescibles! et si la bile est retenue et ne flue pas avec les aliments, les excréments présentent plus promptement une odeur de putréfaction!

Au total, c'est aux *principes de la bile* et *au suc intestinal*, évacués avec le résidu des aliments, que les matières fécales doivent le fumet particulier qu'elles possèdent chez certaines espèces animales.

Le retard que les matières éprouvent dans le gros intestin est encore singulièrement augmenté lorsqu'elles arrivent à l'S iliaque du colon. Jusque là, leur présence n'avait été nullement perçue, et leur séjour même dans l'S du colon n'est pas non plus sentie, quoi qu'il y ait parfois accumulation de ces matières en cet endroit du tube digestif.

L'S du colon n'est pas non plus flottante dans le bas ventre; elle est contournée, comme son nom l'indique, logée qu'elle est dans la fosse iliaque gauche. Elle va se terminer à la partie supérieure du rectum.

Le méso-colon iliaque renferme, entre ses feuillets, cette partie de l'intestin colon, et la maintient en place. Or, les mouvements y sont plus lents, et les fibres charnues n'y sont ni plus nombreuses, ni plus fortes que dans le reste des intestins (intestin grêle et gros intestin), aux mouvements desquels préside le grand sympathique (ganglions semi-lunaire, plexus-solaire, qui reçoivent les terminaisons de ce nerf (1), et qui sont l'origine de presque tous les plexus intestinaux).

L'impression produite par les aliments sur la membrane muqueuse, dans tout le parcours de l'intestin, n'étant pas perçue, ces mouvements sont par conséquent involontaires. Ils sont comme ceux qui appartiennent à la vie organique, c'est-à-dire soumis à l'action réflexe, lents par conséquent à se produire comme à s'éteindre.

§ 19. Gaz des intestins. Les gaz qui sont contenus dans les intestins, et dont le dégagement devient parfois incommode par leur quantité, sont dûs, le plus ordinairement, à une espèce

---

(1) Le grand sympathique tire son influence de ses connexions avec l'axe cérébro-spinal, et quand on détruit ces connexions, on détruit aussi son influence. De là vient la paresse des intestins et souvent leur paralysie dans les maladies de la moelle et aussi dans les maladies de l'encéphale. — J. Béclard, p. 70, liv. I, *Traité de physiologie*.

de fermentation des aliments, ou reconnaissent une autre cause que nous tâcherons de déterminer.

Les intestins sont toujours remplis de gaz. Jamais, même sur le cadavre, on ne trouve leurs parois affaissées sur elles mêmes. Leur distension normale est sans inconvénient ; elle a même, dans cette condition, son utilité.

D'abord, il ne saurait y avoir de vide. Ensuite, par la déglutition, nous introduisons journellement de l'air dans l'estomac. Cet air peut passer dans les intestins, et, de plus, les aliments, par la coction qu'ils éprouvent dans le *ventricule*, peuvent dégager quelques gaz des substances alimentaires qui pourraient en contenir, substances appelées pour cela flatulentes : pois, haricots, fèves, navets, etc.

Mais il se trouve encore de l'hydrogène dans les gaz intestinaux ? Ceci ne paraît pas surprenant, si on réfléchit que nous prenons beaucoup de substances hydrogénées.

Cet hydrogène est quelquefois carboné. Il peut être aussi à l'état d'hydrogène sulfuré ; mais cela arrive dans des cas exceptionnels, et cet état ne serait pas sans danger s'il était continuel, mais il n'est souvent que passager : les œufs, pris en certaine quantité et dans certaines dispositions de l'estomac, donnent des renvois (éructations) d'hydrogène sulfuré, ayant comme on le dit, l'odeur d'œufs pourris.

Nous avons dit que les gaz étaient le plus ordinairement le produit de la *digestion*, mais que normalement les intestins étaient remplis par des gaz et qu'il y avait une utilité à cela : en effet, les parois intestinales ne sont pas appliquées intérieurement les unes contre les autres; toujours elles éprouvent une distension naturelle et douce (à moins d'accidents pathologiques), ce qui fait même que les intestins reposent et se touchent mollement dans la cavité abdominale.

Il devait en être ainsi : ce rôle mécanique que jouent les gaz permet aux intestins d'occuper toujours le même volume. Ces derniers se soutiennent ainsi les uns les autres et se maintiennent en place avec le concours du mésentère et d'autres replis du péritoine.

Les autres organes de l'abdomen ne sont pas non plus sans

ressentir les effets de cette heureuse disposition naturelle; ils se trouvent en partie soutenus et mollement maintenus en place, sans gêne aucune, par le contact des intestins.

Ces gaz élastiques, comme le sont tous les gaz, remplissent les vides; les pressions exercées extérieurement sur un point de l'abdomen, sont transmises et réparties dans tous les autres points. Lorsque ces pressions ne sont pas toutefois exagérées, elles sont supportées sans douleur.

En outre, les gaz *intestinaux* amortissent les ébranlements que les organes pourraient éprouver des chocs, des chutes, du saut, de la course, de la danse, etc. Ils contribuent, par leur élasticité, aux phénomènes de la respiration ; car le diaphragme, en les refoulant, en les déprimant au moment de l'introduction de l'air dans les poumons, trouve en eux un puissant concours pour l'expiration, puisque à ce moment le diaphragme, revenant sur lui-même, est aidé, dans cette circonstance, par cette même élasticité qu'il n'avait violentée que momentanément, afin de permettre à l'air d'entrer librement dans les poumons.

§ 20. **Défécation et expulsion des gaz.** L'intestin rectum fait suite à l'S iliaque du colon sans aucune limite bien précise. Il a une direction presque droite, ce qui le différencie du colon. Il est situé dans la partie postérieure du bassin et s'étend depuis le côté gauche de l'articulation sacro-vertébrale jusqu'au coccyx, au devant duquel il s'ouvre par un orifice appelé anus. Le rectum est cylindrique, renflé à sa partie antérieure et maintenu en place par le méso-rectum.

Cet intestin est formé de trois membranes, comme les autres portions du canal intestinal; mais la couche musculaire est relativement épaisse, quand on la compare à celle des autres parties de l'intestin. Cette couche musculaire est une des puissances qui agissent dans l'acte de la défécation. Sa membrane interne, membrane muqueuse, présente des lignes parallèles et longitudinales qui ne sont que des replis de cette membrane. Son extrémité inférieure est renflée; c'est dans cette partie (ampoule rectale) que s'accumulent les matières fécales; et de proche en proche jusque dans la partie supérieure du rectum.

Chaque fois que la défécation s'opère, il n'y a guère (sauf les cas de diarrhée) que les matières sous-jacentes à l'S iliaque qui soient expulsées. Cette circonstance explique pourquoi le besoin d'aller à la selle, se manifeste quelquefois si subitement et si impérieusement; car alors l'S iliaque a versé son contenu par une cause ou par une autre, plus vivement que d'habitude et il est urgent d'y donner issue.

Le plus ordinairement ces matières se massent peu à peu dans le rectum, jusqu'au moment où la sensation de plénitude nous avertit de la nécessité de les évacuer au dehors.

Les mouvements du gros intestin (cœcum, colon et rectum) sont bien sous l'influence du grand sympathique et les impressions qui s'y produisent sont de la classe des impressions réflexes, dont nous n'avons pas conscience; mais la partie inférieure du rectum jouit d'une certaine sensibilité consciente en rapport avec la défécation.

Une excitation portée sur l'extrémité inférieure du rectum détermine ce besoin de défécation, qu'il faut impérieusement satisfaire. C'est une excitation de ce genre, portée en cet endroit par la canule d'une seringue, qui force certaines personnes (malgré leur volonté) à repousser ce corps et le liquide à peine introduit, que la seringue contenait.

Lorsque les selles sont trop faciles, comme dans le cas de diarrhée, la moindre quantité de liquide, ou matière fécale, provoque immédiatement des efforts de défécation.

Heureusement que la contraction du sphincter est soumise à la volonté.

Ce sphincter est formé par des muscles qui environnent l'extrémité inférieure du rectum, l'un externe ou sphincter cutané, l'autre interne, terminaisons des fibres circulaires de la tunique musculaire du rectum (sphincter intestinal de Winslow). Ce dernier muscle, est à fibres lisses, il n'appartient pas, par conséquent, à la classe des muscles volontaires; mais il joue un rôle dans la rétention des matières fécales.

Ces muscles annulaires, à fibres lisses, comme tous ceux de cette classe, sont pourvus d'une faculté (tonicité) qui fait qu'ils se trouvent dans un état de tension permanente et modérée, qui produit l'occlusion des orifices qu'ils circonscrivent. C'est surtout pendant le sommeil, où cette force, *force tonique*, s'exerce à notre insu ; car s'il nous est facile pendant l'état de veille de nous opposer à la sortie de l'urine ou des matières fécales (la vessie a aussi son sphincter) parceque le sphincter externe de l'anus peut se contracter sous l'influence de la volonté, (aussi bien que la portion antérieure du releveur de l'anus peut seul resserrer le col de la vessie), il n'en était pas moins nécessaire que tous ces orifices fussent soumis à une force musculaire tonique indépendante, pour empêcher les liquides contenus dans ces réservoirs de s'en échapper sans notre participation.

Or, par le sphincter externe de l'anus, qui est un anneau musculaire très-épais, nous sommes rassurés contre toute fuite pendant l'état de veille; et pendant l'état de sommeil la *force tonique* nous garantit de tout accident de ce genre.

La paralysie des sphincters qui anéantit cette propriété, amène l'incontinence des matières, comme cela se voit souvent dans les maladies de la moelle.

Mais si ces sphincters retiennent, par la seule force de leur tonicité, les matières qui sont contenues dans les réservoirs, il faudra que les moyens qui déterminent la défécation surmontent d'abord cette résistance.

Dans les cas les plus ordinaires, les contractions du rectum et celles du releveur de l'anus, suffisent, presqu'à elles seules.

Le releveur de l'anus, *sous-pubio-coccygien*, est complété par l'*ischio-coccygien*, pour fermer avec lui, par en bas, la cavité de l'abdomen ; comme le diaphragme, la ferme par en haut.

Il présente une voussure, dont la concavité regarde par en haut; toutes ses fibres sont courbes ; il y a un véritable enfoncement.....

Dans la contraction, toutes les fibres concaves tendent à prendre une direction horizontale, la concavité qu'elles forment s'efface.

C'est de cette manière que, dans les efforts que l'on fait pour retenir les matières fécales, le releveur de l'anus se contracte invinciblement avec les sphincters. Alors le plan sur lequel les matières appuient, s'élargit devenant horizontal ; l'infundibulum ou l'enfoncement n'existe plus. L'on pourra ainsi retarder quelque temps l'évacuation des matières ; mais que le besoin soit pressant, ou qu'il s'agisse d'expulser volontairement des matières stercorales amassées en assez grande quantité et d'une certaine consistance, alors le releveur de l'anus dont les fibres touchent celles du muscle opposé, vient s'ajouter aux contractions du rectum ; et au lieu de former une cloison musculaire avec les fibres entrecroisées de l'ischio-coccygien qui s'insère à l'épine sciatique et sur les côtés du coccyx, le releveur de l'anus, disons-nous, s'élèvera du côté du diaphragme, qui lui-même s'abaissera vers lui.

Dans cette élévation, le rectum sera porté en haut ; il glissera pour ainsi dire sur les côtés de la masse fécale. Et, comme le rectum s'est en même temps raccourci par ses fibres longitudinales (c'est-à-dire, que son extrémité inférieure, mobile, s'est portée en haut), les matières se trouvent pour ainsi dire mises à découvert.

C'est alors que les contractions du rectum s'exercent avec puissance ; celles des muscles de l'abdomen, deviennent énergiques (muscles droits, petit et grand oblique, transverse, etc.) et tendent à comprimer les intestins, tandis que le diaphragme les pousse par en bas (1). Alors les phénomènes de l'effort se manifestent : les bras cherchent un appui pour immobiliser la poitrine que les muscles inspirateurs ont dilatée, en même temps que la glotte s'est fermée. Le tout enfin, pour donner plus d'énergie aux contractions musculaires et plus de force aux puissances expulsives.

Les contractions du sphincter externe ne servent plus qu'à diviser ce qui a déjà franchi le passage.

M. Gerdy, cité par Bérard, page 478, T. II, définit la défécation : Un acte qui s'accomplit par la contraction des fibres circulaires du rectum, qui poussent les excréments contre l'anus,

(1) Dans la défécation, la miction, l'accouchement, les muscles abdominaux et le diaphragme, agissent simultanément.

Le diaphragme ne peut s'abaisser dans le ventre sans repousser les viscères de cette cavité vers les parois abdominales qu'ils distendent et soulèvent pendant l'inspiration. — P. Bérard, page 512.

tandis que ses fibres longitudinales prenant leur point d'appui sur les fibres circulaires, contractées et appuyées elles-mêmes sur les excréments qui résistent, dilatent l'anus, en tirant vers la circonférence, les bords appuyés de leur côté sur la masse des fèces.

Il s'échappe souvent des gaz pendant cet acte et même en dehors de la *défécation*. Le mécanisme de leur expulsion ou de leur rétention, est le même que celui pour les matières solides. Le bruit qu'ils font en sortant du tube intestinal est déterminé par les vibrations de l'ouverne anale.

Lorsque des tumeurs hémorrhoïdales empêchent le resserrement des sphincters, il s'échappe des gaz malgré la volonté de les retenir. Quant à la formation de ces gaz, leur explication a été donnée dans le courant de l'exposé de la digestion : Nous n'y reviendrons pas. Voir page 252 de ce volume.

§ 21. Du Vomissement. « Le vomissement est ordinairement l'expulsion violente et brusque des matières renfermées dans l'estomac, au travers de l'œsophage et de la bouche largement ouverte. » — P. Bérard.

Quoique les substances, qui ont été ingérées dans l'estomac, aient subi, depuis le moment qu'elles ont passé par la bouche, jusqu'à celui où elles doivent franchir l'orifice inférieur de l'estomac, les diverses modifications et transformations que nous leur avons assignées; il n'en arrive pas moins que quelquefois ce passage ne se fait pas aussi tranquillement que nous l'avons indiqué et que pour une raison ou pour une autre, que nous allons spécifier, les matières contenues dans l'estomac, sont rejetées avec effort et le vomissement a lieu.

1° La digestion est parfois troublée dans son opération, soit par suite d'un désordre subit apporté dans cet acte (secousse morale, impression pénible), soit par suite d'ingestion d'aliments réfractaires à l'action digestive, soit enfin, par état maladif de l'organe, *dyspepsie*, *gastralgie*, etc.

2° Le vomissement peut aussi avoir lieu, parce qu'il a été provoqué à dessein (vomitifs). Il peut aussi être le résultat de substances toxiques introduites volontairement ou involontairement dans l'estomac.

Dans ces différents cas, les phénomènes physiologiques, pour la production du vomissement, seront quelque peu différents aussi.

Dans le premier cas, l'expulsion des substances contenues alors dans l'estomac, aura lieu par un mécanisme qui ne sera pas entièrement semblable à celui qui, physiologiquement, s'exécutera pour le second.

Nous nous expliquons :

Pour le second cas, disons tout d'abord, que le vomissement, quand il est provoqué artificiellement (vomitifs, substances toxiques), n'a pas lieu précisément par la présence ou l'effet de la substance vomitive ou toxique sur la muqueuse de l'estomac : de nombreuses expériences ont constaté que, dans l'espèce, ce n'est que par une absorption rapide de la substance dans l'économie que le vomissement se produit.

L'effet de certains médicaments ou de substances toxiques a lieu sur les centres nerveux. C'est moins par action directe de la substance sur l'organe (l'estomac) que par son action sur l'organisme; car le vomitif ou le poison a été absorbé, et a été porté dans le torrent circulatoire; il a impressionné les centres nerveux qui ont à leur tour, par les moyens dont ils disposent, provoqué le vomissement, et le rejet de ce que l'estomac contenait dans ce cas de la substance ingérée.

C'est une action réflexe des centres nerveux, c'est une décharge par suite d'une action spéciale sur les nerfs qui se distribuent à ces parties. La contraction du ventricule et des organes qui concourent à l'effort du vomissement, s'effectue par ce moyen pour expulser complétement ce que l'organe pouvait encore renfermer de nuisible.

L'effort du vomissement est une espèce d'état convulsif, il peut aller jusqu'à provoquer un spasme spécial et un épuisement complet de l'individu, s'il se continue, ainsi que cela se voit dans certaines maladies, comme dans le choléra, dans les empoisonnements où ces vomissements sont incoercibles. Le danger devient grand alors, et la mort peut en être la suite.

Nous avons dit que des expériences prouvaient que le vomissement pouvait avoir lieu par une autre cause que par l'action directe de l'estomac : M. Magendie, enlève l'estomac à un animal et le remplace par une vessie de cochon, remplie d'une substance semi-liquide ; puis, ayant injecté dans les veines de l'animal du tartre stibié, il ne tarde pas à voir tous les phénomènes du vomissement se prononcer :

Les muscles du bas ventre se contractent ; le diaphragme entre en action aussi ; l'œsophage se mêle de la partie par les contractions de ses fibres longitudinales et transversales : puis, les matières qui étaient dans la *vessie* (estomac improvisé), sont expulsées par la bouche comme si le ventricule (l'estomac) de l'animal était encore en place. Dans cette expérience il avait eu soin, bien entendu, d'attacher et de fixer convenablement l'ouverture supérieure de la vessie à la partie inférieure de l'œsophage, avec la précaution d'engager le conduit de la vessie assez avant pour mettre l'un et l'autre conduit en communication directe.

Dans le cas le plus ordinaire du vomissement, par suite de réplétion trop forte de l'estomac, d'indigestion ou tous autres cas semblables, le vomissement se produit par action d'abord sur l'estomac des substances qu'il renferme et par acte réflexe consécutif des centres nerveux qui en ont ressenti l'impression.

Les fibres de l'estomac, comme on le sait, forment des anses plus ou moins étendues. Ces fibres, en se redressant ouvrent la partie cardiaque ou œsophagienne en se fixant à cet orifice. Elles peuvent, par une espèce de contraction, qu'elles exercent alors, aider puissamment l'organe à se débarasser par en haut de son contenu, en fermant en même temps par en bas son orifice *pylorique*, au moyen des fibres circulaires dont cette ouverture est pourvue, comme le feraient les cordons d'une bourse. Mais comme nous l'avons vu, il n'est pas d'une nécessité absolue que les contractions de l'estomac aient lieu, puisque le vomissement se produit sur une vessie inerte qui aura été substituée à l'estomac d'un animal. Il y a donc une action complexe dans le vomissement ; et si aux muscles du bas ventre, à l'action du diaphragme (comme il en sera question lorsque nous traiterons de l'effort), nous joignons en ce moment la contraction de bas en haut de l'œsophage, dont les fibres longitudinales s'insèrent au bord du cartilage arythénoïdien supérieurement, et dont les fibres inférieures se continuent dans l'estomac, en formant des courbes plus ou moins étendues, figurant même une espèce d'infundibulum ou d'entonnoir, dont la base est dans l'estomac et le sommet au cardia ; on se représentera facilement l'action de ces fibres qui, en se redressant (comme toute ligne courbe qui tend à devenir droite), augmenteront la contraction des fibres particulières de l'estomac et l'ampliation, par ce même fait, de l'ouverture œsophagienne ou cardiaque. Mais toutes ces actions, moins la contraction des fibres longitudinales et des fibres circulaires de l'œsophage ne sont pas de toute nécessité, comme nous le voyons par les expériences de Magendie, au sujet de l'exécution du vomissement, puisqu'il peut avoir lieu même sans l'action de l'estomac, et par le seul effet du diaphragme, des muscles du bas ventre, y compris cependant la contraction des fibres longitudinales de l'œsophage, ainsi que nous venons de le dire ; et qui font cesser la résistance que la contraction presque permanente des fibres circulaires du bas de l'œsophage entretient, dans l'état ordinaire, pour empêcher les matières contenues dans l'estomac de s'échapper par en haut.

Notons ici, qu'aujourd'hui l'on conteste la continuation et l'expansion des fibres de l'œsophage dans l'estomac : il y a, selon Gerdy, une anse musculeuse, espèce d'écharpe autour du cardia et qui interrompt la continuation des fibres.

Cependant, P. Bérard dit à ce sujet, page 262, tome II : « Le vomissement réclame, indépendamment de l'action du diaphragme et des muscles abdominaux, l'intervention de l'œsophage dont la contraction est complètement indépendante de la volonté. Cette contraction est brusque ; elle existe seulement dans les fibres longitudinales qui de l'œsophage se répandent sur l'estomac, perpendiculairement au grand diamètre de celui-ci. Elles racourcissent l'œsophage avec effort, elles ouvrent le cardia malgré l'anse musculaire qui l'embrasse à gauche.

M. J. Béclard ne touche que indirectement cette question :

« Le mécanisme de l'ouverture de l'œsophage, au moment du vomissement (dit-il), a été mise hors de doute par les expériences de P. A. Béclard, mon père, et par celles de Legallois : l'ouverture de l'orifice cardiaque est déterminée par une contraction spasmodique des fibres longitudinales de l'œsophage, *concordant avec celle des muscles abdominaux et du diaphragme*. La contraction des fibres longitudinales de l'œsophage, agit en sens opposé des fibres circulaires, diminue la longueur de ce conduit et tend à vaincre en même temps la constriction de l'orifice cardiaque. » — J. Béclard, page 61, tome I.

L'acte du vomissement s'opère donc de la manière que nous avons indiquée, c'est-à-dire par la contraction des muscles abdominaux, du diaphragme et de l'œsophage.

L'estomac n'y prenant que peu ou pas de part, si ce n'est par son mouvement antipéristaltique (cet acte se complique la plupart du temps du phénomène de l'effort).

« L'estomac, dit P. Bérard, page 255, tome II, n'est pour rien dans l'acte violent, spasmodique, énergique, qui fait sortir à pleine bouche les matières que le vomissement expulse. *C'en'est pas l'estomac qui les éjacule au dehors.*

« J'avoue que je ne comprends pas qu'il ait pu y avoir discussion à cet égard. » — *Cours de physiologie* (1).

Nous avons dit déjà et dussions-nous le répéter, car la chose en mérite la peine : que dans tout acte de vomissement ordinaire, il y a alors une action réflexe produite par une excitation de la moelle allongée qui lui est venue d'une impression sentie par l'estomac (plénitude, substances réfractaires, indigestes, etc.); et que les contractions du diaphragme et des muscles abdominaux ne sont pas mises en jeu par notre volonté. Pour que l'excitation des centres nerveux se propage aux nerfs qui se distribuent au diaphragme, aux muscles abdominaux, à l'œsophage, et provoque le vomissement par leurs contractions, il faut qu'il y ait eu im-

---

(1) Le mouvement anti-péristaltique ne constitue pas le vomissement; mais il le prépare et il en devient même la cause occasionnelle, en provoquant, à un moment donné, la coopération brusque du diaphragme et des muscles abdominaux, lesquels sont les seuls agents efficaces du vomissement et du rejet des matières. — P. Bérard, ibidem.

M. J. Béclard, dit page 68, livre I : les contractions lentes de l'estomac ont pour résultat, dans le vomissement, de rendre l'évacuation plus complète.

pression ; qu'elle aille aux centres nerveux ; en un mot, qu'elle y soit transmise. Mais ce cas est celui seulement où des substances étrangères, des aliments indigestes (ainsi qu'il a été dit) ont produit une impression pénible et locale. C'est purement une action réflexe.

Dans le cas où c'est l'émétique qui provoque le vomissement, ou tout autre substance toxique, c'est par une action *directe* sur la moelle allongée et la moelle épinière, que l'émétique opère. C'est un effet spécial, et cela aussi bien que la strychnine qui, introduite dans le sang, agit sur les centres nerveux, et produit la contraction tétanique des muscles, quoiqu'elle n'agisse pas d'abord directement sur l'endroit où elle est portée... L'émétique, lui aussi, est porté, par la circulation, sur les centres nerveux; et c'est par une action *directe* de cette substance sur la moelle allongée (qui réagit alors d'une manière spéciale sur les muscles abdominaux, sur le diaphragme et l'œsophage), que s'opère le vomissement.

Mais par quels nerfs cette action a-t-elle lieu ? ou autrement dire sur quel nerf voyage l'impression, et quel est celui ou ceux par lesquels les centres nerveux réagissent et commandent l'action ? (la contraction des muscles, le vomissement), car, encore une fois, la moelle épinière et la moelle allongée ne font que réfléchir une excitation qui leur vient d'autre part (1). Est-ce par le grand sympathique ; est-ce par le pneumo-gastrique ? Est-ce par les deux à la fois que l'action réflexe ou spéciale est transmise ?

A. Dans le cas où une substance irritante, un aliment indigeste, un corps étranger sollicitent le vomissement, il y a d'abord malaise, nausées ; l'excitation est bien dans l'estomac, c'est le point de départ, c'est de là que l'impression se transmet, de l'estomac aux centres nerveux, point de doute à cet égard ; mais par quel chemin cette transmission a-t-elle lieu ?

B. Deux grands nerfs se distribuent à l'estomac : le grand sympathique et le pneumo-gastrique ; y en a-t-il un des deux qui

(1) C'est-à-dire directement par une substance toxique, et indirectement par réplétion, ou substances indigestes introduites dans l'estomac.

soit chargé de ce soin plus particulièrement que l'autre, ou le sont-ils tous les deux à la fois? Muller pense que c'est par le grand sympathique que se fait le travail, d'autres croient que c'est le pneumo-gastrique qui l'accomplit (BRECHET) (1).

P. Bérard se range à l'opinion que c'est le nerf vague (c'est le même nerf, nerf de la 8e paire), sans qu'il puisse, dit-il, s'appuyer sur aucune démonstration expérimentale. « Je montrerai bientôt, ajoute cet auteur, qu'un grand nombre de nerfs sont aptes à transmettre l'excitation centripète qui amène le vomissement. Il n'y a pas de raison pour se prononcer plutôt pour l'un de ces nerfs que pour l'autre. » — P. BÉRARD, t. II, p. 264.

Acceptons donc, jusqu'à plus ample informé, la décision du maître; mais voyons cependant par quel moyen l'action centrifuge s'opère, par quel nerf elle est transmise des centres nerveux aux muscles chargés du vomissement.

Or, comme il faut, dans le cas où l'action est directe (par exemple, comme dans celui où c'est une substance toxique qui a été absorbée et portée par la circulation sur les centres nerveux), que ces centres réagissent, c'est par le pneumo-gastrique que cette action a lieu, voilà tout. Nous avons dit que dans le premier cas, cette action était réflexe, et que dans celui-ci elle est directe.

Un cas plus simple tend à faire croire que c'est le pneumo-gastrique qui opère cette action : c'est celui où un corps étranger est engagé dans l'œsophage; immédiatement les efforts du vomissement ont lieu, et ce ne peut être que par le pneumo-

---

(1) M. J. Béclard dit, page, 66, liv. I :

« Les contractions de l'estomac sont sous l'influence des nerfs pneumo-gastriques.

« La section de ces nerfs paralyse l'estomac.

« Si le grand sympathique était le nerf moteur de l'estomac, l'irritation mécanique, chimique ou galvanique de ce nerf, devrait être suivie de la contraction de l'estomac. Or, dans un tableau publié par M. Valentin, nous voyons que l'irritation du nerf grand sympathique sur différents animaux, a amené des contractions dans des organes divers, tandis que l'estomac figure partout avec un point d'interrogation. — J. BÉCLARD.

gastrique qu'il s'accomplit ; on a dit que le glosso-pharyngien se distribue aussi au pharynx, et qu'il y aurait à voir si ce nerf ne jouait pas le premier rôle. Mais il y a un autre exemple : l'application des doigts ou de tout autre corps sur la base de la langue, la titillation de la luette, du fond de la bouche, de l'entrée du pharynx, suffit pour provoquer le vomissement ; on a vu des personnes effectuer le vomissement en se mettant les doigts au fond de la bouche. Dans tous ces cas, l'action est réflexe ; la transmission de l'impression a lieu au moyen du pneumo-gastrique ou (si l'on veut) du glosso-pharyngien, jusqu'aux centres nerveux qui réagissent. Le point de départ est bien dans l'œsophage, dont la contraction par action réflexe ne tarde pas à être accompagnée de celle du diaphragme et des muscles abdominaux. « Je crois même, dit P. Bérard, page 266, que fréquemment l'œsophage est comme la détente de cet ensemble de mouvements convulsifs, au milieu desquels l'estomac se vide. »

Nous avons fait mention que d'autres nerfs sont aptes à transmettre l'excitation centripète qui amène le vomissement.

Il n'y a pour cela qu'à voir ce qui se passe dans certains cas d'hystérie, pendant aussi certaines grossesses ; dans le cas également où un calcul est engagé dans l'uretère ou dans le canal cholédoque. Ce qui se voit dans une douleur néphrétique, un gravier engagé dans le conduit de l'urine ou de la bile. Le vomissement peut se montrer aussi dans certaines opérations sur l'œil, sur la membrane iris (cataracte, pupille artificielle, etc.).

Ce sont les nerfs de ces parties qui transmettent l'impression aux centres nerveux, qui réagissent sur les muscles abdominaux, le diaphragme et l'œsophage.

Voilà donc des actions réflexes par suite d'impressions produites sur bien d'autres points que l'estomac.

On a bien cherché à expliquer ce phénomène, toujours au moyen de l'estomac, auquel irait retentir, comme à un centre nerveux, l'impression éprouvée, sentie autre part ; c'est-à-dire sur d'autres endroits de l'économie, qui occasionnerait une espèce de malaise au centre épigastrique, des nausées, état précurseur du vomissement. De sorte qu'aux centres nerveux retentirait l'impression, et ceux-ci, par les nerfs qui se distribuent aux muscles abdominaux, au diaphragme et à l'œsophage, produiraient le vomissement, comme dans le premier cas cité au commencement de cet article; ou bien encore sympathiquement, si on veut l'admettre, l'impression propagée de l'endroit affecté : utérus, uretère, canal biliaire, membrane iris, etc., etc., irait droit au centre nerveux qui, réagissant par les mêmes moyens que dans le premier et le second cas, c'est-à-dire sur les muscles abdominaux, le diaphragme et l'œsophage, effectuerait le vomissement. P. Bérard demande si c'est à tort que l'on range ces faits parmi les sympathies de l'estomac, et si cet organe est tout-à-fait étranger au phénomène? — *Cours de physiologie*, p. 266, t. II.

Cependant la première explication, c'est-à-dire celle où l'impression de la partie affectée est transmise directement au centre nerveux, qui réagit sur les muscles qui opèrent le vomissement, trouve en sa faveur cette possibilité du vomissement qui a été constatée après l'extirpation de l'estomac.

« Enfin, il y a des cas où les centres nerveux paraissent seuls ressentir l'impression (qu'on pourrait peut-être appeler animique), et d'où dérive la décharge sur les muscles abdominaux, le diaphragme et l'œsophage. Nous voulons parler de ces cas où la vue d'un objet dégoûtant ou d'un met repoussant fait soulever le cœur (comme on le dit), provoque des nausées suivies presque immédiatement de vomissements.

« Cet état ne paraît pas rentrer complètement dans le caractère du vomissement, c'est à-dire cette expulsion violente, brusque, rapide et énergique des matières que renferme parfois l'estomac, et qui sont chassées à travers l'œsophage et la bouche largement ouverte. Mais il existe. » — P. BÉRARD, *Cours de physiologie.*

§ **22. Éructation.** Lorsque des gaz venant de l'estomac sont expulsés ou s'échappent involontairement par la bouche en produisant un certain bruit, on dit qu'il y a éructation de gaz. Ces gaz se sont parfois développés dans l'estomac, et avant leur évacuation par en haut, ils occasionnaient un sentiment de plénitude parfois assez pénible. L'expulsion de ces gaz se fait le plus ordinairement par la contraction de l'estomac, mais elle est généralement aidée par celle des muscles abdominaux et du diaphragme.

La pesanteur spécifique de ces gaz fait qu'ils occupent toujours dans l'estomac le point le plus élevé. Or, suivant que le tronc sera horizontalement ou verticalement placé, leur dégagement sera plus ou moins facile.

Il en résulte que dans le décubitus horizontal, ils soulèvent péniblement la partie antérieure de l'estomac et ne se présentent pas à l'ouverture du cardia. Dans cet état, le sommeil peut être troublé, et de là cette nécessité, pour certaines personnes qui souffrent de cette incommodité, de se mettre sur son séant pour faciliter la sortie de ces gaz et éprouver un soulagement.

Cette sortie se fait la plupart du temps avec un bruit sonore, que l'on attribue à la vibration des bords du pharynx dans l'endroit où l'œsophage s'ouvre dans ce conduit.

Nous avons indiqué dans un autre endroit l'origine et la nature de ces gaz, voir page 252, § 19.

Cependant, et quoique par la déglutition on puisse introduire une certaine quantité d'air dans l'estomac et qu'il puisse se former des gaz pendant la présence des aliments, il y a des états de l'estomac (névroses) ou toute autre affection indéfinissable, dans laquelle des éructations sonores répétées et à des intervalles peu éloignés, incommodent des personnes bien portantes du reste et pour lesquelles l'existence devient pénible à cet égard. P. Bérard cite une femme atteinte, dit-il, d'une affection *nerveuse* et qui a fait entendre, plusieurs jours de suite, des éructations sonores, sans aucun intervalle. « Certainement, dit-il, l'estomac n'aurait pas pu suffire à une telle production de gaz ». Nous pourrions citer une personne qui est de la famille (1) et que pour cela nous avons pu examiner longtemps, et qui, avec les apparences d'une bonne santé, avait des éructations si fréquentes, si incommodes, qu'elle était même obligée de se priver de la société des siens.

Cette personne après avoir été ainsi tourmentée pendant près

(1) Cette dame avait 55 ans; n'avait eu qu'un enfant; et se portait ordinairement très bien.

de deux ans de ce mal, que l'on croyait incurable et pour lequel on avait mis tout en usage, vit disparaître inopinément sa maladie comme elle était venue; et au moment où, de guerre lasse, on avait laissé toute médication de côté, mettant sur le compte de la ménopause, une affection que l'on attribuait, alors, à un état hystérique quelconque.

§ **23. Régurgitation.** La régurgitation est une espèce de vomiturition non pénible et sans effort, de matières solides ou liquides introduites dans l'estomac. Cette action se passe le plus souvent chez les enfants à la mamelle, qui rejettent alors par gorgées, le lait dont ils ont surchargé leur estomac.

Chez l'adulte, la régurgitation se rapproche de la rumination en ce que les aliments remontent au pharynx ; mais en diffère en ce qu'ils ne sont pas soumis à une nouvelle mastication et en ce que l'action ne se répète pas. Cet acte est quelquefois volontaire ; on a vu des personnes faire remonter, à volonté, dans la bouche des aliments introduits dans l'estomac depuis peu de temps; ces personnes font une espèce de préparation pour arriver à ce résultat; d'abord elles font une profonde inspiration ; retiennent l'air dans la poitrine et contractent les muscles abdominaux, de manière qu'après un moment d'attente et d'immobilité, comme pour relâcher l'œsophage, elles font revenir dans la bouche une partie du contenu de l'estomac.

§ **24. Mérycisme.** Le mérycisme se manifeste par un acte à peu près semblable à la rumination. C'est une affection assez rare, dans laquelle les aliments, après un séjour plus ou moins long dans l'estomac, sont rapportés dans la bouche sans effort, comme dans la rumination.

Cet acte est précédé d'un sentiment de plénitude à la région épigastrique; une contraction lente mais persévérante de l'estomac surmonte la résistance du cardia pour porter les aliments dans l'œsophage, aidée qu'elle est par une contraction également légère, et quelquefois inaperçue, des muscles abdominaux et du diaphragme.

Ici les aliments ne sont pas projetés avec violence hors de la bouche, ou dans les fosses nasales, comme dans le vomissement.

Ils sont ramenés jusqu'au bas du pharynx par la contraction anti-péristaltique de l'œsophage, et s'y arrêtent.

La personne qui rumine (dit P. Bérard, qui a eu occasion d'examiner ce phénomène sur son frère) peut à son gré avaler de nouveau l'aliment sans l'introduire dans sa bouche ; ou l'y introduire pour le soumettre à la gustation, l'insalivation, la mastication, acte qui réveille une certaine jouissance gastronomique (1) : les aliments que la rumination fait remonter ayant, ordinairement, conservé leur saveur.

Une chose curieuse, dit-il encore, c'est que pendant la déglutition ordinaire des aliments, l'action réflexe du second temps les précipite jusque dans l'œsophage, par un mouvement rapide et sans le concours de notre volonté ; tandis que dans la rumination et lorsque ces aliments remontent à l'œsophage dans le bas du pharynx, on peut, à volonté, les introduire dans la bouche ou les avaler de nouveau.

CHAPITRE II.

ABSORPTION.

§ 25. **De l'Absorption.** — DÉFINITION : « L'absorption est l'acte par lequel une matière liquide, ou gazeuse, quelconque, étant au contact d'une partie vivante, pénètre les vaisseaux, ou simplement la trame, l'épaisseur de cette partie. » — P. BÉRARD, page 561, T. II.

L'absorption est une propriété de tous les éléments anatomiques et par suite de tous les tissus ; mais à des degrés différents selon les propriétés chimiques de ces mêmes tissus, sans qu'il y ait pour cela des vaisseaux absorbants à faculté élective ou spéciale.

---

(1) Bérard est plus précis : il dit, un certain regain de jouissance gastronomique. Page 275. *Cours de physiologie*.

L'absorption ne peut pas être considérée comme une fonction, c'est-à-dire un acte accompli par un appareil. C'est un acte qui précède la nutrition. C'est une propriété, avons-nous dit, de tous les tissus, ou autrement dit, une faculté de se laisser imprégner, imbiber des liquides, fluides ou gazeux et de les porter, au moyen des vaisseaux lymphatiques, dans la masse du sang.

L'absorption ne s'exerce pas seulement sur les membranes des voies digestives et respiratoires. Elle a pour condition physique d'existence, la propriété d'*endosmose* et d'*imbibition* dont jouissent tous les tissus. Aussi y a-t-il des absorptions externes qui s'exercent sur les surfaces muqueuses et cutanées; des absorptions internes ou de décomposition, qui retirent des organes les matériaux destinés à être excrétés ou remplacés.

C'est l'absorption qui introduit les substances nutritives dans nos parties; comme aussi c'est elle qui absorbe par la peau (absorption externe cutanée) quelques-unes des substances *nuisibles* ou *utiles* à l'économie; comme cela se voit dans certains bains, où l'on a mis des substances absorbables dans un but ou dans un autre.

« En agissant sur les matières venant du dehors (substances alimentaires ou autres), l'absorption préside ou plutôt fournit à la recomposition du corps; mais elle reçoit aussi les matériaux de sa décomposition. »

Nous avons dit que l'absorption avait pour condition d'existence la propriété d'endosmose ou d'imbibition; mais pour ce qui regarde l'absorption interne ou des tissus organiques, elle diffère de l'endosmose physique en ce que la substance qui les pénètre molécule à molécule, est changée, modifiée, par ces tissus organiques, de telle manière que selon la nature des propriétés chimiques de l'humeur à absorber, et celle des tissus, la substance est modifiée, changée, en subissant des transformations. Elle peut même, selon que les tissus seront plus ou moins vasculaires, être absorbée ou ne pas l'être du tout. On ne peut nier l'influence de la composition chimique des tissus, sur l'absorption de telle ou telle substance qui peut être absorbée ici, et ne pas l'être là.

Ainsi, l'épithélium et le mucus de la muqueuse digestive ne

laissent pas absorber le *curare*, tandis que celui des bronches l'absorbe (1).

Certains poisons séjournent dans quelques organes de préférence à d'autres, comme l'arsenic dans le foie, quoiqu'il n'y ait pas de vaisseaux ou conduits absorbants spécialement chargés, dans tel ou tel endroit, de l'absorption; pas plus qu'il n'y a de pores ou d'orifices absorbants dans l'économie.

C'est une affaire de disposition des tissus qui tient à leur constitution chimique. Tous les tissus, tous les organes peuvent absorber, mais avec une activité plus ou moins grande, selon leur aptitude et leur destination : ainsi se fait-il qu'il y a diverses absorptions selon les lieux où elles se passent; et, de là, la désignation d'absorption externe ou de composition (digestion, assimilation), d'absorption intestinale, d'absorption pulmonaire ou respiratoire, d'absorption interne ou de décomposition moléculaire, nutritive, organique, interstitielle, synoviale, de désassimilation, absorption lymphatique, absorption pathologique (résorption), absorption récrémentitielle, absorption veineuse, etc.

§ 26. Absorption intestinale. Les substances alimentaires élaborées et converties (comme nous l'avons dit à l'article digestion) en substances nutritives, ont une destination particulière pour les besoins de l'économie; c'est-à-dire qu'elles doivent pénétrer dans les organes pour les reconforter, les entretenir dans un état de force et d'activité; remplacer les pertes incessantes

(1) La couche épithéliale est invasculaire : l'absorption ne peut se faire que par des crevasses ou des éraillures. M. J. Béclard dit que l'absorption peut s'y faire, ou, peut y être favorisée à des degrés variables par l'imbibition, le ramollissement de l'épiderme; résultat qui s'obtient par un bain élevé à une certaine température.

Avec cette précaution la peau absorbe facilement, et l'on sait aujourd'hui que des poudres très-ténues peuvent être transportées dans le torrent de la circulation; elles peuvent être aussi délayées dans un corps gras et pénétrer nos parties.

On admet donc la pénétration du tégument externe, par des bains contenant de la digitale, de l'iodure de potassium, du chlorure de sodium, et autres.

qu'ils font dans l'exercice de leurs fonctions ; c'est de la nutrition !

Mais de quelle façon s'opère cette transmission dans notre intérieur de ces substances nutritives et réparatrices ; de quels actes se compose cette opération qui aboutit à l'assimilation?

C'est l'absorption qui se charge de ce soin et ce sont les moyens qu'elle emploie dont nous devons nous occuper.

Trois forces sont employées à cet acte : l'*imbibition*, la *pression*, l'*endosmose*.

Aucun corps ne peut pénétrer dans l'organisme et traverser nos tissus s'il n'est à l'état liquide ou gazeux. L'eau pure, l'eau contenant en dissolution les différents sels dont elle est chargée, peut seule, et sans préparation, pénétrer dans nos organes. Toutes les autres substances doivent, au préalable, subir une transformation ou dissolution qui puisse les rendre absorbables.

Deux ordres de vaisseaux sont chargés de l'absorption ; ce sont les vaisseaux *sanguins* et les vaisseaux *lymphatiques*.

On a tour à tour chargé, exclusivement, chacun de ces deux genres de vaisseaux de ce soin ; mais aujourd'hui il est admis que tous les deux y prennent part, avec quelque différence dans leur mode d'*absorption*.

Aussi, cet acte embrasse-t-il un champ très-étendu ; et avant de nous occuper de l'absorption générale, et des phénomènes qui se passent dans les capillaires généraux pour l'assimilation et la désassimilation des parties constituantes de l'organisme, examinons d'abord ce qu'est l'absorption dans les voies digestives pour arriver au grand acte de la *nutrition ;* et nous verrons ensuite les absorptions partielles, c'est-à-dire celles qui ont lieu dans différents organes, dans différentes parties du corps.

1° Deux sortes de vaisseaux existent dans le tube digestif, aussi bien que dans toute l'économie. Depuis la bouche jusqu'à l'extrémité du tube intestinal ; ces deux ordres de vaisseaux sont par milliers ; ce sont les *vaisseaux sanguins* et les *vaisseaux lymphatiques*.

Ils existent partout où l'absorption peut se faire ; mais dans les intestins, particulièrement, il y a des vaisseaux lymphatiques, dits *chylifères*, qui sont plus particulièrement chargés de s'emparer du produit de la digestion (et surtout des corps gras émulsionnés), et qui doivent transporter ces produits, sous le nom de *chyle*, dans des conduits particuliers pour être plus tard mêlé au sang (1).

Sur ce point comme partout, *l'absorption* ne peut se faire et ne se fait qu'au moyen de trois circonstances ou forces, dont nous avons parlé ; et qui doivent en procurer l'effet (à part même la dissolution de la substance).

1° L'*imbibition* des tissus par la substance absorbable ; 2° la *pression* ou compression, circonstance qui, partout, favorise singulièrement l'absorption ; 3° enfin, l'*endosmose* qui est le résultat de l'imbibition, et en même temps l'acte fondamental de la pénétration, dans l'intérieur des vaisseaux veineux ou lymphatiques, de toutes les substances liquides qui peuvent y parvenir.

Toute substance organique, mise au contact d'un liquide, s'en imprègne en vertu de la loi de capillarité ; mais si cette substance ou ce corps, est un conduit, un canal déjà parcouru par un liquide ou renfermant un liquide, alors en vertu d'une autre loi, reconnue aujourd'hui (dite d'*endosmose*), il y aura, par la pénétration, un courant qui ira du liquide le moins dense à celui qui présentera plus de densité ; et il y aura un courant inverse, mais avec beaucoup moins d'activité, appelé *exosmose*.

Ainsi, soit un endosmomètre ou tube contenant un liquide d'une certaine consistance, lequel endosmomètre sera fermé à une de ses extrémités par une membrane animale, un morceau de peau, une pelure d'oignon, ou même d'ardoise très-fine. (P. Bérard), plongez le tube dans un liquide moins dense que celui qu'il contient, on s'apercevra bientôt que le liquide contenu dans le tube, montera par suite de l'introduction qui se sera faite du liquide moins dense au milieu duquel ce tube a été placé.

Cette faculté d'absorption, ce phénomène en un mot, a été

(1) Les vaisseaux chylifères de l'intestin paraissent spécialement chargés de l'absorption des matières grasses émulsionnées, sans que l'on puisse dire qu'il n'y passe pas autre chose des produits nutritifs. Au contraire, le chyle parait comporter tous les produits de la digestion toute autre part.

regardé, jusqu'à présent, comme n'ayant lieu que parceque les liquides étaient de nature et de densité différentes ; mais on n'a pu s'arrêter à cette explication, puisque l'eau, plus dense que l'alcool, va vers ce dernier, plutôt que l'alcool ne se porte vers l'eau.

M. J. Béclard pense que ce phénomène est dû à ce que les corps sont de chaleur spécifique différente (1). Ainsi, l'eau a plus de chaleur ou de calorique spécifique (2) qu'aucun autre corps liquide ; et c'est ce fluide qui pénètre aussi le plus facilement dans les canaux qui contiennent ou qui charient des liquides ayant moins de calorique spécifique (3).

L'eau étant en même temps le plus grand dissolvant de la nature, et entrant dans la composition de tous nos aliments, on ne s'étonnera pas de la grande quantité que nous absorbons de ce liquide, pour dissoudre les différentes substances alimentaires dont nous faisons usage ; car, si ce n'est pas pour les dissoudre complétement, elle doit du moins les étendre, les liquéfier, et faciliter leur transformation soit en glycose, albuminose, peptone ou peptose (Mialhe), transformations que nous leur avons fait subir, précédemment, par la salive, le suc pancréatique, pour les substances ternaires (dites non azotées) ou par le suc gastrique contenant pepsine et acide lactique, pour les substances protéiques, fibrine, albumine, caséïne (substances dites azotées) et même par le suc pancréatique et la bile, pour les corps gras ; car

(1) La direction et l'intensité de ce courant sont déterminées, toutes choses égales d'ailleurs, par les différences de chaleur spécifique. — J. Béclard.

(2) On appelle calorique spécifique la quantité relative de calorique que les corps absorbent pour s'élever, sous le même poids, d'un même nombre de degrés : suivant qu'un corps en absorbe plus ou moins qu'un autre corps, on dit qu'il a plus ou moins de capacité pour le calorique. — Nysten, *art. calorique.*

(3) On devrait appeler ainsi la quantité absolue de calorique que renferme chaque corps ; mais dans l'impossibilité, jusqu'à présent, de la déterminer, on appelle calorique spécifique la quantité relative que divers corps prennent pour s'élever, comme il a été dit, d'un même nombre de degrés, sous le même poids de pression.

les huiles, les graisses, ne peuvent être absorbées si elles ne sont émulsionnées par ces deux dernier sproduits et le suc intestinal, ainsi qu'il a été exposé.

Cette dernière transformation a lieu seulement dans la partie du tube digestif, où se trouvent, pour ainsi dire, réunis le suc intestinal, la bile et le suc pancréatique.

L'absorption des autres produits se fait aussi dans le tube digestif et pour ainsi dire dans les mêmes endroits, par les vaisseaux sanguins; veinules et ramifications de la veine porte, veine mésentérique supérieure ; où se jette la gastro-colite qui est la réunion des veines gastro-épiploïques, et de la veine droite du colon. Le tout, pour être versé dans le sang ; d'une part, par les vaisseaux lactés (1) qui se rendent au canal thoracique ; et de l'autre par les veines qui se rendent au foie. Ainsi se forme le système de la veine porte qui, en définitive, fait arriver ces produits dans la circulation générale avec le sang que les veines sus-hépatiques versent dans la veine cave abdominale où elles viennent s'ouvrir.

Nous avons indiqué, en parlant de l'absorption des aliments, que l'eau était absorbée en grande quantité parceque le corps en fait un grand usage, et qu'elle est une partie des aliments ; cependant on objecte que beaucoup d'individus consomment peu de liquides aqueux à leurs repas, et qu'ils n'en digèrent pas moins bien.

Il serait facile de démontrer qu'il n'est pas nécessaire que cette *eau* soit fournie par les boissons (quoi qu'elle l'est le plus souvent), car la salive, qui est sécrétée en abondance au moment où les aliments pénètrent dans la bouche, l'est assez souvent encore en dehors des repas. Elle peut s'élever, comme les expériences l'ont prouvé, jusqu'à un kilog., en dehors de celle fournie pendant la mastication.

On peut aussi représenter qu'il n'est peut-être pas un seul de

---

(1) Les vaisseaux lactés ne sont autres que les vaisseaux chylifères. On les appelait ainsi, et ils ont même dans certains auteurs conservé ce nom, parce qu'ils pompent à la surface des intestins le chyle et qu'ils conservent la couleur blanche et laiteuse de ce fluide.

nos aliments qui ne contienne de l'eau ; qu'il est certain que si la quantité d'eau qu'ils renferment n'est pas dans la proportion de 75 pour 0/0, comme celle qui entre dans la constitution du corps humain, elle afflue dans l'estomac de presque tous les points de la surface de la muqueuse ; tantôt sous forme de suc gastrique, de sécrétion particulière de la muqueuse stomacale ; tantôt elle y arrive par cette déglutition de salive dont nous avons parlé, et que nous introduisons ainsi dans notre estomac à chaque instant du jour.

« Enfin, le suc intestinal en contient aussi une énorme quantité, qui s'élève à un chiffre qui a été peut-être exagéré, mais qui explique pourquoi quelques individus peuvent faire un repas sans boire et sans que leur économie en souffre sensiblement. » — P. BÉRARD.

Toutes ces sécrétions : salive, suc gastrique, suc pancréatique, suc intestinal, bile et mucus, contiennent donc de l'eau, ainsi que les aliments dont nous faisons usage, et cela dans des proportions assez fortes pour rendre toutes les transformations dont nous avons parlé assez chargées de calorique spécifique (et c'est là surtout que nous voulions arriver) pour favoriser l'*endosmose*, c'est-à-dire faire passer les substances dissoutes au travers des porosités des vaisseaux sanguins, lymphatiques ou chylifères, et être admises dans l'intérieur de ces vaisseaux, au sein des liquides qu'ils contiennent : *sang*, *lymphe* ou *chyle*, lesquels ont une chaleur spécifique inférieure à tous les autres liquides mentionnés.

Au reste, c'est un mouvement d'échange continuel qui se produit dans nos parties, car tous ces liquides sécrétés et introduits dans les vaisseaux sont charriés comme produits de la digestion par ces mêmes vaisseaux, et ne sont pas perdus pour l'économie : ils sont ramenés dans les mêmes organes par la circulation, pour subir de nouveau la même opération, après avoir été déposés par l'*exhalation* dans les parties, les organes, les cavités, les surfaces. Cette exhalation est elle-même considérable et doit faire équilibre à l'*absorption ;* car si elle était supérieure à celle-ci, il y aurait stase des liquides dans les parties où l'exhalation s'opère ; et de là des infiltrations ; des hydropisies, des accumulations de toute espèce et de tout genre.

Ces accumulations, ces épanchements au sein de nos parties, de nos tissus, sont toujours un danger, à moins qu'ils ne soient portés au dehors par les évacuations, par les excrétions, ou par une nouvelle absorption (résorption).

Il faut donc que le contre-poids, à l'*absorption* des produits introduits dans l'économie, s'opère, et que les deux fonctions, ou plutôt les deux actes dont il vient d'être question, se compensent et s'équilibrent : *absorption*, *exhalation* ou *sécrétion*.

Du reste, l'usure des molécules, et leur remplacement par l'assimilation ; et les excrétions, qui sont presque toujours le résultat de cette opération, soulagent l'économie de ce surcroît de matériaux fourni par l'absorption, ce qui semble nous expliquer l'emploi, la consommation de tous les liquides et solides qui entrent, par cette voie, dans notre économie.

En effet, la molécule d'aujourd'hui n'est pas, pour ainsi dire, celle qui existera demain ; les parties usées, consommées, sont prises par l'absorption, et passent dans les excrétions : *sueurs*, *urine*, *déjections alvines*, etc. C'est ainsi que l'économie s'épure constamment, se purifie, pour ainsi dire, en se renouvelant elle-même.

Nous avons parlé de trois forces indispensables à cette opération : 1° l'imbibition des surfaces, point nécessaire et commencement de l'action ; 2° l'endosmose ou pénétration de la substance au travers des porosités des vaisseaux, quels qu'ils soient; car tous les tissus absorbent, et les substances qui ne peuvent permettre cet effet, c'est-à-dire s'y introduire, pénétrer enfin dans leur intérieur, et par conséquent dans celle des vaisseaux, sont réputés inabsorbables, et comme telles, inutiles à l'entretien de l'économie ou à la réparation de ses pertes ; telles sont les huiles, les graisses (corps gras en général), qui n'y pourraient arriver que par la 3me force ou pression, s'ils n'étaient émulsionnés.

Et encore, cette pression, cette compression, ne pourrait se faire que pendant un certain temps, et surtout modérément, car elle empêcherait, enrayerait la nutrition, comme le témoigne l'amaigrissement des parties d'un individu (le bras, la jambe) où l'on a exercé une compression pendant un certain temps, pour y maintenir un exutoire.

Nous avons dit que toutes les parties du corps peuvent éprouver l'absorption, ou, autrement dit, toute substance dissoute ou liquéfiée peut pénétrer les tissus au moyen des capillaires ; mais c'est surtout lorsque ces capillaires sont mis en contact avec cette substance, comme cela arrive lorsque, par la méthode endermique, on a privé la peau (ainsi qu'on le fait par un vésicatoire) de son épiderme, de ce vernis qui la revêt, la protège, et qui est peu propre à l'absorption, à moins qu'il ne soit préalablement soumis à l'imbibition. Aussi est-il facile de faire absorber une substance médicamenteuse ou autre, en l'appliquant sous-épidermiquement, ou lorsque l'épiderme est enlevé.

Il ne faudrait pas croire cependant que l'endosmose s'exerce dans notre économie avec une grande rapidité. On conçoit qu'un pareil état porterait un trouble considérable, en introduisant subitement, dans notre intérieur, dans nos vaisseaux, de nouveaux matériaux en grande quantité. Il y a, il est vrai, pour y remédier, l'exosmose, qui opère en sens contraire, mais l'effet est moins fort, moins prononcé ; il y a même aussi la tension du sang qui aide à ce dernier acte (l'exosmose), et cette tension existe toujours dans les vaisseaux sur un sujet non débilité, car, dans le cas contraire, ces matériaux y afflueraient avec rapidité, comme cela se voit chez les sujets affaiblis.

Ce n'est pas seulement dans les intestins que l'absorption s'exerce, puisque, comme nous l'avons dit, l'absorption moléculaire se fait dans tous les tissus, dans tous les organes, comme l'exhalation dont elle contrebalance l'action. Toutes les parties organiques ont la propriété d'absorber ; mais là où la pénétration des substances venant du dehors doit être très-active, la nature a multiplié les petits vaisseaux qui entraînent et charrient la matière absorbée ; elle y a aminci et modifié l'épithélium.

La partie émulsive du produit de la digestion pénètre dans un ordre particulier de vaisseaux (les chylifères). Les veines, veines mésentérique, gastro-colite et autres, emportent presque toutes les autres matières dissoutes dans le tube digestif. Le tout entre dans la masse du sang...

L'*exhalation* a pour action de verser, sous forme de rosée, dans les alvéoles des tissus organiques, et à la surface des diverses membranes, aussi bien séreuses que muqueuses, des fluides destinés à être resorbés ou définitivement éliminés, comme la sueur; ou à être reportés dans le torrent de la circulation, comme les fluides séreux, médullaire, etc.

Les voies circulatoires, et nous en traiterons particulièrement dans un autre endroit, sont closes de toutes parts; c'est dans leur intérieur que roulent des globules qui ne doivent pas les abandonner, et qu'elles ne laissent pas échapper non plus; et, cependant, perméables aux matières liquides et solubles, elles laissent s'accomplir, à la fois, au travers de leurs porosités, et l'exhalation et l'absorption.

Pour bien se rendre compte de ce qu'est l'absorption dans les différentes parties du corps, il est nécessaire de passer en revue les différents liquides qui circulent dans les vaisseaux, et d'énoncer les différents systèmes (vaisseaux sanguins, lymphatiques) qu'ils parcourent. Par cette explication et par cette distinction, nous connaîtrons plus particulièrement les moyens que la nature emploie pour sustenter l'organisme; puisqu'en résumé c'est dans le sang que se rendent les absorptions, et que c'est dans le sang que la nutrition puise les matériaux nécessaires à l'entretien de la vie.

Deux ordres de vaisseaux sont parcourus par des liquides bien différents sous le rapport de leur aspect, et quelque peu semblables, sous celui de leur composition. Ces deux ordres de vaisseaux sont les *lymphatiques*, formant le système lymphatique, et les vaisseaux *sanguins*, formant le système sanguin. Tous les deux constituent, en partie, la trame de nos tissus, car ils s'étendent et se développent sur tous les organes, traversent parfois leur épaisseur, et se répandent depuis le tissu le plus extérieur du corps, la *peau*, jusque dans la profondeur des organes : *foie*, *rate*, *poumon*, etc., se divisant et se subdivisant à l'infini dans leur intérieur.

Le premier de ces deux systèmes, le lymphatique, peut être considéré comme moins généralement répandu que le système sanguin; les vaisseaux qui le composent n'arrivent jamais à la grosseur des vaisseaux sanguins : le plus grand diamètre étant à peu près (pour les chylifères seulement) celui d'une petite plume d'oiseau ou de corbeau, les autres sont extrêmement déliés (1).

Mais leur multiplicité, leurs courbures ou flexuosités et leur étendue, en font néanmoins, comme de l'autre, une espèce de réseau qui couvre toute la surface du corps *intus* et *extra* ; c'est-à-dire que la peau, aussi bien que les muqueuses gastriques et pulmonaires, sont pourvues de *lymphatiques* et qu'il n'y a pas la moindre surface du corps, pas le plus petit endroit, la moindre cavité qui n'en soient munis. Témoins les absorptions générales ou partielles qui se font dans tous les organes, dans toutes les parties du corps.

Quoiqu'une légère couche d'épiderme revête la peau, comme d'un vernis, pour protéger les vaisseaux sous-jacents, du contact trop immédiat des corps extérieurs, la peau (*cutis*) en est toute couverte, il suffit de soulever cet épiderme par un moyen quelconque : *vésicatoire*, *imbibition*, pour découvrir les vaisseaux absorbants et faire opérer l'absorption. La méthode hypodermique est établie sur ces données. Lorsqu'on a mis à nu le réseau muqueux qui revêt le derme et qui s'imbibe préalablement lui-même de la substance à absorber, l'absorption des vaisseaux lymphatiques devient alors très-active ; elle se fait alors plus rapidement même que dans l'intestin, dans l'estomac.

Les lymphatiques, et nous parlons ici des lymphatiques généraux, faisant quelques réserves pour les lymphatiques situés dans certaines parties de nos organes, procèdent généralement de la circonférence au centre tout comme les capillaires sanguins, et sont pourvus de valvules ; on ignore leur mode d'origine.

Cependant P. Bérard dit, à ce sujet, page 668 (*Cours de physiologie*, 2e vol.) : « on sait, on voit comment ont lieu ces origines.

---

(1) Muller a dit (*Manuel de physiologie*, T. I. page 196) : je n'ai pas connaissance d'absorbants qui ne puissent être vus à l'œil nu.

M. J. Béclard dit que les vaisseaux chylifères sont gros comme une plume d'oie quand ils sont remplis de liquide (page 189).

Hors ce temps ils deviennent presque invisibles et gros comme un fil délié.

Ce point d'anatomie ne peut être passé sous silence dans la discussion qui a lieu à ce sujet. Les travaux de Paniza et les préparations que M. Sappey a déposées dans notre cabinet, permettent d'établir que les *lymphatiques* commencent tout d'abord par des réseaux, des plexus anostomiques dépourvus de valvules, de sorte que quand on a le bonheur, ou l'adresse, de mettre le tube à injection dans un de ces petits vaisseaux, on injecte tout le réseau et, de proche en proche, les troncs qui marchent vers les ganglions lymphatiques voisins. »

Quant aux vaisseaux chylifères, plus forts, plus visibles et plus faciles à suivre, ils sont comme il a été dit, nombreux dans l'intestin grêle et rares dans le gros intestin. Ces vaisseaux vont aboutir aux nombreux ganglions lymphatiques (glandes ou ganglions mésentériques) qu'ils rencontrent à un centimètre et demi, à deux centimètres du bord adhérent de l'intestin pour se terminer par plusieurs troncs, dans la partie lombaire du canal thoracique, près l'ouverture aortique du diaphragme (1).

Existerait-il des communications dans les ganglions entre les lymphatiques et les veines ? Le sang cède quelque chose à la lymphe dans l'intérieur des ganglions et probablement la lymphe elle-même, exerce sur le sang des modifications particulières ; la science, sous ce rapport, n'est pas complétement éclairée ; cependant, c'est au travers de leurs parois que les vaisseaux sanguins laissent échapper les parties liquides du sang ou plasma ; le même phénomène a lieu, sans doute aussi, dans les vaisseaux sanguins des ganglions (2).

Nous avons dit que les vaisseaux lymphatiques, comme les vaisseaux sanguins, avaient une marche *centripète* et étaient

---

(1) Les vaisseaux chylifères ne sont autres que des lymphatiques et en remplissent les fonctions en dehors de la digestion.

(2) On a cru pendant longtemps qu'il y avait dans l'épaisseur des ganglions, une communication directe, entre les vaisseaux sanguins et les vaisseaux lymphatiques. Mais les recherches récentes et multipliées de l'anatomie microscopique ont établi que ces communications n'existent pas.

Les ganglions lymphatiques résultent essentiellement d'une charpente celluleuse aréolaire.

pourvus aussi, dans certains endroits, de valvules : avec cette différence, toutefois, que les vaisseaux lymphatiques naissent par des réseaux excessivement fins, presque imperceptibles et qu'ils se rendent de la surface des organes dans leur profondeur, comme à la peau, pour se jeter dans des centres ganglionnaires par des vaisseaux dits afférents ; et forment un amas inextricable, un lacis assez compliqué, mélangé au réseau capillaire sanguin. Ils en ressortent de nouveau en formant de nouveaux canaux (vaisseaux efférents) qui gagnent d'autres ganglions situés sur leur passage, finissent par former des branches plus grosses et arrivent, en définitive, au canal thoracique.

Ce canal est formé par la réunion successive de tous les lymphatiques des membres inférieurs, de ceux de l'abdomen, du membre supérieur gauche, et du côté gauche de la tête, etc. Il va s'ouvrir dans la partie supérieure de la veine sous-clavière, du même côté. C'est près de l'ouverture aortique du diaphragme, à travers les piliers duquel il passe, que ce canal présente une dilatation appelée réservoir de Pecquet. Il monte ainsi dans la poitrine, derrière la crosse de l'aorte, passe derrière la jugulaire interne gauche, pour venir se jeter, comme il vient d'être dit, dans la veine sous-clavière gauche, près de l'endroit où cette dernière reçoit la veine jugulaire interne.

Le canal thoracique dans cette marche a reçu également les vaisseaux lymphatiques de toute la partie gauche et supérieure du corps.

Pour la partie droite, les vaisseaux lymphatiques se rendent de la même manière, mais ici c'est dans la grande veine lymphatique droite qu'ils aboutissent. Cette grande veine lymphatique va se jeter, à son tour, dans la portion sous-clavière du tronc brachial droit.

Les vaisseaux lymphatiques se rendent, de distance en distance, dans un ganglion qui se trouve sur leur passage. Ces ganglions sont innombrables : dans le corps de l'homme il y en a dans toutes les régions, mais particulièrement au pli de l'aine, du bras, du genou, le long du cou, près du bord externe du muscle sterno-mastoïdien.

Mais c'est au pli de l'aine qu'ils sont le plus nombreux. C'est là que les vaisseaux lymphatiques des membres inférieurs se rendent; on sait souvent, par ce moyen, quelle est la cause de ces adénites inguinales qui se tuméfient et s'abcèdent quelquefois, sous l'influence d'une simple écorchure, située parfois fort loin de cet endroit; aux pieds par exemple, aux orteils même, et dont on pourrait ignorer ou confondre la cause.

Quant à la composition des vaisseaux lymphatiques, ils sont, comme les veines, comme les artères, pourvus de trois membranes et de muscles à fibres lisses. Nous avons dit que leur intérieur, comme celui des veines, était pourvu aussi de valvules, il y en a de deux en deux millimètres ; elles sont disposées par paires et de forme semi-lunaire.

Elles sont plus rapprochées que dans les veines. Il y a même cette différence que, quoique semblables à celles des veines, par leur disposition, qui fait que leur cavité est tournée du côté du centre et leur convexité du côté de la périphérie du corps, elles en diffèrent, disons-nous, en ce qu'elles sont formées par les trois tuniques du vaisseau, tandis que dans les veines, c'est la tunique ou membrane interne qui seule forme la valvule. Les renflements que l'on aperçoit, extérieurement, de distance en distance, dans toute la longueur des vaisseaux lymphatiques, sont produits par ces valvules placées dans leur intérieur.

Il a été dit que les lymphatiques puisaient dans les organes, au sein des tissus et jusqu'à la surface de la peau, les liquides qu'ils peuvent contenir. Ceci s'explique par l'*imbibition* que les tuniques, qui composent ces vaisseaux, éprouvent au sein des liquides qu'ils touchent, ou qui les environnent.

Mais l'imbibition seule, ou la *capillarité*, ne suffirait pas, surtout pour des substances plus ou moins liquides, comme le chyle ou d'autres produits ; il faut qu'il s'y joigne un autre moyen qui présente une certaine constance dans son action. La *pression*, qui, s'exerçant sur ces liquides, les comprime et les force, pour ainsi dire, à traverser les tissus. Les liquides, comme on le sait, sont peu compressibles; ils cèdent au moindre effort lorsqu'on veut diminuer leur volume en augmentant leur densité; ils fuient, ils se dérobent.

Une application thérapeutique de ce moyen a lieu journellement sous nos yeux : Ainsi quand nous voulons favoriser la résorption de liquides épanchés dans certains endroits, remédier à un œdème, à une infiltration des extrémités inférieures ou ailleurs, c'est à la compression qu'on a recours quand elle est possible.

Cette compression seconde en même temps la contractilité des tissus.

Ici la compression s'opère, sinon de la même façon, du moins, par des moyens équivalents; ainsi l'exercice, la marche et principalement la *pression atmosphérique*, qui s'exerce dans toutes les parties du corps et sur toutes les parties du corps.

C'est là en effet la cause de l'absorption des liquides et de leur pénétration, de leur entrée, de l'extérieur dans l'intérieur des vaisseaux qui alors les contiennent et dans lesquels ils se meuvent.

De plus, la situation des valvules dont nous avons parlé et qui forment ces petits renflements assez rapprochés les uns des autres, favorisent singulièrement le cours de la lymphe dans les vaisseaux qui la charient et qui la portent de la circonférence au centre.

Une certaine élasticité des vaisseaux lymphatiques, les mouvements péristaltiques des intestins, les contractions de certains organes favorisent le cours de la lymphe. Les mouvements vermiculaires ou ondulatoires de l'estomac, entrent aussi, pour leur part, dans cette pression, dont on ne peut nier l'effet et l'importance.

Les valvules dont les vaisseaux lymphatiques sont pourvus et surtout celles qui existent à l'embouchure du canal thoracique, s'opposent à la rétrogradation (dans ces vaisseaux) de la lymphe.

Les vaisseaux lymphatiques généraux, c'est-à-dire ceux qui sont situés dans diverses parties du corps étaient connus autrefois. Rudbeck et Bartholin, en 1650, découvrirent les vaisseaux lymphatiques. P. Bérard, dans un historique sur la découverte de ces vaisseaux, dit que Rudbeck, à cause de la singularité de sa découverte, avait été admis à en faire publiquement la démonstration devant la reine Christine en Suède. Quelques années avant (1622) Aselli avait découvert les vaisseaux *chylifères*, c'est-à-dire, ceux qui s'emparent du chyle pendant l'acte de la digestion ; mais il n'en connut pas les fonctions, il les nomma : *vasa lactea* (1).

C'était l'opinion, dans ce temps, qu'ils se rendaient au foie ; et cette erreur se propagea jusqu'au moment où Pecquet s'aperçut que dans un endroit de la veine sous-clavière gauche, le sang paraissait mêlé à une humeur blanchâtre avec des stries qui se prolongeaient dans le vaisseau lui-même, sans se confondre immédiatement avec le sang. Il suivit avec attention le vaisseau qui se rendait dans la veine qu'il avait sous les yeux, et finit par arriver, de proche en proche, au canal thoracique, où il trouva cette poche (espèce de réservoir, de citerne) dite réservoir de Pecquet.

Il vit ensuite s'y rendre de toutes parts le liquide séreux charié par les vaisseaux lymphatiques qui proviennent des parties de l'abdomen, des membres inférieurs, ainsi que de tout le côté gauche de la tête, du col et du thorax. Ce fut toute une révolution dans la science : d'autant plus, que le mérite de Pecquet, n'est pas seulement d'avoir découvert la dilatation par laquelle commence le canal thoracique dans la région lombaire ; mais d'avoir établi définitivement que le chyle ne va pas au foie, et qu'il suit la voie du canal thoracique, pour se verser dans la veine sous-clavière (2).

Les membranes séreuses sont aussi pourvues de vaisseaux lymphatiques et l'absorption se fait dans ces cavités, comme dans les autres parties du corps.

Tout porte à croire qu'il en est de même dans les autres poches

---

(1) Gaspard Aselli, professeur à Pavie, considérait en présence de quelques médecins de ses amis, les mouvements du diaphragme sur un chien vivant. Il aperçut dans le mésentère de cet animal des filaments blancs, qu'il prit pour des nerfs ; un de ces filaments fût piqué avec une lancette ; il y eut issue d'un fluide blanc. Aselli prononça qu'il venait de découvrir un nouvel ordre de vaisseaux. Bien plus, il reconnut qu'ils absorbaient le chyle dans les intestins. Il les nomma *vasa lactea.* — P. Bérard, *Cours de physiologie*, page 563. T. II.

(2) On dit que Pecquet fit sa découverte en 1647, pendant qu'il étudiait à Montpellier.

Il la rendit publique en 1649, mais son ouvrage ne parut qu'en 1651. — P. Bérard. *Ibidem.*

ou cavités, puisque la résorption des liquides épanchés, s'opère souvent dans ces parties et que l'on a constaté qu'une portion de muscle, introduite dans le péritoine d'un animal, y a subi une décomposition, d'abord, par l'absorption des parties liquides qu'elle contenait; puis, par la transformation de la matière azotée, il se forme de l'ammoniaque (1); l'ammoniaque se combine à la graisse naissante et forme un savon et les sels ammoniacaux, deviennent absorbables.

L'urine dans la vessie, la bile dans la vésicule biliaire, le sperme dans les vésicules séminales, s'absorbent également.

Le phénomène de l'absorption n'a pas lieu seulement, comme on le voit, dans le tube digestif; il se produit partout. Là où une matière liquide ou soluble est en contact avec une partie vivante, il y a absorption. Bien plus, elle s'opère (l'absorption) sur les parties vivantes elles-même dont elle contribue à opérer le renouvellement.

Hippocrate a dit que les parties molles du corps, attirent la matière à elles, également du dedans comme du dehors; preuve que tout le corps exhale comme il absorbe.

La force qui fait pénétrer les liquides dans l'intérieur des vaisseaux lymphatiques, dans les veines (car les veines absorbent aussi, mais à un moindre degré) s'exerce dans tous les sens. Cette force, a-t-il été dit, est la *pression atmosphérique*, et celle aussi qui résulte du jeu des organes et des contractions de certains d'entre eux : ainsi pour l'estomac, ainsi pour les intestins. La pression qui, pour l'*extérieur*, équivaut comme on le sait à 76 centimètres de mercure, serait peut-être insuffisante, si elle ne se trouvait augmentée (pour les veines comme pour les vaisseaux lymphatiques) par les mouvements musculaires : surtout pour l'absorption qui a lieu dans les organes de la locomotion et autres absorptions dites interstitielles.

L'*imbibition*, qui est une cause non moins puissante que la *pression*, pour la pénétration des liquides dans l'intérieur des vaisseaux, est cette propriété que possèdent ces vaisseaux, de se

(1) Les éléments oxygène, hydrogène et carbone se constituent à l'état de graisse.

laisser pénétrer par les liquides dans lesquels ils baignent, ou avec lesquels ils sont, pour ainsi dire, en contact immédiat (1).

Une expérience faite nombre de fois et qui est facile à répéter, consiste à prendre un tube ouvert, renflé à sa partie inférieure et bouché ou plutôt couvert à cette extrémité par une membrane quelconque, mais cependant assez mince pour être perméable (membrane animale ou végétale, peu importe) remplissez le tube jusqu'à une certaine hauteur, d'une solution albumineuse ; plongez le tube, muni de sa membrane, dans un vase contenant de l'eau distillée à hauteur égale de la solution qui est dans le tube. Et du moment que la membrane qui ferme le tube aura trempé pendant un temps suffisant dans l'eau distillée, où le même tube a été placé, on s'aperçoit bientôt que le niveau de l'eau du tube a sensiblement augmenté ; c'est-à-dire, qu'il s'est élevé au-dessus de celui où l'eau du vase arrivait extérieurement.

Ce phénomène qu'on appelle *endosmose* est accompagné d'un autre qu'on appelle *exosmose*, qui consiste en ce que une faible partie de l'albumine, ou plutôt de la liqueur albumineuse, passera du côté de l'eau distillée.

Ce fait, que des liquides d'une nature moins dense, passaient plus facilement du côté des substances qui l'étaient davantage, ne trouvait pas d'autre explication, lorsque M. J. Béclard, ayant remarqué, comme d'autres physiologistes, *Jolly*, *Ludwig*, *Cloetta*, que l'alcool, d'une densité moins grande que l'eau, attirait ce liquide au lieu d'aller à elle suivant la loi osmotique, fit des recherches.

M. J. Béclard, disons-nous, d'après des expériences nombreuses, pensa que ces différences tenaient à ce que les liquides, au lieu d'être différents, sous le rapport de leur densité, l'étaient sous celui de leur *chaleur spécifique* (2) et que dès lors, l'eau

---

(1) Les courants sanguins et lymphatiques entraînent le liquide d'imbibition. Cette propriété de tous les tissus, se continue sur le vivant. Sur le cadavre, l'imbibition a des limites.

(2) Nous nous sommes expliqué, page 274, de ce volume sur ce qu'on devait entendre par chaleur spécifique, calorique spécifique, capacité pour le calorique.

étant celui de tous les liquides qui avait la chaleur spécifique la plus élevée, devait se porter vers tous les autres liquides qui en avaient moins ; aussi bien vers l'eau albumineuse que vers l'eau chargée d'un sel ou d'un acide et même que vers l'alcool qui a moins de densité et moins de chaleur spécifique. On avait pensé aussi, que le phénomène pouvait tenir à un état électrique différent dans les liquides ; ce qui faisait qu'ils s'attiraient plus ou moins, selon leur degré et leur état électrique (1).

Depuis les expérience de M. J. Béclard et de plusieurs physiologistes, le fait de la pénétration de certains liquides, dans certaines circonstances plutôt que dans d'autres, trouva son explication ; mais, ce qui n'est pas moins remarquable et qui a trouvé aussi son explication, c'est l'endosmose ou *absorption* qui se fait aussi dans les veines (mais à plus faible degré que dans les lymphatiques) (2).

Ces derniers vaisseaux, les *lymphatiques* sous le nom de chylifères, absorbent même à un certain temps de la digestion, un liquide qui ne peut pénétrer les veines (les corps gras émulsionnés). Et cependant les veines se trouvent répandues en grand nombre sur les intestins : le réseau sanguin qu'elles y forment n'est pas moins considérable que celui des lymphatiques.

L'explication de ce fait se trouve : 1° dans ce que le *chyle* qui entre en même temps que les corps gras dans les vaisseaux *chylifères*, a une densité supérieure à celle du sang et en second lieu c'est que le sang dans les veines est soumis à une *tension*

---

(1) M. J. Béclard n'admet pas une action électrique dans le phénomène de l'endosmose ; on a, dit-il, invoqué une action électrique. L'électricité est en physique, ce qu'est le système nerveux en physiologie ; on est assez disposé à mettre sur son compte tout ce qu'on ignore. *Traité de physiologie*, page 174.

Des expériences en grand nombre, dit le même auteur, page 175, nous ont appris que dans les phénomènes d'endosmose, les liquides qui ont la chaleur spécifique la plus élevée, marchent vers ceux qui l'ont plus petite. *(Ibidem)*.

(2) Il est cependant démontré aujourd'hui que le système de la veine porte et le canal thoracique sont les voies d'absorption des produits de la digestion et que les veines mésaraïques, conduisent au foie des produits de la digestion. — J. Béclard, page 159.

(qui équivaut dit-on, à la pression d'une colonne de quelques centim. de mercure, 1 ou 2 centim. sur le chien) par l'impulsion lointaine que le sang reçoit de la part du cœur (1). Chez l'homme la tension du sang artériel fait équilibre en moyenne à une colonne mercurielle de 15 cent. — J. BÉCLARD, page 221.

Les vaisseaux lymphatiques n'ont pas de cœur qui propulse leur liquide dans leur intérieur. La pression chez eux (établie par les causes ci-dessus indiquées) est à peine de 5 centimètres de mercure.

En outre, l'élasticité des parois des veines s'exerce également sur le liquide qui les distend ; et toute membrane contractile, resserrée, ouvre moins ses pores aux liquides qui peuvent la pénétrer.

Le mouvement d'endosmose pour les veines est plutôt empêché que favorisé; car en définitive, le sang qu'elles renferment se trouve dans un état de tension qui ne peut permettre que jusqu'à un certain point, l'entrée d'autres liquides. Tout est donc *ici*, plus favorable à l'endosmose pour les *lymphatiques* que pour les veines. Cependant ces dernières absorbent, mais dans une proportion inférieure à celle des *lymphatiques* (2).

Les liquides qui sont absorbés par les vaisseaux lymphatiques sont de plusieurs sortes; et si nous partons de la bouche pour suivre l'action des vaisseaux absorbants, dans tout le trajet des voies digestives, nous les voyons s'exercer successivement sur la salive, les liquides de l'estomac, les produits de la digestion dans tout le tube intestinal, où les lymphatiques jouent le premier rôle ; et les chylifères, surtout dans le moment de la diges-

(1) Cependant P. Bérard, dit, page 577. T. II : « Je ne doute pas que des matières grasses ne puissent passer dans les veines mésaraïques.

Dans les cas où MM. Bouchardat et Sandras ayant fait digérer des matières grasses à des animaux, ont retrouvé ces matières dans la bile ; la veine porte les avait certainement transportées au foie. »

(2) Cependant la rapidité de la circulation dans les vaisseaux sanguins, a été considérée comme favorisant l'absorption dans les veines.

tion; car après, ceux-ci ont la même disposition et la même fonction que les autres lymphatiques (1).

Les substances qui composent nos aliments ont besoin pour être *absorbées* dans l'estomac et dans les intestins, d'être arrivées à un état de division et de dissolution qui permette leur absorption, qu'elles soient animales, végétales, ou minérales (2).

Ces substances, pour être dissoutes, doivent se trouver en contact avec certains corps; et lorsque nous parlerons de la nutrition, dernier terme de l'absorption, nous ferons connaître quels sont les moyens que la nature emploie pour y parvenir. Disons seulement en ce moment, que toutes les substances *albuminoïdes* y trouvent leur dissolvant; que toutes sont amenées à l'état d'albuminose, peptone ou peptose. Les substances minérales (le fer lui-même) trouvent des lactates, des citrates qui

---

(1) Des expériences nombreuses de M. J. Béclard, il résulte, que dans la période digestive, le sang de la veine porte présente une augmentation notable et quelquefois considérable dans les proportions de l'albumine (*Archives générales de médecine pour* 1848).

Le canal thoracique et le système de la veine porte sont les voies d'absorption du produit de la digestion.

En résumé tous les produits de la digestion sont représentés dans le *chyle*. Les veines de l'intestin donnent aussi passage à ces divers produits moins les substances grasses.

(2) La matière nutritive, dit Bérard, page 592, passe principalement par les veines au moyen de l'absorption, elles sont les principaux agents de l'absorption ; et ici, je me mets en opposition formelle avec tous les auteurs classiques de physiologie, qui enseignent que le produit nutritif de la digestion *constitue le chyle* et que la digestion a pour finalité la formation du chyle. — P. Bérard.

M. J. Béclard dit positivement aujourd'hui : « de même que les vaisseaux chylifères, les veines absorbent les produits albuminoïdes de la digestion, sucres, féculents, etc. Elles se distinguent des chylifères en ce qu'elles n'absorbent pas sensiblement les matières grasses. Mais les sucres résultant de la digestion des féculents, l'eau, les sels et les boissons passent par les veines, comme dans les vaisseaux chylifères. (*Traité de physiologie*, page 159, liv. I)

Ces annotations étaient nécessaires ici, à cause de l'importance du sujet et des opinions émises par nos grands physiologistes de l'époque actuelle. (*Note de l'auteur*).

les rendent solubles, et par conséquent susceptibles d'être absorbées.

Les corps gras seuls sont obligés de passer par un autre état : l'*émulsion*, à la faveur duquel ils s'introduisent dans les vaisseaux chylifères ; car les liquides que l'on trouve dans les vaisseaux de ce nom sont une vraie émulsion. Cette émulsion se produit par l'action, dans l'intestin grêle, de la bile, du suc pancréatique sur tous les corps gras, qu'ils proviennent du règne végétal ou animal.

Non que les chylifères ne puissent contenir que des matières grasses émulsionnées. Les analyses du chyle ont démontré que les chylifères prennent ou reçoivent autre chose que de la graisse : on y trouve aussi une plus grande quantité de sels que dans le contenu des autres lymphatiques. Tous les produits de la digestion y sont représentés.

Le liquide qui aide le plus à la dissolution et à l'absorption des substances alimentaires, c'est l'eau : tout le monde sait que le vin en assez grande quantité et les liquides spiritueux troublent la digestion, plutôt qu'ils ne la favorisent. Ils sont loin d'être les dissolvants des matières albuminoïdes (1).

Ces liquides d'ailleurs (les spiritueux) augmentent l'impulsion du cœur et la tension du sang dans les vaisseaux qui, dès lors, admettent encore plus difficilement les substances qui doivent y pénétrer pendant la digestion. Qui ne sait de quelle soif sont tourmentés ceux qui ont fait un repas dans lequel on a bu des vins de différentes espèces ? On désire de l'eau, surtout de l'eau pure. Pour dissoudre ou étendre tous ces corps, il faut de l'eau, ou d'autres boissons aqueuses pour rémédier aussi à cette pesanteur que l'on éprouve dans l'estomac, indice d'une digestion difficile.

C'est dans cette circonstance que la salive, quand elle n'est pas elle-même diminuée par le même motif, vient suppléer au

---

(1) Dans les phénomènes réguliers de la digestion, l'eau sert de dissolvant aux produits divers de la digestion : l'eau et les boissons suivent donc la voie des chylifères et des veines. — J. Béclard, page 160, Livre I.

défaut de liquides aqueux; car, alors la bouche, les yeux, les narines sont brûlants ; et il semble que tous les liquides du corps doivent voler au secours de toute l'économie qui éprouve cette ardeur, cette incandescence pour ainsi dire fébrile.

§ 27. De l'absorption dans certaines parties du corps. Toutes les surfaces muqueuses de l'intérieur absorbent, c'est-à-dire qu'elles sont pourvues de vaisseaux qui ont la propriété d'absorber, aussi bien que les parties extérieures du corps. La bouche, les oreilles, les yeux, sont pourvus même de cette faculté d'absorption : une goutte, une seule goutte d'acide prussique (1), déposée sur la conjonctive d'un animal (un bœuf, un cheval, un dogue), le tue instantanément par suite de l'absorption de cette substance à cet endroit.

Non pas en portant son action sur le système nerveux; mais bien par une action d'absorption qui transporte le poison sur un endroit particulier de l'organisme et qui l'anéantit. C'est par le sang et non par les nerfs que l'action meurtrière du poison se propage. Nous nous expliquons : les poisons, à moins qu'ils ne corrodent les tissus et se combinent avec eux, n'exercent leur action délétère qu'à la condition d'être introduits par absorption dans la circulation générale (2).

Le mécanisme des absorptions éventuelles prouve que l'intervention nerveuse n'est pas nécessaire pour qu'*elles* s'opèrent.

La section des nerfs n'apporte pas le plus petit changement à l'absorption du poison dans l'estomac, ou autre part.

Ce n'est pas l'action du poison sur *les extrémités des nerfs* de la membrane avec laquelle il est mis en contact qui produirait une impression se propageant par ces nerfs jusqu'au centre ner-

(1) Cyanhydrique.

(2) Plusieurs des poisons qui désorganisent les tissus agissent en même temps par absorption, et ce dernier effet est plus grave et plus prompt que l'effet local. Voilà pourquoi l'acide oxalique, étendu d'eau, agit dix à douze fois plus vite que lorsqu'il est concentré : l'absorption étant plus facile dans le premier cas que dans le second. — P. Bérard, page 658, *Cours de physiologie*.

veux, dont les fonctions se trouveraient tout-à-coup perverties ou anéanties.

Comment alors, et par quelles filières se propage l'action délétère? Comment une parcelle de poison appliquée sur un point limité du corps va-t-elle corrompre partout et avec une rapidité effrayante les sources de la vie?

« On ne voit guère parmi les modernes, dit P. Bérard, page 653, que M. Brachet de Lyon, soutenir que les poisons tuent par leur action sur la périphérie des nerfs.

C'est l'absorption du poison et non son action sur les nerfs qui cause l'*intoxication.*

La théorie veut au contraire que l'absorption et la circulation interviennent dans les phénomènes d'intoxication (1).

Il y a eu pendant un certain temps quelque embarras pour concilier la rapidité en général assez grande de l'apparition des phénomènes d'empoisonnement, avec la nécessité de l'absorption du poison et de son transport sur le centre nerveux. Cependant des expériences confirment qu'une molécule d'hydrocyanate de potasse circulant avec le sang, même chez un gros quadrupède, pouvait en moins de vingt-cinq secondes faire le tour du système vasculaire (2).

L'action des poisons n'est jamais plus prompte et plus terrible que quand ils sont directement injectés ou infusés dans le sang.

C'est donc, la plupart du temps, par introduction dans la masse du sang au moyen de l'absorption que le poison cause la mort.

Ce n'est pas en frappant toutes les parties du corps, mais un centre; et l'organe qui se trouve frappé n'est ni le cœur ni le poumon, c'est l'axe cérébro-spinal (3).

---

(1) La rapidité de l'absorption dépend de la vascularité plus ou moins grande des parties. Ce n'est jamais par action locale sur les nerfs de la partie où on les applique que les substances toxiques font périr les animaux; il faut qu'elles soient portées, par le sang, vers le centre nerveux; il faut qu'elles soient absorbées pour devenir toxiques. — J. Béclard, page 167, livre i.

(2) Héring, *Journal des Progrès*, T. X.

(3) Chose merveilleuse! (dit P. Bérard, page 657), le poison peu

Il ne faut pas ignorer cependant que certaines substances toxiques semblent avoir une action spéciale sur tel ou tel organe, une action locale ou une action à distance. Ainsi pour le premier cas : la belladone fait dilater la pupille appliquée localement en pommade sur le front, ou intérieurement en potion, en pilule (1) : les narcotiques calment les douleurs des parties sur lesquelles on les applique. Lorsqu'un narcotique est mis en contact avec une partie ; il peut y avoir deux effets produits ; et ces deux effets c'est l'absorption qui les amène : 1° elle conduit aux nerfs de la partie (et de proche en proche) le médicament ; 2° elle introduit une portion de ce médicament dans le sang qui va influencer le centre nerveux.

La digitale en frictions sur la région cardiaque produit cet effet ; et à plus forte raison, si elle est administrée par quelques gouttes à l'intérieur, ce médicament a une action spéciale sur le cœur, dont elle ralentit les battements (2).

Le seigle ergoté, l'*ergotine*, a une action particulière sur l'utérus ; mais dans ce cas, comme dans celui où l'on a fait avaler de l'opium pour calmer une douleur utérine, on n'agit toujours sur l'utérus que par l'intermédiaire du centre nerveux, vers lequel la circulation a porté le remède.

Les gaz peuvent aussi être absorbés par les vaisseaux absorbants, *veines* ou *lymphatiques*. Les empoisonnements par les gaz délétères indiquent que certains fluides aériformes peuvent pénétrer par cette voie dans notre économie, et y porter la mort. Mais c'est particulièrement par la muqueuse pulmonaire que l'absorption a lieu. Cependant la peau peut aussi servir à l'introduction de certains gaz plus ou moins nuisibles à l'économie ; et toujours

---

être mis directement en contact avec un nerf, avec le centre nerveux lui-même, sans causer d'accident ; mais s'il est porté molécule à molécule, dans ce centre nerveux par les filières de la circulation, il le foudroie.

(1) L'arsenic a une prédilection pour le foie ; il s'y concentre, il s'y emmagasine pour ainsi dire.

(2) La digitale exerce, *par l'intermédiaire du système nerveux*, sur le nombre et l'énergie des battements du cœur, une influence bien connue des médecins. — J. Béclard, page 265.

par le moyen des vaisseaux absorbants, car il se fait comme on sait une espèce de respiration supplémentaire par la peau, chez tous les mammifères e tl'homme en particulier.

§ 28. Absorption de certains produits éventuels dans l'économie animale. Nous avons fait connaître que toutes les parties du corps absorbaient ; les unes cependant plus rapidement que d'autres, et cela en rapport avec la nature des tissus, leur vascularité soit en vaisseaux sanguins, soit en vaisseaux lymphatiques, ou tous les deux à la fois. Ainsi le pli de l'aine, le dessous des aisselles, les muqueuses des voies digestives et respiratoires ; toutes les parties qui sont moins exposées au contact de l'air éprouvent le phénomène de l'absorption avec une assez grande rapidité.

Il résulte de tout ce que nous avons dit déjà de l'absorption et de sa théorie, qu'il peut en être fait de nombreuses applications à la thérapeutique et aux empoisonnements.

L'absorption interstitielle, moléculaire, nutritive et organique, n'emploie pas non plus d'autre agent : il n'y a pas pour cette absorption qu'on pourrait appeler interne, par rapport à l'autre qui s'exerce sur des matériaux pris au dehors et qu'on pourrait désigner sous le nom d'externe ; il n'y a pas, disons-nous, d'agents spéciaux pour l'opérer. Toute substance, quelque irritante qu'elle soit, est absorbée par les tissus vivants avec lesquels on la met en contact ; et, généralement, l'absorption s'en fait d'autant plus vite qu'elle est plus hostile à ces même tissus, si toutefois cette substance peut devenir soluble et absorbable.

L'absorption interne ou organique reprend dans chaque organe, ainsi qu'il a été dit précédemment, les matériaux dont il est formé ; de manière que sa décomposition soit toujours en équilibre avec sa composition. Rappelons également que le premier phénomène de l'absorption est l'*imbibition*. Toute substance qui s'imbibe *dans les tissus vivants*, passe par le fait même de l'imbibition dans la cavité des vaisseaux capillaires, et même dans celle des gros vaisseaux si l'imbibition se prolonge un certain temps.

Or donc, si des produits morbides sont déposés à la surface des organes, leur imbibition peut avoir lieu et leur entrée dans les vaisseaux est imminente. Il peut en résulter des dangers si ces produits ne sont pas expulsés au dehors, ou détruits sur place dans leur qualité malfaisante : tel est le cas des gangrènes, des venins, et d'autres liquides virulents ou fluides infectieux.

Un degré d'inflammation dans une partie, peut augmenter les sécrétions locales ; mais cette inflammation donne plus d'activité à la résorption dans les parties qui en sont le siège. L'absorption peut donc être augmentée par ce fait.

Des engorgements, des épanchements, résultats même de l'exhalation occasionnée par le fait de l'inflammation, peuvent être résorbés, absorbés par l'activité déployée dans le lieu où ils siègent. C'est ainsi que se résorbent certains liquides épanchés dans les cavités closes : tunique vaginale, plèvres, péritoine, péricarde, etc.

« On comprend alors à merveille, comment une inflammation qui a pour effet de vasculariser les parties, peut y modifier la sécrétion et l'absorption. » — P. Bérard, page 734.

L'absorption a-t-elle également lieu pour tous les liquides ou fluides gazeux qui sont mis en contact avec des parties vascularisées du corps ou avec des membranes absorbantes?

Tous les corps mis en contact avec nos parties n'éprouvent pas la même activité d'absorption de la part des tissus sur lesquels ils peuvent être déposés : les *virus*, les *venins*, les différentes classes de poisons, les miasmes, les effluves marécageux et autres, n'agissent pas sur nous avec la même intensité, non-seulement à cause de leur plus ou moins grande virulence, mais encore parce que leur absorption n'est pas égale dans nos parties.

Le virus du chancre n'a pas les mêmes conditions d'absorption et la même intensité d'action que le liquide vénéneux de la *vipère*.

Celui-ci demande, pour être absorbé, qu'il soit introduit par inoculation ou déposé sur une plaie, une partie dénudée.

Le virus de la rage est aussi dans ce cas, tandis que pour le virus du chancre, il lui suffit de toucher une surface tégumentaire peu épaisse pour qu'il soit absorbé.

Le virus de la morve est dans le même cas : l'inoculation a lieu également pour l'un comme pour l'autre.

Les effets des virus dans l'économie, soit que leur absorption ait été plus lente, soit qu'ils aient par eux-mêmes moins d'activité, ne se font apercevoir qu'après un temps plus ou moins long. L'incubation est différente si c'est un virus ou un venin qui a été absorbé.

C'est ce qui a toujours engagé à faire une distinction entre les *virus* et les *venins*, par rapport surtout à la rapidité avec laquelle les accidents se manifestent dans l'un et l'autre cas, c'est-à-dire lorsqu'ils sont inoculés, ou simplement mis en contact avec les parties vivantes : peau ou muqueuses (1).

Les *venins* qui existent tout formés chez les animaux qui les portent, et qui sont le produit d'une sécrétion normale chez ces animaux, révèlent par leur présence (dans la circulation générale), les plus terribles accidents lorsqu'à peine ils viennent d'être inoculés.

Les *virus*, au contraire, semblent pour un moment rester comme inactifs, et mettent un temps variable à manifester leur action.

Tel est le virus de la variole; mais ce dernier présente ceci de remarquable, que si d'autres virus ne sont absorbés qu'autant qu'ils sont déposés dans nos tissus par inoculation, *virus rabique, venin de la vipère*, celui-ci (le virus variolique), semblable au virus vénérien, est absorbé dans les deux conditions : ou d'*inoculation* ou de *déposition*, sur une membrane tégumentaire peu épaisse.

Le principe contagieux de cette maladie peut même, en se répandant dans l'atmosphère, être transporté par des courants, et être absorbé par les voies pulmonaire et cutanée !

Qui ne connaît la transmissibilité facile de ce principe à des distances assez considérables?

On ne peut invoquer non plus d'autres moyens pour l'intro-

(1) Le liquide vénéneux de la vipère peut impunément séjourner sur la membrane tégumentaire extérieure ou sur la muqueuse digestive intacte.

Le virus de la rage est probablement dans ce cas. — P. Bérard, *Cours de physiologie*, p. 735.

duction funeste, dans l'économie, des effluves marécageux, des gaz pestilentiels, de tous les principes de fièvres intermittentes, de la peste, du typhus, etc., etc. Ce sont, comme il a été dit, les voies pulmonaire et cutanée qui absorbent dans ce cas.

Il est une remarque à faire au sujet des virus, et nous en avons déjà dit deux mots, c'est qu'ils peuvent être détruits sur place, lorsqu'on peut faire une cautérisation à propos, c'est-à-dire à temps, et de manière à prévenir l'absorption du principe délétère dans l'économie. Tel est le cas d'un chancre cautérisé à temps (quoique ce ne soit pas l'opinion de certains praticiens), et qui devient impuissant à généraliser le mal ; telle est aussi la cautérisation que l'on pratique (mais celle-ci généralement admise) lors d'un cas de morsure d'animaux enragés ; et elle réussit assez souvent à préserver de l'extension du mal, quoique l'on ait affaire ici à une de ces absorptions faciles, puisque c'est dans l'intérieur des tissus que le virus a été déposé.

Les venins mêmes, quoique rapides dans leur absorption, peuvent être attaqués de cette façon, comme on le fait généralement pour celui de la vipère.

On a cherché à déterminer l'espace de temps qui pourrait s'écouler entre l'introduction du virus et l'application du caustique, sans qu'on perde les chances de réussite.

M. Renault, cité par Bérard, page 736, t. II, a expérimenté que cette période est très-courte pour la morve, plus longue pour la syphilis, et plus longue encore pour le *ferment rabique*.

« D'après P. Bérard, les *venins* (produit d'une sécrétion normale chez les animaux) sont à peine *inoculés*, qu'ils pénètrent dans la circulation générale, où ils occasionnent de terribles accidents. Les virus, au contraire (produit d'une sécrétion morbide), sont *déposés* localement ; ils modifient lentement les parties solides qui en ont reçu l'impression, et ce sont ces parties qui produisent, par cette sorte d'inoculation, le principe qui généralise le mal. — P. BÉRARD, t. II, p. 736, *Cours de physiologie*.

§ 29. **De quelle manière s'opère la résorption dans les cavités et dans les foyers purulents?** Les corps organisés vivants font rentrer dans la masse de leur liquide nourricier des molécules qui en étaient précédemment sorties, c'est-à-dire que la résorption agit ainsi dans les cas particuliers où ces liquides étaient sortis violemment des vaisseaux qui les contenaient *(hémorragies)*. Elle agit de même pour les cas où une chute, une contusion sur une partie du corps, produisent instantanément un épanchement de liquide dans la partie qui a été frappée, contusionnée. De même, qu'une inflammation, sans reconnaître les causes précédentes, vienne à faire pleuvoir dans une bourse muqueuse, dans la plèvre, le péricarde et d'autres cavités closes, un liquide séreux, l'absorption en opérera assez promptement la résorption, la disparition, ainsi que cela arrive le plus communément dans les circonstances où l'épanchement n'est constitué que par un liquide absorbable, et qu'il n'y a pas de corps insolubles dans sa composition.

Il n'est pas toujours nécessaire de donner issue à ce liquide épanché par une opération, puisque l'on peut, en partie, compter sur la résorption qui s'en fera par le fait même de l'état inflammatoire qui a régné dans la même partie, et qui y a développé un surcroît d'activité (1).

Mais que par l'acuité de l'inflammation, la sécrétion soit arrivée au point de former un corps solide, et que, à la place de la sérosité épanchée, il se soit fait du pus, ou qu'il se soit organisé des fausses membranes, parce que le pus des membranes séreuses est plus albumineux ; oh ! alors, les chances de résorption diminuent, et il n'y a plus à compter sur ce secours, c'est-à-dire sur la résorption du liquide comme dans le premier cas, où l'épanchement n'était formé que par de la sérosité. L'intervention de l'art est ici nécessaire, à moins que le pus ne se fasse jour lui-même au dehors.

Quant aux fausses membranes, leur résorption est douteuse.

---

(1) Cette proposition est de beaucoup modifiée, aujourd'hui, pour certains cas, comme dans celui d'épanchement pleurétique, où l'on cherche à évacuer, au moyen de la thoracenthèse pratiquée de bonne heure, le liquide déjà contenu dans la cavité pleurale, et qui peut, en y séjournant, devenir un grand danger dans la maladie.

N'a-t-on pas vu cependant des collections de pus disparaître après un certain temps sans opération chirurgicale ; n'a-t-on pas vu même de fausses membranes finir par être résorbées ?

Le globule de pus ne peut être absorbé à l'état solide ; il ne peut pas entrer ainsi dans les voies de la circulation : il faut qu'il soit liquéfié, dissous, digéré, comme le dit Bérard, pour que la résorption s'en empare. Et cette dissolution, cette liquéfaction, peut avoir lieu, puisque l'on voit des collections de pus disparaître : mais ces cas sont bien rares ; enfin ils existent.

Cette terminaison des abcès se voit surtout dans les abcès spécifiques, comme dans le *bubon vénérien*. Il faut bien que l'absorption soit intervenue dans ce cas : la résorption a eu lieu !

Les absorptions qui se produisent ainsi dans les abcès, reportent dans l'économie des liquides qui en étaient sortis, mais qui étaient arrivés à un état différent de composition : le travail inflammatoire, l'action particulière de la membrane qui a sécrété ces liquides, a fini par y introduire de nouveaux principes organiques altérés (globules de pus), qui doivent être dissous inévitablement pour pouvoir rentrer dans le torrent circulatoire ; car l'absorption ne s'opère pas sur des substances non dissoutes ; et, tant que les globules sont dans ce cas, ils ne peuvent être absorbés.

L'état solide où ils se trouvent, leur volume, ne leur permet pas d'être livrés ainsi à l'absorption, pas plus que les globules rouges qui ont dans le sang de l'homme 0mm005 à 0mm006 de diamètre, et qui, une fois épanchés dans les tissus, *hématocèle*, ne sont résorbés qu'autant que le liquide qui les renferme passe par différents états de dissolution, ainsi que cela se voit journellement sous nos yeux dans les cas de résorption d'ecchymose, ou d'extravasations de sang quelquefois assez considérables dans le tissu cellulaire, consécutivement à la rupture des capillaires sanguins dans la partie.

La résorption du pus dans les abcès, où l'air n'a pas pénétré, n'exerce aucune influence fâcheuse sur la constitution.

Tous les malades porteurs d'abcès par congestion éprouvent cette résorption, dans les parties qui en sont le siége, sans beaucoup d'inconvénients quand elle s'opère.

Tant donc qu'on n'a pas donné issue au pus par une ouverture qui a permis l'entrée de l'air dans le foyer, les individus conservent encore une apparence de santé.

Ce liquide, avec le temps, s'altère au contact de l'atmosphère et prend une odeur fétide, bien connue des chirurgiens.

La résorption purulente (absorption de ce pus) est alors imminente pour l'infection de l'économie. Aussi, voyons-nous P. Bérard s'attacher dans ses ouvrages (comme il le faisait dans son cours) à faire ressortir ce qu'il faut entendre par *résorption purulente* ou *infection purulente*.

Quelle est la substance absorbée se demande-t-il, est-ce le pus en nature ? Non; l'absorption s'exerce sur les principes organiques altérés, que le pus tient en dissolution. Cela constitue, dit-il, ce que depuis longtemps j'ai désigné sous le nom d'*infection putride*.

M. Bonnet, cité par le même auteur, pense que dans les cas d'infection putride, le pus contient de l'hydro sulfate d'ammoniaque. Et il dit aussi : Qu'il est possible que la résorption de ce produit de la décomposition, ajoute sa pernicieuse influence à la résorption des principes organiques putrides qui séjournent dans les grands foyers de suppuration.

Mais dans le cas où le pus est sécrété dans les vaisseaux, comme par exemple dans une *phlébite*, il n'y a pas évidemment besoin de faire intervenir l'absorption; puisque le pus est charrié en nature, *globules* et *liquide*, dans le système vasculaire.

Dans le premier cas (infection putride) il n'y avait d'introduit dans la circulation générale, que les matières dissoutes du pus, matières plus ou moins altérées. Dans le second cas le pus est sécrété en nature par les veines enflammées; et alors on ne peut appeler cet acte une *résorption purulente*. Un langage physiologique plus sévère, dit P. Bérard, lui appliquera le mot de *infection purulente*, dont les abcès métastatiques et autres désordres dans l'économie seront la conséquence.

Cette manière de voir de l'ancien professeur de physiologie de l'École de Paris, a été conciliée par d'autres physiologistes.

Et l'on a dit que l'infection purulente pouvait bien provenir de chacune des causes invoquées séparément, ou des deux à la fois; c'est-à-dire, tantôt par introduction de pus décomposé et tantôt par l'inflammation des vaisseaux (phlébite, et enfin de ces deux causes, comme dans les cas de fièvre puerpérale, où l'infection putride peut exister, par suite de putréfaction de liquides ou de détritus de la caduque et du placenta dans l'utérus, ou d'infection purulente consécutive à une phlébite utérine à la suite de laquelle il se forme, en divers lieux, des collections purulentes dans le poumon, dans les plèvres, dans le tissu cellulaire, etc.

Cependant, il est évident que des individus portent depuis longtemps des abcès par congestion, ouverts, et dont le pus répand une odeur fétide, sans que ces individus présentent les accidents et les abcès métastatiques de l'infection purulente (1). Et d'autre part, une phlébite, qui met directement du pus dans la veine, pus qui n'est ni altéré ni fétide, produit cependant l'infection purulente et les abcès multiples qui en sont la suite.

Il en faut donc conclure ici, que dans un abcès par suite de la résorption du pus dont les principes organiques auront été plus ou moins altérés par le contact de l'air, il peut, il doit y avoir *infection putride*, et que dans le cas où le pus est charrié dans les vaisseaux par suite d'une phlébite qui l'a produit, il y aura *infection purulente* toujours grave et le plus souvent mortelle, pour ne pas dire toujours.

Il y a ici, dit Bérard, une distinction à faire, et qu'il ne faut jamais perdre de vue, c'est que, en thérapeutique, de deux individus qui seraient atteints (par suite d'une lésion traumatique d'un membre) l'un d'infection putride, l'autre d'infection purulente et que la lésion locale ne permette pas de songer à la conservation du membre, l'amputation aura les plus grandes chances de succès chez le premier qu'elle débarrassera d'un foyer d'in-

---

(1) Bérard dit que si ces individus succombent, ils meurent d'*infection putride*, et d'épuisement, ils n'ont ni les accidents ni les abcès métastatiques de l'infection purulente, parceque les globules du pus ne s'introduisent pas dans leurs vaisseaux. Le mot *résorption purulente* devrait être rayé du langage médical, car il introduit la plus déplorable confusion dans les doctrines et quelques dangers dans la pratique. P. Bérard. *Cours de physiologie*, page 740, t. II.

fection, tandis qu'elle ne fera qu'accélérer la mort du second. — P. Bérard, *Cours de physiologie*, T. II, page 743.

§ 30. **Circulation lymphatique**. On nomme ainsi, mal à propos, le mouvement de la lymphe dans les vaisseaux de ce nom; car il ne s'agit pas d'un mouvement circulaire, mais bien d'un cours de ce liquide, de la circonférence au centre.

En effet, les radicules lymphatiques prennent leur origine des diverses surfaces internes ou externes du corps. Elles vont chercher dans la profondeur des parties, dans l'intestin grêle, les matériaux de la lymphe et du chyle (1). Pour ce dernier, ce sont des vaisseaux appelés *chylifères*, qui sont chargés de ce soin pendant la digestion.

Puis, après avoir traversé les ganglions semés sur leur passage, les *lymphatiques* viennent se réunir, pour toutes les parties gauches du corps, au canal thoracique, qui lui, se rend dans la veine sous-clavière gauche, à peu de distance du cœur.

Mais pour le côté droit du corps, c'est la grande veine lymphatique qui les réunit et qui verse la lymphe dans la portion sous-clavière du tronc brachial droit.

Ces différentes dénominations, par rapport au trajet et au transport de la lymphe, ont déjà été employées, soit en parlant de la lymphe, du système lymphatique, soit en parlant du chyle; mais, ces répétitions sont inévitables quand on parle d'un produit ou d'un système qui figure pour ainsi dire dans tous les actes de l'économie et qui se trouve mêlé à presque toutes les fonctions.

Cette circulation, puisqu'on l'appelle ainsi, ne peut se faire (comme la circulation veineuse et artérielle) qu'au moyen d'un appareil. Cet appareil est formé par l'ensemble des organes qui concourent à la formation et à la circulation de la lymphe.

Ces organes sont les glandes et les vaisseaux lymphatiques.

Ces derniers, découverts en 1650, par Rudbeck et Bertholin,

---

(1) M. Sapey dit : de nos jours on peut injecter et remplir avec facilité, et directement, les réseaux d'origine des vaisseaux lymphatiques.

sont très-déliés, perlucides. Leurs parois, comme celles de tous les vaisseaux, sont formées de plusieurs membranes. Ils présentent dans toute leur longueur une suite de renflements produits par des valvules placées dans leur intérieur.

Ces vaisseaux existent dans toutes les parties du corps. Ils versent dans les veines, les fluides blancs ou incolores qu'ils ont absorbés à la surface des membranes ou dans le tissu des organes. Leur origine est d'un côté à toutes les surfaces internes ou externes du corps, et de l'autre, c'est-à-dire, à leur terminaison, ils s'abouchent par deux troncs communs, dans le système veineux : veine sous-clavière gauche pour la partie gauche ; et portion de la sous-clavière du tronc brachial droit pour la partie droite du corps ; ainsi qu'il a été déjà expliqué et que nous répétons à dessein, parceque cette découverte ne date pas de très-loin et qu'elle est presque contemporaine de celle d'Harvey (circulation du sang, 1619).

Les vaisseaux lymphatiques recueillent à leur origine et pendant leur parcours divers matériaux avec lesquels ils fabriquent la lymphe, en la conduisant dans le torrent de la circulation.

On croit généralement que les vaisseaux lymphatiques communiquent avec les capillaires veineux dans tous les ganglions lymphatiques, mais non directement ; l'une et l'autre circulation étant parfaitement closes (1).

De quelque partie du corps qu'ils proviennent, ils forment d'abord en se réunissant de nombreux ganglions, d'où naissent des branches plus grosses qui aboutissent toutes, après de nombreuses anastomoses, aux deux troncs principaux, canal thoracique et grand vaisseau droit, dont il a été parlé.

§ 31. **Ganglions lymphatiques**. Les ganglions lympha-

(1) Le phénomène d'exsudation des parties liquides du sang, ou plasma, a lieu sans doute aussi dans les vaisseaux sanguins des ganglions. Le sang cède donc quelque chose à la lymphe dans l'intérieur des ganglions, et probablement la lymphe elle-même exerce sur le sang des modifications particulières : mais la science (sous ce rapport) laisse encore à désirer. — J. Béclard, *loco cit.*

tiques sont de petits corps semés sur le trajet des vaisseaux lymphatiques ; c'est une espèce de plexus ou d'entrelacement de ces mêmes vaisseaux. Leur couleur est d'un blanc légèrement rosé, et leur texture est assez molle et facile à déchirer. Ils sont lisses à leur extérieur, et présentent des vacuoles à leur intérieur, comme les corps caverneux, le clitoris...

Les vaisseaux afférents vont s'y perdre en y laissant ou versant leur contenu, qui y subit une action particulière. En effet, les vaisseaux afférents transportent dans les ganglions, situés sur leur trajet, les liquides absorbés pour les soumettre à l'action de ces organes, considérés aujourd'hui comme des glandes.

M. J. Béclard dit à ce sujet : « Dans tous les points où circulent des vaisseaux sanguins, ces vaisseaux laissent échapper dans les tissus, au travers de leurs parois, la portion liquide du sang ou plasma ; le même phénomène a lieu sans doute aussi dans les vaisseaux sanguins des ganglions. Le sang cède donc quelque chose à la lymphe dans l'intérieur des ganglions, et probablement la lymphe elle-même exerce sur le sang des modifications particulières, mais la science est, sous ce rapport, dans une ignorance absolue. » — J. Béclard, p. 192, 4me édit., 1862.

Les liquides transportés dans les glandes par les vaisseaux afférents, sont repris par les radicules des vaisseaux efférents, qui sortent de la glande, et se rendent, de proche en proche, dans de plus gros troncs, pour enfin aboutir au canal thoracique et au grand vaisseau lymphatique droit.

Les lymphatiques (a-t-il été dit) commencent tout d'abord par des réseaux de plexus anastomotiques dépourvus de valvules; il en part des troncs qui marchent vers les troncs lymphatiques voisins. Ces plexus sont superposés les uns aux autres et d'autant plus fins et plus serrés, qu'on s'approche davantage de la surface libre. Ils n'ont pas d'orifices sur les surfaces muqueuses.

§ 32. De la lymphe. Le liquide que les canaux (vaisseaux lymphatiques) charrient est la lymphe (1).

(1) La lymphe est un produit de détritus organiques ramassés dans tout le corps.

C'est une humeur claire, transparente et coulante ; elle est d'un jaune pâle, tirant un peu sur le verdâtre, inodore et d'une saveur franchement salée. Elle contient des corpuscules en moindre quantité que le sang et de formes diverses. La plupart, chez l'homme, sont plus volumineux, et parfois même du double que les globules du sang. Ils sont ronds, sphériques, tantôt lisses, tantôt grenus, tandis que les globules du sang ont la forme de disques aplatis.

L'action prolongée de l'eau fait apercevoir, dans tous, des noyaux qui sont un peu plus petits que les globules du sang, souples, arrondis, avec une tache centrale de teinte un peu plus foncée. La plupart des corpuscules de la lymphe qui contiennent des noyaux, offrent à peine des traces de coloration, mais beaucoup d'entre eux, surtout les petits, ont d'une manière bien prononcée la couleur jaune rougeâtre des globules du sang, et l'on a observé que le nombre des corpuscules rougeâtres, à la suite d'un jeûne prolongé, est plus considérable.

La lymphe, extraite de ses vaisseaux, se prend en une gelée incolore au bout d'un quart-d'heure.

La lymphe se coagule spontanément, venons-nous de dire; elle contient de la fibrine ; dès lors, cette coagulation n'est pas surprenante : la fibrine de la lymphe emprisonne dans ses mailles les globules de la lymphe, à l'instar du sang.

Le chiffre des globules de la lymphe et de la fibrine est très-faible, 1, 2, 3 pour 1,000, comparativement au sang, qui en contient 130 pour 1,000. Mais la lymphe est aussi coagulable que lui.

Selon quelques physiologistes, la lymphe provient de toutes les matières que l'absorption interne a recueilli dans les diverses parties du corps, et elle serait faite par le système lymphatique au moment même où il accomplit cette absorption, et, se réunissant, chemin faisant, au chyle, que les vaisseaux chylifères ont puisé dans l'intestin, ils concourent ensemble à former le fluide qui est déversé dans le sang, et sur lequel ne tarde pas à agir la respiration.

Suivant d'autres, le sang, parvenu dans les radicules artérielles, est partagé en deux parties, une rouge, qui est portée au cœur, l'autre séreuse, qui est absorbée par les vaisseaux lymphatiques et qui constitue la lymphe proprement dite.

Les physiologistes ne s'accordent pas exactement, non plus, sur les propriétés physiques qu'elle présente. Ceux-ci disent que c'est une liqueur diaphane, incolore, peu odorante, peu sapide, qu'elle a des réactions fortement alcalines.

D'autres prétendent qu'elle est d'une couleur légèrement rosée, d'une odeur de sperme fortement prononcée, d'une saveur salée; qu'elle est, en outre, légèrement visqueuse, essentiellement albumineuse, et que sa pesanteur spécifique est supérieure à celle de l'eau distillée.

Quoi qu'il en soit, les usages de la lymphe sont évidemment de constituer un suc qui partage, avec le chyle, l'office de reconstituer ou plutôt de renouveler le sang, et de fonder un des matériaux de l'hématose.

Et, en effet, comme le chyle, la lymphe va se soumettre à l'action élaboratrice du poumon. Au sortir de cet organe, elle est changée comme lui en sang artériel.

« La lymphe est donc une humeur qui tient le premier rang parmi les fluides de composition; et il ne faut pas s'étonner dès lors de la funeste influence qu'ont, sur la nutrition, les maladies du système lymphatique (1) ».

« Le caillot qui provient de la lymphe du canal thoracique contient de l'hématine, qui devient vermeille à l'air, noire dans l'acide carbonique, et verte dans l'acide sulfurique; la quantité de fibrine va en augmentant depuis l'origine du système lymphatique jusqu'à son embouchure dans les vaisseaux sanguins, c'est-à-dire dans la circulation. » — NYSTEN.

Cette hématine joue un rôle important, sans doute, dans l'hématose du sang, au contact de l'air dans les poumons.

Le *chyle* n'est pas entièrement formé dans le tube digestif. Les filaments blancs qu'on aperçoit dans la pâte chymeuse, ne sont autre chose que du mucus de la bile qui a été précipité par suite de l'action des acides du chyme sur les sels alcalins de la bile.

---

(1) P. Bérard, *Cours de physiologie*.

(Tiedeman et Gmelin). M. Bernard dit avoir observé que ces flocons se dissolvaient dans le suc pancréatique.

« Dans les matériaux du chyle, il y en a un qui lui donne le caractère émulsif qui le distingue; c'est une matière grasse... Sans aucun doute, les chylifères s'en chargent dans le tube digestif, puisqu'on la voit dans leur intérieur. » — P. Bérard.

Le chyle est un liquide blanchâtre d'une odeur fade, d'une saveur douce, chez la plupart des animaux, et qui, selon une opinion longtemps accréditée, constituerait la partie nutritive extraite des aliments par la digestion.

Les physiologistes ont en effet regardé jusqu'à ce jour le *chyle* comme la quintessence nutritive des aliments, après leur élaboration par les sucs de l'estomac, du foie et du pancréas.

Ce jus nourricier, absorbé dans les chylifères (vaisseaux lymphatiques de l'intestin), venait, selon eux, se déverser dans le sang, pour réparer les pertes faites par ce liquide dans son passage à travers les organes.

En effet, le chyle est versé dans le sang dans la veine sous-clavière gauche, près du cœur, pour être soumis à l'hématose dans le poumon ; mais cette théorie diffère beaucoup de celle qui existait avant Pecquet, et qui voulait que le chyle se rendît dans le foie (pour y subir une épuration) avec le sang qui se rend à cet organe par le système de la veine-porte.

Le chyle n'est pas non plus le seul produit utile de la digestion : *plusieurs principes organiques* nécessaires à la recomposition du corps, suivent une autre voie que les chylifères.

Les veines, avons-nous dit, absorbent une grande partie de ces principes qui doivent servir aussi à la recomposition du corps.

Le chyle peut être une substance de nature complexe, de composition plus définie et essentiellement variable; puisque les aliments peuvent être des matières albuminoïdes (viande, albumine végétale) ou des corps gras (huiles, graisses, etc.), ou encore des féculents (sucre, amidon, etc.).

La plus grande partie de la fibrine, contenue dans le vrai chyle, ne provient pas des aliments. La quantité de ce principe immédiat est moindre dans le chyle pris au voisinage de l'intestin, que recueilli après son passage au travers des ganglions.

« Elle a été fournie ou formée par eux, aux dépens des autres matières animales contenues dans le chyme, aux dépens de l'*albumine;* la fibrine étant alors considérée comme un état plus avancé d'oxydation. Si la fibrine est fournie par les ganglions, c'est qu'alors ils ajouteraient quelque chose au chyle; formée par eux, ils n'exerceraient qu'une action dynamique. D'autres principes du chyle paraissent puisés dans le tube digestif: tels sont la substance animale dans l'eau et dans l'alcool, et surtout les principes gras. » — P. Bérard.

Il a été dit que tout le produit nutritif de la digestion ne passait pas par les chylifères, quoique le chyle en résume une grande partie, sans être le seul résultat et le seul but final de l'acte digestif.

Une bonne partie du produit de la digestion passe par les veines stomacales et mésaraïques.

Les matières grasses ne sont pas non plus les seules substances absorbées par les *chylifères.*

Il a été dit aussi que les produits liquides de la digestion des substances albuminoïdes, l'eau et les sels de l'alimentation miscibles à cette émulsion, et en constituant pour ainsi dire le menstrue, s'engagent aussi dans les vaisseaux chylifères; mais ils sont vraisemblablement la seule voie de l'absorption des matières grasses.

Les veines se distinguent des chylifères en ce qu'elles n'absorbent pas sensiblement les matières grasses. Ça été dit et répété.

Ces considérations sont reproduites ici, pour être bien fixé sur le rôle que joue dans la digestion l'un et l'autre ordre de vaisseaux: *vaisseaux sanguins, vaisseaux lymphatiques et chylifères.* P. Bérard dit à ce sujet, page 373, tome II, de son *cours de physiologie:* « Je ne puis concevoir l'inadvertance d'un médecin qui, dans un nouvel aperçu de physiologie du foie (en 1833), fait passer encore le chyle par le foie, reproduisant l'erreur commise par Aselli, il y a plus de 238 ans, erreur qui s'est perpétuée jusqu'au jour où Pecquet montra que le chyle est absorbé par les vaisseaux chylifères, et conduit au canal thoracique qui le verse (avec la lymphe qui s'y est également rendue) dans la veine sous-clavière gauche, près du cœur.

Rudbeck et Bartholin avaient cependant enseigné que les prétendus chylifères du foie n'étaient autres que des lymphatiques ordinaires du même organe, ramenant (du foie) de la lymphe et n'y portant rien.

Le chyle est une émulsion de graisse dans le suc pancréatique. C'est aux globules de graisse suspendus dans le suc du pancréas, que le chyle doit son aspect laiteux, nacré, qui donne aux lymphatiques de l'intestin leur coloration particulière et caractéristique.

Le chyle, tel que le reçoivent les vaisseaux lymphatiques de l'intestin (les chylifères) est peu coagulable, mais il le devient davantage, et prend une teinte rosée dans les ganglions mésentériques. Enfin, dans le canal thoracique, et près d'arriver dans la masse du sang, il est manifestement coagulable ; et ses particules ne diffèrent de celles du sang que par une couleur moins foncée. Il semble qu'il n'ait plus besoin que d'être soumis à l'acte de la respiration pour devenir sang ; puisque abandonné à lui-même, il se partage en *sérum-albumineux* et en *caillot fibrineux*.

« Il en diffère cependant en ce qu'il contient les matières grasses absorbées dans l'intestin et qui s'y trouvent à l'état d'émulsion, sous forme de très-petites gouttelettes, ayant au plus un millième de millimètre. » — NYSTEN, art. *chyle*.

§ **33. Vaisseaux chylifères.** Nous avons plusieurs fois répété, avec intention, que les vaisseaux qui contiennent et transportent le chyle au canal thoracique sont les *vaisseaux chylifères*. Ce sont les lymphatiques de l'intestin.

Ils s'emparent du chyle pendant l'acte de la digestion.

Bien qu'ils diffèrent, par leurs usages, des autres vaisseaux lymphatiques, ils leur ressemblent entièrement par leur organisation et leur disposition anatomique.

Ces vaisseaux, entrevus par Aselli en 1621, qui n'en connut pas les fonctions, sont très-nombreux dans l'intestin grêle et très-rares dans le gros intestin, cependant le gros intestin absorbe, et absorbe même les corps gras. Ce sont ceux (les corps gras) qui ont échappé à l'action des chylifères de l'intestin grêle ; de même qu'il faut admettre une certaine absorption des matières grasses dans l'estomac, par suite du reflux de la bile et du suc pancréatique dans l'estomac ; cas du reste exceptionnels et qui ne changent rien à la théorie de l'absorption dans l'intestin.

Les chylifères sont la voie principale par laquelle les corps gras émulsionnés s'introduisent dans l'économie. Cependant MM. Bouchardat et Sandras, ayant fait digérer des matières grasses à des animaux, ont retrouvé ces matières dans la bile.

La veine-porte les avait certainement transportées au foie. Je ne doute pas, dit Bérard, que des matières grasses ne puissent passer dans les veines mésaraïques.

Nous avons donné à entendre, ajoute-t-il au même endroit, que le chyle n'est pas le seul produit de la digestion, et que plusieurs principes organiques nécessaires à la recomposition du corps suivent une autre voie que les chylifères.

Quoiqu'il en soit, ces vaisseaux, après s'être engagés dans l'épaisseur du mésentère, entre les deux feuillets du péritoine qui les contiennent, aboutissent d'abord, aux nombreux ganglions lymphatiques, glandes ou mieux ganglions mésentériques, qu'ils rencontrent à deux centimètres, environ, du bord adhérent de l'intestin. Puis, ils vont se terminer par plusieurs troncs dans la partie lombaire du canal thoracique, près de l'ouverture aortique du diaphragme, à l'endroit où le canal présente la dilatation connue sous le nom de réservoir de Pecquet.

D'après les expériences de Magendie, la quantité de chyle versée dans la circulation est au moins de six onces par heure, pendant les deux ou trois heures que dure la digestion ; mais hors le temps que la chylification s'exerce, il n'y a que très-peu de chyle. Après vingt-quatre heures d'abstinence, les vaisseaux chylifères ne contiennent plus que de la lymphe, comme les autres vaisseaux lymphatiques.

Ainsi donc, quelques heures après l'ingestion des substances alimentaires, une humeur d'apparence laiteuse (le chyle), une sorte d'émulsion, gonfle la fraction de cet appareil, qui a ses racines dans le tube intestinal ; tandis que dans les autres lymphatiques, une humeur transparente (la lymphe) et peu abondante, circule partout avec lenteur et irrégularité.

CHAPITRE III.

CIRCULATION GÉNÉRALE.

§ 34. Circulation générale. — DÉFINITION : La circulation générale est l'ensemble des mouvements qui se passent dans l'appareil circulatoire, et en vertu desquels le transport du sang a lieu dans toute l'économie. La circulation sert d'intermédiaire entre les diverses fonctions de la vie organique.

Dans toute démonstration ou explication physiologique, concernant une fonction, il y a trois points à traiter, lorsqu'il est question surtout d'une de ces fonctions, ou d'un de ces phénomènes qui se produisent au moyen de plusieurs organes formant un appareil :

1° Il faut d'abord décrire les organes qui par leur ensemble constituent l'appareil ; et dans cette revue, sans faire de l'anatomie exactement descriptive, encore faut-il donner un aperçu aussi correct que possible, pour aider à l'intelligence du phénomène ou de la fonction physiologique ;

2° Traiter l'objet ou la matière sur laquelle l'appareil s'exerce ou celle qu'il produit ;

3° Enfin il faut parler du jeu, du rouage, des organes, en un mot du phénomène qui se passe en eux, et dont en définitive, une nouvelle production ou une transformation est le résultat.

Exemple : Le système sanguin est composé de plusieurs ordres de vaisseaux ; artères, veines, vaisseaux capillaires, et d'un organe central, qui, par leur ensemble forment l'appareil circulatoire, y compris le cœur, muscle creux et puissant qui donne l'impulsion au sang, pour lui faire parcourir les différents ordres de de vaisseaux que l'on vient de nommer.

La circulation ne peut donc s'exécuter qu'au moyen de la mise en jeu de tous ces organes ; et de là, la nécessité de les étudier avec soin et avant toute démonstration.

Puis, vient l'étude du sang qui est la chose ou la matière, si l'on veut, sur laquelle l'organe s'exerce, puis enfin, vient cette même action, cet acte fonctionnel de l'appareil circulatoire accompli en partie sous l'influence des forces de la vie.

De là, l'action du cœur sur le sang, la marche de celui-ci dans les vaisseaux qui le contiennent, sa composition et décomposition (sous le rapport de certains éléments) dans les capillaires pulmonaires et généraux ; puis enfin, les nouveaux produits auxquels il donne lieu en traversant certains organes qui s'approprient les matériaux qui doivent servir aux actes fonctionnels qu'ils sont appelés à remplir.

A. Le principal organe de la circulation est le *cœur*. C'est un muscle creux à parois musculaires et contractiles, renfermé dans la poitrine, vers sa partie moyenne et un peu à gauche. Il est séparé intérieurement et dans sa longueur, par une cloison complète, en deux parties à peu près semblables, adossées l'une à l'autre et partagées, chacune transversalement vers sa moitié, en deux cavités, appelées l'une (la supérieure) oreillette, et l'autre (l'inférieure) ventricule.

Il y a donc au cœur deux oreillettes et deux ventricules, ventricule droit, ventricule gauche, surmonté chacun d'une oreillette.

Chaque oreillette présente une cavité principale; et chacune d'elles est séparée du ventricule par une valvule. Celle de l'orifice auriculo-ventriculaire droit est appelée valvule *tricuspide ;* celle de l'orifice auriculo-ventriculaire gauche est la valvule *mitrale.*

Dans la cavité des ventricules, il y a un grand nombre de faisceaux musculaires connus sous le nom de colonnes charnues, qui ne tiennent à la substance de l'organe que par leurs extrémités. Quelques-uns donnent naissance à de petits tendons qui se fixent au bord de la valvule.

C'est dans le ventricule droit que l'on voit l'orifice ou embouchure de l'artère pulmonaire; dans le gauche, on distingue celle de l'artère aorte.

Chacune de ces artères présente à son origine trois valvules appelées, à cause de leur forme, valvules *sigmoïdes* ou *semilunaires.*

Ces valvules ont pour usage de fermer complétement ces ouvertures, lorsqu'elles sont abaissées, et empêchent ainsi la rétrocession du sang.

Les oreillettes présentent à leur partie supérieure un petit prolongement aplati et creux nommé appendice auriculaire et une cavité appelée sinus. Dans le sinus de l'oreillette droite s'abouchent, en haut, la veine cave supérieure; au dessous et plus en arrière, la veine cave inférieure qui est pourvue d'une valvule appelée valvule d'Eustache.

Au dessous de cette valvule est l'orifice des deux veines coronaires ou cardiaques.

Dans l'oreillette gauche s'ouvrent postérieurement les veines pulmonaires droites et gauches au nombre de quatre.

B. Le volume du cœur présente de grandes différences, suivant les individus ; son poids varie aussi. En général cet organe est plus petit chez la femme que chez l'homme.

Le nombre des battements varie aussi suivant l'âge; mais aussi, suivant les individus.

Ils sont dans l'embryon de 100 battements; de 140 à 180 après la naissance, 115 à 130 durant la première année, 100 à 115 pendant la deuxième. Ils vont ainsi en diminuant d'année en année pour arriver de 80 à 85, à quatorze ans et enfin de 70 à 75 chez l'adulte.

Le tissu du cœur est musculaire, à fibres striées, quoique cet organe ne soit pas sous l'influence de la volonté.

Il y a dans sa composition deux ordres de fibres, les unes en forme d'anses, les autres en forme de 8 de chiffres, comme se mêlant ensemble et marchant les unes à l'encontre des autres et s'enchevêtrant en même temps. Les cavités du cœur sont lisses, polies et tapissées par une membrane fine très-adhérente au tissu musculaire.

D. Les vaisseaux qui partent du cœur ou qui y arrivent et qui constituent avec lui l'appareil circulatoire, sont de deux ordres. Vaisseaux artériels, vaisseaux veineux. Les artères qui en partent sont: l'aorte, dont l'ouverture est dans le ventricule gauche et l'artère pulmonaire dont l'embouchure est dans le ventricule droit et qui se rend aux poumons.

Les vaisseaux veineux sont la veine cave inférieure et supérieure qui débouchent dans l'oreillette droite et les quatre veines pulmonaires (deux droites et deux gauches, qui versent le sang artérialisé, venant du poumon, dans l'oreillette gauche.

L'*artère aorte*, sortie du ventricule gauche, remonte dans la poitrine et à droite; puis elle se recourbe de droite à gauche et d'avant en arrière, passe obliquement devant la colonne vertébrale et se recourbe de nouveau (crosse de l'aorte) de haut en bas sur le côté gauche, pour donner ensuite inférieurement et supérieurement, toutes les branches ou divisions qui constituent le *système artériel*.

C. Les capillaires (vaisseaux capillaires), dernières ramifications des artères et qui établissent une continuité non-interrompue entre les artères et les veines, font également partie de l'appareil circulatoire avec les veines qui en sont la suite et qui ramènent le sang de toutes les parties du corps, au cœur d'où il était parti.

Le tissu artériel est en général d'une couleur jaune grisâtre; il devient plus ou moins rouge dans les artères d'un petit calibre, à cause de l'épaisseur moindre des parois qui laisse apercevoir la couleur du sang. Il est composé de trois tuniques superposées : l'externe, *fibro-celluleuse*, se confond avec le tissu cellulaire voisin ; (il est par conséquent extensible).

La moyenne (tunique artérielle) est la membrane propre des artères. Elle est formée de fibres transversales jaunâtres ou blanchâtres (1). La membrane interne est un prolongement de celle qui tapisse le ventricule gauche du cœur.

C'est la tunique moyenne gauche et fibreuse qui est la tunique élastique.

C'est elle qui, en vertu de cette propriété, jouit de la con-

---

(1) Ces fibres sont analogues aux ligaments jaunes des vertèbres et représentent des espèces de cercles solidement unis entre eux par des filaments obliques. C'est en dehors de ces fibres annulaires que l'on trouve la couche des fibres élastiques. Cette couche est épaisse et elle maintient béante la lumière des artères coupées en travers.

tractilité insensible ; c'est-à-dire de la faculté de se resserrer en revenant sur elle-même (1).

E. Les *veines* ont leurs parois moins épaisses que celles des artères. Ces parois sont molles, extensibles ; elles s'affaissent par la section du vaisseau, à moins qu'elles ne soient attachées à des conduits osseux ou au parenchyme de certains viscères.

Mais elles sont composées, de même que les artères, de trois tuniques : l'externe, moins dense que celle des artères, est celluleuse et intimement unie à la membrane moyenne. Celle-ci est très-mince, d'une nature lâche et composée de fibres longitudinales, molles, rougeâtres, très-extensibles et qui paraissent de nature musculaire.

L'interne, lisse, polie, plus extensible que celle des artères, est d'une texture filamenteuse, et se continue avec celle des cavités droites du cœur.

Cette membrane interne forme un grand nombre de replis paraboliques nommés *valvules*, dont le bord libre est dirigé du côté du cœur ; de manière que la colonne de sang qui parcourt les veines pour se rendre à cet organe central, refoule les valvules contre les parois des vaisseaux et continue son cours sans aucun empêchement. Et même si une cause quelconque, dans l'état normal, s'oppose à la marche de ce fluide et le repousse en sens contraire, les replis qui se trouvent distendus se relèvent, l'empêchent de rétrograder et fournissent, même à la colonne sanguine, un point d'appui qui facilite le rétablissement de la circulation.

Outre cela, les veines sont douées d'une certaine élasticité et il faut bien le reconnaître puisque le sang y circule contre son propre poids, et que l'on a admis, comme cause motrice du sang dans les veines, non-seulement le battement des artères et le jeu des organes voisins, mais encore une action des veines elles-mêmes.

---

(1) Les vaisseaux artériels sont modérément extensibles en travers ; très-élastiques et beaucoup plus épais dans la portion aortique où la résistance devait être plus grande que dans le système de l'artère pulmonaire. — P. Bérard, page 253.

Les *vaisseaux capillaires* sont les dernières ramifications des artères. C'est ce réseau sanguin qui commence à l'endroit où les artères, arrivées par leurs divisions à une ténuité extrême, forment ce lacis sanguin dans lequel viennent s'aboucher et se confondre, sans interruption aucune, les ramuscules qui commencent le système veineux, et dans lequel il est impossible de distinguer ce qui appartient à l'un ou à l'autre de ces deux systèmes : *système sanguin artériel*, *système sanguin veineux*. Aussi constitue-t-il, à lui seul, le système des vaisseaux capillaires.

Il est très-répandu dans l'organisme ; pas un endroit du corps, pas un organe, qui ne soit pourvu de capillaires.

Le système des vaisseaux capillaires est la partie de l'appareil de la circulation dans laquelle a lieu l'échange des matériaux, soit avec les organes, soit aussi (dans les poumons) avec les milieux ambiants.

» On ne peut, dit Nysten, regarder comme *système capillaire* que la portion de ce système vasculaire placée entre les artères et les veines, dans laquelle les canaux, après avoir fourni des branches, ne diminuent plus sensiblement de volume, et où les branches produisent ensemble un réseau uniforme, dont les mailles sont à peu près également grandes et semblablement délimitées. »

Les capillaires les plus ténus ont précisément le diamètre des globules du sang, et leur lumière, qu'on peut évaluer à 0mm005, est moindre que ce diamètre, mais la forme discoïde des globules leur permet de s'y engager. Les capillaires les plus grêles ont encore assez de largeur pour laisser passer les corpuscules du sang à la suite les uns des autres. Ce qui les distingue essentiellement, après leur diamètre, c'est l'existence d'une seule tunique ou paroi épaisse de 0,001 de millimètre ou 2 au plus. Cette tunique est formée d'une substance homogène, sans fibres ni stries, et surtout sans trous, fissures ni éraillures ; ce qui exclut la possibilité des hémorragies par exsudation.

Le *sang* qui est contenu dans les vaisseaux artériels, veineux et capillaires, et qui circule sans interruption dans ces trois ordres de vaisseaux, est un liquide légèrement alcalin, d'une couleur rouge plus ou moins foncée, selon qu'on l'examine dans le système artériel, veineux ou capillaire. Sa composition n'y est pas, non plus, exactement la même.

Il y a dans la composition du sang deux principes bien différents l'un de l'autre : l'un est liquide transparent, on le nomme plasma du sang ; l'autre est constitué par une multitude de petites molécules solides (globules), visibles au microscope, qui nagent dans le plasma, et sont entraînés avec lui dans le torrent de la *circulation*.

Il y a dans le sang trois espèces de globules : 1° les globules ou disques rouges ; 2° les globules blancs ; 3° les *globulins*, dits aussi globules ou *globulins de la lymphe*. Le diamètre des premiers est de 0,006 à 0,007 de millimètre ; les seconds de 0,008, et les troisièmes de 0,005 à un grossissement de 550 à 560 de diamètre (1).

« Dans la partie liquide du sang (sérum) il y a de l'albumine en assez grande quantité. L'albumine s'y trouve pour environ 75 à 78 pour 1,000 de sang. Et la fibrine, qui joue un rôle capital dans la formation du caillot, n'existe cependant dans le sang qu'en très-petite quantité : sur 1,000 grammes de sang, il n'y a guère en moyenne que 2 ou 3 grammes de fibrine desséchée. » — J. Béclard, p. 360.

Le sang étant divisé en deux parties, en sérum et en caillot, voici une des compositions du sang, car elles ne se ressemblent pas toutes. Les explications de MM. Andral et Gavaret déterminent les éléments du sang, dont celles de MM. Becquerel et Rodier ne diffèrent que par quelques millièmes en plus ou en

---

(1) Les globules du sang sont de deux sortes : les globule rouges et les globules blancs. On rencontre aussi dans le sang des éléments solides d'une petitesse extrême, tout-à-fait analogues aux granules élémentaires du chyle, et qui paraissent formés comme eux, par des molécules de matières grasses. Il est extrêmement probable que ces globules ne sont que les globules du chyle et de la lymphe versés dans le torrent circulatoire par le canal thoracique, et qui n'ont pas encore disparu.

Les globules rouges sont infiniment plus nombreux que les globules blancs, les uns et les autres sont portés à 137 ou 141 pour 1000, (dans les analyses). — J. Béclard, p. 361.

moins, portant seulement sur les proportions de ces éléments, et non sur la composition du sang lui-même.

Ainsi, pour 1,000 parties de sang, le *sérum*, avec l'oxygène et l'azote, y est pour 870, ci 870

Le *caillot* pour 130, ci. 130

Total	1,000

Le *sérum* se compose :

Albumine	70
Eau.	790
Oxygène et azote et différents corps.	10
Total	870

Le *caillot* se compose de :

Fibrine	3
Globules d'hématosine.	2
— de matière albumineuse	125
Total	130
Et avec le report du sérum.	870
Total égal.	1,000

Les différents corps qui entrent dans la composition du sang sont :

L'eau, l'acide carbonique, l'oxygène, l'azote.

Des sels : chlorure de sodium, chlorure de potassium, carbonate de soude, des phosphates, une matière colorante jaune, du fer (1).

---

(1) Voici d'autres analyses du sang d'après M. J. Béclard, p. 362 :

Analyse de M. Dumas.

Eau	790
Globules	127
Fibrine	3
Albumine	70
A reporter. . . .	990

« Les matières extractives du sang sont assez nombreuses, mais elles existent en petites proportions dans le sang. Ces produits sont incristallisables pour la plupart; quelques-unes de ces matières sont des transformations de l'albumine et de la fibrine, et le premier degré des combustions éliminatoires. Telles sont la *créatine*, la *créatinine*, l'*acide inosique*, ainsi que les matières désignées par M. Mulder sous les noms d'oxydes de protéïne, substances provenant de l'oxydation de l'albumine et de la fibrine. » — J. Béclard, p. 360.

Nous avons vu que le sang renferme une grande quantité d'eau, 790 grammes, en moyenne, pour 1,000 grammes de sang.

Cette eau infiltre les globules et tient en dissolution tous les matériaux solubles du sang.

§ 35. Circulation du sang au travers des cavités du cœur. Ayant passé en revue les organes qui font partie de l'appareil circulatoire, cœur, vaisseaux, etc.; ayant indiqué les éléments du sang, c'est-à-dire sa composition; ayant même indiqué les proportions dans lesquelles se trouvent l'albumine, la fibrine, les globules dans le sang de l'homme en état de santé, il nous faut arriver à la marche que suit ce liquide dans les différents

---

Report.	990
Matières extractives . . . . } Matières grasses, etc. . . . . } Sels divers . . . . }	10
Total	1,000

Analyse de MM. Becquerel et Rodier.

Eau	779 0
Globules	141 1
Fibrine	2 2
Albumine	69 4
Matières extractives . . . . } Matières grasses, etc. . . . . } Sels divers. . . . . }	8 3
Total.	1,000 0

vaisseaux qu'il parcourt ; décrire les divers actes des organes qui y prennent part, prendre, pour ainsi dire, cette fonction dans tous ses détails, n'ayant parlé jusqu'à ce jour de la circulation que d'une manière sommaire et seulement pour donner de cet admirable phénomène un aperçu général.

La *circulation,* ainsi que son nom l'indique (de *circulus*), représente un cercle non interrompu qui, par cette disposition, offre quelques difficultés à en assigner le commencement.

Cependant, et antérieurement à Bichat, quoique le mot circulation existât déjà, on en avait fait deux portions : c'est-à-dire que l'on avait fait une petite et une grande circulation.

La petite circulation commençait à l'artère pulmonaire ; c'est-à-dire que le *sang*, arrivé dans l'oreillette droite, où il est versé par les veines caves supérieure et inférieure, et après avoir traversé cet organe et le ventricule droit, était projeté dans cette artère (artère pulmonaire) pour aller se distribuer aux poumons ; où, repris par les capillaires de cet organe, et après y avoir été soumis à l'hématose, il revenait au cœur (côté gauche) par les quatre veines pulmonaires, et terminait là son trajet.

La grande circulation commençait dans le ventricule gauche. Le sang passait par l'artère aorte, par toutes ses divisions, par les capillaires et par les veines qui, enfin, le ramenaient au cœur (côté droit). C'était la *grande circulation.*

Bichat, tout en maintenant le circulus général, avait divisé la circulation en circulation du sang veineux et en circulation du sang artériel, sans tenir compte de la petite circulation, ou de ce petit fragment de cercle dans le cercle général, d'autant plus qu'en les divisant ainsi, il semblait qu'il y avait interruption entre la fin de la petite circulation ou circulation pulmonaire, et la grande circulation ou circulation générale.

Bichat donc, par ces deux distinctions de sang veineux et de sang artériel, faisait commencer la circulation veineuse aux capillaires des dernières ramifications vasculaires que le sang traverse pour se rendre des artères dans les veines ; puis, suivant le sang dans tous les vaisseaux de cet ordre, il le faisait arriver (comme il arrive effectivement) dans la partie supérieure et un peu à gauche de l'oreillette droite. Le conduisant dans le ventricule droit, il le faisait passer ensuite dans le poumon, où, devenu artériel, il était versé dans l'oreillette gauche par les quatre veines pulmonaires.

Ce demi circuit accompli, il prenait le sang dans le ventricule gauche, au moment où il vient d'y être versé par l'oreillette de ce côté, puis il l'introduisait dans l'aorte, et le suivait dans les divisions principales de ce tronc actériel, et jusqu'aux dernières ramifications des artères, où leur ténuité a mérité le nom de vaisseaux capillaires, s'abouchant comme on le sait avec le réseau des premières ramuscules qui commencent le système veineux; et où il est même difficile de décider à quel système le sang appartient.

Mais cette division ne fut admise que sous bénéfice d'inventaire; et on aima mieux ne faire qu'une seule circulation (avec une seule dénomination), sans distinction de sang, donnant au cœur la force qui propulse ce sang dans les artères et dans toutes les parties du corps; lui attribuant le rôle qu'il mérite de prendre dans cette grande fonction, dite la *circulation*.

Ce n'est que plus tard qu'on a cherché à localiser certaines actions du cœur.

Ce n'est même que dans ces derniers temps que l'on a bien jugé les mouvements de cet organe, et qu'on a spécifié les parties qui entraient en jeu dans les phénomènes de systole, de diastole, de locomotion du cœur et des bruits qui s'en suivent.

Ces deux mouvements de systole et de diastole ont été dénommés plus simplement par les expressions de contraction et de dilatation du cœur, auxquelles on a affecté des temps : *premier temps*, *deuxième temps*, auxquels temps succède un *troisième temps*, dit temps de *repos*. Tous ces mouvements sont rapides et se confondent pour ainsi dire comme la décharge d'une arme à feu, dans laquelle le chien s'abat, le feu prend, le coup part.

Il n'y a guère d'exagération dans cette comparaison (1). Au reste, pour comprendre ces trois temps et les distinguer malgré leur rapidité, il faut décrire avec soin les trois différents actes

(1) Puisque l'on a dit que ces temps étaient rapides comme l'éclair.

auxquels ils se rapportent, avec les phénomènes qui les accompagnent.

Ainsi les oreillettes et les ventricules sont pris de dilatation et de contraction en même temps, mais pas simultanément, c'est-à-dire qu'ils ne sont pas synchrones.

Il y a bien synchronisme dans la dilatation et dans la contraction des deux oreillettes, puisque leurs fibres sont semblables et prennent leur point d'appui dans le même lien (la bande circulaire de leur sommet intérieurement et la cloison qui les sépare). Mais il n'y a pas simultanément contraction ou dilation des ventricules et des oreillettes.

Il en est de même des ventricules : il y a bien simultanéité d'action entre le ventricule droit et le ventricule gauche ; mais aucun synchronisme avec les oreillettes.

Le mouvement commence par la dilatation des oreillettes, *diastole*, au moment où les ventricules viennent d'opérer leur contraction (systole). Le sang apporté par les veines caves inférieure, supérieure et la coronaire pour l'oreillette droite (1), par les quatre veines pulmonaires pour l'oreillette gauche ; le sang incompressible, ou peu compressible comme tous les liquides, se trouve cependant pressé par les fibres des oreillettes qui entrent en contraction sous l'influence excitante de ce liquide. Elles semblent alors éprouver comme un besoin de s'en débarrasser. Aidé dans cette action par les lois de la pesanteur, qui font que les liquides se portent vers les parties basses ou déclives, le sang tend par lui-même à se précipiter dans l'orifice que lui présente la valvule tricuspide pour le côté droit et bicuspide pour le côté gauche, et cela au moment où les ventricules, ainsi que nous venons de le dire, se sont débarrassés du sang qu'ils contenaient.

Il y a alors tendance au vide, à la dilatation ou à l'aspiration des ventricules, comme on le disait autrefois, à l'époque où l'on faisait jouer un grand rôle à cette aspiration, que l'on mettait sous la dépendance de celle des poumons, lorsque les muscles

(1) Les veines cardiaques ou veines coronaires, sont en certain nombre. Il y en a dites *antérieures*, d'autres *postérieures* ; toutes s'ouvrent dans l'oreillette droite par un seul orifice.

inspirateurs tendent à dilater la poitrine; action vraie dont il faut tenir grand compte, mais qui ne détruit pas l'influence de l'action du cœur dans le phénomène du cours du sang, dans les vaisseaux et celle de quelques autres causes aussi.

Le sang donc afflue dans les ventricules, poussé d'une part par les contractions des oreillettes, et par son propre poids.

Et de là, le premier bruit et le premier temps pour certains auteurs; mais par rapport à ces temps et à ces bruits, cette théorie n'est pas la théorie classique, celle que nous adoptons, elle en diffère beaucoup. Au reste, nous ne faisons ici qu'indiquer la marche ou le cours du sang, nous réservant de présenter plus loin la théorie ou plutôt l'explication du phénomène, en vertu duquel les mouvements du cœur ont lieu et celui aussi qui produit les différents bruits dont il est question.

Quoiqu'il en soit, le sang est à peine reçu dans les ventricules, où l'a poussé la contraction des oreillettes (qui détermine dans les ventricules leur ampliation) (diastole) que ceux-ci ne tardent pas, par leur contraction (systole) à le chasser à leur tour, de leurs cavités. Le sang est alors forcé de passer dans les vaisseaux qui sont ouverts dans leur intérieur, c'est-à-dire pour le côté droit dans l'artère pulmonaire et pour le côté gauche dans l'artère aorte.

De telle sorte que pendant que ce phénomène se produit, le sang arrive de nouveau dans les oreillettes qui sont elles-mêmes en diastole et qui subissent de nouveau une nouvelle réplétion pour effectuer, de nouveau aussi, leur déplétion dans les ventricules, et toujours de la même façon.

Mais, entre le moment où les ventricules se sont débarrassés du liquide qu'ils contenaient, et celui où les oreillettes vont se remplir, il y a un temps, un silence, un léger intervalle, que l'on a désigné sous le nom de temps de repos ou troisième temps; et que l'on considère comme plus long que les deux autres, que l'on place : le premier après le premier bruit, et le second après le second bruit, le troisième temps est remplacé par le silence, ainsi que nous venons de dire.

Tous ces temps sont rapides comme on le pense bien.... Dans un homme en bonne santé on a quelque peine, quand on n'en a pas une grande habitude, à les séparer, à les distinguer. Ils sont bien manifestes sur le chien, où ces temps semblent plus séparés, et où le pouls intermittent parait être l'état naturel de cet animal.

Les pulsations (pouls) chez l'homme ont lieu 70 fois au moins par minute, c'est-à-dire plus d'une pulsation par seconde. P. Bérard, page 603, dit : « telle est la rapidité du cours du sang qu'une molécule en 25 secondes (et je le prouverai, ajoute-t-il), peut faire le tour de l'arbre circulatoire. Et pour le prouver, page 658, il dit que Hering a montré que même chez un gros quadrupède, une molécule d'hydrocyanate de potasse circulant avec le sang pouvait, en moins de vingt-cinq secondes, faire le tour du système vasculaire sanguin. »

Quoiqu'il en soit, les contractions et dilatations successives des oreillettes succèdent aux contractions et dilatations opposées des ventricules. C'est un fait qui peut se vérifier sur la grenouille dont le ventricule (car l'animal n'en a qu'un) devient transparent, après que ce ventricule s'est vidé du sang que les oreillettes lui avaient envoyé par leur contraction.

Ainsi, pendant que les oreillettes étaient pleines, le ventricule était diaphane; après la contraction des oreillettes il ne l'est plus, et il le redevient après qu'il s'est débarrassé du sang que les oreillettes y avaient versé (1).

L'explication du cours du sang dans le cœur, exposée de cette manière, reçoit encore une confirmation par la disposition particulière des orifices auriculo-ventriculaires, aortique et pulmonaire.

Les ouvertures qui existent entre chaque oreillette et le ventricule correspondant, sont munies d'une soupape, valvule tricuspide pour le côté droit, et bicuspide pour le côté gauche; à ces valvules s'insèrent les tendons des colonnes charnues du cœur.

Leur fonction à ces petits faisceaux musculaires, lorsque le

---

(1) Les batraciens pendant les premiers temps de leur vie respirent à l'aide de branchies seulement ; et ont un cœur à une oreillette seulement, et un ventricule; à l'état adulte ils ont un cœur à deux oreillettes et un seul ventricule.

ventricule se contracte, est de plisser cette ouverture comme les cordons d'une bourse, et d'appliquer ces colonnes charnues les unes entre les autres, de manière à vider le ventricule aussi complétement que possible.

L'artère pulmonaire, aussi bien que l'aorte, quoique munies de trois valvules chacune (valvules sygmoïdes), ne peuvent empêcher alors le passage du sang dans leur intérieur, poussé qu'il est par la contraction (ou systole) des ventricules ; d'autant plus que ces trois valvules sygmoïdes (et qui sont en forme de gousset ou de paniers de pigeons) ont leurs cavités tournées du côté de la périphérie ou de la continuité du vaisseau.

Il y a donc toute facilité pour que le *sang* des oreillettes qui a franchi les valvules, tricuspide ou triglochine à droite, biscuspide ou mitrale à gauche, s'engage dans les ouvertures béantes qui sont pour ainsi dire devant lui, (ou du moins qui n'ont à opposer que le faible obstacle de ces valvules) poussé d'ailleurs qu'il est par les contractions énergiques des ventricules (1).

Ces contractions, du reste, semblent être un acte si naturel et si peu subordonné à d'autres causes, que le cœur d'un animal vivant, extrait de sa poitrine, et qui ne contient plus de sang, continue de battre sous les yeux, et cela pendant quelques moments, peu longs à la vérité, mais qui sont suffisants pour démontrer que le cœur, sans la présence du sang, a un mouvement qui lui est propre, même étant privé de son excitant naturel, le sang.

D'après cette explication, le sang des oreillettes ne peut faire autrement que de prendre la route que nous venons d'indiquer ; c'est-à-dire, franchir l'orifice auriculo-ventriculaire ; et de là, par la contraction des ventricules, passer dans l'artère pulmonaire pour le côté droit et dans l'artère aorte pour le côté gauche ; en notant que ces dernières contractions ne sont pas synchrones

---

(1) Les valvules tricuspide et mitrale, dit à ce sujet M. J. Béclard, s'étant redressées sous la pression sanguine et interceptant toute communication avec les oreillettes, les valvules sygmoïdes placées aux orifices de l'artère aorte et de l'artère pulmonaire, s'ouvrent alors du côté des artères et livrent passage à l'ondée sanguine. — J. Béclard, page 210.

avec celle des oreillettes, mais alternent avec elles pour leur contraction et leur dilatation, comme il a déjà été dit (1).

Maintenant, pour éviter le reflux du sang dans les veines caves et les quatre veines pulmonaires, pendant la contraction des oreillettes, il n'y a pas, à la vérité, de valvules, si ce n'est à la veine cave inférieure où se remarque un repli membraneux appelé valvule d'Eustache, mais pour les autres veines, les fibres charnues forment à leur orifice une espèce de sphincter.

D'ailleurs, d'après Gerdy, et Parchappe, il ne peut y avoir de reflux dans leur intérieur : la masse du sang, qui en arrivant, bouche et obstrue momentanément leur lumière, s'y oppose fortement.

Les valvules sygmoïdes que nous avons dit ne pouvoir être un obstacle au cours du sang du cœur dans les artères pulmonaire et aorte, s'opposent au retour du sang de ces artères dans le cœur, à tous les moments de la circulation, et dans le moment de la systole ventriculaire, elles laissent passer facilement le sang du ventricule dans l'artère.

§ 36. Mouvements et bruits du cœur. Le cœur renfermé comme il l'est dans la poitrine, situé vers sa partie moyenne et un peu à gauche, est enveloppé par le péricarde ; il est aplati sur deux faces, dont l'une convexe est à la fois supérieure antérieure et droite et l'autre postérieure inférieure et gauche, sa position est oblique dans ce sens. On regarde, dit P. Bérard, comme caractère de la conformation anatomique de l'homme, l'obliquité de son cœur qui repose sur le diaphragme. Le cœur jouit d'une certaine mobilité.

Une *ectopie* du cœur, ou déplacement de cet organe, a donné

---

(1) La diastole et la systole ventriculaire alternent avec la diastole et la systole auriculaires. — J. Béclard, page 208.

La contraction des ventricules suit immédiatement la contraction des oreilletes.

La contraction des ventricules au contraire n'est pas immédiatement suivie par celle des oreillettes. (*Ibidem.*)

l'occasion de constater ce phénomène ; ou plutôt de voir le cœur à nu, de le toucher, le piquer, sans déterminer de la douleur !

Un diastasis congénital des parois de la poitrine correspondant à la région du cœur, a permis aussi de constater, sur un sujet, que cet organe éprouve, dans certains moments, une sorte de bascule : les doigts appliqués supérieurement et inférieurement sur l'organe, dans cet écartement qui n'était pas moindre de quatre centimètres en largeur et de dix en hauteur, sentaient manifestement le soulèvement de la pointe du cœur, ou ce redressement si l'on veut, qui le fait venir par ce mouvement frapper les parois de la cavité thoracique.

Ce choc du cœur par sa pointe et par un mouvement de bascule a lieu dans l'espace intercostal de la cinquième et sixième côte, c'est le premier bruit, mais il n'est pas seulement déterminé par la projection du cœur contre la cage pectorale. Il y a aussi en ce moment un mouvement de torsion. C'est sans doute au mouvement de torsion du cœur autour de son axe longitudinal, dit M. J. Béclard page 207, qu'il faut rattacher la disposition striée en travers, que présentent, parfois, les exsudations de la péricardite (1).

Le choc ou battement du cœur contre les parois de la poitrine est lié à la contraction des ventricules ; et comme le mouvement de torsion du cœur sur son axe est simultané avec la projection du cœur, en avant, il faut lui attribuer la même cause : la contraction ventriculaire elle-même, ou *systole*.

« Le redressement de la pointe du cœur qui reconnaît la même cause que la torsion ; c'est-à-dire, la contraction propre

(1) Au moment de la contraction des ventricules, le cœur tourne légèrement sur son axe, de gauche à droite. Pendant la *diastole* ventriculaire, le cœur reprend sa position première, par conséquent le mouvement de torsion s'opère en sens contraire.

La torsion du cœur est due à la contraction ventriculaire : elle ne s'étend pas à la totalité du cœur : les oreillettes n'y prennent point part.

La torsion commence à la base des ventricules où elle est sensiblement nulle, et c'est à la pointe qu'elle est le plus prononcée. — J. Béclard, page 207.

des ventricules ne doit pas être confondue avec la projection en avant de la masse du cœur contre les parois de la poitrine ; la projection d'où résulte le battement du cœur, tient à une autre cause que nous avons déjà exposée ; c'est-à-dire que la projection en avant de la partie libre du cœur est simultanée avec la contraction (systole) des ventricules.

« Dans le *battement* du cœur ce n'est pas seulement la pointe du cœur qui frappe les parois, mais, c'est le *tiers inférieur de la face antérieure du cœur*, ainsi qu'on peut le constater sur l'animal vivant. » — J. Béclard, page 208.

Nous avons dit que les deux ventricules se contractent ensemble et les deux oreillettes aussi. Le temps compris entre la contraction des oreillettes et celle des ventricules est moindre que celui qui s'écoule entre la contraction des deux ventricules et la contraction nouvelle des deux oreillettes. La diastole et la systole ventriculaires alternent avec la diastole et la systole auriculaires.

Il n'y a pas non plus une simultanéité absolue, mais une différence de quelques tierces entre chaque battement du cœur et le pouls correspondant des artères.

Qu'est-ce que l'on entend par premier bruit, premier silence, second bruit, second silence et temps de repos ?

Pour nous, le premier bruit est celui que l'on entend lorsque le cœur vient frapper la paroi pectorale, mais il n'est pas dû à cette cause seule (1).

C'est bien en effet au moment de la systole ventriculaire que le cœur est projeté en avant contre les parois de la poitrine, mais cette contraction détermine dans l'intérieur du cœur un autre phénomène auquel il faut plus particulièrement rapporter le premier bruit du cœur ; car le stéthoscope, appliqué sur le cœur d'un animal, dont on a ouvert la poitrine et enlevé les côtés,

(1) Le choc fournit un certain contingent pour la production du premier bruit, mais ce n'est pas la percussion du sternum et de la paroi thoracique par le cœur qui engendre les bruits de cet organe. Ces corps solides transmettent, à la vérité, très-bien ces bruits et peut-être ils les amplifient ; ce bruit serait alors complexe. — P. Bérard, page 684.

donne encore manifestement ce premier bruit. Il faut en rapporter la cause dans le jeu des valvules *tricuspide* et *mitrale* qui, dans le ventricule (et pour le premier bruit) éprouvent l'effort du sang au moment de la contraction des ventricules et entrent en vibration (1).

Pour le second bruit, il serait dû au choc en retour de l'ondée sanguine sur les valvules sygmoïdes ou semilunaires placées aux orifices des vaisseaux qui partent des ventricules; c'est-à-dire des artères aorte et pulmonaire (2).

Quant aux silences, le premier suit immédiatement le premier bruit ; le second correspondrait au second bruit et le troisième serait celui que l'on appelle temps de repos, car on a comparé le rhythme des bruits du cœur à une mesure à trois temps. Le premier bruit correspondrait au premier temps ; le second bruit au second temps et le troisième serait remplacé par le silence.

Pour ce qui est de l'intensité de ces bruits, le premier est sourd, profond, le second bruit est plus clair, mieux frappé ; il dure un peu moins longtemps que le premier (3).

Le premier bruit du cœur coïncide avec le pouls, ou autrement dire avec la dilatation artérielle, et par conséquent avec la systole ventriculaire.

Nous remarquerons aussi, qu'entre le premier et le second bruit, l'intervalle ou silence est assez court et que ce n'est qu'entre le second bruit et le premier de la couple suivante que

---

(1) En occasionnant ce qu'on appelle le claquement valvulaire auriculo-ventriculaire.

(2) Le choc en retour de l'ondée sanguine serait dû à cette réaction élastique des artères, qui est, comme on le sait, proportionnée à l'impulsion ventriculaire.

Le sang pressé dans l'arbre artériel par l'élasticité des parois artérielles a repoussé les valvules sygmoïdes, déterminé leur vibration et intercepté toute communication entre les ventricules et les artères aorte et pulmonaire.

(3) Le premier bruit a son maximum d'intensité vers le cinquième espace intercostal un peu au-dessous et en dehors du mamelon. Le second bruit a son maximum d'intensité dans le troisième espace intercostal près le bord gauche du sternum.

le silence intercallaire est plus prolongé. C'est dans ce moment de repos que l'oreillette et le ventricule sont à l'état de relâchement ou de diastole; et que la première se remplit déjà par l'arrivée du sang des veines caves inférieure et supérieure pour le côté droit; et les quatre veines pulmonaires pour le côté gauche.

La doctrine des bruits du cœur, ainsi expliquée, nous parait avoir plus de probabilités que d'en placer la cause dans le frottement des parois du véntricule entre elles, ou dans le choc du sang qui y arrive pendant sa diastole (pour le premier bruit) ou dans la collision des molécules sanguins, contre les faisceaux ou colonnes charnues du cœur, pendant sa systole (pour le second bruit) ou toute autre explication qui ne nous parait pas avoir autant de valeur que celle puisée dans la théorie de MM. Rouanet et Bouillaud, et qui semble avoir conquis l'assentiment de la plupart des physiologistes, en plaçant le point de départ de ces bruits dans le jeu des valvules (1). Voici comment P. Bérard termine son article sur les bruits du cœur, page 689, tome III :

« En résumé, entre les deux théories qui se partagent si inégalement les suffrages, il en est une qui ne reconnait d'autre cause active que la contraction de l'oreillette pour le premier bruit, et la réaction élastique des veines qui aboutissent aux oreillettes pour le second bruit; tandis que l'autre invoque comme cause active du premier bruit la contraction ventriculaire, et comme cause active du second, la réaction élastique des artères proportionnée, comme on le sait, à l'impulsion ventriculaire. Entre ces deux théories, il me semble que l'hésitation n'est pas possible. »

De la connaissance des bruits normaux, c'est-à-dire de ceux qui se produisent à l'état de santé, aux bruits anormaux ou pa-

(1) On peut dire que personne avant Laennec, n'avait imaginé les applications que l'on pouvait faire de la simple notion des bruits du cœur ; mais cette théorie a subi des changements, par suite du grand nombre de recherches et d'écrits auxquels elle a donné lieu depuis plus de vingt ans : ainsi, d'après Laennec, le premier bruit serait dû à la contraction des ventricules et pour le second à celle des oreillettes il les attribuait à la contraction musculaire qui, par elle-même serait sonore (bruits solidiens).

thologiques, la déduction en devient facile, surtout à une oreille exercée et faite à ce genre d'appréciation différentielle.

Pour exemple : le cœur se meut librement dans le péricarde (dans l'état normal), favorisé dans ses glissements sur cette surface séreuse par une petite quantité de sérosité qui lubrifie la face interne de ce sac membraneux, il permet d'entendre les bruits normaux dont il a été question.

Mais la cavité du péricarde vient-elle à se remplir par un épanchement dû à une cause pathologique, ces bruits ne sont plus aussi perceptibles, ils sont plus éloignés, il semble qu'il y a quelque chose interposé entre eux et l'oreille ; et leurs caractères différentiels, quoique existants toujours, sont obscurcis ; la projection du cœur contre la paroi de la poitrine n'est plus aussi évidente.

Vienne maintenant un épaississement dans ce liquide, et qu'une exsudation plastique se soit transformée en concrétion fibrineuse en même temps que le liquide a diminué de quantité, alors un bruit anormal se produit, causé par le frottement du cœur contre la surface rugueuse du péricarde. C'est à ce bruit qu'on a donné le nom de bruit de râpe, bruit de cuir neuf, dont l'intensité peut varier sous le rapport du timbre qu'il peut avoir et de sa multiplicité d'action.

Il en est de même pour les autres bruits anormaux dont le siége est dans le cœur lui-même. C'est ordinairement les valvules qui sont le siége des lésions qui altèrent le jeu normal.

Les valvules auriculo-ventriculaires dans leur action, à l'état physiologique, interceptent dans chaque ventricule, et au même moment, le reflux du sang des ventricules dans les oreillettes au moment de la contraction ventriculaire. C'est ce jeu simultané qui ne produit qu'un son et d'où résulte le premier bruit. Il occasionne ce que l'on a appelé le claquement valvulaire.

Il en est de même des valvules sigmoïdes, dans leur abaissement à l'orifice des artères aorte et pulmonaire : le jeu de ces valvules est également simultané et ne produit qu'un seul son ; c'est le second bruit du cœur. Eh bien, admettons que par une cause quelconque (incrustations calcaires, épaississement, *induration* ou destruction d'une partie de ces organes), ces ouvertures aortique et pulmonaire se trouvent imparfaitement fermées, comme pourraient l'être aussi celles qui établissent la communication des ventricules avec les oreillettes ; et que cette oblitération ne soit que partielle, c'est-à-dire n'affectant qu'une seule ouverture auriculo-ventriculaire, ou qu'une seule ouverture artérielle-aortique ou pulmonaire, les autres restant intactes, il en résultera qu'on entendra en même temps que le bruit normal un autre bruit beaucoup plus faible et qui est déterminé par le passage du sang au travers de l'ouverture anormale, dont la valvule devient insuffisante pour fermer l'ouverture. C'est ce qu'on désigne généralement sous le nom de bruit de souffle au premier temps, si c'est l'orifice auriculo-ventriculaire qui est le siége de l'affection ; et bruit de souffle au second temps, si c'est un des orifices aortique ou pulmonaire qui est le siége du mal.

Il est à remarquer que le bruit *anormal* se produit, dans tous les cas, simultanément avec le bruit du cœur ; mais qu'il se prolonge un peu plus que le bruit normal et qui les relie immédiatement au second bruit : la raison en est que le bruit normal est déterminé, comme nous l'avons dit, par le choc ou l'effort du sang contre les valvules qui se tendent, qui se redressent, tandis que l'ondée sanguine demande un certain temps pour rétrograder et opérer son retour dans l'orifice auriculo-ventriculaire incomplétement fermé. Il en est de même pour le bruit de souffle au second temps : l'affection ne porte que sur le jeu des valvules sigmoïdes de l'artère aorte ou de l'artère pulmonaire, et dans ce cas le bruit de souffle est déterminé par le retour dans le ventricule d'une partie du sang engagé dans l'artère. Ce bruit anormal s'entend alors simultanément avec le second bruit.

Ce second bruit est en grande partie masqué, lorsque la lésion valvulaire porte à la fois sur les valvules sygmoïdes de l'artère aorte et sur celles de l'artère pulmonaire.

§ **37. Circulation artérielle.** Le sang que les contractions du cœur (systole des ventricules) ont poussé avec force dans les artères aorte et pulmonaire, doit parcourir en même temps deux trajets différents et dans lesquels il est nécessaire de le suivre.

1° Pendant que le sang du ventricule droit, *sang veineux*, s'introduit dans l'artère pulmonaire pour se répandre dans l'intérieur du poumon, et y subir une modification importante avant d'être ramené au cœur dans l'oreillette gauche par les quatre veines pulmonaires ; le sang *artériel*, lui, poussé dans ce même temps par la contraction du ventricule gauche (systole), franchira l'orifice aortique qui est muni de ses trois valvules sygmoïdes ou semilunaires, mais qui ne lui feront pas obstacle ; les cavités de ces espèces de goussets étant tournées du côté de l'axe du vaisseau.

2° Là, le sang surmontera l'obstacle que lui présente la courbure de l'aorte ; se répandra dans ce vaisseau ; remplira l'aorte ascendante et descendante, ainsi que les divisions qui vont le distribuer tant à la partie supérieure du tronc, que dans les parties inférieures, parcourant d'innombrables rameaux pour, en définitive, aller se perdre dans le système ramifié des capillaires généraux, d'où il passera, sans intersection aucune, dans les ramuscules veineux qui commencent les premières ramifications des veines.

Ce passage est assez difficile à indiquer, par rapport au lieu où il se fait : les artères sont continues avec les veines par l'intermédiaire du réseau capillaire et les réseaux que forment les vaisseaux de ce nom, dans les différentes parties du corps, sont constitués par des canaux qui ont sensiblement les mêmes dimensions pour un même organe. Ils arrivent parfois à une petitesse extrême, mais ils ne diminuent plus et présentent des vaisseaux anastomosés, ayant les mêmes dimensions dans une étendue assez grande (1).

§ 38. Circulation capillaire. Quoiqu'il en soit, il est bien démontré aujourd'hui, que le passage du sang des artères aux veines se fait par un ensemble de *canaux* à fines dimensions,

---

(1) Là où la transformation de l'artère en capillaires est progressive, il serait impossible de dire où finit celle-ci et où commence celui-là. C'est dans les capillaires déjà pourvus de trois couches superposées, que se fait d'ordinaire la transition dont nous parlons : ce sont des vaisseaux dits de transition. — P. Bérard, page 758, tome III.

continus d'un côté avec les artères et de l'autre avec les veines, ce sont *les capillaires.*

Le diamètre des plus petits vaisseaux capillaires est sensiblement le même que celui des globules du sang ; il est même quelquefois un peu inférieur. Les globules étant élastiques peuvent, malgré cela, s'engager dans les réseaux les plus fins. Les capillaires les plus déliés ont 0mm006 à 0mm005 de diamètre. Les plus gros vaisseaux capillaires ont environ 0mm 01 de diamètre.

Sorti des capillaires artériels et du réseau où il s'est divisé à l'infini, le sang est repris par le système veineux qui, contrairement au système artériel, commence par de fines divisions pour aller en augmentant d'épaisseur et de volume, de manière à former des branches, puis des troncs qui ramènent le sang au cœur (cavité droite) par les veines caves inférieure et supérieure qui le versent dans l'oreillette de ce côté à sa partie supérieure, et à sa partie inférieure et un peu postérieure.

Ce circuit n'est interrompu dans aucun endroit : aucune ouverture ne s'y remarque, si ce n'est à l'abouchement du canal thoracique et du grand vaisseau lymphatique droit, mais comme les lymphatiques qui les constituent n'offrent eux-mêmes aucune ouverture à leur naissance, le système sanguin se trouve clos de toute part et sans intersection aucune.

Causes du mouvement du sang dans les artères, dans les veines, et de l'accélération de son cours.

Il n'y a vraiment pas d'obstacles bien *sérieux* à vaincre et qui puissent empêcher la progression du sang dans les vaisseaux sanguins ; nous les indiquerons cependant dans un instant, ne faisant mention, ici, que des moyens ou des causes à l'aide desquelles le sang circule avec régularité dans tous les vaisseaux (où le cœur l'y propulse), pour revenir au point d'où il était parti.

Il y a même des forces qui viennent s'ajouter à celle de la contraction du cœur, pour surmonter ces quelques obstacles et accomplir le circuit que le sang doit parcourir.

Et, d'abord, pour les parties inférieures, le propre poids du sang peut déjà seul en accélérer la marche ; ensuite, il y a l'élasticité des parois artérielles elles-mêmes (tunique moyenne) qui, comme tout corps élastique, tend à revenir sur lui-même, et à se dégager de l'objet qui le distend (1). Puis, enfin, il y a cette contractilité des vaisseaux (artères aussi bien que veines et vaisseaux capillaires), à laquelle contractilité on a fait jouer un rôle favorable pour donner à la circulation artérielle, surtout, l'élan et la rapidité qu'elle possède : car on sait que dans le jeune âge, les pulsations d'une artère ne sont pas moindres de cent à cent vingt par minute ; et que ce n'est que dans l'âge adulte, et puis enfin dans la vieillesse, qu'elles diminuent, pour se réduire à quatre-vingt, puis soixante-dix, puis quelquefois moins encore, chez les vieillards ; cette contractilité diminue avec l'âge, aussi bien que l'impulsion du cœur (2).

Nous disions que des forces nouvelles viennent s'ajouter à l'action du cœur pour faire circuler le sang. En effet, outre celles que nous venons de nommer (pesanteur du sang, élasticité, contractilité des vaisseaux), il y a l'action des contractions musculaires ordinaires; puisque le pouls, dans l'état de repos et de sommeil, n'a pas la même activité que dans l'état de veille.

Pendant les mouvements, la marche, et à plus forte raison

---

(1) C'est par suite de cette élasticité que le sang introduit d'une manière intermittente dans l'aorte, entre cependant d'une manière continue dans les capillaires.

(2) « Un corps peut être extensible sans jouir de l'élasticité. Les artères et même les veines ont cette dernière propriété. Elle a, d'après quelques auteurs, été niée aux capillaires, M. J. Béclard l'admet, page 238, Magendie et Poisseuille l'ont niée. » — P. Bérard, page 774.

« La tunique moyenne des artères est d'une nature fibreuse. Suivant quelques anatomistes, elle renfermerait des fibres musculaires; elle est contractile. » — Lanoix, *Tableaux synoptiques*.

« Les artères de moyen et de petit calibre, indépendamment de leur élasticité, ont un certain pouvoir contractile. » — P. Bérard, p. 739.

Voici comment M. J. Béclard s'exprime au sujet de la contractilité des capillaires : « La contractilité des capillaires doit s'entendre des petits vaisseaux. L'inspection microscopique ne montre plus dans les vrais capillaires, qui ont de $0^{mm}001$ à $0^{mm}005$, qu'une tunique amorphe, transparente, élastique, dépourvue de fibres musculaires. » — J. Béclard, p. 238.

pendant la danse ou un travail qui demande une activité musculaire assez grande, le pouls est accéléré.

Enfin, on sait que les liquides, en sortant des canaux plus évasés pour entrer dans d'autres plus étroits, acquièrent, par cela seul (mais toujours sous l'effet d'une force impulsive), plus de rapidité et de vitesse, et c'est ce qui arrive au sang, dans son passage des dernières divisions artérielles dans les capillaires.

Causes du ralentissement du cours du sang.

Cependant, et par plusieurs causes, le sang éprouve, dans ces mêmes organes, un ralentissement dans son cours (1).

Ainsi, les divisions et subdivisions innombrables de ces mêmes vaisseaux, leur ténuité extrême, leur capillarité, qui leur a fait mériter ce nom, ralentissent le cours du sang, d'autant plus (par rapport à leur multiplicité et leur étendue) que si l'on pouvait calculer l'étendue de leur diamètre et en réunir la somme pour la comparer à celle des vaisseaux qui leur ont envoyé le sang, il y a tout lieu de croire qu'elle serait supérieure à celle de ces derniers.

En outre de cette divisibilité extrême de ces vaisseaux, comme cause du ralentissement du cours du sang, il y a le frottement qu'éprouvent tous les liquides dans leurs contacts multipliés, pendant leur cours, sur les parois des vaisseaux qu'ils parcourent.

A ces causes peut s'ajouter l'étroitesse des vaisseaux capillaires. Les globules du sang s'y engagent *cependant encore* avec une certaine rapidité. Si l'on s'en rapportait à ce que présente la

(1) Le sang, pendant son parcours dans l'arbre artériel, doit surmonter les obstacles que lui oppose la flexuosité des vaisseaux, car les canaux dans lesquels il circule ne sont pas rectilignes ; puis il y a le frottement de la colonne sanguine contre les parois des vaisseaux. Enfin, les artères présentent, à l'endroit de leurs divisions nombreuses, une sorte d'*arête* inférieure, sur laquelle la colonne sanguine vient se briser et se diviser. Le sang perd encore ainsi une certaine quantité de mouvement.

Puis vient enfin, outre les courbures nombreuses des petits vaisseaux (les capillaires) dans lesquels il s'engage, l'étroitesse de ces mêmes vaisseaux, qui doit en ralentir le cours, si une force propulsive ne vient contrebalancer cet effet.

membrane natatoire d'un poisson, ou le mésentère d'une grenouille, on serait surpris de la rapidité que le sang paraît avoir sous le champ du microscope; on serait étonné du phénomène que présente alors la circulation dans les vaisseaux de ces fines membranes : on verrait que les globules rouges s'y engagent assez facilement, et que leur trajet peut être suivi dans les capillaires les plus fins

Mais, comme on l'a fait observer, *le trajet parcouru* sous un microscope, qui grossit de 250 à 300 fois, est augmenté, pour l'objet en observation, comme l'épaisseur ou la grosseur de ce même objet (1).

Quoi qu'il en soit, le sang circule dans ces vaisseaux, quelle que soit leur ténuité, et l'on n'ignore pas que sous le rapport de leur nombre, de leur étendue, ils sont tellement répandus et multipliés dans l'organisme entier, qu'on ne peut piquer avec la pointe la plus fine d'une aiguille, d'une épingle, un endroit du corps, soit à l'intérieur, soit à l'extérieur, sans qu'il n'en sorte une quantité de sang plus ou moins considérable. Ceci ne fait-il pas évidemment connaître que la circulation capillaire existe, et que si elle est ralentie dans son cours par la multiplicité des voies dans lesquelles le sang s'engage, il y a compensation par la rapidité qu'il acquiert en raison de l'exiguité même de ces voies, en sortant de canaux plus larges, plus développés, mais toujours *poussé* qu'il est par une force *propulsive*, espèce de vis à tergo. C'est de là qu'il pénètre dans des divisions très-fines d'un autre ordre de vaisseaux, *les veines*, pour être ramené au cœur; car

(1) « La vitesse des courants capillaires paraît excessive ; mais, comme on le conçoit, on en prend une idée exagérée à l'aide du microscope, lequel amplifie démesurément le champ dans lequel se passe ce phénomène. » — P. Bérard.

« Avec un trop fort grossissement, le champ du microscope n'embrasse alors qu'un point très-circonscrit de la circulation, auquel il donne une étendue factice ; et la vitesse du sang, c'est-à-dire de son cours, se trouve exagérée en proportion du grossissement.

« Un objectif dont le grossissement est de soixante à quatre-vingt diamètres, suffit amplement : le cours du sang paraît beaucoup moins rapide, et on peut l'observer avec fruit. » — J. Béclard.

les radicules veineuses ne tardent pas à former des branches, puis des troncs, qui égalent en grosseur les artères qu'elles accompagnent le plus souvent, et auxquelles elles sont parfois comme accolées.

Ainsi donc, le cours du sang, dans les vaisseaux capillaires, n'est pas douteux, malgré leur ténuité extrême. Leur multiplicité dans l'organisme est extrême aussi, et pour donner une idée de la richesse du réseau capillaire, il suffira de dire « qu'il y a des organes dans lesquels les mailles, circonscrites par ce réseau, ont si peu d'étendue, qu'elles ne dépassent pas en largeur le diamètre même des vaisseaux capillaires : tel est le poumon. » — J. BÉCLARD.

Les vaisseaux capillaires sont élastiques, il est douteux qu'ils soient contractiles, attendu que le microscope ne montre plus, dans les vaisseaux capillaires *proprement dits* (de $0^{mm}01$ à $0^{mm}005$), ainsi qu'il a été dit, d'après M. J. Béclard, qu'une tunique transparente, amorphe, élastique, dépourvue de fibres musculaires : c'est dans les petits vaisseaux que ces fibres existent.

Les vaisseaux capillaires ne tombent pas sous la vue ; il faut l'aide du microscope pour examiner la circulation dans les capillaires. Les globules étant élastiques, peuvent cependant s'allonger pour passer dans les réseaux les plus fins.

Les capillaires les plus déliées ont de $0^{mm}005$ à $0^{mm}006$.

Quoique nous en ayons dit, c'est dans le système capillaire que la circulation offrira le plus de lenteur. Cela devait être, car les capillaires constituent la partie la plus spacieuse du réservoir sanguin.

§ 39. **Circulation veineuse.** Le sang, en s'introduisant des vaisseaux capillaires dans les veines, y trouve une voie plus large ; les parois des veines étant très-dilatables, il peut les distendre, ainsi que cela se voit fréquemment lorsqu'il y a un arrêt quelconque sur le trajet des veines, et aussi lorsque par une ligature, on s'oppose à l'ascension du sang dans un membre ; les parties du système veineux sous-jacent deviennent *turgides*, et il n'y a de limites à cette augmentation, dans la distension du vaisseau, que sa résistance à la rupture.

Il a été dit que les veines sont élastiques à un moindre degré que les artères, et que leurs parois tendent à reprendre leur premier état aussitôt que la cause de la distension cesse d'agir ; c'est-à-dire que les parois s'affaissent, et ne maintiennent pas le calibre de ces vaisseaux ouvert, comme le pourraient faire les artères : les veines reprennent en peu d'instants leurs dimensions premières.

Lorsque l'élasticité des parois veineuses vient à être violentée par une distension longtemps prolongée, la dilatation devient pour ainsi dire permanente : que la cause en soit dans une compression déterminée par un lien quelconque appliqué plus ou moins loin de la partie affectée, ou dans un arrêt du sang dans le vaisseau lui-même : comme dans les varices des extrémités inférieures, les dilatations veineuses de l'abdomen, après des grossesses nombreuses. Il en serait de même d'un défaut d'activité dans la circulation du sang des extrémités inférieures : comme chez les vieillards.

La contractilité *veineuse* est aussi moins marquée que celle des artères.

Cette contractilité ne commence, ni ne finit brusquement, elle est comme toutes celles qui sont sous la dépendance des fibres de la vie organique, lente à se produire et lente aussi à cesser (1).

Maintenant, par rapport à la capacité du système veineux, nous dirons que, elle est plus large que celle du système artériel ; c'est-à-dire, que la carrière dans laquelle se meut le sang veineux est plus considérable que celle du sang artériel.

En effet, puisque partout il y a deux veines satellites pour une artère, et la plupart du temps chaque veine satellite l'emportant, par son volume, sur l'artère qu'elle accompagne ; la capacité du système veineux, peut donc être approximativement évaluée au double de la capacité du système artériel.

(1) Les fibres contractiles des vaisseaux ont, quant à leur structure, une grande analogie avec les fibres musculaires lisses, ou de la vie organique ; la nature de la contraction est semblable dans les vaisseaux à celles des muscles lisses ; elle est successive, lente à s'établir, lente à s'éteindre. — J. Béclard, page 282.

« La différence dont nous parlons est au maximum quand on examine les deux ordres de vaisseaux loin du cœur ; mais, à mesure qu'on se rapproche de l'organe central de la circulation, la différence diminue ; et au cœur lui-même, les embouchures terminales des veines sont sensiblement égales aux bouches des artères. » J. Béclard, page 246.

La circulation veineuse quoique moins immédiatement dépendante du cœur que la circulation artérielle, n'en reçoit pas moins son impulsion de cet organe.

Elle ne présente pas, il est vrai, de pulsations, le sang s'y meut d'une manière sensiblement uniforme ; elle est même sujette à des irrégularités et parfois à des arrêts de circulation ; mais le sang ne circule dans ces vaisseaux (les veines) comme dans les capillaires, que par l'action du cœur : « Il n'y a pas matière au doute, à ce sujet, et les capillaires, pas plus que les veines, ne peuvent en aucune façon, être assimilés, dans leur ensemble, à un nouveau cœur, à un nouvel agent d'impulsion, destiné à faire parcourir au sang, une carrière circulaire. » (1).

Cependant le mouvement de progression du sang dans les veines, n'est pas *exclusivement* soumis à l'impulsion du cœur : des causes accessoires de progression viennent s'y joindre. La tension du sang est peu considérable dans les veines et cela se conçoit facilement : d'après ce que nous avons dit, sur le trajet que le sang doit parcourir pour passer, des artères, dans tel ou tel département du système veineux et qu'il trouve, chemin faisant, des obstacles qui sont en rapport avec les organes traversés, la longueur, le diamètre et le nombre des canaux du réseau capillaire.

La tension du sang que nous avons trouvée être équivalente, dans le système artériel, à une colonne de 15 centimètres de mercure (J. Béclard, page 206) n'est plus que de 15 à 20 millimètres de hauteur dans les veines.

Par toutes ces considérations, le sang paraîtrait devoir être ralenti dans son cours en parcourant le système veineux.

---

(1) P. Bérard, *Cours de physiologie*. T. III, page 775.

C'est, en effet, ce qui pourrait arriver sans une nouvelle force qui vient s'ajouter à celle du cœur, et sans laquelle le sang aurait pu rester en route, soit par la faiblesse générale, à laquelle participent les parois mêmes des vaisseaux, soit par maladie du cœur : *endocardite*, *hypertrophie*, *péricardite* ; toute maladie qui enraye, ou supprime en grande partie la force impulsive du cœur.

Heureusement que sous le rapport du ralentissement du cours du sang, il y a dans l'organisme d'autres moyens qui favorisent dans l'état normal, la circulation du sang dans les veines ; et après les *impedimenta,* dont il a été question, nous pouvons énumérer les *adjumenta*, qui contrebalançent les effets des premiers, et propulsent enfinl e sang dans toutes les parties du corps en le faisant revenir, par un circuit assez long, à sa source primitive, ou plutôt à son point de départ, au cœur.

A. Nous devons d'abord faire intervenir pour compenser les frottements de la colonne sanguine contre les parois des vaisseaux, les contractions musculaires qui se font à chaque instant du jour, soit dans un travail manuel, soit dans la marche et à plus forte raison dans le saut, la danse, ou tout autre exercice du corps, auquel nous pouvons nous livrer.

Toute musculation, comme l'appelle Gerdy, qui exerce ainsi une pression sur les vaisseaux, qui n'est interrompue que pendant le sommeil, et où, en effet, la circulation est moins active.

B. Une autre cause d'accélération de la circulation (cause adjuvante) est l'effet qui se rattache à la contraction musculaire dans l'*effort* et qui s'accompagne, dans la manière dont il se produit, de phénomènes particuliers qui viennent, par cela même, contribuer à faire circuler le sang dans l'un et l'autre système vasculaire sanguin.

Ainsi sans décrire, ici, la théorie de l'effort, nous mentionnerons que cet acte qui est dépendant de notre volonté, ne peut avoir lieu que par l'immobilité complète de la poitrine, de cette cage osseuse en entier, afin de donner un point d'appui fixe aux muscles que l'on doit mettre en jeu, en action ; soit que l'on ait pour but d'attirer, de soulever, ou de repousser un corps.

L'effort ne peut se faire sans la contraction des muscles qui doivent y participer et sans introduire une grande quantité d'air dans la poitrine qui refoule le diaphragme en bas et en arrière, de façon qu'en immobilisant le tronc, toutes ces actions (compression de l'air, contractions musculaires) compriment plus ou moins fortement les vaisseaux qui parcourent tous les organes qui ont été mis en jeu et auxquels le sang se distribue.

Le phénomène est d'autant plus marqué, que l'effort s'exerce sur certaines parties ou portions de vaisseaux, qui ne peuvent fuir devant la contraction musculaire : la plupart des vaisseaux sont placés sur des aponévroses, ou dans des gaines de tissus qui offrent une certaine résistance et s'opposent à toute retraite du vaisseau devant cette contraction musculaire qui le presse.

C. Dans l'effort il y a autant d'action produite intérieurement qu'extérieurement, puisque la poitrine s'est remplie par une forte inspiration, qui a introduit l'air dans les poumons ; que le diaphragme a été fortement baissé, et que ces deux circonstances ont agi mécaniquement sur les vaisseaux des trois cavités splanchniques.

Mentionnons aussi une cause d'accélération du sang dans les vaisseaux, qui doit être appréciée au plus haut point. C'est le vide qui se produit dans la poitrine (dans l'état ordinaire) au moment où commence l'*inspiration*. Action qui détermine la dilatation de la poitrine par l'élévation des côtes et du sternum, et qui occasionne une amplitude de son intérieur (tendance au vide) qui attire, aspire, forcément le sang qui arrive alors au cœur, par les veines caves supérieure et inférieure, et par les quatre veines pulmonaires au moment où les oreillettes sont en diastole pour favoriser l'entrée du liquide sanguin dans ces cavités.

Travail admirable, concordance parfaite qui fait que, pendant que le sang s'est introduit, par aspiration (pendant la dilatation de la cage thoracique) dans le cœur, l'air se projette, par cette même aspiration, dans les poumons, de manière à vivifier ce sang qui doit ensuite se répandre dans toutes les parties du corps pour vivifier lui-même ces parties (1).

Il n'y a pas d'interruption, pas d'intersection dans le cercle circulatoire ; tout s'y tient, s'y enchaîne et s'y rapporte parfaitement. Et, ce que nous avons dit des causes et des moyens de la circulation, et des détails dans lesquels nous sommes entré, au sujet des obstacles qui peuvent ralentir sa marche, aussi bien que des adjuvants qui peuvent la favoriser, tout cela, disons-nous, peut s'appliquer en général au cours du sang dans les vaisseaux.

Nous faisons observer toutefois, que dans les veines, le sang a une marche opposée à celle qu'il présente dans les artères ; c'est-à-dire que dans ces dernières cette marche, ou plutôt ce cours, est centrifuge, tandis que dans les veines il est centripète.

Les artères et leurs divisions représentent un cône dont la base est au cœur, et le sommet aux extrémités, tandis que dans le système veineux, la base est aux extrémités et le sommet au cœur.

Enfin, et pour dernier point, nous remarquerons que les vaisseaux veineux sont facilement dépressibles et que la pression atmosphérique, aussi bien que les contractions musculaires peuvent s'exercer sur l'un et sur l'autre ordre de vaisseaux, artériels et veineux, mais que les parois veineuses sont pourvues, à leur intérieur, de valvules qui empêchent la rétrogradation du sang dans un sens opposé à l'organe central (le cœur), et que les valvules sygmoïdes à l'orifice de l'artère aorte empêchent le reflux dans le cœur, du sang artériel (2).

---

(1) A chaque mouvement d'inspiration, il se forme un vide virtuel dans la péricarde comme dans les plèvres ; et les cavités du cœur se trouvent soumises à un mouvement de dilatation, en vertu duquel le sang est attiré de toutes parts vers l'organe central de la circulation. Les valvules aortiques, placées à l'origine des ventricules, s'opposent au mouvement rétrograde de la colonne sanguine artérielle du côté du cœur ; mais, rien ne s'oppose à l'aspiration du sang veineux par les oreillettes. — J. Béclard, *Traité de physiologie*, page 249, T i.

(2) Le mouvement musculaire en comprimant les veines, aurait une égale tendance à exercer sa poussée sur le sang veineux, dans la direction centrifuge et dans la direction centripète, et ne serait rigou-

Ainsi, à l'impulsion énergique du cœur, aux contractions musculaires, à la pression atmosphérique, à l'aspiration qui se fait au cœur par la dilatation de la poitrine, pendant le mouvement d'inspiration, nous devons encore joindre, pour la progression du sang dans l'arbre artériel et veineux, l'élasticité propre des vaisseaux, leur contractilité.

Et si enfin *pour les veines*, l'impulsion, communiquée par toutes ces causes à la colonne sanguine veineuse, tend à s'éteindre à mesure que le sang s'éloigne de son point de départ, le rétrécissement continu du système veineux en augmentant la vitesse du sang tend à rétablir l'équilibre, par la loi d'hydrostatie que nous avons déjà invoquée en parlant du cours du sang dans les capillaires (page 337), où nous avons dit que les liquides en passant de canaux plus évasés dans d'autres plus étroits (étant mus par une force impulsive) acquéraient plus de force et de rapidité dans leurs cours.

Ce qui fait que cette rapidité, avec laquelle le sang se projette dans l'oreillette droite, est égale à celle qui l'introduit dans l'oreillette gauche ; et la force qui pousse le sang dans toutes les parties du corps doit faire équilibre à celle avec laquelle il arrive au cœur.

§ 40. Du pouls. — Des bruits des artères. Le pouls, *pulsus*, n'existe pas dans les veines ou du moins, si on l'y remarque, il provient d'une anomalie physiologique, c'est alors un mouvement purement accidentel et local, dû le plus souvent au reflux du sang de l'oreillette droite du cœur dans les veines caves supérieure et jugulaire; ce n'est guère qu'au cou qu'il se constate.

« Pour le pouls artériel, les obstacles que le sang rencontre pendant son cours dans les divisions de l'arbre artériel, et surtout dans les capillaires, effacent peu à peu dans les veines les saccades

---

reusement point une cause adjuvante du cours du sang dans le système veineux, sans la présence des valvules. Ces valvules viennent puissamment en aide au mouvement musculaire et rendent son action efficace. — J. Béclard, *Traité de physiologie*, page 248.

initiales dues au mode d'action de la force d'impulsion. Le cours du sang est devenu sensiblement uniforme dans les veines. » — J. Béclard, page 232.

Mais dans les artères, ces saccades sont en plein exercice. Le pouls n'existe (au moins dans l'état normal) que dans les artères.

Nous avons dit que les artères, en vertu de leur élasticité, éprouvaient une certaine dilatation contre laquelle cette élasticité réagit, c'est ce qui se sent parfaitement lorsqu'on applique la pulpe des doigts sur une artère qui présente un plan résistant dans le sens opposé à la pression. Lorsqu'on explore au contraire le pouls sur des parties qui peuvent permettre aux artères de fuir sous la pression, les pulsations ne se perçoivent alors que d'une manière imparfaite (1).

C'est pour cette raison que le pouls n'est palpable que dans les artères radiales, temporales et pédieuses qui se trouvent avoir des plans résistants derrière elles.

Partout ailleurs, la sensation, éprouvée par les doigts qui pressent une artère, est moins perceptible. Cependant, en déprimant un peu plus fortement le vaisseau, on sent que le doigt ou les doigts sont légèrement soulevés par l'ondée sanguine qui tend à se faire un passage; mais cet effet est bien plus sensible lorsqu'on explore une artère qui a un plan sous-jacent résistant; parce qu'alors les doigts, en déprimant l'artère, remplacent la paroi que l'on a ainsi abaissée, et sentent distinctement l'effort impulsif du sang sur la paroi vasculaire.

Cependant, sur certains endroits du corps on peut constater le pouls autrement que par le toucher; ainsi à la région temporale, en examinant cette partie sur certaines personnes, il se produit un mouvement visible à l'œil nu. Ce mouvement est dû plutôt à un déplacement de l'artère, à une espèce de locomotion, qu'à une dilatation.

L'impulsion du sang dans l'arbre artériel a bien lieu dans une

---

(1) Le mouvement de dilatation de l'artère, mouvement de très-peu d'étendue, se décompose et se perd alors dans les tissus peu résistants, au milieu desquels l'artère se trouve placée. — J. Béclard, page 232.

direction rectiligne; mais les artères forment, dans certains endroits du corps, des flexuosités que cette impulsion tend à redresser.

Dans ce cas, le mouvement visible à l'œil n'est pas dû à la dilatation de l'artère, mais bien au léger déplacement qu'elle subit par suite du redressement de la courbure.

La dilatation des artères est trop faible pour être aperçue; mais le déplacement ou l'espèce de locomotion de l'artère est visible. L'artère éprouve donc une dilatation réelle dûe à l'élasticité de ses parois, et un allongement dans le sens longitudinal qui est occasionné par les flexuosités ou courbures qu'elle présente; puis, l'artère reprend ses dimensions premières, et revient à la place qu'elle occupait. Ces alternatives de courbure et de redressement ne s'aperçoivent pas dans les artères rectilignes ni dans celles qui sont profondément placées dans l'intérieur des membres.

Il y a encore d'autres considérations à exposer au sujet du pouls, c'est-à-dire la dilatation artérielle telle que nous la percevons journellement.

Le pouls correspond à la *systole ventriculaire*, et est déterminé par elle.

Il correspond, par conséquent aussi, au premier bruit du cœur (1). La contraction du cœur en introduisant le sang dans l'arbre artériel provoque ou plutôt occasionne par ce fait la dilatation des parois de ces vaisseaux; mais la transmission de l'ondée sanguine, quoique rapide, ne détermine pas instantanément ce mouvement dans toute l'étendue du système artériel; il lui faut un certain temps pour arriver aux extrémités.

Les différences entre les battements des artères voisines du cœur, c'est-à-dire de la carotide, et ceux de l'artère radiale sous le rapport du temps, sont très-faibles. M. J. Béclard (page 234) dit qu'elles sont comprises dans les limites de 1/2 à 1/7 de seconde, et que lorsque les pulsations du cœur sont énergiques, les différences de temps sont moins sensibles que quand elles sont faibles. »

---

(1) Voir page 329 de ce volume.

Le pouls présente quelquefois un caractère ou des caractères particuliers : il est *dicrote* ou rebondissant, *faible*, *lent*, *déprimé*, *intermittent*. Toutes circonstances qui ne se rapportent pas, le plus souvent, à une affection du système artériel dans son entier : le pouls dicrote peut être observé dans les artères temporales, brachiales, avec le pouls ordinaire aux artères des extrémités inférieures. M. J. Béclard dit (loc. cit.), d'après M. Ludwig, que quand le pouls dicrote s'étend à tout le système artériel, il faut en chercher la cause dans le mode de contraction des ventricules, et probablement dans un défaut d'ensemble dans la contraction des divers éléments musculaires.

« Quant au pouls dicrote local, il est probable qu'il est dû à la réflexion de l'onde liquide sur les angles de division des vaisseaux ou dans les coudes brusques des artères de petit volume. » — J. Béclard (loc. cit.).

§ 41. Des bruits du cœur. Chez les chlorotiques et les sujets anémiques il y a certains bruits qui se manifestent dans les artères : *bruit de souffle*, *bruit musical*, *bruit de diable*.

On les a attribués, tour à tour, aux vibrations occasionnées dans les parois affaiblies des vaisseaux par les mouvements du sang; au degré de contractilité de ces mêmes vaisseaux modifiés par l'état général de l'organisme ; ou encore dans la faiblesse de densité du liquide sanguin par la même cause ; « et enfin, dans l'une et dans l'autre de ces causes; c'est-à-dire que le point de départ du bruit ou des bruits, serait dans le liquide lui-même, renforcé par les vibrations concomitantes des parois vasculaires. »

« Les artères du cou sont plus souvent le siége des bruits de souffle que d'autres, parce que les aponévroses de cette région entraînent dans la gaine des vaisseaux un état de tension qui favorise la transmission du bruit (Kolisko, cité par M. J. Béclard, page 236).

§ 42. De l'influence du système nerveux sur la circulation. Le système sanguin (artères et veines), reçoit dans l'épaisseur de ses tuniques, des filets nerveux provenant en grande partie du grand sympathique, et aussi des paires nerveuses rachidiennes qui accompagnent, au tronc et dans les membres, les divisions des vaisseaux.

Le cœur lui-même est sous cette même dépendance. Comme le système musculaire, il est sous l'influence du système nerveux (il est lui-même un organe musculaire); et, bien qu'il ne soit pas soumis à notre volonté, quoique muscle strié, il obéit aussi comme les muscles de la vie animale à des excitants extérieurs.

La contractilité n'est pas anéantie dans un muscle, quoique séparé de toutes connexions avec les parties voisines, bien qu'incapable d'entrer en contraction sous l'influence de la volonté; il en est ainsi du cœur : séparé, lui aussi, des liens qui le relient aux centres nerveux, il n'a pas perdu sa contractilité. Il répond comme tout muscle de la vie animale (muscle ordinaire) aux divers modes d'excitation qu'on lui applique.

Il y a mieux : « le muscle cardiaque enlevé de la poitrine de l'animal est capable de se contracter, non-seulement sous l'influence des excitants directs, mais encore il se contracte *spontanément* pendant un certain temps, et suivant un mode rhythmique qui rappelle le rôle qu'il exerce pendant la vie. Ces contractions spontanées et rhythmiques continuent pendant assez longtemps. Ces mouvements spontanés durent plus longtemps chez les animaux à sang froid que chez les animaux à sang chaud, plus longtemps aussi chez les très-jeunes sujets que chez les adultes. » — J. Béclard, p. 277, t. I, *Traité de physiologie.*

Si on a remarqué que le cœur, pour ses contractions rhythmiques, les exécute encore pendant quelque temps, quoique enlevé du corps de l'animal, c'est qu'il emporte avec lui et dans l'épaisseur de son tissu, des éléments nerveux dont l'action ne s'épuise que peu à peu.

Dans quel endroit, dans quelle partie de cet organe se trouve située cette influence locale et nerveuse qui donne au cœur cette espèce de survie à tous les autres organes? N'a-t-on pas dit qu'il était l'*ultimum moriens* (1).

---

(1) Quand la vie a cessé, et que la mort est réelle (après la décapita-

Mais voyons d'abord d'où le cœur tire, lui-même, cette influence nerveuse à laquelle sont soumis du reste tous les organes contractiles de l'économie, animés par les nerfs.

Le cœur est un muscle, mais il n'est pas un muscle comme un autre : non-seulement ses contractions ne sont pas sous la dépendance de la volonté, comme le seraient tous autres muscles, ou plutôt certains muscles du corps ; mais il n'a point d'intermittences d'actions prolongées analogues à celles des muscles volontaires. Il y a seulement un rapport d'actions entre ses pulsations et les mouvements de la respiration, c'est-à-dire que le pouls et la respiration se maintiennent presque toujours dans un rapport qui semble être constant, quels que soient leur accélération ou leur ralentissement.

Bien que les pulsations du cœur soient plus fréquentes que les mouvements respiratoires, il y a une telle concordance que si les mouvements respiratoires augmentent de fréquence, ceux du cœur sont plus accélérés, et s'ils sont plus rares, les contractions du cœur baissent dans la même proportion. Chez l'adulte, la respiration s'exécute seize ou dix-huit fois par minute, et il y a soixante-douze pulsations dans le même temps. Chez le nouveau-né, il y a, en moyenne, trente-cinq mouvements respiratoires, et les pulsations de son cœur se produisent cent quarante fois dans une minute.

Les troubles dans la respiration entraînent une perturbation dans les mouvements du cœur : il y a coordination entre les battements de l'un et les mouvements respiratoires.

Le cœur, comme les mouvements de la respiration, n'a aucun ralentissement d'action dans l'état physiologique ; ses mouvements de dilatation et de contraction se passent comme ceux de la respiration, à notre insu, c'est-à-dire sans que nous y apportions aucune volonté, aussi bien en état de veille que dans celui de sommeil.

Le cœur reçoit des filets nerveux de deux sources (comme

---

tion d'un animal, par exemple), le cœur continue à battre quelque temps dans l'intérieur de la poitrine. C'est ce qu'on peut constater dans toutes les vivisections. — J. Béclard, p. 277.

l'organe de la respiration), c'est-à-dire du pneumo-gastrique et du grand sympathique. « Et, comme le grand sympathique tire son origine multiple de toute l'étendue de la moelle épinière, il s'en suit que l'action exercée sur les mouvements du cœur par ces deux nerfs, procède de la moelle par le nerf grand sympathique, et du tube rachidien par le nerf pneumo-gastrique. » — J. Béclard.

De sorte que les mutilations qui comprennent des segments plus ou moins considérables de la moelle, peuvent encore permettre à certaines parties conservées, d'influencer le cœur dans ses mouvements, puisqu'il puise l'origine de ces mouvements dans une grande étendue du système nerveux (1).

Plusieurs éminents physiologistes ont cherché à déterminer le siége de la production de la force nerveuse, qui entretient les mouvements rhythmiques du cœur. « Quelques-uns l'ont attribuée aux ganglions cervicaux et aux ganglions cardiaques placés près de la base du cœur (ganglions dépendant du système du grand sympathique), mais d'autres expérimentateurs ont démontré que le cœur, séparé de ces divers ganglions, continue encore à battre spontanément, et qu'il faut pénétrer plus profondément dans le cœur lui-même, pour saisir les éléments nerveux qui président à ces mouvements. » — J. Béclard.

Dans les vivisections, on a divisé cet organe de diverses manières (2), cherchant à déterminer le siége de la puissance or-

---

(1) M. J. Béclard dit, page 278, que le cœur, relié par ces nerfs à presque tous les points du système nerveux, se trouve moins exposé aux causes de paralysie que les muscles de la vie animale.

P. Bérard, après avoir relaté diverses expériences de vivisections à ce sujet, en conclut que « sans tenir prochainement sous leur dépendance les contractions du cœur, les centres nerveux peuvent cependant exercer sur eux une notable influence. » — *Cours de physiologie*, page 697.

(2) L'action des nerfs fondus dans sa trame est nécessaire à ses contractions : ces nerfs puisent leur force dans le centre nerveux, et notamment dans la moelle épinière et dans le bulbe rachidien. Ils l'empruntent à la moelle par le grand sympathique, et au bulbe rachidien par le pneumo-gastrique. — P. Bérard, *Cours de physiologie*, page 714.

donnatrice de ces mouvements rhythmiques du cœur, et on observait ce qui se passait dans les fragments. Eh bien, en procédant de la pointe du cœur vers le centre de l'organe, en opérant par tranches ou par fragments, ces fragments ne se contractent plus, il n'y a que la portion des ventricules qui avoisine l'orifice auriculo-ventriculaire qui se contracte. Ces expériences, relatées *in extenso* dans le *Traité de physiologie* de M. J. Béclard, page 280, font voir que si sur la paroi postérieure des ventricules, on enlève avec le scalpel la portion grisâtre qui renferme les ganglions et les nerfs, alors tout mouvement cesse immédiatement dans cette paroi postérieure; il n'y a plus de contraction que par l'excitation directe : d'où il est permis de conclure, dit l'auteur, que les ganglions intracardiaques sont la source et le centre de l'action *rhythmique* du cœur.

Quelques physiologistes ont affranchi le cœur de l'influence nerveuse, et, depuis Haller, certains auteurs, — à son exemple — ont nié toute participation du système nerveux dans les contractions intermittentes du cœur : ces mouvements intermittents étant considérés, par eux, comme résultat de l'excitation produite par le contact du sang sur les cavités du cœur, qui y arrivait d'une manière pour ainsi dire intermittente aussi.

Mais on a fait observer que le cœur, pas plus les oreillettes que les ventricules, ne se vidaient complètement du sang, qui y est introduit après chaque systole de l'une ou de l'autre de ces cavités.

Il y a du sang dans le cœur pendant toute la durée de la diastole; et si le sang est un excitant de la contraction à certains mouvements, il ne peut pas ne pas l'être à certains autres.

Haller, par sa doctrine de l'irritabilité appliquée aux mouvements du cœur, n'avait que faire du système nerveux dans les mouvements rhythmiques de cet organe. Le cœur éminemment irritable comme il le dit (*impatiens stimuli*), n'avait besoin que de l'excitant du sang qui aborde les cavités de cet organe pour exciter ses contractions.

La systole naît de la réplétion des cavités du cœur et la diastole de leur évacuation (1).

Après cela, qu'y a-t-il à dire de l'influence du système nerveux sur les vaisseaux artériels et veineux, si ce n'est que le système sanguin, *artères* et *veines*, reçoit dans ses tuniques des filets nerveux provenant du grand sympathique en grande partie, mais aussi de toutes les paires nerveuses rachidiennes qui accompagnent au tronc, et dans les membres, les divisions des vaisseaux.

Nous avons dit précédemment que les parois vasculaires étaient contractiles, et aidaient par cela au cours du sang dans leur intérieur; cette contractilité leur est fournie par les nombreux filets du grand sympathique qui s'y distribuent, elle est sous la dépendance de ces filets divers.

Les filets contractiles des vaisseaux, sous le rapport de leur structure, ont une grande analogie avec les fibres musculaires de la vie organique.

La manière dont la contractilité s'y opère est semblable à celle qui se passe dans les muscles lisses, où nous avons dit qu'elle était lente à se produire et lente à s'éteindre.

C'est à un effet du système nerveux qu'il faut attribuer, selon quelques auteurs, ces afflux de sang (injections capillaires), que l'on remarque subitement quelquefois sur certaines personnes qui viennent d'éprouver une émotion vive. C'est à la même influence qu'il faut attribuer, dit M. J. Béclard, page 282, les afflux sanguins locaux compatibles avec l'état physiologique; comme l'afflux du sang dans la mamelle pendant la période de la lactation; l'afflux du sang à la membrane muqueuse de l'estomac, au moment de la digestion; l'afflux ou la soustraction du sang dans

(1) P. Bérard dit, page 693, *Cours de physiologie* :

« Un stimulus, et un organe irritable, il n'en faut pas plus pour entretenir, sans le secours des nerfs, ces mouvements qui de l'état embryonnaire jusqu'à l'âge le plus avancé, ne font jamais défaut; quant aux nerfs du cœur, on s'étonnait que le cœur eût des nerfs. Sœmmering avait soutenu seulement, sans les nier, que ces nerfs étaient uniquement destinés à la nutrition du cœur, et qu'ils s'épuisaient dans les parois des artères coronaires, sans se répandre en aucune façon dans les fibres charnues. »

les diverses parties exposées à des températures extrêmes. Influence ou intervention du système nerveux qui détermine, comme nous l'avons dit, la contractilité des vaisseaux principalement dans les artères et veines de petit calibre.

Des expérimentateurs habiles, M. Bernard entre autres, ont démontré (par expérience) que le système du grand sympathique exerçait une influence locale des plus évidentes sur les vaisseaux sanguins et en particulier sur les vaisseaux de petit calibre. Par exemple, si l'on pratique la section des filets cervicaux du grand sympathique destinés aux artères de la face, les petits vaisseaux privés de leur contractilité se laissent distendre par le sang ; les parties dans lesquelles se répandent ces artères offrent bientôt une congestion sanguine accompagnée d'élévation dans leur température.

Si l'on vient ensuite à irriter, à l'aide de l'excitation galvanique, le bout du nerf correspondant aux vaisseaux, l'injection disparaît et tout rentre dans l'ordre par le rétablissement momentané de la contractilité vasculaire ; mais si l'on vient de nouveau à supprimer l'excitation galvanique, la congestion et l'élévation de température reparaissent bientôt.

Les expériences de ce genre qui ont été faites au sujet de l'influence du système nerveux sur les contractions rhythmiques du cœur, ont quelques rapports avec celles que nous venons de mentionner, mais ne sont pas semblables. Nous nous sommes déjà expliqué à ce sujet en disant que le grand sympathique en tirant son origine multiple de toute l'étendue de la moelle épinière, permettrait dans les mutilations qui comprennent des segments plus ou moins considérables de la moelle, de voir encore ce système du grand sympathique conserver son influence ; et son action se faire sentir encore sur le cœur.

Le cœur, comme on le sait, reçoit des filets de deux sources : du pneumo-gastrique et du grand sympathique ; or, il n'est pas étonnant que le cœur conserve à un degré éminent la faculté contractile. Il est comme le système musculaire sous la dépendance plus ou moins immédiate du système nerveux.

Ce système nerveux exerce sur la circulation une influence de premier ordre.

Le cœur comme un muscle séparé de toutes connexions avec les parties voisines, et arraché du corps d'un animal vivant, bien qu'incapable d'entrer en contraction sous l'influence de la volonté, peut encore obéir à des excitants extérieurs (1).

Du reste, la *contractilité* du cœur n'est pas un phénomène particulier à cet organe, elle est inhérente à la fibre musculaire elle-même, et constitue une véritable propriété de tissu. Nous disons contractilité et non contraction. Quant à cette dernière, elle ne peut être mise en jeu sous l'influence de notre volonté (pour le cœur) comme cela arrive dans un muscle ordinaire. Et le cœur n'a pas non plus d'intermittences d'action prolongées, analogues à celles des muscles volontaires.

Il a été dit que le cœur, pour ses mouvements, recevait son principe d'action de la moelle par le nerf grand sympathique, et du bulbe rachidien par le nerf pneumo-gastrique, c'est donc dans une grande étendue du système nerveux qu'est puisée, pour lui, l'influence nerveuse; ce qui fait qu'elle peut persister dans des mutilations plus ou moins étendues de la moelle. Il n'en est pas de même des muscles de la vie de relation tels que les muscles des membres et autres, qui reçoivent au contraire leurs nerfs d'un point *spécial* de la moelle.

On a cru pouvoir localiser le principe de l'action du cœur dans la moelle épinière, et l'on s'est livré à des expériences qui tendaient à ce résultat. On avait remarqué que la destruction d'une partie de la moelle affaiblit la circulation, et que plus la destruction était considérable, plus l'affaiblissement l'était aussi. La totalité de la moelle détruite et le bulbe aussi, la mort s'en était suivie constamment et subitement.

Les mouvements du cœur sont, en effet, affaiblis par la destruction de la moelle et du bulbe ; mais ils sont loin d'être sus-

(1) Lorsque les mouvements spontanés du cœur ont cessé, il est alors tout-à-fait analogue à un fragment de muscle ordinaire ; on peut le faire contracter encore pendant un temps variable (dépendant surtout de la température ambiante) en stimulant directement la fibre charnue à l'aide d'excitants mécaniques, chimiques et surtout galvaniques. — J. Béclard, page 227, *Traité de physiologie.*

pendus lorsqu'on a le soin d'entretenir la *respiration artificielle* de l'animal; en un mot quand on s'oppose à l'asphyxie mécanique qui est la conséquence de la destruction du bulbe (1).

La respiration artificielle entretient encore un moment les mouvements du cœur; c'est-à-dire qu'il continue de battre encore pendant deux heures au moins chez les animaux décapités. « On ne peut donc pas dire que le cœur tire immédiatement et *instantanément* son principe d'action de la moelle allongée ou de l'encéphale. »

« Quand les nerfs pneumo-gastriques ont été coupés des deux côtés et que le cœur est ainsi soustrait à l'action de la moelle allongée, on constate avec étonnement que les battements du cœur s'accélèrent; c'est un fait, dit M. J. Béclard, page 281, que tous ceux qui ont pratiqué des *vivisections*, ont souvent observé. »

« Il y a divers poisons qui paraissent agir sur le cœur par l'intermédiaire des nerfs pneumo-gastriques : la *nicotine*, par exemple, administrée à un animal, accélère les mouvements du cœur; mais si l'on a préalablement coupé les pneumo-gastriques à l'animal, l'action du poison ne se fait plus sentir sur l'organe central de la circulation. (Bernard, cité par J. Béclard, loco cit.)

2° La *digitale*, injectée à une certaine dose dans les vaisseaux d'un chien, abaisse les pulsations du cœur de 132 à 32 (Traube); mais lorsque les nerfs pneumo-gastriques ont été préalablenent coupés, l'injection de la digitale dans les veines ne détermine aucun effet appréciable sur les mouvements du cœur. — J. Béclard, loco cit.

Ainsi donc, c'est sous l'intervention du système nerveux que la contractilité de tous les vaisseaux de l'arbre circulatoire a lieu; mais principalement dans les artères et veines de petit calibre qui

---

(1) L'incitation des mouvements de contraction des muscles respiratoires, par les nerfs qui vont s'y rendre, se trouve subitement anéantie par la section du bulbe pratiquée en un point précité, c'est-à-dire un espace de très peu d'étendue à la partie supérieure du bulbe lui-même; car c'est lui qui régit les mouvements respiratoires. Le point indiqué est le lieu principal. — Flourens.

reçoivent dans l'épaisseur de leurs tuniques, des filets nerveux provenant en grande partie du grand sympathique et aussi des paires nerveuses rachidiennes (nervi vasorum).

CHAPITRE IV.

RESPIRATION.

§ 43. Respiration. — DÉFINITION : « La respiration est la fonction qui, ajoutant au suc nutritif des animaux, un principe aérien, et le dépouillant de certains principes gazeux et volatils, le rend apte à nourrir les organes et à exciter leur action. » P. BÉRARD, *Cours de physiologie*, T. III, page 223.

En d'autres termes : la respiration est cette fonction par laquelle l'air est introduit dans les voies respiratoires au moyen d'un mécanisme particulier qui appartient en grande partie à l'action vitale, et qui fait éprouver un mouvement de va et vient à l'air atmosphérique par l'action fonctionnelle de l'*inspiration* et de l'*expiration*.

C'est-à-dire que c'est par le premier de ces mouvements, l'*inspiration*, que l'air est introduit dans la poitrine, ou mieux encore, dans les poumons qui y sont contenus ; et que c'est par cet acte que l'air y subit une transformation (suivant les lois de l'endosmose et de l'exosmose gazeuse). Il est ensuite chassé par le second de ces mouvements, l'*expiration*, entraînant avec lui le gaz acide carbonique dont le sang vient de se débarrasser en échange du gaz *oxygène* qu'il s'est approprié et qui a donné au sang de nouvelles qualités, de nouvelles propriétés.

L'appareil respiratoire qui est destiné à cet acte, se compose de parties ou plutôt d'organes qui sont de différents ordres et qui, pour apartenir à ce même appareil, n'en présentent pas moins des conditions, ou des compositions différentes.

Les fosses nasales, le larynx, la trachée, les bronches, les poumons, le diaphragme, sont autant d'organes divers qui, par leur ensemble, forment l'appareil respiratoire.

L'air destiné à parcourir, ou à mettre en jeu ces différentes parties peut varier dans sa composition, selon les endroits où la respiration s'exerce; mais, ce sont toujours les mêmes organes qui le reçoivent et l'élaborent; de manière à procurer au sang, qui est revenu, de toutes les parties du corps (chargé de principes qui doivent être changés ou éliminés), les qualités vivifiantes qu'il doit posséder de nouveau.

Le chemin ou la voie que l'air doit parcourir s'étend depuis l'ouverture des fosses nasales jusqu'aux divisions les plus extrêmes de l'arbre bronchique; où ses tuyaux se terminent en espèces d'ampoules, dans de petites vacuoles appelées vésicules pulmonaires (ramuscules bronchiques terminées en cul-de-sac). Là cet air est mis presque en contact immédiat avec le sang; c'est-à-dire au travers des porosités des vaisseaux capillaires qui parcourent le tissu conjonctif qui unit les cellules ou vésicules entre elles; tout en les maintenant séparées, et ne leur servant que comme une espèce de cloison au travers de laquelle se passe ou s'exerce le phénomène de l'hématose, c'est-à-dire la transformation du sang noir en sang rouge, comme cela arrive quand le sang est en contact avec l'air libre dans un vase à large ouverture; ou comme cela peut avoir lieu lorsqu'on recueille le sang d'une saignée dans une poëlette et qu'on le laisse y séjourner quelque temps.

La voie parcourue depuis l'ouverture des fosses nasales jusqu'aux plus extrêmes ténuités des divisions bronchiques et des cellules pulmonaires, est toujours à l'état de béance, si ce n'est vers les ailes du nez où les cartilages sont fermés et ouverts alternativement par les muscles élévateurs de l'aile du nez. Ces muscles servent à maintenir les deux ouvertures aussi large que possible, en soulevant les cartilages que la pression de l'air atmosphérique tend à affaisser lorsque le vide virtuel se produit dans la poitrine.

Ce mouvement se voit, à l'œil nu, chez l'homme et certains animaux, de telle sorte que l'air introduit par les orifices du nez pendant l'inspiration, trouve dans les fosses nasales un chemin libre et toujours ouvert; puisque cette voie est constituée par des os qui ne se dépriment jamais. Parcourant ensuite la partie postérieure des fosses nasales, l'air, par la même inspiration, est introduit dans le larynx, dont la composition permet toujours cette même béance.

L'ouverture de la glotte, la *glotte* elle-même, se trouve pour cet objet, sous l'influence des muscles dilatateurs (crico-arythénoïdien postérieur, thyréo-hyoïdien) et qui ont spécialement pour usage de maintenir cette ouverture en état tel, que l'air puisse entrer et sortir avec facilité; ce n'est qu'au moment de la déglutition et par le mécanisme de cet acte que cette ouverture est momentanément fermée.

La trachée-artère, tube d'une certaine longueur et pourvu d'anneaux cartilagineux dans toute son étendue, si ce n'est à sa partie postérieure, où chacun de ces anneaux éprouve une interruption, forme une espèce de tuyau qui est pourvu cependant d'une certaine élasticité nécessaire à l'*expiration*.

Ces anneaux sont contenus entre les lames d'un tissu extensible et contractile, et qui empêche, par l'adossement de ces deux lames, ces anneaux de se doubler, ou d'empiéter les uns sur les autres; les maintenant dans leur position respective. C'est ce qui fait que hors le mouvement de déglutition, toutes ces parties restent constamment ouvertes et sont parcourues par l'air pendant l'état de sommeil comme pendant l'état de veille.

Les bronches, l'une droite, plus grosse et plus longue que la gauche, font suite à la trachée-artère, et se divisent bientôt en plusieurs branches qui se subdivisent elles-mêmes en d'autres plus petites, pour arriver en de petits conduits, puis en d'autres plus fins encore. Tout ces conduits, depuis les premières divisions seulement, sont dépourvus d'anneaux et sont tous revêtus de la membrane muqueuse que recouvre un épithélium cylindrique à cils vibratiles ; tandis que la trachée, les bronches et les gros tuyaux, sont recouverts d'un épithélium pavimenteux, laissant entre eux un épithélium de transition, puisque jamais une surface muqueuse n'offre tout-à-coup une forme après une autre.

Ces divisions et subdivisions de l'arbre bronchique ainsi établies dans le poumon, en forment presque la constitution toute entière.

Le réseau vasculaire sanguin qui couvre ces parties, n'est

séparé de la cavité vésiculaire (c'est-à-dire de l'air) que par une simple couche d'épithélium pavimenteux. C'est donc au travers des parois d'un épithélium qui n'a qu'un centième de millimètre d'épaisseur que se font les échanges entre l'air atmosphérique et le sang. »

Les divisions dont nous venons de parler sont si profondes et si multipliées qu'elles existent jusque sur la surface externe de l'organe pulmonaire ; le tout maintenu et englobé, pour ainsi dire, dans un tissu cellulaire à mailles assez rapprochées, qui laissent cependant, non pas des intersections, mais de légers et très-petits espaces à chaque coin de leur adossement, espaces ou vacuoles où se trouvent les cellules pulmonaires.

C'est dans ces cellules que s'abouchent et se terminent les ramifications bronchiques. De telle façon que le tissu conjonctif est parcouru dans ces mêmes endroits par des milliers de vaisseaux sanguins, capillaires dont le diamètre est souvent moindre (5 ou 6 millièmes de millimètre) que l'épaisseur des globules du sang, eux qui ont de 6 à 7 millièmes de millimètre (1). Mais ils s'y introduisent, ces globules, à moins qu'il n'y ait une cause ou un obstacle qui s'oppose à leur cours : disposés qu'ils sont par leur forme discoïde, il s'allongent et se prêtent à la minceur, à l'étroitesse du conduit qu'ils doivent parcourir.

Enfin, ces vaisseaux sont si multipliés et si fins qu'il serait impossible d'introduire la pointe d'une aiguille la plus fine dans la trame qui les contient sans blesser des centaines de ces vaisseaux et sans provoquer une perte de sang plus ou moins considérable.

Disons que c'est leur finesse, leur ténuité et leur multiplicité qui font qu'ils sont très-susceptibles de rupture dans certaines circonstances ; car le sang qui s'échappe en si grande abondance du poumon dans quelques occasions (hémoptysies) est plutôt le

(1) Les mailles circonscrites par le réseau capillaire ont si peu d'étendue qu'elles ne dépassent pas quelquefois en largeur, le diamètre même des vaisseaux capillaires, dans le poumon. — J. Béclard, page 231, T. I.

résultat d'une rupture de ces vaisseaux que d'une exhalation qui se ferait au travers de leurs parois.

Il faut bien admettre que ces parois sont d'une minceur extrême puisque l'air agit au travers de leurs parois, sur le sang et l'imprègne de l'*oxygène* qu'il contient comme s'il se trouvait immédiatement en contact avec lui ; et que le gaz acide carbonique s'échappe, lui-même, au travers de ces mêmes parois pour être rejeté au dehors pendant l'acte de la respiration, en même temps qu'une certaine quantité de vapeur d'eau et de matière animale dissoute. « L'échange de gaz appartient bien spécialement aux poumons. » — P. Bérard.

Ainsi donc, l'air par son propre poids, et rien que par la béance de tous les conduits qu'il doit parcourir, peut arriver sans aucun effort aux poumons; les remplir sans les distendre, et comme il ferait dans tout autre espace vide, quand bien même il n'y aurait pas de vacuoles particulières pour le recevoir.

Mais de là, à l'entrée de l'air en quantité plus considérable dans le poumon, et comme il convient que cela ait lieu pour entretenir la vie, il y a une différence notoire...... Différence qui ne peut exister, pendant l'état de veille comme pendant celui de sommeil, que par une succession de phénomènes ou ordre de phénomènes dont nous allons nous occuper et qui nous fera connaître : 1° la quantité d'air que nous mettons en contact pendant un certain temps avec l'organe pulmonaire; 2° celle qui en sort; 3° la composition de cet air avant et après sa pénétration dans l'organe, et qui, pour le dire en passant, n'est pas évalué, pour sa quantité, à moins de 25 ou 27 pouces cubes pendant le temps de l'inspiration ou de l'expiration. Ce qui ferait, à raison de 16 inspirations par minute, 400 pouces cubes d'air mis en mouvement pendant ce temps, et par conséquent, 24,000 pouces cubes par heure (1).

(1) L'homme, dit M. J. Béclard, exécute 18 mouvements respiratoires par minute, et à chaque mouvement respiratoire il fait circuler 1/2 litre d'air dans les poumons; il en résulte qu'il utilise, en une heure, environ 500 litres d'air pour les besoins de sa respiration. D'une autre part, l'air qui sort des poumons contient 4,3 pour 100 d'acide

§ 44. Quel est le mécanisme de la respiration ; et quelles sont les parties qui concourent à cet acte? Le poumon ou pour mieux dire les poumons, car il y en a deux, sont contenus dans la poitrine ou thorax. Celui-ci est une espèce de cage osseuse représentant un cône, dont la base est en bas et le sommet en haut, légèrement aplati à sa partie antérieure, et quelque peu bombé sur ses parties latérales.

Sa base est coupée obliquement de bas en haut et d'arrière en avant. Il représente une grande cavité de la forme que nous venons d'indiquer (conoïde) qui est circonscrite, postérieurement par les vertèbres, latéralement par les côtes, et antérieurement par le sternum.

Borné à sa partie postérieure par les vertèbres, il est fortifié en cet endroit, par ces mêmes os que l'on compte en même nombre que les côtes, lesquelles prennent, sur ces vertèbres, leur articulation. Elles se portent ensuite vers le sternum en faisant une courbe qui va en augmentant d'amplitude, pour chaque côte, au fur et à mesure que l'on s'avance vers la base du thorax.

La partie moyenne (ou le corps) de la côte est aplatie, convexe en dehors, concave en dedans, les bords supérieur et inférieur de chaque côte donnent attache aux muscles intercostaux.

Toutes les articulations des côtes avec les vertèbres sont des *arthrodies*, c'est-à-dire des articulations permettant des mouvements bornés, d'où la possibilité, pour elles, d'exécuter quelques-uns de ces mouvements pendant l'acte de la respiration.

Les côtes sont dites sternales ou asternales, selon qu'elles tiennent ou non au sternum par leurs cartilages, tout en s'articulant en arrière avec la colonne vertébrale. Les premières sont au nombre de sept ; les autres, dites asternales, au nombre de

---

carbonique. L'homme renfermé pendant une heure dans 500 litres d'air, vicierait donc cet air de telle sorte qu'au bout de ce temps le milieu renfermerait environ 4,3 pour 100 d'acide carbonique.

Dans ces conditions, l'air ne contiendrait pas encore des propriétés immédiatement nuisibles, mais il est certain que l'homme en souffrirait et qu'il pourrait en résulter pour lui des conséquences fâcheuses. — J. Béclard, page 389.

cinq, s'articulant de même en arrière avec la colonne vertébrale, mais n'aboutissant pas au sternum. De ces cinq *fausses côtes*, ainsi appelées à cause de cette disposition, trois s'unissent par leur cartilage au cartilage précédent; les deux dernières restent libres à leur extrémité antérieure, et à raison de leur mobilité, elles sont dites côtes *flottantes*, elles sont contenues dans les parois du bas-ventre.

Des muscles, au nombre de onze et appelés *intercostaux*, sont distingués en externes et en internes. Les premiers, plus superficiels, s'attachent à la lèvre externe du bord inférieur d'une côte, et à la lèvre externe du bord supérieur de la côte située au-dessous. Les internes, derrière les précédents, et plus obliquement, s'attachent de même au bord inférieur d'une côte et au bord supérieur de l'autre. Mais pour ces derniers, c'est à la lèvre interne de chacun de ces bords que se fait l'insertion.

Les uns et les autres de ces muscles se croisent en forme d'X, et sont *inspirateurs* ou *expirateurs*, suivant qu'ils prennent leur point d'appui sur la côte supérieure ou sur la côte inférieure : on a toujours considéré (dit Nysten) les muscles intercostaux internes comme expirateurs, et l'on s'est établi pour cela sur la direction de leurs fibres, sur leur insertion, et sur le raccourcissement qu'ils éprouvent en agissant; cependant une petite portion de l'étendue des intercostaux internes, *portion cartilagineuse*, doit être considérée comme inspiratrice selon quelques auteurs.

« Il y a des points de la poitrine où la direction des intercostaux internes les rend aptes à opérer l'*inspiration*. En arrière, près du rachis, au point d'appui postérieur, il n'y a que des intercostaux externes. En avant, près du sternum, au point d'appui antérieur, il n'y a que des intercostaux internes.

Les observations de Sibson l'ont conduit aussi à admettre l'action inspiratrice des intercostaux internes au voisinage du sternum, c'est-à-dire dans la partie antérieure des cinq premiers espaces intercostaux. Dans tous les autres points de la poitrine, les intercostaux internes sont expirateurs. » (1).

(1) P. Bérard, p. 268 et 269.

Ce n'est pas tout, pour l'inspiration et l'expiration, la base de la poitrine est fermée par un muscle large et puissant, c'est le *diaphragme*, espèce de cloison de forme presque circulaire, à concavité externe, et, par conséquent, convexe du côté des poumons et séparant la poitrine, ou *thorax*, du bas ventre (abdomen).

Ce muscle, le *diaphragme*, est charnu dans sa circonférence, et aponévrotique à son centre. Ses fibres naissent de l'appendice sternal du contour cartilagineux des six dernières côtes, du ligament cintré. Enfin, tout-à-fait en arrière, ses fibres prennent attache de l'apophyse transverse de la première vertèbre de la même région et du corps des trois ou quatre premières vertèbres dans ce même endroit, par autant de digitations tendineuses.

Ce sont les fibres charnues de ces digitations qui forment, par leur réunion, les piliers ou jambes du diaphragme, qui s'envoient mutuellement un faisceau.

Toutes ces fibres nées ainsi de la circonférence du thorax, viennent aboutir à une aponévrose centrale, appelée centre phrénique, centre nerveux, centre aponévrotique et que l'on a comparée à une feuille de trèfle.

L'intérieur de la poitrine est donc fermé complètement à sa base, si ce n'est dans l'endroit où sont ménagées les trois ouvertures qui donnent passage aux différents vaisseaux ou organes qui les traversent : l'*artère aorte*, l'*œsophage*, le *canal thoracique* et la veine *azygos*.

Cette disposition du diaphragme lui permet des mouvements d'abaissement puis d'élévation qui sont en rapport avec les différents actes ou temps de la respiration. Et, par la disposition de ces insertions il est *inspirateur* lorsqu'il se contracte, car alors, il s'abaisse, agrandit la cavité thoracique et permet aux poumons de se dilater. Mais s'il se contracte avec force il peut resserrer transversalement la poitrine à sa base et devient alors *expirateur :* en vertu de cet acte physique que toute fibre courbe qui se contracte tend à produire un plan horizontal.

Les *poumons* sont contenus dans la cavité thoracique ; l'un à droite, l'autre à gauche. Sans entrer complètement dans les détails anatomiques de cet organe, disons simplement, pour la compréhension du phénomène physiologique de la respiration, qu'ils sont revêtus extérieurement d'une membrane (plèvre) qui les recouvre complètement, si ce n'est à leur racine, sur laquelle cette membrane passe pour aller se réfléchir sur l'intérieur de la cavité thoracique, la tapisser dans toute son étendue, et former par cette disposition la plèvre costale ou pariétale. De manière que les deux plèvres se trouvent en contact immédiat, glissant l'une sur l'autre, sans intervalle aucun, sans vide par conséquent et lubréfiées par un liquide en très-faible quantité dans l'état normal, mais suffisant pour faciliter le glissement des surfaces pleurales dans le mouvement respiratoire.

Le poumon suit dans son développement l'ampliation de la poitrine lorsque celle-ci a lieu pendant la respiration et cela par un mécanisme particulier que nous indiquerons plus loin ; en faisant observer, tout d'abord, que ce soulèvement de la poitrine quoique dû à des forces musculaires, qui sont mises en jeu, est aidé par l'*air*, dont le poumon se remplit pendant l'inspiration ; mais ne lui reconnaît pas cette cause seule efficiente.

En effet, l'air introduit dans le poumon, ou les poumons, s'y raréfie par une augmentation de température ; il le dilate par son expansion à l'intérieur et favorise l'action des muscles inspirateurs. Nous disons de nouveau la favorise, mais ne l'occasionne pas. La dilatation de la poitrine ne pourrait avoir lieu par ce simple moyen, comme on le voit dans les *asphyxies* par submersion ou pendaison. La seule proposition que l'on pourrait établir à ce sujet, dit P. Bérard, page 279, c'est que la pression atmosphérique à l'intérieur des poumons est la condition sans laquelle les puissances *inspiratrices* ne pourraient dilater la poitrine : si on lie la trachée d'un animal (mammifère) il se consume en efforts impuissants, pour dilater son thorax que comprime l'énorme poids de l'atmosphère. Ceci doit être pris en considération dans certaines maladies et dans certaines blessures de ces parties ou des poumons.

Nous avons dit que les poumons remplissent exactement la cavité pectorale, ils la dépassent même un peu en haut, car ils ne se bornent pas à arriver jusqu'à la première côte, ils s'enfoncent un peu sous la clavicule (sous les scalènes).

L'auscultation peut se faire dans le creux que l'on remarque entre le cou et cet os.

Les poumons ne sont pas continus l'un à l'autre, ni même contigus; un espace assez considérable les sépare en avant et en arrière : la péricarde, le cœur, les deux lames du médiastin, les divisent dans leur longueur à la face externe. A l'interne les bronches et les vaisseaux qui se trouvent appuyés sur la colonne vertébrale les séparent également l'un de l'autre dans cet endroit.

Si nous considérons maintenant l'organisation de ces deux masses vésiculaires tant extérieurement qu'intérieurement, nous les trouvons composées d'un tissu mou, mais extensible ; très-élastique, parcouru par un grand nombre de vaisseaux : *artères pulmonaires*, *artères* et *veines propres* du poumon : puis un riche réseau de capillaires, puis enfin, de cellules ou vacuoles innombrables, fournies par un tissu cellulaire adossé dans lequel rampent les plus petits vaisseaux qui se trouvent dans les cellules en contact *médiat* avec l'air extérieur dont les poumons sont constamment remplis; car l'atmosphère, comme il a été dit, est en communication presque directe avec les vaisseaux du poumon : l'air s'y introduit avec d'autant plus de facilité que les voies respiratoires, ainsi qu'il a été expliqué, sont toujours ouvertes, béantes, et qu'il n'y a de moment de séparation qu'à celui de la déglutition.

On pensait, autrefois, que l'artère pulmonaire distribuait ses ramifications jusque sur les dernières ramifications bronchiques; qu'elle communiquait ainsi directement avec l'intérieur des vésicules, sans que l'on connût comment se faisait cette communication. Aujourd'hui le réseau vasculaire est considéré comme étant seul en contact avec l'air introduit dans les vésicules par les ramifications bronchiques.

Il est reconnu aussi que l'introduction de l'*oxygène* dans le sang, comme l'exhalation de l'*acide carbonique* qui s'en opère, a lieu, pendant la respiration, dans les vésicules formées en espèces d'ampoules par les dernières ramifications bronchiques, et au travers des porosités des vaisseaux capillaires qui les parcourent. C'est le tissu conjonctif qui contient ces vaisseaux et qui unit entre elles les innombrables ramifications bronchiques dont il vient d'être question.

Les vésicules pulmonaires se présentent sous la forme, ou l'apparence, de petits points transparents qui ont tout au plus le volume d'un grain de millet. Elles sont groupées par masses, ou lobules, que séparent des cloisons celluleuses plus épaisses et plus opaques. C'est le long de ces cloisons que se trouvent quelquefois déposée en plus ou moins grande abondance, surtout chez les vieillards, une substance décrite par Laennec sous le nom de *matière noire pulmonaire*, disséminée çà et là sous la forme de petits points noirs ; mais constituant aussi, par leur rapprochement, des taches, des lignes plus ou moins nombreuses et étendues, qui, selon cet observateur, n'altèrent en rien la perméabilité du tissu organique ; et diffèrent en cela des mélanoses. Les ganglions bronchiques offrent aussi quelquefois de ces points noirs qui leur sont juxtaposés et qui ont souvent l'air d'en faire partie constituante. — LAENNEC.

§ 45. Mécanisme de la respiration. Disons tout d'abord que le mécanisme de la respiration, celui que nous voyons s'exécuter sous nos yeux ; c'est-à-dire le soulèvement de la poitrine et par conséquent son ampliation, a suscité une manœuvre qui, pour ne pas être nouvelle, et toujours couronnée de succès, ne doit pas pour cela être négligée dans les cas d'asphyxie. Elle consiste à exercer des pressions alternatives et légères sur différents points de la poitrine, de manière à tâcher d'opérer, par l'élasticité des parois du thorax, ce soulèvement et cet abaissement alternatifs que nous remarquons dans cette cage osseuse pendant les mouvements de la respiration dans l'état ordinaire ou normal. On cherche à déterminer par ces moyens une espèce de vide dans l'intérieur de la poitrine qui favorise, par une aspiration artificielle, l'introduction de l'air dans les poumons.

Cette manœuvre qui peut rappeler à la vie les personnes qui ne sont asphyxiées que depuis quelque temps, et qui a réussi en effet, quelquefois, dans ces cas, ne doit pas être abandonnée trop tôt, en cas de premier insuccès, car on l'a vue opérer une espèce de résurrection (en y joignant quelques autres moyens conseillés en pareil cas) chez des personnes dont l'asphyxie remontait à un temps assez long.

Après combien de temps faudrait-il y renoncer? On ne peut préciser après quel espace de temps cette manœuvre ne peut plus être mise en usage, ni pendant combien de temps elle doit être employée. Le principal est de la tenter *toujours;* et de ne pas l'abandonner *trop tôt* (1).

Quoiqu'il en soit, la *dilatation normale* de la poitrine (sur laquelle nous revenons après cette légère et utile digression) occasionne ordinairement, en état de santé, l'entrée de l'air dans les plus petites divisions bronchiques; car il n'y a pas de vide entre les poumons et la plèvre, et les poumons seuls ne pourraient opérer cette ampliation de la poitrine, ce soulèvement costal, s'il ne venait s'y joindre d'autres forces, au moyen de certains muscles puissants, dont l'action intervient alors utilement.

La plèvre costale n'a aucune bride, aucune adhérence, du moins dans l'état sain, avec la plèvre pulmonaire. Il n'existe aucune attache dans cette partie, pour opérer, pendant la respiration, le mouvement d'amplitude du poumon; il s'exécute seul; le poumon suit les côtes à l'intérieur de la poitrine par les forces expansives de l'air qui le remplit; mais n'est pas entraîné par le mouvement d'élévation de la cage thoracique comme on pourrait le penser.

La séreuse pleurale, par ses deux faces (face pulmonaire et face pariétale) se trouve en contact, sans séparation aucune, dans tous ses points. Il y a entre les deux lames un glissement doux, une espèce de va et vient de la part du poumon, qui se fait avec tant de facilité que l'oreille appliquée sur la poitrine ou armée du stéthoscope n'y découvre aucun bruit; si ce n'est dans le cas d'affec-

(1) On a pour but, par cette manœuvre, de faire sortir les quelques gaz qui pourraient être encore contenus dans la poitrine; et de favoriser au moyen de l'élasticité des parois thoraciques, le soulèvement de la poitrine; l'augmentation de la cavité qui attirera nécessairement l'air dans son intérieur en l'aspirant pour ainsi dire comme le fait un soufflet.

tion particulière (la pleurésie) où l'on entend le bruit de frottement : ce bruit qui a été désigné sous le nom de *respiration rude* ou *frottement pleural* et qui se remarque aussi dans les commencements de la *phthisie pulmonaire*. Disons, en passant, que ce précieux renseignement nous met sur la voie de cette maladie, et sert en partie à nous faire apprécier la gravité du mal, et à en déterminer le siége lorsque l'affection n'est encore pour ainsi dire qu'à l'état latent, à son début.

Or donc, si le poumon peut se dilater dans l'intérieur de la poitrine par l'amplitude que prend la cage thoracique, par l'introduction de l'air et par sa raréfaction dans son intérieur, le poumon accompagnera les côtes dans leur développement lorsqu'elles viendront à redresser leur courbure.

Ce redressement est provoqué, dans l'état de santé, par le besoin de respirer ; c'est un mouvement pour ainsi dire instinctif qui s'opère chez tous les animaux, dès la naissance, et qui s'exécute au moyen de forces musculaires très-puissantes.

Le diaphragme, d'abord, qui joue dans cet acte un double rôle; car il est considéré par rapport à l'insertion, et à l'action de ses fibres, comme muscle *inspirateur* et *expirateur*.

Le premier de ces actes, l'*inspiration*, a pour effet, comme on le remarque sur soi-même, le soulèvement de la poitrine. Dans ce mouvement, et surtout si on peut l'observer sur une personne qui vient d'éprouver une vive émotion, il est facile de voir que la dilatation de la poitrine, qui en est la conséquence, ne se fait pas avec la même force et la même intensité dans toutes les parties du thorax. On remarque alors qu'elle s'exécute par une espèce d'élévation, de soulèvement du sternum, de bas en haut, nous ne dirons pas précisément un mouvement de *bascule*, ce n'est pas rigoureusement cet état qui se produit ; mais la poitrine se soulève, monte comme on le dit, et c'est surtout sur la poitrine nue d'une personne qu'il est facile d'apercevoir ce mouvement. Il semble alors que la partie voisine du cou, la partie claviculaire, ne participe que faiblement à ce mouvement.

C'est qu'en effet, les muscles scalènes, splénius et même les sterno-mastoïdiens, qui tous s'attachent aux vertèbres cervicales, à la tête, au sternum, et aux côtes, immobilisent pour ainsi dire la partie supérieure de la poitrine pour favoriser le jeu des autres muscles qui s'attachent sur sa surface externe et dans un autre endroit plus ou moins éloigné; et qui, par leur contraction, leur action, tendent à développer le thorax et dans le sens vertical, et dans le sens transversal, mais surtout dans le diamètre antéro-postérieur.

De plus, la disposition qu'affectent les côtes est admirablement établie pour cela : puisque par leurs articulations avec les vertèbres et le sternum, elles forment un arc à concavité intérieure, concaves qu'elles sont déjà elles-mêmes un peu sur leur bord inférieur. Cette forme des côtes en arc, n'existe pas dans un sens parfaitement uniforme et horizontal ; elles sont presque toutes coudées dans leur attache au cartilage, formant ainsi un angle susceptible de s'agrandir dans certaines circonstances.

Les côtes sont inclinées de haut en bas et d'arrière en avant. Elles laissent entre elles, dans l'état de repos, un intervalle qui est occupé par les muscles intercostaux internes et externes déjà nommés; mais comme cette inclinaison des côtes, que l'on pourrait comparer à des baguettes légèrement courbées et rapprochées, a lieu de haut en bas et que ces côtes sont presque immobilisées à leur attache aux vertèbres, il en résulte que, au fur et à mesure qu'elles seront relevées du plan incliné, vers le plan horizontal, en partant de la première jusqu'à la dixième, elles auront leurs espaces agrandis en avant. C'est un mouvement que permet et leur articulation aux vertèbres et leur attache au sternum qui se fait là, au moyen de cartilages formant avec ceux-ci, ainsi qu'il a été dit, une espèce de coude, si ce n'est la première dont le point est plus fixe et l'attache plus directe.

Il résulte de toutes ces dispositions et actions, un mouvement d'élévation d'abord, puis un écartement plus fort des intervalles costaux en avant. Enfin, un soulèvement de la poitrine par en bas, et un léger mouvement de cette partie de bas en haut. Suivant Gerdy, la poitrine se dilate de deux pouces en travers inférieurement; d'un pouce d'avant en arrière et s'élève d'un pouce par en haut (1).

La cavité de la poitrine s'agrandira d'autant dans le sens antéro-postérieur que les mouvements d'inspiration seront plus développés.

C'est par l'effet des muscles *inspirateurs*, qui s'insèrent aux parois thoraciques, que se fait ce soulèvement et cet agrandissement de la poitrine.

Le grand pectoral, les intercostaux externes, le grand dentelé, les scalènes internes et externes, et tous les muscles qui s'attachent à la poitrine et qui ont leur point d'insertion sur un endroit plus éloigné, exécuteront les efforts d'*inspiration:* car, dans l'état ordinaire, le diaphragme et les intercostaux sont les seuls muscles *inspirateurs*.

Ce n'est que dans les inspirations extrêmement grandes que la plupart des muscles pectoraux entrent aussi en action.

« Ainsi donc, tous ou presque tous les intercostaux internes sont agents de l'expiration; effectivement, leurs fibres, s'allongent pendant le mouvement que les côtes exécutent dans l'*inspiration*; tandis que leurs attaches se rapprochent dans le mouvement contraire; il en est de même des sous-costaux (2). »

L'expiration étant le phénomène opposé à celui de l'inspiration, les explications qui viennent d'être données peuvent lui être appliquées dans un sens inverse: ainsi, la poitrine sera abaissée; elle semblera se rétrécir dans son diamètre vertical en diminuant ses autres diamètres; le diaphragme qui s'était abaissé se repliera pour ainsi dire sur lui-même; et rétrécissant la base de la poitrine, par cette contraction, refoulera le poumon par en haut (3). L'action des intercostaux internes dimi-

---

(1) Mémoires et archives de médecine, 2e série, T. VII. page 525.

(2) P. Bérard, page 302.

(3) Le poumon droit par le développement du foie qui le pousse par en haut se trouve alors un peu plus refoulé que le gauche, dans la cage thoracique; mais au moment de l'inspiration, le mouvement d'abaissement du diaphragme lui permet de descendre plus bas dans la cage thoracique et de dépasser la 6me côte. Cette circonstance a

nuera aussi les espaces qui s'étaient agrandis entre les côtes ; et enfin il s'ajoutera à cet effet l'action également du triangulaire sternal, du carré de lombes, du petit dentelé, d'autres muscles y participeront aussi pour rendre le mouvement d'expiration complet.

Dans les efforts violents d'expiration : *toux*, *éternuement*, *etc.*, beaucoup de muscles peuvent entrer en action.

Il y a dans l'acte de la respiration des causes ou actions physiques, mécaniques et chimiques.

Les causes physiques : l'entrée de l'air ; les mécaniques : l'amplitude de la poitrine ; les actions chimiques : l'action de l'air sur le sang; enfin une action vitale préside à cet acte, à cette fonction, dans l'état de sommeil comme dans l'état de veille.

L'air qui entre dans la poitrine se mêle à l'air qui s'y trouve déjà raréfié. Le premier est par conséquent plus dense, la tension du second a été diminuée. Ce mélange suffit pour les besoins de l'*hématose*.

L'inspiration conduit l'air dans le parenchyme du poumon; il n'y a pas de courants spéciaux formés de l'air qui pénètre et de celui qui en sort.

Étant connu le mécanisme selon lequel l'air entre dans la poitrine, les voies qu'il parcourt; connaissant aussi les moyens qui procurent sa sortie du poumon, il est nécessaire d'aborder l'action de l'air sur les tissus avec lesquels il se met en contact; le temps qu'il y reste, aussi bien que les différents changements que l'air y subit lui-même.

Notons, d'abord, que les *inspirations* sont généralement plus courtes que les *expirations*.

On compte 17 à 18 inspirations par minute dans l'état ordinaire ; ce qui donnerait une inspiration, à peu près, pour quatre *pulsations artérielles* ; mais ce chiffre varie d'homme à homme,

---

lieu des deux côtés, mais à un moindre degré pour le poumon gauche pendant l'expiration ; ce qui explique pourquoi dans certains cas une blessure pénètre dans la moitié de la poitrine tandis que dans l'inspiration cet accident n'aura pas lieu J. CLOQUET, cité par P. BÉRARD.

de sujet à sujet, suivant l'âge, le sexe et la force. « L'expiration est toujours un peu plus longue que l'inspiration. D'après MM. Vierordt, Ludwig et Liebman, la durée de l'inspiration est à la durée de l'expiration :: 100 : 140. » — J. Béclard.

Le *bruit* de l'inspiration, dit P. Bérard, page 526, est beaucoup plus prolongé que celui de l'expiration. Et il ajoute : MM. Barth et Roger trouvent que le bruit de l'inspiration est trois fois aussi long que celui de l'expiration. La différence entre les deux est, suivant M. Fournet, comme 10 est à 2.

Et, il dit que l'intensité du bruit de l'inspiration est plus grande que l'intensité du bruit expiratoire. Les mêmes chiffres que ceux ci-dessus, sont proposés par M. Fournet, et réduits par MM. Barth et Roger dans la même proportion que ceux qui expriment la durée. » (1)

La durée de l'expiration, chez l'homme, d'après M. Sibson, est un peu moindre que chez la femme. D'après ce dernier auteur, la durée de l'inspiration chez l'homme comparée à la durée de l'expiration, serait :: 100 : 120. On voit que ces différentes appréciations, rapportées après les expériences de divers auteurs par M. J. Béclard et P. Bernard, ne concordent pas, et pour la durée et pour l'intensité de l'inspiration, comparées à la durée et l'intensité de l'expiration chez l'homme.

Quoiqu'il en soit, chez l'enfant, la femme et le vieillard, la durée de l'inspiration serait à la durée de l'expiration, toujours d'après M. Sibson :: 100 : 140 ou 150. — J. Béclard, liv. i, page 300.

L'expiration est donc, d'après MM. Vierordt, Ludwig, Liebmann et Sibson, de quelque chose plus longue que l'inspiration, celle-ci étant déclarée plus courte ; aussi tire-t-on partie de cette différence pour estimer si la première, l'expiration, se trouve

---

(1) Cependant, P. Bérard avait dit, page 305, T. iii : L'inspiration est beaucoup moins prolongée que l'expiration. Si l'on partage en 5 parties le temps d'une respiration complète, l'inspiration n'en absorbera peut être que deux parties. »

Il faut qu'il y ait quelque erreur de typographie dans l'énoncé du fait contraire dans les mots *inspiration* et *expiration*. — *Note de l'auteur*.

changée (diminuée ou augmentée) dans son rythme, comme dans quelques affections pulmonaires (phthisie au début) où l'augmentation de durée du bruit expiratoire, a donné aux pathologistes, un signe pathognonomique assez certain de cette maladie, à son début.

Nous avons dit que l'air qui entre dans la poitrine, à chaque inspiration, s'ajoutait à celui qui pouvait encore y être contenu, la poitrine ne se remplissant ni se vidant jamais, autant qu'elle pourrait le faire à chaque inspiration ou expiration normale.

L'air qui entre pénètre celui qui est resté. Il ne se fait pas de vide dans la poitrine : le vide que sa dilatation y provoque est un vide virtuel, c'est-à-dire qu'il est en puissance et sans effet actuel. L'air entre dans les poumons par l'effet de la dilatation de la poitrine, comme il entre dans un soufflet dont on écarte les tables ou tablettes : il y est attiré.

Ce fluide, l'*air*, est composé en poids, de 76,9 d'azote et de 23,1 d'oxygène ; de 4 à 6 dix-millièmes d'acide carbonique; c'est-à-dire que dix mille parties d'air contiennent 4 à 6 parties d'acide carbonique, ce qui revient à dire que l'air contient 4/10,000 ou 6/10,000 d'acide carbonique ; par conséquent une quantité extrêmement faible (1). Il contient aussi (l'air) une certaine quantité d'eau dissoute. Là, il est mis en contact avec les vaisseaux capillaires qui parcourent le tissu qui unit ensemble les dernières ramifications bronchiques qui se terminent en ampoules, en cul-de-sac, pour former les cellules pulmonaires *in sinus ampullosos*, malpighi (2).

---

(1) En volume l'air contient pour 100 parties 20,9 d'oxygène et 79,1 d'azote.

(2) La cavité à laquelle aboutit les tuyaux bronchiques, est sans aucune communication avec le tissu cellulaire du poumon ; elle est couverte par les ramifications des vaisseaux pulmonaires. Cet énoncé suffit pour le physiologiste qui peut rester indifférent sur les variétés de cette terminaison.

La terminaison des bronches a été le sujet des recherches de tous les physiologistes. Il y a encore quelques dissidences sur cette terminaison. Sont-ce des cellules, des vésicules, des ampoules ? S'ouvrent-elles dans un tissu aréolaire ?

Aujourd'hui, dit P. Bérard, page 318, personne n'admet que les

C'est dans ce contact que l'air subit un changement dans sa composition : il cède au sang une partie de son oxygène, lui prend une partie d'acide carbonique qu'il contient. Il y a échange de gaz. Cette action se fait également à l'air libre, sous nos yeux, lorsqu'on examine le sang d'une saignée qu'on a recueilli dans un vase et qu'on a laissé exposé quelque temps à l'action de l'atmosphère.

Cette composition et cette décomposition du sang, s'effectue au travers des parois des vaisseaux par un acte incessant qui se fait dans les poumons, pendant la respiration et que n'interrompt même pas le sommeil.

Dans cet échange de gaz, l'acide carbonique expulsé (4 ou 6 dix-millièmes) emporte aussi une proportion d'azote, plus grande que celle qui a été inspirée, et une plus grande quantité aussi de vapeur d'eau provenant de la perspiration pulmonaire.

L'acide carbonique expulsé, est aussi en plus grande quantité que celui que contient l'air introduit pendant l'acte de la respiration.

Il y a donc eu plus d'oxygène absorbé que d'expulsé et plus d'acide carbonique rendu qu'il n'en a été absorbé.

« En moyenne, l'air expiré contient, en volume, 4,87 d'oxygène *en moins* que l'air inspiré ; d'une autre part, il contient en moyenne 4,26, *en plus*, d'acide carbonique. Ces deux quantités (4,87 et 4,26) quoique à peu près égales, ne le sont cependant pas tout-à-fait. En effet, d'après les moyennes précédentes, pour chaque litre d'acide carbonique exhalé par le poumon, il y aurait 2 litres 14 d'oxygène absorbés. Cette différence devient plus saillante si nous suivons la respiration pendant une durée d'une heure. En une heure, en effet, l'homme rend environ 18 lit. 5 d'acide carbonique et pendant ce temps il absorbe par le poumon 21 litres d'oxygène.

---

bronches se terminent dans une espèce ou une sorte de tissu cellulaire. — P. Bérard, *Cours de physiologie*, T. III, page 319.

C'est une opinion presque dissidente, celle qui fait ouvrir le tuyau bronchique dans une cellule multiloculaire, ou qui attache des cellules sur cette division ultime de la bronche.

La quantité d'oxygène absorbé pendant la respiration, l'emporte donc sur la quantité d'acide carbonique exhalée. M. J. Béclard dans cette explication met en observation que la quantité d'acide carboni-inspirée, contenue dans l'air atmosphérique, est si petite qu'on peut la négliger. Elle ne chargerait pas ces moyennes. » — J. Béclard, liv. i, chap. iv, page 345.

En somme il y a toujours excès de l'absorption de l'oxygène, sur l'exhalation de l'acide carbonique. Voilà pourquoi à la longue, le volume de l'air expiré ne représente pas complètement le volume de l'air inspiré (1).

Quant à la vapeur d'eau qui s'échappe du poumon à chaque expiration, il suffit d'expirer sur une glace polie pour que cette vapeur s'y condense à l'instant. Elle peut être évaluée à 500 grammes en 24 heures. Cette évaluation ne peut être rigoureuse qu'en tenant compte de la pression barométrique, et de l'état hygrométrique de l'air.

Nous avons dit, en parlant de l'inspiration, que l'air qui entre dans la poitrine pénètre tout simplement l'air qui s'y trouve déjà et qui est raréfié. Les poumons se trouvent alors remplir la cage osseuse que l'inspiration a développée par les forces inspiratrices.

Cette pénétration de l'air et la distension pulmonaire qui s'en suit est vérifiée par ce fait que sur le cadavre, lorsque l'on ouvre la poitrine, la pression atmosphérique extérieure vient contrebalancer celle qui se faisait par l'intérieur, et le poumon s'affaisse de quelque chose sur lui-même. Alors il se fait un vide, un léger vide entre lui et les parois thoraciques qui n'existait vraiment pas auparavant (2).

---

(1) Quant à l'azote, ce principe ou élément de l'air atmosphérique et qui est introduit dans le poumon avec l'oxygène et l'acide carbonique « tantôt ses proportions sont à peu près les mêmes dans l'air expiré et dans l'air inspiré, tantôt les proportions de ce gaz sont légèrement augmentées dans l'air expiré. » — J. Béclard, page 338, liv. i.

(2) Quelques auteurs ont prétendu que c'était par sa propre élasticité et non par la pression atmosphérique extérieure que le poumon revenait sur lui-même.

Nous aurions pu ajouter aux moyens qui procurent l'entrée de l'air extérieur dans les poumons, cette circontance tout-à-fait physique, que l'air dilaté, raréfié dans les cellules pulmonaires, appelait l'air des bronches ; l'air dilaté des bronches appelait l'air de la trachée ; et ainsi de proche en proche jusqu'aux fosses nasales.

Pour l'inspiration il est nécessaire de prendre en sens inverse l'itinéraire que nous avons fait suivre à l'air et de faire jouer aux muscles expirateurs le rôle opposé à celui que nous avons prêté aux muscles inspirateurs.

Ainsi l'air traversera pour sa sortie des poumons, les mêmes voies que pour son entrée.

Les dilatations successives que nous avons attribuées à tout le conduit qu'il parcourt, devront se convertir en un autre ordre de phénomènes pour son expulsion. Phénomènes dans lesquels nous ferons figurer : 1° l'élasticité du poumon ; car si le poumon est déclaré passif dans la dilatation, il intervient d'une manière très-active dans l'expiration ; 2° la contractilité de la trachée et des bronches ; 3° l'action des muscles ou portions de muscles pouvant concourir à l'expiration, et que nous avons déjà indiqués page 371 et suivantes, en parlant de l'amplitude et du retrait de la poitrine dans la respiration ; 4° enfin l'élasticité propre des parois thoraciques, déjà mentionnée aussi, ainsi que l'action du diaphragme qui, dans cette circonstance, remplit le rôle que nous lui avons assigné. Et pour terminer, mentionnons la pression atmosphérique à l'extérieur de la cage thoracique.

§ 46. Quelle est la quantité d'air mise en circulation pendant la respiration ? Ceci est assez difficile à déterminer parceque nous ne respirons pas aussi largement les uns que les autres et que nous différons, aussi bien que les animaux, d'âge, de sexe et de constitution ; et que nous différons même sous le rapport du développement de l'organe pulmonaire.

Ensuite, comme il a été dit, nous ne nous débarrassons pas complétement par la respiration de tout l'air contenu dans les poumons ; car après une expiration ordinaire, nous pourrions encore expulser une certaine quantité d'air. C'est en vertu de ce séjour un peu prolongé de l'air dans les poumons que se fait l'*hématose* et le dépouillement du sang de l'acide carbonique qu'il contenait au moment du contact de l'air ; contact incessant et fréquemment renouvelé par la respiration. « Il était bon qu'il y eut toujours de l'air en réserve pour vivifier le sang qui passe. » P. Bérard (1).

Il a été expliqué que le sang se dépouillait, au contact de l'air, de l'acide carbonique qu'il contenait. Ceci implique l'idée que le sang contient de l'acide carbonique; c'est ce qui est prouvé, et qui ne peut être mis en doute. Mais où le sang a-t-il pris cet acide carbonique? L'acide carbonique a été formé dans les tissus, dans les organes, par le fait de l'assimilation et de la désassimilation. C'est dans les capillaires généraux que cette action a lieu (2). Le sang artériel, comme le sang veineux, contient de l'oxygène et de l'acide carbonique, mais, relativement, il y a plus d'oxygène dans les artères et plus d'acide carbonique dans les veines.

On sait aussi que le sang contient des gaz de l'air en dissolution et l'on sait également avec quelle facilité l'acide carbonique se dégage des corps avec lesquels il est en combinaison, et à plus forte raison lorsqu'il est en dissolution dans les liquides; comme il est constaté par une expérience, qu'il est facile de faire avec une vessie contenant de l'eau chargée d'acide carbonique : cet acide traverse les parois de la vessie comme il peut passer au travers des parois très-minces des vaisseaux capillaires du poumon; et si cette expérience se fait sous une cloche, il

---

(1) Les phénomènes respiratoires proprement dits ne sont que le commencement et la fin d'une autre série d'actions qui se passent dans toutes les parties du corps et auxquelles se rattachent la calorification, l'innervation, la nutrition, l'irritabilité musculaire, en un mot ce qu'il y a de plus intime dans le mouvement vital. — P. Bérard, page 385.

(2) L'air atmosphérique attiré dans les poumons déplace par son oxygène, l'acide carbonique produit des phénomènes de combustion qui se sont accomplis dans toutes les parties du corps. *(Ibidem)*, page 497.

est facile de recueillir l'acide carbonique qui s'est dégagé de l'eau contenue dans la vessie ; on peut bien croire qu'il peut en être de même dans l'intérieur du poumon au travers des fines parois des vaisseaux capillaires qui contiennent le sang.

Vaudrait-il mieux admettre, dit P. Bérard, que l'oxygène s'est combiné au carbone du sang pour brûler ce carbone et former de l'acide carbonique qui est alors exhalé ; tandis qu'une autre portion de cet oxygène s'incorpore au sang, le rend artériel, et lui donne l'énergie, l'activité, qu'il possède en portant la vivification dans toutes les parties du corps ?

« Ces deux modes de productions de l'acide carbonique ont été admis, c'est-à-dire la formation de l'acide carbonique au contact de l'oxygène de l'air et formation d'acide carbonique *dans les capillaires* ; lequel acide carbonique s'exhale ensuite du sang, apporté, ou plutôt contenu dans les vaisseaux capillaires du poumon. Ces diverses questions sont encore, il est vrai, du domaine de la controverse.

Mais l'échange des gaz dans les poumons (dit à son tour M. J. Béclard, page 374 et 375) et qui constitue l'essence même de la respiration est à l'état de fait démontré (1). » On admet maintenant que dans le poumon l'air entre seulement en dissolution dans le sang, et déplace l'acide carbonique qui s'y trouve, et que c'est dans la circulation et par l'effet des phénomènes d'assimilation que l'oxygène de l'air s'introduit dans le sang, et forme de l'acide carbonique (2). M. Ségalas a fait aussi quelques expériences dans le but de démontrer que l'oxygénation du sang,

---

(1) L'échange de gaz dans le poumon entre l'atmosphère et le sang, est un phénomène déterminé, par la tendance que les gaz différents ont à se mélanger quand ils sont mis en présence ; et même lorsqu'ils sont séparés par des membranes animales.

Ce phénomène d'absorption et d'exhalation gazeuses dont les poumons sont le siége, ont avec les phénomènes d'endosmose des substances liquides, une frappante analogie : Il y a ici, comme dans l'*endosmose* des liquides, un courant d'entrée et un courant de sortie déterminés par la tendance au mélange. — J. Béclard, page 367.

(2) L'acide carbonique est un produit incessant des combustions de nutrition. (*Ibidem*, page 378, liv. I.

comme le dégagement d'acide carbonique pouvait se faire ailleurs que sur la surface des poumons. En effet, on sait aujourd'hui que l'on respire par la peau, si l'on peut dire ainsi (respiration supplémentaire qui existe chez beaucoup d'animaux), et des expériences tentées à ce sujet, chez l'homme, ne laissent aucun doute sur l'absorption de l'oxygène de l'air, par cette surface : la *peau*.

Nous nous sommes demandé quelle était la quantité d'oxygène qui s'introduisait dans les poumons à chaque inspiration ; et quelle était la quantité qui en sortait pendant le même acte.

Si on calcule la quantité d'air inspiré par chaque mouvement respiratoire, il est facile d'apprécier cette quantité, déduction faite de celle qui est expirée ; car la quantité d'air expirée est à peu près la même que celle inspirée ; le gaz acide carbonique et un peu d'azote en plus remplacent l'oxygène absorbé.

« La quantité d'oxygène absorbé dans les 24 heures est d'un kilogramme. » — P. Bérard, page 420, d'après M. Prévost.

Ces calculs ont été faits avec soin : il y a des hommes qui ont passé une partie de leur vie à faire ces expériences. Il y en a même qui les ont faites sur eux-mêmes en s'enfermant dans des espaces circonscrits. Il y en a eu d'autres qui, dans des *expériences* beaucoup plus dangereuses, ont été s'imposer les douleurs, les souffrances les plus grandes pour arriver à des résultats qui devaient fixer la science et servir à l'humanité. Telles sont celles de ces expériences, qui ont trait à la faim et à la soif. Et d'autres encore, que des expérimentateurs hardis ont osé faire sur eux-mêmes, au péril de leur existence.

Nous avons dit autre part, page 361 de ce volume, que la quantité d'air inspiré et la quantité d'air expiré (à chaque mouvement respiratoire) était de 25 à 27 pouces cubes selon P. Bérard. « 500 centimètres cubes ou 1/2 litre, telle est en moyenne la quantité d'air mis en circulation dans le poumon, pendant chaque mouvement respiratoire normal. » — J. Béclard, page 335.

Mais comme nous avons dit, qu'il restait après l'expiration une quantité d'air dans les poumons, que nous pouvions évaluer à 175 pouces cubes, il y aura donc une quantité d'air contenue dans la poitrine, après l'inspiration, qui sera de 200 pouces cubes.

Eh bien, par l'expiration, et ce calcul ne peut être des plus justes parce que l'expiration peut être plus ou moins prolongée ; il y aura 1/24 de perte. Enfin, la quantité d'oxygène absorbée serait 4 et l'augmentation de l'acide carbonique serait aussi de 4 et une fraction, en tenant compte de la quantité de ce gaz qui entre dans la composition de l'air quoique minime, ainsi qu'il a été dit (1).

§ 47. **Oxygénation du sang.** En expliquant que l'oxygène s'introduit dans le sang pour le vivifier dans le poumon ; et en faisant brûler le carbone par ce même oxygène pendant le travail de l'assimilation et dans la circulation, il est évident qu'il doit être sous entendu que ces deux opérations ou changements, ne peuvent s'opérer sans qu'il en résulte des phénomènes appréciables dans l'économie. Ainsi, l'activité que prennent les fonctions sous l'influence d'un air oxygéné. La torpeur au contraire, qui saisirait celles de ces parties qui ne recevrait qu'un sang noir et dépourvu de cet excitant : tout indique de quelle importance ce gaz est pour notre existence. C'est là, pour ainsi dire, toute la théorie de l'asphyxie.

Cette vivification du sang est donc opérée par l'oxygène qui brûle aussi, pour engendrer la chaleur (calorification), les principes immédiats que la digestion, ou plutôt la nutrition introduit dans nos humeurs. « Les phénomènes de combustion qui suivent l'introduction de l'oxygène dans le sang ne sont pas, à proprement parler, des phénomènes de respiration ; ils sont plus spécialement du ressort de la nutrition ; car ils ont lieu partout dans

---

(1) « Dans la dépense que nous faisons de l'oxygène pendant la respiration et qui fait que nous en absorbons plus que nous n'en expirons, il faut faire entrer en ligne de compte la quantité de ce gaz qui est employée à convertir l'hydrogène en eau, phénomène encore de combustion, principe de la chaleur des animaux.

« Une partie de l'oxygène inspirée est utilisée à la combustion de l'hydrogène. Dès lors le volume d'acide carbonique, en un temps donné, ne représente jamais exactement le volume total de l'oxygène absorbé. » — J. Béclard, page 346, livre I.

l'organisme. L'acide carbonique dans le sang est le produit incessant des combustions de nutrition (1).

« Autrefois, du temps du grand Haller, on donnait à l'air le rôle d'unir, à la manière d'une sorte de gluten, les éléments terrestres du corps ! » La théorie de la respiration ne pouvait être alors, que ce qu'elle était ; dépourvue qu'elle se trouvait des connaissances physico-chimiques que nous possédons maintenant. La théorie physico-chimique, qui existe aujourd'hui, commence à Lavoisier qui a comparé les phénomènes de la respiration à une combustion ; comparaison qui pourrait bien encore se faire ; en y joignant toutefois les explications un peu différentes, relativement au mode d'introduction du gaz comburant, l'*oxygène*, et au mode d'expulsion d'un des produits de la combustion : l'*acide carbonique*. — P. BÉRARD.

Quoiqu'il en soit, il est admis généralement que l'oxygène entre en combinaison chimique dans le sang, dès le poumon, puisque la température de ce sang s'élève dans cet organe.....

C'est dans les capillaires généraux du corps, plus que dans le sang artériel, que l'oxygène est employé aux usages pour lesquels il a été ajouté au sang et qui sont la finalité de la *respiration*.

En définitive, les expériences qui ont été faites sur la quantité d'air inspiré, et sur celle de l'air expiré, ne peuvent être d'une exactitude rigoureuse par rapport aux différentes circonstances sus-mentionnées ; mais dont la principale est celle-ci : c'est qu'il reste toujours dans la poitrine une portion d'air après l'expiration et que, par telle ou telle circonstance, ou par différents états de l'économie, la circulation allant comme un torrent dans les poumons, peut faire perdre plus ou moins d'oxygène à cet air, et déverser plus ou moins d'acide carbonique.

Quoiqu'il en soit, on peut, sur les faits qui nous sont connus,

---

(1) La chaleur animale provient évidemment des phénomènes de combustion qui se produisent dans le corps d'un animal ; mais on ne peut admettre que la chaleur produite soit égale à celle qui résulterait de la combustion vive, dans l'oxygène, du carbone qui se trouve dans l'acide carbonique expiré ou de l'hydrogène qui aurait été brûlé. — PELOUZE et FRÉMY, *Abrégé de Chimie*.

établir des principes ou des règles hygiéniques de la plus haute importance; soit par rapport aux lieux publics, où un certain nombre de personnes peut être renfermé : les *théâtres*, les *églises* et les *bals;* soit par rapport aux espaces dans lesquels se tiendraient pendant un temps plus ou moins long, des personnes qui seraient forcées d'y séjourner : les *prisons*, les *hôpitaux*, les *ateliers*, les *fabriques*, les *manufactures*, les *salles d'asiles*, les *casernes* et les *grandes assemblées*.

Ainsi, sachant par avance et par un calcul fait en moyenne, que l'homme consomme dans une heure 10 mètres cubes d'air sans qu'il puisse altérer notablement cet air, de manière à le rendre sensiblement nuisible à sa santé; il faudra, s'il séjourne dans un même endroit pendant 24 heures, deux cent quarante mètres cubes d'air sans avoir besoin d'être renouvelés : la quantité d'oxygène qu'il absorbera, et celle d'acide carbonique qu'il dégagera, ne pouvant, pendant cet espace de temps, vicier l'air suffisamment pour qu'il devienne délétère; c'est-à-dire avoir une action dangereuse sur son économie.

Mais au bout de ce temps le renouvellement de cet air devient indispensable; car l'homme déverse, dans l'endroit où il séjourne, une certaine quantité d'acide carbonique et de matières organiques, par l'acte de la respiration, et par la peau, ainsi qu'il a été dit.

Cet acide carbonique, et ces matières organiques dissoutes finiraient par vicier l'air au point de faire éclore certaines maladies, comme cela se voit dans les endroits où l'on a forcément, et malheureusement, entassé un grand nombre d'hommes ; les camps, les prisons et les cales, etc., où se développent des maladies pestilentielles « une masse d'air égale à un cube de douze pieds environ ou de quatre mètres de côté a été considérée comme pouvant satisfaire aux conditions que prescrit l'hygiène. » — P. Bérard.

M. Peclet, d'après ce que rapporte le même auteur, est arrivé à établir approximativement que la ventilation doit offrir de 6 à 10 mètres cubes d'air frais par heure et par homme.

Le médecin peut être journellement consulté sur ce point ; et il manquerait à ses devoirs s'il ignorait la composition de l'air et les différentes altérations que ce fluide peut subir, soit par le dégagement des vapeurs nuisibles qui s'y mêlent, soit par les miasmes que nous produisons nous-mêmes par suite de l'agglomération, de l'entassement des individus, et qui peuvent vicier l'air et le rendre délétère : car, par la respiration, par la transpiration, et par d'autres exhalaisons qui s'échappent de l'économie, et, éventuellement, par des principes volatils que les aliments, ou les boissons, ont introduits dans la circulation, nous enlevons à l'air ses principes vivifiants et nous y introduisons des gaz, des vapeurs mortifères : *acide carbonique*, *matières* animales volatilisées, etc.

Ainsi donc, pour ne parler que de l'altération que l'air éprouve par suite de la respiration, et qu'il nous importe de connaître, pour le sujet que nous traitons, nous dirons (quoique déjà nous en ayons fait en partie l'énoncé) que cette altération produit une différence notable entre l'air qui sort du poumon et celui qui a été pris dans l'atmosphère et qui consiste :

1° En ce que l'air expiré contient moins d'oxygène 4,87 en volume ;

2° En ce qu'il contient plus d'acide carbonique 4,26 ;

3° En ce qu'il a tantôt plus, tantôt moins de proportion d'azote quantité minime ;

4° Une température différente ;

5° En ce qu'il entraîne avec lui une vapeur chargée de matières organiques, et le plus souvent des principes volatils provenant des aliments ou des liquides qui ont été pris pendant les repas et introduits dans la circulation.

M. J. Béclard dit, page 389 et 390, liv. I : « L'homme exécute 18 mouvements respiratoires par minute, et à chaque mouvement respiratoire il fait circuler 1/2 litre d'air dans les poumons. Il en résulte qu'il utilise en une heure, environ 500 litres d'air pour les besoins de la respiration. D'une autre part, l'air qui sort des poumons contient 4,3 pour 100 d'acide carbonique. L'homme renfermé pendant une heure dans 500 litres d'air vicierait donc cet air, de telle sorte qu'au bout de ce temps le milieu renfermerait environ 4,3 pour 100 d'acide carbonique, à supposer que haque fraction d'air fût respirée d'une manière successive.

« A cette dose, l'air ne serait sans doute pas encore doué de propriétés immédiatement nuisibles, ainsi que le prouvent les expériences sur les animaux vivants. L'homme pourrait encore tirer de cet air une certaine proportion d'oxygène. Mais il est certain qu'il en souffrirait, et qu'il pourrait en résulter pour lui des conséquences fâcheuses. »

Ces dernières explications, insérées ainsi (d'après M. J. Béclard) terminent ce que nous avions à dire sur la *respiration*. Elles sont rapportées, par nous, comme la consécration de ce qui a été exprimé sur ce même sujet dans le courant de ce chapitre. Et d'après un auteur aussi précis que M. J. Béclard elles peuêtre érigées, pour ainsi dire, en lois.

§ **48. Asphyxie**. Dans l'état ordinaire et le plus communément, le poumon se remplit d'un air respirable, c'est-à-dire qu'il aspire dans l'atmosphère un air dont la composition est, à peu de chose près, déterminée pour qu'il serve convenablement à l'hématose ou sanguification, dans les poumons par ses éléments constituants.

C'est-à-dire, 76,9 d'azote, 23,1 d'oxygène en poids, et 4 à 6 dix-millièmes d'acide carbonique ; ou en volume 0,79 d'azote et 0,21 d'oxygène et une quantité variable d'acide carbonique, suivant les saisons de l'année ; plus une certaine quantité d'eau dissoute. (Voir page 374 de ce volume).

Mais l'air n'est pas toujours, par sa composition, aussi respirable, et comme il agit sur les hommes et les animaux par chacune de ses propriétés physiques et chimiques ; car il s'introduit dans les voies digestives et est absorbé par la peau, en certaine quantité ; l'intégrité de sa composition n'est pas indifférente pour l'entretien de la vie.

Nous avons dit que lorsque l'homme ou les animaux respirent pendant un certain temps dans un volume d'air *limité*, il s'y produit une modification chimique, dans la proportion de ses éléments constituants.

L'air devient alors irrespirable ; car, ainsi qu'il a été expliqué précédemment, il y a une certaine quantité d'oxygène enlevée et consommée par l'inspiration ; et une quantité à peu près égale d'acide carbonique *produite* par l'expiration.

D'après cela, l'air, au bout de quelque temps, se trouve vicié. L'homme (d'après Herbst) expire par heure, environ 21 litres d'acide carbonique à jeun. Or, on conçoit quelle influence au bout d'un certain temps, cet air, s'il n'est pas renouvelé, peut avoir sur la santé : c'est un air altéré par la respiration, et par les sécrétions des êtres vivants ; c'est l'air confiné, l'air des enceintes closes, où un certain nombre d'hommes a été renfermé.

M. J. Béclard dit que dans cet air confiné il y a, outre l'acide carbonique, les matières organiques de l'expiration et celles de l'exhalation cutanée ; et que ces substances contribuent à déterminer les accidents qui surviennent ordinairement.

Les individus, dit-il, page 376, qui ont survécu dans les circonstances que nous venons de rappeler, ont pour la plupart, été pris de fièvres graves, ce qui généralement n'a pas lieu chez les personnes *asphyxiées* par l'acide carbonique, produit par la combustion du charbon et qu'on parvient à rappeler à la vie.

L'acide carbonique, a par lui-même, une action toxique sur l'économie animale.

Tous les jours on démontre, dans les cours de chimie, que des animaux placés dans un mélange de 21 parties d'oxygène et 79 parties d'acide carbonique, succombent en moins de trois minutes. Ce n'est donc pas parceque l'acide carbonique déplace ou tient la place du gaz oxygène ?

Les animaux ne vivent pas mieux dans un milieu de 79 d'oxygène et de 21 parties d'acide carbonique (les termes sont ici renversés).

Une atmosphère d'azote ou d'hydrogène quoique ne contenant pas d'oxygène, n'entraîne au contraire la mort qu'au bout de 6, 8, ou 10 minutes.

Un mélange d'azote et d'hydrogène permet aux reptiles d'y vivre des jours entiers, ils succombent dans l'acide carbonique.

Bichat avait tort, dit M. Collard de Martigny, de mettre sur la même ligne l'acide carbonique et l'hydrogène. — P. Bérard, page 436.

Ces explications nous amènent à considérer le gaz acide carbonique, lorsqu'il prédomine, comme un empêchement à l'exhalation de celui que l'animal produit lui-même; car dans le gaz azote et l'hydrogène (dans lesquels il peut vivre) il lui est possible d'émettre au dehors celui (l'acide carbonique) qu'il dégage ; et dès lors, l'échange gazeux qui a lieu dans les poumons peut se produire ; et le sang de l'animal peut aussi se débarrasser pendant un certain temps, de l'acide carbonique qu'il contient; mais, lorsque l'acide carbonique est en excès, il ne le peut plus.

Il y a encore d'autres gaz qui sont nuisibles à l'homme et que la respiration introduit dans les poumons, mais dans des circonstances spéciales.

Nous venons de voir que l'homme et certains animaux, peuvent souffrir et même mourir des différentes combinaisons, ou proportions dans lesquelles les éléments constituants de l'air atmosphérique peuvent entrer ; mais, si cet air est chargé d'autre gaz que ceux que nous venons de signaler ; comme l'oxyde de carbone, qui se produit toutes les fois que le charbon brûle lentement au contact de l'air, oh ! alors, les phénomènes d'*intoxication* marchent avec rapidité : une atmosphère devient mortelle pour un oiseau lorsqu'elle contient 1,100 d'oxyde de carbone (Pelouze et Frémy) 2 ou 4 pour cent de ce gaz dans une atmosphère suffisent pour le faire périr (l'oiseau) à l'*instant*, tandis que 96 parties d'oxygène et 4 parties d'azote entretiennent convenablement la vie.

Les oiseaux, les cabiais, l'homme lui-même, peuvent vivre, sans paraître en souffrir, dans un milieu constitué exclusivement par de l'oxygène pur (1).

Dans les cas d'asphyxie par le charbon, l'oxyde de carbone est le principal agent de l'intoxication ; car il agit plus directement que l'acide carbonique lui-même pour occasionner la mort. Dans ce cas il y a empoisonnement comme par un gaz délétère; et il est considéré lui-même (l'oxyde de carbone) comme tel.

La mort n'est plus dans ce cas le résultat de la non conversion

---

(1) Il n'est pas dit cependant que ce serait impunément que l'homme respirerait pendant un certain temps de l'oxygène pur : un état congestif des poumons et du cerveau en serait inévitablement la suite.

du sang veineux en sang artériel, mais bien comme l'hydrogène sulfuré et l'hydrogène arséniqué qui agissent à des doses plus faibles encore comme poisons.

Le mot asphyxie proprement dit de *a* privatif et *sphugmós* pouls, était autrefois la privation ou l'absence du pouls.

C'est pour nous, aujourd'hui, la *suspension* des phénomènes de la respiration, et par suite *celle* des fonctions cérébrales, de la circulation et de toutes les autres fonctions.

Or, il n'y a pas que la privation de certains gaz nécessaires à la respiration ou d'autres, qui lui sont nuisibles, qui peuvent occasionner l'*asphyxie:* tout empêchement à l'entrée de l'air dans les poumons, pendant un certain temps, peut produire l'asphyxie.

Une cause mécanique : comme un corps étranger engagé dans le larynx ou à l'entrée de l'œsophage peut, par oblitération ou compression des voies aériennes, déterminer l'asphyxie.

La strangulation ou la suffocation par pendaison ou la submersion, agissent toujours en empêchant l'introduction de l'air dans les poumons.

C'est à la non conversion du sang veineux en sang artériel que la mort est attribuée.

Les asphyxies par des gaz délétères sont de véritables empoisonnements, comme celui qui a lieu par les gaz des fosses d'aisances (plomb) et varient suivant la nature du gaz et l'intensité de son action.

L'asphyxie par cause mécanique est extrêmement rapide ; il est rare que l'homme qui a séjourné 4 ou 5 minutes sous l'eau ne soit pas asphyxié ; c'est aussi rapide que par la strangulation si le submergé n'est pas venu respirer à la surface de l'eau.

Dans tous ces cas, c'est toujours par absence de l'action vivifiante du sang sur le système nerveux ; par l'embarras apporté à la circulation dans les capillaires du poumon, et par l'accumulation de l'acide carbonique, produit incessant des combustions de nutrition (et dont l'exhalation ne se fait pas au dehors) que la mort survient. « Dans ce dernier cas, l'arrêt de la circulation dans le poumon précipite le résultat. » — J. Béclard, page 378.

Chez les nouveau-nés l'asphyxie, que certains d'entre eux

éprouvent au moment de la naissance, tient souvent à des causes de compression au passage, où il a été trop longtemps retenu; à une faiblesse de constitution; à une perte trop considérable du sang placentaire, pendant l'accouchement. Cette asphyxie peut se prolonger un certain temps sans être pour cela mortelle.

Les animaux chez lesquels la respiration pulmonaire n'est pas établie, tels que les fœtus dans le sein de leurs mères, peuvent survivre à la mort de celle-ci après un temps assez considérable. Cela tient, selon P. Bérard, à ce que le sang n'a pas à traverser le poumon comme chez l'adulte : le trou de Botal et le canal artériel assurent la circulation pendant un certain temps.

Il se passe également quelque chose de semblable sur l'animal nouveau-né pendant les premiers jours de son existence. On peut, dit M. J. Béclard, plonger de jeunes chiens, ou de jeunes chats, dans de l'eau tiède quelques heures après leur naissance, et les y laisser séjourner pendant une demi-heure sans les faire périr. Il est vraisemblable que cette faculté disparait avec l'occlusion du trou de Botal et celle du canal artériel.

Tout ceci explique pourquoi l'opération *césarienne*, pratiquée quelquefois un peu tard, peut encore sauver la vie d'un enfant quoique la mère soit expirée depuis un certain temps ; pourquoi aussi on a pu rappeler à la vie des enfants nouveau-nés, retrouvés dans des mares ou dans des fosses d'aisances......

« Quelque soit le temps écoulé, et lors même que ce temps paraîtrait incompatible avec le maintien de la vie, il faut employer tous les moyens usités en pareil cas pour rappeler ces petits êtres à la vie. » — J. Béclard, page 379.

§ 49. Influence du système nerveux sur la respiration. Le système nerveux par sa distribution aux muscles de l'*inspiration* et de l'*expiration*, exerce une influence capitale sur les phénomènes mécaniques de la respiration, et comme il fournit au larynx et au poumon lui-même, on conçoit que l'action nerveuse sur ces organes ne peut avoir qu'une grande importance.

C'est de différentes hauteurs de l'axe cérébro-spinal que proviennent aux muscles *inspirateurs* et *expirateurs* les nerfs qui leur sont destinés :

Le plexus cervical envoie aux parties supérieures ;

Le plexus brachial, les paires dorsales, le plexus lombaire, fournissent à tous les muscles qui couvrent le thorax et l'abdomen, et qui entrent en action dans les mouvements plus ou moins forcés ou étendus de l'inspiration et de l'expiration ; ce qui revient à dire que : les puissances musculaires de la respiration tirent leur principe d'action de presque toute l'étendue de la moelle épinière ; et que les nerfs qui s'y distribuent proviennent, en majeure partie, de la moelle cervicale et de la partie supérieure de la moelle dorsale.

Le pneumo-gastrique, dont l'origine est au bulbe rachidien (moelle allongée), par les filets qu'il envoie au larynx au moyen des nerfs récurrents (nerfs laryngés inférieurs) et par ceux qu'il distribue dans les poumons, agit directement sur les phénomènes de la *respiration*, mais non prochainement sur l'action chimique de l'hématose.

Lorsque dans la section que l'on fait (sur les animaux) des deux nerfs *pneumo-gastriques*, au-dessus de l'endroit où ils fournissent les nerfs du larynx, on n'a pas soin d'établir, préalablement chez eux, une ouverture à la trachée-artère, on voit de suite survenir l'*asphyxie :* les lèvres de la glotte, paralysées par cette section, sont poussées l'une vers l'autre par le courant d'air attiré dans le poumon au moment de l'inspiration.

Le conduit de l'air se trouve alors obstrué par cette action physique ; et l'asphyxie ne tarde pas à survenir, si, comme nous l'avons dit, on n'ouvre pas à l'air une voie nouvelle à l'aide de la trachéotomie.

Cette circonstance a été découverte par Legallois qui, au rapport de P. Bérard, faisait une expérience dans un autre but ; et qui, importuné par les cris de l'animal (c'était un jeune chien), s'avisa de lui couper les nerfs récurrents pour le réduire au silence : mais quelle ne fut pas sa surprise lorsqu'il vit se développer, chez cet animal, les mêmes signes de suffocation que s'il lui eut coupé les deux pneumo-gastriques : il n'avait pourtant pas agi directement sur le poumon puisque le tronc du nerf vague était intact des deux côtés (1).

C'était donc par un changement survenu dans le larynx et non dans le poumon, que l'entrée de l'air avait été si promptement enrayée : il était évident que ces choses se passaient de la même manière lorsque l'on coupait les pneumo-gastriques (2).

Mais dans le cas même où l'on aurait eu le soin d'établir une respiration artificielle par la trachéotomie (les deux nerfs pneumo-gastriques ayant été coupés), la mort de l'animal n'en serait que retardée; il ne survit guère au-delà de quelques jours ou d'une ou deux semaines.

Ceci tendrait à prouver que si les pneumo-gastriques n'ont pas d'influence directe sur les phénomènes chimiques de la respiration, leur section ou suppression n'en agit pas moins d'abord sur les poumons ou plutôt sur la circulation des petits vaisseaux sanguins de ces organes, en y occasionnant des engouements sanguins et des infiltrations du même genre qui apportent des obstacles de plus en plus insurmontables aux échanges gazeux; et l'asphyxie s'établit.

Lorsque l'on pratique sur la moelle vertébrale des sections successives de bas en haut, et toujours en montant vers la partie cervicale, on voit successivement aussi survenir la paralysie des muscles abdominaux, des intercostaux et des pectoraux.

Les mouvements respiratoires quoique troublés, affaiblis, dans leur action, ne sont pas cependant détruits; ils peuvent encore s'exécuter pendant un temps plus ou moins long, parce qu'il reste une partie des muscles de la respiration en communication avec le centre nerveux cérébro-rachidien. Mais lorsque la section de la moelle est faite sur le bulbe rachidien, soit au-dessus des nerfs

(1) On nomme aussi nerf vague le nerf ou les nerfs pneumo-gastriques.

(2) Le laryngé inférieur, nait du pneumo-gastrique dans l'intérieur du thorax ; le nerf récurrent (c'est le même nerf) est ainsi appelé parce qu'il remonte dans le sillon intermédiaire à la trachée-artère et à l'œsophage, et se distribue au cou après s'être réfléchi, le gauche (car il y en a deux) au-dessous de la crosse de l'aorte, le droit au-dessous de l'artère sous-clavière correspondante.

pneumo-gastriques, soit à quelques millimètres au-dessous, toutes les puissances musculaires de la respiration sont anéanties en même temps.

L'immobilité absolue du diaphragme et de la poitrine entraîne une mort presque instantanée, à moins, comme nous l'avons dit, que l'on procure une respiration artificielle par la trachéotomie, ce qui du reste ne peut entretenir la vie de l'animal que pendant quelques heures. « Mais lorsqu'on est arrivé, par des sections, au point du bulbe correspondant à l'origine des nerfs pneumo-gastriques, l'animal tombe comme frappé de la foudre. On est donc en droit de placer le siége du *besoin de respirer*, autrement dit, le principe ou la source des mouvements respiratoires, dans le bulbe, ou pour parler plus rigoureusement, dans la portion du bulbe comprise entre la protubérance annulaire et un demi centimètre au-dessous de l'origine des nerfs pneumo-gastriques.

C'est à cet endroit qu'on a donné le nom de *nœud vital*. Cette rondelle correspond à l'espace qui sépare la première vertèbre cervicale de l'occipital, et c'est dans ce lieu (lorsqu'on veut faire périr un animal) qu'on fait pénétrer l'instrument tranchant. » (1)

Les phénomènes chimiques de la respiration ne sont pas sous l'action directe et prochaine des pneumo-gastriques. Le poumon n'a pas le pouvoir d'artérialiser le sang ; mais les altérations de fonctions qui, par suite, surviennent dans les poumons, empêchent l'air de pénétrer jusque dans les vésicules pulmonaires.

Cet organe (le poumon) par lui-même n'est pas doué d'une grande sensibilité : Haller dit qu'on peut planter le scalpel, dans cet endroit, sur un animal vivant, sans lui causer de douleurs bien vives. Néanmoins la membrane interne qui tapisse les bronches est impressionnée par le contact des mucosités qu'elle produit ; et le serait aussi par le contact de tout autre corps qui serait amené à sa surface ; mais à un bien moindre degré que celle qui tapisse les lèvres de la glotte et toute la cavité laryngienne.

---

(1) J. Béclard, *Traité de physiologie*, T. I, page 381.

Cette aptitude que le tuyau aérien possède à être impressionné par les corps étrangers, c'est le pneumo-gastrique qui l'entretient dans cet organe, et c'est lui qui transmet les impressions au centre nerveux.

Par la section des pneumo-gastriques, les mucosités, la sérosité écumeuse, séjournent dans les tuyaux aériens, d'une part, faute d'être sentie, et d'autre part, faute de contractions musculaires pour les expulser.

Les contractions du poumon qui dans l'état ordinaire expulsent ces fluides et entretiennent le renouvellement de l'air dans les vésicules pulmonaires, ne se font plus, par suite de la perte du pouvoir contractile que le poumon a perdu. L'air vicié par la respiration séjourne dans les extrémités des ramuscules bronchiques, et peut finir par amener, suivant Burdach, des désordres mortels, faute du renouvellement de l'air dans les vésicules bronchiques.

Dans le mouvement de dilatation du poumon, et par conséquent pendant l'inspiration, toute participation active de cet organe lui a été niée (voyez page 376 de ce volume) mais dans l'expiration, le poumon prend une part très notable dans le mouvement de retrait de l'organe sur lui-même: 1° par son élasticité; 2° par la contractilité du tissu irritable, et dont la part, dans l'entretien de cette propriété, revient au poumon (comme pour la contractilité des tuyaux bronchiques), c'est-à-dire aux pneumo-gastriques.

La sécrétion et l'absorption des mucosités ou des sérosités dans les ramifications des bronches ne sont pas sous la nécessité prochaine du concours du système nerveux, pour qu'elles s'effectuent.

La coagulation du sang et les caillots fibrineux que l'on a attribués à la division des pneumo-gastriques, et qui ont été trouvés non-seulement dans les divisions des vaisseaux pulmonaires, mais dans les cavités du cœur pourraient bien être, selon P. Bérard (1), la conséquence de l'embarras qui survient au bout d'un certain temps, dans la circulation pulmonaire.

---

(1) P. Bérard, *Cours de physiologie*, 488.

En effet, l'engorgement des poumons, les infiltrations sanguines, les plaques foncées qu'on y observe, dénotent que la circulation capillaire se trouble dans les poumons, après la division des pneumo-gastriques, soit que la section de ces nerfs change, dans les petits vaisseaux, l'état organique et les propriétés qui assurent le passage du sang au travers de ces vaisseaux, soit qu'elle altère la composition de ce liquide, puisqu'on a observé que les diverses altérations, introduites à dessein dans la composition du sang, modifiaient singulièrement la facilité qu'il possède de traverser les capillaires.

Au total, les pneumo-gastriques exercent une influence importante sur la constitution organique du poumon, soit que l'hématose (bien qu'elle ne soit pas, comme nous l'avons dit, sous la dépendance prochaine du nerf vague) finit par se ralentir, toujours par suite de la perte de sensibilité et de contractilité des petits vaisseaux ; soit que par absence de cette même sensibilité et contractilité dans les bronches, les fluides écumeux et sérosités de ces conduits, les obstruent en y stagnant et en ne permettant plus à l'air et au sang de se rencontrer d'assez près pour réagir utilement l'un sur l'autre : de sorte que l'animal finit par succomber dans une sorte d'asphyxie.

Disons en terminant que la section d'un des pneumo-gastriques n'entraîne pas fatalement la perte de l'animal : un seul poumon peut alors artérialiser le sang à un degré suffisant pour que l'animal ne périsse pas faute d'hématose.

CHAPITRE V.

CHALEUR ANIMALE.

§ **50. Chaleur animale.** Il est très-probable, dit Nysten, que la chaleur animale est produite presque entièrement par les réactions chimiques qui se passent dans l'économie, mais le phénomène est trop complexe pour qu'on puisse le calculer d'après la quantité d'oxygène absorbé.

Calorification. Bichat a exprimé par ce mot le dégagement de calorique qui s'opère dans l'économie animale, et qu'il considère à tort (selon quelques-uns) comme une fonction, étant le résultat de beaucoup d'autres et subordonnée à leur exercice.

Quelle est la cause de la chaleur animale ?

La chaleur animale qui existe en permanence chez les animaux, comme chaleur intrinsèque, pendant leur existence, et qui s'entretient de façon à résister au rayonnement ou à l'abaissement de température au milieu de laquelle ils sont forcés de vivre, reconnaît pour causes la formation de l'acide carbonique et celle de l'eau. Ce sont là les deux sources principales de la chaleur animale (1). « Mais les oxydations incomplètes en vertu desquelles se forment divers produits de sécrétions, y entrent aussi pour une certaine part. »

Il est dit que pour l'homme, sa température normale est de 37 degrés centigrades.

Cette température normale peut varier en raison d'une foule de circonstances : 1° elle n'est pas la même dans différentes parties du corps ; 2° elle diminue du centre à la périphérie, et elle est moins forte dans le sang veineux que dans le sang artériel. Il y a même une différence dans certains endroits des artères.

L'homme peut résister à un abaissement de sa température qui irait jusqu'à + 25°, c'est-à-dire en perdant 12 ou 15 degrés de sa chaleur normale. Et il ne peut vivre à une température qui augmenterait la sienne pendant un certain temps de six à sept degrés, c'est-à-dire que si sa température était portée à 45 ou 46 degrés centigrades, au lieu de 37, il succomberait. Les animaux résistent mieux que l'homme à une élévation de leur chaleur ou température propre.

Heureusement que l'homme trouve en lui les moyens de repousser cet excédant de calorique, et qu'il peut maintenir l'équi-

(1) L'eau formée dans le corps humain aux dépens de l'oxygène absorbé par la respiration et de l'hydrogène des substances organiques, est, au même titre que l'acide carbonique, l'un des produits ultimes de la nutrition et l'une des sources de la chaleur animale. — J. Béclard, *Traité de physiologie*, p. 564, édit. 1862.

libre par ses propres moyens, comme il sera dit plus loin.

M. Chossat a examiné ce point avec beaucoup d'attention. « L'animal meurt généralement, dit-il, quand sa température s'est abaissée à + 25°, c'est-à-dire quand il a perdu 14 ou 16 degrés de température ; et, chose remarquable, c'est à peu près aussi à ce degré d'abaissement que la mort arrive, quand les animaux sont plongés dans des corps réfrigérants. »

Ce n'est jamais sans danger pour son existence que s'établit, pour l'homme, cette lutte, aussi bien pour résister à l'élévation de sa température propre, que pour empêcher chez lui une déperdition considérable de calorique (par le rayonnement) de son corps, dans un milieu dont la température lui ferait perdre 12 à 15 degrés de la sienne (ainsi que le dit M. Chossat). Après ce terme, les forces vitales sont épuisées, le jeu des organes est enrayé, paralysé dans son action, et détruit peut-être pour jamais.

Les principales causes de la chaleur développée ou entretenue, sont la combinaison de l'oxygène de l'air atmosphérique avec le carbone et l'hydrogène du sang, non seulement dans les poumons pour former de l'eau et de l'acide carbonique ; mais aussi par la combinaison de l'oxygène introduit dans toute la masse du sang par l'acte de la respiration : lequel oxygène se combine peu à peu avec le carbone dans la circulation pour venir dégager, dans les voies respiratoires, l'eau et l'acide carbonique que le sang contient tout formés ; car ils se sont combinés peu à peu avec lui. Dans ce cas, il faut noter que la combustion du carbone par l'oxygène, et la combustion de cet oxygène avec l'hydrogène pour former de l'eau, et donner lieu à un développement de chaleur, ne peut être qu'une combinaison lente, et non comme elle pourrait se faire dans un eudiomètre avec l'étincelle électrique ; c'est plutôt une oxydation, qui se passe dans l'économie tout entière.

La théorie de Lavoisier, qui faisait des poumons le siége de cette combinaison ne peut être admise aujourd'hui (malgré ce que nous avons dit tout à l'heure), mais seulement pour ce qui a rapport à la circulation propre du poumon, c'est-à-dire sa *nutrition* ; où elle se fait là comme ailleurs. Le poumon, ou les poumons, ne sont pas le foyer de cette combustion, car l'élévation de température qui en résulterait suffirait pour anéantir les fonctions de l'organe : c'est, comme il a été dit, une combustion lente, et qui généralement se fait partout. Cette oxydation se passe dans tous les tissus, c'est elle qui transforme le sang artériel en sang veineux, qui se rend aux poumons pour dégager son acide carbonique en échange de l'oxygène, et redevenir sang artériel. Ce qui se passe dans le poumon, sous ce rapport, est un échange de gaz, à part ce qui a lieu pour les vaisseaux propres du poumon (sa nutrition) (1).

Mais là ne se bornent pas les causes de production de chaleur pour l'animal. L'exercice, le mouvement imprimés aux organes et exécutés par eux, comme cela se voit lorsque l'on veut résister à un froid pénétrant en agitant ses membres, ou en se livrant à une marche plus ou moins accélérée, peuvent développer de la chaleur. Enfin, le fonctionnement des organes tant sous le rapport de leurs produits, que sous celui du renouvellement moléculaire de leurs parties (nutrition), occasionne des frottements qui, même dans les corps anorganiques ou inorganiques, produisent de la chaleur, ainsi que cela se voit lorsque l'on vient à frotter longtemps un corps sur un autre, bon ou mauvais conducteurdu calorique.

---

(1) On a émis un grand nombre d'hypothèses sur la production de la chaleur animale et sur la source de la chaleur dans les corps organisés.

Il est évident que c'est dans l'intérieur de nos organes, dans l'intérieur du corps que se produit le calorique. Du moins il y est par suite de fonctions de nutrition et des mouvements en plus grande quantité qui s'y passent ; et quoique lents ils ne sont pas moins réels et continus.

« Les matières féculentes de l'alimentation absorbées à l'état de sucre (glycose) et les matières grasses absorbées en nature, circulent pendant quelque temps avec le sang, et finissent enfin par disparaître. La disparition du sucre et de la graisse introduits par la digestion dans le sang, est un phénomène d'oxydation lié à l'introduction incessante de l'oxygène par la voie des poumons, et la principale source de la chaleur animale. Le dernier terme de cette combustion consiste en eau et en acide carbonique. — J. Béclard, *Traité de physiologie*, t. II, p. 558.

Le mouvement et l'alimentation fournissent leurs preuves, pour la production de la chaleur, chez les animaux hibernants, dont la température s'abaisse d'une manière considérable pendant le temps qu'ils passent sans prendre de nourriture et sans faire aucun exercice (1).

Maintenant, quelles sont les causes de déperdition de cette chaleur animale qui n'est pas la même dans tous les êtres, et que chacun d'eux, quelle que soit la faible partie dont il puisse être pourvu, ne peut voir s'abaisser jusqu'à un certain degré, sans que l'organisme en souffre et parfois y succombe.

Les causes de déperdition de chaleur sont toutes celles qui tendent à soustraire de l'économie des matériaux qui s'y trouvent rassemblés ou qui sont tenus en réserve pour ses besoins. Les principales sont : le rayonnement par contact, l'évaporation par la surface du corps et par les veines pulmonaires ; quelques sécrétions trop abondantes ; quelques évacuations excrémentitielles ou autres peuvent aussi y contribuer : telles sont les grandes transpirations, les diarrhées, les diurèses, les pertes de sang, les superpurgations, etc.

Le rayonnement est cette propriété des corps d'émettre des rayons susceptibles d'être réfléchis ou réfractés comme les rayons sonores, avec cette différence que le rayonnement de la chaleur, comme celui de la lumière, se fait aussi bien dans le vide que dans l'air, tandis que celui du son ne peut avoir lieu dans le vide.

Or, donc, si nous émettons des rayons calorifiques, ils ne peuvent venir que de notre intérieur et de notre chaleur spéciale ; comme cela a lieu dans tous les corps animés ou inanimés, qui tendent à se mettre en équilibre avec ceux qui les entourent et dont la température est plus basse que la leur. Mais la nature vivante ou organique se prête encore moins que la nature morte ou anorganique à cet équilibre forcé ; et si elle émet de la cha-

(1) Ce sommeil d'hiver, chez ces animaux, semble avoir sa cause dans une modification simultanée de l'innervation et de la circulation, sous l'influence de l'abaissement de la température des milieux ambiants.

leur, elle doit en récupérer par des moyens qui lui sont propres, afin de résister à un abaissement trop considérable qui amènerait infailliblement sa destruction : aussi est-il nécessaire que les corps vivants maintiennent cette température, chez eux, et par les moyens que nous avons déjà indiqués plus haut, et par d'autres que nous pouvons considérer comme artificiels ; c'est-à-dire le calorique rayonnant d'autres corps.

Il a été dit que le corps perdait son calorique par le rayonnement ; en effet, il se développe de la chaleur dans les vaisseaux sanguins, dans les tissus, qui se perd par la surface du corps ; mais de quelle façon cette perte a-t-elle lieu?

Elle se fait d'abord par rayonnement lorsque la température extérieure se trouve, ainsi qu'il vient d'être dit, plus basse que celle de notre individu ; et cette perte est tellement sensible (sans tenir compte, en ce moment, d'autres causes) que, pendant le froid, les animaux (et l'homme n'en est pas excepté) ont besoin de réparer les pertes qu'ils font de leur calorique ; à tel point qu'on les voit chercher à fournir à la nutrition (grande source de chaleur) par des aliments reconstituants ; et faire usage des boissons les plus capables d'entretenir cette chaleur qui semble s'échapper de leur intérieur comme par un filtre.

Mais ce n'est pas seulement par le rayonnement que les pertes de calorique ont lieu ; elles se font aussi par l'*évaporation cutanée* qui est continuelle, et qui enlève incessamment aussi du calorique aux corps vivants. De façon que s'il n'y avait pas compensation entre les pertes et les gains sous ce rapport, il y aurait un déficit qui tournerait à la ruine de l'édifice animal, aussi bien dans les êtres les plus supérieurs que dans ceux qui sont au bas de l'échelle, avec cette différence cependant, que plus la machine animale est parfaite et plus elle a besoin d'un parfait équilibre.

Ce sont en effet les animaux les plus incomplets dans leur organisation qui supportent le mieux l'abaissement de la température et la privation du reconfort des pertes qu'ils éprouvent d'une façon ou d'une autre. « La *sensibilité animale est en rapport avec le perfectionnement des organes ;* et celui de l'intelligence. » — J. Béclard.

On a fait le calcul des pertes que l'homme pouvait faire en calorique par suite de différentes causes ; et l'on a calculé aussi ce qu'il lui fallait récupérer, par les aliments et les boissons, pour entretenir le corps dans un état convenable, et par conséquent sans dépérissement.

L'homme rend, en moyenne, par heure, 38 grammes d'acide carbonique ou 10 grammes de carbone, qui sont brûlés par heure ; 240 grammes par conséquent dans les 24 heures.

Il y a eu par heure 33 grammes d'oxygène introduits et absorbés dans les poumons, dont 28 employés pour la conversion du carbone en acide carbonique ; et il y a eu 5 grammes aussi d'oxygène pour brûler l'hydrogène et former de l'eau ; c'est-à-dire que dans le même temps il y a eu 0 gramme 6 ; d'hydrogène brûlé (1).

De toutes ces actions et de bien d'autres qui se passent dans l'économie, il résulte un développement de chaleur qui a toujours la même somme pour résultat, quoiqu'elle ne soit pas la même dans toutes les parties du corps : elle diminue du centre à la périphérie ; le sang de la jugulaire a 2 degrés en moins que celui de la carotide. — MAYER.

La température des artères (artères carotides) l'emporte de 2/3 de degré centigrade sur celle de la veine jugulaire. — J. DAVY (2).

Les transformations dans l'intérieur de l'organisme développent, selon leur plus ou moins grande activité, une plus ou moins grande quantité de chaleur dans les parties qui en sont le siége.

Au moyen de 240 grammes de carbone brûlé dans les 24 heures ; et des 13 grammes d'hydrogène convertis en eau par l'oxy-

---

(1) « Il y a donc en 24 heures 240 grammes de charbon brûlé et 15 grammes d'hydrogène brûlé. Or, il est facile d'après cela de calculer la quantité de chaleur produite par cette double combustion dans le corps humain. » — Voyez J. BÉCLARD, *Traité de physiologie*, tome I, pages 414 et 438.

(2) La température du sang de l'aorte l'emporte de 0,8 sur la température du sang de la veine-cave supérieure. — BECQUEREL et BRESCHET.

gène dans ce même temps, il y a eu 2,500 grammes de calorique produit : quantité suffisante pour élever *d'un degré* 2,500 kilogrammes d'eau (1). Mais comme il y a, par la surface du corps et par la surface pulmonaire, 1,500 grammes d'eau évaporés et qu'il faut 750 de calorique pour fournir à la vaporisation seulement des poumons (le reste appartient aux autres causes de soustraction du calorique), nous trouverions le moyen de remédier à l'accumulation du calorique dans nos parties, si nous n'avions même pour s'y adjoindre les boissons qui sont introduites dans notre intérieur, et qui y trouvant une température supérieure à la leur, se vaporisent en entraînant de la chaleur, et soustrayant ainsi l'économie à l'inconvénient qui pourrait résulter de son accumulation dans nos parties.

Le dégagement du calorique du corps par rayonnement est en raison de l'abaissement de la température extérieure, c'est dire qu'il y aura alors une plus grande quantité de calorique produit et une déperdition plus grande aussi de ce fluide. C'est ce qui se voit dans une température assez basse par le besoin que l'on éprouve de réparer cette perte de calorique ; et ce besoin se fait sentir de telle façon, quelquefois, qu'on est forcé d'user de substances solides ou liquides (aliments, boissons) qui développent de la chaleur au moyen de leur combustion par l'oxygène, et leur conversion en matières brûlées.

N'oublions pas que le mouvement musculaire vient toujours s'ajouter, à toutes les causes qui ont été énumérées, pour développer de la chaleur (comme nous l'avons dit), pendant tous les actes de la vie ; et surtout par la *musculation*, ainsi que Gerdy appelle toute action qui se passe dans les muscles lorsqu'ils sont en exercice.

Ainsi s'explique le maintien de la température animale à un

---

(1) M. J. Béclard dit, page 561 de son traité de physiologie : l'homme produit en 24 heures (par une température moyenne), une quantité de chaleur qui serait capable d'élever 25 kilogrammes d'eau de la température de la glace fondante à la température de l'eau bouillante. Cette chaleur se dissipe peu à peu dans l'atmosphère, par rayonnement, par contact et par évaporation.

état constant, malgré l'abaissement de la température environnante ; ainsi s'explique aussi la réparation des pertes occasionnées par les causes ci-dessus mentionnées ; ainsi se démontre également que s'il y a des causes de déperdition de chaleur, il y a aussi des causes de production de ce fluide, de manière à conserver l'équilibre de la température animale.

Nous avons dit que dans un milieu à température basse et sèche, la perte du calorique par le rayonnement et par l'évapotion des liquides, était assez considérable pour nécessiter plus d'activité, plus d'énergie dans les organes, et une plus forte somme de matière à brûler pour faire compensation aux pertes.

Ceci explique la tendance que l'on éprouve à consommer une plus grande quantité d'aliments en hiver qu'en été ; et aussi cette disposition à faire usage (ainsi qu'il a été dit précédemment) de boissons ou de liqueurs plus ou moins hydrogénées dans les pays froids. Le contraire se manifeste chez nous lorsque nous nous trouvons dans des pays ou dans des temps, où la chaleur atmosphérique est assez considérable...... Là, plus de nécessité à pourvoir sur ce point aux pertes du calorique ; et si notre température propre semble s'augmenter, c'est parce qu'il n'y a plus de causes marquées à la déperdition.

Alors, le besoin de réparation ou d'entretien de la chaleur n'existant pas de la même façon, nous ingérons moins d'aliments ; les organes ne sentent plus le besoin ou plutôt la nécessité d'un travail aussi actif d'assimilation ; nous cherchons au contraire à dégager l'économie du calorique qui pourrait s'y accumuler :

1° En faisant usage d'aliments légers et peu comburants ; 2° en nous livrant au repos, plutôt qu'à l'activité, pour éviter la chaleur développée par le mouvement musculaire ; 3° en faisant usage de boissons acqueuses qui, en se vaporisant de l'intérieur du corps, enlèvent du calorique ; enfin en provoquant certaines évacuations : *sueurs*, *transpirations*, *sécrétions*, qui entraînent avec elles du calorique ; car une diaphorèse qui s'établit à la peau, soustrait par sa vaporisation, une grande quantité de calorique à l'économie.

Toute compensation ainsi faite, le corps se maintient en équilibre et peut ainsi résister à des abaissements de température et à des élévations qui compromettraient son existence s'il n'y pourvoyait par ces différents moyens, dont la plupart sont à sa disposition. Il n'y a vraiment péril pour lui, que lorsqu'il ne peut se les procurer.

Lorsque ces ressources ont manqué quelquefois et que, ainsi qu'il a été dit, comme dans le premier cas, c'est-à-dire lorsque le corps cède son calorique dans une proportion assez forte pour qu'il y ait danger pour la vie, alors notre individu se refroidit sensiblement ; la circulation languit, les forces ne sont plus soutenues, et le corps s'affaisse sur lui-même ne pouvant plus agir, ni se livrer à aucun mouvement. Les rouages de la vie sont en grande partie enrayés, s'ils ne sont pas déjà détruits complétement.

C'est surtout vers les extrémités et dans les parties qui sont détachées du corps et par conséquent éloignées du centre circulatoire que commencent ces désordres. Les doigts, les orteils, le nez, les oreilles subissent, les premiers, les effets d'un abaissement marqué de la température du corps. La circulation se ralentit et finit par s'arrêter entièrement.

Alors la congélation, la mortification s'emparent de ces parties et le corps lui-même ne tarde pas à succomber par suite du défaut d'action du cœur, qu'un froid intense a frappé de mort lui-même (1).

Lorsqu'une congélation partielle a frappé seulement une, ou

(1) Dans la malheureuse campagne de Russie, en 1812, nos soldats ne se soustrayaient au froid intense qu'il faisait alors, — 25° à 30° centigrades, et ne résistaient à l'engourdissement des membres et à leur congélation, qu'en faisant continuellement des mouvements et en se livrant à une marche forcée, au point que beaucoup d'entre eux épuisés de fatigue tombaient sur les chemins ; mais alors malheur à eux, le corps saisi bientôt par le froid, ne pouvait plus se relever et les cadavres jonchaient la route que les soldats avaient prise dans leur retraite précipitée. (Campagne de 1812, *Mémoire* du baron Dominique Larrey.)

C'est dans cet ouvrage, à plus d'un point remarquable, que notre illustre chirurgien en chef de la grande armée du nord (1er empire) dit avoir remarqué que les hommes du midi, résistaient mieux à ce grand abaissement de température que les hommes du nord.

plusieurs parties des extrémités du corps, il faut procéder avec lenteur et ménagement, au retour de la chaleur et de la circulation dans ces parties ; si l'on arrive avant leur entière destruction. Ce n'est pas inconsidérément qu'on exposerait un membre, ou une partie d'un membre, à une chaleur artificielle un peu élevée ; c'est modérément et insensiblement qu'il faut chercher à y rappeler la chaleur et la vie ; pour la raison que, si on l'exposait de suite à une température élevée, les fluides qui abondent dans ces parties et les gaz qui s'y trouvent, se raréfieraient, se dilateraient et briseraient leur enveloppe en les détruisant pour jamais. C'est ce qui arrive également aux végétaux dans certaines circonstances, où une température un peu élevée, un soleil un peu fort, vient les frapper après un froid intense ou une gelée pendant la nuit.

Nous avons dit que lorsque la température extérieure était élevée, le corps ne pouvait perdre son calorique par les causes de rayonnement que nous avons mentionnées, puisqu'elle fait équilibre à la sienne propre ; mais si cette température extérieure est supérieure et surpasse celle de l'homme, le corps gagne-t-il du calorique ?

Lorsqu'il y a cinq ou six degré d'augmentation de *calorique intérieur*, il y a mort ; tandis que le corps de l'homme ne périt qu'à 25 ou 30 degrés de sa chaleur normale.

Une grenouille dont la température ordinaire est de 20 degérs moins que l'air où elle se trouve, succombe lorsqu'elle est exposée au soleil pendant quelque temps : les fluides se dilatent, elle crève.

On peut remédier, pour l'homme, aux deux fâcheux états : *excès de calorique*, *excès de froid*, en prenant les précautions que nous avons indiquées et qui consistent (contre l'excès de la chaleur) à observer le repos, diminuer les aliments respiratoires et plastiques (aliments thermogènes) à ingérer des liquides aqueux qui ne soient pas cependant à une température trop basse pour qu'il n'y ait pas action trop directe sur l'organe pulmonaire et réaction ensuite.

Et enfin par les évaporations cutanée et pulmonaire, il y aura oulagement de l'excédant du calorique qui tendrait à s'établir

Dans le second cas, c'est-à-dire dans celui où une déperdition considérable de la chaleur du corps, par rayonnement a lieu, les aliments nutritifs seront employés ; un exercice soutenu sera fait de manière cependant à ce qu'il n'en résulte pas une fatigue extrême et des boissons confortantes seront prises, mais sans excès.

Enfin, dans ce cas, encore, le corps sera convenablement couvert pour ne pas permettre à l'air de vaporiser trop rapidement la transpiration insensible, qui s'ajouterait alors aux autres causes de pertes du calorique pour amener le refroidissement. *La vaporisation est la plus grande cause d'abaissement de la température et du refroidissement dans les êtres animés.*

La vaporisation montre ses effets dans l'emploi des vases dits alcarazas ou gargoulettes ; ce n'est qu'en filtrant, comme la sueur, au travers des pores de ces vases argileux que l'eau qu'ils contiennent se maintient fraîche par la vaporisation constante qui s'en fait, à l'extérieur, au milieu d'une température élevée.

Ce n'est aussi qu'en vaporisant une grande quantité d'eau dont ils se sont gorgés, que certains individus ont le privilége de rester quelque temps au milieu d'une haute température ; comme on a vu des bateleurs le faire, en se tenant un certain temps dans un four dont la température est portée à un degré élevé (1).

Enfin tous les âges et tous les individus ne perdent pas la même quantité de calorique. Moins les corps sont formés et plus ils ont de surface ; plus par conséquent ils ont de pertes.

L'enfant crée plus d'urée, plus d'acide urique, il perd davantage et, relativement à son volume, il a plus d'étendue, plus de surface. Aussi, il prend beaucoup d'aliments combustibles : Il

---

(1) Le chameau a de plus que les ruminants un cinquième estomac où il fait provision d'eau, et où il la conserve sans altération ; on pense que cette eau est destinée autant pour subvenir aux besoins de la digestion, que pour entretenir dans l'animal un certain état de fraîcheur, par sa *vaporisation* ; ce qui lui permet de traverser les contrées les plus chaudes sans avoir besoin de trouver de l'eau pour se rafraichir ou se désaltérer.

perd beaucoup de *chaleur* et c'est pour ce motif qu'il les recherche et les appète. Nous faisons abstraction en ce moment des substances alimentaires qu'il prend également pour fournir en même temps à son accroissement, à son développement. En somme, relativement, il en consomme plus que l'adulte.

CHAPITRE VI.

NUTRITION PROPREMENT DITE.

Définition : La nutrition, considérée d'une manière générale, consiste dans une série de transformations de substances nutritives, destinées à la conservation de l'individu, par l'assimilation qu'il en fait à sa propre substance.

§ 51. **Nutrition.** La nutrition est la première fonction de l'économie ; en ce qu'elle résume toutes les autres ; toutes étant faites en vue de la nutrition ; car la nutrition c'est la vie, la vie organique, à laquelle préside un principe inconnu dans son essence, et qui n'existe pas dans les corps bruts, les corps inanimés.

La nutrition est donc cette fonction dans laquelle les diverses parties de notre corps travaillent à s'entretenir, se réparer, ou à s'augmenter. De là cette définition : fonction par laquelle les corps organisés entretiennent, séparent ou augmentent leurs parties, par l'assimilation à leur propre substance, de certains matériaux que fournissent les aliments, substances qui subissent des transformations successives par différentes actions ou actes biologiques : *digestion*, *assimilation*, *etc*.

Définition, cependant, dans laquelle il ne faudrait pas voir seulement l'action toute spéciale et particulière des aliments qui sont introduits dans les corps vivants et organisés, pour, étant absorbés, en réparer les pertes et en favoriser le développement, et par conséquent y entretenir la vie ; car il n'y a pas seulement *nutrition* par l'introduction du chyle, au moment de l'absorption de matériaux préparés, élaborés par la digestion et qui sont assimilés à la substance propre de l'animal ; il y a aussi des molécules absorbées au sein des organes, et qui deviennent nécessaires à la nutrition puisqu'elles servent à l'entretien des parties.

Si les véritables éléments de la nutrition, pour les végétaux, sont les pluies, les rosées, l'azote de l'air, les sels de la terre, les engrais, et le soleil qui féconde tout; ne pouvons-nous pas étendre le champ de la nutrition chez les animaux, et ne pas le borner exclusivement aux substances introduites dans leur estomac, pour être digérées et assimilées à leurs organes.

Sans doute, les aliments dans l'estomac, comme les engrais au sein de la terre, servent à la nutrition du corps des animaux, à la réparation des molécules détruites dans leurs parties par cette même nutrition; car elle est une propriété de tous les tissus, et est le résultat des divers actes de combinaisons organiques. Mais il y a dans l'économie, à part l'absorption des aliments, d'autres phénomènes qui appartiennent à la nutrition. « Ces phénomènes, qu'on a même parfois rapprochés des sécrétions, doivent en être séparés; on ne pourrait le faire qu'incidemment. » — P. Bérard.

Par exemple : le corps vit et s'entretient (dans certaines circonstances) en puisant dans sa propre substance, pendant tout le temps qu'il est privé d'aliments. Dans le cas également d'abstinence ou de jeûne forcé et prolongé, et dans l'affaiblissement et la détérioration évidente du corps par suite de maladie, il ne se nourrit qu'en s'épuisant lui-même; 2° le corps absorbe par la peau l'oxygène de l'air et dégage de l'acide carbonique; cette respiration supplémentaire est aussi de la nutrition.

Enfin l'action de la décomposition du corps par la désassimilation, fournit sans cesse à la masse du sang de nouvelles forces de réparation; différents ordres de vaisseaux portent à ce liquide les produits de ces diverses absorptions.

§ 52. Phénomènes de nutrition en général. Dans les poumons, il y a échange de gaz, et la substitution de l'oxygène à l'acide carbonique est de la nutrition, car cet oxygène est destiné à brûler certains matériaux du sang. Ici l'organe (le poumon) opère encore une substitution avantageuse à l'économie, puisqu'il y a remplacement des parties brûlées, et rejet au dehors d'*acide carbonique*. Les matériaux solides ou liquides qui seraient nuisibles à l'économie ou à l'entretien de nos organes, sont également rejetés ou remplacés par la nutrition.

Mais c'est surtout au sein de nos tissus que se brûle le carbone, et dans les innombrables vaisseaux capillaires qui les parcourent.

Ce carbone, transformé en *acide carbonique*, doit être rejeté du torrent de la circulation par le phénomène de la respiration; et par suite de l'échange des gaz dans le poumon, au contact de l'air atmosphérique, car ces deux phénomènes se produisent, et ces deux transmutations ont lieu, c'est-à-dire échange de gaz dans les poumons et carbone brûlé dans les vaisseaux capillaires, source probable de la chaleur.

Cet acte physico-chimique est de la *nutrition*, quoique la vie n'y intervienne que pour le phénomène vital de la respiration, c'est-à-dire le soulèvement des côtes, et par suite l'amplitude de la poitrine par l'action des muscles inspirateurs, aussi bien que son abaissement, son affaissement par les muscles antagonistes, les *expirateurs*.

Tout ceci veut dire qu'au sein de nos parties, dans les mailles de nos tissus, s'opère également la nutrition. La nutrition proprement dite commence à l'estomac et se termine dans la profondeur de nos tissus, de nos organes.

Et, en effet, que deviendraient toutes ces parties soumises à l'absorption interstitielle, moléculaire, s'il n'y avait pas, comme il a été dit, remplacement des molécules détruites, usées, aussi bien à la surface des tissus que dans leur intérieur. Les os eux-mêmes, dont le tissu est si dur, si compacte, souffrent cependant l'usure. Et comment ce tissu, le tissu osseux, se procure-t-il le remplacement de ses pertes, par quel moyen, si ce n'est par la nutrition, par les molécules que lui apporte le sang? Le sang, qui charrie et renferme tous les matériaux propres à l'entrétien particulier de chaque organe, de chaque tissu, disons mieux, des liquides eux-mêmes.

Cet admirable phénomène de l'*exosmose* et de l'*endosmose* contribue à l'accomplissement de tous les actes dans cette fonction de la nutrition, et nous en explique le mécanisme; car si les porosités des vaisseaux permettent l'entrée de toutes les substances qui sont en état d'y parvenir, ces mêmes porosités laissent échapper aussi par l'*exosmose* les matières destinées à nourrir nos organes; cette dernière action est favorisée, en partie, par la tension du sang dans les vaisseaux.

Le plasma du sang se débarrasse ainsi d'une quantité de matériaux qui lui sont fournis par la digestion et l'absorption, matériaux qui le surchargeraient inutilement et même dangereusement. Ce n'est pas, en effet, sans inconvénient pour l'économie, que certains produits s'introduiraient ou séjourneraient en plus grande quantité qu'il ne faut dans le torrent circulatoire, et qu'ils y resteraient plus longtemps qu'il est nécessaire. Ils doivent en sortir pour subir ensuite des changements, soit pour être assimilés à l'organe lui-même, soit pour servir à sa fonction, en coopérant au produit qu'il forme : tels la bile, l'urée, les larmes, etc., dont quelques-uns doivent être définitivement rejetés au dehors.

L'urée particulièrement, qui s'échappe journellement de notre économie par les voies urinaires, et qui est contenue dans le sang, ne peut être retenue au sein de l'organisme, et y faire un séjour, même d'une assez courte durée, sans occasionner des désordres auxquels il faudrait au plus tôt remédier (1).

Les auteurs rapportent que Thomson ayant lié les uretères à un chien, s'aperçut bientôt que le corps entier de l'animal présentait des signes de putridité; les liquides vomis par ce même animal, et par d'autres sur lesquels il expérimenta, étaient chargés d'urée, leurs corps étaient véritablement en état de maladie.

Ainsi les corps vivants font des pertes incessantes (mucus, transpiration, bile, urine), qui sont entraînées au dehors, et ces pertes amèneraient la destruction complète de l'organisme, si à côté de ce mouvement de décomposition ne se trouvait celui de recomposition. Le mouvement de décomposition s'exerce aussi sur l'organe lui-même, pendant qu'il est occupé à séparer du

(1) L'urée, en moyenne, est de 0,2 pour 1,000 grammes de sang. C'est un des produits de l'oxydation des matières albuminoïdes. L'urée est éminemment azotée, 46,7 p. 100 d'azote.

sang certains principes utiles encore à l'économie, ou d'autres qui doivent en sortir et être rejetés. Ainsi donc, la propre substance de l'organe, a été usée par cette même action, par ce même travail qui a occasionné des frottements, développé de la chaleur, et un mouvement pulsatoire qui en détache les molécules qui sont les siennes propres.

Il y a désagrégation et remplacement successifs. En d'autres termes, la machine animale se détruit et se répare sans cesse; autrement dire encore, il y a eu absorption des matières usées et remplacement par de nouveaux produits; c'est de la *nutrition*, à tel point qu'à deux époques différentes de sa durée, elle ne contient pas une seule des molécules qu'elle avait auparavant.

Il y a eu à cet effet emploi de forces, usage de l'*organe*, action incessante sur les liqueurs qui l'imbibent, ou le traversent, usure, par conséquent, de ses parties constituantes, absorption de ses molécules, mais restitution, remplacement de ces molécules par d'autres qui sont fournies à l'organe par les transsudations du plasma du sang.

Chose remarquable, c'est le sang qui apporte, qui charrie les matériaux qui sont nécessaires à la reconstitution de l'organe, molécule par molécule, au fur et à mesure de leur usure, afin d'entretenir la continuation de sa fonction, et l'intégrité première de cet organe; et c'est le sang aussi qui transporte ceux de ces matériaux (résultat d'excrétion) qui sont devenus désormais inutiles à l'économie, et qui doivent être rejetés au dehors.

C'est en ayant égard à cette composition et décomposition, sans changement appréciable dans la constitution des organes, que Cuvier a été conduit à émettre cette judicieuse proposition (dit Richerand) que dans les êtres organisés, *la forme* était plus importante que la *composition*; et qu'elle restait la même, quoique incessamment détruite, et incessamment reconstituée par de nouveaux matériaux.

Si on demandait les preuves de ce que nous venons d'avancer dans ce chapitre, nous les trouverions : 1° pour le mouvement de composition et comme faits certains, l'accroissement du fœtus; le développement de l'enfant, et l'entretien du corps de l'adulte. 2° pour celui de décomposition, la disparition de certaines parties comme celle du thymus, la résorption du cal dans les fractures.

Il n'est pas possible de démontrer le renouvellement molécule à molécule, des éléments de nos tissus ; mais le résultat de l'accroissement de ces derniers, comme celui de leur disparition dans certaines circonstances est constaté.

Nous avons indiqué que, par suite de l'absorption qui se fait de cette usure, et par suite aussi de cette rénovation par assimilation, des parties constituantes des organes, il arrivait un moment où ils ne contenaient plus un atôme de leur constitution première.

Ceci a fait penser qu'il devait être assigné une période à l'accomplissement de cette *rénovation*. On a même fixé à sept années le *temps* pendant lequel elle a lieu ; mais ce changement doit avoir un cours plus ou moins précipité, selon l'âge, le sexe, le tempérament et le climat sous lequel on habite. Toutes circonstances qui doivent l'accélérer ou le retarder.

Il est donc impossible de rien établir de positif sur la durée de la rénovation complète des parties constituantes de l'organisme.

Nous n'avons pas à établir de nouveau que c'est le sang qui, au moyen des matériaux qui lui sont fournis par la digestion, et qui lui sont apportés par l'absorption, procure à chaque organe, à chaque tissu, les éléments de recomposition, aussi bien que les fluides qui doivent être excrétés ; nous l'avons dit et répété avec intention ; mais le sang contient-il tous les éléments qu'on retrouve dans nos organes, dans nos tissus ? Quelle loi préside à cette élection particulière de tel organe sur tel principe que le sang renferme ? Pourquoi ici de la bile, là du mucus, plus loin des globules, et, à côté de l'urée ? dit P. Bérard.

Il est impossible d'expliquer autrement ces phénomènes que par la disposition, la composition des organes qui élaborent ces produits et à leur façon, par une action spéciale.

Aussi les voyons-nous conformés de manière différente : la substance du rein ne ressemble pas à celle du foie , celle de la rate encore moins au poumon ; mais leur fonction est-elle en rapport avec leur composition ? On voit bien, pour le poumon, organe d'hématose ou de sanguification, à quoi il peut être utile; il semble en effet ne pouvoir servir, par sa composition, qu'à renfermer de l'air ; comme on conçoit pour quel objet cet air y est contenu et souvent renouvelé. Et cependant ce n'est guère que depuis Lavoisier (1782 à 1789) que la composition de l'air a été connue et qu'il a été possible d'assigner à ce fluide le rôle qu'il doit remplir par sa présence dans le poumon.

Lorsqu'en parlant de la bile, il a été dit que le foie sécrétait cette matière animale, ce liquide (liquide biliaire), il ne nous a pas été possible d'entrer plus avant dans le mécanisme de la fonction et de connaître pourquoi cet organe faisait et de la bile et de la glycose (1).

Serait-ce un double organe ? Sa contexture se prêterait-elle à deux sécrétions différentes ?

Quand nous avons parlé de la rate, il a été dit aussi que cet organe avait une action toute particulière dont le résultat était de dissoudre, de fondre, de désagréger les globules du sang, *d'après M. J. Béclard* (2).

Et nous avons dit qu'en effet la rate présentait une espèce de tissu inextricable fourni par sa membrane externe qui envoyait des prolongements dans son intérieur, formant des trabécules, lesquelles étaient entrelacées, entremêlées à la manière du tissu cortical du rein, et en faisceaux fibreux comme celui qui constitue la trame des feuilles de certains végétaux et semblaient avoir une destination, une affectation particulière.

Nous ajoutons que ces prolongements et ces entrelacements offrent des espaces infiniments petits, formant ainsi une espèce de feutre gaufré dans les intervalles duquel le sang est amené par les vaisseaux qui viennent s'ouvrir dans le fond des cellules

---

(1) P. Bérard fait ce mot du genre masculin ; il dit : du glucos. L'étymologie *klucus*, doux, peut se prêter à ces deux dénominations.

(2) « Les globules du sang disparaissent dans la rate, bien loin de s'y former, comme on l'a dit quelquefois. Les recherches microscopiques de M. Kolliker sur la boue splénique, sont venues confirmer les conclusions de notre travail. » — J. Béclard, page 528. T. I, *Traité de physiologie*, 1862.

que contiennent ces intervalles, ce qui leur donne une certaine analogie avec les tissus caverneux ou érectiles.

Ce sang, dirons-nous maintenant, y séjourne quelque temps et n'est repris que dans sa partie la plus fluide, y laissant les *globules* rouges, l'*hématosine* proprement dite ; ce qui a pour résultat de donner à ce tissu de la rate l'aspect d'un magma, d'un rouge légèrement violet qui ressemble un peu à de la lie de vin, et qu'on a appelé *bouillie de la rate.*

La forme du tissu primordial de la rate, la trame de ce tissu explique-t-elle cette opération qui s'effectue dans son intérieur ? comme le tissu vésiculeux ou en ampoule du poumon explique son action, son rôle, c'est-à-dire de permettre au sang de se trouver en contact avec l'air atmosphérique au travers des parois des vaisseaux que ce tissu renferme, servant ainsi à l'hématose.

La rate, à son tour, par la désagrégation des globules, et en s'appropriant l'hématine, établirait-elle un antagonisme entre ces deux organes ? l'un, le *poumon*, formant les globules rouges (en les oxydant), l'autre, la *rate*, en séparant la matière colorante dont une surabondance surchargerait péniblement le sang et ne conviendrait pas à l'opération que le foie doit exercer sur ce sang qui lui arrive à profusion et de tous les côtés.

Enfin, et toujours par rapport à la rate, les vaisseaux capillaires par leur arrangement particulier exerceraient-ils une influence sur la fonction de l'organe et sur son mode électif de sécrétion?

L'illustre Sœmmering a démontré l'arrangement particulier des vaisseaux capillaires dans certains organes :

Ainsi, à la langue, ce sont des *houppes ;* dans les intestins, des *arborisations ;* dans le foie, des *étoiles ;* dans la rate, des *goupillons ;* dans la pituitaire, des *treillages ;* dans l'iris, des *anses ;* dans le cristallin, des *aigrettes ;* dans les testicules, des *tire-bouchons ;* dans le placenta, des *vrilles.* — Richerand, page 379, *physiologie*, dernière édition, 1833.

Les organes sont en effet constitués par des parties élémentaires qui, par leur combinaison, fournissent des principes immédiats, ou matériaux immédiats (1).

---

(1) On appelle ainsi des substances composées d'au moins trois

Et de l'arrangement particulier de ces derniers, résulte la contexture propre de l'organe.

D'après ce qui vient d'être rapporté des recherches de Sœmmering, il est possible qu'il y ait quelque analogie entre l'organisation de ces différentes parties et le fluide qui en est le produit et sur lequel la nutrition s'exerce (ce qui en ferait des espèces de filtres à action spéciale). Nous disons le fluide qui est le produit de l'organe et non sa sécrétion ; car les organes, outre la sécrétion dont certains d'entre eux sont chargés, préparent, élaborent aussi des matériaux pour leur propre nutrition. Or, ce changement que certaines parties du sang éprouvent dans l'organe, cette espèce d'élection toute particulière que cet organe fait dans les parties constituantes du sang, comme l'urée pour le rein, la bile pour le foie, cette élection, disons-nous, appartient-elle plus particulièrement au travail de l'organe, ou est-elle le résultat de sa nutrition, puisque beaucoup d'organes se nourrissent sans fournir de sécrétion et d'autres font l'un et l'autre? En un mot, est-ce en se nourrissant qu'ils forment le produit qu'ils sécrètent et excrètent ; ou bien la nature propre de l'excrétion, comme l'*urée* pour le rein, amène-t-elle, forcément, la composition particulière de l'organe : lui donnant telle ou telle forme, telle ou telle texture ?

Cette question paraît, au premier abord, singulière, paradoxale ; car, il semble que l'organe doit être créé pour la fonction et préalablement à cette fonction et que ce n'est pas la fonction qui crée l'organe. Cependant pour ce dernier point, si on y réfléchit, on découvre qu'il y a dans l'économie animale des fonctions temporaires et des organes qui n'existent que pendant qu'il est nécessaire que la fonction s'exerce : le placenta est dans ce cas ; il est évidemment formé et développé accidentellement et momentanément, pour servir d'intermédiaire entre l'enfant et la mère.

Le thymus n'existe que pendant un certain âge, pendant une

éléments qu'on retire des animaux et des végétaux sans altération et par des procédés simples.

certaine époque de la vie, pour un motif que nous ne connaissons pas encore. Il disparaît sans qu'il en reste trace (1).

Un changement non moins particulier dans la circulation ; c'est la fermeture du trou de Botal à une certaine époque de la vie.

Et même, avant que l'enfant respire, le canal *artériel*, le canal *veineux* sont des dispositions créées et formées au fur et à mesure que la fonction se développe pour cesser avec elle. L'organe, dans ce cas, est formé *ad hoc*, comme on dirait, pour les besoins de la cause : la *circulation fœtale*. Et la texture de l'organe, son organisation, la trame et la disposition de son tissu, toutes ses parties élémentaires en un mot sont établies, constituées en vue de la fonction qu'il doit remplir, ou de l'élaboration qu'il est destiné à faire de certains fluides, soit pour les assimiler à sa propre substance, soit pour séparer du sang, comme moyen d'épuration, certains matériaux qui ne peuvent y séjourner, ou s'y accumuler sans danger pour l'économie.

Dans ce dernier cas, ces organes servent d'émonctoires ou de filtres particuliers, qui, par leur texture propre, ainsi qu'il a été dit, laissent passer telle substance plutôt que telle autre, par un mode électif dépendant (ainsi qu'il a été expliqué) de la trame ou texture particulière de l'organe. Il y en a aussi qui opèrent des transformations isomériques.

Outre ces considérations qui ont occupé bien des physiologistes, il est à considérer que tous nos organes, du moins les plus importants, le *foie*, la *rate*, le *poumon*, le *cœur*, ont des vaisseaux qui leur sont propres et indépendants de ceux qui semblent n'y circuler que pour la fonction à laquelle ils sont destinés.

Le cœur, entre autres, nous offre le phénomène le plus marqué de cette disposition particulière dans les vaisseaux qui doivent le nourrir, et qui semblent n'être affectés qu'à son propre entretien ; les autres vaisseaux étant exclusivement destinés à sa

(1) En définitive l'organe, ou la disposition de l'organe doit exister et se former en rapport avec l'acte ou la fonction qui doit s'accomplir ne fût-ce que temporairement.

fonction ; c'est-à-dire à la circulation générale, fonction qui lui est propre.

Pour le sujet qui nous occupe ici, nous relaterons que Richerand a dit : qu'on pouvait rechercher quelle analogie existait entre les différentes parties d'un organe et le fluide sur lequel la nutrition s'exerce.

§ 53. Qu'est-ce que le liquide nutritif, le sang ? En nous avançant dans la nutrition, nous arrivons à reconnaître que le liquide nutritif est le sang : car il doit renfermer tous les éléments matériels qui entrent dans la composition des organes.

En effet, où ces derniers iraient-ils puiser ces éléments si ce n'est dans le sang ? Et où le sang lui-même irait-il chercher les matériaux qu'il charrie, si ce n'est dans la *nutrition*, dont la digestion est le commencement, l'absorption le second temps, et l'assimilation le dernier terme ? Et cependant, les produits de chaque organe sont différents quoique provenant du sang.

Autre question : il y a-t-il analogie entre la composition du sang et celle des principes immédiats des animaux ?

Un bon nombre de ces principes existent tout formés dans le sang : la fibrine, l'albumine, les sels, etc., forment les principes immédiats des animaux, et se trouvent dans le sang. La gélatine qui ne s'y trouve pas, tendrait à prouver, par son abondance dans le système fibreux, que les organes ont la faculté de créer de toutes pièces des principes secondaires (1).

« Le mécanisme de la nutrition deviendrait des plus clairs, si nous pouvions déterminer exactement les différences de composition qui existent entre les aliments dont on fait usage, et la substance même de l'organe ; de façon que nous puissions voir comment chaque fonction fait perdre à ces aliments leur caractère, pour leur faire prendre celui de propriétés de tissu ; de quelle manière, enfin, chacune de ces fonctions travaille à la transmutation de la partie nutritive, en notre propre substance ou encore à la formation de certains produits devant être conservés ou éliminés. » — RICHERAND.

(1) La gélatine n'existe pas toute formée, car elle est le produit de l'ébullition que l'on fait subir à certains tissus.

Pour explication : qu'un homme se nourrisse de végétaux (et ceux-ci forment la base de la nourriture de certains peuples, de certaines personnes même), on trouvera que les principes immédiats de ces végétaux sont de l'oxygène, de l'hydrogène et du carbone, joignez-y un peu d'azote, des sels, et l'on trouvera cependant que les organes de cet homme sont d'une composition plus compliquée : que l'azote y est plus abondant, et que de nouveaux produits se trouvent dans son intérieur; produits qui semblent avoir été fournis par l'acte de la nutrition.

L'opération serait donc de faire passer la matière nutritive à un état plus avancé de composition ; de la priver d'une partie de son carbone et d'y faire prédominer l'*azote;* d'opérer des transformations et des conversions; comme les substances albuminoïdes en albuminose, peptone ou peptose, acide lactique; et l'amidon en dextrine puis en glycose, etc.

Tous les corps vivants paraissent doués de la faculté de composer et de décomposer les substances à l'aide desquelles ils s'entretiennent, et de donner naissance à de nouveaux produits.

Cependant, cette propriété n'existe pas au même degré dans tous les êtres organisés. Elle est chez eux plus ou moins énergique.

« Un végétal ne se nourrit, ne s'accroît que par les produits minéraux qu'il puise au sein de la terre ou dans l'air qui l'environne; les fucacées (plantes marines) fournissent de la soude par leur incinération; mais placées dans un terrain qui ne contient pas d'alcali, et arrosées avec des eaux privées de sels, elles sont désormais dans l'impossibilité de fournir la *soude*, comme lorsqu'elles croissaient sur les rivages de la mer ou dans des marais toujours inondés par leurs eaux saumâtres et muriatiques. » — RICHERAND, *Physiologie*, page 183.

Le corps des animaux lui, se nourrit de végétaux, et y puise des matériaux qu'on peut retrouver dans le sang, dans ses tissus; mais il a aussi la faculté de transformer ces matériaux en de nouveaux produits. Si les animaux ne peuvent créer des substances de toutes pièces, ils peuvent en transformer une certaine quantité, et donner lieu à de nouveaux produits, puisque, comme nous venons de le dire, les substances amilacées sont converties en dextrine puis en glycose (substances thermogènes) ou sucre de raisin qui doit être brûlé et converti en carbone.

Ce carbone devenu acide carbonique par une opération subséquente, ira se déverser dans l'air par les voies pulmonaires auxquelles il est parvenu par la circulation.

Tous ces faits sont la preuve évidente des transformations qui peuvent se faire au sein de l'organisme, et rappellent cette définition : que *le corps des animaux est un laboratoire animé dans lequel sont introduits, pour jouir de la vie, les substances inorganiques qui sembleraient les plus réfractaires aux nombreuses compositions qu'elles y éprouvent.*

« On pourrait rapprocher le mouvement de composition de la faculté de reproduction qui semble départie à certains de nos tissus. Non pas qu'un organe puisse se reproduire dans son entier, comme cela parait avoir lieu chez les animaux invertébrés, *pattes d'écrevisse, queue de lézard*, etc. ; mais certains tissus peuvent prendre une organisation nouvelle, une régénérescence de la partie enlevée ; et y voir même se développer une vascularisation. » — P. Bérard.

Il y a même dans le système nerveux, qui ne paraissait pas doué de cette propriété, une faculté de reproduction incomplète, il est vrai, puisqu'un nerf dont une partie aurait été enlevée ne peut se régénérer, mais une disposition à rétablir une communication active et complète, cette fois, entre deux bouts de nerfs qui auraient été divisés ; mais à la condition expresse que les extrémités se trouvent en contact ; alors la fonction se rétablit comme à l'ordinaire, grâce à la déposition de matière nerveuse dans le tissu de la cicatrice.

« Une régénérescence des tissus semble aujourd'hui plus facile à admettre qu'autrefois : l'histologie nous a fait connaître, par le secours du microscope, des formations auxquelles on n'avait pu appliquer des preuves ; par l'ignorance où l'on était du travail segmentaire ou cellulaire qui y préside. Ce travail, qui s'étend depuis l'épiderme, jusqu'aux os, est le résultat de la formation des cellules qui se joignent, se succèdent, s'accolent et se tiennent ensemble au fur et à mesure de leur formation ; de manière à former un tout, lié, uni et adhérent ; de façon qu'un certain nombre, ainsi réuni, forme un filament, une fibrille, qui plus tard en rejoindra une autre ou s'appliquera à une autre, pour former ainsi la trame d'un tissu, un blastoderme ou blastême, au milieu duquel quelques-uns de ces filaments sembleront creusés d'un canalicule, où, bientôt, s'introduiront et circuleront des liquides qui prendront plus tard une teinte rosée plus ou moins foncée en couleur, comme il arrive pour les tissus cicatritiels. Ce sont partout et toujours des exsudations plastiques de lymphe coagulable, dont les globules celluleux (1) se sont rapprochés, se sont unis bout à bout, se sont joints ensemble, pour former le tissu de remplacement, tissu plus ou moins long, plus ou moins résistant, selon l'*intersection* qu'il a fallu combler, et la force du tissu qui a produit l'exsudation plastique.

Bientôt des vaisseaux viendront s'organiser, et des filets nerveux y seront envoyés ; car la vie existe là, et aussi bien qu'ailleurs, puisqu'il y a circulation et sensibilité.

L'épiderme, seul, n'est pas vasculaire ; sa formation a lieu par des cellules qui se forment sur la surface du derme, s'augmentent par de nouvelles formations qui se poussent successivement les unes les autres, et se détruisent à la surface de l'épiderme, par le dessèchement et la desquammation des couches les plus extérieures.

La même formation a lieu pour les muqueuses, c'est un fait qui peut se vérifier sur soi-même, à la langue, où cette destruction a lieu après avoir mangé. C'est un épithélium pavimenteux qui se détruit par suite des frottements, comme à l'épiderme, par suite de dessication, et quelquefois aussi de frottements.

La nutrition et la formation des poils, des ongles, des dents, est la même : pour les poils, ils se développent comme l'épi-

(1) Autrefois, dit P. Bérard, auquel nous empruntons une partie de cette description de la régénérescence des tissus, et de leur formation sous le rapport histologique, autrefois, dit cet auteur, on disait globules ; aujourd'hui c'est *cellules*, cellules à noyaux. Il y a là, continue Bérard, autre chose qu'un simple changement de mots, il y a toute une théorie d'évolution organique, dont j'aurai bientôt à vous entretenir. — *Cours de physiologie*, tome I, page 81.

derme par une succession de cellules dont les externes produisent les fibres corticulées ; tandis que les internes conservent plus longtemps leur état primitif, et deviennent la moelle ; car le corps du poil se compose de deux substances : l'une externe, l'écorce ; l'autre interne, la moelle.

§ 54. **Nutrition des os.** *Comment se fait la nutrition dans les os ?*

L'os est primitivement à l'état cartilagineux. Il n'existe pas alors de canal dans les os longs. Le phosphate de chaux et d'autres sels viennent se déposer presque insensiblement pour donner à l'os plus de solidité ; car à l'état cartilagineux, les os jouissent, à un haut degré, d'élasticité et de flexibilité.

La plupart des cartilages manquent de vaisseaux ; ils se nourrissent aux dépens du sang exhalé des vaisseaux dans les tissus voisins par sa partie la plus liquide (le plasma).

La surface libre de ceux de ces cartilages qui sont indépendants, est revêtue d'une membrane à laquelle on donne le nom de *périchondre*, et qui seule reçoit des vaisseaux, dont quelques ramifications se rendent dans la substance cartilagineuse (1).

L'accroissement d'un os, d'abord à l'état cartilagineux, puis s'incrustant ensuite de phosphate de chaux et d'autres sels (carbonate de chaux, fluate de chaux, etc.), se fait dans sa longueur au moyen de la substance cartilagineuse qui se trouve entre la diaphyse et l'épiphyse (2). Le périoste pourvoie à l'accroissement de l'os en largeur par le plasma du sang qui circule dans ses vaisseaux (vaisseaux du périoste) et s'exsude ou transsude,

(1) La nutrition de ces tissus ou cartilages semble se faire par simple imbibition.

(2) On rapporte dans les cours de physiologie, et d'après les auteurs, que deux clous implantés dans la diaphyse d'un os long, à une distance exactement mesurée, sur un jeune animal en voie de développement, ont été retrouvés au même point où ils avaient été placés, c'est-à-dire à la même hauteur ou distance l'un de l'autre pour le corps de l'os (diaphyse).

Si l'expérience se fait de la même façon sur un cartilage, la distance entre les deux points est augmentée dans l'épiphyse.

comme partout ailleurs ; et par la formation de cellules, qui constituent successivement les couches osseuses.

Les os sont, de tous les autres tissus, ceux qui réparent le plus complètement leurs pertes de substance. Dans les solutions de continuité (les fractures) les extrémités fracturées se réunissent par une cicatrice osseuse, qui d'abord, a des caractères particuliers, mais plus tard ressemble à la substance osseuse elle-même. Dans la consolidation des fractures, les matériaux de la consolidation, ou de la régénération osseuse, sont fournis par le plasma exhalé des vaisseaux de toutes les parties vasculaires voisines ; c'est-à-dire de l'os lui-même, du périoste, des molécules, du tissu cellulaire. — J. Béclard, page 582.

Le canal médullaire, au fur et à mesure de l'épaississement qui s'empare des couches extérieures, s'élargit, s'agrandit avec l'âge ; les aréoles s'élargissent aussi par l'absorption et la liquéfaction de la substance interne ; le tissu réticulaire se forme ainsi, les parois osseuses du canal médullaire restant à peu près dans la même proportion d'épaisseur (1).

§ 55. Du cal dans les fractures. Le cal dans les fractures se forme comme l'accroissement de l'os, en circonférence, au moyen du périoste, qui n'intervient que lorsqu'un travail de réunion, au moyen des tissus environnants et de la moelle de l'intérieur de l'os, a comblé l'espace inter-osseux plus ou moins grand qui existe dans la fracture, selon la coaptation plus ou moins parfaite que l'on a obtenue dans les fragments.

Il naît de la moelle une substance rougeâtre et demi-transparente, qui fait corps avec la paroi du tube médullaire et finit par se confondre avec la tumeur extérieure.

(1) On a construit, d'après l'action de la garance sur les os vivants, une théorie de la nutrition des os. Cette doctrine consiste à représenter le périoste extérieur de l'os et le réseau vasculaire de la moelle, chez les sujets dont les os sont arrivés à leur point de développement, comme antagonistes l'un de l'autre, et fonctionnant ainsi pendant toute la durée de la vie. — J. Béclard, *Traité de physiologie*, p. 578, édit. 1862.

Il se forme ainsi autour des bouts fracturés et qui n'ont encore subi aucun changement, une capsule *fibro-celluleuse*, qui les consolide jusqu'à un certain point. Alors s'opère entre l'os et le périoste l'exsudation d'une substance semi-liquide, transparente et rougeâtre, dans laquelle l'injection démontre des vaisseaux.

Pendant ce travail extérieur, la capsule *fibro-celluleuse* fournit une substance molle, très-riche en vaisseaux, qui s'introduit entre les bouts fracturés à la manière d'un coussinet, et ferme le canal momentanément. Peu à peu la résorption s'empare de cette substance, et de la cloison formée par conséquent intérieurement; puis le cal extérieur diminue aussi d'épaisseur, en même temps que la substance intérieure se creuse elle-même peu à peu au centre de l'os, et forme une cavité qui se réunit au tube médullaire du haut et du bas.

Nous répétons que le cal extérieur diminue aussi d'épaisseur par des changements analogues, jusqu'à ce que les parties soient revenues à l'état normal de l'os dont la surface devient souvent, avec le temps, aussi lisse que s'il n'y avait pas eu de fracture, et dont le périoste, d'abord plus épais et plus rugueux, reprend peu à peu le même aspect partout.

Ainsi, ce n'est pas du périoste d'abord que se forme le cal, mais bien de l'os lui-même, des tissus environnants et de la moelle, par la formation d'une capsule fibreuse qui est une espèce de cartilage, qui maintient les bouts en contact, mais encore sans consolidation, jusqu'à ce que le périoste ait fourni son contingent dans ce travail, comme cela se voit dans les fractures près d'être consolidées (1).

§ **56. Régénération des os.** Aujourd'hui, la régénération des os est un fait acquis à la science, et cette régénération se

(1) Dans la consolidation des fractures, les matériaux de la consolidation ou de la régénération osseuse, sont fournis par le plasma exhalé des vaisseaux de toutes les parties vasculaires voisines, c'est-à-dire de l'os lui-même, du périoste, des muscles, du tissu cellulaire, etc. — J. Béclard, ouvrage cité, page 582.

ferait au moyen du *périoste* ou portion de périoste appliquée sur l'endroit où la régénération doit avoir lieu (Sédillot et Maisonneuve).

Ainsi on a dit que des parties assez fractionnées de périoste, introduites dans certaines parties du corps, et appliquées sur des tissus vivants, c'est-à-dire dans l'épaisseur des muscles, et même sous la peau d'un homme, avaient donné naissance à des portions osseuses sur les endroits où elles avaient été placées, en ayant soin, toutefois, de les introduire, de les enter dans les tissus comme une espèce de greffe (1).

Les *muscles* se régénéreraient aussi au moyen de la créatine, de la créatinine et de l'acide inosique qu'ils fournissent, et qui forment du carbone qui est brûlé par l'usure, le frottement de l'action musculaire.

Mais le muscle ne se régénère pas comme l'os : il se forme seulement un tissu de cicatrice dans les intersections (tissu cicatritiel des muscles), qui devient de plus en plus vasculaire, comme cela se voit dans certaines cicatrices, qui s'effacent peu à peu.

Les *nerfs* ne se régénèreraient pas : l'intersection qui existerait, si elle était considérable, ne se comblerait que par un tissu de cicatrice sans communication.

---

(1) M. J. Béclard, dans son *Traité de physiologie*, p. 583, l. I, édit. 1862, parle des recherches récentes de M. Ollivier, qui sont venues confirmer de tous points les faits signalés par M. Heine au sujet de la régénération des os, qui peut s'accomplir dans des limites très-étendues, ce qui avait été plus d'une fois contesté.

M. Ollivier, toujours d'après ce qu'en dit M. J. Béclard, a montré qu'en prenant sur un jeune animal vivant, ou récemment tué, un os en voie de développement, on pouvait prendre cet os, l'introduire dans les tissus vivants d'un autre animal de la même espèce (dans l'épaisseur des muscles ou sous la peau), et que cet os continue à croître dans le milieu nouveau dans lequel on l'a transplanté, pourvu que l'on ait conservé le périoste à cet os.

De simples fragments de périoste, introduits dans les tissus et dans les conditions ci-dessus indiquées, peuvent donner naissance à de la substance osseuse. La résection des os, sous-périostée, a démontré tout récemment la régénération des os, en ayant conservé le périoste.

La continuité du tube nerveux peut se rétablir, s'il n'a éprouvé qu'une simple section, comme dans les névralgies, où on a employé ce moyen, et où souvent la maladie reparaît.

Mais s'il y a ablation d'une certaine étendue du nerf, la continuité est totalement interrompue, et la maladie détruite complétement (1).

Nutrition dans les divers tissus. La nutrition dans les divers tissus de l'économie se fait au moyen du plasma du sang, c'est-à-dire par la transsudation qui a lieu au travers des parois des vaisseaux, et qui s'effectue par la tension qui y est continuelle; soit par l'effort de la circulation, soit par l'élasticité des vaisseaux eux-mêmes, soit enfin par les mouvements imprimés au corps, et qui font passer ou filtrer au travers des parois des vaisseaux et dans l'intérieur de nos organes, la partie du plasma qui peut s'échapper par les porosités de ces mêmes vaisseaux.

Mais par quel moyen se fait cette substitution de molécule à molécule, pour remplacer celles qui sont détruites et qui ne doivent plus servir? C'est ce que l'on ignore (2). C'est une loi d'affinité, sans doute, qui nous échappe comme celle qui existe entre les corps qui sont doués de cette propriété, et qui fait qu'en chimie deux corps s'incorporent, se pénètrent, pour en former un nouveau ayant quelquefois des propriétés nouvelles (isomérie).

De même, dans nos parties, il se produit des tissus normaux, et des tissus accidentels.

Cependant dans le premier cas c'est-à-dire, dans le remplacement des molécules animales, c'est constamment, et généralement, le même phénomène qui a lieu. Jamais la molécule d'un tendon ne sera remplacée autrement que par la molécule que fournit un tendon. On dit que c'est une loi d'habitude et que la

(1) Lorsque la solution de continuité, dit M. J. Béclard, est de plus d'un centimètre, les deux bouts du nerf divisé ne se réunissent plus. Ils se cicatrisent isolément sous forme de bourrelet, et les fonctions du nerf sont à jamais abolies. — *Traité de physiologie*, p. 585.

(2) On suppose que ce phénomène tient à un arrangement moléculaire différent entre les atômes élémentaires, sans nulle variation dans le nombre de ceux-ci. — NYSTEN.

nature ne peut se détruire elle-même, en se convertissant en une autre matière que celle qu'elle possédait ; et qu'ainsi s'expliquent tous ces accidents de naissance, *nœvi maternæ*, et autres productions anormales qui, quoique usées, détruites comme toute autre partie du corps, dans le mouvement de composition, se remplacent vicieusement ; car, s'il en était autrement, la septennalité (terme assigné à la rénovation du corps) ferait disparaître complètement ces aberrations si multipliées de la nature lorsque nous voyons, au contraire, toutes les affections ou maux congénitaux durer autant que notre existence.

§ 57. **Nutrition dans le tissu adipeux.** Le tissu adipeux est tout-à-fait distinct du tissu cellulaire. On croyait autrefois que c'était dans les aréoles de ce dernier que la graisse se trouvait immédiatement contenue. On sait aujourd'hui (grâce aux travaux de M. Chevreul) que la graisse est renfermée dans de petites bourses ou vésicules particulièrement logées dans ces aréoles et formant le tissu adipeux, distinct par conséquent du tissu cellulaire.

Les vésicules adipeuses, en général, sont arrondies ; elles ne sont visibles qu'au miscroscope, et ont à peine six centièmes à huit centièmes de millimètre de diamètre. Elles paraissent ne pas communiquer entre elles. Leurs parois, extrêmement minces et transparentes, laissent apercevoir la couleur jaunâtre de la graisse. Les vésicules adipeuses sont agglomérées en grains assez volumineux et forment de petites masses qui tiennent au tissu lamineux par un pédicule vasculaire. Le tissu adipeux constitue sous la peau le pannicule graisseux. — NYSTEN.

La graisse est déposée dans les vésicules du tissu adipeux à l'état de combinaison d'acide stéarique et margarique avec la glycérine ; et sécrétée par l'action organique des parois des vésicules du tissu adipeux, qui s'effectue sur le sang qui circule dans leur intérieur.

Lė mouvement moléculaire de composition et de décomposition qui entraîne toutes les parties du corps dans la rénovation, ne paraît pas y soustraire cette substance animale qui est privée d'azote.

Cependant elle semblerait s'accumuler particulièrement dans certaines parties du corps, autour de certains organes, comme si elle y était tenue en réserve pour les besoins de la vie, ou comme une sorte d'intermédiaire, par lequel une portion de la matière nutritive est obligée de passer avant de s'assimiler à l'individu dont elle doit servir à réparer les pertes.

Et, en effet, on remarque que dans les maladies de longue durée, ou à la suite de l'inanition, ou d'une alimentation insuffisante, cette substance diminue au point de faire perdre à l'individu une grande partie du poids qu'il avait auparavant. Aussi bien que l'on voit le système musculaire se fondre et se réduire de moitié dans le même cas, il doit en être ainsi de la moelle, substance huileuse qui est le produit d'une exhalation qui se fait dans l'intérieur des os, et qui a lieu à la surface de la membrane médullaire, produit qui semble être tenu là (ainsi qu'il a été dit), en prévision des besoins que nous ne pouvons encore au juste apprécier, mais qui doivent exister, puisque c'est au fur et à mesure que l'individu croît et augmente ses forces que le canal médullaire se creuse, se forme et que la moelle est en plus grande abondance.

Chez le fœtus il n'y a ni moelle ni membrane médullaire.

Quoiqu'il en soit, la graisse ne doit pas rester indéfiniment dans les endroits où elle a été déposée. Soumise comme tous les corps de l'organisme à ce mouvement de décomposition et d'absorption dont nous avons parlé, elle éprouve la loi de remplacement.

Mais par quel moyen, et sous quelle forme cette absorption peut-elle avoir lieu ?

Par ceux indiqués précédemment pour les autres liquides ou fluides de l'économie ; mais de plus par une transformation inévitable; car la graisse n'est soluble que dans l'alcool chaud et l'éther.

Elle ne peut pénétrer dans les tissus, ou en sortir, qu'à l'état d'émulsion ou de transformation. Ici c'est l'oxygène qui pénètre au travers des vaisseaux, brûle la graisse et la dispose à l'absorption, à l'état d'acide carbonique, comme elle y avait été déposée à l'état de *stéarine*, de *margarine*, et de *glycérine*. Cette explication est assez plausible ; cependant, P. Bérard, en parlant des corps gras, introduits journellement par l'absorption, dit d'abord : « Que l'émulsionnement préalable par l'action du suc pancréatique fait arriver la matière à un état de division extrême qui facilite l'absorption. Cela tient peut-être, aussi, à d'autres circonstances chimiques ou physiques, sur lesquelles je ne pense pas que l'on se soit expliqué nettement. » Et plus loin (page 716), il ajoute : « Je ne sais rien du mécanisme par lequel s'opère la résorption de la graisse du corps, dans les maladies chroniques, dans les cas d'abstinence chez les animaux hibernants. »

Cependant l'action physico-chimique dont nous venons de parler, tout-à-l'heure, semble donner l'explication du fait dans notre économie (1).

La formation de la graisse au sein de l'économie est le résultat des transformations des substances albuminoïdes ; car quelques-unes de ces substances, comme l'œuf et le lait lui-même, contiennent des matières grasses, huileuses ; mais dans les féculents, substances ternaires, privées d'azote comme la graisse, l'économie trouve encore le moyen de la produire (2). Du reste presque tous les aliments en contiennent, même ceux réputés maigres. Le lait, le beurre, les noix, contiennent des huiles ; beaucoup de végétaux en contiennent aussi ; les olives surtout,

(1) Absorbés par les chylifères et portés dans le sang, les corps gras sont déposés dans nos tissus, à l'état de stéarine, margarine et glycérine ; puis repris dans certains cas après l'action de l'oxygène pour fournir aux besoins de l'économie et à la calorification ; ils s'échapperaient par les voies pulmonaires à l'état d'acide carbonique.

(2) Les animaux carnivores trouvent dans la chair des herbivores une quantité de graisse généralement suffisante aux besoins des combustions de respiration.

Et, en l'absence des féculents, le foie forme du sucre aux dépens des matières du sang et concourt ainsi à leur fournir, par la matière glycogène, les matériaux de même nature. — J. Béclard, *Traité de physiologie*, page 559, T. I. Édition 1862.

On ne connaît pas d'une manière précise la nature des métamorphoses ou dédoublements en vertu desquels le sucre se transforme en graisse. Il ne le peut toutefois, qu'à la condition de perdre une certaine proportion d'oxygène *(Ibidem)*.

et jusqu'à la noix du cacao, dans laquelle, il y a plus de 25/00 de corps gras et que l'on retire pour en former un beurre, dit beurre de cacao.

Mais, la preuve la plus évidente que les substances féculentes amylacées produisent de la graisse, c'est la rapidité avec laquelle on la développe chez certains animaux, auxquels on ne fait prendre que des farineux, des féculents, comme l'orge aux poules, le maïs aux oies, les fèves, les glands aux porcs, qui, sous ce rapport, sont le spécimen du degré de graisse auquel peuvent arriver des animaux exclusivements nourris avec ces substances.

CHAPITRE VII.

SÉCRÉTIONS.

Définition : Généralement parlant, les sécrétions sont le résultat de l'abandon de certaines parties soit liquides soit gazeuses que fait le sang en traversant les organes.

§ 58. **Sécrétions.** Richerand a dit, à péu près de même, au chapitre VI (Sécrétions) : « Quelle que soit l'étymologie de ce mot, il exprime cette fonction par laquelle un organe sépare du sang, les matériaux d'une liqueur qui n'existe pas dans ce fluide avec ses propriétés caractéristiques. »

Les organes sécréteurs sont des glandes pourvues d'un canal ou de plusieurs canaux excréteurs, qui versent ou déposent sur une surface muqueuse ou autre (voir même sur la surface cutanée) le produit liquide qu'elles ont formé dans leur intérieur, aux dépens du sang qui les a traversées : tels sont, le foie, les reins, les glandes salivaires, le pancréas, la glande lacrymale ; et enfin les glandes sudoripares et *tuti quanti*.

De là, la définition de Richerand, rapportée ci-dessus, ou cette cette autre : « une sécrétion consiste dans l'action qu'exercent, sur les portions du sang, transsudées des parois des vaisseaux capillaires, certains tissus de notre économie, dits tissus glandulaires ; avec cette observation de M. J. Béclard (page 456) que dans toute sécrétion le liquide accumulé dans les réservoirs des glandes ou dans les canaux excréteurs est différent de celui dont il dérive.

Cependant, il y a des organes qui n'étant pas des glandes, c'est-à-dire pourvus de l'élément essentiel (un canal excréteur), n'en exercent pas moins une influence sur le sang qui les parcourt, et forment des sécrétions : tels, la *rate*, le *corps thyroïde*, le *thymus*, les *capsules surrénales;* ce sont des glandes vasculaires sanguines.

« Il est vrai que leurs produits ne sont pas encore bien déterminés. Elles n'ont point de sécrétion visible; elles exécutent leurs fonctions dans la trame de leur tissu ; c'est-à-dire dans les espaces celluleux intervasculaires remplis de vésicules spéciales; et le produit de leur action rentre dans la circulation par la voie de l'absorption. »

Il y a aussi d'autres parties du corps qui sont le siége de sécrétions, sans avoir le caractère propre des glandes de l'une ou de l'autre espèce : ce sont de larges surfaces (séreuses splanchniques, synoviales et autres) formant parfois des sacs qui contiennent dans leur intérieur des liquides qu'on peut bien considérer comme des sécrétions.

Les liqueurs animales sécrétées ont aussi leur division, sous le rapport des usages qu'elles sont destinées à remplir.

Les unes restent dans l'économie pour la nourriture des organes, l'accroissement du corps (liquides récrémentitiels); les autres sont rejetées hors de l'économie (l'urine, la sueur), liquides excrémentitiels.

Et enfin, d'autres encore sont destinées à être rejetées en partie dehors et en partie conservées; tels sont : la salive, la bile, les larmes, le mucus intestinal (liquides récrémento-excrémentitiels).

Dans toutes les sécrétions, si on y fait attention, il y a quelques parties qui sont absorbées et qui rentrent dans le torrent de la circulation : l'urine elle-même, qui mérite le mieux le nom d'*excrémentitielle*, contient encore des parties aqueuses, dont les lymphatiques s'emparent pour les porter dans la masse des humeurs, pendant son séjour dans la vessie.

C'est dans le sang que les organes puisent les matériaux nécessaires à leur accroissement, à leur entretien et à leur sécrétion ; soit que cette sécrétion doive être conservée pour un usage particulier, soit qu'elle doive être, en partie ou en totalité, rejetée au dehors.

Les vaisseaux artériels et les vaisseaux veineux-généraux ont reçu à cet effet (pour le travail de la sécrétion), les différents matériaux qui circulent avec le sang : c'est-à-dire que dans les artères l'oxygène s'y est combiné avec le sang, de manière à rendre ce liquide nourricier, vivifiant, nutritif, comme on dit.

Pour les veines, elles auront reçu les différents matériaux qui s'y trouvent aussi, et que le travail de la digestion, par le moyen des vaisseaux chylifères, y a versés ; de même que par l'absorption, et au moyen des vaisseaux veineux et lymphatiques, il y sera entré aussi les produits du travail des organes, même ceux de désassimilation ; car tout produit circule dans le sang avant d'être rejeté au dehors ; à moins que ce ne soient des transformations faites dans l'organe, mais, toujours, dont les principes auront été puisés dans le sang, quoique les principes constitutifs actuels de la sécrétion ne s'y trouvent pas en entier ; la bile est dans ce cas ; elle n'existe pas dans le sang avec ses principes constitutifs. Ainsi se vérifie l'axiome de Richerand : qu'une *sécrétion* est une *fonction* par *laquelle* un *organe sépare du sang des matériaux d'une liqueur, qui n'existe pas dans ce liquide avec ses propriétés caractéristiques.*

De quelle manière s'opèrent les sécrétions ?

« A. Les sécrétions se font à l'aide de certains tissus interposés entre les vaisseaux sanguins et le liquide secrété. Dans les glandes ou follicules, ce sont de petits sacs qui s'ouvrent sur les membranes muqueuses ou à la peau.

« Les séreuses représentent le tissu interposé sous la forme la plus simple.

« Les deux formes, forme vésiculeuse et forme tubuleuse, se répètent dans les glandes les plus composées. » — J. Béclard, page 453.

B. Les liquides qui ont contribué à la dissolution des matériaux de la digestion et à leur nouvelle transformation sont entrés avec eux, comme il a été dit, dans les vaisseaux sanguins, dans les chylifères (et dans les lymphatiques pour certaines transformations, suite de l'assimilation et de la désassimilation). Ces liquides sont portés par ces différents vaisseaux dans des canaux : canal thoracique, grand vaisseau lymphatique droit, et vaisseaux veineux, qui doivent les verser à leur tour dans la masse du sang ; c'est-à-dire dans la veine sous-clavière gauche pour le canal thoracique ; dans la portion sous-clavière du tronc brachial droit, et dans la veine-cave inférieure pour les autres.

Tous ces matériaux parcourent avec le sang les différentes parties du corps, et se rendent dans différents organes, où, mêlés intimement avec d'autres matériaux qui font partie du sang, ils sont élaborés de nouveau par chacun de ces organes qui s'empare, dans ce liquide, de ce qui lui est propre, pour son entretien d'abord, et ensuite pour l'accomplissement de sa fonction.

Ainsi, tel organe produit telle sécrétion et celui-là telle autre. C'est ainsi que les reins, auxquels se rend (à part les vaisseaux propres à sa substance) l'artère rénale, puiseront dans le sang qu'elle distribue dans l'intérieur, les matériaux qui composent l'urine ; sécrétion qui est des plus importantes ; et que l'on cite presque toujours pour exemple, parce que c'est une des plus considérables de l'économie ; qu'elle est d'une composition assez compliquée, et qu'elle est sous les yeux.

Eh bien, c'est cependant dans le sang que l'organe sécréteur, le rein, puise ou sépare les éléments de sa sécrétion, l'*urine*, en si grande abondance (1).

Les éléments de l'urine sont d'abord l'eau, qui est en assez grande quantité, 971,934 pour 1.000, puis l'urée (12,102 en moyenne), l'acide urique, accidentellement, en très-petite proportion, des principes organiques, des sels fixes, etc. L'urée, d'après les recherches de M. Henri fils, n'y serait pas à l'état libre, mais bien à l'état d'acide lactique, formant un lactate

(1) (Un kilo et demi en 24 heures). Dans nos climats, la quantité d'urine rendue en 24 heures, peut être de 1,250 grammes, contenant 46,7 pour 100 d'azote, formant 22 pour 1,000 d'urée. Toutes ces estimations peuvent varier de quelque chose.

très-soluble, déliquescent et cristallisant avec la plus grande facilité.

Nous avons indiqué déjà la proportion de l'urée dans les urines. Voici d'après M. Becquerel, une analyse de ce liquide (l'urine). Proportions par kilogramme: urée 13,838; celle de l'eau 968,815; acide urique 0,931. Les autres principes y sont en petite quantité et forment le reste des 1,000 parties.

Si l'on considère que dans les 24 heures, l'homme peut rendre deux kilogrammes d'urine; et qu'il y a 13,838 d'urée par kilogramme, on est étonné de la quantité d'azote qui sort de notre économie par cette voie; car l'urée est un principe azoté par excellence : 22/00. Et l'on se prend à dire que les substances azotées dont nous faisons usage, doivent à peine suffire à cette consommation (1).

L'organe qui est chargé de cette sécrétion est le rein ou les reins, car ils sont au nombre de deux, situés l'un à droite et l'autre à gauche dans les hypocondres (2).

Ces deux glandes se ressemblent pour la forme et pour la grandeur. Le rein droit est situé un peu moins haut que le gauche; ce qui s'explique par la présence du foie à droite, et qui peut le déprimer légèrement.

Un tissu cellulaire graisseux, parfois très-abondant, l'entoure de toutes parts.

Le *rein* est d'un rouge brun, d'une forme ovoïde, comprimé sur deux faces.

Il présente sur son bord interne une scissure plus ou moins

---

(1) C'est le résidu final d'une grande partie des matières albuminoïdes de l'alimentation qui ont fait partie de nos tissus. — J. Béclard, page 477.

(2) Quoique nous ne prétendons pas faire ici une description des plus complètes de l'organe sécréteur de l'urine, et que nous tenions à ne la donner que le plus succintement possible, nous chercherons cependant à la faire d'une manière assez exacte pour que l'explication de la fonction en ressorte facilement. A ce sujet, nous dirons comme Rostan : qu'il n'est pas inutile de retracer à sa mémoire des faits anatomiques qui nous rappellent la composition des organes dont la physiologie nous enseigne le fonctionnement.

profonde, par laquelle les vaisseaux et les nerfs pénètrent dans l'organe, et par où sort l'uretère.

Le parenchyme du rein est composé d'une substance extérieure ou *corticale*, et d'une substance intérieure, appelée substance *tubuleuse* ou *mamelonnée*. La première est d'une couleur fauve, brunâtre ou rougeâtre, formant autour de la seconde une couche d'une à deux lignes d'épaisseur qui envoie des prolongements en forme de cloisons dans les faisceaux de la substance tubuleuse. La substance corticale parait formée de très-petites granulations que composent les extrémités capillaires artérielles et veineuses.

Il y a dans le rein une disposition particulière des vaisseaux qui fait qu'ils sont droits, c'est-à-dire qu'ils n'offrent aucune flexuosité et qui semble indiquer que le vaisseau principal, l'*artère rénale*, formerait en se divisant une espèce de réseau sanguin au moyen de 3 ou 4 branches considérables qu'elle fournit ; puis reformerait, par la jonction de toutes ces divisions, une continuité d'autres vaisseaux qui se diviseraient eux-mêmes en vaisseaux capillaires, pour donner enfin naissance à la veine rénale qui s'ouvre dans la veine cave abdominale.

La substance tubuleuse d'un rouge pâle, dense et résistante, représente des faisceaux côniques, au nombre de 12 à 18, enveloppés par la substance corticale, excepté à leur sommet.

La base de ces cônes est arrondie et tournée vers la périphérie ; leur sommet a la forme d'un mamelon ; de là le nom de substance mamelonnée.

Chaque cône est formé par nn grand nombre de petits canaux convergents, continus avec les vaisseaux de la substance corticale, et s'ouvrant près de leur sommet par des orifices très-serrés dans de petits conduits membraneux appelés *calices* (infundibula). Ces conduits, au nombre de huit, dix, ou douze, embrassent d'un côté la circonférence des mamelons ouverts, et aboutissent de l'autre au bassinet ; petit réservoir membraneux placé à la partie postérieure de la scissure du rein, derrière l'artère et la veine rénale, et se continuant inférieurement avec l'uretère.

M. J. Béclard dit que les reins sont essentiellement constitués (outre les vaisseaux sanguins qui apportent dans leur intérieur les matériaux de la sécrétion) par les *tubes urinifères*, et par les corpuscules de malpighi.

« Les tubes urinifères présentent, dans la substance corticale des reins, des circonvolutions analogues à celles de l'intestin; tandis que dans la substance médullaire, ou tubuleuse, ces tubes sont rectilignes. »

Les corpuscules de malpighi n'existeraient que dans la substance corticale et dans les prolongements que cette substance envoie entre les pyramides de la substance médullaire, ils sont placés au milieu des tubes urinifères. Ils contiennent, dans leur centre, une partie que l'injection des vaisseaux périphériques refoule et qui serait l'analogue, dit M. J. Béclard (1), des cellules hépatiques, et aussi sans doute des corpuscules des glandes vasculaires sanguines.

L'urine paraît formée dans la substance corticale au moyen de ce double lascis de vaisseaux, dont nous avons parlé, et qui semble multiplier le contact du sang; puis, filtrée en quelque sorte par les cônes de la substance tubuleuse (dans les pyramides du rein), elle coule lentement par les mamelons dans les calices, et dans le bassinet qui la transmet dans l'uretère.

Les uretères ou l'uretère (l'organe est double comme le rein, un de chaque côté; ce qui se dit de l'un s'applique également à l'autre). L'uretère donc, est un canal membraneux destiné à conduire l'urine du rein dans la vessie. Il commence dans le bassinet du rein avec lequel il se continue par une portion évasée appelée *infundibulum*. Il descend obliquement jusqu'à la symphise sacro-iliaque, pénètre dans l'excavation pelvienne jusqu'à la partie postérieure et inférieure de la *vessie*, traverse obliquement l'épaisseur des parois de cet organe, et vient s'ouvrir dans sa cavité, à l'un des angles postérieurs du trigône vésical, par un orifice étroit, et oblique à la manière du canal de Stenon pour le conduit parotidien.

Les *uretères* sont formés d'une membrane externe, blanche, opaque et fibreuse; et d'une interne qui est muqueuse, mince et

(1) *Traité de physiologie*, page 471.

demi transparente, pourvue d'un épithélium épais, pavimenteux, stratifié.

La *vessie* dans laquelle les uretères viennent s'ouvrir est une poche musculo-membraneuse, ou réservoir dans lequel l'urine s'amasse. Elle est logée derrière le pubis, entourée de tissu cellulaire ; elle a des rapport avec des faisceaux fibreux, qui l'attachent au pubis ; avec le péritoine qui revêt une grande étendue de sa circonférence, et, chez l'homme, avec la prostate qui en embrasse le col, dont elle-même fait partie.

La vessie a un épithélium, de même nature que celui des uretères (épithélium épais, pavimenteux, stratifié).

Cette poche est pourvue d'une membrane extérieure celluleuse, d'une tunique moyenne musculaire, et d'une membrane interne muqueuse.

Elle peut acquérir, par une grande accumulation d'urine dans son intérieur, une distension considérable (1). C'est dans ce cas que le péritoine, qui ne la recouvre que dans une partie de sa circonférence, la laisse complètement libre à sa partie antérieure et un peu supérieure. Cette circonstance a été utilisée pour la taille hypogastrite et pour la ponction suspubienne.

Quoique distendue outre mesure, jamais l'urine ne peut refluer par les uretères, à cause de la disposition particulière de ces conduits, à leur entrée dans la vessie. On a pu trouver de l'urine dans ces canaux (les uretères) mais elle provenait de la sécrétion des reins qui n'avait pu parvenir jusque dans le réservoir, et qui s'était accumulée derrière le trigône vésical.

§ 59. Composition de l'urine. L'urine n'a pas toujours sa composition normale ; c'est-à-dire que sans être même dans un état de maladie, la composition peut en varier aussi bien que la quantité.

---

(1) Quoique les fibres musculaires de la vessie soient de l'ordre des fibres lisses ; c'est-à-dire de ces fibres dans lesquels la contraction ne s'établit que d'une manière lente ; les contractions de la vessie ne sont pas soustraites à l'influence de la volonté ; elles reçoivent leurs nerfs d'un plexus nerveux mixte. — J. Béclard, page 475, *Traité de physiologie*.

Ainsi l'urine du soir n'est pas juste celle que l'on rend le matin. Personne n'ignore que selon les aliments et les boissons dont on a fait usage, l'urine, pour son aspect, présente une différence; dans son odeur également, et dans sa consistance ou densité (1).

Toutes les propriétés de l'urine sont aussi plus ou moins prononcées suivant le séjour, plus ou moins long, qu'elle a fait dans la vessie. Aussi admet-on trois sortes d'urine :

1° Celle des boissons, qui est rendue après qu'on a fait usage d'une certaine quantité de liquide : elle est plus claire, plus limpide et moins dense ;

2° Celle de la digestion ou du chyle, qui est expulsée deux ou trois heures après le repas : elle est plus dense, plus colorée et moins abondante ;

3° Celle du sang ou du matin, qui est plus foncée, plus dense et plus acide (2).

Un état maladif, de souffrance, peut amener aussi quelque changement dans la composition de l'urine. Alors certains principes sont augmentés ; d'autres diminués ou supprimés. Quelquefois d'autres substances les remplacent ou viennent s'y associer ; c'est ainsi que l'on rencontre dans l'urine, les acides benzoïque, butyrique ; de l'albumine (albuminurie) une sorte de sucre fermentescible (glycosurie) des substances grasses, caséeuses, purulentes, etc.

---

(1) On sait, sous le rapport de l'odeur, avec quelle facilité la térébenthine, donne à l'urine, l'odeur de violette. Il suffit d'habiter peu de temps dans un appartement récemment peint pour que l'urine contracte cette odeur.

Les asperges donnent aussi une odeur particulière à l'urine, et la rend jumenteuse.

(2) L'urine des herbivores est alcaline ; cependant lorsque ces animaux ont supporté, un certain jeûne, leurs urines deviennent acides par le fait de l'urée qui s'y introduit ; car alors ils vivent sur leur propre fond ; c'est-à-dire de leur propre substance, par l'absorption générale, suite de leur jeûne, comme dans les maladies, dans le cas d'abstinence, où l'on remarque qu'une maigreur en est bientôt la suite.

Il est même quelques-unes de ces matières dont la présence caractérise, essentiellement, telle ou telle maladie : dans la maladie de Bright, *albuminurie*, l'urine est constamment albumineuse; elle se trouble par la concentration, et précipite par la chaleur sèche, ou l'acide azotique. De même l'absence de l'urée et la présence d'une espèce de sucre cristallisable, analogue au sucre de fécule (diabète sucré, glycosurie) donne, par la fermentation, un produit alcoolique, et par la liqueur de Trommer, (liqueur cupropotassique) un précipité rouge-brun, d'oxyde de cuivre, ce qui caractérise cette maladie (le diabète sucré).

§ 60. **Sécrétion de la salive.** Dans les sécrétions, il y a de la part des organes, toujours un but; mais qui n'est pas le même. Ainsi quelques-uns de ces organes, quand on les considère dans leur rapport avec le sang, semblent n'avoir de relation avec lui que pour se nourrir. Dans d'autres, le but de relation paraît être, au contraire, de purifier la masse du sang. Il y a même un troisième ordre d'organes, qui doit puiser dans le sang des matériaux, moins pour en débarrasser ce liquide, que pour faire servir le produit qui est le résultat de son travail, à une autre fonction.

Telles sont, pour ce dernier ordre, les glandes qui produisent la *salive* et dont chacune d'elles (glandes parotides, sous-maxillaires, sublinguales) semble procurer un liquide particulier, et propre à l'emploi que l'économie doit en faire.

Ainsi, lesglandes que nous venons de nommer et qui versent la salive dans la bouche par les conduits de *Stenon*, de *Wharton*, et de *Rivinus*, ne la présentent pas de la même manière ; c'est-à-dire que la parotide donne un fluide plus liquide, moins visqueux que la sous-maxillaire et la sublinguale (1). La première paraît être affectée, à imprégner, à imbiber, dans la bouche, les aliments pendant la mastication ; tandis que l'humeur de la seconde (la sous-maxillaire) leur ferait subir une espèce de fermenta-

(1) Les glandes salivaires, organes sécréteurs de la salive sont au nombre de six : trois de chaque côté de la bouche, les deux parotides, les deux sous-maxillaires et les deux sublinguales.

tion et que la dernière (la sublinguale) servirait, par son espèce de viscosité, à faire glisser les aliments jusque dans l'estomac avec plus de facilité. Mais c'est surtout dans la bouche, et en formant, par leur réunion, la salive mixte (salive diastasique), qu'elles servent à la conversion des substances non azotées, en dextrine, puis en glycose, après avoir subi toutefois, et plus loin, l'action du fluide pancréatique, car la salive n'a, jusqu'alors, fait éprouver aux aliments qu'une préparation qui se complétera dans l'intestin, pour la digestion.

Ainsi se vérifie cette proposition : que certaines sécrétions exécutées dans certains organes, servent à la fonction ou à l'accomplissement de la fonction d'un autre organe.

Il n'y a donc pas dans ce cas un travail destiné seulement à l'épuration du sang comme dans le foie, dont une partie de la bile sécrétée, doit être employée à la digestion, et une portion rejetée au dehors avec le résidu des aliments (les fèces) ou encore mieux, comme les reins, dont nous venons de tracer l'histoire.

Il n'y a, pour la salive, qu'un travail de fonction, servant à un autre emploi dans une autre fonction. La salive a trois objets à remplir : 1° l'insalivation des aliments ; 2° une espèce de commencement de transformation de matières non azotées avant leur entrée dans l'estomac et pendant leur passage dans la bouche et dans l'œsophage ; 3° une préparation à la conversion chimique des matières féculentes, pour être ensuite terminée dans l'intestin grêle, par le suc pancréatique qui s'ajoute à la matière animale particulière qu'elle renferme et les sels alcalins qu'elle contient (diastase salivaire) (1).

La salive est privée de goût et d'odeur pour nous permettre de sentir le goût et l'odeur des aliments. On aurait donc tort de la rejeter sans nécessité de la bouche ; car elle joue un rôle important dans l'acte de la digestion (2).

---

(1) Un gramme en poids de diastase salivaire solide, dissoute dans l'eau, peut transformer en sucre environ 2,000 grammes de fécule. — Mialhe.

(2) La diastase salivaire agit à la manière d'un ferment.

La parotide ne paraît pas fournir une sécrétion qui contienne cette

Quelques physiologistes prétendent qu'il y a dans la salive une partie pyogénique qui dispose les aliments à la fermentation ; ce sont surtout les glandes sublinguales qui la fourniraient.

La salive contient, selon Berzelius :

Eau	992,9
Matière organique, ptyaline, diastase salivaire ou mucine	2,9
Mucus et épithélium	1,4
Lactates alcalins	0,9
Sels divers	1,9

§ 61. Transpiration ou plutôt exhalation pulmonaire. Le poumon laisse constamment échapper par l'acte de la respiration une certaine quantité de vapeur d'eau qui est même assez considérable.

Cette transpiration ou exhalation pulmonaire, peut aller jusqu'à produire une évaporation d'eau qui, étant recueillie, serait évaluée à la quantité de deux litres de liquide en 24 heures. Elle serait à peu près égale à celle de la transpiration cutanée.

Ces deux sécrétions se suppléent quelquefois réciproquement : Lorsqu'il sort beaucoup d'eau par l'exhalation pulmonaire ; la transpiration cutanée s'échappe en moindre quantité et vice-versâ. Les corps de MM. Delaroche et Berger, couverts de la tête aux pieds d'un vernis à l'esprit de vin (dit Richerand) et qui ne laissait échapper aucune fuite, dans la vue de retenir la transpiration cutanée dans un bain d'étuve, ont perdu de leur poids comme s'ils n'eussent point fait usage de ce vernis : la transpiration qui ne pouvait sortir par les exhalations cutanées, ayant pris une issue par les voies pulmonaires à l'état de vapeur d'eau.

---

matière azotée *vraie diastase salivaire*, dont nous venons de parler, et destinée, selon quelques physiologistes, à préparer la conversion des matières féculentes. C'est sa réunion avec les produits des autres glandes *sous-maxillaires*, *sublinguales*, *buco-labiales*, etc., qui possède cette propriété, ce principe, qui fait que la salive mixte recueillie dans la bouche, provoque rapidement cette transformation chimique de la fécule ; (c'est une altération spéciale des produits salivaires au contact de l'air).

C'est aussi cette exhalation qui, dans les cas ordinaires, entraîne un peu de matière organique.

La transpiration pulmonaire se fait à l'air libre ; c'est une véritable exhalation.

Elle diffère des sécrétions perspiratoires en ce que ces dernières s'exercent sur tous les organes en général.

« De toutes les surfaces du corps, tant extérieures que intérieures, de la peau, par conséquent aussi bien que de la plèvre, de tous les organes creux et en général, de toutes les membranes séreuses, transpire une sérosité qui n'est pas autre chose que le plasma du sang dans sa partie la plus liquide, faiblement altérée par l'action peu énergique d'un appareil d'organisation très-peu compliqué. » — RICHERAND.

Cette espèce de sécrétion, cette transsudation perspiratoire, semblerait donc n'être qu'une simple filtration (d'une liqueur toute formée dans le sang) au travers des porosités des parois artérielles.

Mais ici, pour le poumon, c'est une véritable exhalation ; car l'air intervient pour permettre à cette vaporisation de se faire dans son sein ; tandis que dans les autres cas (si ce n'est la transpiration cutanée) tout a lieu à l'intérieur. S'il n'y avait pas l'absorption qui vient contrebalancer cette filtration des liquides dans les différents endroits où elle se produit, tout se concentrerait et s'amasserait à l'intérieur.

La vapeur aqueuse n'est pas la seule évacuation qu'éprouve la surface du poumon en rapport avec l'air atmosphérique ; l'acide carbonique qui s'en dégage aussi, est entraîné avec elle.

Tous ces produits sont l'effet de la respiration, ils proviennent de la masse du sang, à moins que pour cette vapeur ou transpiration pulmonaire, on admette que l'oxygène de l'air s'est combiné avec l'hydrogène du sang veineux ; et que l'eau se forme ainsi de toutes pièces. « Mais on sait que ces deux corps ne se rencontrent pas dans cet endroit à l'état de gaz naissant. Cette combinaison ne pourrait s'opérer, dans les organes, sans produire les divers phénomènes dont s'accompagne la production des météores aqueux. » — P. BÉRARD.

La chaleur des poumons serait ainsi supérieure à celle du reste du corps et c'est le contraire qui a lieu : diverses expériences le prouvent ; ce qui se conçoit du reste, puisqu'il y a constamment contact, dans cet endroit, de l'air extérieur toujours plus froid que la température habituelle du corps.

Semblable au serum du sang, comme lui odorant, putrescible, la transpiration pulmonaire sort et s'exhale toute formée des capillaires artériels ramifiés dans les bronches et le tissu artériel du poumon. Cependant, dit P. Bérard, on n'est pas d'accord sur la source d'où provient la transpiration pulmonaire : ceux-ci voulant qu'elle soit fournie par les ramifications de l'*artère pulmonaire* (1) ; et ceux-là par les divisions ou ramifications des artères bronchiales (2). Ces derniers ont en faveur de leur opinion l'analogie : toutes les autres sécrétions séreuses, toutes les exhalations proviennent du sang artériel. Leurs adversaires objectent que le sang veineux de l'artère pulmonaire plus riche en serum est plus propre à la fournir ; et que l'une des utilités de la respiration est d'évacuer cette sérosité surabondante.

« Quoiqu'il en soit, la moindre quantité de musc, de camphre ou de toute autre substance semblable, injectée dans les veines ou introduite d'une autre façon dans l'économie, imprègne bientôt de son odeur, la matière de la transpiration pulmonaire. Cette voie d'évacuation paraît même la plus prompte et la plus facile pour beaucoup de substances introduites dans le sang. » — RICHERAND, page 98.

Il n'y a pas de doute aujourd'hui, que si la température du poumon n'est pas plus élevée que les autres parties du corps, l'échange des gaz qui a lieu dans son intérieur, ne soit une source de calorification, comme pour tout le corps en général, car il y a action de l'oxygène dans toutes nos parties, pour brûler le carbone du sang veineux, qui contiendra alors plus d'acide carbonique que le sang artériel. C'est dans la profondeur de nos tissus, de nos organes, que ce phénomène a lieu, et qu'il devient alors, pour notre économie, une source de chaleur. Il y a com-

(1) Sang veineux.
(2) Sang artériel.

bustion par l'action de l'oxygène, corps comburant, sur le carbone du sang, corps combustible (1).

§ 62. Transpiration cutanée. Aujourd'hui on distingue la transpiration cutanée de la sueur.

Richerand disait, que la sueur ne différait de la transpiration insensible que par l'état sous lequel elle se présente ; c'est-à-dire que la transpiration est dite insensible, lorsque réduite en gaz par l'air qui la dissout, elle échappe à notre vue ; tandis qu'on l'appelle sueur quand, plus abondante, elle coule sous forme de liquide et de gouttelettes sur le corps.

Mais ceci n'est plus admis maintenant : la transpiration et la sueur appartiennent à deux ordres de faits différents.

La première est une excrétion, *perspiration cutanée,* et l'autre une *sécrétion.*

La peau est revêtue extérieurement d'un épiderme corné, *cellules épithéliales,* c'est une couche membraniforme plus ou moins épaisse qui couvre toutes les surfaces libres du corps.

Cet épiderme est formé de cellules aplaties en forme de squames dures, cassantes et irrégulières. Il est peu élastique, se rompt plutôt qu'il ne cède à l'extension ; il couvre, en s'introduisant dans toutes les cavités, les surfaces sur lesquelles il s'applique (surfaces muqueuses) et prend alors le nom d'épithélium pavimenteux, cylindrique ou cônique, selon la forme qu'il affecte alors.

Mais, à la peau, il a partout la même structure ; seulement il est plus ou moins épais, plus ou moins serré ; et il est même quelquefois desséché extérieurement, travaillant promptement à se reproduire s'il est enlevé.

---

(1) Les expériences qui ont prouvé que le thermomètre introduit dans les parties du poumon, où se fait l'échange des gaz, accusait un abaissement de température au reste du corps, ne peuvent trouver leur explication, sous le rapport de ce phénomène, qu'en rapportant cet abaissement à l'introduction de l'air extérieur qui est toujours à une température inférieure à celle du corps, qui est de 37 degrés centigrades.

Nulle part l'épiderme est ouvert (1) ; les poils même qui semblent sortir à travers l'épiderme, sont implantés dans un bulbe ou renflement qui se cache dans la peau. Lequel bulbe est entouré de petites granulations (glandes sébacées) qui seules laissent transsuder une humeur onctueuse.

C'est à la base du poil que se fait ce produit par ces glandes, qui viennent s'ouvrir au pourtour du follicule pileux, il y en a 3 ou 4 à chacun des follicules.

Lorsque la transpiration est supprimée, les poils sont un peu plus durs et plus secs ; mais comme tout notre corps est pourvu de poils, même invisibles à l'œil nu, la peau conserve encore une certaine souplesse dans toute son étendue par cette humeur onctueuse.

La transpiration cutanée est considérable, elle est estimée de un kilogramme et demi à deux kilogrammes dans les 24 heures. On voit par cela qu'elle égale à peu près la transpiration pulmonaire ; quoique cette dernière s'exerce sur une surface beaucoup plus étendue par les mille et mille divisions et subdivisions de l'arbre bronchique, formant les vésicules pulmonaires (2).

Le derme sous-jacent, ou la peau proprement dite, est recouverte par le corps muqueux réticulaire, qui l'est lui-même par l'épiderme.

Ce derme est parsemé d'un grand nombre de saillies rougeâtres (papilles) très-sensibles, et formant dans certaines parties du corps, telles qu'à la paume de la main, et à l'extrémité des

---

(1) Sennart, Blumenbach, Béclard, ont vainement cherché des orifices déliés, qui traverseraient l'épaisseur de la peau et l'épiderme, pour porter la sueur à la surface de la peau. — Richerand, page 105.

(2) « Le liquide transsude au travers des pores de l'enveloppe cutanée. Il est fourni par les glandes sudoripares qui sont contournées en spirales et enroulées sur elles-mêmes dans la profondeur de la peau et terminées en cul-de-sac. Elles n'ont qu'un canal excréteur qui vient s'ouvrir à la surface de la peau, sous l'épiderme qu'elles traversent également. »

Le canal excréteur (canal sudorifère) contourné en spirale, traverse le derme et l'épiderme. — J. Béclard, page 492.

doigts, des séries régulières. Le derme laisse échapper à sa surface, par transsudation, un liquide, *humeur de la transpiration*, qui est surtout manifeste, lorsque par l'application d'un vésicatoire, on a mis le derme à nu en enlevant le corps muqueux de malpighi.

Nous ferons remarquer que selon un physiologiste allemand, les orifices vainement cherchés, ainsi que nous l'avons dit, existeraient ; et il y aurait des canaux qui viendraient y aboutir après avoir traversé une partie du chorion et tout le corps muqueux (1).

Ce physiologiste pense que l'extrémité profonde des conduits sécréteurs de la sueur se termine en cul-de-sac en formant des cellules dans les parois desquelles les artères viennent se ramifier. Enfin, il estime à une cinquantaine, par ligne carrée, le nombre des ouvertures apparentes à la peau ; estimation bien différente, dit P. Bérard, de celle donnée par Lenwenhorch, qui les portait à plusieurs mille. Quant à la perspiration cutanée, qui est continuelle, aussi bien que la perspiration pulmonaire, elle est le résultat de cette vapeur abondante qui s'exhale continuellement de toute la surface du corps comme de tous les organes et qui pour cela, porte le nom de transpiration insensible. Dans la profondeur de nos organes, c'est *l'exhalation interstitielle*, qui se fait par la transsudation de la partie la plus liquide du plasma du sang au travers des porosités des vaisseaux capillaires ; voilà la différence (1).

---

(1) Cette explication a été donnée, comme un fait réel, par M. J. Béclard, avec la planche (ou figure) qui représente parfaitement les glandes sudoripares situées sous la peau au milieu du tissu adipeux, qui remplit les lacunes de la face profonde du derme.

Ces glandes sont formées par l'enroulement d'un tube terminé en cul-de-sac, et se terminent elles-mêmes par un canal excréteur, qui traverse (comme il a été dit) le derme et l'epiderme. — J. Béclard, *Traité de physiologie*, page 492.

(1) La transpiration insensible (l'exhalation plus ou moins abondante à la surface de la peau) peut provenir du liquide que laisse évaporer et exsuder cette membrane tégumentaire ; « c'est peut-être un liquide spécial sécrété par la peau en vertu de cette propriété de

Dans l'épaisseur de la couche dermique, il y a encore un élément glandulaire qui est désigné sous le nom de *glandes sébacées*, présentant l'apparence de glandes en grappes rudimentaires. Dans d'autres points de la peau, ce sont des follicules d'une composition encore plus simple. Les glandes sébacées existent dans presque toutes les parties du corps : on les remarque au niveau des ouvertures naturelles, autour des ailes du nez, sur la conque de l'oreille, à l'entrée des organes génitaux de la femme, autour de la couronne du gland chez l'homme, et partout, il s'y fait une sécrétion d'une humeur onctueuse ou produit sebacé (de *sebum*, suif).

Toutes les sécrétions ne sont pas destinées à être rejetées au dehors, c'est-à-dire hors de l'économie ; plusieurs au contraire, servent à son entretien ; d'autres n'ont lieu que dans un certain temps, et dans certaines conditions ; comme la sécrétion du sperme, la sécrétion des ovules de l'ovaire, la sécrétion du lait.

Ainsi, dans l'état de la science on peut établir une classification des sécrétions.

1° En celles qui sont destinées à puiser dans le sang certains matériaux, qui s'y trouvent tout formés ; mais que l'organe élabore à sa façon, pour être rejetés au dehors : telles, la sécrétion *biliaire*, la sécrétion *urinaire*. C'est une dépuration du sang, des matériaux que la nutrition y a introduit : ce sont des transformations de ces matériaux de la nutrition, ou des matières usées, brûlées et qui ne sont plus nécessaires à l'économie ; ainsi, l'urée, ainsi la bile qui, retenues en trop grande quantité, ne tarderaient pas à occasionner un état de putrescence dans nos parties ; puisque ces matières sont éminemment putrescibles : elles doivent être rejetées au dehors (1).

---

sécrétion possédée par tous les tissus, surtout par ceux qui sont disposés en membrane ; propriété très-manifeste, dans les muqueuses, comme la vessie, qui n'ont pas de glandes et pourtant sécrétent un mucus. » — Nysten.

(1) Il y a une réserve à faire pour une partie de la bile qui doit concourir avec d'autres matériaux, à la digestion, et d'une façon qui n'est pas encore bien connue, mais une très-forte partie est écoulée au dehors avec les fèces.

2° Un autre ordre de sécrétions appartiendrait à celles de ces sécrétions qui trouvent dans le sang, des matériaux dont l'organe doit faire usage pour lui ou pour celui de sa fonction : tel serait le travail dont est chargé la rate qui détruit les globules du sang, et se les approprie pour un but qui n'est pas encore parfaitement défini, et qui les retient une fois dissociés, sans rejet ou expulsion au dehors ;

3° Les sécrétions qui procurent un liquide destiné à être employé à certains usages dans l'économie, et qui n'en sortent pas directement ; mais dont quelques-unes arrivent cependant à être rejetées comme derniers termes de certaines transformations ; ou comme ayant rempli les usages auquels elles étaient destinées ; ainsi les transpirations cutanée, pulmonaire, les larmes qui lubréfient le globe de l'œil, et qui finissent aussi par s'écouler au dehors après avoir humecté le canal nasal et les voies olfactives, les mucus, etc.

§ **63. Sécrétion biliaire.** L'organe le plus volumineux et un des plus importants de l'économie est sans contredit le *foie*. C'est bien aussi celui qui présente, par rapport à sa fonction, la différence la plus tranchée avec la manière dont les autres sécrétions s'opèrent dans les organes. Ainsi pour démontrer cette anomalie disons de suite que dans les autres organes (glandes conglomérées) chargés d'opérer une sécrétion importante, l'organe reçoit d'abord une artère qui lui apporte les matériaux de sa sécrétion, aussi bien que ceux de sa nutrition ; laquelle artère se ramifiant, se divisant à l'infini, arrive à former les capillaires qui, eux, ensuite, constituent les radicules veineuses, et enfin un ou plusieurs vaisseaux veineux en sont la suite, vaisseaux, qui, gagnant le centre circulatoire, vont se jeter dans un gros tronc voisin du cœur ou dans le cœur lui-même, comme les veines caves, les veines pulmonaires.

Ici, il y a quelque chose de plus particulier, et le nom de système de la veine porte appliqué à la circulation qui se fait dans cet organe (le foie), indiquerait seul cette espèce d'anomalie dans notre économie. C'est-à-dire que cette circulation, à part la différence qui la constitue avec celle du fœtus, avant que l'oblitération du canal artériel, du trou de Botal et du canal veineux ait eu lieu, présente encore ceci de singulier, c'est que le sang qui arrive à l'organe provient de deux sources différentes.

C'est-à-dire que deux ordres de vaisseaux d'origine bien distincte, réunis par un trou commun, forment ce système de la veine porte, appelé aussi système veineux abdominal. De telle sorte qu'un de ces ordres de vaisseaux a son origine dans tous les organes renfermés dans la cavité abdominale, excepté le rein, la vessie, l'utérus, et l'autre a ses ramifications dans d'autres organes, et reçoit le sang de la rate, du mésentère, de l'estomac, de l'intestin. De telle sorte que ces divisions se réunissent pour former deux branches : la veine splénique et la mésentérique supérieure, ou grande mésaraïque, qui à leur tour, et par leur réunion, constituent le tronc de la veine porte.

Ce tronc parvenu dans le sillon transversal du foie se partage en deux branches (qui se séparent en formant avec lui un angle à peu près droit) et constitue ainsi une espèce de canal que l'on appelle *sinus de la veine porte*.

La branche droite de cette bifurcation pénètre dans le grand lobe du foie et s'y ramifie ; la branche gauche se porte à gauche jusqu'au sillon de la veine ombilicale, dont elle n'est que la continuation chez le fœtus.

Elle s'enfonce ensuite dans le lobe gauche du foie, où elle se divise à l'infini, et de telle sorte que chacun de ses rameaux se divise toujours en deux ramifications seulement, dont l'une est plus grosse que l'autre (1).

« La veine porte représente donc un arbre vasculaire sanguin dont les radicules sont dans les intestins, dont les ramuscules sont dans le foie et dont le tronc, intermédiaire aux unes et

---

(1) Une des branches de la veine porte amène au foie le sang de l'estomac et de l'intestin. L'autre branche conduit vers le foie, le sang qui vient de la rate, ce sang y est porté par la veine splénique.

Le premier de ces deux sangs charrie, pendant l'absorption digestive, une partie des produits absorbés, de la digestion ; le sang de la rate a subi dans sa constitution des modifications particulières dans cet organe. — J. Béclard, page 498.

aux autres, n'a guère que sept à huit centimètres de longueur chez l'adulte : de là le nom de *veine porte abdominale*, donné à la partie ou portion intestinale de ce système, et celui de *veine porte hépatique* sous lequel on désigne souvent la portion destinée au foie ; portion qui commence au sinus, et qui distribue dans l'organe, à la manière des artères, le sang que lui transmet la portion abdominale. — Nysten.

Cette disposition si différente de celle des autres parties du système veineux, et le volume considérable de la veine porte, comparativement à celui de l'artère hépatique, ont fait supposer que cette veine devait jouer un rôle important dans la sécrétion biliaire.

Beaucoup de physiologistes pensent que le sang noir abdominal est destiné à la sécrétion de la bile; et que le sang apporté par l'artère hépatique, ne sert qu'à la nutrition de l'organe, le *foie*. Car le rôle des artères dans toutes les sécrétions est d'apporter des matériaux de nutrition.

Ici, il est évident que cette autre disposition a un but : la veine porte est formée d'abord par la réunion des deux ordres de vaisseaux bien distincts, ainsi que nous l'avons expliqué; vaisseaux qui viennent de la rate, vaisseaux qui viennent des intestins et qui constituent un réseau capillaire, dans le foie, conjointement avec les ramifications de l'artère hépatique, pour reformer ensuite les veines sushépatiques (1).

Il existe donc là un réseau admirable comme celui qui se trouve chez certains animaux, à la base du cerveau, où il est formé par les branches des artères carotide interne et vertébrale, anastomosées entre-elles pour ralentir dans cet endroit le cours du sang et empêcher un afflux trop rapide de ce liquide au

---

(1) La veine porte et l'artère hépatique se résolvent dans le foie en réseaux capillaires *(système capillaire hépatique)*. Ces deux réseaux concourent à l'exhalation du plasma et l'organe sécréteur travaille pour ainsi dire sur ce mélange. — J. Béclard, page 499.

Toute sécrétion s'effectue aux dépens du plasma du sang exhalé dans l'épaisseur de l'organe glandulaire aux travers des parois des capillaires sanguins. *(Ibidem)*.

cerveau, puisque d'après les lois hydrostatiques, tout liquide qui passe dans un endroit plus spacieux que celui d'où il sort, tend à diminuer de rapidité dans son cours. Par le fait du ralentissement de la circulation dans le foie, et pour ce qui nous occupe en ce moment, la nature, qui est prodigue de moyens pour obtenir des résultats certains, a voulu qu'un travail élaborateur se préparât et s'effectuât complètement dans le foie pendant ce cours *lent et compliqué* du sang dans cet organe, ainsi que nous le verrons lorsqu'il sera question des divers produits de la fonction du foie.

Le *foie* est l'organe le plus volumineux et le plus pesant du corps; c'est une masse parenchymateuse qui occupe l'hypocondre droit, une partie de l'épigastre et s'avance quelquefois, même dans l'état normal, jusque près de la rate (1). Le foie est d'une certaine consistance ; il a une teinte légèrement rouge jaunâtre, due au sang qui parcourt les ramifications vasculaires, et à la bile déjà sécrétée, et contenue dans les radicules des conduits excréteurs, dont la réunion forme le conduit hépatique.

Le foie, dans son intérieur, a un aspect poreux. Quand on le déchire il paraît formé de glanulations au milieu desquelles sont disséminées les ouvertures divisées de ces radicules.

Deux lobes principaux séparés à sa face inférieure, et une éminence moins volumineuse (lobe de spigel) située à la surface inférieure du grand lobe, constituent sa masse. Les deux lobes sont séparés à sa face inférieure, et de gauche à droite, par un sillon longitudinal (ou sillon horizontal de la veine porte). Ce sillon est destiné à loger, chez le fœtus, la veine ombilicale au-dessous du diaphragme.

Un autre sillon, *sillon transversal* ou de la *veine porte,* est occupé par le sinus de cette veine; par les principales branches de l'artère hépatique, et par les vaisseaux biliaires, à leur sortie du foie, pour former le canal hépatique.

Cette face inférieure étant celle qui présente le plus d'in-

(1) Le poids du foie est évalué généralement à deux kilogrammes.

térêt, nous ne mentionnerons par les parties du foie, ses rapports, ses attaches, pour arriver à sa texture, à sa composition intérieure, qui nous donnera l'explication d'un des phénomènes physiologiques les plus importants de l'économie; explication qui est le résultat des recherches récentes faites à ce sujet par M. Claude Bernard.

Découverte ingénieuse, admirable, constatée par les faits les plus évidents, et qui place son auteur au rang des physiologistes dont les travaux ont le plus enrichi la science.

Revenant à notre thème, nous dirons d'abord que le sang, source où les organes vont puiser leurs sécrétions, ne contient pas en lui tous les éléments caractéristiques de la *sécrétion biliaire*.

L'acide cholique, l'acide choléique, n'existent ni dans le sang de la veine porte, ni dans le sang général.

Les autres éléments de la bile s'y trouvent; plusieurs d'entre eux se rencontrent dans d'autres produits de sécrétions; comme l'eau, certains sels, les matières grasses.

D'après M. Gorup-Besanez qui l'a prise dans la vésicule de deux suppliciés, la bile, dans la vésicule, contiendrait :

		1er SUPPLICIÉ	2e SUPPLICIÉ
Eau		89,7	82,1
Cholate ou choléate de soude		5,2	10,6
Matières grasses	cholestérine margarine oléine	3,1	4,0
Mucus et matières colorantes		1,4	2,2
Sels		0,6	1,1

Ce tableau a été copié dans le *Traité de physiologie* de M. J. Béclard, page 498.

Il faut donc que le foie sécrète la bile et la forme dans son intérieur, puisqu'elle ne lui arrive, ni par la veine porte, ni par l'artère hépatique, qui ne contiennent par les éléments caractéristiques de cette sécrétion.

La *vésicule biliaire* qui la renferme et qui la contient (pendant un certain temps hors des repas) une fois formée, est un réservoir membraneux pyriforme, logée également dans un enfoncement superficiel de la face concave et inférieure du lobe droit du foie.

Elle reçoit par le canal hépatique une partie de la bile sécrétée par cet organe (le foie) pendant l'état de vacuité de l'estomac. Le séjour qu'elle y fait est sans doute destiné à faire acquérir à ce fluide, des qualités plus actives pour être versé dans le duodénum par les canaux cystique et cholédoque, au moment du passage des aliments ; puisqu'il est bien reconnu que ce n'est qu'alors que la bile flue dans l'intestin.

La sécrétion de la bile comme celle de la parotide, et des autres glandes destinées à certaines sécrétions, est intermittente. C'est ce qui distingue les sécrétions des excrétions qui sont continues : comme la transpiration cutanée, l'exhalation pulmonaire, etc. Les sécrétions sont en rapport avec les besoins de l'organe sécréteur.

Ainsi, pendant l'état d'abstinence et de maladie, la bile reste dans la vésicule. Dans l'intervalle des digestions elle s'y emmagasine pour les besoins ultérieurs, c'est-à-dire pour d'autres digestions.

C'est à l'étroitesse du canal cholédoque, et à la pression qu'exercent sur l'extrémité du canal cholédoque les fibres musculaires du duodénum qu'est due la rétrocession de la bile dans cette proche membraneuse (la vésicule). Attendu que ne coulant que goutte à goutte dans l'intestin, par une espèce de suintement et par un mouvement péristaltique de la vésicule, la bile s'accumule, de proche en proche, de bas en haut dans le canal *cholédoque*, et arrive, par reflux, dans la vésicule par le canal *cystique*, avant qu'elle ait remonté bien haut dans le canal *hépatique*.

Pendant l'intervalle des digestions il n'y a guère qu'un léger suintement qui se fait par le canal cholédoque dans l'intestin duodénum.

Après un jeûne prolongé ou une longue maladie, la vésicule est remplie.

A une certaine époque de la période digestive, il n'y a plus ou presque plus de bile dans la vésicule. Elle s'approvisionne pour la digestion suivante; et il faut un certain temps pour qu'il y en ait de disponible (1).

On a donné le nom de bile hépathique à celle qui est sécrétée par le foie avant son séjour dans la vésicule; et bile cystique à celle qui a séjourné dans la vésicule, où elle acquiert (comme on l'a dit) des qualités qu'on pourrait appeler *chimico-digestives* (2).

La bile en effet, comme nous le verrons, joue un rôle important dans l'économie. Nous n'avons pas été sans indiquer de quelle utilité elle est dans le travail de la digestion (3). Et, si on a constaté qu'une jeune fille, dont la veine porte ne pénétrait pas dans le foie (elle se rendait directement dans la veine cave inférieure) avait eu néanmoins de la bile dans la vésicule biliaire; cette bile était sans doute fournie au foie par l'artère hépatique (4).

Les expériences ont constaté par l'établissement des fistules biliaires que du moment où cette sécrétion était supprimée, les animaux objets de l'expérimentation cessaient de manger et finissaient par succomber; et même, dans le cas où l'on n'avait fait que supprimer une partie de la bile fournie à l'intestin, les animaux perdaient le désir des aliments, et le résultat était le même dans un temps un peu plus long (5).

---

(1) Chez l'homme, la bile est versée par un canal unique qui s'ouvre dans la seconde portion du duodénum, en arrière de la circonférence de l'intestin, à 10 centimètres environ du pylore. — P. Bérard, page 352, tome II.

(2) « En passant du canal hépatique dans le canal cholédoque, la bile rencontre le canal cystique qui s'étend du col de la vésicule à la partie supérieure du canal cholédoque. Ce canal cystique concourt à former, en se réunissant à l'hépatique, le canal cholédoque. Il donne passage, tour à tour, à la bile qui reflue dans la vésicule et à celle qui coule de la vésicule dans le duodénum. — Nysten.

(3) Voir pages 242 et 243 de ce volume.

(4) On ne peut expliquer ce phénomène que par une espèce de substitution de fonction de l'artère hépatique à celle du système de la veine porte. Le fait est curieux! Il y a des animaux qui n'ont pas de vésicule biliaire (le cheval et l'âne).

(5) Toute la bile sécrétée par le foie n'est pas chez l'animal, évacuée avec les matières fécales; une grande quantité, *la majeure portion*

D'où l'on peut conclure que non-seulement la bile est nécessaire à l'élaboration des aliments dans certaines parties de l'intestin, mais qu'il doit aussi y avoir une nécessité, pour l'économie, à ce que une partie, la portion en excès sans doute, c'est-à-dire celle qui n'a pas servi à cette élaboration, fut absorbée dans l'intestin, sous une forme ou sous une autre, pour servir à des usages encore inconnus jusqu'à ce jour (1).

Bérard dit, page 361, tome II, que certaines parties récrémentitielles de la bile sont absorbées à l'état de combinaisons avec l'aliment; mais voilà tout!

Il est prouvé aussi que c'est à la bile que les matières chimifiées ou non chimifiées, doivent la propriété de ne pas fermenter dans les intestins; que c'est à elle que les excréments doivent leur couleur, leur odeur. Cependant cette odeur n'est pas une odeur putride; c'est une odeur *sui generis*, particulière à chaque espèce d'animal.

Le cheval et l'âne n'ont pas de vésicule biliaire, partie dans laquelle la bile acquiert certaines propriétés indispensables sans doute, pour quelques animaux, à leurs digestions. Et, chez les animaux qui n'ont pas de vésicule, les matières fécales n'ont jamais une odeur infecte; ils n'en ont pas moins de la bile, mais elle coule directement dans l'intestin.

Il est vrai que le bœuf, quoique ayant une vésicule, présente peu d'odeur dans ses excréments.

---

rentre, par résorption, dans l'économie. C'est en partie pour cela que les animaux à fistule biliaire finissent par succomber. — J. Béclard, *Traité de physiologie*, page 502.

(1) Il y a des animaux, surtout dans les herbivores, qui n'ont pas de vésicule biliaire; le bœuf en a, le cerf n'en a pas; ce sont deux ruminants. Il a paru difficile d'expliquer cette différence, dans cette partie de l'organisation de ces animaux.

Cependant, considérant la vésicule comme un réservoir pour la bile, dans lequel la nature s'approvisionne pour certains besoins de l'économie; on est conduit à penser, d'après Cuvier, qu'elle doit surtout exister chez les animaux carnivores qui sont exposés à mettre des intervalles assez longs entre leurs repas: ces repas étant souvent éventuels, plutôt que chez ceux qui trouvent facilement leur nourriture et qui se la procurent à chaque instant du jour.

La bile du bœuf contient de la soude ; peut-être cet alcali joue-t-il un rôle dans ce cas. On sait que c'est à la soude renfermée dans la bile du bœuf que cette bile doit la propriété de dissoudre les corps gras. La chaux, la soude et la potasse sont antiputrescibles.

Pour ce qui regarde la source ou l'origine de la production de la bile, M. J. Béclard appelle l'attention des physiologistes sur une expérience qu'il a tenté de faire, mais sans résultat bien certain : les animaux ayant succombé rapidement aux suites de l'opération : ce serait la ligature, non pas du tronc de la veine-porte, mais de la branche mésaraïque seule. On supprimerait ainsi l'arrivée des produits de la digestion ; et on laisserait parvenir au foie le sang de la branche splénique. Cette expérience éclairerait en même temps l'histoire de la sécrétion biliaire (1).

Le foie dans sa texture n'a rien qui le rapproche des autres organes ; on peut dire qu'il est lui, avec sa composition et ses propriétés, *propriétés sécrétantes*, qui sont multiples ; car ce n'est pas seulement la bile qu'il élabore dans son intérieur ; il y a encore un produit fabriqué ou plutôt une conversion de produits qui est ensuite introduite dans le sang, sous forme d'un corps, au moyen des veines hépatiques ou sus-hépatiques, qui ont leurs racines dans le parenchyme du foie, et viennent s'ouvrir dans la veine cave inférieure, au niveau de l'anneau diaphragmatique.

Ce produit de sécrétion, ce corps dont nous venons de parler est la *glycose* ou sucre de raisin, formé en même temps que la bile, et pour ainsi dire dans les mêmes parties du tissu de l'organe (les cellules hépatiques).

La bile, une fois formée, va gagner, elle, de proche en proche, le canal hépatique, tandis que le produit glycogène est absorbé par les radicules veineuses, et conduit de la sorte dans les veines sus-hépatiques, qui le versent dans la veine cave inférieure, comme il vient d'être dit. C'est donc une double sécrétion.

(1) Il est possible, en effet, que les matériaux de cette sécrétion proviennent de la branche splénique et non de la branche intestinale ou mésaraïque. — J. Béclard, page 161, tome I, *Traité de physiologie*, 1862.

Pas plus que la bile, la glycose n'existe toute formée dans la veine porte avant ses divisions ; et cependant ces deux sécrétions s'opèrent, et vont chacune à l'endroit où elles doivent se rendre : la *bile* vers la vésicule ; la *glycose* dans les veines sus-hépatiques et de là dans la circulation générale.

La contexture du foie explique-t-elle cette double opération ? Si cette sécrétion ne peut s'expliquer par l'artère qui, pour les autres organes amène les matériaux de sécrétion, et qui, ici, fait défaut sous le rapport de ce travail, il faut avoir recours à cette particularité de la distribution du sang dans cet organe qui fait que le foie puise à deux sources différentes les matériaux de sa sécrétion.

Les autres organes, et nous ne saurions trop le répéter (car c'est une singularité qui a frappé les anatomistes et les physiologistes de tous temps), les autres organes, disons-nous (organes glandulaires), ont une artère qui leur apporte du sang artériel et dans lequel ils trouvent les matériaux de leur sécrétion. Aucun tronc veineux ne s'y rend. Le foie, lui, reçoit du sang par l'artère hépatique, et du sang veineux par la veine porte. Inutile de rappeler que ce dernier sang vient de deux sources différentes ; car la veine porte abdominale amène au foie le sang de l'estomac et des intestins qu'elle a reçu de la veine mésentérique supérieure ou grande mésaraïque et celui de la rate par la veine splénique.

Le sang qui provient de l'intestin, s'est chargé pendant l'absorption, d'une partie des produits de la digestion ; celui qui vient de la rate a subi dans sa constitution, comme il a été dit précédemment, des modifications particulières sous le rapport de la constitution des globules sanguins rouges, ainsi que nous le verrons (d'après M. J. Béclard), lorsqu'il sera question de cet organe (la rate).

Ceci étant entendu, nous assistons par la pensée, et comme cela existe réellement, à la formation d'un réseau capillaire de la veine porte-hépatique, qui se confond avec celui des capillaires artériels, se répand dans toutes les parties du foie, forme un tissu sanguin inextricable et constitue en partie la masse du foie.

On sait que le système des vaisseaux capillaires est la partie de l'appareil de la circulation dans laquelle a lieu l'échange des matériaux, soit avec les organes, soit aussi, comme dans les poumons, avec les milieux ambiants.

Nous disons donc que les lobes du foie sont pénétrés de toutes parts d'une multitude de vaisseaux, ce qui fait qu'ils présentent, à la section, un aspect poreux dû à la division de la multitude de ces petits vaisseaux, qui rampent dans leur intérieur, et au milieu desquels se confondent, sous un aspect granuleux, les autres éléments de la glande, *canalicules hépatiques*, *quelques vaisseaux lymphatiques* puis enfin les *cellules* du foie formant le parenchyme vésiculeux et un tissu conjonctival qui soutient le tout (1).

Le sang qui arrive au foie par la veine porte abdominale, quoique étant puisé à deux sources différentes, ne présente cependant pas dans ce vaisseau, sous le rapport de sa composition, les éléments caractéristiques de la bile ; l'acide cholique, l'acide choléique ne s'y trouvent pas, et nous le répétons avec intention.

On retrouve seulement dans le sang général et en proportion variable, les autres éléments : eau, cholate ou choléate de soude, matières grasses, etc. Ces acides sont le produit, comme l'urée, de l'oxydation des matières albuminoïdes.

Or, on avait pensé que le sang de la veine porte était chargé de la sécrétion biliaire ; et que celui de l'artère hépatique servait seulement à la nutrition de l'organe (2).

Cependant l'opération paraît plus complexe aujourd'hui : à

---

(1) M. J. Béclard dit, page 497, que dans les intervalles du réseau vasculaire sanguin et du réseau des canalicules hépatiques, le parenchyme de l'organe, est formé par des corps vésiculeux (cellules hépatiques) un peu aplatis, polygonés, de $0^{mm}01$ à $0^{mm}02$ de diamètre. Ces cellules jouent évidemment, dans les fonctions sécrétoires du foie, un rôle capital.

On trouve dans leur intérieur un liquide qui offre avec la bile elle-même, une grande analogie. »

(2) Il n'y a pas d'inconvénient, dit M. J. Béclard, à admettre cette opinion.

cette singulière fonction, à cette formation de la bile, de ce produit dont les éléments caractéristiques ne se trouvent pas dans le sang, source si générale des produits animaux, est venu se joindre une élaboration dont les matériaux puisés dans le sang éprouvent cependant une conversion des plus singulières (1).

C'est un phénomène qui met sur le chemin de l'explication, par la physiologie, d'un accident pathologique dont on chercherait peut-être vainement la cause autre part. Nous voulons parler de la *glycosurie*, ou présence du sucre en abondance dans les urines, chez certaines personnes, et qui constitue une maladie assez fâcheuse.

Nous disons que le foie, outre la fonction sécrétoire dont il est chargé (la bile) a la singulière propriété de fabriquer du sucre (glycose).

La formation de ce sucre prouve, pour cet organe du moins, que les tissus glandulaires ne sécrètent pas toujours des produits qui doivent être évacués par les canaux excréteurs et qu'ils ont pris dans le sang.

Il en est qui, non-seulement font subir aux éléments du sang des transformations, mais qui y introduisent des compositions nouvelles, par suite desquelles des métamorphoses se font dans leur intérieur ou plus loin : ainsi la salive, le suc pancréatique, la pepsine, etc.

Le sucre engendré dans le foie, dit M. J. Béclard : « est analogue à ces produits intermédiaires dont nous avons parlé précédemment et qui constituent les phases diverses du travail sécrétoire ou d'élimination ; travail qui se confond avec celui de nutrition.

« La formation du sucre dans le foie n'est pas un phénomène de sécrétion dans la rigueur du mot ; car ce sucre fourni ne

---

(1) Nous rappelons que c'est par le sang, c'est-à-dire dans le plasma exsudé du sang, que se forment tous les produits des écrétions et d'excrétions. Le sang les contient tous, ou en contient les éléments.

Il n'y a que le sperme, certains matériaux de la bile, les vésicules de Graaft, le venin de la vipère, qui fassent exception à cette règle et que l'économie fabrique de toutes pièces.

sera éliminé de l'économie qu'après avoir subi de nouvelles métamorphoses. »

La bile formée dans le foie, s'échappe par le canal hépatique; le sucre, lui, également formé dans le foie, et pour ainsi dire dans les mêmes cellules, est incessamment détruit dans le sang où il est conduit par les veines sus-hépatiques.

Tandis que le foie expulse par bas et par les voies biliaires, des matériaux combustibles dont une partie est éliminée comme excrémentitielle, il introduit d'une autre part, dans l'organisme, un autre combustible qui remonte vers le cœur par les veines sus-hépatiques (la glycose) pour être mis à profit et détruit, en se transformant en acide carbonique, et servant ainsi à la calorification; c'est au total un moyen de nutrition.

La veine porte ne contient pas toujours du sucre; et cependant les veines sus-hépatiques en contiennent constamment (1). Elles le font passer dans la veine cave inférieure, c'est-à-dire, dans le centre circulatoire, où il doit servir, comme nous venons de le dire, à des phénomènes de combustion.

Mais, si l'alimentation s'est composée de féculents, ou si elle a été mixte, la veine porte pourra en contenir, c'est-à-dire, qu'elle contiendra la glycose absorbée par l'intestin et qui sera portée au foie par la veine porte. Mais, d'autre part, les lymphatiques de l'intestin verseront de la glycose dans la masse du sang au moyen du canal thoracique et du grand vaisseau lymphatique droit; puisque les féculents, pendant la période digestive, sont absorbés en grande partie à l'état de glycose, après avoir passé par l'état de dextrine, et être arrivés à celui de glycose : état dans lequel le sang les reçoit.

Il y a bien aussi une petite proportion du sucre transformée

(1) Il n'y a que dans le cas de maladies longues avec fièvre, ou de jeûnes longtemps prolongés qu'on ne trouve pas de sucre dans les veines sus-hépatiques.

Il s'en suit que le foie ne contient pas toujours du sucre.

Lorsqu'on peut examiner le foie d'un individu qui a succombé à une mort violente (le foie d'un supplicié par exemple), on trouve toujours du sucre dans le foie. — J. Béclard, *Traité de physiologie*, page 505.

dans l'intestin en acide lactique ; mais elle est absorbée à cet état.

Chose remarquable, un animal qui digère du sucre en nature, produit de la glycose comme s'il avait fait usage des féculents : c'est un dédoublement de la matière sucrée. On trouve dans ce cas de la glycose dans la veine porte (expériences de MM. Bouchardat, Sandras, Bernard, Lehmann). Le sucre lui-même est dédoublé et converti en sucre de raisin.

Mais ce qui n'est pas moins surprenant, c'est que lors même que l'animal n'a pas fait usage d'aliments féculents et qu'il s'est nourri exclusivement de viande, on trouve encore que le sang des veines sus-hépatiques est riche en sucre. D'où vient alors ce sucre ?

Le sucre est apporté au foie par la veine porte, toutes les fois que l'animal a fait usage des féculents, c'est convenu ; mais les veines sus-hépatiques contiennent du sucre lors même que les éléments formateurs ne se trouvent pas dans l'alimentation ; c'est-à-dire lors même que l'animal n'a fait usage que de substances azotées (albuminoïdes) comme viande, albumine, fibrine, caséine, gélatine et chondrine : alors on se demande d'où peut provenir ce sucre puisqu'il n'existe pas dans la veine porte ?

Viendrait-il de l'artère hépatique ?

Il est vrai que le sang artériel renferme de très-faibles proportions de sucre ; mais nous allons voir tout-à-l'heure comment il y parvient et d'où il est parti.

« Le sucre formé dans le foie et versé dans la circulation, dit M. J. Béclard, n'est pas détruit instantanément dans le sang.

« Le sang artériel en contient d'une manière constante, même chez les carnivores ; on en rencontre dans le sang des veines qui font suite aux artères, car il ne disparaît pas complétement dans son passage au travers des capillaires généraux. »

L'action glycogénique du foie, continuant chez un animal nourri de viande et ne disparaissant pas instantanément dans les poumons, il n'est pas surprenant qu'il s'en trouve dans la circulation et dans les veines sus-hépatiques.

Bien mieux, cette action peut s'exagérer par un certain état du poumon, ou du système nerveux, qui, en ralentissant la circulation dans le sang, augmente la fonction glycogénique du foie et par conséquent la quantité de glycose qui circule dans le sang.

Il peut même arriver que cette quantité soit telle qu'elle finit par apparaître dans les produits de sécrétions, comme cela se voit au sujet de la sécrétion urinaire dans le diabète sucré.

Nous expliquerons plus tard, et dans son temps, cette action dynamique du système nerveux sur les vaisseaux sanguins ; et l'on comprendra l'influence de ce système sur la fonction glycogénique du foie.

Ainsi, hors les cas de maladies qui ont porté un trouble profond dans les fonctions de nutrition, et hors celui d'un jeûne prolongé comme cela s'est vu, dans des expériences où on a privé un animal de nourriture pendant un temps assez long; les veines sus-hépatiques contiennent toujours du sucre ; et alors même que l'animal, *dans une alimentation suffisante*, a été nourri exclusivement de matières azotées.

En résumé, le sucre est le plus ordinairement apporté par les vaisseaux veineux qui se rendent au foie, lorsque l'animal a fait usage d'aliments féculents ou d'une nourriture mixte ; 2° le sucre, dans une autre circonstance, peut être apporté au foie par d'autres vaisseaux : *veine porte*, *artère hépatique*, attendu que le sucre du sang, qu'il provienne du foie ou des aliments féculents, ne disparaît pas complètement dans le poumon, puisqu'on en trouve dans le sang artériel et dans le sang veineux ; 3° enfin le foie a la propriété d'engendrer du sucre, comme il produit certains matériaux de la bile qui ne se trouvent pas dans le sang : acide cholique, acide choléïque. Nous avons déjà dit, d'après M. J. Béclard, que ce n'était au total qu'un de ces produits intermédiaires qui constituent une des phases d'un travail qui doit s'accomplir en entier plus loin, et qui entre alors dans ce qu'on appelle les *phénomènes de nutrition*.

En définitive, ce sucre dans le poumon, au contact de l'oxygène de l'air, y va servir à une transformation (acide carbonique).

A ce point de vue, et pour l'intérêt de la fonction de nutrition, il était nécessaire que le foie en produisît toujours. Et la production de la chaleur animale (cette calorification), subissant diverses phases d'oxydation dans le trajet circulatoire, est une espèce de combustion qui rentre dans les phénomènes de *nutrition*.

Mais dans quelle partie de l'organe cette formation du sucre a-t-elle lieu? Est-ce dans les vaisseaux, est-ce en dehors des vaisseaux, est-ce enfin dans le tissu du foie?

Si on prend (dit M. J. Béclard) le foie d'un animal qu'on vient de tuer, et qu'on le soumette à un courant d'eau froide, par la veine porte, au bout d'une heure l'eau sort limpide et ne contient plus de sucre. Si on recommence l'expérience au bout de quelques heures sur ce même foie, lavé antérieurement, les eaux de lavage contiennent de nouveau du sucre!

Le phénomène peut durer ainsi 24 heures!

Si, au lieu de laver le foie, vous le coupez en tranches, et l'épuisez par l'eau, vous trouverez du sucre comme dans le premier cas. Il faut donc que dans la trame ou dans le tissu du foie, il soit resté une substance non encore transformée en sucre et capable d'éprouver la métamorphose glycogénique, même après la mort.

Ainsi, sans qu'il lui soit apporté, par les vaisseaux sanguins, des matériaux sur lesquels le foie puisse s'exercer dans la formation de la glycose, il contiendrait dans son épaisseur, il renfermerait dans son sein, une matière glycogène capable de se transformer en sucre par une *métamorphose lente*.

M. J. Béclard, donne à ce sujet (dans son *Traité de physiologie*, dernière édition, 1862), des explications beaucoup plus étendues que dans les précédentes; et ceci s'explique, dit ce savant physiologiste, parce que jusqu'alors on n'avait pas fait d'expériences aussi concluantes, et M. Cl. Bernard n'avait pas éclairé la question d'une si vive lumière (1).

(1) Ces découvertes sont pour ainsi dire récentes, et d'un si grand intérêt, qu'elles méritent d'être reproduites presque en entier, et dans les termes que leurs auteurs ont employés pour les décrire dans leurs ouvrages, ce qui rend le phénomène très-saisissant; il ne pourrait être mieux expliqué. Ces travaux leur font le plus grand honneur.

M. Schiff, ajoute M. J. Béclard, a montré que les cellules hépatiques sont le lieu d'origine de la substance glycogène : à l'aide du microscope, on distingue dans ces cellules, à côté des globules de graisse, d'autres grains arrondis, assez analogues à ceux de l'amidon végétal (la matière glycogène se comporte avec l'eau comme l'amidon). Ces grains existent dans les cellules hépatiques de tous les mammifères ; ils manquent dans l'état morbide et dans la première moitié de la vie intra-utérine (1).

Quant à la question de savoir d'où procède la matière glycogène dans le foie, on l'ignore jusqu'à présent. Plusieurs hypothèses ont été présentées ; les uns pensent que cette substance est une transformation des matières grasses ; d'autres la regardent, en s'appuyant du reste sur des expériences (M. Hensius), comme un dédoublement des matières azotées neutres de l'économie.

Ce qui ne fait pas de doute, c'est que le foie produit du sucre aux dépens de certains éléments du sang.

A. Il en produit lorsque l'animal a fait usage de féculents ou d'une nourriture mixte. C'est par suite de dédoublements antérieurs que ces féculents lui arrivent à l'état de dextrine ou plutôt de glycose, par la veine porte, qui les a reçus des veines qui les ont puisés dans l'intestin.

B. Lorsque l'animal a été exclusivement nourri de viande, la glycose qui sort du foie par les veines sus-hépatiques, provient en totalité du foie. L'une et l'autre de ces productions sont déversées dans la masse du sang.

C. C'est principalement pendant l'absorption du sucre puisé dans l'intestin, c'est-à-dire par suite de la digestion des féculents,

---

Ils nous procurent l'avantage d'en profiter, en leur rapportant tout le mérite de la découverte.

(1) Ce n'est qu'à cette époque que le foie du fœtus contient du sucre, par conséquent avant toute alimentation par la voie intestinale. Il n'existe pas encore dans le foie du fœtus de trois mois. Ce n'est que quand le foie est complétement développé — 4 à 5 mois — et qu'il peut fonctionner par lui-même, que le sucre commence à s'y montrer. M. Cl. Bernard a constaté le fait. — *Traité de physiologie* de J. Béclard, p. 511, 1862.

qu'on en trouve des quantités notables sur tout le trajet circulatoire.

D. Par une exagération de l'action glycogénique ou par une alimentation sucrée, soit enfin par un état morbide, cause de cette exagération, il peut s'en trouver des quantités asssez considérables dans l'urine ; ce qui constitue le *diabète sucré.*

§ 64. **Que devient le sucre versé par le foie dans le sang veineux ?** Nous avons déjà touché cette question et nous y revenons parce qu'elle est capitale.

Il a été dit que le sucre, soit qu'il provienne du foie, soit qu'il ait été puisé par la voie des vaisseaux sanguins ou chylifères dans l'intestin (car les vaisseaux chylifères absorbent encore autre chose que les corps gras) (1), ce sucre était versé dans la masse du sang, et qu'il était plus abondant dans les veines sus-hépatiques, dans la partie supérieure de la veine cave inférieure, et dans les cavités droites du cœur, que dans tout le reste du trajet circulatoire. C'est qu'en effet le sucre, provenant de l'une ou de l'autre de ces deux sources, disparaît insensiblement dans tout le reste du parcours du sang.

Il est disséminé d'abord dans toute la masse sanguine. « Etant lui-même un principe très-instable et très-facilement altérable au contact des liquides animaux, il se dédouble et se métamorphose assez promptement.

Il faut bien qu'il en soit ainsi, puisqu'on ne le rencontre pas normalement dans les produits de sécrétions excrémentitielles.

« Les derniers termes de transformation du sucre sont de l'acide carbonique et de l'eau, qui s'échappent par les diverses voies de sécrétions et d'exhalation.

« Les diverses phases d'oxydation par lesquelles passe le sucre

(1) Les féculents, transformés en sucre ou glycose, s'engagent aussi en partie dans les vaisseaux chylifères.

La présence du sucre dans le chyle des chiens qui ont été nourris avec du pain ou des pommes de terre ; la présence du sucre dans le chyle des animaux herbivores pendant la période digestive, est un fait bien démontré. — J. Béclard, t. I, p. 159.

pour se résoudre en eau et en acide carbonique, sous l'influence de l'oxygène absorbé par la respiration, sont encore inconnues, ou du moins la science n'est pas encore, à cet égard, en mesure de donner une réponse décisive. » — J. Béclard, p. 516.

Ainsi, normalement, le sucre ne se rencontre pas dans les sécrétions excrémentitielles. Aussi est-ce pathologiquement qu'on le voit apparaître dans l'urine des diabétiques, *diabétès*, de *diabainein*, passer à travers.

Cette maladie grave, à laquelle on a donné le nom de diabète, présente ceci de particulier, c'est que le sucre, dans les urines, a remplacé l'urée, qui est un produit éminemment azoté. Et, s'il y a présence du sucre dans l'urine, il y a aussi une plus grande quantité de sucre dans le sang.

Les combustions de nutrition et les voies de sécrétions peuvent bien permettre d'écouler ce produit en excès; mais son accumulation incessante est sans doute la cause de sa présence dans la sécrétion urinaire, qui est cependant un des plus grands émonctoires de l'économie.

D'où provient cette accumulation du sucre dans le sang?

Elle tient évidemment à l'exagération de la formation du sucre dans le foie, ou à un défaut de transformation ou d'oxydation du sucre versé dans le sang (1).

M. Pavy a émis la pensée, dit M. J. Béclard, que si le sucre de diabète n'est pas détruit ou oxydé dans le sang, cette absence de destruction ou d'oxydation n'est pas précisément parce que l'élément comburant, l'*oxygène*, fait défaut, mais plutôt parce que l'élément combustible, la *glycose*, présente une résistance anormale à se transformer : c'est-à-dire qu'il aurait une constitution telle (ce sucre), en vertu de causes pathogéniques inconnues, qu'il serait moins fermentescible, c'est-à-dire moins destructible dans le sang qu'à l'état normal.

M. Cl. Bernard avait déjà signalé, depuis longtemps, que le

---

(1) Mais c'est bien dans la trame du foie et aux dépens des éléments du sang qui ont traversé les parois des capillaires, et qui imprègnent le tissu du foie, que s'accomplit la formation du sucre. — J. Béclard, p. 512, ouvrage cité.

sucre de diabète fermente moins facilement que le sucre du foie.

Nous avons dit qu'il y a du sucre dans le foie sans qu'il provienne de l'alimentation, et que le sucre s'échappait par les veines sus-hépatiques, quoique la veine porte n'en contînt pas; et nous avons répété que ce n'était que dans le cas d'un jeûne prolongé ou d'une longue maladie que le foie ne sécrétait plus de sucre (1).

Nous avons ajouté, et cela par suite d'expériences sérieuses et souvent répétées, faites par des physiologistes éminents, que dans le cas même où un animal se trouve nourri *exclusivement* de viande, il y a production de sucre dans son foie; et on en trouve encore dans son sang.

Maintenant que nous savons que l'action glycogénique du foie, c'est-à-dire la formation du sucre, est une action propre à cet organe, ou autrement dit une action physiologique constante, tâchons de déterminer quelles sont les causes qui y donnent particulièrement lieu, sans oublier que c'est toujours aux dépens des éléments du sang déjà préparés à cette métamorphose par des dédoublements antérieurs que le foie des animaux produit du sucre. *C'est une action formatrice qui s'exerce aux dépens du sang,* dit P. Bérard, page 383.

Dans l'état normal, nous savons que le sucre est fourni par les aliments féculents, par suite de la transformation préalable qu'ils ont déjà subie.

Mais dans le diabète, et alors que le malade est mis, *d'après les idées que l'on avait, que tout le sucre qui arrive dans le sang provient de la digestion du sucre ou des féculents,* au régime du gluten et de la viande, aliments azotés, les urines ne continuent pas moins de contenir du sucre, quoique la quantité en ait un peu diminué en supprimant la source principale du sucre : les *aliments féculents ;* il y a même encore une certaine accumulation de sucre dans le sang, malgré ces précautions.

(1) M. Masse et M. Schiff, de même que M. C. Bernard, ont toujours trouvé que chez les animaux qui meurent de maladie, le foie ne renferme plus de sucre ou n'en contient plus que des traces.

D'où provient alors cette production anormale, puisque les éléments, pour sa formation, sont absents? et à quelle cause faut-il rapporter ce phénomène?

Il faut qu'il y ait évidemment entrave apportée aux phénomènes d'oxydation du sucre, et par suite accumulation de ce produit dans le système sanguin, ou bien qu'il y ait exagération de l'action glycogénique du foie.

Si on injecte (à l'exemple de MM. Bernard et Haley) dix centimètres cubes d'éther dans la veine porte d'un animal, on voit bientôt le sucre apparaître dans l'urine.

L'injection de l'alcool et du chloroforme produit le même effet. Ce diabète provoqué n'est que temporaire; il peut cependant durer pendant trois jours.

Si, comme l'a fait si ingénieusement M. C. Bernard, on pratique sur un animal une piqûre sur le plancher du quatrième ventricule, *bulbe rachidien*, entre les racines des nerfs acoustiques et celle des nerfs pneumo-gastriques; trois heures après l'opération, il y a du sucre dans le sang et en grande quantité: 5 grammes pour 1,000 grammes environ.

Et cette quantité est telle que le sang s'en débarrasse par la voie des sécrétions.

« Avant l'opération, le sang de l'animal, sur lequel M. Bernard avait opéré, ne contenait que de faibles proportions de matière sucrée; on n'obtenait qu'une réduction douteuse du liquide *cupro-potassique;* après l'opération, il en contenait cinq pour mille. » — J. Béclard.

D'où provenait-il, si ce n'est des humeurs de l'animal, c'est-à-dire de son sang? Mais qu'est-ce qui avait mis en jeu cette action glycogénique du foie? *L'excitation nerveuse!*

Ceci établirait l'influence du système nerveux sur la fonction glycogénique de cet organe, mais d'une manière générale; car cette influence nerveuse chemine des centres nerveux vers le foie. Or, comme cet organe reçoit ses nerfs de deux sources: 1° des nerfs pneumo-gastriques (par les filets de ces nerfs qui concourent à la formation du plexus solaire); 2° du système du grand sympathique (principalement par les petits et grands nerfs splanchniques), on peut se demander à laquelle de ces deux sources, cette action nerveuse puise son influence (1)?

La section au cou des deux nerfs pneumo-gastriques ralentit la formation du sucre dans le foie; tandis que, au contraire, la piqûre du bulbe, qui n'est qu'un mode d'excitation, augmente cette formation (2).

Mais ce qui prouverait que ce n'est pas par une influence directe des nerfs pneumo-gastriques sur le foie, que la formation du sucre est ralentie, entravée, avec la section de ces nerfs; c'est que si au lieu de les couper au cou, ainsi qu'on vient de le dire, on en fait la section au-dessous des poumons, entre le poumon et le foie, la formation du sucre persiste. (Expériences de M. Bernard rapportées par M. J. Béclard).

Il nous reste à établir, en vertu de quel pouvoir il se forme dans le foie une autre substance indépendamment de la proportion de sucre déjà formée et contenue dans les vaisseaux; laquelle substance renfermée dans l'épaisseur de l'organe est capable dans un foie abandonné à lui-même, d'éprouver la métamorphose glycogénique, même après la mort, ainsi que le constatent les expériences précitées.

Ce pouvoir, le foie le tient de lui-même; les cellules hépatiques, selon M. Schiff, contiennent une substance (glycogène) dont le lieu d'origine est dans ces cellules mêmes. Le microscope lui a fait découvrir, dans cet endroit, à côté des globules de graisse, d'autres grains arrondis analogues à ceux de l'amidon végétal.

A côté de cette matière, il parait exister aussi dans le tissu du foie, une substance azotée qui agit sur elle à la manière d'un ferment.

Le ferment hépathique dont les éléments sont apportés au foie

(1) Un assez grand nombre de nerfs provenant du plexus solaire, et ayant pour origine première le grand sympathique et le pneumo-gastrique, s'introduisent dans le foie en accompagnant l'artère hépatique et ses divisions.

On donne au foie aussi quelques filaments du diaphragmatique droit. — P. Bérard, page 388, ouvrage cité.

(2) P. Bérard, tome II, page 389, dit, que c'est en piquant dans le bulbe rachidien, la région des olives, qu'on obtient ce résultat.

par le sang est donc analogue à celui qu'on trouve dans la salive et dans le suc pancréatique (1).

Quant à savoir d'où procède la matière glycogène ; les uns la regardent comme une transformation des matières grasses, les autres comme un dédoublement des matières azotées neutres de l'économie (2).

§ 65. Synovie, sérosité, mucus. Il y a des sécrétions qui s'exercent dans des organes, et qui pour ne pas être émises au dehors, n'en existent pas moins dans leur intérieur. La glande thyréoïde, le thymus, les capsules surrénales, quoique n'ayant pas de canal excréteur, et qu'on ne puisse leur attribuer en réalité une fonction sécrétoire, ne peuvent pas, non plus, être supposées comme devant exister dans l'économie sans utilité. Certaines de ces glandes ont tellement leur utilité que du moment où elles ne sont plus nécessaires dans l'organisme elles disparaissent.

L'organe a donc été créé pour la fonction, quoique nous ne puissions pas la préciser en ce moment. La glande thyréoïde est dans ce cas, quoi qu'elle ne disparaisse pas, le *thymus* l'est également ; mais il disparait à une certaine époque de la vie.

Ce corps est situé, comme on sait, derrière le sternum, occupant la portion du médiastin antérieur ; et présente un écartement qui loge la trachée-artère dans son passage à cet endroit. Il apparait vers le troisième mois de la conception ; augmente de volume pendant les deux premières années de la vie ; puis il s'atrophie insensiblement, de manière qu'à la dixième ou douzième année, on ne trouve plus, à la place qu'il occupait, qu'un tissu adipeux plus ou moins abondant.

Il y a encore des sécrétions qui se font dans de petits corps qu'on a réunis sous le nom de *glandes*, et qui sont de petits enfoncements cachés dans l'épaisseur des membranes ; *glandes* de *Brunner*, *glandes* de *Lieberkuhn*, etc., qui sans avoir la forme extérieure des glandes en jouent cependant le rôle, nous devrions

(1) J. Béclard, ouvrage cité, page 514.
(2) *Ibidem*.

presque dire en remplissent la fonction ; puisqu'il y a sécrétion par transsudation ou par déhiscence du liquide ou suc intestinal. On a joint aussi dans les sécrétions celles qui s'opèrent par les vésicules sécrétantes et qui ne s'ouvrent que d'une manière temporaire, tels les ovaires.

Les produits (ou mucus) sur les membranes muqueuses ; la sérosité sur les membranes séreuses ; la synovie sur les surfaces articulaires, seraient aussi des sécrétions qui ne reconnaîtraient pour leur production qu'un simple fonctionnement de tissu ou suintement, procuré par *exhalation* du plasma du sang au travers des porosités des vaisseaux capillaires qui parcourent ces tissus ; et déterminée par la tension du sang dans ces vaisseaux.

Dans les endroits où la sortie de la partie liquide du sang, au travers des parois des capillaires, ne rencontre pas d'obstacles, c'est-à-dire, la pression atmosphérique qui s'oppose à l'accumulation des liquides (dans une certaine mesure) en maintenant appliquées l'une contre l'autre, comme pour la séreuse pulmonaire, la plèvre costale et la plèvre pulmonaire, la sérosité s'échappe plus facilement et s'accumule (1). Il y a alors plus de liquide (sérosité) amassé dans les endroits profondément situés et qui n'éprouvent pas la pression de l'atmosphère ; qui n'empêche pas alors la tension du sang de s'exercer en toute liberté. Ainsi se produit l'accumulation de la sérosité dans les ventricules du cerveau, qui s'y trouve quelquefois en certaine quantité ; aussi bien que le liquide céphalo-rachidien qui est renfermé dans un canal osseux résistant, les hydrocéphalies, les spina bifida, etc.

L'analyse de la sérosité dans ces différents endroits est presque toujours la même : c'est de l'eau, de l'albumine, des sels, et parfois de l'urée dans le liquide des membranes séreuses.

Pour la synovie, toujours plus consistante que la sérosité, elle

(1) « Il en est de même pour la séreuse péritonéale ; et quelque chose d'analogue a lieu aussi pour les articulations ; le poids de l'atmosphère agit de la même façon en appliquant les surfaces osseuses les unes contre les autres ; et en venant en aide à la tonicité, elle limite l'accumulation du liquide dans l'intérieur des capsules synoviales articulaires. » — J. Béclard, page 521.

contient une quantité plus considérable d'albumine, quelques matières extractives et des sels.

La sérosité, la synovie, par leur présence en quantité normale dans les parties où elles se trouvent, favorisent le glissement des surfaces les unes sur les autres; et la synovie pour les articulations, maintient le poli des surfaces et atténue les frottements.

Mucus. Il a été dit que cette humeur se présentait à la surface libre des membranes muqueuses ; mais elle est aussi sécrétée dans les canaux excréteurs et dans le réservoir des glandes.

Il présente dans sa constitution des globules (globules de mucus) qui donnent au liquide une consistance plus ténue que celle de la sérosité.

Le mucus, dans ses globules, a beaucoup d'analogie avec les cellules originaires de l'épiderme cutané (les cellules des couches profondes de l'épiderme).

L'épithélium des membranes muqueuses, l'épiderme cutané, le mucus lui-même, prennent naissance aux dépens du plasma exhalé hors des capillaires qui circulent dans les couches superficielles du derme muqueux. « Il ne prend pas naissance, non plus, seulement, dans les follicules, et dans les glandes en tubes (glandes de Lieberkuhn) des membranes muqueuses ; il nait encore sur toute la surface libre de ces membranes. La sécrétion fournie par les glandes muqueuses se trouve donc, partout, mélangée avec celle qui est fournie par la membrane muqueuse elle-même. » — J. Béclard, page 524.

La composition du mucus, outre les deux éléments dont nous avons parlé, *globules de mucus*, *cellules d'épithélium* est encore formée par de l'eau, des sels et quelques matières extractives dissoutes.

Le mucus, incessamment renouvelé dans les endroits où il existe, sert à la fois comme membrane ou corps de protection et peut-être aussi, comme une espèce de ferment dans les phénomènes de la digestion ; il est peu altérable ; se dissout très-difficilement dans l'eau, est insoluble dans l'alcool et dans l'éther.

Au bout de vingt-quatre heures le mucus placé dans le suc gastrique est encore intact.

Il est probable dès-lors, dit M. J. Béclard, que le mucus adhérant à la surface des membranes muqueuses, protège les réservoirs contre l'action des liquides qu'ils contiennent. C'est probablement pour cette raison, ajoute cet auteur, que le suc gastrique qui attaque les aliments dans l'estomac, n'attaque pas la membrane muqueuse stomacale, protégée par un *vernis muqueux*, incessamment renouvelé (1).

§ **66. De la rate.** Il a été expliqué dans un autre chapitre, que la salive mixte était formée par la sécrétion de trois glandes dont les liquides paraissaient différents les uns des autres. Ces trois glandes sont à bon droit nommées *glandes* puisqu'elles ont un conduit excréteur. Mais une foule d'autres corps de ce genre méritent ce nom ; car si elles ne sont pas pourvues de ce caractère distinctif, *conduit excréteur*, il est reconnu aujourd'hui qu'elles n'en sécrètent pas moins un fluide dans leur intérieur qui, pour ne pas être expulsé de la glande, ou rejeté au dehors, n'en est pas moins considéré comme devant en sortir puisqu'il est absorbé, ou transformé, pour un usage qu'il ne nous est pas toujours donné de connaître.

En effet, est-il supposable que la rate (par exemple) considérée comme organe glandulaire, n'ait pas une action, une sécrétion, ou une fonction particulière qui se passerait dans son intérieur et qui, à bon droit, pourrait être regardée comme telle : M. J. Béclard dit positivement que d'après ses recherches faites en 1844, sur les fonctions de cet organe (la rate) il a trouvé que le sang amené par l'*artère splénique* contenait des globules dans une certaine proportion ; et celui qui en sortait par la *veine* du même nom en contenait beaucoup moins. De là cette

---

(1) Dans les cadavres d'individus morts d'accident pendant la période digestive, on a quelquefois trouvé des perforations de l'estomac, déterminées très-vraisemblablement, par une véritable digestion des membranes stomacales. Dans ce cas le suc gastrique, sécrété pendant la vie et accumulé, a sans doute agi après la mort sur les membranes stomacales, alors qu'elles ne sont plus protégées par la sécrétion muqueuse. — J. Béclard, page 525.

idée, que la rate a pour fonction de détruire les globules du sang.

Pour quel usage ?

Ceci mérite d'être suivi ; mais le fait existe. Ce serait d'après cet auteur une désagrégation, une destruction des globules.

On sait que la veine splénique se réunit à la mésentérique supérieure ou grande mésaraïque, derrière le pancréas, et aboutit avec elle, à la veine porte abdominale.

Ces ramifications vasculaires, l'une de la rate, l'autre des intestins, forment ensemble le tronc de la veine porte qui distribue ce sang dans le foie où il va subir une élaboration, une espèce de transformation, ou un changement, dans ses principes constitutifs.

En effet, que lui apportent-elles ces ramifications vasculaires, venant de toutes les parties intestinales ? Si ce n'est des matériaux chargés de principes qu'elles ont puisés dans les organes, siége de la digestion.

La rate par sa composition, sa texture, doit être chargée d'un travail particulier. La trame de son tissu n'est pas celle du foie, n'est pas celle du rein, peut-être arrivera-t-on à trouver, comme M. Cl. Bernard l'a fait pour le foie, que les fibres, ou les mailles de son tissu contiennent les moyens de dissocier les globules du sang; peut-être connaîtra-t-on qu'il y a un ferment comme au foie, une diastase qui opère une décomposition chimique au travers de ce filtre, diastase qui serait renfermée dans la composition même de son tissu.

La rate est un organe mou, spongieux, d'un rouge violet, ou tirant sur le violet, situé profondément dans l'hypochondre gauche au-dessous du diaphragme.

Dans l'état sain, son volume est au moins celui du poing, son poid est de 240 grammes. A part, ou plutôt outre la membrane séreuse, fournie par le péritoine qui la recouvre, elle est enveloppée d'une membrane propre, de nature fibreuse, qui lui est intimement unie, et qui envoie dans son intérieur des prolongements fins, solides, très élastiques, dont les entrecroisements forment des cellules avec lesquelles communiquent les ramifications artérielles. Cette organisation ressemble à celle des corps caverneux.

Cette structure permet au sang de passer des cellules dans les ramuscules veineuses qui s'y abouchent, son parenchyme abreuvé de sang contient une multitude de granulations grisâtres, molles et demi-transparentes.

La rate défait, détruit les globules; c'est le contraire dans les glandes dites conglobées (glandes ou ganglions lymphatiques.)

Elles ont dans leur intérieur un tissu (mailles ou réseau) parcouru par un grand nombre de vaisseaux sanguins. Ces mailles, ou réseau, forment des cellules communiquant ensemble, et dont plusieurs sont formées comme les glandes sudoripares, de canaux cylindriques roulés en spirales, sur eux-mêmes (glandes en tubes). Il y a des vaisseaux qui s'y rendent, vaisseaux afférents, et d'autres qui en sortent, vaisseaux efférents, pour transporter plus loin leur contenu.

Tous les ganglions lymphatiques sont dans ce cas, communiquant de l'un à l'autre par ce moyen : c'est-à-dire que le canal afférent de l'un devient le canal efférent de celui qui précède.

Le travail qui s'opère dans leur intérieur, et nous parlons particulièrement ici de ces glandes (glandes conglobées), fournit des globules. Ils ont été formés dans leur intérieur ; car si on examine le liquide du vaisseau afférent il contient moins de globules que les vaisseaux efférents.

Où vont se jeter tous ces vaisseaux conduisant la lymphe avec ses globules? Dans le sang, qui les charriera, en même temps qu'il recevra les globules du chyle, fluide qui est séparé des aliments pendant l'acte de la digestion; et que les vaisseaux chylifères aspirent par endosmose à la surface de l'intestin grêle. Ce liquide est porté, comme on le sait, dans le sang pour servir à sa formation. Dans les vaisseaux chylifères il est coagulable; il le devient davantage au fur et à mesure qu'il traverse les ganglions mésentériques.

Et enfin, dans le canal thoracique, et près d'arriver dans la masse du sang, ses particules ne diffèrent de celles de ce liquide que par une couleur moins foncée : il semble qu'il n'a plus besoin que d'être soumis à l'acte respiratoire pour devenir du sang parfait (1).

Ces glandes seraient les antagonistes de la rate, formant les globules, tandis que celle-ci (selon M. J. Béclard) détruirait, dissocierait les globules du sang, en laissant un résidu que l'on a considéré comme une bouillie à laquelle on a donné le nom de boue splénique.

---

(1) Sous le rapport chimique, le chyle a beaucoup d'analogie avec le sang, puisque abandonné à lui-même il se partage en serum albumineux et en caillot.

Il en diffère cependant en ce qu'il contient une matière grasse particulière. — NYSTEN.

LIVRE III

FONCTIONS DE RELATION

CHAPITRE Ier.

MOUVEMENTS.

§ 67. **Locomotion.** DÉFINITION : La locomotion est cette faculté tout-à-fait sous l'empire de la volonté, que possède le corps des animaux vivants, d'exécuter des mouvements et de changer de lieu, de place, de se transporter, en un mot, où ils le désirent.

Les mouvements sont la continuation de cette fonction qu'on appelle *fonction des expressions* (Gerdy).

La locomotion dépend de la disposition mécanique du squelette et de la contraction musculaire. Les os et les articulations sont les organes passifs de la locomotion ; les muscles sont les parties actives qui mettent le tout en mouvement.

Les mouvements qui s'accomplissent sont sous la dépendance d'un système nerveux qui transmet à la fibre musculaire l'excitation nécessaire au développement de sa contraction.

Dans la locomotion, les agents excitants sont purement vitaux.

Les muscles sont formés d'une fibre particulière appelée *fibre musculaire.*

Ce sont des fibres sensibles à l'action du galvanisme, dont les unes sont lisses et les autres striées en travers, et comme articulées. Les premières n'obéissent pas aux ordres de la volonté ; les autres y sont soumises. Les unes et les autres ont une couleur rouge, mais beaucoup plus vive en général dans les dernières, et qui paraît dépendre d'une matière colorante particulière combinée avec leur substance : elle ne provient pas du sang ; jusqu'à présent on ignore sa nature.

La substance musculaire proprement dite, *fibres musculaires*, *faisceaux primitifs*, a pour enveloppe le sarcolemme ou myolemme ; c'est une tunique transparente excessivement mince, qui enveloppe, comme il vient d'être dit, la partie contractile des éléments musculaires de la vie animale (muscles striés), car il y a deux espèces d'éléments anatomiques : 1° les fibres musculaires de la vie organique ou fibres-cellules ; 2° les éléments musculaires de la vie animale. Ce sont ceux-ci qui sont dits *fibres musculaires;* ils sont constitués par de minces fibrilles, larges au plus de 0mm001, flexibles, faciles à briser, solubles par l'acide acétique, composées principalement de *musculine*. Ces fibrilles musculaires sont, dans l'économie, réunies les unes à côté des autres, en *faisceaux musculaires primitifs* ou *striés*, ayant tous une enveloppe spéciale, tubuleuse, de nature élastique, appelée sarcolemme ou myolemme. Et ainsi qu'il a été dit, ce sont ces faisceaux de fibrilles avec leur gaine, qui sont appelés *fibres musculaires de la vie animale* ou *fibres striées*. Le diamètre de ces faisceaux est de 0mm015 à 0mm020, et peuvent arriver chez l'adulte et suivant les sujets à 0mm055 à 0mm100.

« Les stries ou lignes transversales que l'on y remarque sont dûes à la juxtaposition, les unes à côté des autres, de toutes les parties de même couleur des fibrilles d'un même faisceau, mais non à des plis du sarcolemme ou à toute autre cause (Nysten) (1).

Réunissez ces faisceaux primitifs, vous aurez le tissu musculaire. En effet, ils le sont (réunis) par un tissu conjonctif entremêlé de tissu élastique. Cette réunion, en plus ou moins grande quantité, forme le muscle, par conséquent plus ou moins fort selon le nombre de faisceaux qui le composent, mais toujours de même nature, quoique présentant plus d'épaisseur. Joignez à cela les vaisseaux, les nerfs qui accompagnent ces premiers élé-

(1) Ce qu'on appelle *périmysium* est le tissu lamineux qui entoure les fascicules secondaires que forme la réunion de plusieurs faisceaux striés ou primitifs des muscles. — Nysten.

ments ; puis, enfin, une membrane plus consistante qui représente la membrane d'enveloppe ou gaine musculaire, et vous aurez l'organe dans son entier, le muscle-organe.

Le système musculaire est la réunion des muscles ainsi organisés.

Mais dans les muscles à fibres lisses, les choses ne se passent pas exactement comme on vient de le dire : ainsi, dans l'estomac, il y a des couches de fibres longitudinales et des fibres circulaires.

Dans l'appareil respiratoire, il y a des muscles à fibres lisses ; dans la trachée il y en a aussi. Mais au-delà des bronches, ces fibres lisses forment le tissu aréolaire. L'appareil urinaire en est pourvu ; il y en a dans les uretères, dans la vessie, dans l'urèthre. Enfin la matrice est un muscle à fibres lisses, et cependant elle est essentiellement un *muscle*, quoi qu'elle n'ait pas la couleur rouge des muscles, mais elle n'en a pas moins certaines propriétés, car la matrice est contractile, elle a une certaine épaisseur, mais ses contractions ne sont pas sous l'influence de la volonté.

Le cœur, comme exception d'une autre espèce, est un muscle à fibres striées, et cependant ses contractions ne sont pas soumises à notre volonté.

Il y a aussi des muscles à fibres lisses dans la peau, au scrotum, dans le dartose. Une chose digne de remarque, c'est qu'il n'existe pas pour ces muscles de gaine contenant, comme dans les muscles striés, des fibres et des fibrilles : ce sont de petites fibres-cellules de l'épaisseur d'un trentième de centième de millimètre, d'une longueur variable de six centièmes de millimètre à un demi centième de millimètre, selon les organes et les âges (1).

Elles ne sont pas sous l'empire de la volonté comme les fibres

---

(1) M. J. Béclard leur assigne $0^{mm}04$ à $0^{mm}08$ de longueur, sur une épaisseur de $0^{mm}004$ à $0^{mm}006$, aussi les désigne-t-on communément en histologie sous le nom de fibres-cellules. — *Traité de physiologie*, page 612.

Ce sont elles qui donnent aux tissus dans lesquels on les rencontre la puissance contractile. — *Ibidem*.

des muscles striés qui, à part dans le cœur, avons nous dit, y sont soumises.

Aussi, ces dernières jouissent-elles de l'extensibilité.

La flexion du bras par le muscle biceps force à l'extensibilité le triceps (scapulo-huméro-olécranien de Chaussier).

Ces fibres jouissent aussi de l'élasticité. Cette dernière propriété appartient aux muscles à fibres lisses, muscles de la vie organique (comme le disait Bichat). La contractilité leur appartient aussi avec cette différence que le muscle strié se contracte rapidement, tandis que dans le muscle à fibres lisses la contraction est toujours lente à se produire.

La fibre musculaire ne se plisse pas pendant la contraction; elle se raccourcit en augmentant d'épaisseur, mais pas à la façon d'un cylindre de caoutchouc qu'on laisse revenir sur lui-même après l'avoir allongé. Le plissement en zig zag n'a lieu que dans le cas où les extrémités ne suivent pas le mouvement de la fibre dans son élongation, et lorsqu'elle revient à sa forme primitive (1).

§ 68. **Contractilité musculaire.** Les muscles sont contractiles ; et cette propriété est mise en jeu soit par la volonté, soit par un excitant. Ils sont doués de contractilité et de contraction, ce qui n'est pas tout à fait la même chose. Un muscle se raccourcit en se contractant, c'est là *contraction* sous l'empire de la volonté.

La contractilité est la propriété qu'a le muscle de se contracter sous un excitant chimique ou galvanique. En d'autres termes la contraction est l'action mise en jeu par la volonté, c'est l'action musculaire développée par l'influence cérébrale : la volonté. Les spasmes, les convulsions sont l'exaltation de la contractilité, faculté inhérente aux muscles ; la paralysie en est l'abolition.

Le muscle en se contractant ne change en rien dans son volume absolu, et dans sa densité absolue aussi ; mais en diminuant de

(1) Le muscle en se contractant a diminué environ des 3 dixièmes de sa longueur en moyenne. Il a diminué de longueur par des inflexions successives de ses fibres. — J. Béclard.

longueur, il augmente d'épaisseur et acquiert une certaine rigidité.

Cette augmentation de volume n'est pas absolue non plus ; car il s'est raccourci et voilà tout ; il occupe moins d'espace en longueur et un peu plus en largeur, comme on le voit au bras pour le muscle biceps. Quelques fibres forment, au moment de la contraction, des espèces de zig zag (1). Les faisceaux primitifs des muscles ne se raccourcissent pas comme des lanières de caoutchouc qui ont été allongées; ces faisceaux ont éprouvé un phénomène vital qui jusqu'à ce moment n'est pas très explicable, quoique l'on ait cherché à l'expliquer; mais ces mêmes faisceaux n'ont pas acquis une augmentation de volume; ils n'ont augmenté en rien si ce n'est en prenant plus d'ampleur en se raccourcissant : ce que le muscle gagne en épaisseur est égal à ce qu'il perd en longueur.

C'est la force vitale qui a mis en jeu cette contraction ; c'est la force vitale qui la fera cesser; de la même manière que l'agent nerveux ou un excitant (fluide électrique ou galvanique) pourrait produire une contractilité qui cesserait avec lui.

Tout en n'assimilant pas les fonctions nerveuses aux actions électriques, il est permis de chercher des points de comparaison dans certains de leurs effets.

La contractilité est ce que Haller appelait *irritabilité*.

La motricité de M. Flourens est la faculté, la possibilité, de faire contracter un muscle sous l'influence de la volonté; *incitation motrice*, c'est un mode propre d'innervation à la substance *encéphalo-rachidienne*. Elle appartient donc à l'*innervation* et elle est sous l'influence de la volonté.

Elle désigne le plus souvent la propriété des nerfs venant des racines antérieures par opposition au mot *sensibilité spéciale* ou

(1) « M. J. Béclard, page 625, dit que cette expression ne doit pas être prise à la lettre, parce qu'en effet elle entraîne l'idée d'une succession d'angles à sommets aigus, tandis que les inflexions des faisceaux primitifs, constitués par des éléments d'une certaine mollesse, n'affectent pas précisément cette forme géométrique. Les sommets des inflexions sont mousses et arrondis. »

générale qui désigne le mode d'action des racines postérieures et des nerfs allant aux organes des sens. Elle peut succéder à une impression transmise à l'aide des nerfs *spinaux* ou *sympathiques*.

L'expérience de M. Longet, par rapport à la distinction de la contractilité de la contraction, est celle-ci ; ou du moins elle consiste : à porter l'excitant électrique, galvanique ou mécanique, sur un nerf qui existe dans un muscle et qu'on le laisse dépasser, de manière à ne toucher que le point de ce nerf qui est en dehors du muscle ; la contraction a lieu sous l'excitant. Mais au bout de quatre jours la contraction n'a plus lieu ; et cependant si vous portez l'excitant sur le muscle lui-même (mis à découvert dans une certaine partie), il se contracte de nouveau ; donc la contractilité est inhérente aux muscles, *àpart* la contraction (qui est plus particulièrement sous l'influence de la volonté).

L'expérience de M. Cl. Bernard est d'une autre sorte ; elle consiste : à employer le curare, qui a la propriété d'anéantir la faculté excito-motrice des nerfs, et de respecter la faculté contractile des muscles (1).

Cet habile physiologiste empoisonne des grenouilles avec cette substance (le curare), par une injection hypodermique ; puis il irrite un muscle de la cuisse par un excitant galvanique appliqué à l'extrémité du nerf qui se rend à ce muscle ; et la contractilité s'y manifeste. Donc, la contractilité est inhérente aux muscles. Les nerfs n'interviennent que comme puissance excitante, mais dans ce muscle est inhérente, à lui, la *contractilité*.

§ 69. Tonicité. Tous les muscles sont doués de *tonicité* qui est persistante, c'est le contraire de la contractilité qui est intermittente comme l'action nerveuse qui ne peut toujours durer.

La tonicité est une propriété *vitale*. Coupez un muscle, il se rétracte en vertu de sa tonicité : ses deux parties s'éloignent l'une

(1) Le curare a la propriété d'anéantir les mouvements musculaires volontaires ou de la vie animale, en respectant ceux de la vie organique ou du grand sympathique ; ce qui a permis d'étudier les nerfs de la vie organique. — Cl. Bernard.

de l'autre de quelque chose par la tonicité, et non par la contractilité.

C'est une force, puisqu'elle maintient certaines ouvertures fermées. Ainsi le sphincter de l'anus, de la vessie, l'orbiculaire des paupières, les muscles de la prostate, etc., sont dans un état de tonicité permanente, ou plutôt c'est leur tonicité constante qui maintient toujours ces ouvertures fermées.

C'est la tonicité qui fait dévier du côté sain, les muscles de la face, chez les individus qui sont atteints d'une paralysie d'un côté de cette partie.

Il se passe des phénomènes chimiques dans la contraction des muscles : il y a de la fibrine qui forme, par cette action musculaire, une certaine quantité de créatine, de créatinine et d'acide inosique (1).

Le muscle vivant absorbe de l'oxigène pendant sa contraction ; alors c'est la fibrine dont les éléments se sont oxydés qui produit plus d'acide carbonique, plus d'acide lactique.

Et enfin, par suite de cette action, c'est-à-dire la contraction musculaire, il y a une température notablement plus élevée. L'expérience de M. Brechet sur le muscle biceps qu'il a fait contracter dans une machine appropriée pour cette expérience a démontré ces divers résultats.

L'homme qui se livre à des contractions musculaires, consomme pendant ce temps plus de matière combustible, et la réparation devient nécessaire pour récupérer les pertes, on prend alors plus d'aliments.

La contraction suppose donc la formation d'acide carbonique

---

(1) Morel dit dans son *Traité d'histologie élémentaire*, page 106, que le suc qui imprègne le tissu musculaire tient en dissolution une faible quantité de créatine, de créatinine et d'assez fortes proportions d'acide lactique.

L'inosine n'existe que dans le liquide qui baigne les muscles du cœur.

Le même auteur dit, page 111, qu'un grossissement de 80 à 120 suffit pour constater que pendant la contraction, la fibre striée ne se plisse pas en zig-zag, mais reste toujours rectiligne et ne fait que diminuer en longueur, et augmenter en largeur.

par absorption de l'oxygène ; formation ensuite de créatine, de créatinine, d'acide inosique, et augmentation de température. On sait ce qui arrive lorsqu'il y a un froid intense et qu'on se livre à un exercice; c'est-à-dire que la température du corps s'accroît, on développe plus de chaleur ; et l'on résiste mieux au froid qui vous environne. Les troupes françaises, dans la retraite de Russie en 1812, ne trouvaient d'autres moyens de résister à un abaissement de température considérable, que de marcher toujours, jusqu'à ce qu'enfin, le soldat épuisé de fatigue tombait pour ne plus se relever (1).

§ 70. Quelle est la cause immédiate de la contraction musculaire ; et de cette contractilité ? On n'en sait rien. La contraction musculaire se distingue cependant, avons-nous dit, de la contractilité en ce que la première est presque toujours volontaire.

Cependant les contractions du cœur ne sont pas sous l'empire de la volonté ; pas plus que les mouvements respiratoires qui se font aussi bien pendant le sommeil que pendant l'état de veille.

C'est pour cette raison que Bichat avait admis, par rapport à la contractilité, deux espèces de ces sortes de mouvements.

La *contractilité sensible :* c'est-à-dire évidente ou apparente, et une contractilité insensible ou seulement appréciable par ses effets.

La première, aussi appelée myotilité, était dite volontaire ou involontaire; en d'autres termes, la première était nommée contractilité de la vie animale, et l'autre, contractilité de la vie organique.

La contractilité animale, suivant cet auteur, se fait remarquer

---

(1) *Mémoires* du baron Dominique Larrey, chirurgien en chef des armées du premier empire.

C'est dans cet ouvrage remarquable à plus d'un titre, que le célèbre docteur dit avoir remarqué que les hommes qui résistaient le mieux à ce froid excessif, 20 à 25° centig. et plus, étaient les soldats originaires du midi, comme s'ils eussent eu eux une quantité de calorique intrinsèque plus considérable pour fournir à la déperdition.

dans les muscles qui servent à la locomotion. On voit que c'est ce que nous appelons contraction volontaire.

La contractilité organique sensible était réservée pour la tunique musculaire du cœur, de l'estomac, du canal intestinal, des conduits, des réservoirs excréteurs, où elle est mise en jeu par leurs excitants respectifs. Celle-ci est appréciable par la vue, le toucher, les sens. L'autre ne l'est que par ses effets.

« Ces deux contractilités, toujours suivant le même auteur, ne différaient que par l'obscurité des phénomènes auxquels la contractilité insensible préside.

« On pensait que la différence des phénomènes observés tenait à des particularités de structure, de texture, d'organisation, que l'anatomie générale, telle qu'on la concevait alors, faisait soupçonner, sans être encore en état de bien les développer. » — RICHERAND.

Mais aujourd'hui que nous connaissons deux ordres de muscles, les uns à fibres striées et d'autres à fibres lisses, et que nous savons que ces derniers appartiennent surtout à la vie organique et sont sous la dépendance des nerfs du grand sympathique (ou trisplanchnique), il nous est permis de considérer la contraction musculaire comme tout-à-fait sous la dépendance de la volonté, ce qui veut dire sous l'influence des nerfs cérébraux rachidiens ; et la contractilité comme une faculté inhérente aux muscles et surtout aux muscles à fibres lisses sous l'influence d'un autre ordre de nerfs (1) ; sans confondre cette contractilité avec la tonicité qui, comme nous avons dit, est un état permanent dans les muscles pendant la vie et qui cesse avec la mort.

Toutes les ouvertures naturelles sont fermées sans efforts par la tonicité seule des muscles qui leur sert de sphincters et toutes laissent échapper leur contenu lorsque la mort arrive : leur tonicité venant alors à cesser.

La cause immédiate de l'action musculaire est donc, pour la contraction, la volonté, à part le cœur, et encore il a une organisation particulière de fibre pour l'expliquer. Pour la contractilité il y a un excitant particulier : le sang.

(1) Nerfs grands sympathiques (ou trisplanchniques).

Au sujet de la contractilité musculaire, les recherches de M. Matussy, donnent les explications suivantes : on prend un muscle, on le coupe, et on laisse adhérentes ses deux extrémités. L'extrémité d'un fil électrique est appliquée sur une partie du muscle, et il se contracte aussitôt que l'on appose l'autre extrémité du fil électrique à l'autre portion du muscle (contractilité sous un excitant).

L'excitant le plus général de la *contractilité* est le *sang ;* car tant que le cœur lance le liquide vivifiant dans toutes les parties; la contractilité n'est pas éteinte, tant que le poumon, par l'acte de la respiration, donne au sang ses qualités vivifiantes, la contractilité subsiste. Mais la suspension de la *respiration,* de la *circulation*, amène la mort générale.

Quelques parties peuvent sembler encore exister, et ce sont celles que le sang abandonne les dernières. Parmi les muscles qui meurent les derniers est le cœur (*ultimum moriens*) et dans le cœur, c'est le ventricule gauche qui cesse de battre, puis enfin, c'est l'oreillette droite qui meure la dernière (1).

« Enfin vient la rigidité des muscles, signe certain de la mort. La rigidité cadavérique existe dans tous les muscles extenseurs et fléchisseurs. « La raideur des membres et un commencement de putréfaction, sont deux signes certains de la mort. »

§ 71. Quelle est la cause de la rigidité cadavérique? Brown-Sequarre lie l'artère aorte abdominale ou plutôt l'artère crurale d'un côté. Le membre, privé de sang, passe à la rigidité cadavérique. Il ôte la ligature au bout d'une heure, deux heures, et le membre reprend ses fonctions, sa souplesse; des contrac-

---

(1) Quelques physiologistes ont dit que c'était dans les intestins que la vie se réfugiait en dernier ; comme c'était aussi cette partie qui était la première à se développer dans l'embryon.

« Si le tube intestinal est fréquemment le dernier organe dans lequel la vie s'éteigne et subsiste, c'est sur lui qu'on doit porter de préférence les stimulants capables de la rappeler dans le cas d'asphyxie. » Richerand, page 22.

tions musculaires s'y manifestent, qui détruisent l'hypostasie à laquelle cette rigidité paraissait dûe, et qu'il attribue à la coagulation du sang dans les vaisseaux. Cependant, sur les cadavres rigides, le sang n'est pas à l'état de coagulation ; le peu qu'il y a est fluide.

Nous n'avons parlé jusqu'à présent que des organes actifs du mouvement, passons aux organes passifs, au squelette.

§ 72. Du squelette. Les os du squelette sont solides, nullement extensibles. Réunis les uns aux autres par des ligaments et d'autres moyens d'union, ils forment la charpente humaine sur laquelle s'appliquent les parties musculaires et actives dont nous avons parlé, et que la volonté met le plus souvent en action.

La partie principale de cette machine (le squelette), c'est la colonne vertébrale, ainsi nommée parce que, de la superposition des vertèbres de différents ordres dont elle est composée, résulte une sorte de *colonne* placée à la partie postérieure du tronc soutenant la tête et soutenue, elle, à son tour (la colonne vertébrale), par le bassin.

Elle a trois inflexions ou trois courbures alternativement disposées en sens contraire.

En arrière, ces vertèbres sont pourvues d'apophyses qui se joignent et s'imbriquent pour ainsi dire les unes sur les autres, pour concourir plus solidement aux mouvements en avant.

Entre le corps de chaque vertèbre, il y a une substance fibro-cartilagineuse assez molle et élastique pour se prêter aux diverses inflexions dont la colonne vertébrale est susceptible.

La colonne vertébrale est le centre des mouvements du tronc. C'est sur elle que toutes les autres parties du squelette viennent s'appuyer. Aussi toutes les parties dont elle est composée sont pourvues de forts ligaments et sont réunies entre elles par des moyens d'union qui, tout en permettant certains mouvements, les maintiennent avec solidité : tels sont les ligaments vertébraux qui règnent dans toute la longueur du rachis, depuis l'axis jusqu'au sacrum, l'un placé au dehors et l'autre dans l'intérieur du canal vertébral.

Les disques vertébraux sont non-seulement flexibles, mais composés d'un tissu assez élastique pour se prêter aux différentes inflexions du corps.

Enfin, le sacrum forme, à l'extrémité de la colonne vertébrale, une espèce de *coin*, sur la base duquel elle repose et qui, par sa position dans le bassin, comme une clé de voûte, peut supporter tout le poids de la partie supérieure du corps : le tout maintenu par des muscles forts et nombreux, qui sont logés le long des gouttières vertébrales, et s'attachent aux apophyses transverses des vertèbres. Ce sont : le sacro-lombaire, le long dorsal, le transversaire, transversaire épineux, etc., muscles que Chaussier avait réunis sous la dénomination de sacro-spinal.

Mais le squelette a aussi d'autres parties non moins intéressantes et qu'il est utile de connaître, ne fût-ce que d'une manière générale pour l'explication de la musculation (action des muscles) et de la locomotion, *transport du corps* au moyen de ces muscles, et des leviers qu'ils mettent en mouvement ; action qui doit nous occuper particulièrement ici.

Si l'on segmente le squelette en trois parties, on trouve qu'à part la tête, qui est composée de plusieurs os plus ou moins compactes, et qui repose sur l'atlas, où elle est fortement fixée par des ligaments et des muscles nombreux, cette segmentation nous donne, pour la partie supérieure de la charpente osseuse : 1° la clavicule ; 2° l'omoplate ; 3° les membres thoraciques ; 4° les côtes. Comme os compactes, il n'y a que l'omoplate, la clavicule et les côtes qui puissent être considérés comme tels, puisque la clavicule, non plus que les côtes, n'ont de canal médullaire ; mais ces os sont petits et légers.

Les autres os des membres thoraciques ont des extrémités spongieuses et un canal médullaire qui diminuent par cela le poids de ces os, et ne pressent pas considérablement sur le sacrum (clé de voûte du bassin). De sorte que, en présentant la même disposition, ou à peu près, dans le segment inférieur, formé par les membres pelviens, le poids du corps, à l'état de squelette (celui d'un homme de moyenne taille), est de 4 kilog. 70 à 6 kilog. 50 ; celui d'une femme est un peu inférieur. — NYSTEN.

En définitive, ce qu'il nous importe de constater pour le moment, c'est que les os longs ayant un canal médullaire au centre, et du tissu spongieux aux extrémités, ainsi que les phalanges, on arrivait vers les extrémités du squelette (machine tout-à-fait passive) avec des parties plus allongées, mais plus légères. Et, pour complément de cette heureuse organisation (toujours sous le rapport des mouvements), les extrémités des os longs présentent de larges surfaces articulaires, sur lesquelles viennent, en définitive, s'appuyer toutes les parties supérieures du corps. Ces mêmes surfaces articulaires sont formées par des masses osseuses qui sont toutes spongieuses.

La partie seule des extrémités des os où ils présentent le moins de largeur est précisément celle qui offre un tissu compacte (diaphyse), disposition favorable pour l'insertion des muscles qui y sont volumineux, et qui y ont souvent leurs points d'attache : témoins la partie moyenne et un peu supérieure de la cuisse, et celle du bras.

Ainsi, les parties extrêmes des os longs sont à larges surfaces articulaires, mais spongieuses ; elles donnent plus d'assise aux parties qui portent dessus, et les parties les plus étroites de ces os sont compactes, par conséquent très-résistantes, et donnent attache à des muscles puissants. Ils s'y insèrent le plus souvent en vue des mouvements qu'ils sont chargés d'imprimer aux membres.

En effet, les os longs, qui font partie des membres, sont considérés généralement par les anatomistes : ou comme des colonnes destinées à soutenir le poids du corps; ou comme des leviers de différents genres que les muscles font mouvoir. C'est à ces deux points de vue que nous devons les considérer.

Quant à la structure et à la composition des os, nous en dirons seulement deux mots :

1° Les os, avant d'arriver à l'état où nous les trouvons sur le squelette d'adulte, subissent différentes transformations.

D'abord, dans l'embryon, et au fur et à mesure que ses organes se développent, ils sont constitués (les os) par une matière de peu de consistance (albumine, gélatine, fibrine). Ils sont, comme on dit, gélatiniformes. Ils prennent peu à peu plus de fermeté et deviennent cartilagineux. Enfin, par suite du développement, les molécules gélatineuses cèdent la place aux molécules calcaires; ce qui leur donne alors la force et la consistance qu'ils possèdent dans l'état sain et chez l'adulte.

Voici l'analyse des os donnée par Berzelius :

Matière animale (gélatine)	32,17
Matière animale insoluble	1,14
Phosphate de chaux.	53,49
Carbonate de chaux	11,30
Hydrochlorate de soude	1,90
Oxyde de fer (traces)	"

Pendant tout le temps de la vie, à partir de l'âge adulte, la partie organisée est moins abondante que la partie inorganique; ces conditions augmentent même avec l'âge, et chez les vieillards, les sels abondent et le canal médullaire s'élargit. L'accroissement, chez les vieillards, cesse en épaisseur lorsque la dilatation intérieure continue encore; l'os se creuse, par résorption, dans le centre de la substance médullaire.

Dans les os courts, l'ossification (incrustation calcaire terreuse) se fait du centre à la circonférence.

L'accroissement en longueur des os longs se fait près de l'endroit de leurs extrémités qui sont encore compactes; leur partie moyenne n'y est pour rien. Cet accroissement n'a véritablement lieu qu'à partir de cet endroit (entre le diaphyse et la tête de l'os) (1). Nous avons traité ce sujet dans un autre article, et nous avons cité l'expérience d'un clou placé dans le corps de l'os en voie de croissance, qui n'avait pas changé sa distance, tandis que placé aux extrémités, la distance s'était accrue.

§ **73. Articulations.** Les os se joignent ensemble, c'est-à-dire qu'ils s'appliquent les uns aux autres au moyen des articulations; ou autrement dire, les articulations sont des parties passives qui unissent entre eux les leviers osseux du squelette que les muscles font mouvoir.

---

(1) On appelle diaphyse (dit Nysten) tout ce qui sépare deux parties, tout ce qui est situé entre deux parties. La diaphyse d'un os long est son corps.

Mais ces fonctions sont susceptibles de devenir fermes et stables comme les pieds d'une table, et cela pour les besoins des mouvements dont nous nous occuperons bientôt.

Il est nécessaire de dire aussi et d'avance, que les membres en jouant les uns sur les autres par le moyen des articulations, sont susceptibles, en raison de la différence de forme ou de structure que ces articulations présentent, d'exécuter des mouvements de tous genres.

Par rapport à la différence de forme, les articulations, faisant partie du corps humain, sont divisées en plusieurs espèces ou plutôt en trois classes : 1° celles qui ne permettent aucun mouvement, *synarthrose*, c'est-à-dire articulations immobiles, comme les articulations des os du *crâne*, dites par engrenures ; des dents, dite par implantation ou gomphose ; 2° en *diarthroses*, c'est-à-dire articulations qui permettent des mouvements en tous sens ; lesquelles comprennent l'*énarthrose* ou articulation d'une tête saillante avec une cavité profonde telle que l'articulation scapulo-humérale, coxo-fémorale ; 3° l'*arthrodie*, articulation qui résulte du concours de la saillie peu prononcée d'un os, avec une cavité osseuse peu profonde aussi, comme l'articulation temporo-maxillaire, ce genre d'articulation présente quelques variétés comme le ginglyme qui n'a de mouvements qu'en deux sens opposés et qui est latéral ou angulaire. *Latérale*, l'articulation ne jouit que d'un mouvement dans un sens, comme l'articulation trochoïde de l'axis avec l'atlas. *Angulaire*, articulation à charnière, qui n'a qu'un mouvement d'opposition bornée, telle est l'articulation du coude. Enfin on compte aussi la diarthose planiforme, qui est cette articulation qui se fait au moyen de surfaces planes, ou presque planes, telles que celles des os du carpe, etc.

Disons, par rapport à l'emploi de ces articulations dans la machine animale, que les diarthroses sont les plus nombreuses.

Elles ont des cartilages lisses, polis et pourvus de synovie. Les cartilages diarthrodiaux ne contiennent ni vaisseaux ni nerfs ; ce sont les liquides épanchés au voisinage qui les lubrifient.

Les *cartilages articulaires* modèrent la compression à laquelle les surfaces osseuses seraient soumises sans eux. L'absence de vaisseaux fait qu'ils ne sont sujets à aucune des maladies dépendantes des anomalies de la circulation ; ils ne peuvent ni s'enflammer ni s'hypertrophier ; ils ne s'atrophient non plus qu'avec peine, et seulement lorsque le sang cesse d'affluer dans les parties dont les vaisseaux amènent les matériaux nécessaires à leur nutrition.

Il y a une synoviale qui revêt les cartilages : c'est une séreuse formant une capsule membraneuse composée de deux feuillets juxtaposés par leur face intérieure, mais qui au total n'en forment qu'un seul.

Elle environne les articulations, se réfléchit sur les extrémités articulaires des os dont elle recouvre les cartilages par sa surface intérieure, de manière que ces extrémités osseuses ne se trouvent pas plus contenues dans la propre capsule, fermée de toutes parts, que les viscères abdominaux ne le sont dans la séreuse du péritoine.

La synovie, ou liquide sécrété par cette membrane, lubrifie les surfaces articulaires, facilite leurs mouvements, et entretient leur contiguité. Sa quantité est en raison directe de l'étendue de ces surfaces et de la capsule membraneuse dont elles sont enveloppées.

La synovie est une humeur visqueuse, filante, ressemblant assez au blanc d'œuf, *sun* avec, *oôn* œuf, de là son nom.

Cette liqueur est parfaitement incolore, elle a une saveur salée ; elle contient de l'eau, de l'albumine, du mucus et une matière coagulable, des sels de soude, du phosphate de chaux et des carbonates alcalins.

Les *fibro-cartilages* qu'on trouve dans les articulations de la mâchoire, de l'épaule, du genou, de la hanche, sont destinés à rendre plus parfait l'emboîtement des surfaces, ils sont organisés. Dans les autres articulations dont les surfaces sont couvertes d'un cartilage d'encroûtement (cartilage épidermoïque), ils sont à la surface de l'os qu'ils recouvrent, ce que l'épiderme est à la peau, un vernis protecteur. Ils ont une trame fibroïde, comme dans les ligaments intervertébraux, les synchondroses, etc.

§ 74. Des leviers (1). Il a été dit que les os longs sont considérés, dans l'économie animale, comme des colonnes destinées à soutenir le poids du corps ; et que, généralement, les os des extrémités étaient des leviers que les muscles font mouvoir partiellement, dans certains cas ou en totalité en transportant le corps, avec plus ou moins de rapidité, d'un endroit dans un autre, par la marche, la course, le saut, la danse, etc.

C'est à ces différents points de vue que nous étudierons le squelette dans son ensemble et dans ses différentes parties, ainsi que l'action des muscles qui s'y attachent.

On appelle centre de gravité, le point du corps par lequel passe constamment la résultante des forces parallèles dans les diverses positions qu'on lui fait prendre successivement, par rapport à la direction de ces forces.

§ 75. Quel est le centre de gravité pendant la station ? La station, c'est-à-dire, l'action d'être debout, est l'*immobilité active et volontaire* du corps. Elle ne peut être obtenue que par la contraction permanente des muscles extenseurs qui maintiennent le corps en équilibre sur sa base de sustentation.

Quelle est la base de sustentation ?

Ce sont les pieds et l'espace compris entre eux, de manière qu'une ligne verticale passant par le centre de gravité, qui correspond chez l'homme au milieu du bassin et un peu en arrière, et passant aussi par la cinquième vertèbre lombaire, vers sa partie moyenne, tombe sur cette base.

Nous venons de dire que la station est l'immobilité active et volontaire du corps. En effet sans notre volonté le corps ne

---

(1) Les leviers, en mécanique, sont des corps longs et inflexibles, fixés dans un point de leur étendue et destinés à mouvoir, à soutenir ou à élever d'autres corps. Cette explication des leviers trouve son application dans la mécanique animale.

On appelle bras de levier la distance qui sépare la puissance du point d'appui ou de la résistance, et réciproquement, selon le genre de levier.

Des leviers à bras inégaux, le plus puissant est celui dont le bras est le plus long. — NYSTEN.

peut se maintenir debout ; et notre volonté intervient dans cette action par la contraction des muscles de la partie postérieure du cou, pour maintenir d'abord la tête en équilibre sur la colonne vertébrale ; puis, par les muscles extenseurs de cette colonne, lesquels entrent en action pour empêcher aussi le corps d'être entraîné en avant, par le poids de la tête, par celui des membres supérieurs, des organes thoraciques et abdominaux ; ce qui fait que le corps d'un homme frappé de mort, tombe toujours la face vers le sol.

Le poids du corps maintenu en équilibre, est ainsi transmis par la colonne vertébrale au bassin, par le bassin au fémur. Les muscles extenseurs de la jambe empêchent en même temps le genou de fléchir ; et ceux du pied maintiennent la jambe dans la position verticale ; de façon que le poids du corps se transmet de la cuisse à la jambe, de la jambe au pied et du pied au sol.

Nous venons d'expliquer comment le poids du corps était transmis du bassin à la cuisse et ainsi de suite jusqu'au sol ; mais il ne faut pas oublier une particularité qui a une importance pratique, c'est que le fémur ne s'articule pas en ligne droite avec l'os coxal ; le fémur, et sa tête, forment un angle ouvert ; et cette tête porte sur la cavité cotyloïde de l'os Ischion, obliquement, de haut en bas et de dehors en dedans.

De sorte que dans une chute sur les pieds, le poids du corps venant à rencontrer le sol, cette action, ou plutôt ce choc de deux forces, agissant en sens opposé, se passe au col du fémur, c'est-à-dire à l'obliquité qui existe entre cet os et sa tête. Il en résulte ceci : la cavité cotyloïde, au lieu d'être enfoncée dans le bassin comme cela aurait lieu si l'articulation du fémur avait été directe, souffre médiocrement. L'effet de l'effort et celui de la résistance allant en sens contraire, se heurtent au col chirurgical de l'os (1). C'est là que le choc se produit et que des fractures peuvent avoir lieu en ce point.

Mais grâce à une disposition anatomique, digne de remarque,

(1) Le col chirurgical, est cette partie rétrécie et allongée, unie à angle obtus, au corps du fémur et qui soutient la tête de cet os.

les fibres osseuses du col du fémur ont une direction longitudinale et un peu oblique; ce qui oppose une résistance au choc qui pourrait occasionner la fracture.

Cet accident quoique grave en lui-même l'est cependant moins que si l'articulation avait été perforée par la tête de l'os et fut passée dans le bassin.

Cette circonstance nous amène à considérer cet endroit comme le point d'appui principal du corps; c'est-à-dire sur le fémur, comme nous considérons le tibia servant seul de colonne d'appui à la masse totale du corps: le péroné placé à son côté externe étant trop mince et trop faible pour soutenir le poids du corps; et son apophyse styloïde (malléole externe), ne reposant sur aucun os du pied ne peut lui venir en aide, puisque cette apophyse ne s'articule avec aucun des os du tarse. Elle sert seulement à soutenir l'articulation et à empêcher sa déviation en dehors dans certaines circonstances; c'est-à-dire son renversement en dehors par une adduction trop forte du pied en dedans.

§ 76. Le centre de gravité est-il invariablement placé dans la base de sustentation (1) **?** La station est la mieux assurée possible quand la ligne prolongée du centre de gravité tombe dans l'espace circonscrit par les pieds quelque soit leur degré d'écartement.

Mais cette ligne peut tendre à dépasser la base de sustentation, sans que pour cela la chute ait lieu, parceque l'action musculaire qui maintenait le corps dans la position redressée de toutes nos parties; la *station debout*, rétablit bientôt l'équilibre dérangé par le changement de cette ligne.

Aussi, dans cette circonstance, cherche-t-on à éviter l'accident en écartant fortement les pieds; et en contractant soit les fléchisseurs, soit les extenseurs des membres inférieurs. C'est ce qui se voit chez les marins à bord des bâtiments et chez les lutteurs dans ces espèces d'académies de joûtes renouvelées des anciens,

(1) La base de sustentation est le quadrilatère construit sur la limite des deux pieds. — LANOIX, *tableaux synoptiques*.

où les nouveaux athlètes pour ne pas être renversés (ils disent ne pas être tombés) élargissent la base de sustentation en écartant les pieds. Mais alors si la chute sur le côté est moins à craindre, celle en avant ou en arrière devient plus facile. Aussi un des grands principes de cet art gymnastique est de ramener les pieds médiocrement écartés dans la ligne de l'effort prévu auquel il s'agit de résister.

Les os, avons nous dit autre part, peuvent être considérés soit comme des colonnes destinées à soutenir le poids du corps, soit comme des leviers, surtout pour ceux des extrémités, que les muscles font mouvoir. Pour ce dernier emploi et dans diverses circonstances de la vie, la nature a eu besoin souvent de remplacer la force par la vitesse ou l'agilité; et rien n'est plus propre à le démontrer que les différents leviers qui sont employés par elle dans la mécanique animale.

D'abord si la force avait dû être augmentée ce n'aurait été que par la multiplicité des fibres charnus et une plus grande épaisseur des os. Ce qui aurait considérablement accru le volume des muscles, et donné aux membres des formes massives et moins gracieuses. Enfin on aurait eu des masses qui auraient présenté, il est vrai, beaucoup plus de force, mais qui auraient manqué d'agilité. Les animaux les mieux partagés pour la force sont les plus lents à se mouvoir (*lentus bos in arva*), tandis que des muscles à fibres longues et déliées sont couchés sur les os de moyenne épaisseur sans altérer leur forme. Et, par cette construction harmonique chez l'homme, et nous le disons pour lui principalement, la nature a réuni autant qu'il était possible, sans trop nuire à la force, l'agilité à l'avantage des formes.

Par rapport aux leviers dans la mécanique animale, les os sont ces corps inflexibles, ou leviers proprement dits, les muscles locomoteurs sont les puissances; les *résistances* sont les poids des parties à mouvoir. Les *points d'appui* sont tantôt les articulations, tantôt le sol ou tout autre corps fixe sur lequel s'exécutent les mouvements.

Ces leviers sont de trois genres, selon comme on le dit généralement, que le point d'appui, la résistance et la puissance sont placés dans tel ou tel endroit et à distance l'un de l'autre.

1er genre : *intermobile*. Ainsi appelé parceque le point d'appui est placé entre la résistance et la puissance. Exemple : la tête se meut soit en avant, soit en arrière, par un levier de la première espèce dans lequel la première vertèbre cervicale est le point d'appui ; la tête, la résistance, et les muscles du cou qui s'insèrent d'une part à la colonne vertébrale ou à l'épaule et de l'autre à l'os occipital sont la puissance.

2e genre : *interrésistant*. Dans celui-ci la résistance est placée entre le point d'appui et la puissance. Exemple : on s'élève sur la pointe des pieds par un levier du second genre dont le point d'appui est le sol ; le corps portant de tout son poids sur les os du tarse par l'articulation du pied avec la jambe est la résistance ; et les muscles du mollet qui agissent au talon forment la puissance.

3e genre : *interpuissant*. Ici la puissance est placée, comme son nom l'indique, entre le point d'appui et la résistance. Exemple : la flexion de l'avant-bras sur le bras, l'élévation du bras ; la flexion de la jambe sur la cuisse et de celle-ci sur le bassin.

Le levier du 3e genre semble être le plus souvent employé dans l'économie animale ; cependant les deux autres ne sont pas rares, nous tâcherons de le démontrer en passant en revue certains mouvements habituels du corps.

Mais disons de suite que les membres représentent des leviers différents suivant les muscles qui les font mouvoir. Ainsi le pied que nous prenions, il y a un instant, pour exemple d'un levier du 2e genre, lorsqu'on s'élève sur sa pointe ou que l'on marche, devient ou plutôt représente un levier du 1er genre quand il est détaché du sol, suspendu en l'air, et qu'il est alors étendu sur la jambe. Dans cette situation le point d'appui est dans l'articulation tibio-tarsienne ; il sépare la puissance qui se trouve au talon de la résistance qui existe dans la pointe du pied abaissée.

Enfin, le pied devient levier du 3e genre lorsque nous soulevons la pointe du pied, chargée d'un certain poids, le talon ne quittant pas le sol : *résistance et point d'appui aux deux extrémités, l'interpuissance se trouvant aux muscles qui soulèvent le pied.*

Les mouvements de la tête sur le cou, articulation *occipito-atloïdienne*, levier du 1er genre a été décrit. Cette articulation exécute aussi bien ses mouvements en avant qu'en arrière, selon l'insertion des muscles qui entrent en action. Il y a même des mouvements latéraux.

Toutes les vertèbres forment des leviers du 1er genre. Les mouvements du bassin par sa flexion sont des leviers du 1er genre, ceux des membres inférieurs également du 1er genre dans la station et du 3e dans la flexion des membres.

Le pied est un levier du 2e genre dans la marche seulement.

Enfin, toutes les articulations dans leur flexion sont des leviers du 3e genre.

La mâchoire inférieure dans ses mouvements d'élévation serait aussi du 3e genre.

Il faut remarquer que le point fixe dans l'action des organes musculaires ne mérite pas toujours ce nom. Ainsi, quoique l'on dise, avec raison, que la plupart des muscles de la cuisse ont leur point fixe dans les os du bassin, auxquels s'attache leur extrémité supérieure, et qu'ils meuvent le fémur sur l'os des îles par un levier du 3e genre (le bassin étant moins mobile que le fémur), il n'est pas moins vrai que lorsque la cuisse est fixée par l'action d'autres muscles, ceux-ci meuvent le bassin sur elle, et leur point fixe devient le point mobile.

Il en est de même de tous les muscles du corps. De manière que leur point fixe est seulement celui qui, dans le plus grand nombre des cas, fournit un point d'appui à l'action musculaire.

« Il faut donc principalement rechercher, quand on veut déterminer un mouvement, quelle est la partie qui a pu rester dans l'immobilité et servir de point fixe. » — Richerand.

L'air atmosphérique pèse de tout son poids sur les articulations, de manière que celles qui sont dites arthrodiales, et les énarthroses en particulier, présentent cette particularité que, bien que la capsule fibreuse qui les enveloppe soit ouverte et les ligaments coupés, le membre pour cela ne sort pas de sa cavité; il se maintient en place et ne cède qu'à une forte traction. Mais si, par exemple, vous faites comme pour l'articulation de la cuisse, une ouverture à la cavité cotyloïde en dedans du bassin, et que, dans cette cavité, vous laissiez entrer l'air par l'intérieur du bassin, le membre tombe sans effort. Cette expérience a été faite par Vebert sur l'articulation coxo-fémorale, et peut se répéter tous les jours pendant les dissections.

§ 77. **Mouvements associés.** Tous les mouvements dont il vient d'être question se passent, comme nous l'avons exposé, dans des articulations qui sont conformées de différentes manières, et ont reçu différents noms par rapport à la juxtaposition des extrémités des os.

Dans ces endroits, toutes ces articulations sont maintenues par des capsules fibreuses et de forts ligaments qui les consolident, en permettant cependant le jeu plus ou moins facile et plus ou moins varié des pièces les unes sur les autres. Ces mouvements peuvent être partiels, c'est-à-dire se borner au déplacement d'une partie par l'effet d'une force unique, comme la flexion ou l'extension d'un doigt; mais d'autres fois ils sont plus compliqués, ces mouvements, et font entrer en action des muscles qui sont dits alors congénères, c'est-à-dire agissant dans le même sens, et par cela les mouvements sont dits associés ou harmoniques, ou autrement encore, en régularité d'action avec tel ou tel autre; le tout pour la précision de la fonction : comme lorsqu'un des deux yeux se dirige à droite et que l'autre se dirige dans le même sens (et il ne peut en être autrement à moins d'être *strabique*).

Le mouvement est même dit associé, quoique l'un des muscles qui agissent soit le droit externe, et l'autre le droit interne : mais ils sont congénères pour la régularité de la fonction qui requiert leur action.

Il y a même des mouvements dans lesquels on ne peut contracter un muscle sans que l'action d'un autre vienne s'y joindre. Ainsi le bulbo-caverneux ne peut entrer en contraction sans que d'autres muscles voisins ne se contractent aussi : les fibres de ces muscles qui se mêlent et s'entre-croisent, viennent s'associer à l'action.

Les contractions *synergiques*, c'est-à-dire produisant une action simultanée, se rencontrent dans beaucoup de mouvements du corps. Ainsi, le muscle sterno-mastoïdien fait fléchir la tête sur la poitrine, mais il faut que le sternum et la clavicule se trouvent immobilisés. Alors la contraction du droit abdominal, du grand oblique, etc., immobilise le thorax et le sterno-mastoïdien, fera porter la tête en avant.

Pour le mouvement en arrière, le splénius, le grand complexus entrent en action, et la tête sera portée en arrière par l'action de ces muscles et par d'autres qui deviennent congénères. En effet, le thorax est immobilisé par ces derniers muscles, et ils concourent à produire l'effet voulu. Dans certains mouvements il y a donc, outre la contraction des muscles qui doivent les accomplir, la contraction simultanée d'un grand nombre d'autres, en vertu de cette synergie d'action dont nous venons de parler.

Dans le mécanisme des mouvements, il y a aussi ce qu'on appelle l'*antagonisme* musculaire : les mouvements de la vie de relation sont produits par les muscles qui agissent comme antagonistes.

Cet antagonisme est nécessaire, car un membre fléchi reste dans la flexion, bien que le muscle qui a produit ce mouvement cesse de se contracter, tant qu'un autre muscle ne se contracte pas pour produire l'extension. Exemple : le muscle biceps (déjà cité) a fléchi le bras; si le triceps brachial, qui a subi une extension, ne se contractait à son tour, le membre resterait dans la flexion.

Aussi les mouvements peuvent être rapportés à quatre types : *flexion*, *extension*, *adduction*, *abduction*.

§ 78. De l'effort. *Qu'est-ce que l'effort ?* Il y a effort toutes les fois que vous opérez des contractions énergiques pour obtenir un effet qui ne se produirait pas sans ce moyen.

Pour opérer un effort, il faut que le thorax soit immobilisé, et que certains muscles de la glotte soient contractés, les muscles expirateurs aussi ; de manière qu'en fermant la glotte, vous emprisonniez une certaine quantité d'air dans la poitrine, qui empêche ces muscles de s'affaisser. Un gaz acquiert de la tension en raison du carré des poids qui le compriment.

La poitrine remplie par l'air et soutenue, ne peut être déprimée, ainsi que nous venons de le dire; les muscles ayant immobilisé le thorax.

Ceci a lieu dans le chant, dans les cris, les efforts de la voix. Seulement, il faut qu'il y ait une ouverture ménagée, dans ce cas, à la glotte. Les cris ne seront que plus forts, plus aigus, si l'ouverture est plus étroite; d'autant aussi que l'effort pour expulser l'air est plus considérable.

Alors le chant, les cris, pourront se continuer avec toute l'énergie dont ils sont susceptibles. Tous ces efforts se produisent tellement de cette manière, qu'ils donnent lieu souvent à des hernies par la pression, la compression des viscères abdominaux vers le fond du bas-ventre, et par le refoulement du diaphragme. Les parois des vésicules pulmonaires sont comprimées, et par l'air renfermé dans leur intérieur, et par tous les muscles de la poitrine qui se sont contractés. De là, stase dans les vaisseaux de la tête et dans la poitrine. Quelquefois, ces vésicules pulmonaires peuvent se rompre et l'air s'infiltrer traumatiquement dans le tissu cellulaire : *emphysème du poumon*. Un emphysème plus général peut même avoir lieu s'il s'est fait une éraillure, une rupture à la trachée, dans les tuyaux bronchiques, cela s'est vu.

Mais une circonstance où l'effort se manifeste le plus directement, c'est pendant l'accouchement. L'action musculaire y est des plus prononcée ; et s'il se produit des hernies dans cette circonstance et dans les autres, c'est toujours par suite du refoulement des viscères dans l'abdomen et par leur compression.

Quant à l'action des muscles par rapport à tous les mouvements qui peuvent s'exécuter, il est à remarquer que leurs insertions aux os ont lieu de plusieurs manières, mais le plus souvent à angles extrêmement aigus : témoin l'insertion des fléchisseurs des doigts. Il y a cependant des insertions à angles droits : *articulation temporo-maxillaire.*

§ **79. De la station.** *Equilibre du corps.* Toutes les forces qui tendent vers le centre sont évidemment parallèles. Il en advient une résultante, et pour le corps cette résultante est le *centre de gravité.*

Nous avons démontré que la ligne prolongée de la tête vers les pieds passait par la 5e vertèbre lombaire, vers le milieu du bassin, et un peu en arrière pour venir tomber sur la base de sustentation qui se trouve être l'espace compris entre les pieds eux-mêmes, et le périmètre qu'ils enferment : base de sustentation dont l'étendue varie avec leur écartement.

Il faut pour la station debout, que le fémur soit immobilisé. C'est ce qui sera opéré par le droit antérieur de la cuisse, par le triceps crural. Les fléchisseurs de la jambe porteront le tibia et le péroné en arrière pour opérer la tension de cette partie.

Les jumeaux (bifémoro-calcanien) le soléaire (tibio-calcanien Ch.) muscles surals d'une grande force, jouent un rôle énorme dans la station debout, par leur tension qui est incessante, et qui maintient le tibia et le péroné dans leur rectitude naturelle. Les ligaments postérieurs, et les ligaments croisés représenteront aussi l'effort modérateur, ou résistant, dans les renversements de la cuisse en avant.

L'articulation tibio-tarsienne, qui repose pour ainsi dire sur le sol, se trouve à son tour immobilisée par tous les ligaments qui entourent cette articulation ; mais aussi par les muscles dont les tendons vont se rendre de la jambe autour de cette diarthrose.

Quant au pied, on sait qu'il forme une sorte de voûte sur laquelle vient s'appuyer tout le corps ; et que des articulations, quoique légèrement mobiles, sont multipliées à cet endroit (tarse et métatarse) et présentent une grande solidité par les ligaments fort nombreux qui les soutiennent. Le poids du corps qui pèse sur elles est décomposé dans les articulations des os du tarse et du métatarse entre eux.

Enfin, nous avons le sol immobile sur lequel repose tout l'édifice. On peut dire que dans la station debout toutes ces articulations représentent, depuis la tête jusqu'aux pieds, un levier du 1er genre : le point d'appui est aux articulations, la puissance et la résistance tantôt en avant, tantôt en arrière, les muscles se contrebalançant dans leur action.

Ainsi donc, la position ou plutôt la station debout, est assurée par l'action, la contraction musculaire, presque toujours en activité (si ce n'est contraction dans la rigueur du mot c'est du moins contractilité).

Mais là ne se bornent pas tous nos moyens pour cette action, nous pourrions encore en énumérer d'autres, dans les ligaments, les capsules fibreuses, qui entourent la plupart des articulations mises en jeu.

Au fémur, l'articulation coxo-fémorale est renforcée par ces deux moyens ; au genou il y a aussi des ligaments qui immobilisent la jambe sur la cuisse, et qui soulagent l'action musculaire. Ainsi pour le bassin, il n'y a pas que le grand, le moyen et le petit fessiers ; et pour la jambe, il n'y a pas, non plus, que le triceps crural et les muscles surals ; il y a des ligaments qui jouent un rôle important, comme partout ailleurs ; et qui, dans certains mouvements, quand il y a menace de chute, la préviennent par leur résistance (1).

Elle ne peut cependant aller (cette résistance) que jusqu'à un certain point, car si ces ligaments donnent une grande solidité aux articulations et s'opposent aux mouvements forcés, ils ne sont pas exempts de distension exagérée et de rupture même.

Faisons entrer en ligne de compte, afin de compléter les forces qui doivent maintenir la fermeté de la station (c'est-à-dire l'équilibre), la tonicité musculaire, propriété vitale dûe à l'action nerveuse. Et plus la contraction sera forte dans certaines circonstances, plus la tonicité sera grande aussi dans les muscles antagonistes.

Cette tonicité tendra, pour sa part, à rétablir l'équilibre si, dans la station, cet équilibre est menacé d'être rompu par des contractions musculaires. La tonicité tend même à conserver la régularité des formes.

Elle montre encore ses effets dans l'attitude que le corps prend lorsqu'on se met au lit, et que les muscles n'ayant plus besoin de tension, de contraction, cette tonicité, qui n'est violentée ni par l'extension ni par la flexion forcée, ramène les parties à la demi-flexion, qui est la position la plus favorable pour les soulager de la fatigue qu'elles ont pu éprouver. Elle facilite le sommeil, et répare par un repos bienfaisant les forces perdues.

---

(1) Les ligaments adhèrent au moins par leurs extrémités à des os, ou à des cartilages.

Ils servent ainsi de moyens d'union entre les articulations, et quelquefois entre les os — (Richerand).

Enfin et pour terminer, disons que l'équilibre ne pourra exister qu'à la condition que la *tonicité* ne sera violentée d'une manière, ni d'une autre; ou autrement dit que la contraction ou l'extension ne fera pas péricliter l'équilibre.

§ 80. De la station verticale sur les deux pieds. La station verticale sur les deux pieds est le même mode de station que la station debout. Le tronc est maintenu dans sa rectitude naturelle par les ligaments intervertébraux et les disques vertébraux; aussi bien que par les ligaments jaunes qui tendent, par leur élasticité, à soulager les muscles de la partie postérieure du tronc dans leurs efforts pour conserver au corps son équilibre.

Pour empêcher le renversement en arrière, il y a d'autres moyens :

Il y a même une cause qui prévient ce renversement, c'est la disposition de l'articulation coxo-fémorale qui la fait se maintenir d'elle-même presque immobile. M. J. Béclard dit, page 682, liv. II. « La capsule d'articulation présente en avant un faisceau fibreux de renforcement qui bride la tête du fémur lorsque l'extension de la cuisse sur le bassin est portée à un certain degré, et qui limite alors le mouvement. »

L'articulation fémoro-tibiale peut s'immobiliser aussi et prévenir le renversement. Il y a de plus des ligaments latéraux internes et externes beaucoup plus rapprochés de la partie postérieure de l'articulation que de l'antérieure; puis enfin les ligaments croisés qui apporteront leur contingent de force et de résistance.

Mais, comme il n'y a pas de ligaments antérieurs, le renversement en arrière serait encore possible, si le tendon du triceps crural, ne venait, par la contraction de son muscle, s'opposer à ce renversement ; car le trifémoro-rotulien, de Chaussier, s'implante inférieurement, par un large tendon, non seulement à la rotule, mais encore aux tubérosités tibiales.

Enfin, en plus de cette force, il y a pour la jambe les muscles jumeaux et soléaires, surals qui ont une puissance considérable pour assurer la position verticale sur les deux pieds.

L'équilibre devient donc stable par ces moyens ou cesse d'être instable si il l'était.

Dans la station sur un pied, la ligne verticale qui passe par le centre de gravité tombe sur la partie moyenne et un peu postérieure de l'articulation *tibio-tarsienne*, le corps étant incliné un peu latéralement, vers le pied qui repose sur le sol ; l'autre étant soulevé, mais restant encore près du sol.

Dans cette station, le tronc se trouve un peu plus en arrière que dans la station sur les deux pieds ; et l'articulation coxo-fémorale, devient le siége de l'action, pour empêcher la chute latérale.

Les ligaments qui entourent cette articulation sont puissants : il y a un ligament articulaire, conoïde, très-fort, qui s'attache d'une part au pourtour de la cavité cotyloïde et de l'autre au col du fémur. Un second ligament rond, inter-articulaire, se porte de l'échancrure inférieure de cette cavité, à l'enfoncement raboteux du sommet de la tête du fémur ; et enfin le ligament cotyloïdien qui forme le bourrelet cartilagineux très-épais qui garnit le rebord de la cavité cotyloïde et qui convertit en trou l'échancrure qu'elle présente inférieurement.

Tous ces ligaments soulageront l'action musculaire ; et pour l'articulation tibio-fémorale, il y aura ceux que nous avons déjà nommés dans la station sur les deux pieds et dont il est inutile de présenter ici la reproduction.

Il en est de même pour l'articulation tibio-tarsienne, dont nous avons déjà décrit les moyens de résistance.

Station sur la pointe des pieds. Dans la station passagère sur la pointe des pieds, la ligne verticale viendra tomber entre la pointe des deux pieds, la base de sustentation, et l'articulation métatarso-phalangienne.

Cette base, dans cet endroit, ne peut être élargie par l'écartement des pieds ; et l'équilibre peut être promptement rompu. Aussi pour le maintenir, ne fût-ce qu'un moment, il faut employer des forces musculaires considérables. Cette station est des plus fatigantes et, nous l'avons dit, elle ne peut être que momentanée et pour ainsi dire passagère.

Station sur le siége. La station sur le siége est plus facile qu'aucune autre ; la base de sustentation est plus étendue ; le corps, ayant moins de hauteur, a moins de tendance à dévier de la ligne verticale; et enfin, les contractions musculaires ne sont plus d'une aussi grande nécessité. La partie la plus forte, la plus pesante du corps (le tronc) se trouve être entièrement établie sur sa base puisque ce tronc représente un cône à sommet supérieur et à base inférieure.

§ 81. **De la progression**. La progression est cette faculté que possèdent les animaux de se déplacer, de se transporter d'un lieu dans un autre à l'aide d'organes particuliers.

Il y a dans la progression plusieurs modes, ou manières de l'opérer : le vol, la reptation, la marche, le saut, la danse, la course, sont des modes de locomotion.

Il ne peut être question ici que de ceux de ces mouvements qui sont particulièrement propres à l'homme.

Le mode le plus simple de la progression est la *marche*.

A. Le corps reposant dans la station sur les deux pieds (ainsi qu'on vient de la décrire) le poids du corps y est porté tout entier. Mais aussitôt qu'il devient nécessaire que la marche se prononce, il faut que le poids du corps s'incline a droite, si c'est le pied gauche qui doit partir le premier, de manière à rendre ce membre disponible et lui permettre de se détacher du sol (1).

B. Dans la marche, et par ce mouvement alternatif de gauche à droite et de droite à gauche, il n'y a pas seulement oscillation du corps, comme le pendule (Cruveilhier) il y a en même temps inclinaison du corps en avant. Il y a aussi flexion des membres, actions musculaires : 1° par le soulèvement du bassin au moyen des muscles du tronc, qui s'insèrent au bassin ; 2° par la flexion de la cuisse sur le bassin, et de la jambe sur la cuisse.

Ainsi : légère inclinaison du corps en avant, pour permettre au membre, la jambe, de s'éloigner du sol ; flexion du pied sur la jambe ; de celle-ci sur la cuisse, et de la cuisse sur le bassin ; en même temps que ce dernier est porté en haut par les muscles qui s'attachent au tronc.

(1) Dans tous les mouvements de progression le corps est alternativement porté par une seule jambe ; et comme il faut que le centre de gravité passe par la base de sustentation, le corps s'incline du côté de la jambe appuyée pour lui transmettre le poids du corps.

Alors, le membre en entier se développe en se portant en avant, car le pied s'étend, le talon s'élève ; le poids du corps étant toujours soutenu par le membre inférieur droit, qui est resté sur le sol, et sur lequel il repose.

Le membre gauche n'est plus alors fléchi dans l'articulation coxo-fémorale, et tibio-tarsienne, puisqu'il s'est tendu en se portant en avant, la pointe du pied légèrement infléchie.

Le membre inférieur droit, qui était à l'état de repos et toujours appuyé sur le sol, ne tarde pas à se mettre lui-même en mouvement, et aussitôt que le membre gauche se sera posé sur le sol, du talon vers la pointe du pied, il le fera.

Ce mouvement du membre droit s'exécute par le même mécanisme que le membre gauche, avec cette remarque que dans ce mouvement de l'un et l'autre membre, le pied sur le point d'arriver sur le sol était un peu fléchi, mais au moment qu'il s'y pose, ses articulations s'y sont étendues pour s'y appliquer, du talon vers son extrémité.

C. Le bassin doit s'incliner sur le côté gauche, à son tour, pour que le membre droit se développe comme le gauche a pu le faire tout-à-l'heure : seulement, il presse le sol, en partant, afin de donner une certaine impulsion au corps légèrement incliné en avant.

De sorte que le centre de gravité se transporte sur le côté gauche, lorsqu'il y a un moment il était à droite ; et ce qui vient de s'exécuter pour le membre gauche, va de nouveau se répéter pour le membre droit, toujours avec une espèce de balancement du corps et une légère inclinaison en avant, ainsi qu'il vient d'être dit.

Ces vacillations, dit Richerand, pourraient faire péricliter l'équilibre, si les deux bras, comme de vrais balanciers, ne se portaient d'un côté ou d'un autre pour le rétablir.

Mais nous avons eu des muscles en action ; action musculaire pour le soulèvement du bassin, par les muscles qui des os des iles se rendent au tronc; action musculaire pour la flexion de la cuisse, et action des muscles de la partie postérieure de la jambe pour l'élévation du talon et la tension du pied gauche d'abord, puis du droit ensuite. Et successivement, le membre gauche oscillant sur le droit, et le droit sur le gauche : le corps se portant toujours un peu en avant, et oscillant, avec flexion des articulations, sur l'un ou l'autre côté, la marche s'effectue.

Il y a cependant un moment où le corps est soutenu par les deux pieds, et où cette vacillation cesse : ne l'étant plus, ensuite, que par un seul pied, le mouvement de légère oscillation (assez prononcé chez certaines personnes) reparaît de suite.

Le moment où le corps est soutenu par les deux pieds, est celui où le pied qui est en avant vient se poser sur le sol, l'autre qui est en arrière ne l'ayant pas encore abandonné.

§ 82. **Du saut et de la course.** La course se composant de la marche et du saut, ce qui aura été dit de l'un et de l'autre peut s'appliquer à la course ; car elle n'est qu'une suite de sauts raccourcis. Richerand dit que son mécanisme tient le milieu entre les mouvements de la marche et ceux du *saut*.

1° On peut, pour effectuer le saut, sauter à pieds joints, ou sur un seul pied.

2° Dans le saut à pieds joints on fléchit le bassin sur la cuisse, et celle-ci sur la jambe et cette dernière sur le pied ;

3° La colonne vertébrale est fléchie légèrement en avant ; puis par une extension rapide, brusque, ces trois articulations se tendent vivement l'une sur l'autre, comme elles s'étaient fléchies insensiblement et doucement l'une sur l'autre aussi. Les surfaces articulaires se heurtent, se choquent pour ainsi dire par cette tension subite du corps pour se redresser ; et comme ce mouvement se communique jusqu'au sol qui est résistant, le corps est projeté.

Le sol n'est pas élastique ; et c'est pour cette raison que la projection du corps par en haut, ne peut atteindre que certaines limites et toujours subordonnée à la force qu'on y a employée. Si le sol est glissant, mou ou mobile, le saut ne peut avoir lieu. Il faut noter aussi que la pesanteur agit sur le corps ainsi enlevé, et le force à retomber sur le sol, non pas dans l'extension des membres ; la tonicité musculaire ayant déjà amené les articulations dans une demie flexion, après leur brusque extension.

« Si le saut se fait en avant, le corps sera légèrement fléchi en avant, et le mouvement de projection se fera dans ce sens en décrivant une courbe à forme parabolique. » — RICHERAND.

Si c'est en arrière, l'action des muscles de la colonne vertébrale viendra s'ajouter pour projeter le corps dans ce sens.

Dans la *course*, le corps ne touche presque pas le sol : ce sont des sauts successifs, tantôt sur un pied, tantôt sur un autre ; le corps oscillant (dans certains moments) dans l'atmosphère.

Il y a deux temps successifs dans la course et deux oscillations.

Il y a une grande obliquité dans les membres, et ils oscillent pour ainsi dire ensemble. La course devient plus rapide que la marche, parcequ'elle a aussi plus de vivacité dans les mouvements.

Enfin, dans le *saut*, la projection du corps est plus considérable que dans la *course ;* car dans la course, les articulations ont été fléchies, et l'extension a été moins forcée. Aussi, la course permet d'être continuée plus longtemps que le saut, et elle devient moins fatigante.

§ 83. **Du Grimper.** Le *grimper* est le *ramper* avec cette différence, que pour grimper on saisit le cylindre, *tronc d'arbre* ou *autres*, avec les membres thoraciques pour l'embrasser, s'il se peut, dans son entier ; puis ces membres se trouvant accrochés, pour ainsi dire, à l'objet, on élève le tronc au moyen des muscles qui de ces membres s'attachent au thorax, alors les membres inférieurs s'établissent à leur tour en-dessous et soutiennent le poids du corps, pendant que par un élan et un redressement de la colonne vertébrale, qui était infléchie, on porte le corps en haut ; alors les membres thoraciques se portent en avant et plus haut qu'ils étaient d'abord, et ainsi de suite, pour continuer cette espèce de rampement ascendant si en usage dans certaines espèces animales.

Ainsi, élévation des membres supérieurs pour l'homme, auquel ce mode de progression n'est pas aussi facile que dans quelques animaux ; étreinte avec les bras de l'arbre, du cylindre n'importe, de l'objet après lequel il est possible de grimper ; puis enfin cette gymnastique que nous venons d'expliquer.

§ 84. **De la nage.** La natation est un mode du saut ; c'est une locomotion dans un milieu liquide.

A. Les membres inférieurs sont fléchis et les supérieurs sont étendus, puis, subitement, l'extention des extrémités inférieures se fait, tandis que les membres supérieurs sont ramenés en arrière vers le corps, en ramassant les eaux qu'ils abaissent, et sur lesquels ils s'appuyent:

Alors la projection du corps en avant a lieu comme dans le saut, car ici les pieds, au lieu de frapper le sol, poussent fortement le liquide, qui leur fait assez de résistance pour permettre cette projection.

B. Les mouvements alternent, et se répètent d'autant plus souvent, en employant une certaine force, que la nage doit être plus rapide.

Il y a d'ailleurs nécessité à ce que ces mouvements aient lieu, parce que la pesanteur spécifique du corps dépasse celle de l'eau pendant l'expiration, et que dans l'inspiration, elle est encore un peu supérieure : le corps ne perdant de son poids que le poids de l'eau déplacée.

C. L'homme est de tous les animaux celui qui se soutient le plus difficilement à la surface d'un liquide. La raison en est que le poids de son corps n'est pas également réparti sur tous les points du fluide qui le supporte : « La tête, dont la pesanteur relative est très-considérable, est le principal obstacle à la facilité de la natation, et ce n'est pas sans effort qu'on la tient soulevée, afin de conserver à l'air une libre entrée dans les poumons par la bouche et par les narines. » — Richerand, p. 166.

Dans les divers mouvements qui s'exécutent pour la nage, les membres supérieurs et inférieurs sont tour à tour dans la flexion et dans l'extension. Il y a aussi abduction et adduction successives des extrémités.

Terminons en disant que la plupart des muscles du corps travaillent et prennent le point fixe de leurs efforts dans les parois de la poitrine, que le nageur maintient dilatée, en retenant, par la constriction de la glotte, une grande masse d'air dans le tissu pulmonaire.

La dilatation soutenue de la poitrine a encore cet autre avantage, qu'elle rend le corps spécifiquement plus léger. « La force avec laquelle le nageur est obligé de frapper l'eau, la rapidité avec laquelle les mouvements doivent se succéder, pour que le liquide lui prête un point d'appui suffisant, rendent raison de la fatigue qui résulte bientôt de cet exercice. -- RICHERAND, *loco cit.*

§ 85. Mouvements partiels, et particulièrement ceux de la main. Ces mouvements sont de plusieurs ordres. Il y a mouvements intrinsèques et mouvements extrinsèques.

Pour la main, tout le monde sait qu'elle se fléchit sur l'avant-bras, se porte dans l'adduction, l'abduction, avec une grande facilité, se renverse même sur la face postérieure de l'avant-bras, phénomène qu'aucune autre articulation ne présente. Mais ses mouvements les plus marqués sont ceux de l'extension et de la flexion, mouvements qui se passent dans les articulations carpo-métacarpiennes et métacarpo-phalangiennes.

Les mouvements de flexion des doigts, ou de préhension des corps, sont pour ainsi dire particuliers à l'homme : nul mieux que lui saisit un objet, s'en sert, et le lance au loin. S'agit-il de prendre une arme, une massue, ou tout autre corps, il le tient fortement embrassé dans sa main, en fermant ou plutôt en serrant les doigts dessus ; puis, par un mouvement qui sera expliqué plus loin, il le lance en haut, en bas, en arrière, en avant, dans toutes les directions.

C'est la facilité dans tous ses mouvements qui rend l'homme propre à tous les travaux mécaniques dans lesquels, à part même l'intelligence qu'il y emploie, il excelle par la dextérité de la main.

C'est encore en cela qu'il révèle sa supériorité sur tous les animaux, et si nous avons vu tout-à-l'heure que l'action de grimper ne lui est pas facile, c'est parce que les mains sont seules propres à saisir, à serrer les corps sur lesquels elles s'appliquent, tandis que les quatre extrémités des quadrumanes sont disposées pour cet office : le *grimper*.

Les ongles aigus des chats, ceux des oiseaux grimpants ; le bec de certains d'entre eux ; la queue de certains autres (le perroquet, le pivert), deviennent pour ces animaux des moyens avantageux pour rendre le grimper facile et naturel.

Mais nul d'entre eux ne peut saisir un corps et le lancer avec force, l'attirer à soi ou le repousser au besoin, comme peut le faire journellement un homme.

Les *membres supérieurs*, par leur développement et leur facilité à se mouvoir en tous sens, lui permettent d'exécuter la généralité des mouvements des membres inférieurs, et de les dépasser même en souplesse et en agilité ; mais ils ne peuvent pas, comme ces derniers, servir à la *progression*.

Il y a trop de disproportion pour la longueur et pour la force entre les extrémités supérieures et inférieures, pour que l'homme puisse marcher sur les mains, comme certains quadrumanes.

Dans ce cas, la situation de la tête sur la colonne vertébrale, le grand trou occipital placé près le centre de la base du crâne, dans un plan presque horizontal, empêchent l'espèce humaine de relever la tête assez haut pour que le visage soit tourné en avant et devant soi.

Mais aussi, en compensation de cette impuissance des membres thoraciques de nous transporter où nos besoins l'exigent, comme peuvent le faire du reste suffisamment les membres pelviens, quelle admirable facilité n'avons-nous pas de nous prêter à tous les mouvements par lesquels nous agissons sur les objets qui nous entourent.

Dans les différentes circonstances que nous venons de noter, et dans lesquelles les membres sont obligés de se livrer à certains mouvements ; le corps lui-même est obligé, aussi, de prendre certaines attitudes, comme, par exemple, dans l'action de pousser un corps pesant devant soi : l'*homme*, placé entre l'objet qui doit être poussé et le sol sur lequel il doit prendre son point d'appui, se courbe, fléchit les parties de son corps autant qu'il est possible, de manière à former une espèce de voûte ou courbe, dont la convexité est en haut et la concavité dans le sens opposé ; puis, par un effort de tous les extenseurs, cette courbe se redresse comme un arc tendu en poussant en même temps avec les mains. Cette extension fait avancer le corps mobile et le déplace de toute la différence qui existait, pour la longueur, entre les deux extrémités de l'arc que formait le corps de l'homme fléchi, et ces mêmes extrémités lorsqu'elles sont étendues.

Si l'on veut, au contraire, attirer à soi un objet quelconque, d'un volume ou d'un poids un peu considérable, on le saisit avec les bras étendus, puis, fléchissant avec force les membres supérieurs (les pieds étant fortement appliqués sur le sol), on attire ainsi l'objet à soi ; et on le déplace de toute la longueur des membres supérieurs.

Ici c'est le contraire de ce qui s'est produit dans l'action de pousser, puisque ce sont les fléchisseurs qui exécutent tout l'effort. Aussi, cet effort est moins puissant, moins durable et moins fixe que l'autre, parce que les axes des os ne se correspondent pas en ligne droite.

Maintenant, pour lancer plus ou moins loin un corps mobile, nous le faisons de deux manières : ou bien le bras étant pendant, nous oscillons ce membre, ou bien nous faisons exécuter au bras des mouvements de circumduction ou de fronde ; puis nous étendons subitement le bras (s'il a été raccourci) et abandonnons, ainsi lancé, l'objet qui doit aller à son but.

Dans tous ces mouvements où l'extrémité supérieure se roidit et s'étend, soit pour lancer, soit pour repousser un corps mobile, il y a une ressemblance avec ce qui se passe dans le saut, puisque il y a un déploiement subit d'articulations fléchies, avec cette différence « que le corps de l'homme n'est pas repoussé (dans le cas même d'une force insurmontable) avec la force que lui imprime, dans le *saut*, la brusque extension des membres inférieurs appuyés sur le sol.

Quant à l'action de la main, lorsqu'il s'agit de saisir un corps, un objet quelconque, cette opération s'opère avec facilité par la faculté que possède cet organe de se porter en pronation et en supination au moyen de la rotation du radius sur le cubitus.

2° Par ses mouvements d'extension et de flexion qui se passent dans l'articulation du poignet, et par ceux non moins faciles, des articulations métacarpo-phalangiennes et phalangiennes mêmes.

3° Enfin par les mouvements d'opposition et de circumduction du pouce et du petit doigt. La main est l'organe de préhension par excellence.

Les traités d'anatomie, à l'article muscles, exposent les mouvements que ces organes sont susceptibles de faire opérer ; et le rôle qu'ils jouent, ou plutôt l'action qu'ils prennent dans tous les mouvements partiels du corps. Il serait superflu de les relater ici. Nous mentionnerons et leur emprunterons seulement pour la main, quelques-uns d'entre eux, les plus importants, et dont le jeu de ces mouvements se passe pour ainsi dire sous nos yeux.

1° Pour la flexion de la main sur l'avant-bras, le grand palmaire qui s'étend de la tubérosité interne de l'humérus au ligament annulaire du corps et à l'aponévrose palmaire ; et le cubital antérieur fourniront à cet usage.

Le petit palmaire et palmaire cutané, les fléchisseurs superficiels, le fléchisseur commun et le fléchisseur du pouce, serviront à la flexion des doigts.

2° Pour l'extension, le muscle extenseur commun des doigts, le cubital postérieur ou externe, en se contractant, l'étendront ; mais dans l'adduction à cause des insertions de ce dernier muscle ; car il est extenseur adducteur de la main. Le premier radial externe est extenseur abducteur ; le second radial, extenseur par excellence et légèrement abducteur.

L'extension directe aura lieu si ces muscles agissent en même temps.

Quant aux mouvements partiels, ils se feront au moyen des muscles extenseurs communs et extenseurs propres.

Les extenseurs communs doivent être regardés comme des muscles pouvant opérer l'extension générale de la main ; mais dans l'extension forcée ils n'ont d'action que sur les premières phalanges, car alors, la flexion des deuxièmes et troisièmes phalanges a lieu en raison de la tonicité des fléchisseurs ; les extenseurs n'ayant pas assez de force pour empêcher cette action.

Il est à remarquer que les tendons des fléchisseurs superficiels sont traversés par les tendons des fléchisseurs profonds. Il n'y a de flexion que dans la 2e et 3e phalange, la première est à peine fléchie à cause de l'insertion particulière des fléchisseurs profonds et superficiels.

Ainsi donc, les extenseurs qui s'insèrent à l'avant-bras, et les fléchisseurs qui s'y attachent aussi, n'étendent, ni ne fléchissent la première phalange sur l'os métacarpien correspondant, mais ils fléchissent et étendent très-bien la 2e et 3e phalange, leurs insertions l'expliquent. Et ce sont les muscles dits lombricaux qui sont particulièrement chargés de ce soin.

Ils sont situés, pour cela, le long des tendons des fléchisseurs communs ; et s'attachent à l'extrémité des phalanges des quatre derniers doigts, ce sont eux aussi, que l'on appelle inter-osseux ; et qui n'existent, par conséquent, que pour les quatre derniers doigts. Il y a en a 8 : quatre dorsaux et quatre palmaires à chaque main y comprit l'adducteur du pouce qui est un vrai inter-osseux.

Les lombricaux se comportent comme les inter-osseux ; c'est-à-dire que les lombricaux et les inter-osseux ont des usages identiques. Ces petits muscles contribuent avec l'extenseur commun aux mouvements d'adduction et d'abduction ; mais leur rôle principal est la flexion de la première phalange et l'extension des deux dernières ; ils sont plus adducteurs qu'abducteurs.

Les premières phalanges des quatre derniers doigts sont peu étendues par ces muscles ; les inter-osseux et les lombricaux ayant pour usage principal de fléchir la première phalange et d'étendre la deuxième.

Le pouce a des dispositions anatomiques particulières : son os métacarpien est très-mobile sur le carpe ; il est placé en avant du 2e os métacarpien et paraît s'en détacher ; il peut s'en écarter considérablement.

Disposé ainsi, il devient un organe de toucher et de préhension. Chez le singe cette disposition n'existe pas, par la raison que cette partie est destinée à poser sur le sol et servir à la locomotion, ce qui n'aurait pu avoir lieu si le pouce était en saillie sur la main de cet animal.

Ainsi donc, pour l'homme, opposition facile du pouce aux autres doigts ; mobilité extrême dans l'articulation carpo-métacarpienne et métacarpo-phalangienne, comme cela arrive lorsqu'on ferme la main.

Les muscles du pouce sont plus adducteurs qu'abducteurs ; c'est-à-dire que le pouce se porte bien plus en avant, dans l'intérieur de la main, qu'il ne s'en éloigne : le carpo-digital du pouce, le carpo-métacarpien, le fléchisseur court du pouce (carpo-phalangien) sont tout à fait adducteurs, et par un mouvement de rotation vers la paume de la main, le pouce devient tout à fait opposant. Il ne se porte dans l'abduction que par l'action du cubito sus-métacarpien du pouce, et par le carpo-phalangien du pouce (de Chaussier) long et court abducteur du pouce.

CHAPITRE II.

VOIX ET PAROLE.

§ **86. Phonation.** On entend par phonation, *phonè*, voix, tous les phénomènes qui concourent dans l'homme, à la production de la voix et de la parole.

C'est une fonction qui appartient à la vie de relation, et qui, chez l'homme, est bien plus étendue que chez les animaux ; bornée qu'elle est chez ces derniers à faire entendre un son brut, un simple son vocal.

L'attribut particulier, la distinction de l'homme parmi toutes les autres espèces, c'est la parole ; la voix articulée.

Quels sont les organes de la voix ; quels sont ceux de la parole?

La parole étant la voix articulée, il importe particulièrement de connaître les conditions de l'émission des sons qui, du larynx, passent ensuite dans d'autres parties que celle où ils ont été produits, et par conséquent dans d'autres organes, pour former la parole, *la voix articulée.*

Le larynx est l'organe spécial de la voix. Elle ne peut avoir lieu d'aucune autre manière que par l'air qui est chassé par les poumons, et qui produit un son appréciable en traversant *la glotte*. Il y a, au moyen de cette action, différentes productions de sons qui sont : la *voix brute* ou *cri*, la *voix articulée* ou *parole*, la *voix modulée* ou *le chant*.

Le premier sert à exprimer des sensations vives et subites, principalement la joie ou la douleur.

Le second (le cri) peut n'être que le résultat de l'imitation, comme peuvent le faire certains oiseaux. La voix articulée, c'est la parole. Le chant est la voix modulée.

La parole suppose une intelligence très-développée, qui ne se rencontre que chez l'homme; car on ne confondra pas avec la parole certains mots que prononcent, parfois assez distinctement, quelques oiseaux qui ne les répètent que comme ils le feraient d'un cri, d'une exclamation. Enfin, la voix modulée sert à peindre les passions et les différents états de l'esprit : c'est le chant, qui impressionne vivement l'âme.

Le larynx est l'organe spécial de la voix; c'est dans le larynx que se forme la voix. C'est une sorte de tube, d'autres disent une boîte ouverte en haut et en bas, composée de pièces mobiles les unes sur les autres, et tapissée par une membrane muqueuse qui se continue avec celle du pharynx.

§ 87. Du larynx. Le *larynx* est situé à la partie antérieure et supérieure du cou, derrière les muscles de la région hyoïdienne inférieure et le corps thyréoïde, au-devant du pharynx et de l'extrémité supérieure de l'œsophage, entre la base de la langue et la trachée-artère.

Il est composé principalement de quatre cartilages : le thyréoïde, qui en constitue la partie supérieure, antérieure et latérale; le cricoïde, qui en fait, sous la forme d'un anneau, toute la partie inférieure; et les deux aryténoïdes, qui en occupent la partie postérieure et supérieure, au-dessus du cricoïde.

Un fibro-cartilage, l'épiglotte, surmonte le bord supérieur du cartilage thyréoïde.

Plusieurs muscles, crico-thyréoïdiens, crico-aryténoïdiens, latéral et postérieur, etc., servent aux mouvements de ces cartilages, dont les articulations sont maintenues par des membranes fines. Enfin, au-devant de la partie inférieure de la face linguale de l'épiglotte, derrière le cartilage thyréoïde et la membrane thyréo-hyoïdienne, se trouve la glande épiglottique; et dans le repli que forme la membrane muqueuse, en se portant de l'épiglotte aux cartilages aryténoïdes, et de ces derniers au thyréoïde, sont logées, de chaque côté, les glandes aryténoïdes.

Considéré dans son ensemble, le larynx présente, au-devant, la saillie verticale du cartilage thyréoïde, vulgairement appelée pomme d'Adam.

Intérieurement, la membrane muqueuse qui tapisse le larynx forme vers son milieu deux grands replis latéraux dirigés d'avant en arrière, et disposés à peu près comme les bords d'une boutonnière. Ces replis sont les cordes vocales (ligaments inférieurs de la glotte) susceptibles de se tendre, de se rapprocher plus ou moins, de manière à agrandir ou diminuer la fente (ouverture de la glotte) qui les sépare. Un peu au-dessus des cordes vocales sont deux autres replis de la membrane muqueuse (ligaments supérieurs de la glotte). Les enfoncements latéraux qui se trouvent entre les replis, ou ligaments supérieurs et inférieurs, constituent les ventricules du larynx, et tout l'espace compris entre ces quatre replis est ce qu'on nomme la glotte, organe immédiat de la voix.

Le larynx des mammifères est formé des mêmes pièces cartilagineuses que celui de l'homme, mais il présente, dans diverses espèces, des différences plus ou moins essentielles quant aux dimensions respectives de chacune de ses parties, à la disposition de la glotte, etc. Chez le cheval, il n'y a pas de ligaments supérieurs ni de ventricules, proprement dits ; mais de chaque côté, au-dessus des cordes vocales, on trouve une cavité oblongue, et en avant, un trou qui s'ouvre dans un troisième sinus pratiqué sous la voûte formée par le rebord antérieur du cartilage thyréoïde.

Chez l'âne, cette cavité forme une grande cellule arrondie dont l'entrée est beaucoup plus étroite que chez le cheval ; et cette disposition paraît être en rapport avec le son de la voix de cet animal.

Chez les oiseaux, il y a deux larynx : l'un au commencement, l'autre à la fin de la trachée-artère. Le supérieur, situé à la base de la langue, sans ventricules, ni cordes vocales, ni épiglotte, consiste en une simple fente formée par l'entrecroisement de petites pointes cartilagineuses ; elle ne peut ni s'étendre ni se relâcher, et sert très-peu à la production des sons. L'autre, inférieur, séparé du premier par la trachée-artère, a une structure d'autant plus compliquée, que l'oiseau module mieux son chant. C'est enfin un petit appareil composé d'une espèce de tambour osseux, avec des divisions, surmonté d'une membrane semi-lunaire fort mince. Ce tambour communique, inférieurement, avec deux glottes formées par la terminaison des bronches, et pourvues chacune de deux cordes vocales; c'est admirable de structure !

Les vaisseaux principaux qui se distribuent, chez l'homme, au larynx, sont l'artère laryngée, thyréoïdiennes supérieures, et la veine du même nom.

Les nerfs sont les laryngés supérieurs, qui sont constitués par deux rameaux nerveux très-forts, qui naissent du nerf vague ou pneumo-gastrique, à la partie supérieure profonde du cou.

Du nerf laryngé supérieur naît le laryngé externe, au niveau de la base de l'apophyse styloïde.

Les nerfs laryngés inférieurs ou récurrents, proviennent du pneumo-gastrique, dans l'intérieur du thorax, remontent dans le sillon intermédiaire à la trachée-artère et à l'œsophage, et se distribuent au cou après s'être réfléchis : le gauche, au-dessus de la crosse de l'aorte; le droit, au-dessous de l'artère sous-clavière correspondante.

Cette disposition est importante à connaître : la section de ce nerf entraîne la perte de la voix, quoique la dilatation du larynx puisse s'effectuer et s'exécuter facilement malgré cela.

Nous avons mentionné que la parole était les sons articulés de la voix, et que ce qui distingue profondément l'homme du reste des animaux, c'est qu'il est le seul qui ait véritablement le don de parler. Mais pour articuler ces sons, il lui faut encore d'autres organes que le larynx.

Le larynx émet les sons, il est l'organe éminemment producteur des sons, mais que deviendraient ces sons, s'ils n'étaient ensuite modifiés par les organes compliqués à travers lesquels ils sont transmis pour former la *parole ?*

Ces modifications, ou articulations de la voix, lorsqu'elles sont fixées par l'habitude et l'usage, constituent une suite de sons distincts les uns des autres, et auxquels nous sommes convenus d'attacher des idées spéciales.

Ils nous servent à exprimer avec facilité, rapidité et clarté, nos sensations, nos sentiments, nos affections, enfin tout ce qui résulte de l'exercice de nos facultés intellectuelles : c'est la parole.

Il existe donc cette différence essentielle entre la voix et la parole ; que la première n'est autre chose qu'un bruit grave ou aigü, fort ou faible, résultat des vibrations des cordes vocales, et des changements que les cartilages de la glotte subissent dans leur position, les uns par rapport aux autres ; tandis que la parole se compose de ces mêmes bruits (soumis à l'action des parties situées au-dessus de la glotte) modifiés par ces parties d'une manière constante, et tellement avantageuse pour l'homme que la parole lui sert à se mettre en communication rapide et précise avec ses semblables, *per totum orbem*.

Ces parties sont : le voile du palais, les fosses nasales, la langue, les dents et les lèvres. Pas une de ces parties, ou de celles qui y tiennent, qui ne soit nécessaire à l'articulation des sons ; pas un, non plus, de ces organes qui ne soit essentiel dans ce que nous avons appelé la voix modulée ou le chant.

Mais dans l'énumération de cet appareil, si compliqué, tant pour la production simple du son (la voix) que pour son articulation (la parole), il y a eu des parties qui ont été comprises dans sa composition, et que nous considérerons comme des moyens de renforcement, pour tous les modes d'expression des sons, soit le cri, la voix, la parole, le chant.

Ces moyens, nous dirons ces organes de renforcement, sont aussi utiles en cet endroit que le corps, la caisse ou la table harmonique du violon, de la basse ou de la harpe, peuvent l'être à ces instruments.

Toutes ces espèces de tambour, de caisse, de table harmonique, sont faites de différentes matières qui augmentent, par leur vibration, l'intensité des sons qui y vont retentir.

Eh bien, les ventricules du larynx, les fosses nasales et l'arrière-bouche, sont des organes de renforcement pour les sons émis par la voix, dont nous allons bientôt expliquer le mécanisme.

On conçoit, dès lors, de quelle importance doit être pour leur émission, l'intégrité parfaite de ces parties et leur bonne conformation.

C'est ainsi qu'une affection des fosses nasales, polypes, végétations, ulcérations, une conformation anormale, ou autre, change le son, le timbre de la voix.

On sait quelle incommodité, sous le rapport de la netteté de la prononciation éprouve celui à qui une perforation accidentelle du voile du palais, est survenue. On n'ignore pas, non plus, que la bonne conformation du voile du palais, des joues et des lèvres, favorise l'expression de la parole (la prononciation des mots). Nous dirons à ce sujet qu'il y a des conformations plus ou moins heureuses, sous ce rapport, ainsi que pour la forme et la disposition des mâchoires, des dents, etc., qui font que toutes ces parties, donnent une grande facilité dans la prononciation.

Ces dernières parties ont tellement leur importance, pour ce cas, qu'on devine sans le voir, et seulement en l'entendant parler, qu'un individu est privé d'une partie des osselets (les dents) qui garnissent les mâchoires ; et à plus forte raison si toutes les dents sont perdues.

Voilà les organes de *renforcement* et de *perfection* nécessaires à l'émission franche et sonore des vibrations des cordes vocales dans le larynx ; voilà les organes supplémentaires destinés aux modifications que la voix subit en devenant sons articulés ; la *parole*.

§ 88. **Des cordes vocales.** Maintenant, quelles sont les parties du larynx qui entrent en action ? Quel est leur mode d'agir dans telle ou telle circonstance ; c'est-à-dire lorsqu'il y a production de sons qui diffèrent par leur énergie, leur intensité, leur éclat ?

Ce sont évidemment les cordes vocales, proprement dites, qui vibrent dans ce que nous appelons *la voix* ; mais le jeu des différentes parties constituant le larynx, vient y apporter des modifications en plus ou en moins, sous le rapport de la qualité du son ; c'est-à-dire de sa gravité ou de son éclat. 1° La *glotte* forme un triangle parfaitement isocèle à base postérieure ; 2° Deux cordes vocales existent dans son intérieur ; elles sont libres par leur face supérieure et par leur bord interne. Ce sont deux replis formés par les ligaments aryténoidiens que revêt la membrane muqueuse.

Ces replis sont les ligaments de la glotte (les cordes vocales proprement dites).

Les lèvres ou rubans de la glotte, ou cordes vocales inférieures sont dans ces mêmes replis des ligaments aryténoïdiens.

« C'est à la fente occasionnée par ces deux replis plus ou moins rapprochés que Boyer, Bichat et Cuvier, ont donné le nom de *glotte* pour les distinguer de deux replis muqueux appelés *ligaments supérieurs* de la glotte et quelquefois aussi, cordes vocales supérieures; replis qui de l'épiglotte, s'étendent à chaque cartilage aryténoïde, et qui sont situés un peu au-dessus des cordes vocales inférieures. » RICHERAND.

Nous avons dit, en décrivant le larynx, que les enfoncements latéraux qui se trouvent entre les replis ou ligaments supérieurs et inférieurs constituaient les ventricules du larynx; et que tout l'espace compris entre ces quatre replis constitue la glotte, et forme l'organe de la voix.

La glotte a une partie ligamenteuse et une partie cartilagineuse. Les cordes vocales sont membraneuses; elles vibrent comme toute corde plus ou moins tendue et selon son plus ou moins grand degré de tension.

Pour le son vocal il faut que les cordes soient tendues, il y a non seulement nécessité de tension, mais il faut aussi qu'il y ait rapprochement et nécessité de vibration. Ainsi donc, pour la production d'un son vocal, il faut qu'il y ait d'abord tension des deux cordes; 2° rapprochement de leurs lèvres; 3° un courant d'air expiré, pour occasionner leur vibration.

Pour que le son soit intense, il faut produire un rapprochement assez considérable. S'il n'y avait qu'un moyen rapprochement, il n'y aurait qu'un son médian (médium). Les cordes vocales peuvent se tendre dans le sens de leur longueur et dans le sens de leur largeur.

Si la corde vocale vibre sur sa face supérieure, et sur son bord libre; elle produira la *voix de poitrine*: les cordes sont devenues alors parallèles, et il faut pour les maintenir ainsi, que les cartilages aryténoïdes, se rapprochent par leur partie inférieure.

Si on veut donner un son très-intense, alors les cartilages et les apophyses aryténoïdes, s'accolent en se rapprochant plus fortement encore.

La corde vocale ayant perdu de sa longueur a produit un son

plus aigu par ce même raccourcissement, en vertu de ce principe : que toute corde raccourcie et tendue, vibre plus fortement et plus vivement. Telle, la corde du violon, lorsque les doigts se rapprochant du chevalet, en diminuent la longueur ; l'archet agissant toujours sur elle.

Ensuite, il faut bien se convaincre que toutes ces actions et modifications se passent dans des organes vivants qui agissent bien d'une autre manière que des organes morts, et des tissus sur lesquels on serait tenté de faire des expériences comparatives.

Ainsi et en résumé, par un rapprochement imparfait et une tension modérée, vous aurez un son grave.....

Une tension plus forte, et un rapprochement des apophyses, des cartilages aryténoïdes, donneront un son plus aigu, et enfin, avec un rapprochement plus complet et un accolement de ces mêmes parties, on obtiendra un son très-aigu.

Pour la *voix de tête*, ou de *fausset*, il faut que le rapprochement des cartilages ait lieu par leur sommet.

C'est donc, généralement parlant, à la disposition particulière que présentent les cordes vocales, aussi bien qu'à celle que prennent les cordes vocales aryténoïdes qu'est due la production de la voix, soit par plus ou moins de rapprochement dans les cartilages aryténoïdes ; et pour la voix de tête c'est particulièrement par le rapprochement des apophyses de ces cartilages, par leur sommet, qu'elle se produit.

Il faut tenir compte aussi qu'il se passe dans la glotte des changements dans l'amplitude de la cavité du vestibule, dans la glotte enfin, par l'action des muscles aryténoïdiens (1).

« Le larynx doit être considéré sous le rapport de l'endroit où se produit la voix comme une anche membraneuse à deux lèvres (Bataille) ; c'est un larynx qu'on ne peut remplacer, pour imiter

---

(1). Il est impossible d'apprécier la valeur des changements d'*épaisseur* et de *densité* qui surviennent dans les cordes inférieures par suite de la contraction des muscles qu'elles renferment dans leur épaisseur. La science physiologique est à peu près muette sur ce point. — J. Béclard, ouvrage cité, page 727.

la voix, ni par le caoutchouc, ni par d'autres corps qui, jusqu'à présent, ne rendent que des sons rauques et affreux. Il est inutile d'aller chercher d'autres rapprochements du larynx à un instrument soit à cordes, soit à anches, soit à air... Seulement l'instrument à cordes est celui qui s'en rapproche le plus peut-être. »

M. J. Béclard dit à ce sujet page 729 de son traité de physiologie : « quelle que soit, au reste, la théorie à laquelle on se rattache sur les analogies du tuyau phonateur (par rapport à son organisation et aux sons qu'il produit) avec différents instruments, et il n'en est pas moins certain que l'organe de la voix humaine, en tant du moins qu'organe formateur du son, à la plus grande analogie avec l'anche des instruments à vent, soit que les lèvres de la glotte ne vibrent que parce que l'air leur communique ses vibrations initiales, soit qu'elles vibrent d'abord pour transmettre ensuite leurs vibrations aux couches d'air qui les environnent, cela importe peu, et c'est là, suivant nous, une question tout à fait oiseuse dans l'étude de la voix humaine. « Ce qui est incontestable, c'est que les cordes vocales vibrent pendant que la voix se produit, et que les divers états de *tension* dans lesquels se trouvent ces cordes, influent de la manière la moins équivoque sur la hauteur du son. »

Les dimensions du larynx sont-elles les mêmes chez tous les sujets à tous les âges de la vie ?

Il est évident que le ton variant de hauteur, d'intensité et de timbre chez différents sujets, il doit y avoir quelque différence aussi dans la conformation ou la disposition du larynx pour expliquer ce fait. Il est d'abord reconnu que les dimensions du larynx de la femme sont moindres que chez l'homme. Un développement plus grand chez celui-ci, une plus grande longueur peut-être aussi, sont les causes probables de la différence du timbre de la voix dans les deux sexes. Ce qui porterait à le faire croire, c'est le changement qui survient dans la voix de l'homme au moment de la puberté, et de son développement physique ; son larynx prend alors plus d'amplitude, les cordes vocales doivent participer à cet accroissement de force et de vigueur qui se remarque à cette époque de la vie dans toute la constitution d'un jeune homme.

Les organes génitaux exercent aussi une influence sur le timbre de la voix, puisque les *castrats*, quoique pourvus d'un poumon et d'un larynx développés, ont la *voix féminine*.

Chez le vieillard, le timbre est modifié par l'épaisseur des tissus, des membranes ; c'est leur épaisseur qui donne de la dureté aux sons.

Il y a aussi, comme causes de différence de timbre dans la voix de chaque personne, la conformation des fosses nasales, du voile du palais et des arcades dentaires, modificateurs des sons. On a remarqué que dans les familles le timbre de la voix était souvent semblable (1).

Ainsi, et en résumé, la voix, comme il a été dit, n'est pas la parole : elle ne devient parole que lorsqu'elle est articulée. Parmi les êtres animés il n'y a que l'homme qui parle.

La voix articulée, la *parole*, exprime nos idées ; les cordes vocales inférieures au moyen de l'air chassé du poumon (air expiré) produisent des sons ; le tuyau vocal, la bouche, la langue, les lèvres les modifient, les articulent ; les lèvres particulièrement, agissent dans l'articulation de ces sons et dans la prononciation des mots. Les joues, les dents, le voile du palais concourent d'une manière particulière à l'émission, franche et nette, des mots (à leur prononciation). Les fosses nasales ne servent que pour le timbre, et nullement pour l'articulation des mots.

Le chant est la régularité cadencée apportée dans l'émission des sons articulés.

Le larynx étant tour à tour un organe de phonation, et un organe de respiration, doit se trouver animé par deux ordres de nerfs ; c'est-à-dire que l'appareil musculaire laryngien étant tantôt un appareil vocal, tantôt un appareil respiratoire, il est influencé par deux ordres de nerfs ou deux puissances motrices différentes. Dans le premier cas se sont les filets laryngiens du nerf spécial qui en font un organe vocal ; dans le second cas ce

(1) C'est peut-être plus par conformation semblable de ces parties que cette circonstance a lieu, que par imitation ou habitude.

sont les pneumo-gastriques qui en font un organe respiratoire. M. J. Béclard dit à ce sujet :

« Les filets qui entrent dans la constitution des nerfs laryngés ont sur les muscles du larynx une influence qu'avec M. Bernard nous appellerons *vocale* : Ils sont destinés à donner à l'ouverture de la glotte et à la tension des cordes vocales les conditions propres au son, au moment où la glotte devient organe de la voix par la volonté de l'animal. »

Au sujet du siége de la faculté du langage articulé, M. Broca s'est demandé si toutes les parties de la masse circonvolutionnaire du cerveau avaient les mêmes fonctions, ou s'il n'y avait pas des parties plus ou moins circonscrites qui seraient douées d'attributions particulières. En un mot si la parole avait un siége spécial et déterminé.

Il est arrivé à cette conclusion : la parole serait le résultat de quatre opérations ou plutôt se décompose en quatre éléments nécessaires à l'exercice de la fonction du langage articulé :

1° Avoir une idée à exprimer ;

2° Connaître les rapports que la convention a établis entre les idées et les mots ;

3° Posséder l'art acquis par suite d'une éducation à ce sujet, de combiner avec régularité les mouvements délicats des organes dans l'articulation des mots ;

4° L'intégrité de ces organes obéissant instantanément aux ordres de la volonté ;

L'absence ou la privation du premier élément s'appelle *alogie* ;

La deuxième *amnésie ;*

La troisième *aphonie ;*

La quatrième *alalie mécanique*. -- (*Recueil des sciences médicales*), page 40.

CHAPITRE III.

SENS DE LA VUE.

§ 89. **Vision.** C'est l'action de voir, c'est l'exercice actif de la vue. (Nysten).

La vue ou la vision est le sens à l'aide duquel nous connaissons les corps lumineux (que ceux-ci soient lumineux par eux-mêmes, ou par réflexion. — J. Béclard, page 758, *Traité de physiologie*).

Pour comprendre tous les phénomènes de la vision il est nécessaire d'avoir des notions assez exactes sur l'organe qui en est le siége. Et, non seulement le globed e l'œil doit être connu : mais toutes les dépendances, pour expliquer l'effet ou l'action de la lumière sur cet organe ; c'est-à-dire de quelle manière la lumière est portée sur le globe de l'œil ; comment elle traverse les différents corps et milieux qui se trouvent dans son intérieur pour aller produire l'image renversée des objets au fond de l'œil sur la rétine, image que l'intelligence apprécie et rectifie ensuite par les effets qu'elle produit sur la rétine et qui sont transmis au nerf optique.

M. J. Béclard dit page 767 ouvrage cité : que « l'image qui se forme derrière la lentille est *renversée* ; et que cela est la conséquence naturelle des propriétés des lentilles, et de la direction rectiligne des rayons des cônes qui passent par le centre optique de la lentille.

« L'inclinaison suivant laquelle ces rayons viennent rencontrer la lentille, se prolongeant sans déviation sensible jusqu'au terme de leur course, qui est le foyer ou l'image ; il en résulte que les points placés à la partie inférieure de l'objet occupent la partie supérieure de l'image *et vice versâ.* »

L'*œil*, organe de la vue, est entouré et protégé chez l'homme par différentes parties qui ne sont pas toujours aussi prononcées chez les animaux. Nous voulons parler des sourcils et des paupières, vrais *tutamina oculi* qui servent à le garantir de l'action des corps qui voltigent dans l'espace et qui le protégent de l'impression plus ou moins pénible, parfois, de la lumière elle-même.

En effet le sourcil d'abord, puis les paupières ensuite, semblent bien être placés là pour empêcher que l'œil ne soit trop directement atteint par les corps extérieurs qui pourraient l'endommager. Les sourcils, arcades sourcillaires qui se portent en avant en forme d'éminence arquée, sont les premiers remparts protecteurs de l'œil. Les arcades sourcillaires sont en effet des saillies transversales que présente l'os frontal, immédiatement au dessus du rebord supérieur de l'orbite, et ces éminences sont assez marquées pour préserver le globe de d'œil, comme une espèce de visière, de l'intensité des rayons lumineux, et des corpuscules qui voyagent dans l'air. Elles peuvent le défendre, aussi, de l'atteinte de tout corps extérieur un peu volumineux qui viendrait le frapper directement.

Un muscle, le *muscle sourciller*, qui s'attache à la partie interne de cette arcade, et à sa partie externe, vient se perdre dans les muscles orbiculaire et occipito-frontal et animer ces parties en leur faisant exécuter certains mouvements.

Aussi, lorsque nous élevons le sourcil, la paupière supérieure suit le mouvement, et l'ouverture s'en trouve agrandie.

Les *paupières*, comme deux voiles mobiles, sont placées audevant des yeux, de manière à intercepter l'action trop directe de la lumière sur le globe de l'œil. Elles se ferment complétement si cette action est trop vive, ou si des corps étrangers, fumée, poussière ou autres, tendaient à blesser la sensibilité de l'œil.

Les paupières sont formées de la peau, d'une couche musculeuse, appartenant à l'orbiculaire, d'un tissu cellulaire dense qu'on appelle ligament palpébral, d'un fibro-cartilage nommé tarse, qui s'étend d'une commissure à l'autre, et qui existe sur les deux paupières, et, enfin, d'une membrane muqueuse qui fait partie de la conjonctive.

Chez certains animaux, il y a, en-dessous des paupières, une troisième membrane (qui s'étend de l'angle interne vers l'angle externe), dite membrane clignotante, plus ou moins développée.

Chez l'homme, il y a, dans l'angle interne, et entre les deux paupières, un amas de follicules muqueux recouvert par un repli de la conjonctive; c'est la caroncule lacrymale, appelée aussi membrane clignotante, mais beaucoup moins développée que chez certaines espèces animales, les oiseaux particulièrement.

Les paupières présentent, supérieurement et inférieurement, à peu de distance de la commissure interne, deux élévations en forme de tubercules arrondis, qui offrent chacune un orifice au centre. Ces orifices sont les pores des points lacrymaux dans lesquels s'engagent les larmes pour pénétrer dans le canal nasal et ne pas être répandues sur la face.

Les glandes de Meïbomius, petits follicules sébacés situés sur le bord des paupières, à la base des cils, secrètent une humeur onctueuse, pour retenir les larmes qui humectent le globe oculaire et les forcer à gagner les points lacrymaux, en les empêchant de s'épancher sur les joues.

Du globe de l'œil et des organes accessoires. L'œil est contenu dans l'orbite ou fosse orbitaire. Cette fosse a la forme d'une pyramide creuse, dont la base serait tournée en avant et en dehors. Elle est remplie, non-seulement par l'œil, mais par les muscles, les nerfs, les vaisseaux propres que cette cavité renferme, et la glande lacrymale qui y est aussi contenue.

L'œil est appuyé sur un tissu cellulaire lâche, qui lui sert de coussinet, et qui subit un affaissement considérable et des plus visibles, lorsqu'à la suite de longues maladies, ou par l'effet de pertes sanguines considérables ou d'évacuations alvines abondantes, le corps a lui-même subi des diminutions dans le tissu cellulaire en général ; alors la portion de ce tissu qui occupe la fosse orbitaire se déprime, s'affaisse, disparaît pour ainsi dire, comme dans le choléra, par exemple, où l'œil, n'ayant plus son coussinet, son appui, s'enfonce dans l'orbite, et donne à la physionomie l'aspect particulier qu'elle présente dans cette terrible maladie.

Glande lacrymale. La glande lacrymale, un des organes accessoires de l'œil, et cependant un des plus importants, occupe la partie antérieure et externe de l'orbite. Elle est cachée dans la fossette de l'apophyse orbitaire du coronal. Elle est formée de granulations arrondies, grisâtres ; son volume approche de celui d'une petite amande.

Sept ou huit conduits excréteurs de cette glande s'ouvrent, après un court trajet, sur la surface interne de la paupière supérieure, par plusieurs petits orifices d'où suintent continuellement les larmes.

Celles-ci, étendues sur le globe de l'œil par le clignement des paupières, servent à lubrifier et à empêcher le dessèchement de la cornée transparente qui, en perdant sa translucidité, perdrait la faculté de laisser passer les rayons lumineux.

Ces larmes ne tardent pas à gagner, par les contractions de l'orbiculaire, le grand angle de l'œil, où elles sont portées par une gouttière triangulaire qui résulte du rapprochement du bord libre des paupières. Une partie de cette humeur se vaporise par l'action de l'air atmosphérique ; l'autre est absorbée par les points lacrymaux, puis versée par les conduits lacrymaux dans la gouttière lacrymale, formée par l'os anguis et l'apophyse montante de l'os maxillaire supérieur qui loge le sac lacrymal.

Enfin, les larmes parviennent, par le canal nasal, dans le méat inférieur des fosses nasales, où elles servent à humecter ces parties, et où elles forcent quelquefois leur sortie en assez grande abondance par les ouvertures nasales, lorsque par suite d'un chagrin, d'une émotion pénible, les larmes ont été sécrétées en grande quantité (pleurs).

Conjonctive. Toute la partie antérieure de l'œil, et qui forme le tiers au moins de son étendue, est recouverte par une membrane muqueuse dite *conjonctive*, qui, après avoir tapissé la surface interne des paupières, se réfléchit sur le globe de l'œil jusqu'a la surface de la cornée transparente.

C'est elle qui forme, près du grand angle de l'œil, ce repli que nous avons appelé membrane *clignotante*, *caroncule lacrymale*, lorsque nous avons décrit les parties extérieures de l'appareil de la vision. Cette membrane (la conjonctive) se continue par les points lacrymaux, avec la membrane pituitaire. Elle sert donc d'union des paupières avec le globe de l'œil, et c'est pour ce motif qu'elle a été appelée *conjonctive*.

Quoi qu'il en soit, aucun espace, aucune ouverture n'existe entre elle et le globe de l'œil.

L'œil a la forme d'un sphéroïde légèrement déprimé sur le côté, auquel on aurait fait une section en avant pour y enchâsser une portion de sphère moins grande, et qui serait représentée par la cornée transparente.

Il semble, en effet, que cette portion de l'œil ait subi une perte de substance pour y recevoir la cornée, qui appartiendrait à une partie de sphère plus petite.

Sclérotique. C'est une coque membraneuse qui renferme les

humeurs plus ou moins liquides de l'œil, dont le cristallin forme la partie la plus consistante.

Les parois du globe de l'œil sont formées de deux membranes bien distinctes : une blanche, opaque et fibreuse, appelée *sclérotique* ou *cornée opaque* ; l'autre transparente, qui ressemble à une lame de corne, et désignée pour cette raison par le nom de *cornée transparente.* Elle en revêt le cinquième antérieur.

Il a été expliqué qu'elle se trouvait enchâssée dans la sclérotique. La cornée transparente tient, en effet, à cette dernière membrane comme un verre de montre tient dans la châsse de son couvercle, avec cette différence que la sclérotique n'offre pas de rainure pour l'engagement de la cornée ; mais sa circonférence est taillée en biseau sur sa face interne, de manière à se juxtaposer sur une pareille disposition de la cornée transparente, taillée aussi en biseau dans un sens opposé, c'est-à-dire sur sa surface externe. — NYSTEN.

La *sclérotique* occupe les quatre cinquièmes postérieurs de l'œil ; elle est percée en arrière d'une ouverture donnant passage au nerf optique.

Iris. Derrière la cornée transparente, à une distance de 1 millimètre 33, se trouve l'*iris*, membrane circulaire, espèce de diaphragme ou voile mobile, placé transversalement à l'intérieur de l'humeur aqueuse et au milieu de ce liquide. Cette membrane sépare inégalement la chambre antérieure de la chambre postérieure, car cette dernière est extrêmement petite. On peut considérer, dit M. J. Béclard, page 761, que la surface de l'iris, *partie postérieure*, et la surface antérieure du cristallin, se touchent presque, tant l'espace qui les sépare est petit. La partie moyenne de l'iris est percée d'une ouverture appelée pupille ; sa grande circonférence est fixée au bord antérieur de la sclérotique, un peu en arrière de l'union de la cornée et de la sclérotique. Sa face postérieure est couverte d'un enduit noirâtre qui porte le nom d'*uvée.* L'iris est pourvu, pour sa fonction, d'un muscle à fibres longitudinales, et d'un autre à fibres circulaires.

C'est entre la cornée et l'iris que se trouve un petit espace qu'on désigne sous le nom de chambre antérieure. Derrière l'iris, et au devant du cristallin, il y en a un autre plus petit encore, puisque l'humeur qu'il contient a été niée par des anatomistes. L'humeur aqueuse remplit ces deux espaces, et il doit y en avoir bien peu dans la chambre postérieure, d'après ce qui vient d'être dit.

Cette humeur est fournie par une membrane placée derrière l'iris (1) et qui présente un grand nombre de plis rayonnés : ce sont les procès ciliaires (corps ciliaires), replis saillants de la choroïde, placés les uns à côté des autres, à un nombre infini, soixante à quatre-vingts, dit-on, logés dans des enfoncements du corps vitré et formant des rayons convergents derrière l'iris (2).

La choroïde. Au-dessous de la sclérotique, se remarque la choroïde, membrane molle d'une teinte brunâtre, destinée à absorber une partie des rayons lumineux. Ses deux faces sont tapissées (particulièrement, l'interne qui est contigue à la rétine) d'un enduit brunâtre foncé pour cette absorbation (pigment) (3).

La choroïde tapisse la partie postérieure de l'œil, et elle offre en arrière une ouverture pour le passage du nerf optique ; en avant elle se termine vers la grande circonférence de l'iris où elle se continue avec le cercle et les procès ciliaires.

L'iris, derrière lequel se trouve la choroïde, est une espèce de diaphragme qui sépare le globe de l'œil à l'intérieur, et le partage pour ainsi dire en deux parties en formant les deux chambres dont il a été question précédemment. Cette membrane de couleur différente, selon certains sujets et certains animaux, a été ainsi nommée, à cause de la variété de ses couleurs.

Elle présente, presque à son centre, une ouverture que l'on

---

(1) Quelques-uns disent que cette humeur est le produit d'une exhalation artérielle.

(2) Le corps ciliaire se termine vers la circonférence du cristallin, auquel il sert en quelque sorte de chaton. — J. Béclard, p. 761.

(3) Le pigment de la choroïde a pour usage d'absorber ou d'anéantir les rayons qui ont impressionné la rétine. Cette substance, le pigment, recouvre aussi la face postérieure de l'iris.

Elle prend en ce point spécial le nom d'uvée. Le pigment est partout sous-jacent à la rétine. Il n'est à découvert qu'à la face postérieure de l'iris que ne recouvre pas la rétine. — J. Béclard, page 774.

nomme pupille, qui est toujours ronde chez l'homme, le singe, et les rongeurs ; ovale transversalement chez les ruminants, les solipèdes, les baleines, les chats et autres animaux ; et ovale de haut en bas, chez les animaux carnassiers nocturnes.

La couleur noire que présente cette ouverture est due à la matière qui teint la rétine, et que l'on aperçoit à travers l'humeur acqueuse et le cristallin, à cause de la transparence de ces milieux.

Cette ouverture, la *pupille*, varie à chaque instant de diamètre, en raison de la contractilité de l'iris, ou de sa dilatation, par l'action plus ou moins vive de la lumière.

Il y a trois muscles dans l'intérieur de l'œil, muscles à fibres lisses ; deux pour la dilatation et la contraction de la pupille, et le troisième qui est tenseur de la choroïde. Ce dernier s'attache au cercle ciliaire. De ces trois muscles, il y en a un, le constricteur de l'iris, qui est à fibres circulaires, l'autre, le dilatateur de la pupille, envoie des prolongements irradiés jusqu'au rebord pupillaire, pour opérer sa dilatation ; à la manière d'un rideau qu'on viendrait à tirer. Il y en a donc un à fibres circulaires et un autre à fibres rayonnées, dont la disposition indique l'emploi.

Les mouvements de ces deux muscles sont sous l'influence du nerf moteur oculaire commun.

Le dernier de ces trois muscles, le tenseur de la choroïde, est sous l'influence du grand sympathique.

M. J. Béclard, précise ainsi l'influence des nerfs qui se distribuent à l'iris :

« L'iris est constitué par des fibres musculaires lisses, dirigées en deux sens différents. Les unes, groupées au centre, sous forme de sphincter, ont pour effet de resserrer l'ouverture pupillaire ; ces fibres ont pour nerf moteur, le nerf moteur oculaire commun. Les autres fibres contractiles de l'iris sont disposées vers la grande circonférence, et affectent la direction rayonnée.

« En prenant leur point fixe à l'insertion de la grande circonférence de l'iris (au ligament ciliaire) elles sont les antagonistes de l'action du sphincter, sur la circonférence duquel elle s'insèrent. Lorsque le ganglion cervical supérieur est enlevé, ou bien lorsque la branche supérieure qui s'en détache est coupée; la pupille se contracte immédiatement, les fibres rayonnées sont paralysées, et la tonicité du sphincter subsiste seule. Quand au contraire, on irrite le ganglion cervical supérieur, ou son filet supérieur, on détermine la contraction des fibres rayonnées de l'iris, et, par conséquent, l'agrandissement de l'ouverture pupillaire. » — *Traité de physiologie*, page 1012.

« L'iris reçoit donc ses nerfs du nerf moteur oculaire commun, qui fournit au ganglion ophthalmique ce qu'on appelle sa courte racine. Cette courte racine, après avoir traversé le ganglion, donne naissance aux nerfs ciliaires qui vont à l'iris. C'est à ces nerfs que l'iris doit de pouvoir diminuer l'ouverture de la pupille : ils président à la contraction du sphincter irien. » — J. Béclard, *Traité de physiologie*, page 946.

§ 90. Du cristallin. Derrière l'iris et dans le champ de la pupille, existe le *cristallin*, c'est la partie principale de la lentille oculaire. Il se trouve placé à la réunion des deux tiers postérieurs de l'œil, avec son tiers antérieur, entre l'humeur aqueuse et le corps vitré.

Il est convexe en avant, un peu plus en arrière (1). Il est diaphane; assez consistant, et formé de couches concentriques.

Parfaitement transparent chez l'adulte, il est un peu jaunâtre chez le vieillard.

Cette teinte augmente assez, quelquefois, pour détruire sa diaphanéité.

Il est contenu dans une enveloppe ou membrane transparente dite *capsule*, par laquelle il est sécrété et qui est un peu plus épaisse et consistante à sa partie antérieure, qu'à sa partie postérieure.

Le cristallin est reçu, presqu'en totalité, dans un enfoncement peu profond de la face antérieure du *corps vitré* (2).

(1) Le rayon de courbure de la face postérieure du cristallin est plus petit que celui de la face antérieure, d'où il résulte que la réfraction des rayons est plus efficace, pour la convergence, à la sortie du cristallin, qu'à son entrée. — J. Béclard.

(2) Le cristallin situé derrière la cornée et l'humeur aqueuse, et

Entre la capsule et le cristallin, existe l'humeur de Morgagni, qui s'écoule à l'ouverture de la capsule.

Cette humeur doit être considérée comme étant déjà de la substance cristalline, moins condensée seulement ; car elle renferme les mêmes éléments organiques que la couche externe du cristallin.

Cette lentille est formée de lames, de couches concentriques, appliquées les unes sur les autres, et qui diminuent de densité, à mesure qu'elles s'approchent de la surface. Il est facile de les séparer, surtout après l'immersion dans l'acide hydrochlorique.

Une certaine quantité de liquide existe ordinairement entre ses éléments, surtout au devant. En effet, entre les lames ou lamelles dont le cristallin est formé, existe une substance albmuineuse enveloppée dans un tissu membraniforme très-mince.

Cette différence de milieu produite par les lames et par la substance semi-liquide, dont il vient d'être question, évite les aberrations de sphéricité et par conséquent de réfrangibilité auxquelles la lentille serait exposée, si la lumière ne traversait pas des milieux de densité et de réfrangibilité différentes. L'achromatisme de la lentille oculaire tient aussi à cette disposition ; c'est-à-dire que les corps qui la composent, ont une faculté dispersive différente : c'est toujours à cause de la densité inégale de ses différentes couches (1).

Il y a aussi dans le cristallin une disposition particulière qui fait que sa convexité est toujours en raison de la quantité de l'humeur acqueuse et de la convexité de la cornée ; et que les cellules dont est formé le cristallin constituent, à la surface de cette lentille, une couche beaucoup moins épaisse sur la surface antérieure que sur la postérieure.

---

en avant de l'humeur vitrée, peut être considéré, par rapport à l'œil lui-même, comme une lentille dans une autre lentille. — J. Béclard, page 769.

Le cristallin se trouve placé non au centre de l'œil, mais en avant du centre. — *Ibidem.*

(1) Dulong attribue le rétablissement de la décomposition de la lumière opérée par la cornée et le cristallin aux couches d'inégale densité de cette lentille.

Les lames du cristallin qui s'emboîtent les unes dans les autres, sont aussi plus serrées vers le centre, ce qui ne peut être obtenu dans une lentille d'optique.

Enfin des artériolles extrêmement fines, venant de l'artère centrale de *zinn* à travers le corps vitré, apportent au cristallin les matériaux nécessaires à son accroissement et à sa réparation.

Ceci fait supposer que le cristallin peut se régénérer. En effet, extrait de sa capsule, il peut se reproduire en partie, lorsque cette dernière n'a pas été trop altérée. — NYSTEN.

§ 91. Corps vitré. Le corps vitré ou humeur vitrée est beaucoup moins dense que le cristallin.

Ce corps sur lequel le cristallin est appuyé, et légèrement enfoncé, occupe une grande partie du globe de l'œil ; il est enveloppé et pénétré d'une membrane transparente que l'on appelle *hyaloïde ;* et qui envoie des filaments dans l'intérieur de cette humeur, formant par sa disposition une espèce de tissu aréolaire dans tous les sens, à l'instar du tissu conjonctif aréolaire que l'on rencontre dans presque toutes les parties du corps ; c'est-à-dire qu'ici (dans cette membrane *hyaloïde*) est contenue l'humeur vitrée qui ressemble à une gelée tremblottante, mais un peu plus liquide et qui s'y trouve ainsi maintenue.

§ 92. Corps ciliaires. Les corps ciliaires sont les replis saillants de la choroïde placés à côté les uns des autres, on en a compté jusqu'à quatre-vingts ...

Ils sont logés dans des enfoncements de la partie antérieure du corps vitré ; leur réunion forme le *corps ciliaire.*

Le ligament ou cercle ciliaire est une espèce d'anneau grisâtre situé entre la choroïde, l'iris et la sclérotique.

Cet anneau entoure le cristallin en manière de couronne derrière l'iris et le cercle ciliaire ; il ressemble au disque d'une fleur radiée (NYSTEN) (1).

Nous avons besoin de rappeler ici que la choroïde se termine en avant vers la grande circonférence de l'iris, où elle se con-

(1). Il reçoit les dernières ramifications des nerfs ciliaires.

tinue avec le cercle ciliaire et les procès ciliaires ; qu'elle tapisse la face interne de la sclérotique et se divise en deux lames : une formant le muscle ou cercle ciliaire, et l'autre se divisant en petits cônes, ou pyramides dirigées en arrière. Nous devons ajouter que les nerfs ciliaires, au nombre de douze à quinze, tirent leur origine du nerf nasal, rameau inférieur de l'ophthalmique, provenant du trijumeau ; nous rappelons avec intention ces faits et nous invoquerons ces dispositions lorsqu'il sera question de l'accommodation de l'œil aux distances.

§ 93. **Rétine.** La rétine est l'organe immédiat de la vision. C'est une membrane (la troisième par ordre de superposition dans l'œil) qui est grisâtre, très-mince, de *nature nerveuse*, résultant de l'expansion, et de l'épanouissement du nerf optique.

Elle embrasse le corps *vitré* ; elle tapisse la choroïde, et arrivée au cristallin elle prend la même disposition que la choroïde pour former des espèces de cônes dits *corps ciliaires* qui s'enchevêtrent avec les pyramides des *procès ciliaires :* le tout couvert ou revêtu du corps pigmentaire.

Trois couches très-minces composent la *rétine*. Vues au microscope, la plus extérieure est composée de petits bâtonnets et de cônes, la deuxième, de cellules ; la dernière, plus près du tronc du nerf, est composée de fibres, pour s'étaler en formant la rétine.

A la partie centrale de la rétine on remarque un endroit plus mince avec une coloration jaune, dite *tache jaune*. *Le ponctum cœcum* est l'endroit où le nerf optique traverse la sclérotique pour s'étaler en formant la rétine (1).

L'œil est pourvu d'un tissu graisseux abondant qui l'enveloppe

(1) Le ponctum cœcum correspond à l'entrée du nerf optique dans l'œil, il est circulaire comme le nerf lui-même ; mais il n'a pas l'étendue du diamètre de ce nerf.

Le nerf optique éprouve une sorte d'étranglement au moment où il pénètre au travers des membranes du globe oculaire.

M. Viesener estime, d'après des expériences délicates de vision, que cette portion peu sensible de la rétine a environ un millimètre et demi de diamètre chez l'homme. — J. Béclard, page 795.

de toutes parts. C'est sur lui qu'il repose doucement, ou plutôt mollement ; étant retenu dans le fond de l'orbite par le tendon du nerf optique, en avant par l'aponévrose orbito-oculaire qui l'entoure, qui le fixe au pourtour de l'orbite, et les paupières qui le couvrent. Puis, sur les côtés, il est dirigé, dans ses mouvements, par sept muscles, y compris le releveur de la paupière supérieure. Ces muscles reçoivent leurs nerfs du moteur oculaire commun, du moteur oculaire interne et du pathétique.

Les tendons de ces muscles se bifurquent et s'enchâssent pour ainsi dire dans l'aponévrose orbito-oculaire, qui maintient l'organe en place, et l'empêche de trop obéir aux mouvements désordonnés qui pourraient lui survenir par l'action des muscles qui s'y attachent.

De plus, aucun de ces muscles ne peut, dans son mouvement, comprimer la coque de l'œil, comme on l'a dit, pour l'adaptation de cet organe aux distances ; puisque dans leurs mouvements ces muscles s'éloignent de l'œil plutôt qu'ils ne s'en rapprochent.

Le globe de l'œil, étant dans une sphère creuse, il ne peut avoir que des mouvements de rotation.

§ **94. Nerf optique.** Le nerf essentiel de l'œil est le nerf optique. La dure-mère lui envoie un tube ou enveloppe qui est formée de tissu conjonctif compacte et qui est très-résistante.

Cette enveloppe accompagne le nerf optique jusqu'auprès de son entrée dans l'organe, à trois millimètres au-dessous de l'axe antéro-postérieur du globe de l'œil, c'est-à-dire de la fonction visuelle.

Les nerfs du sentiment sont fournis à l'organe par le nerf optique (1).

« Les nerfs optiques transmettent l'impression de la lumière

---

(1) Le nerf optique est uniquement apte à faire naître des sensations visuelles ; mais ses *lésions* n'occasionnent aucune douleur, et ne provoquent non plus aucun mouvement à son entrée dans le globe de l'œil où il forme la rétine par son épanouissement, cette entrée n'est pas directement dans l'axe antéro-postérieur de l'œil.

au point de l'encéphale où ils prennent naissance, c'est-à-dire aux tubercules quadri-jumeaux (1).

« Les branches du tri-jumeau (5e paire) qui se rendent au globe oculaire ; qui donnent à la conjonctive sa sensibilité et aux milieux transparents de l'œil les conditions organiques en vertu desquelles leurs qualités dioptriques sont entretenues ; agissent en assurant et en favorisant les fonctions de la rétine ; mais ne peuvent en aucun cas suppléer le nerf optique. » — J. Béclard, *Traité de physiologie*, page 823.

Les nerfs du mouvement viennent de la 3e paire, moteur oculaire commun. Le nerf moteur oculaire externe (6e paire) anime le droit externe ; le pathétique (4e paire) se porte au muscle grand oblique. On le nomme aussi nerf oculo-musculaire interne.

Les *nerfs ciliaires* ou *iriens* sont ceux qui donnent l'action à l'iris ; ils tirent leur origine du nerf nasal, et spécialement de la partie antérieure du ganglion ophthalmique. Ils percent la sclérotique près de l'entrée du nerf optique, et vont se perdre au nombre de douze à quinze dans le cercle ciliaire.

Les parties du centre nerveux où se trouve le siége de l'action du moteur oculaire commun sont les tubercules quadri-jumeaux, et le 1er ganglion du grand sympathique, entre la septième *cervicale* et la première vertèbre *dorsale*, mais l'impression des rayons lumineux, leur conscience, réside dans les lobes cérébraux.

§ 95. De la lumière, et de son action sur les différentes parties dont l'œil se compose. Nous ne connaissons les corps que d'après leurs propriétés.

La lumière, d'après Newton, émane des corps lumineux ; comme les odeurs émanent des corps odorants : leurs molécules affectent notre odorat ; les rayons lumineux agissent de même sur l'appareil de la vision en impressionnant les différentes parties de l'œil qu'ils traversent.

---

(1) Mais ce n'est pas dans cet endroit qu'a lieu la conscience de l'impression des rayons lumineux ; c'est dans les lobes cérébraux ; quoique la lésion des tubercules quadri-jumeaux, comme celle du kiasma, entraîne la perte de la vue.

Il y a, pour la lumière, deux phénomènes physiques appréciables: la *réflexion* et la *réfraction*. Dans le premier cas, le rayon réfléchi l'est sous un angle égal à celui d'incidence ; dans le second la réfraction s'opère par un changement de direction qu'éprouve un rayon lumineux en tombant sur un corps réfringent.

Toutes les fois qu'un rayon lumineux tombe sur un corps opaque, il est réfléchi sous un angle égal à celui d'incidenee, toutes les fois qu'il passe d'un corps transparent moins dense, dans un corps plus dense, il change de direction ; il y a réfraction, et il se rapproche de la perpendiculaire, ou normale, élevée au point d'incidence, ou d'immersion.

Lorsqu'un rayon lumineux traverse un corps à surface parallèle ; le rayon se rapproche de la perpendiculaire ; s'il passe d'un corps plus dense dans un autre moins dense, il s'éloigne de la perpendiculaire ; il diverge (1).

Les perpendiculaires tirées sur une surface convexe se réunissent derrière en convergeant sur un seul point.

Si c'est sur une surface concave elles divergent toutes, et ne se réunissent pas au même point du foyer.

Nous avons indiqué la composition de l'œil et des divers milieux qui s'y trouvent ; voyons l'action de chacune de ces parties en particulier.

§ **96. Vision**. La cornée est un milieu ou plutôt une membrane transparente à surface convexe. Ce milieu, par sa densité et sa convexité, est plus réfringent que l'air atmosphérique pour les rayons lumineux qui les traversent; 2° la cornée étant convexe, les rayons lumineux nécessairement convergent. Ainsi donc *densité*, *convexité*, sont une double raison de convergence.

Il y a égalité à peu près de densité dans l'humeur aqueuse; il s'en suit que la direction qui a été imprimée aux rayons lumineux continuera jusqu'au cristallin.

(1) Toutes les fois que la lumière traverse de part en part un milieu réfringent dont les faces d'incidence et d'émergence ne sont pas parallèles, le rayon émergent éprouve une déviation angulaire plus ou moins considérable. — J. Béclard, page 763.

Quelques-uns de ces rayons n'arriveront pas jusqu'à lui, ils tomberont sur l'iris et n'entreront pas dans l'ouverture de la pupille ; ils seront réfléchis et rentreront dans l'atmosphère.

Les rayons lumineux qui arriveront par la pupille sur le cristallin, formeront un faisceau plus ou moins fort, selon l'ouverture plus ou moins grande de la pupille.

Le cristallin étant plus réfringent que l'humeur aqueuse, continue, sur les rayons qui lui arrivent de l'humeur aqueuse, l'action convergente déjà commencée avant lui par la convexité de la cornée. Ainsi donc, la lumière, arrivée à la surface du cristallin, est déjà modifiée. Les rayons lumineux tendent à la convergence, et, comme le cristallin est un milieu plus dense que ceux que la lumière vient de traverser, *cornée, humeur aqueuse*, et qu'il y a, en même temps, plus de convexité dans sa forme, il y aura accroissement dans la convergence. Le foyer s'établira un peu en arrière du centre du cristallin (c'est le centre optique). Les rayons, ainsi réunis en foyer dans la lentille cristalline, formeront un cône dont la base est à l'objet supposé éclairé, et le sommet à ce *centre optique* (1).

Le corps vitré présente une concavité à sa partie antérieure pour recevoir le cristallin, dont la face postérieure présente un rayon de courbure plus petit que celui de la face antérieure, d'où il résulte que la réfraction des rayons est plus efficace, pour la convergence, à la sortie du cristallin qu'à leur entrée (2). « L'indice de réfraction du corps vitré (dit M. J. Béclard, page

---

(1) Lorsque les faces de la lentille ont des rayons de courbure différents, le centre optique est plus rapproché de la surface de la lentille dont le rayon de courbure est plus petit.

Le centre optique n'est pas, pour l'œil, au centre du cristallin, comme on se le figure souvent. Il ne faut pas oublier, en effet, que le cristallin n'est pas *isolé* dans l'œil comme la lentille d'une loupe simple, mais qu'il forme seulement une *partie* de l'appareil réfringent. — J. Béclard, *Traité de physiologie*, p. 772, liv. II.

(2) En vertu de ce principe que les rayons lumineux s'éloignent de la perpendiculaire élevée au point d'incidence, quand le milieu dans lequel ils entrent est moins réfrangible que le milieu d'où ils sortent, ils doivent s'éloigner de la perpendiculaire en traversant le corps vitré.

773 de son *Traité de physiologie)* étant moindre que celui de la lentille cristalline, il s'en suit que la convergence des rayons lumineux qui ont traversé le cristallin, augmente encore au moment où ils s'engagent dans le corps vitré, car ils tendent à s'écarter de la normale au point d'émergence. »

Enfin, ils arrivent sur la rétine par des petits cônes lumineux, où ils produisent l'image de l'objet, ayant traversé plusieurs milieux de densité et de convexités différentes.

Les rayons directs (ceux du centre de l'objet) traversent directement le centre du cristallin sans déviation.

En somme, la base des cônes produits par les rayons lumineux, arrivés sur la cornée, traversent différents milieux pour parvenir au cristallin, centre optique. Ces différents pinceaux ou faisceaux lumineux, sont disposés de telle manière, en passant par ce centre optique, où ils se sont réunis, que ceux qui viennent de la partie inférieure iront à la partie supérieure, et ceux de la partie supérieure se rendront à la partie inférieure, ceux de droite à gauche, et ceux de gauche à droite, par la réfringence de ces mêmes milieux, et formeront, à partir de cet endroit, c'est-à-dire du centre optique, une seconde pyramide qui touchera l'autre par son sommet, et dont la base sera appuyée sur la *rétine*, membrane nerveuse qui en reçoit l'impression ou l'image, et où les faisceaux lumineux qui s'y rendent arrivent par de très-petits cônes, impressionnant cette membrane (la rétine) de cette manière et dans certains endroits, et non par des cercles de diffusion.

Pour la régularité de l'image qui y est produite, une membrane enduite d'une liqueur noire, la *choroïde*, tapisse l'intérieur de l'œil, comme nous l'avons dit, et absorbe les rayons lumineux après qu'ils ont impressionné la rétine; leur excès ou leur subite présence pouvant l'offenser, s'ils n'étaient absorbés dans certaines circonstances.

Du reste, l'iris ayant pour objet de proportionner l'intensité de la lumière à la sensibilité de la rétine, ne laisse passer, dans l'état sain, que la quantité de ces rayons qui sont nécessaires.

C'est aussi par le clignement des paupières que l'on prévient une arrivée trop subite ou trop intense de lumière dans l'intérieur de l'œil.

Les albinos font particulièrement usage de ce moyen pour éviter l'impression pénible qu'ils semblent éprouver de la lumière, eux dont le pigment choroïdien ne donne pas à leurs yeux cette faculté d'absorption des rayons lumineux, car il est absent chez les albinos. Leur iris est d'un rose pâle, et la pupille d'un rouge prononcé, comme dans les yeux des lapins blancs.

§ 97. **Achromatisme.** L'œil est achromatique, c'est-à-dire qu'il est composé de divers milieux diaphanes, dont les courbures ou les forces réfringentes sont combinées de manière à rendre insensibles les aberrations de sphéricité et de réfrangibilité.

Cet achromatisme a lieu chez lui aussi parce que, dans ces milieux, il y a des corps qui sont superposés, et qui ont une faculté dispersive différente : tel le cristallin qui a, dans sa composition, des couches ou cellules de consistance et de densité différentes. C'est ce qu'on ne pourra jamais obtenir dans une simple lentille d'optique.

Quant aux mouvements qui se passent dans l'iris, et qui font que cette membrane se dilate ou se contracte sous l'influence de la lumière, on sait qu'elle est pourvue d'un muscle constricteur pour le resserrement, et d'un muscle à fibres radiées ou rayonnées pour l'élargissement (dilatation de la pupille). Ce sont des muscles à fibres lisses.

C'est par l'action réflexe de l'impression de la lumière sur la rétine, que cette contraction ou cette dilatation a lieu, car l'impression est allée jusqu'aux tubercules quadri-jumeaux par le nerf optique, et, par l'action réflexe, le muscle constricteur agit sous l'influence du nerf moteur oculaire commun. Pour la dilatation, il y a aussi action réflexe ; mais, sous l'influence du ganglion du grand sympathique, qui se trouve situé près la moelle épinière, entre la septième vertèbre cervicale et la première dorsale, ainsi qu'il a été dit.

Cette dilatation n'est pas une action objective, mais bien subjective, comme un muscle inactif qu'on sent le besoin de faire agir. Il y a ici action du grand sympathique par le rameau carotidien. C'est le grand sympathique qui anime le muscle dilatateur.

« Si l'on coupe le nerf optique, et que l'on rompe ainsi la communication avec l'encéphale, l'iris est devenu immobile et reste dilaté ; si on excite le bout central ou cérébral du nerf optique, il se produit sous cet excitant une sensation de lumière comme si elle était communiquée par la rétine elle-même, et l'iris se contracte. La sensation de lumière déterminée dans l'encéphale par l'excitation du nerf optique, produit sur l'iris, par l'intermédiaire du nerf moteur oculaire commun, les mêmes effets que la sensation de lumière transmise par la rétine elle-même.

« Lorsque le nerf moteur oculaire commun, qui tient sous sa dépendance les mouvements de l'iris, est également coupé en arrière du ganglion ophthalmique, l'iris est devenu immobile et le phénomène ne se produit plus. » — J. Béclard, p. 823.

Sous l'excitation du bout cérébral du nerf optique que l'on a coupé, on observe que les deux iris se contractent ; chaque nerf optique contenant, en arrière du *chiasma*, les éléments des deux rétines. La sensation subjective de la lumière, déterminée par la contraction de l'iris, a été transmise aux deux côtés de l'encéphale (1).

Les nerfs optiques transmettent l'impression de la lumière, et par conséquent de la rétine, aux points de l'encéphale où ils prennent naissance, c'est-à-dire aux tubercules quadri-jumeaux. Les nerfs optiques, de même que la rétine, qui n'en est que la continuation ou l'épanouissement, sont insensibles aux irritations mécaniques (2).

(1) Avant de pénétrer dans les globes oculaires, les nerfs optiques qui sont nés isolément de chaque côté de l'encéphale, forment un entre-croisement particulier désigné sous le nom de *chiasma*.

Dans l'homme et les mammifères, l'entre-croisement n'est pas total ; il n'est que partiel. Il est probable qu'il n'est complet que chez les animaux dont les yeux ne peuvent fixer en même temps le même objet. — J. Béclard, page citée.

(2) Le nerf optique, ou plutôt chaque nerf optique, pénètre dans

L'œil n'est pas soumis à l'aberration de sphéricité, à cause de la composition hétérogène de ses parties constituantes ou autrement de ses milieux : le cristallin, *en particulier*, auquel on reconnaît une première couche, puis une deuxième, enfin une troisième, avec une substance molle et pulpeuse (albuminoïde), intermédiaire à l'humeur de morgagni.

Les premiers rayons marginaux ne sont pas en aberrations avec ceux du centre. On sait que ce genre de diffusion du foyer des rayons lumineux, consiste en ce que certains de ces rayons éprouvent une réfraction plus forte, d'autres moins forte, et qu'il s'en suit que le foyer, au lieu de représenter un point, est réellement un espace plus ou moins étendu, et que l'image principale, celle qui se produit à l'endroit où se réunissent le plus de rayons, est comme offusquée par une multitude d'autres images qui rendent la vision confuse.

Il n'y a pas, non plus, aberration de réfrangibilité, puisque la lentille peut concentrer tous les rayons dans le prolongement de son axe, et que ces rayons obtiennent la même réfrangibilité par la disposition et la composition de la lentille.

Il était utile de revenir, comme nous le venons de faire, sur ces détails, pour bien comprendre l'importance du rôle que joue la lentille humaine (ou pour mieux dire animale), et qui est bien autrement construite par la nature que les lentilles d'optique, qui sont homogènes, et aux aberrations desquelles on a cherché à remédier par des verres qui ont une faculté dispersive différente (1).

---

l'une des cavités orbitaires par le trou optique correspondant ; et, parvenue à la partie postérieure du globe de l'œil, perce la sclérotique pour aller constituer, conjointement avec divers autres éléments organiques, la couche nerveuse qui produit la rétine.

(1) L'appareil de la vision et les conditions optiques de l'œil sont à peu près les mêmes dans la classe des *mammifères* que dans l'espèce humaine. Les quelques différences qui existent portent seulement sur le volume relatif du globe de l'œil, sur l'ouverture pupillaire, et sur l'absence de certains organes accessoires ou complémentaires de l'appareil de la vision. Les oiseaux, les reptiles, les poissons, diffèrent de l'espèce humaine par quelques parties, en plus ou en

§ 98. Qu'entend-on par accommodation, adaptation de l'œil aux distances? On entend par accommodation, adaptation de l'œil aux distances, le changement de sphéricité du cristallin, c'est-à-dire l'augmentation de son épaisseur et de sa convexité dans son diamètre antéro-postérieur, et vers son centre, au moyen du muscle tenseur de la choroïde.

Ce besoin d'accommodation existe pour la vision, car sans cela, les objets les plus rapprochés ne produiraient pas d'action sur la rétine; la réunion des cônes lumineux aurait lieu au-delà de l'endroit où elle doit se faire. Et pour éviter cet effet, le cristallin avait besoin d'une accommodation, c'est-à-dire d'éprouver un changement par l'augmentation de sa convexité, afin d'obtenir, au besoin, un pouvoir réfringent plus considérable. Ce changement a lieu au moyen du muscle tenseur de la choroïde.

On peut éprouver sur soi-même le travail qui se produit dans l'œil, par la fatigue que l'on ressent si l'on persiste à vouloir regarder un objet que l'on a trop rapproché des yeux; et cela en rapport avec le pouvoir réfringent plus ou moins grand que chacun possède dans les parties constituantes du globe de l'œil; car il est certain que si beaucoup de personnes peuvent voir à même distance différents objets, il en est beaucoup aussi qui sont obligées de les rapprocher ou de les éloigner de leur vue. De là le besoin d'accommodation à un certain âge; celui de faire usage de verres de lunettes convexes, pour augmenter la force de convergence et de réfrangibilité qui commence à faire défaut dans le cristallin et dans les humeurs de l'œil, à part même l'obscurcissement que la lentille peut subir en elle-même ou dans son enveloppe (la capsule). Le cristallin, avec l'âge, diminue de sphéricité, et sa capsule peut, comme lui, s'obscurcir.

Quoi qu'il en soit, dans l'état normal, cette accommodation de l'œil aux distances par l'action du muscle tenseur de la choroïde, s'exerce journellement.

Il y a une expérience très facile à faire sur soi-même, et qui

---

moins, dans le complément de l'appareil visuel; les articulés sont à part.

consiste à placer un objet, un livre, si l'on veut, fort près des yeux et à chercher à lire, un peu forcément, les caractères qui s'y trouvent imprimés. Aussitôt, une fatigue extrême est ressentie dans l'intérieur de l'œil ; il semble que si l'effet se continuait quelque temps, on en aurait mal de tête.

Cette fatigue se produit également lorsqu'on veut regarder, en même temps, deux objets qui sont devant les yeux et à une certaine distance l'un de l'autre, mais sur la même ligne, sans être trop éloignés.

Les rayons lumineux, ou les cônes qui partent de ces deux objets ne peuvent pas avoir le même point de réunion au centre optique, et de là la fatigue qu'éprouve l'œil pour l'accommodation de cet organe à ces deux distances.

Depuis quelque temps, on s'est appliqué à obtenir l'insensibilité des membres, ou plutôt une anesthésie (privation ou affaiblissement de la sensibilité en général), en plaçant un objet métallique éclatant assez près de la racine du nez (15 à 20 centimètres des yeux), et à fixer fortement et longtemps cet objet. La fatigue que l'on éprouve d'abord, puis l'espèce de sommeil qui vient engourdir les sens, arrive au point de vous priver de la sensibilité générale. C'est une anesthésie dans le genre de celle que procure l'éthérisation, la chloroformisation, mais d'une moins longue durée, et qui n'est jamais suivie d'accidents graves, quoique le nom d'hypnotisme, de *upnos*, sommeil, lui ait été donné, et que l'on ait vu apparaître, momentanément, quelque trouble dans les facultés mentales.

M. Philips, faisant des expériences de biologie dans des séances publiques, est parvenu (en ne laissant pas l'effet de l'expérience arriver à son summum d'intensité) à produire des changements tellement marqués sur des sujets soumis à ces expériences, que chez les uns il y avait une espèce de *manie lycanthropique ;* chez les autres, un état de *lypémanie* qui se traduisaient par des actes qui appartiennent à ces deux genres de dérangement dans les facultés mentales, et dont il tirait les sujets par quelques passes magnétiques faites au devant du globe de l'œil. Il ramenait ainsi le cerveau à son état naturel.

C'était de l'hypnotisme provoqué, comme le sommeil somnambulique, par un effet magnétique déterminé ici par le corps brillant, plaque métallique, anneau lumineux, placés ainsi devant les yeux, et regardés quelque temps avec persévérance; trouble ou fatigue extrême dans les milieux de la vision, et qui occasionnait tous ces désordres, tant les effets de l'accommodation sont pénibles et peuvent avoir d'action sur le cerveau.

Pour l'accommodation ordinaire, elle ne produit pas généralement tant de désordres, et elle n'est nécessaire que pour les objets rapprochés. Cela se conçoit, puisque, pour ceux qui sont éloignés, la réunion des cônes lumineux se fait en avant du centre optique de l'œil, et que pour qu'ils arrivent à ce centre, il ne faut que diminuer la distance en se rapprochant de l'objet pour mieux le distinguer, s'il est immobile, ou le rapprocher de notre vue, s'il est saisissable.

Pour cette accommodation du cristallin, quand elle devient nécessaire, c'est une plus grande convexité à donner à la partie antérieure de cette lentille, pour faire converger les rayons lumineux émanés des objets, et qu'ils se réunissent sur le centre et non au-delà. Nous répétons que le centre optique du cristallin n'est pas au centre même de la lentille; il est un peu plus en arrière. Les rayons de courbure de la partie postérieure du cristallin étant plus petits que ceux de la partie antérieure, le centre optique est plus rapproché de la surface de la lentille dont le rayon de courbure est plus petit. C'est une loi d'optique.

Cette adaptation de l'œil aux objets qui sont trop rapprochés, se fait, comme il a été dit, au moyen du troisième muscle de l'œil, le muscle tenseur de la choroïde, qui fait prendre à l'œil de nouvelles dispositions, ou plutôt qui opère dans les milieux transparents de l'œil des modifications particulières, pour avoir toujours le foyer, ou la réunion des rayons, au centre optique du cristallin.

Tout rayon incident, quelle que soit son incidence, lorsqu'il passe par le centre d'une *lentille biconvexe,* sort de la lentille parallèlement à lui-même, et se comporte par conséquent comme s'il avait traversé un corps à faces parallèles.

Alors les rayons lumineux, réfractés par la lentille, continuant leur marche, iront tomber sur la rétine, *au foyer optique,* en formant de très-petits cônes (points focaux) dont la base est sur la rétine et le sommet à l'endroit où s'est fait le foyer des rayons lumineux par leur convergence, c'est-à-dire au centre optique (1).

Les cônes lumineux qui vont former l'image sur la rétine, se réunissent sur certains points et n'en éclairent pas confusément la surface; ils ont pour résultante le rayon qui passe par le centre optique de l'œil, où la lentille a fait converger les rayons lumineux émanés de ces objets, et qui représentent en même temps les images renversées. Alors il y a deux cônes qui se touchent par leur sommet au cristallin, et dont la base est, pour le premier, à l'objet, et pour le second, à la rétine, aux points focaux. Un corps transparent, quel qu'il soit, ne se laisse jamais traverser complètement par la lumière, c'est-à-dire qu'il y en a toujours une partie qui est réfléchie.

Il y a déjà perte, sous ce rapport, pour l'œil, des rayons lumineux, et cette perte sera encore plus grande si, comme dans le cas dont il est question, les rayons ne sont pas assez convergents et se dispersent, ou qu'ils dépassent le centre optique sans s'y être réunis : l'objet ne sera pas aperçu, ou il le sera d'une manière confuse, imparfaite.

Il faut alors qu'il s'opère dans les milieux transparents de l'œil des modifications particulières et en rapport avec la situation de l'objet qu'on regarde, c'est-à-dire suivant que cet objet lumineux (éclairé) s'éloigne ou se rapproche; en un mot, il faut que l'œil s'accommode, pour la vision, aux diverses distances.

On a cherché à expliquer comment il se fait que, dans l'œil,

---

(1) Il ne faut pas confondre le centre optique avec le foyer optique dont il est question ici, et qui est le point où se réunissent les rayons lumineux réfractés par la lentille cristalline.

—

Le cristallin tend à reporter un peu en arrière le centre optique. Le centre optique est situé dans l'intérieur du cristallin, dans un point voisin de sa face postérieure. C'est en ce point que vont se croiser les axes des cônes lumineux qui vont former foyer sur la rétine.

La distance du centre optique à la rétine est connue ; elle est de 13 millimètres environ. — J. Béclard, p. 800.

l'image coïncide toujours au même point, et qu'elle soit toujours à la rétine pour toutes les distances de l'objet.

Ce n'est pas que l'on ne se soit évertué à chercher des explications dont quelques-unes paraissent assez plausibles; nous ne pouvons les relater ici, mais ce n'est que dans ces derniers temps que l'on a presque généralement admis qu'il se faisait des changements dans les milieux transparents de l'œil; et que la doctrine de l'adaptation est entrée dans la démonstration rigoureuse des faits.

C'est-à-dire que l'on a prouvé par des expériences (Helmholtz) que le cristallin, dans le cas dont il s'agit, tendait à se rapprocher de la forme sphérique par l'action du muscle tenseur de la choroïde : l'épaisseur antéro-postérieure que la lentille présente dans son état normal, augmentant par l'action particulière de ce muscle.

« La face postérieure du cristallin (dans la vision des objets rapprochés), quoique ne se déformant pas autant que l'antérieur, augmente cependant de convexité, ce qui se traduit par un changement de position des images, pour la vision des objets qui sont placés à des distances variées. » — HELMHOLTZ.

Dans la vision des objets rapprochés, le même auteur (cité par M. J. Béclard, page 785), a constaté que l'iris est légèrement projeté en avant dans sa partie pupillaire, et qu'il prend par conséquent une forme légèrement convexe.

Au total, au moment de l'accommodation, le cristallin tend à se rapprocher de la forme sphérique.

§ 99. Quels sont les agents qui déterminent ces changements ? L'accommodation forcée de l'œil aux distances, pour obtenir la vision nette des objets, se fait par l'action du muscle tenseur de la choroïde, qui s'applique sur le cristallin, en déprime les bords, en augmentant la convexité et la force de réfrangibilité de cette lentille oculaire. Cet effet doit avoir forcément lieu pour un objet très-rapproché, c'est-à-dire dont la distance n'est pas moindre de 0m2, car à distance plus petite, la vision distincte cesse d'être possible chez la plupart des hommes.

Il y a cependant des personnes qui peuvent voir distinctement à 0m1 et à des distances moindres encore, mais alors ces personnes sont dites *myopes*.

On avait pensé que c'étaient les muscles droits qui, par leur action sur le globe de l'œil, donnaient plus de saillie ou de sphéricité à la partie antérieure de cet organe, qui se trouvait ainsi aplati sur les côtés.

Mais ces muscles, bien loin de s'appliquer sur l'œil et de le comprimer, ce qui aurait été presque impossible : le globe de l'œil n'étant pas compressible, à moins d'occasionner de grandes douleurs ; ces muscles droits, disons-nous, s'écartent plutôt de l'œil qu'ils ne s'en rapprochent dans leur action.

On a, du reste, fait l'expérience : la boîte du crâne a été enlevée sur des animaux, l'orbite a été ouvert par sa partie postérieure, de manière à constater l'action des obliques et même des muscles droits, et toujours, dans ces expériences, ils se sont éloignés du globe de l'œil plutôt qu'ils ne s'en sont rapprochés.

Ainsi, c'est bien le cristallin qui a éprouvé une dépression sur ses bords et est devenu plus convexe en se rapprochant de la forme sphérique par l'action du muscle ciliaire ou tenseur de la choroïde. Ce muscle a son insertion sur cette membrane, et son attache au point fixe, en avant, répondant à l'union de la cornée avec la sclérotique, comme les deux muscles iriens (constricteur et dilatateur de la pupille), dont les insertions ont lieu, ainsi qu'il a été dit, le premier (à fibres circulaires) à la partie antérieure de l'iris, et l'autre (à fibres radiées) à la partie postérieure de cette membrane. Tous deux ont leur point fixe à la réunion de la cornée à la sclérotique ; tous deux aussi ont une action opposée : l'un contractant l'iris et resserrant la pupille ; l'autre dilatant cette ouverture en agissant pas ses fibres radiées sur l'iris, qu'il plisse en tous sens : le tout pour laisser passer ou pour éloigner les rayons lumineux plus ou moins éclatants et plus ou moins divergents.

En résumé, il se passe dans l'œil des changements organiques qui ont pour résultat de faire coïncider toujours les foyers des divers points de l'image à la rétine. Le mécanisme de ces changements est jusqu'à présent celui qui vient d'être exposé.

Voilà ce qui a trait à l'accommodation de l'œil aux distances ;

mais elle a des limites qu'elle ne peut franchir parceque ce muscle ciliaire, ou tenseur de la choroïde, ne peut avoir une action illimitée ; et si l'objet dépasse, en s'approchant, la limite moyenne que nous avons assignée, 0m2. Cet objet se trouve trop rapproché, l'accommodation de l'œil ne peut plus avoir son effet ; ou du moins elle devient insuffisante.

Cependant la vue peut encore se faire à cette distance, chez ceux dont le cristallin pêche par une force trop réfringente des rayons lumineux ; mais à certaine distance, ils ont besoin de remédier à cet état, *myopie*, par des lunettes à verres concaves, qui ont une puissance dispersive suffisante.

Aux autres personnes qui manquent de cette force réfringente, *presbytie*, il faut des verres convexes qui remédient à ce défaut de réfrangibilité suffisante dans leur appareil de la vision (1).

Il ne faut pas oublier dans ces explications, que la quantité de rayons lumineux envoyée par l'objet à l'appareil de la vision, contribue aussi à nous faire juger de la distance où se trouvent les objets, à nous les faire plus ou moins distinguer : la quantité de lumière envoyée à l'appareil de la vision, étant en raison inverse du carré des distances.

Maintenant, pour voir un seul objet avec les deux yeux, c'est-à-dire à l'aide de la vision bioculaire, il faut que les deux axes optiques, convergent vers le même point de l'objet ; c'est-à-dire que son sommet soit à l'objet, et la base sur les deux yeux ; c'est l'angle optique ; et c'est à l'entre-croisement incomplet des nerfs optiques, au *chiasma*, que s'exécute l'égalité de la vision ; c'est-à-dire la vue d'un objet unique quoique ayant été vu par les deux yeux. Et, en définitive, il n'y a qu'un seul nerf impressionné.

Les foyers lumineux tombent sur des points identiques de

---

(1) Dans le premier cas (myopie) les rayons lumineux se rassemblent trop tôt en avant du centre optique ; il faut alors rapprocher l'objet. Dans le second cas, presbytie, ils se réunissent trop tard en arrière du centre optique, et alors il faut les faire converger plus tôt, en éloignant l'objet ou en remédiant au défaut de réfrangibilité par des verres convexes.

la rétine, mais appartiennent au même nerf, le *nerf optique*.

Les nerfs optiques nés isolément de chaque côté de l'encéphale se réunissent avant de pénétrer dans les globes oculaires, et forment un entre-croisement tout particulier qui a été désigné sous le nom de *chiasma*.

« Dans l'homme et les mammifères, l'entre-croisement n'est pas total, il n'est que partiel : il ne devient total que chez les animaux dont la position des yeux, sur les parties latérales de la tête, ne permet jamais aux yeux de fixer en même temps le même objet. » — J. Béclard.

A deux ou trois centièmes de millim. du nerf optique, à la partie externe de son entrée dans l'œil, où il vient former la rétine, par son épanouissement et son expansion (ainsi qu'il a été dit, page 536 de cet ouvrage) est la tache jaune. C'est la partie la plus sensible de la rétine, car cette sensibilité est presque nulle à l'insertion du nerf optique.

Cette tache jaune appartient à la rétine, membrane transparente, qui embrasse le corps vitré, tapisse la choroïde, et se prolonge sur le corps ciliaire.

Ici, l'expérience de Mariotte devient probante et doit être citée pour indiquer le lieu précis de la sensation visuelle.

Elle consiste, au moyen d'un opercule, à ne laisser arriver sur la rétine un cône lumineux, qu'en un seul point de cette membrane. Tant que ce cône ne vient pas frapper l'endroit sensible de la rétine, c'est-à-dire la tache jaune (centre de toute sensation visuelle), la vue ne distingue pas l'objet ; mais du moment que l'on fait parvenir sur ce point le cône lumineux, l'objet est aperçu, et le nerf optique transmet immédiatement au cerveau l'impression reçue.

La rétine n'est pas seulement l'expansion du nerf optique : cette membrane de nature nerveuse est beaucoup plus complexe qu'on ne l'avait pensé et nous rappellerons (ainsi qu'il a été exposé précédemment) que, outre l'élément nerveux, fourni par le *nerf optique*, elle en renferme d'autres de nature diverse.

« Elle serait, d'après de récentes recherches, composée de plusieurs membranes ou couches membraneuses d'un millième de millimètre d'épaisseur. La première serait formée par des cônes et des batonnets ; l'autre de cellules à noyaux ; la troisième de fibres très-fines, très-délicates, très-déliées, qui se relieraient au nerf lui même, etc.

Mais, ce qu'il nous importe surtout de savoir, c'est que les tubes nerveux composant le nerf optique, ne seraient que les conducteurs de l'impression de la lumière ; la choroïde absorbant toujours les rayons lumineux qui doivent produire l'impression de l'image sur la rétine, et après leur action. »

Ce pigment dont elle est pourvue (la choroïde), a pour objet l'absorption des rayons qui, sans ce moyen, pourraient être en partie réfléchis, rendraient la vision confuse, et impressionneraient douloureusement la rétine....

« Le pigment choroïdien et iridien absorbent les rayons lumineux qui pourraient être réfléchis, si derrière la rétine était un corps de teinte claire, qui leur permit de revenir une seconde fois sur le point où se peint l'image renversée de l'objet : ce qui en troublerait la netteté, en impressionnant trop vivement la rétine ; ainsi que cela se voit chez les albinos qui semblent ne pouvoir supporter la lumière du soleil (1), la coloration de leurs yeux en prend une teinte et une expression particulières, le fond de l'œil, vu par la pupille, est d'un rouge prononcé, et l'*iris*, d'un rose pâle comme dans les yeux des lapins blancs ; ils supportent avec peine les rayons du soleil ; leur vue est confuse, ils paraissent éprouver une impression pénible de la clarté du jour et l'on souffre soi-même de les voir souffrir.

Le nerf optique ne pénètre pas dans l'œil, juste au milieu de l'axe optique ; mais un peu plus à côté ; c'est pour cette raison que les impressions ont une durée d'un tiers de seconde (on a dit de 3 secondes) à se faire, à se produire ; l'action n'étant pas immédiatement directe sur le nerf optique, puisque l'insertion de ce nerf n'est pas dans l'axe optique (2).

---

(1) Nysten, art. vue.

(2) La lumière n'agit pas d'une manière instantanée sur l'organe de la vision.

L'ébranlement de la rétine a une certaine durée, une fois ébranlée elle ne revient à son état de repos, qu'après un laps de temps qui est loin d'être inappréciable.

La vue, comme tous les sens, a ses aberrations, ses erreurs, que l'intelligence rectifie : témoin cette illusion que l'on éprouve lorsque l'on est dans un bateau, au courant d'une rivière, et qu'il vous semble que les arbres du rivage s'éloignent, quand c'est le bateau qui descend avec rapidité. Dans un chemin de fer, le même effet se produit : on dirait que le chemin sur lequel on voyage file avec rapidité devant vos yeux, tandis que c'est le wagon qui fuit avec vélocité. La ligne que la fusée trace dans l'air et qui semble lumineuse à vos yeux est encore une illusion d'optique.

C'est à la durée de l'impression qu'il faut rapporter cet effet, cette impression qui se continue pendant 1/3 de seconde.

Les corps opaques comme les balles, les boulets, qui traversent l'atmosphère, sans que vous puissiez les voir, constituent un phénomène qui s'explique par le tiers de seconde qui est nécessaire pour que la vue soit impressionnée.

Le projectile mu avec rapidité, a traversé les airs et s'est éloigné sans être vu, comme tout corps non lumineux lancé par une force de projection considérable qui ne laisse aucune trace de la sensation qu'il ferait éprouver s'il était éclairé (1).

Parmi les couleurs, au sujet de leur action sur la rétine, le blanc qui est la *réflexion* de tous les rayons, est celle qui produit le plus d'impression sur cette membrane. Il est fatigant de travailler longtemps sur un corps blanc.

Les impressions subjectives durent encore même après la cessation de l'effet produit par l'objet éclairé, témoin la flamme d'une bougie, un carreau éclairé, que vous avez quelque temps

---

En second lieu, lorsque la lumière a ébranlé la rétine, l'impression reçue par celle-ci a besoin pour être transmise au sensorium d'un espace de temps qu'on peut déterminer.

Il peut arriver, par conséquent : 1° que nous ayons encore la sensation d'un objet alors que celui-ci a cessé d'impressionner la rétine ; 2° que l'objet qui a impressionné la rétine disparaisse, avant même que la sensation soit perçue. — J. Béclard, *Traité de physiologie*, livre II, page 798.

(1) Lorsqu'un corps opaque, mu par un mouvement rapide de translation parcourt un espace égal à son diamètre, en un temps moindre que celui de la durée de l'impression de la rétine, il échappe complètement à la vue. — J. Béclard, *Ibidem*.

regardé ; et cet objet reste peint dans la vue, quoique depuis un moment vous ayez fermé les yeux.

La vision nous donne la direction des objets ; la notion de l'intensité de la lumière, la grandeur des objets, leur position, non pas renversée comme on le dit, et rectifiée par le jugement; mais bien par la disposition propre des milieux, que les cônes lumineux traversent.

La vision nous donne la notion du volume des corps, jamais de leur pesanteur.

Elle nous donne la notion de leur repos et de leurs mouvements, de leur forme, en y joignant le toucher pour complément.

On sait que les aveugles suppléent au premier *sens*, la vue, par un toucher si subtil qu'ils indiquent la forme, la grandeur et même la couleur (dit-on) d'un corps, par l'inégalité d'épaisseur que toute couleur produit sur la surface où elle est appliquée.

Quant aux mouvements de totalité des corps, l'œil peut en prendre connaissance, et en avoir une notion assez exacte par la rotation que cet organe possède dans ses mouvements dans l'orbite, faculté qui lui donne le pouvoir de se porter de côté aussi, au moyen de la déclivité, ou de l'abaissement de la face externe de l'orbite ; mais toujours par un mouvement de rotation de l'organe ; car le globe de l'œil est un sphéroïde qui tourne sur son centre ; et c'est par ce moyen que la pupille peut être portée en haut, en bas, en dedans et en dehors avec facilité ; elle reçoit ainsi dans ces différentes positions les rayons lumineux qui doivent y pénétrer.

CHAPITRE IV.

SENS DE L'OUIE.

§ 100. Audition. L'audition est la sensation qui nous fait percevoir les sons. On peut, dit Nysten (*dictionnaire de médecine*), distinguer l'audition proprement dite, ou purement passive, qui consiste à entendre les sons qui viennent frapper l'oreille ; et l'audition active qui a lieu lorsqu'on écoute avec attention, c'est l'auscultation. Quoiqu'il en soit, l'audition ou perception des sons, a lieu chez l'homme et chez les animaux, au moyen d'un appareil sur lequel se fait l'impression des sons, comme la lumière sur l'appareil de la vision.

Cet appareil est situé sur les parties latérales de la tête ; il se compose de l'oreille externe et de l'oreille interne, ou le labyrinthe, qui comprend le vestibule, le limaçon et les canaux demi-circulaires.

L'*oreille externe* est composée, extérieurement, du pavillon de l'oreille, qui présente divers contours d'inégale grandeur ; elle est entièrement fibro-cartilagineuse, si ce n'est à sa partie inférieure, où existe le lobe ou lobule de l'oreille. Cette dernière partie est une petite masse molle, oblongue, légèrement aplatie: elle termine en bas ce pavillon qui présente une éminence demi-circulaire un peu allongée et qui forme le rebord externe de l'oreille, c'est l'hélix ; 2° une seconde saillie, également allongée, et recourbée, étendue depuis une rainure qui suit le trajet de l'hélix, où elle est bifurquée, jusqu'à l'antitragus, au-dessous duquel elle se termine en s'amincissant, c'est l'anthélix ; 3° enfin la fosse naviculaire, enfoncement superficiel qui sépare les deux racines de l'anthélix, et le tragus, petite éminence saillante triangulaire placée au dehors et au-devant du conduit auriculaire. Il y a encore, pour tout dénommer dans cette partie latérale et saillante de la face, une petite éminence mamelonnée, plus petite que la précédente, située vis-à-vis d'elle, et au-dessous de l'anthélix, et qui se nomme l'antitragus.

La conque de l'oreille est la cavité peu profonde qu'on aperçoit au tiers moyen du pavillon. Elle est bornée en haut et en arrière par l'anthélix, en bas par le tragus et l'antitragus ; elle est partagée en deux portions par l'hélix et se continue en dedans avec le conduit auditif externe.

Ce conduit s'étend depuis le fond de la conque, jusqu'à la caisse du tympan, et peut avoir un centimètre et demi à deux de profondeur. Il est oblique de dehors en dedans et d'arrière en avant.

La peau qui tapisse ce conduit se termine en un cul-de-sac à son extrémité en se réfléchissant sur la membrane du tympan. Elle présente, en haut et en arrière du conduit, les orifices excréteurs des follicules sébacés qui fournissent le cérumen (glandes cérumineuses). Elle est, assez souvent, garnie de poils fins à l'entrée du conduit.

Des muscles au nombre de quatre, divisés en extrinsèques et intrinsèques, à peine indiqués chez l'homme, mais beaucoup plus marqués chez certains animaux, sont destinés à mouvoir le pavillon de l'oreille et à le diriger (dans certaines espèce animales) visiblement vers les ondes sonores qui doivent pénétrer dans le conduit.

Le pavillon de l'oreille chez l'homme, est disposé pour concentrer les ondes sonores et leur donner plus de force en les modifiant peut-être aussi : On a remarqué que l'absence du pavillon de l'oreille, ou son obturation par de la cire, comme cela a été fait avec intention par Schneider qui a rempli sur lui-même, la conque de l'oreille, et ses circuits ou anfractuosités, par une composition liquide qui se solidifiait ensuite, nuisait beaucoup à l'audition des sons qui se produisaient latéralement et par derrière lui ; mais du moment qu'il tournait son oreille du côté d'où venait le bruit, le conduit auditif qui avait été préservé de la composition cireuse percevait *tout à coup* le bruit et aussi bien avec cette oreille qu'avec l'autre.

D'où, la conclusion : que la conque auditive, à peu près inutile pour tous les sons qui nous arrivent dans la direction même de l'oreille ; est très-utile pour tous les sons qui nous arrivent en avant et en arrière, et dans toutes les directions obliques par rapport à l'axe du conduit auditif externe.

§ **101. Oreille moyenne.** L'oreille moyenne se compose de 1° la caisse du tympan qui est une cavité irrégulière située au-dessus de la fosse glénoïde, au-devant de l'apophyse mastoïde, derrière la trompe d'Eustache, dans l'endroit où se réunissent les trois portions de l'os temporal.

Elle n'est séparée du conduit auriculaire que par la membrane du tympan ; cloison mince, fibreuse, transparente, tapissée en dedans par la membrane muqueuse tympanique.

La membrane du tympan est composée de tissu élastique qui lui donne la sonorité qu'elle possède. Elle a une forme circulaire ; concave en dehors, convexe en dedans. Elle est enchâssée par sa circonférence dans une rainure que présente l'extrémité du conduit auditif, dans une situation oblique de bas en haut, d'arrière en avant. Elle communique avec le vestibule de l'oreille interne par la fenêtre ovale; ouverture que l'on voit sur sa paroi interne et qui est presqu'entièrement bouchée par la base d'un petit os appelé l'étrier.

La fenêtre ronde, autre ouverture située au-dessous de la précédente et fermée par une membrane, la fait communiquer avec le limaçon. Sur sa paroi inférieure on voit la scissure glénoïdale par laquelle sortent la longue apophyse du marteau, la corde ou le nerf du tympan, et le muscle antérieur du marteau. Sur l'antérieur sont deux conduits dont le supérieur est occupé par le muscle interne du marteau; et l'inférieur forme l'orifice de la trompe d'Eustache qui vient s'ouvrir derrière le voile du palais, à la partie postérieure du pharynx, près de l'aile interne de l'apophyse ptérygoïde, et qui établit ainsi une communication entre l'intérieur de la caisse et l'air extérieur.

Enfin, sur la paroi postérieure, est un canal qui aboutit aux cellules mastoïdiennes; et une petite ouverture communiquant avec l'aqueduc de fallope.

2° Les osselets de l'ouïe situés dans la caisse du tympan sont au nombre de quatre : le marteau, l'enclume, l'os lenticulaire et l'étrier.

Les muscles de la caisse des osselets sont au nombre de quatre aussi : le muscle interne, externe, antérieur du marteau, et le muscle de l'étrier.

Le manche du marteau appuie contre le tympan, et la base de l'étrier repose sur la membrane de la fenêtre ovale; de manière que les osselets pressant plus ou moins sur ces membranes, par le jeu de ces muscles, augmentent, ou diminuent, leur tension selon les mouvements que ces petits muscles leur impriment : quelques personnes (dit à ce sujet M. J. Béclard page 850), peuvent contracter à volonté le muscle interne du marteau, et tendre ainsi la membrane du tympan; ce sont, ajoute cet auteur, des exceptions rares.

§ 102. **Oreille interne ou labyrinthe**. Le vestibule en

occupe la partie moyenne. C'est une cavité irrégulièrement sphéroïde, située en dedans du tympan, et communiquant avec la caisse par la fenêtre ovale. De sa partie supérieure et postérieure, s'élèvent les canaux demi-circulaires qui s'ouvrent dans le vestibule par cinq ouvertures, et que l'on distingue en supérieur, postérieur et horizontal.

A sa partie inférieure est le limaçon, organe contourné en spirale et offrant une singulière analogie avec la coquille du mollusque dont on lui a donné le nom. Il est divisé intérieurement en deux parties par une cloison moitié osseuse, moitié membraneuse.

Des deux cavités spirales (rampes du limaçon) formées par cette cloison, l'interne est en rapport avec la fenêtre ronde; l'externe est ouverte dans le vestibule. Un conduit très-étroit ouvert supérieurement près de la fenêtre, et inférieurement sur le bord postérieur du rocher, a reçu le nom d'*aqueduc du limaçon.*

Le nerf auditif qui pénètre dans le rocher par un canal osseux nommé conduit auditif interne, vient se distribuer dans ces diverses cavités de l'*oreille interne*, qui ne contiennent pas de l'air comme la caisse du tympan, mais qui sont remplies d'un liquide aqueux, *lymphe de Cotugno.*

La membrane qui tapisse le vestibule et les canaux demi-circulaires, au lieu d'être appliquée contre les parois osseuses de ces cavités, est comme suspendue dans leur intérieur.

Le liquide, *périlymphe,* qui est renfermé dans le labyrinthe de l'oreille interne, et qu'on a appelé aussi *humeur de Cotugno*, se trouve placé entre le périoste et les canaux demi-circulaires.

Un autre liquide, l'*endolymphe,* est placé dans l'intérieur des membranes qui constituent les canaux demi-circulaires.

La périlymphe et l'endolymphe ne communiquent pas ensemble : l'utricule, qui est un renflement du labyrinthe membraneux, communique avec les canaux demi-circulaires membraneux.

Les deux rampes contiennent un liquide qui est en communication avec la périlymphe.

Ce sont les nerfs de la septième paire, qui président à l'odorat et au goût, et qui sont affectés à l'audition. Ils ont été appelés *nerfs facial* et *labyrinthiqve,* mais on restreint le nom de *nerf auditif* au nerf labyrinthique seulement.

Il y a des tubes de sensibilité spéciale pour le goût et de sensibilité générale, mais c'est le nerf auditif, septième paire des nerfs crâniens qui préside particulièrement à l'audition.. Ce nerf est appelé aussi *nerf acoustique*, il naît au-devant de la partie antérieure des prolongements de la protubérance cérébrale et en arrière de l'extrémité latérale du ventricule du cervelet. Il s'introduit avec le nerf facial, septième paire, dans le conduit auditif interne au fond duquel il se divise en deux branches, l'une pour le limaçon, l'autre pour le vestibule et les canaux demi-circulaires (1).

C'est dans sa division qu'il parvient dans la cloison qui sépare le limaçon du vestibule ; et qu'il va se mettre en communication avec la périlymphe pour se distribuer ensuite (ainsi qu'il a été dit) dans la membrane des canaux demi-circulaires, ayant la périlymphe et l'endolymphe entre eux.

Le nerf acoustique baigne dans un liquide (lymphe ou humeur de Cotugno). On conçoit que plus ou moins de ce liquide dans cette partie doit avoir une action sur la plus ou la moins grande netteté de l'ouïe, puisque cette humeur, dont toutes les cavités de l'oreille interne sont remplies, transmet, dit-on, au nerf acoustique, les vibrations qu'elle reçoit de la membrane de la fenêtre ronde, etc.

§ 103. **Perception des sons**. La membrane du tympan, avons-nous dit, forme la paroi externe de la caisse ; le manche du marteau appuie sur le milieu du tympan ; la tête du marteau s'articule avec l'enclume apophyse qui naît au-dessous du col du marteau, s'enfonce dans la scissure glénoïdale et donne attache, par son extrémité, au muscle antérieur du marteau. La base de l'étrier repose sur la membrane de la fenêtre ovale de manière que par le jeu de ces petits osselets qui pressent sur ces membranes, par l'action des muscles antérieur du marteau, interne du marteau et le muscle de l'étrier, la tension des membranes

(1) Nysten, *dictionnaire*, art. *auditif*.

sur lesquelles ils appuient s'exerce avec plus ou moins de facilité (1).

La chaîne des osselets reçoit directement les ondes sonores qui parviennent dans le conduit auditif par la conque et par le pavillon de l'oreille, qui sont là destinés à les concentrer comme un porte-voix.

En effet, le pavillon de l'oreille par les différentes courbes qu'il présente, contribue à rassembler les sons ; à leur faire parcourir, comme dans les canaux d'un limaçon, ses différentes circuits pour les introduire ensuite dans le conduit auditif externe.

Les ondes sonores se meuvent avec rapidité : le son parcourt un espace de 333 mètres par seconde dans l'air tranquille. Il se propage dans les milieux gazeux, dans les milieux liquides et dans les milieux solides. Dans l'eau la vitesse de propagation est de 1,100 à 1,500 mètres par seconde ; elle est de 3,000 mètres environ par seconde dans les solides. — J. Béclard.

Les corps solides transmettent les sons par la vibration ou l'ébranlement des molécules qui les constituent.

Le son peut donc être transmis par les parties osseuses de l'appareil auditif, aussi bien que par l'air qui l'entoure de toute part.

Non-seulement le conduit auditif externe reçoit les sons, mais la trompe d'Eustache laisse aussi s'introduire, dans l'oreille moyenne, une portion de cet air mis en vibration par un corps sonore.

On sait que l'oblitération de ce conduit, la trompe d'Eustache, est une cause de surdité assez fréquente.

---

(1) Les explications anatomiques dans lesquelles nous venons d'entrer ont leur raison d'être ici au point de vue d'utilité que peut avoir cet ouvrage dans les examens, et dans certains concours où des questions anatomo-physiologiques peuvent se présenter.

Tous les traités d'anatomie contiennent ces explications, elles y sont faites partout avec une précision et une exactitude dont on ne pourrait guère s'éloigner sans s'exposer à se fourvoyer dans tous ces détails assez difficiles à saisir. Un aperçu de l'anatomie de ces parties à côté du fonctionnement de l'organe, nous a paru être pour certaines circonstances, un desideratum qui était ici à remplir. (*Note de l'auteur*).

Il faut que ce conduit soit maintenu libre, non-seulement pour cette raison qui n'est pas admise par tous les physiologistes; quoi qu'on ait constaté qu'en ouvrant largement la bouche on entendait beaucoup mieux.

Il est vrai que pour ce dernier effet, on n'a pas fait attention que, par ce mouvement, on abaissait le condyle de la mâchoire inférieure de manière à rendre plus grand le conduit auditif; ce que, du reste, chacun peut vérifier sur soi-même, en mettant le doigt dans ce conduit et en ouvrant la bouche.

La raison la meilleure de l'intégrité de la trompe d'Eustache, pour l'introduction de l'air, réside dans cette loi que, dans le vide les corps ne vibrent pas ; et que si la trompe était bouchée, ce serait exactement comme s'il y avait un vide dans l'oreille moyenne, l'air s'y raréfierait. Il faut même qu'il soit renouvelé.

Dans les cas d'oblitération de ce conduit, on a été jusqu'à conseiller de perforer l'apophyse mastoïde, de façon à pénétrer dans les cellules mastoïdiennes, et à y faire entrer l'air nécessaire aux vibrations de la membrane du tympan et des osselets qui reposent sur elle ; car nous avons dit que la membrane du tympan entrait en vibration par les parties solides qui constituent la caisse du tympan ; et qu'il y avait aussi vibration par la chaîne des osselets, aussi bien par l'air qui arrive par l'oreille externe que par celui qui pénètre par la trompe d'Eustache située à la partie supérieure du pharynx et derrière les fosses nasales.

Il y a plus, il y a vibrations, communiquées des ondes sonores, par toutes les parties du corps : un sourd ressent les vibrations des corps sonores que l'on met en mouvement autour de lui ; il ressent même les vibrations qu'occasionne dans l'air un coup de tonnerre, mais il ne l'entend pas.

Il en est de cet effet comme de la sensation du toucher par contact, pour les aveugles qui sentent avec les doigts les couleurs qu'ils ne peuvent voir avec les yeux : *sensibilité exquise des sens.*

Cependant, et malgré tout, il faut que le nerf auditif soit intact ; il ne faut pas seulement que la membrane du tympan et les autres parties qui constituent l'appareil de l'audition soient saines ; il faut encore que l'air entre facilement dans l'oreille moyenne, dans l'oreille interne et externe, et qu'il puisse y être renouvelé ;

il faut aussi que l'intégrité du nerf auditif soit complète, qu'il n'éprouve par conséquent, ni pression ni compression : on a vu des tumeurs, développées sur son trajet, devenir la cause d'une surdité complète : nombreuses sont les causes de cette infirmité, (la surdité) nombreux sont aussi les moyens qui lui sont appliqués. Bien fous sont ceux qui comptant sur l'efficacité du remède de Mlle Normand, appliquent l'éther en vapeur, ou à l'état liquide dans l'oreille externe pour tous *les cas de surdité* !

Nous avons dit que l'air qui est mis en vibration vient frapper la membrane du tympan par l'oreille externe au moyen de la conque et du conduit auditif externe : et par l'oreille moyenne au moyen de la trompe d'Eustache ; mais il faut pour cela que la tension de l'air contenu dans la caisse soit égale à la tension de l'air atmosphérique qui existe dans l'oreille externe : pour qu'une membrane vibre librement, il faut qu'elle ait sur ses deux faces une tension atmosphérique égale.

La membrane du tympan concave en dehors, convexe en dedans, se tend, ou se relâche selon l'intensité du son, au moyen de ses osselets qui s'appuient sur elle, et la mettent dans l'un ou dans l'autre de ces deux états ; toujours par l'action du muscle interne du marteau et de l'étrier.

Les vibrations arrivent ainsi par la fenêtre ovale, par la fenêtre ronde, dans l'oreille interne. Tous les corps solides de l'oreille interne, comme ceux de l'oreille externe, communiquent aussi leurs vibrations ; elles parviennent dans le vestibule par la fenêtre ovale, dans le limaçon par la fenêtre ronde. Les ondulations se continuent sans interruption dans tout le trajet vestibulaire, et jusque dans le sommet du limaçon par le vestibule et par les canaux demi-circulaires ; car les parois osseuses du labyrinthe sont également conducteurs des ondulations sonores.

Le nerf auditif qui se distribue dans ces parties, va ressentir l'impression de ces vibrations sonores, et les conduira au cerveau qui les appréciera dans leur intensité, dans leur timbre, et dans leur rhythme.

De toutes ces parties, la plus importante est le vestibule ; viennent ensuite les canaux demi-circulaires et enfin le limaçon. Toutes les fois que le vestibule, pour une cause quelconque, a été détruit, la perte de l'ouïe s'en est suivie inévitablement.

Toutes les fois que le nerf auditif est ébranlé, impressionné, par les ondes sonores, il ne peut recevoir, comme nerf spécial, que la sensation du son.

Comme tous les nerfs des sensations, il n'est susceptible que d'un certain genre d'impressions ; et c'est dans le labyrinthe que viennent s'épanouir les branches du nerf auditif, où le liquide, dont ces cavités sont remplies, baigne ces ramifications nerveuses qui en transmettent l'impression au cerveau, d'abord à leur origine, puis aux lobes antérieurs de l'encéphale où s'en fait l'appréciation comme de tous les autres sens.

Notions acquises par l'audition : Elle nous apprend la distance des corps : les ondes sonores rayonnent ; et il y a une proportion constante de l'intensité du son au carré des distances (en raison inverse). On sait très à peu près déterminer la distance des objets qui produisent le son. Comme lorsqu'on tire le canon ou qu'un éclat de tonnerre vient à se faire entendre plus ou moins près de nous.

L'ouïe nous donne d'abord, l'intensité du son, et par le jugement que nous en portons, nous concluons que le canon a été tiré à peu près à telle distance, ou que le tonnerre a éclaté plus ou moins loin de nous : car c'est au timbre que l'on reconnaît la distance par l'appréciation de l'intensité du son que nous avons pu faire dans certaines circonstances. Dans celle-ci l'intelligence seule détermine la distance.

§ 104. **Action et direction des sons sur l'appareil de l'audition et leur appréciation.** Les ondes sonores qui arrivent par le conduit auditif externe rencontrent, là, les meilleures conditions pour faire apprécier l'intensité du son, et même la direction d'où il vient. C'est, on pourrait le dire, le premier vestibule où il est reçu. On sait que si l'on veut bien entendre, ou si l'on veut savoir de quel côté vient le son, on prête l'oreille et on en dirige une en tournant la tête, vers l'endroit, ou plutôt du côté d'où le son parait provenir.

Certains animaux sont, sous ce rapport, mieux partagés que l'homme, ils ont la faculté, bien plus marquée, de dresser le pavillon de l'oreille et de le diriger dans un certain sens, toujours favorable à la perception du son.

La nature de certains corps qui produisent le son (comme une voiture) peut s'apprécier par une certaine étude de l'intelligence.

Il faut pour la perception des sons que la membrane du tympan soit tendue modérément, une trop forte secousse de cette membrane pourrait ébranler le muscle antérieur du marteau et en faire souffrir consécutivement le nerf auditif.

Le manche du marteau appuie, ainsi qu'il a été dit, contre le tympan ; et la base de l'étrier repose sur la membrane de la fenêtre ovale qui établit la communication entre le tympan et le vestibule. De manière que les osselets, pressant plus ou moins sur ces membranes, augmentent ou diminuent leur tension, selon les mouvements que leurs petits muscles leur impriment, d'où il résulte que si un bruit trop violent, ébranle fortement ces parties, et que la contraction, ou plutôt la tension du tympan, soit assez considérable, il est à présumer qu'un désordre aura lieu dans ces parties si délicates, si sensibles, et que la surdité pourra bien en être la suite.

On a vu cependant (et ceci peut encore arriver assez fréquemment chez les artilleurs) que la membrane du tympan est perforée, déchirée, sans que l'ouïe soit complètement perdue.

Les personnes à qui cet accident est arrivé, entendent toujours un peu moins bien, et on peut faire constater cet état, en introduisant de l'air ou de la fumée par la bouche, puis, en bouchant les narines, faire opérer une forte expiration : alors l'air ou la fumée s'engage dans la trompe d'Eustache, parvient dans l'oreille moyenne, et vient sortir par le conduit auditif externe, en agitant la flamme d'une bougie si on en a présenté une devant le pavillon de l'oreille.

Nous avons dit que la membrane du tympan se tend au besoin, c'est-à-dire selon l'intensité ou la faiblesse du son.

On sait qu'une membrane, comme une corde, qui se trouve *sensiblement* tendue, vibre moins que celle qui est médiocrement serrée. Les vibrations sont moins longues et par conséquent elles ont moins de durée dans le premier cas que dans le second, mais elles sont plus aiguës.

La tension plus ou moins grande de la membrane du tympan semble destinée à modérer ou à augmenter les vibrations sonores : une certaine laxité doit permettre de percevoir plus longtemps et plus doucement des sons un peu forts, une tension plus forte doit augmenter l'acuité du son un peu faible.

Et, comme il faut qu'il n'y ait pas d'impressions trop vives sur le nerf acoustique, on conçoit d'abord l'action ou le fonctionnement de l'appareil auditif, et en particulier cette tension, ou cette laxité opérée dans la membrane du tympan en vue de la régularité et de l'exécution parfaite de la fonction.

§ 105. **Vibrations des corps**. Les sons vibrants et les sons ondulés sont le résultat du déplacement des particules qui composent les corps !

Ces parties, ou molécules composantes, ou intégrantes, sont sorties de leur position naturelle, et elles vibrent jusqu'à ce qu'elles soient revenues à leur état normal. On pourrait dire : les molécules, soit à l'aide du frottement, d'une percussion, soit par un effort exercé sur elles, sont sorties de leur position naturelle ; elles se sont éloignées ; mais elles tendent à revenir ; et en revenant elles font compression les unes sur les autres pour rentrer à leur place. Les parties voisines et l'air atmosphérique en ont ressenti les effets ; elles entrent en vibration, à leur tour, en communiquant aussi leur ébranlement aux corps sonores qu'elles rencontrent en chemin. Leur intensité peut être portée au plus haut degré.

La durée de ces vibrations est en rapport avec le temps que les corps mettent à rentrer dans leur état naturel. Leur intensité est en rapport, souvent, avec l'intensité des causes des vibrations ; leur timbre avec l'amplitude des vibrations.

La hauteur du son, est la totalité des vibrations ; c'est leur force, leur multiplication. Quant au ton du son : si les vibrations sont lentes et un peu sourdes, c'est le ton grave, si elles sont très-multipliées et élevées, c'est le ton aigu. Voir à ce sujet les *Traités de physique*, pour plus amples explications.

Deux mots sur le sens de l'ouïe dans la série animale.

Chez les *mammifères*, l'appareil auditif diffère peu de celui de l'homme, le sens de l'ouïe, atteint, chez eux, un degré de perfection qui est dû à la disposition du cornet acoustique (la conque de l'oreille) qui prend, sur certains d'entre eux, un développement considérable, ânes, chevaux, bœufs, mulets, lapins, etc.

La mobilité de ce cornet leur permettant de le porter en avant, en arrière, leur donne la faculté de percevoir des sons de faible intensité, et d'en apprécier la direction.

L'*oreille interne*, dans sa composition, ne présente rien de particulier qui ne soit chez l'homme.

Les oiseaux sont aussi bien partagés sous ce rapport (sans pavillon de l'oreille, cependant). Le conduit auditif externe, est formé par un canal ostéo-membraneux qui traverse le temporal. La membrane du tympan qui y existe, est très-développée, parcequ'elle communique avec les cellules osseuses, dont presque tous les os du crâne sont creusés. Les oiseaux ont aussi dans l'oreille interne, le vestibule, les canaux demi-circulaires, et le limaçon.

CHAPITRE V.

SENS DE L'ODORAT.

§ 106. L'odorat. L'odorat est celui des cinq sens qui nous donne la connaissance des odeurs, et nous fait apprécier leurs qualités, bonnes ou mauvaises ; c'est-à-dire agréables ou désagréables à l'olfaction (action de sentir). C'est en un mot le sens par lequel on perçoit l'impression bonne ou mauvaise des odeurs.

Les odeurs, ou émanations odorantes sont, comme on le sait, des plus subtiles.

Il y a des principes odorants, dans certaines substances, qui se volatilisent constamment, sans faire perdre un atôme, en poids à la matière dont ils émanent.

Ainsi, le musc répand son odeur indéfiniment, pour ainsi dire ; et au bout de cinq ou six ans, une pastille de musc (dite du sérail) conserve encore sa forme et son poids primitifs.

On a conservé, pendant plus de quarante ans, des papiers qu'un seul grain d'ambre avait parfumés et qui, au bout de cet espace de temps, n'avaient encore rien perdu de leur odeur.

L'air est le véhicule de toutes les odeurs ; il ne s'opère aucune combinaison intime, entre elles et lui. Les odeurs se répandent dans sa masse, par un simple mélange, pareil à celui d'un fluide dans un autre ; et c'est ainsi qu'elles se transportent et arrivent par l'effet de la respiration, sur la muqueuse nasale, qui en reçoit et perçoit l'impression, au moyen des filets de distribution du nerf *olfactif*.

Cette impression est agréable, ou désagréable ; elle peut être quelquefois nuisible. Tout le monde ne supporte pas, pendant une nuit, les odeurs que répand un bouquet de fleurs que l'on a laissé séjourner dans une chambre à coucher ; à part l'acide carbonique, qui peut se dégager de ces végétaux, la nuit, s'ils sont en quantité.

Certaines odeurs, pour quelques personnes, sont détestables, malfaisantes, pour d'autres elles sont supportables et ne causent aucune incommodité.

Siège de l'odorat. Enfin, quelle que soit cette action, c'est sur les divisions du nerf olfactif qu'elle porte ses effets; et l'intensité de cette action peut être assez considérable; car ces odeurs charriées et transportées, par l'air, dans les fosses nasales, peuvent y voyager, s'y promener, pour ainsi dire, dans tous les sens. Ces parties sont assez développées, il y a des sinus et des anfractuosités dans lesquels les odeurs peuvent rester aussi longtemps que l'air qui les a fait pénétrer avec lui, dans toutes ces parties.

Aussi, le contact est pour ainsi dire constant. Comme l'air dans les poumons, l'inspiration les y a fait arriver, et avec d'autant plus de facilité qu'à ce moment (l'inspiration) il y a un vide virtuel qui favorise cette pénétration, tandis que, pendant l'expiration le phénomène ne peut avoir lieu : ce dernier acte tendant plutôt à chasser l'air et les odeurs qui étaient contenus dans les fosses nasales, qu'à les y introduire. Voilà pourquoi les odeurs sont bien mieux senties pendant l'inspiration que pendant l'expiration.

Il y a des personnes chez qui le sens de l'odorat semble n'exister que très-imparfaitement et même pas du tout.

Ce dernier état, quand il est congénital, tient à l'absence complète des nerfs qui se distribuent dans les voies olfactives : il y a *anosmie*, qui veut dire simplement privation de la faculté de sentir les odeurs. Et, chose remarquable, c'est que si l'odorat s'affaiblit, ou se perd, le goût ne tarde pas non plus à cesser d'exister ; preuve que ces deux sens s'influencent, et sont étroitement liés. La vie perd alors une partie de ses charmes.

Richerand parle d'un homme qui n'était pas médecin, mais qui avait le sens du goût et celui de l'odorat très-exquis, Brillat Savarin, conseiller à la Cour de cassation, à Paris, auteur de la *Physiologie du goût*. « Dans ce petit ouvrage qui montre que monsieur le Conseiller avait beaucoup d'esprit, en même temps qu'un palais délicat, il est dit en forme d'épigraphe : les animaux se repaissent, l'homme mange, l'homme d'esprit seul sait manger. » Richerand.

De là, il établit la différence qu'il y a entre le gourmet, le gourmand et le glouton. Il y a entre eux, une distance immense, incommensurable, dans son esprit (de Brillat Savarin). Il entendait que celui dont le goût est fin, et l'odorat subtil, savait mieux qu'un autre apprécier, la bonté, la délicatesse d'un met et jouir, sous ce rapport, de certains agréments et de quelques douceurs de la vie.

Nous avons dit ailleurs que certains nerfs ont des propriétés tellement spéciales et particulières (et cela s'entend de ceux qui se rendent aux sens) qu'ils n'indiquent aucune douleur lorsqu'on vient à les couper. Ainsi le nerf optique est celui de tous les nerfs de sens dont on a fait le plus souvent la section, dans les opérations sur les yeux, c'est-à-dire dans l'extirpation du globe de l'œil. Eh bien, ce nerf optique, disons-nous, n'a jamais fait éprouver, par sa section, la moindre douleur aux malades.

Il en serait de même du nerf olfactif : quand des altérations physiques ou même pathologiques ont lieu dans les nerfs à sensations spéciales, il n'a que des troubles, *aberrations*, *exaltations*, dans leur fonction spéciale. Ainsi, le nerf optique, venant à être divisé, le malade n'accuse aucune douleur, mais il voit, ou plutôt il a vu, dans ce moment, une multitude d'éclairs, des flots de lumière (1).

Une altération des fosses nasales, produit des perversions de sensation d'odeurs dans ce genre, et qui tiennent à la spécialité des fonctions de l'organe. Ajoutons à ce qui vient d'être dit au sujet de l'odorat, que la conformation du nez a une importance assez grande pour le sens de l'odorat; puisqu'on a constaté que sur les personnes auxquelles cet organe a été enlevé par une cause ou par une autre, il n'y avait plus perception des odeurs, ou du moins ces personnes les percevaient mal.

Ce sens était devenu pour ainsi dire obtus. Nous avons dit, déjà, qu'il fallait que les parties des fosses nasales qui sont le siège de la perception des odeurs, fussent intactes, car on sait qu'un coryza, qu'un ozène détruit momentanément, ou pour toujours, le sens de l'odorat.

En effet, puisque, ainsi que nous venons de le dire, ce sont les filets nerveux du tri-jumeau (branche ophthalmique de la 5e paire) qui se distribuent à ces parties, comme nerf de sensibilité, et que c'est le nerf olfactif, 1re paire, qui préside à l'olfaction, comme son nom l'indique, il faut donc que les expansions de ces nerfs dans les fosses nasales ne soient point couvertes par des exsudations, ni endommagées par des états pathologiques, qui en altéreraient l'intégrité, non-seulement sous le rapport de la sensibilité, mais aussi de la spécialité. Les animaux, à ce sujet, sont mieux partagés que l'homme : chez eux le nerf olfactif est bien plus développé; ses divisions et ses ramifications sont bien plus nombreuses (2).

CHAPITRE VI.

SENS DU GOUT.

§ **107. Du goût.** — DÉFINITION : Le goût est celui des cinq sens

(1) C'est ce qu'on peut expérimenter en partie, sur soi-même, en comprimant seulement le globe de l'œil, avec l'extrémité des doigts introduite entre l'organe et l'arcade orbitaire.

(2) Parmi les animaux, le phoque, est celui qui présente le nerf

qui nous fait percevoir les saveurs, et dont la langue est l'organe principal : mais la langue n'est pas l'unique siége du goût : elle n'est pas sensible à l'impression des saveurs, dans toute son étendue, elle ne l'est qu'à sa base, à la pointe et sur les bords. La partie moyenne de l'organe (à sa face supérieure, et à sa face inférieure) ne ressent point la sensation des saveurs, c'est-à-dire, qu'à ces endroits, la sensation ou l'impression des saveurs est nulle.

Les corps insolubles n'ont pas de saveur, les corps solubles peuvent rencontrer des acides, de l'ammoniaque peut-être, (ce dernier dégagé par une portion d'aliment restée en décomposition entre les dents, ou autre part) et donner la sensation d'une liqueur alcaline, ou comme urineuse.

Le goût ne s'exerce pas toujours de la même manière : les corps introduits dans la bouche ne donnent que la sensation du tact lorsqu'ils ne sont pas sapides.

Le nerf glosso-pharyngien donne non seulement des filets aux muscles du pharynx et du voile du palais, mais aussi des filets de sensibilité à la muqueuse.

« L'odorat se rapproche tellement du goût qu'il semble que ces deux sens se confondent : cependant saveur et senteur sont deux choses différentes. » — BRILLAT SAVARIN, *Physiologie du goût*.

M. J. Béclard dit, page 877 : il faut prendre garde de confondre les sensations du goût avec les sensations de l'odorat ; car ce qu'il y a de plus savoureux, de plus subtil dans le sens du goût ne lui appartient pas, mais dépend du sens de l'odorat. « Le goût est un sens beaucoup moins fin que l'odorat, c'est-à-dire qu'il n'apprécie la saveur des substances sapides qu'à des doses beaucoup plus élevées que le sens précédent, l'odorat. »

Siège du Goût. Nous reconnaissons que l'organe principal du goût était la langue ; mais non elle-même dans toute son étendue. Les piliers antérieurs du voile du palais sont aussi le siége du goût ; ils ont aussi, comme la langue, la faculté tactile.

---

olfactif le plus fort, le plus épais et dont les divisions dans les anfractuosités nasales, sont les plus nombreuses.

Les aliments, dans cet endroit, produisent des sensations appréciables, d'abord de leur présence, et ensuite de leur goût.

Des expériences ont également démontré qu'en outre des piliers, la portion membraneuse du voile du palais la plus rapprochée de la voûte palatine, possédait aussi la propriété gustative.

Les autres parties de la bouche, c'est-à-dire la muqueuse qui recouvre le voile du palais, les piliers postérieurs, la luette, la muqueuse qui recouvre aussi la portion osseuse de la voûte palatine, des joues, des lèvres, des gencives, sont insensibles aux impressions sapides. » J. Béclard, page 875.

Voilà bien des parties éliminées.

En définitive, il reste pour la bouche, où s'exerce le goût : la base, les bords et la pointe de la langue, les piliers antérieurs du voile du palais et une partie très circonscrite du voile du palais. En remarquant toutefois que le siége du sens du goût est surtout placé à l'arrière-bouche, dans les points où les substances sapides passent de la bouche dans le pharynx, et qui est véritablement l'endroit où l'on sent, sur soi-même, que le sens du goût est plus prononcé au moment de la déglutition.

D'après ce qui vient d'être dit, une bien petite portion du palais serait affectée au goût ; cela semble singulier si on pense que c'est sur cet endroit que la gustation parait s'exercer ; puisque c'est en pressant la substance sur cette partie avec la langue, que l'on en exprime la saveur. Mais cette action n'a pour effet, sur la voûte palatine, que de diviser les sucs exprimés de ces substances, et de les répandre ainsi dans tous les points de la bouche qui doivent être impressionnés (1).

Des trois nerfs qui se distribuent à la langue (le lingual, l'hypoglosse et le glosso-pharyngien), le dernier seul préside au

---

(1) Le sens du goût chez certains animaux est beaucoup moins développé que chez l'homme. Il n'y en a même pas qui puissent lui être comparés sous ce rapport. Beaucoup même, dans la série animale, n'ont pour guide que l'odorat dans le choix de l'aliment.

Plus l'on descend dans cette serie, et plus le siège précis du goût est difficile à déterminer.

goût, à la base de la langue. Le premier sert à la gustation vers la pointe et aux sensations tactiles ; et l'hypoglosse aux mouvements de l'organe. Le nerf de Wrisberg, fournissant la corde du tympan, a une action de gustation qui s'étend aux deux tiers antérieurs de la langue (Cl. Bernard, Valentin, Robin).

CHAPITRE VII.

SENS DU TOUCHER.

§ 108. Du Toucher. — DÉFINITION : Le toucher est le tact volontaire. Son organe spécial est la main.

Toute partie du corps peut être le siège d'une sensibilité tactile ; c'est une modification du toucher, mais le toucher en est la perfection ; puisque ce dernier, bien mieux que le tact, peut nous faire juger de certaines qualités des corps, comme leur étendue, leur densité, leur poids, leur forme particulière.

Ce sens a ses erreurs comme les autres, et il a parfois besoin de l'intelligence pour le faire sortir de ces mêmes erreurs ou pour les rectifier.

La peau est le siège principal de ce sens, qui est le plus répandu dans l'échelle animale. C'est le *premier des sens*.

Il est répandu sur toute l'enveloppe cutanée, ce qui fait que la peau est partout sensible, d'une sensibilité extrême dans certaines parties, ce qui tient à la quantité de nerfs qui s'épanouissent à sa surface.

« Les véritables organes du toucher sont les *papilles*, saillies situées à la superficie du derme ; constituées comme le derme, auquel elles appartiennent, par un tissu cellulo-fibreux, assez résistant, dans l'intérieur duquel circulent des vaisseaux et des nerfs. »

La peau contient aussi des muscles à fibres lisses ; ce sont eux qui dans certaines impressions de froid, occasionnent ce phénomène connu sous le nom de chair de poule. Ces milliers de petites élévations que l'on voit alors à la peau sont produites par l'action de ces muscles à fibres lisses, et qui ont des insertions à la surface du derme ; ces fibres lisses en se contractant laissent saillants les points extrêmes de l'axe central des nerfs.

Les follicules pileux peuvent être mis en action de la même manière et produire un effet non moins surprenant, une espèce de plissement dans le cuir chevelu, et qui fait paraître les cheveux comme soulevés et dressés sur la tête, c'est un langage figuré, atteint et convaincu d'exagération. *Horrescit coma* (Sen.)

Ce sont ces mêmes fibres lisses de la peau qui, dans certaines parties du corps comme au scrotum, au mamelon, produisent la rétraction du premier et l'érection du second ; parceque dans ce dernier cas, la contraction des fibres lisses qui se trouvent à la base du mamelon, le pousse, le chasse pour ainsi dire (comme pour le follicule pileux) en dehors de la peau, où il est plus ou moins saillant.

Des divers endroits du corps où a lieu le toucher. Webert a mesuré la sensibilité des différentes parties du corps. M. Longet a donné à ce sujet de grands détails dans ses écrits.

La peau est inégalement sensible. Il semble qu'il y ait moins de nerfs dans certaines parties que dans d'autres. Certains départements de l'enveloppe générale possèdent une sensibilité qui est moins vive dans d'autres. La face palmaire des doigts, la paume des mains ont une sensibilité tactile, *un toucher* très-fin, très-délicat ; c'est même le siége principal et par excellence, du sens du toucher ; et comme ces parties peuvent par les segments mobiles qui les composent, embrasser les corps et s'appliquer à leur surface, l'appréciation que l'esprit peut en faire, est alors des plus sûre (1).

Car le toucher ne s'exerce le plus ordinairement qu'avec les mains ; dans d'autres parties, il est plus obscur. Cependant, les lèvres, l'extrémité de la langue, les fosses nasales, la fin de

---

(1) M. J. Béclard dit que l'attention est nécessaire à l'exercice de tous les organes de sens, à l'exercice du toucher comme à celui de la vue et à celui de l'ouïe.

Il faut pour que le toucher mérite ce nom qu'il soit accompagné d'un degré suffisant d'attention. Il y a entre le tact et le toucher la même différence qu'il y a entre voir et regarder, entendre et écouter. — *Traité de physiologie*, page 883.

l'intestin, le vagin, l'urèthre, ont une sensibilité bien prononcée ; mais ici c'est une sensibilité tactile qui rentre dans la sensibilité générale, quoique plus développée dans ces endroits.

« Les surfaces tégumentaires internes (membranes muqueuses) des intestins, de la vessie, et d'autres parties, ne peuvent être considérées comme donnant de véritables notions du toucher ; elles sont pourvues d'une sensibilité, mais elle est obscure comme celle de toutes les parties qui reçoivent leurs nerfs du système ganglionnaire du grand sympathique. Cependant cette sensibilité peut se traduire comme douleur. »

Nous avons dit que la peau était inégalement sensible ; ceci ne peut s'expliquer que par une répartition inégale de filets nerveux, dans certains endroits du tégument externe. D'après M. J. Béclard, ces différences ont évidemment pour cause celles que nous venons d'indiquer : elles sont d'ordre nerveux et en rapport avec la richesse ou la pauvreté en nerfs des différents départements de la peau.

Il y a plus de sensibilité dans la peau d'un enfant que dans celle d'un adulte. La surface étant moindre, et les divisions aussi multipliées, c'est à dire les tubes nerveux, ou fibres nerveuses, aussi nombreuses, la sensation est plus vive puisqu'elle s'exerce sur une surface moins étendue avec des agents aussi nombreux, aussi puissants. Nous répétons que les différentes parties du corps sont de degrés de sensibilité différents, parce qu'elles contiennent une plus ou moins grande quantité de tubes nerveux (filets nerveux), et qu'ils se pressent plus ou moins dans le même espace ; nous ajoutons que leurs extrémités forment de petites éminences qu'on appelle papilles, et dont M. J. Béclard fait le siége du tact. C'est en elles que viennent se rendre les tubes nerveux ou les fibres nerveuses, ainsi qu'il vient d'être dit.

Elles ne sont pas toutes nerveuses ces papilles ; il y en a de vasculaires, mais il y a des papilles dans lesquelles se rendent deux ou trois tubes nerveux.

Certaines papilles qui ont une structure presque toute vasculaire ont aussi des nerfs en grand nombre, et une disposition veineuse analogue au tissu érectile. C'est dans ces papilles que se passent la plupart des phénomènes de vitalité dont la peau est le siége.

On conçoit que toutes ces papilles sont fort sensibles, fort délicates ; aussi elles sont revêtues, à dessein, par l'épiderme. Les endroits où l'épiderme est le plus épais, le plus corné, sont moins pourvus de sensibilité. Il en devait être ainsi ; comme à la plante des pieds où les papilles, dépourvues de cet enduit protecteur, auraient été constamment froissées, contusionnées par la marche, le saut, la danse, etc. Disposition, avons-nous dit, heureuse dans cette partie comme dans d'autres, où elle est moins marquée, mais où elle existe évidemment aussi pour éviter que l'impression du tact ne dégénérât en douleur.

Le tact, expression dont nous nous servons ici et d'une manière générale pour désigner les impressions reçues sur différentes parties du corps, diffère (ainsi qu'il a été dit) du *toucher* en ce que celui-ci requiert un organe spécial qui est la main ; cependant on ne peut nier que le pied ne soit très-habile dans certaines conditions du toucher ; car si par les autres parties du corps, nous ne pouvons, quelquefois, apprécier l'étendue, la forme et la nature d'un corps, par les pieds nous distinguons ces trois états, comme cela se voit journellement pour les aveugles, qui tâtent pour ainsi dire avec le pied, la forme, l'étendue, et la nature des corps sur lesquels ils le posent.

Nous savons nous-mêmes que dans l'obscurité, où momentanément nous nous trouvons plongés, nous ne laissons pas que de faire comme ceux qui sont privés de la vue ; et que, tantôt avec les mains, tantôt avec les pieds, nous nous assurons des objets qui nous environnent, et du terrain sur lequel nous marchons en tremblant.

L'aveugle a, par un exercice plus constant, une supériorité dans cette circonstance sur ceux qui y voient clair, mais qui sont pour un moment dans les ténèbres.

Le tact, a-t-il été dit, s'exerce beaucoup mieux sur les parties qui n'ont qu'un épiderme mince, ou de peu d'épaisseur. Les organes qui paraissent se trouver dans cet état sont, pour cette raison (comme la langue les lèvres et d'autres parties), douées d'une sensibilité tactile extrême et peuvent servir au toucher, c'est-à-dire que dans certains endroits du corps la sensibilité y est portée à son summum de puissance. Ces parties ne sont couvertes que par une muqueuse très-fine ; et il faut dire aussi que des divisions nerveuses s'y ramifient à l'infini.

La sensation dûe au tact est involontaire ; le toucher est volontaire, mais son appréciation ne peut avoir lieu que par une opération de l'intelligence.

Les impressions du tact ne sont le plus souvent, et le plus généralement que du contact ; ainsi le passage de l'urine dans l'urèthre, l'impression produite par une boisson froide ou une glace sur l'estomac, comme un aliment trop chaud qui en arrivant dans l'estomac, produit la sensation de brûlure. Toutes ces impressions sont des effets de contact.

Le grand sympathique, qui se distribue à ces organes et à d'autres, doit contenir des tubes sensitifs par la douleur que ressentent certains organes à la suite d'une impression de contact; mais la sensibilité y est moins vive que dans les organes qui reçoivent directement leurs nerfs de l'axe cérébro-spinal. Le grand sympathique est lui-même relié au système nerveux général (cérébro-spinal), par le ganglion cervical supérieur et autres. La sensibilité, par celà, peut s'y élever à l'état de douleur.

Les notions que donnent le toucher méritent autant d'importance que celles qui nous sont fournies par la vue.

§ **109. Du contact.** *Le contact* nous instruit de la présence des corps, de leur température.

L'action de l'atmosphère qui, en agissant sur la surface du corps nous la fait trouver chaude ou froide, selon la température que possède le corps lui-même, en est une preuve journalière et de tous les instants. C'est aussi selon la température à laquelle se trouve le corps, que nous jugeons de l'abaissement ou de l'élévation de température des corps que nous touchons.

L'intelligence domine nos sens, et nous donne la mesure des effets produits sur eux. Il y aura des différences selon que les corps qui nous touchent, ou plutôt que nous touchons, seront plus ou moins bons conducteurs du calorique ; un morceau de bois ou un morceau de fer, mis en contact avec une partie de notre corps, produiront une sensation différente, d'après cette propriété plus ou moins développée chez chacun d'eux (capacité pour le calorique) ou calorique spécifique. Il y aura aussi des différences dans l'appréciation, selon la nature des corps, leur étendue, leur poli, etc., etc.

Le *toucher* s'exerce sur tous les corps solides, liquides ou gazeux. Le toucher s'exerce aussi sur l'étendue des corps, au moyen du mouvement musculaire qui nous fait palper le corps et en déterminer la surface. Le *tact*, lui, s'exerce sur toutes les parties du corps, sans que l'action musculaire intervienne ; et il est, comme le toucher, plus exact, plus marqué dans des endroits que dans d'autres ; ainsi dans le dos, sur les cuisses, à la face dorsale de la main, il semble plus obtus. Il faudra, sur ces différentes parties, et d'après l'expérience de M. Webert, un certain écartement des branches du compas (cinq centimètres au moins), pour que la double sensation des pointes de l'instrument ait lieu ; tandis que aux lèvres, à la langue, un demi centimètre à peine, suffit pour que la double sensation soit déterminée.

Le toucher, uni à l'action musculaire, peut nous donner l'idée du poids des corps. C'est à l'aide de la contraction musculaire dont nous avons conscience, que nous pouvons estimer le poids : un corps est sur la main, ou dans votre main, vous avez la conscience de son poids par l'action musculaire, proportionnée à la pesanteur de ce corps, qu'il faudra employer pour résister à sa chute. Alors, approximativement, par l'effort de la contraction musculaire plus ou moins grand qui aura été nécessaire, et par la conscience que vous en aurez (effet de l'intelligence qui domine tout), vous apprécierez le poids du corps.

Le degré *de résistance* d'un corps se reconnait à la pression, ou du moins au moyen de la pression que vous exercez sur lui par l'effort musculaire. Il existe des illusions dans le toucher que l'intelligence réparera ou rectifiera.

Le *chatouillement* est un effet du toucher par action réflexe.

Il y aurait, suivant MM. Longet, Jules Béclard et d'autres physiologistes, des tubes nerveux spéciaux pour la douleur, le con-

37

tentement, le plaisir, comme aux parties génitales, au mamelon, aux lèvres, *tubes* de *sensibilité générale*, tubes de *sensibilité spéciale*.

Le mercure solidifié donne une sensation de douleur très-forte au creux (ou paume de la main). La grande chaleur ou le grand froid produit une sensation douloureuse. Il y aurait donc des tubes nerveux affectés particulièrement à la douleur, et qui seraient impressionnés par ces agents extérieurs; ce seraient alors les tubes de *sensibilité générale*.

Dans les organes principalement affectés au toucher, nous avons mentionné la langue. C'est surtout à sa pointe, sur ses côtés et à sa base que le toucher est le plus parfait. Le siège du toucher dans cette partie forme un V dont la base est en arrière et le sommet à la pointe de la langue. Une distribution particulière des papilles nerveuses a lieu dans cet organe.

Les piliers antérieurs du voile du palais qui sont aussi le siège du goût, comme il a été dit, ont, comme la langue, la faculté tactile. Les aliments, dans cet endroit, produisent deux sensations appréciables : d'abord, une de leur présence, et une ensuite de leur goût.

Les papilles nombreuses que l'on trouve sur la langue, sont de plusieurs espèces. Il y en a de *coniformes*, de *fongiformes*, de *caliciformes* et d'*hémisphériques*.

Elles sont situées dans différents lieux de la langue : Les *coniques* occupent principalement la pointe et les côtés de cet organe. Les *fongiformes*, en nombre indéterminé, occupent la partie moyenne et postérieure. Les *caliciformes* sont de véritables glandes salivaires, elles sont rangées sur deux lignes, en forme de V, (d'où suinte le fluide muqueux qu'elles secrètent) et dont la pointe serait en arrière au trou borgne. Toutes ces papilles sont placées dans une espèce d'étui corné.

Le nerf lingual, l'une des branches du maxillaire inférieur, se distribue à la partie antérieure et à la partie postérieure de l'organe; le glosso-pharyngien est situé derrière le V lingual. Il y a aussi des nerfs qui viennent de l'hypoglosse. Les uns paraissent destinés à la perception des saveurs, les autres ne servent qu'à donner à l'organe sa motilité; et pour préciser davantage, disons que le lingual (branche ou rameau du maxillaire inférieur) préside aux sensations tactiles; le glosso-pharyngien préside au goût; et l'hypoglosse, qui est le nerf principal de la langue, est affecté aux mouvements de cet organe.

Il n'est pas étonnant que la langue, possède différents ordres de papilles : organe exquis du toucher et du goût, il devait être pourvu d'une grande quantité de nerfs. Aussi, nous venons de voir que le maxillaire inférieur venant du trifacial ou trijumeau, le grand hypoglosse, le glosso-pharyngien, lui envoient une quantité de filets.

Au sujet de cette propriété tactile de la langue, et d'autres parties du corps, il y a des expériences faites par Webert, qui établissent le degré de sensibilité qui existe dans ces mêmes parties, leur rayon de puissance, et d'intensité relative : c'est-à-dire que deux corps très-rapprochés l'un de l'autre (les branches d'un compas) donnent une double sensation dans certains endroits, tandis que dans d'autres, il faut un écartement, une distance de quatre à cinq centimètres, quelquefois plus, pour l'obtenir.

D'abord la peau elle-même, à part l'épiderme qui la recouvre, a différentes épaisseurs, selon certains endroits du corps. Les parties où la peau a le moins d'épaisseur, sont aussi les plus sensibles. Le tissu adipeux (pannicule graisseux) enlève à ces parties un peu de leur sensibilité. On sait que la graisse préserve de l'impression du froid, comme si elle devait servir de ouate aux divisions des tubes nerveux et amoindrir leur sensibilité, en même temps que l'effet ou l'action produite sur le tégument externe, par un abaissement un peu marqué dans la température qui l'environne.

Ainsi, le tissu adipeux et l'épiderme empêchent la peau d'être par trop sensible aux agents extérieurs.

On sait la douleur vive qui se produit à la surface d'un vésicatoire, lorsqu'on l'a dépouillé de cette couche membraniforme (l'épiderme). Le corps muqueux de Malpighi est au-dessous de l'épiderme; il repose sur le derme; la partie la plus externe de l'épiderme est comme cornée, surtout dans certains endroits.

Le pigment existe dans les cellules allongées de l'épiderme qui touche sur le derme.

Le corps de Malpighi est formé de cellules qui s'aplatissent de plus en plus, en avançant vers la partie cornée, où elles se sont transformées amorphiquement.

L'épiderme n'a ni vaisseaux, ni nerfs ; il est formé de lamelles, à l'extérieur ; et il est traversé par un courant liquide, exhalé du plasma du sang, circulant dans le derme, c'est l'agent protecteur de la peau.

Dans la série animale, on peut dire que le toucher est loin d'avoir la perfection qu'il a chez l'homme.

La peau qui recouvre les animaux, ou la membrane dont ils sont revêtus, est garnie de poils, de plumes ; ou est recouverte de certaines enveloppes, *calcaires* ou autres, qui obscurcissent chez eux le toucher, qui est alors une sensibilité tactile, plus ou moins obtuse. On ne peut nier cependant, qu'à travers tous ces obstacles plus ou moins fins, plus ou moins serrés, les animaux ne soient pourvus d'une sensibilité tactile, parfois très-évidente pour certains d'entre eux : toutes ces parties implantées dans la peau, ou appliquées sur elle, transmettent, par leur ébranlement, les effets de contact qu'elles éprouvent. Ce sont ces corps, extérieurement placés chez eux, qui les avertissent, et les mettent en garde contre le danger.

Il n'y a guère que les singes, qui par certaines dispositions de leurs mains (et appelés pour cela quadrumanes) peuvent exercer le toucher. Les solipèdes, les ruminants, dont l'extrémité des membres est terminée par un sabot, ont une sensibilité émoussée par la substance cornée, ils ont par conséquent, un toucher très-imparfait.

Il en est de même pour les pattes des oiseaux, sur lesquelles existe un épiderme épais et résistant (1). Les reptiles n'éprouvent qu'un effet de contact (sensibilité générale) ainsi que les autres animaux du bas de l'échelle animale.

(1) Les oiseaux n'exercent guère le toucher que par le bec.

CHAPITRE VIII.

FONCTIONS DU SYSTÈME NERVEUX.

§ 110. **Innervation.** — DÉFINITION : L'innervation est le mode d'activité propre aux éléments nerveux ; c'est l'influence qu'exerce le système nerveux, comme agent spécial des sensations, des mouvements et des expressions volontaires. Elle préside aussi aux fonctions dites organiques. — NYSTEN.

Du système nerveux en général. Le système nerveux est composé de masses centrales et de divisions, ou prolongements périphériques, qui vont, sans se détacher de ces masses, se répandre dans toutes les parties de l'organisme.

Il est le siège de la sensibilité, celui des facultés intellectuelles et affectives.

Il est l'agent incitateur des mouvements volontaires ou involontaires, et préside, dans une certaine mesure, aux fonctions nutritives ou organiques.

D'une manière générale, le système nerveux peut être considéré comme formé par une multitude de tubes microscopiques en communication avec les centres nerveux *dans la substance grise*. Les tubes nerveux se mettent ainsi en communication, dans la moelle épinière, avec les cellules dont elle est composée, et celles-ci, par leurs prolongements, forment une sorte de réseau en continuité avec les masses encéphaliques.

Parties constituantes du système nerveux. Dans l'innervation on trouve de l'anatomie, de la chimie et de la physique. Au point de vue de l'anatomie, il y a d'abord une masse centrale, *masse nerveuse cérébrale*, *centre nerveux*, cette masse est divisée en cerveau proprement dit, et moelle épinière ou rachidienne.

Le cerveau, ou encéphale, est divisé en cerveau et en cervelet. Le cerveau est divisé lui-même en deux lobes ou hémisphères, l'un droit, l'autre gauche. Le cervelet est divisé aussi en deux lobes ou lobules, également hémisphériques. L'encéphale comprend toutes les parties qui sont situées, ou plutôt contenues chez les vertébrés, dans la cavité du crâne.

Disons succintement que le cerveau est cette portion considérable de cette masse qui occupe toute la partie antérieure et supérieure de la cravité crânienne; qu'il repose sur la base du crâne, et que ses deux hémisphères sont séparés par la grande scissure, ou scissure médiane, qui reçoit la faux du cerveau, repli longitudinal de la dure-mère, qui tient par sa pointe, ou extrémité antérieure, à l'apophyse cristagalli, et par la postérieure à la tente du cervelet.

Les corps striés et les couches optiques, occupent le centre du cerveau.

Le cervelet est situé dans les fosses occipitales inférieures de la base du crâne, immédiatement au-dessous du cerveau, dont il n'est séparé que par un repli de la dure-mère, *tente du cervelet*, et auquel il est continu en devant, et à la moelle vertébrale, au moyen de la protubérance cérébrale.

La face supérieure de cet organe est recouverte par le repli de la dure-mère déjà indiqué ; sa face inférieure présente un enfoncement, dans son milieu, destiné à loger l'origine de la moelle épinière.

Puis vient le mésocéphale (protubérance cérébrale ou pont de vavole), puis, la moelle épinière divisée en trois portions en rapport avec les régions cervicale, dorsale et lombaire du canal rachidien.

L'extrémité supérieure de la moelle vertébrale, renfermée dans le crâne, forme une sorte de renflement ou de bulbe, *bulbe rachidien*, étendu de la protubérance cérébrale au grand trou occipital. Les éminences pyramidales et olivaires, au nombre de quatre, sont situées symétriquement sur le bulbe : deux en dedans (les pyramidales) et deux en dehors (les olivaires). La face postérieure du bulbe rachidien concourt à former le quatrième ventricule.

La moelle vertébrale se termine inférieurement par deux renflements; l'un supérieur, ovoïde, plus volumineux, l'autre inférieur, plus petit et conique, d'où part le faisceau des nerfs lombaires et sacrés improprement appelés la queue de cheval.

La moelle vertébrale est fixée dans sa position par un long ligament, situé sur ses côtés, nommé *ligament dentelé*.

Elle est enveloppée d'une membrane fibreuse jaunâtre (très-résistante) qui semble se continuer insensiblement avec la pie-mère ; et de deux autres membranes qui ne sont que des prolongements de l'*arachnoïde* et de la *dure-mère*.

De la moelle vertébrale et de chaque côté du sillon qu'elle présente, antérieurement et postérieurement, émergent les racines qui doivent former les cordons nerveux qui se répandent ensuite, en se divisant à l'infini, dans tous les organes et les parties du corps qu'ils doivent animer.

Les racines qui prennent ainsi naissance dans la moelle sont à peine détachées ou plutôt sorties du centre nerveux, en formant deux faisceaux distincts, un antérieur et l'autre postérieur, qu'elles s'engagent ensemble dans les trous de conjugaison, où elles se réunissent pour n'en sortir que mêlées ou accolées, de telle manière qu'il est impossible de distinguer alors leur différence d'origine.

Elles ne forment plus alors qu'un seul tronc ; et, par des divisions à l'infini, constituent des branches, des rameaux de plus en plus grêles; et finissent par se perdre, du moins en apparence, par une extrémité libre d'une ténuité extrême, selon les uns, et par des espèces d'anses, selon les autres, dans les organes et à la surface de la peau, où le microscope ne peut plus les découvrir ni les suivre.

Les fibres nerveuses (on emploie généralement le mot fibres nerveuses, à la place de tubes nerveux) qui portent de la périphérie au centre, les impressions senties, et celles qui du centre à la périphérie transmettent le mouvement par action contrifuge, marchent accolées, dans la plupart des nerfs et même dans les centres nerveux ; elles ne sont isolées, ces fibres, qu'en certains points. Il y a donc généralement fibres sensibles et fibres motrices marchant ensemble, mais dans un sens différent (1).

---

(1) Quoique les nerfs présentent deux éléments dans leur constitution, éléments de sensibilité et de contractilité, ils ne tendent pas moins, ces éléments, à s'isoler dans certaines de leurs distributions dans les organes : les nerfs pénétrant dans les parties sensibles et dans les parties contractiles, abandonnent les filets sensibles aux organes doués de sensibilité (la peau par exemple) et les filets moteurs aux organes contractiles (muscles). Malgré cela, les organes

A Charles Bell revient l'honneur de la découverte des nerfs rachidiens, sous le rapport de leur division à leur sortie de la moelle, en *racines antérieures* et *racines postérieures*. Les premières sont affectées à la motilité et les racines postérieures, plus fines, plus déliées, celles qui sont pourvues d'un ganglion, sont destinées à la sensibilité.

Ainsi donc, le mélange de ces deux racines après leur dégagement du trou de conjugaison, donne naissance aux nerfs mixtes appelés pour cela, cordons *mixtes*.

L'anatomie ne montre aucune différence appréciable entre les éléments des racines postérieures et ceux des racines antérieures des nerfs rachidiens : ce sont les mêmes tubes nerveux primitifs.

L'inspection microscopique montre seulement que leur diamètre est plus fin dans les racines postérieures, racines de *sensibilité*, que dans les racines antérieures, racines de *motilité*.

« Ce qui différencie mieux, anatomiquement, les racines antérieures des racines postérieures, c'est que ces dernières présentent, sur leur trajet, à un centimètre environ de la moelle, un renflement ou ganglion. C'est immédiatement après le ganglion, que les deux racines des nerfs se réunissent pour former le tronc commun ou mixte.

« Le ganglion situé sur la racine postérieure des nerfs rachidiens ne parait pas traversé par tous les filets de la racine postérieure. » — J. BÉCLARD, page 910.

Tous les muscles du corps reçoivent, avec leurs nerfs moteurs, des filets provenant de racines sensitives.

Ainsi donc, par la découverte de Ch. Bell, il serait démontré que les racines postérieures, celles qui sont pourvues d'un ganglion (situées comme nous l'avons dit, d'après M. J. Béclard, à un centimètre de leur sortie de la moelle vertébrale) sont destinées à la sensibilité et les antérieures à la motilité ou motricité.

---

contractiles ou les muscles, quoique doués d'une moindre sensibilité que la peau, ne sont pas complètement insensibles aux impressions mécaniques, ils contiennent donc aussi des tubes nerveux de sensibilité. — J. BÉCLARD, page 909.

Il n'est pas moins reconnu aussi que les branches nerveuses sont de deux sortes, les unes formées d'un blanc brillant se répandent principalement dans les muscles du tronc et la peau ; les autres molles, d'un gris rougeâtre, plates et unies ensemble par de nombreuses anastomoses, appartiennent surtout aux viscères. Elles accompagnent les vaisseaux sanguins et sont plus particulièrement affectées à la vie organique. Ce sont les branches, divisions ou filets, du grand sympathique (ou système nerveux ganglionnaire).

Il y a trente-et-une paires de nerfs rachidiens (dits nerfs de la vie animale), huit paires cervicales, douze dorsales, cinq lombaires et six sacrées, autant que de trous de conjugaisons.

§ **111. Nerfs crâniens.** Dans le crâne existent des nerfs qui sont aussi destinés à se distribuer à certaines parties du corps, comme à la face et à d'autres endroits ; mais il y en a aussi qui ont une affectation spéciale, pour ainsi dire, et particulière pour certains organes ; dans lesquels ils vont se perdre : tels sont les nerfs de sens ; aussi leur nom est presque toujours en rapport avec leurs usages.

Ils sortent tous par les trous ou les fentes de la base du crâne. Ainsi il y a :

1re paire, *nerf olfactif*, nerf à sensation spéciale ;

2e paire, *nerf optique*, nerf aussi à sensation spéciale ;

3e paire, *nerf moteur commun*, nerfs de mouvements ;

4e paire, *grand oblique*, moteur oculaire interne ;

5e paire, *trijumeau* ou *trifacial*, nerf de la sensibilité et de mouvement ;

6e paire, *moteur oculaire externe*, nerf de mouvement ;

7e paire, *nerf facial*, nerf de mouvements ;

8e paire, *nerf auditif*, nerf de sensation ;

9e paire, *glosso-pharyngien*, nerf de sensation ;

10e paire, *pneumo-gastrique*, nerf de sensibilité et de mouvement (1) ;

---

(1) Le dictionnaire de Nysten (art. nerfs), fait appartenir le pneumo-gastrique à la dixième paire. Le plus communément on le trouve dé-

11e paire, ***nerf spinal***, nerf des mouvements vocaux ;

12e paire, le ***grand hypoglosse***, nerf de mouvements.

Nous avons déjà fait remarquer que les nerfs de sens, comme le nerf optique, le nerf auditif, sont pourvus d'une sensation spéciale inhérente à leurs fonctions et ne sont nullement impressionnables à la douleur, ainsi nous avons cité le nerf optique qui, au moment de sa section, dans l'opération de l'extirpation du globe de l'œil, ne fait éprouver au patient que des effets de sa sensibilité spéciale mise en jeu : c'est-à-dire que l'opéré voit, un instant, des flots de lumières, des milliers d'étincelles.

La cinquième paire des nerfs du crâne, ***trijumeau*** ou ***trifacial***, a une racine sensitive et une autre motrice.

La huitième et la neuvième ont des nerfs mixtes, c'est-à-dire sensitifs et moteurs. Il en est de même du pneumo-gastrique. La douzième paire est exclusivement affectée aux mouvements de la langue.

Cependant, nous voyons que la cinquième paire n'est pas la seule qui ait une racine sensitive : le pneumo-gastrique et le glosso-pharyngien sont dans le même cas, puisqu'ils ont chacun un ganglion.

Chaque tube nerveux sensitif porte, sur un point de son trajet, un corpuscule (cellule ganglionnaire de quelques auteurs).

Les nerfs crâniens doués de sensibilité, présentent aussi, à peu de distance de leur origine, des renflements du même genre.

§ 112. Composition du tissu nerveux. Le tissu nerveux se compose de deux éléments : tubes nerveux, cellules nerveuses ou autrement dit, *fibres*, *cellules* (1).

Les tubes nerveux sont composés d'une gaîne amorphe, qui présente à l'intérieur une matière grasse, *moelle nerveuse*, gaîne *médullaire*, qu'on disait autrefois être constituée par de l'albu-

---

crit comme appartenant à la 8e paire des nerfs cervicaux ou crâniens : c'est la division de Sœmmering.

(1) Dans le langage anatomique, on a conservé le nom de *fibres*, fibres nerveuses, à ce que l'on désigne sous le nom de *tubes nerveux*.

mine et un savon phosphoré. Elle est albumino-graisseuse (Morel). Tout-à-fait à l'intérieur de cette matière existe une fibre molle centrale, placée au centre de cette moelle nerveuse; c'est le cylindre de l'axe, *axe central*.

L'axe central est constitué par une substance albuminoïde qui offre à peu près les mêmes réactions que la fibrine. Elle est de nature azotée. — Morel.

Comme il a été dit que l'analyse des éléments nerveux les ramène à deux formes : la *fibre* et la *cellule*, on se demande quel peut en être le diamètre, lorsque déjà ces fibres et ces cellules paraissent être d'une dimension si minime?

Cette dimension varie selon les régions où on les observe ; elle peut varier de 0mm001 à 0mm002 de diamètre. Les tubes nerveux les plus fins se rencontrent dans les organes des sens, dans les racines postérieures des nerfs rachidiens, et dans les filets du grand sympathique.

M. J. Béclard, page 901, dit que l'inspection microscopique ne montre, dans les branches du nerf grand sympathique, que des tubes nerveux primitifs, généralement d'un petit calibre, mais en tout semblables à ceux des autres nerfs. Elles n'ont pas (ces branches) de constitution anatomique spéciale, et qui mériterait, pour les tubes nerveux, le nom de *fibres nerveuses grises* ou de *fibres nerveuses organiques*.

Les tubes nerveux sont accolés entre eux suivant la direction longitudinale du nerf, réunis par un tissu conjonctif assez résistant, *névrilème*, et qui constitue le nerf lui-même, y compris, bien entendu, l'axe central (axe cylindrique), qui, dans tous les tubes nerveux primitifs, en forme, sans doute, la partie la plus essentielle.

Cet axe cylindrique est constitué par une substance albuminoïde de nature azotée (dit M. Morel). La moelle nerveuse placée entre cet axe et la gaîne du tube primitif, est formée par une substance grasse.

§ 113. **Composition des centres nerveux.** Les centres nerveux contiennent aussi des tubes nerveux primitifs. Ce sont eux qui composent les parties blanches des centres nerveux.

Le tissu conjonctif interposé entre les tubes nerveux est bien plus mou dans l'épaisseur des centres nerveux que dans les nerfs, et les tubes ne peuvent pas être séparés les uns des autres sans déchirure, mais leur structure est la même.

Les centres nerveux contiennent la substance blanche et la substance grise.....

Au cerveau, c'est la substance grise qui est la plus extérieure; c'est le contraire dans la moelle vertébrale, sans qu'on en sache la raison. Au cervelet, en coupant verticalement les lobes du cervelet, on voit une disposition particulière des substances médullaire et cervicale; elles sont entremêlées de manière à représenter des espèces de ramifications auxquelles on a donné le nom d'*arbre de vie*. Le cervelet a la même composition que le cerveau, c'est-à-dire que les tubes et les cellules sont toujours en rapport les uns avec les autres : les tubes nerveux naissent des cellules; à l'intérieur, il y a une substance finement granulée, pourvue d'un noyau. Les tubes et les cellules forment la substance grise dans le cerveau, le cervelet et la moelle épinière. La substance blanche des centres nerveux est constituée par des tubes nerveux semblables à ceux qu'on trouve dans les nerfs.

Les parties grises des centres nerveux contiennent, outre les tubes qui circulent dans leur épaisseur, les éléments vésiculeux; ce sont des corpuscules nerveux ou cellules nerveuses. Ces éléments se rencontrent également dans les ganglions (1).

Les connexions des cellules nerveuses avec les tubes nerveux primitifs, sont un point de science qui laisse encore à désirer, pour les détails : ce qui est bien certain, c'est que ces connexions existent.

§ 114. Du nerf grand sympathique. Le nerf grand sympathique est situé de chaque côté de la colonne vertébrale,

(1) Les cellules nerveuses sont des cellules à enveloppe très-fine, remplies d'un contenu finement granulé, et pourvues d'un noyau. Leurs dimensions sont variables : elles ont depuis $0^{mm}005$ jusqu'à $0^{mm}1$ de diamètre. Elles sont alors, dans ce dernier cas, sur la limite des objets visibles à l'œil nu. — J. BÉCLARD, p. 902.

et sur sa longueur. Il présente des parties grisâtres ou renflements appelés *ganglions*. Dans la partie cervicale, il y en a trois : un supérieur, un moyen et un inférieur. Puis, en descendant, on trouve autant de ganglions que de vertèbres dorsales ; et il y a cinq *ganglions lombaires* et cinq ganglions à la *région sacrée*.

Le grand sympathique n'est pas isolé, il est relié avec l'axe cérébro-spinal par des filets d'union qui se détachent du tronc des nerfs rachidiens.

Les filets nerveux rachidiens viennent de la moelle et se confondent avec les filets du grand sympathique. Cette union, qui résulte de la communication des filets qui se détachent du tronc des nerfs rachidiens, avec ceux du grand sympathique, et qui se fait au niveau des trous de conjugaison, contient alors des fibres sensitives et des fibres motrices. C'est à l'aide de ces filets d'union que se trouve constitué l'*unité* du système nerveux.

Le grand sympathique peut donc être considéré comme conducteur de sensibilité et de mouvement. « Les filets du grand sympathique, dit M. J. Béclard (page 1011), sont des conducteurs d'impressions vers les centres nerveux, et conducteurs d'excitation motrice vers les organes. Le doute n'est plus possible à cet égard. »

Ils sont conducteurs dans une direction différente, tout comme les autres nerfs, c'est-à-dire que les nerfs de sensibilité conduisent l'impression de la périphérie au centre ; et les nerfs excitomoteurs du centre à la périphérie, par les filets qui appartiennent à l'un ou à l'autre de ces deux ordres : *sensibilité*, *contractilité*. Mais leurs effets sont plus lents à se produire, et plus lents à se terminer.

N'oublions pas que les tubes nerveux primitifs qui entrent dans la constitution du nerf grand sympathique, sont semblables à ceux des nerfs qui se détachent de l'axe cérébro-spinal (1), seulement ils sont plus fins, plus déliés.

Par la position du nerf grand sympathique de chaque côté de la colonne vertébrale (et, en s'étendant, dans l'intérieur des ca-

(1) Voir page 584 de cet ouvrage.

vités splanchniques, de la tête au bassin), ce nerf forme un double cordon sur le trajet duquel se rencontrent de nombreux ganglions, et d'où partent des filets internes qui se distribuent aux divers organes. De plus, il y a des rameaux externes ou anastomotiques qui se lient à tous les nerfs rachidiens, et même à ceux des sens, par le ganglion ophthalmique, le ganglion de Meckel, etc., etc.

Cette double chaîne, formée par ces deux cordons principaux, l'un à droite, l'autre à gauche de la colonne vertébrale, se trouve réunie sur la ligne médiane, en haut, dans les profondeurs de la face, et en bas, dans l'intérieur du bassin, par la rencontre des fibres nerveuses qui partent des ganglions de l'un et de l'autre côté, et qui, par leur entrecroisement, forment des plexus (1).

Ce qu'il y a de remarquable dans les filets du grand sympathique, c'est que les rameaux, au lieu de diminuer de volume en s'éloignant des ganglions, augmentent souvent, au contraire, malgré les nombreux filets qu'ils fournissent.

§ **115. Des ganglions**. Les ganglions sont de petits cerveaux (d'après Bichat), composés par un entrelacement de filets nerveux et de vaisseaux unis ensemble par un tissu cellulaire, et enveloppés par une membrane commune.

Ils sont placés sur le trajet des nerfs crâniens moteurs et sensitifs qui reçoivent des filets de communication.

Les ganglions nerveux sont de petits corps rougeâtres ou grisâtres situés, comme il a été dit, sur le trajet des nerfs, et particulièrement sur celui du grand sympathique, où ils forment, par leur présence, cette chaîne non interrompue de communication de filets nerveux entre eux. C'est par eux aussi, c'est-à-dire par

(1) Les ganglions abdominaux par lesquels se termine le nerf grand sympathique dans la région abdominale, en formant le gros ganglion semi-lunaire (qui est placé sur les côtés des piliers du diaphragme, entre les capsules surrénales et l'aorte), sont la source de différents plexus. Ce dernier, le semi-lunaire, en communiquant avec celui du côté opposé par des rameaux multipliés, forme le plexus unique connu sous le nom de plexus cœliaque ou solaire.

les filets qui en partent, que se trouve établie, par leurs anastomoses avec les filets des autres nerfs de la vie animale, l'unité du système nerveux.

Dans les ganglions du nerf grand sympathique, on trouve des cellules nerveuses à côté des tubes nerveux primitifs, et en relation avec eux dans l'épaisseur des ganglions. « Les connexions des cellules nerveuses avec les tubes nerveux primitifs (pour les centres nerveux), sont un point de science qui laisse encore à désirer (J. Béclard, page 902); mais, ajoute cet auteur (page 1010), ce qui est bien certain, c'est que ces connexions existent dans les ganglions du nerf grand sympathique ; elles ont été bien vues et bien décrites par MM. Robin et Wagner. » Les cellules nerveuses sont en relation dans l'épaisseur des ganglions, soit avec les fibres du système qui établissent la connexion des ganglions entre eux ; ou bien elles sont en rapport avec les filets qui établissent la connexion des ganglions avec l'axe cérébro-spinal, ou, enfin, avec les filets qui vont aux organes splanchniques.

L'expérience démontre que le grand sympathique devient incapable d'entretenir le mouvement et la sensibilité quand les connexions avec l'axe cérébro-spinal sont détruites. Si sur un animal, on détruit complètement l'axe *cérébro-spinal*, les fonctions sensitivo-motrices du nerf grand sympathique sont bientôt abolies.

Il a été dit que les tubes nerveux des nerfs se mettent dans l'épaisseur de la moelle épinière en communication avec les *cellules* de la substance grise, et ces cellules elles-mêmes, par leurs prolongements, forment une sorte de réseau en continuité avec les masses encéphaliques.

Les tubes ont la substance blanche ; les cellules ont la substance grise. Les centres nerveux contiennent donc un élément de plus que les nerfs : la substance grise.

Il a été dit également que les *cellules* communiquaient et s'anastomosaient, et les tubes, non. Nous répétons à dessein cette disposition ; car nous l'invoquerons plus tard pour l'explication de certains phénomènes, et nous rappelons de nouveau cette particularité : que dans les nerfs, les tubes nerveux qui entrent dans la composition de ces nerfs s'accolent les uns aux autres. Ils se prolongent dans leur continuité, depuis les centres nerveux, d'où ils émanent, jusqu'à l'organe où ils se répandent, ils passent d'une branche dans une autre, en s'y appliquant, mais non en s'abouchant comme des vaisseaux. En un mot, les tubes ne s'abouchent pas entre eux comme les vaisseaux sanguins ; en passant d'une branche dans une autre, ils continuent leur trajet indépendant.

Dans les centres nerveux, il n'y a que les cellules qui communiquent entre elles et s'anastomosent avec les *tubes*.

« Si la substance grise n'est pas continue dans son ensemble comme la substance blanche, et qu'elle est disséminée, en formant des masses ou des amas, elle ne forme pas moins une continuité des éléments avec les tubes nerveux eux-mêmes, par l'intermédiaire des prolongements des cellules, lesquels prolongements constituent ces mêmes tubes nerveux et entretiennent entre les divers éléments du système nerveux des communications multiples.

La teinte grise de certaines parties de l'axe cérébro-spinal, et qui se trouve répandue à l'extérieur du cerveau et dans certains endroits de son intérieur, paraît tenir à ce que les cellules qui la composent (la substance grise), contiennent un pigment particulier, et qu'elles sont, relativement à l'élément tubuleux, plus ou moins abondantes.

§ 116. Fonctions de l'axe cérébro-spinal et de quelques parties qui en dépendent. En indiquant la composition de l'axe cérébro-spinal, nous avons dit que les racines postérieures qui émanent des cordons rachidiens, présidaient à la sensibilité, et que les racines antérieures, plus grosses, plus fortes, avaient sous leur dépendance la motilité ou motricité ; c'est-à-dire la propriété, sous l'influence cérébrale, d'exciter des contractions, des mouvements dans les parties où les nerfs qui proviennent de ces racines, vont se distribuer.

En effet, expérimentalement, il a été démontré que si on coupe le faisceau postérieur de tel ou tel nerf rachidien (racine), la sensibilité, dans les parties auxquelles les nerfs qui proviennent de ce faisceau, se distribuent, est abolie. Si c'est sur les racines antérieures qu'on tente l'expérience, toute possibilité de mouvement est anéantie, et celle de se produire dans les muscles où les nerfs de ces racines se rendent : première fonction de l'axe *cérébro-spinal ;* car quelques nerfs encéphaliques sont dans le même cas : la cinquième paire de nerfs, le *trijumeau*, ou trifacial, qui a une racine sensitive et une incito-motrice, peut être détruite, comme cela s'est vu, soit par accident, soit par intention (pour des cas pathologiques), et la sensibilité sera abolie, du moment que sa continuité sera interrompue, et par conséquent, le mouvement volontaire rendu impossible.

Deuxième exemple. Le nerf de la 7e paire ou facial peut aussi éprouver le même effet par une fracture des os du crâne dans laquelle le rocher a subi une lésion de ce genre (c'est un nerf de mouvement et pourvu de quelque sensibilité), mais à partir du trou *stylo-mastoïdien*, on verra la sensibilité rétablie par sa communication avec la 5e paire ou trijumeau (1).

La substance grise, dans le système nerveux, est la partie essentielle de l'action nerveuse. Il a été expliqué que les cellules avaient la substance grise, et que les tubes, ou substance blanche, sont les conducteurs de l'action commencée dans les cellules ; que ces cellules communiquent entre elles par des prolongements, et avec les tubes par des filaments, ou cornes de la substance grise.

La découverte de Ch. Bell lui avait fait penser que les faisceaux de la moelle épinière (cordons) dans lesquels plongent les racines postérieures, avaient aussi des fonctions distinctes ; c'est-à-dire que ces faisceaux postérieurs, tout comme les racines, étaient des conducteurs de sensibilité ; et que les faisceaux antérieurs, de même que les racines antérieures étaient des conducteurs d'incitations motrices.

Mais de nombreuses expériences ont prouvé jusqu'à l'évidence que cette doctrine ne peut être admise aujourd'hui.

(1) On pense que cette sensibilité, à part son adjonction avec le trijumeau, lui est fournie par une petite racine, *nerf de Wrisberg*, qui se détache avec lui du bulbe encéphalique.

Il est démontré que les racines des nerfs, les racines antérieures, comme les racines postérieures, traversent les fibres longitudinales de la moelle, et procèdent des cornes de la substance grise centrale, soit au niveau même du point où elles se détachent de la moelle, soit à des distances peu éloignées de ce point. « La distinction, dans les centres nerveux, des éléments dévolus à la sensibilité et des éléments incitateurs du mouvement, est hérissée de difficultés. La science est aujourd'hui en possession de quelques résultats bien démontrés par des expériences variées, entreprises par des expérimentateurs différents, et à des points de vue divers ; offrant, par conséquent, toutes les garanties d'exactitude désirables, mais il existe encore plus d'une lacune. (J. Béclard, page 912.)

Les fibres nerveuses de la substance blanche sortent de différents points de la surface de la substance grise, mais elles ne sont pas en rapport avec celles qui composent ce qu'on appelle les cordons antérieurs, les cordons postérieurs et les cordons latéraux de la moelle, ces derniers ne sont en rapport avec les fibres des racines des nerfs que par l'intermédiaire des cellules de la substance grise dans la moelle.

Les *corps restiformes*, qui sont la partie postérieure des cordons postérieurs de la moelle, et qui forment les pédoncules inférieurs du *cervelet*, sont de même composition que les faisceaux (cordons antérieurs et postérieurs), et ne possèdent pas d'autres propriétés que celles qui sont dévolues à ces derniers; c'est à-dire que la sensibilité et la motricité y sont fournies par les cornes postérieures et les cornes antérieures de la substance grise, qui peut être regardée, ainsi qu'il a été dit, comme la base de l'appareil nerveux.

Le *bulbe encéphalique* a une autre propriété du système nerveux : car s'il est atteint par une section faite dans sa continuité, et près de l'insertion des pneumo gastriques, la respiration s'arrête, et la vie est anéantie.

Si on fait la section au-dessous de cette insertion, la respiration cesse, mais les narines n'en continuent pas moins de se dilater et de s'affaisser comme dans l'état normal, animées qu'elles sont par le nerf facial.

Les phénomènes qui dirigent les actes de la respiration, ou qui les accompagnent, résident près du *calamus scriptorius*, petite fossette angulaire qui se trouve sur la partie antérieure du quatrième ventricule du cerveau.

Il y a dans le bulbe un endroit qu'on appelle *nœud vital*; et qui préside aux mouvements de la respiration (Flourens).

Cet endroit, ce nœud, appelé aussi *collet vital*, est situé à la partie supérieure du bulbe et ne mesure pas plus d'un demi-centimètre d'étendue chez le lapin (1). — LEGALLOIS, FLOURENS.

Le bulbe rachidien, continuation immédiate de la moelle épinière est comme la moelle elle-même, un conducteur des impressions sensitives et un conducteur des incitations du mouvement, dans le sens particulier qu'il faut attacher à ces expressions.

M. Cl. Bernard, a aussi institué une série d'expériences, qui tendraient à prouver qu'en piquant un certain endroit du quatrième ventricule, on détermine la formation du sucre dans les urines d'un animal, lorsquelles n'en contenaient pas auparavant.

Cet effet est dû, vraisemblablement, à une activité anormale du foie, qui se trouve alors sous l'action du système nerveux de cette partie (action réflexe) puisque cette *piqure* pratiquée à la partie postérieure du bulbe, c'est-à-dire sur le plancher du 4me ventricule (dans un espace compris entre 3 ou 4mm carrés et dans le voisinage de l'origine du pneumo-gastrique) détermine, dans l'urine de l'animal qui est soumis à l'expérience, l'apparition d'une certaine quantité de sucre, et pendant un certain temps. Les proportions de sucre, que l'activité provoquée du foie, amène dans les urines, par suite de son passage dans le sang, par les veines sus-hépatiques, ces proportions, disons-nous, sont augmentées et dépassent celles que l'action glycogénique du foie produit ordinairement.

Ces explications ne nous surprennent (sous le rapport du

(1) L'enlèvement des lobes cérébraux, y compris le cervelet et la protubérance, laisse persister les mouvements respiratoires; il en résulte que la portion du système nerveux, qui régit les mouvements respiratoires, c'est le bulbe lui-même. — J. Béclard, page 995.

sucre dans les urines) que si on ne se rappelle pas que les expériences de M. Lehmann ont démontré que toutes les fois que le sang renferme plus de 0,4 pour 100 de sucre, il s'en débarrasse par la voie des sécrétions ; c'est ce qui arrive dans la *glycosurie* ou *diabète sucré*.

§ **117. Cervelet**. Cet organe est une des parties les plus importantes de l'encéphale : son rôle spécial paraît consister dans la coordination des mouvements musculaires : si on enlève, par l'instrument tranchant, quelques portions de cet organe (et successivement par couches, une partie du cervelet) sur un volatile, l'animal perd insensiblement la régularité dans ses mouvements ; et quand le cervelet a disparu complétement, l'animal se comporte, relativement à ses mouvements, comme s'il était ivre.

La substance grise du cervelet, c'est-à-dire la plus superficielle est insensible à l'excitation ; elle est, sous ce rapport, dans les mêmes conditions que la substance grise, prise dans les autres points du système nerveux. La substance grise de la moelle, celle des hémisphères cérébraux, est également insensible aux excitants, tout comme celle du cervelet. « Et si dans quelques autres renflements encéphaliques, il y a démonstration de sensibilité ; c'est que, dans ces derniers points, ce sont les fibres sensitive des nerfs, mélangées aux cellules de la substance grise, qui font naître la douleur à l'excitation. La substance grise a, dans les divers points du système nerveux, des fonctions propres, que l'excitation est impuissante à révéler. — J. Béclard, page 1001.

Quant à l'intérieur du cervelet lui-même, il paraît également insensible aux excitants.

Le cervelet serait, en définitive, l'organe coordinateur des mouvements musculaires.

La contraction des muscles, et leur ordre d'action, appartiendraient aussi au cervelet, qui réglerait, régulariserait les mouvements associés, et symétriques de la marche, et, peut-être, ceux des muscles de la vie organique.

Le cervelet peut avoir d'autres propriétés, mais il a certainement celle-là, comme le bulbe encéphalique est le coordinateur des mouvements de la respiration.

Tubercules quadrijumeaux. La rétine reçoit les impressions de la lumière. Elles sont transmises par le nerf optique, et passent par les tubercules quadrijumeaux, pour être portées au cerveau, centre de toutes les impressions produites.

La dilatation et le resserrement de la pupille, par les contractions de l'iris, sont sous la dépendance du grand sympathique et du nerf de la 3e paire, *moteur oculaire commun*; ce dernier affecté particulièrement à la contraction (sphincter de l'iris) et le grand sympathique agissant sur les fibres rayonnées de l'iris.

La dilatation pupillaire a pour point de départ, l'excitation du grand sympathique.

Ce sont les tubercules quadrijumeaux qui président à la contraction de la pupille; on les a considérés comme des centres de perception visuelle.

Si on pique, si on irrite d'un seul côté ces tubercules, il se manifeste des contractions simultanées dans les iris des yeux de l'animal, confirmation du rôle attribué à la rétine; et qui démontre que chaque rétine transmet ses impressions par les deux nerfs optiques en arrière du *chiasma* : l'entrecroisement n'existe qu'entre les filets de la partie interne.

« Les tubercules quadrijumeaux constituent, tout ou moins, dit M. J. Béclard, un centre de réflexion entre les impressions de la lumière et les contractions de l'iris. »

§ 118. Centre cérébral, lobes cérébraux. Il y a des actes nécessaires à l'entretien de la vie, qui ont été soustraits à l'intelligence, à l'empire de la volonté. Nous voulons parler des fonctions nutritives, et autres, où l'intelligence, la volonté n'interviennent pas.

Toutes les fois que la volonté n'intervient pas dans les actes de la vie, c'est de l'*instinct*.

§ 119. De l'intelligence, de l'instinct, chez l'homme et chez les animaux. L'enfant qui suce un corps porté entre ses lèvres, comme le mamelon du sein de sa nourrice, c'est de l'instinct; c'est-à-dire sans raisonnement aucun, pas plus que chez le dernier des animaux mammifères qui accomplit le même acte.

L'instinct n'est pas perfectible; il est toujours le même; il se produit toujours de la même façon, et toujours.

Le poulet sorti de sa coquille se tient debout; si on lui présente un grain de mil, il le prend cette fois, comme il le prendra toujours.

Le castor même, auquel on a voulu prêter plus que de l'instinct; qui coupe le bois avec ses dents, se sert de sa queue en guise de truelle, pour construire son habitation, n'a que de l'instinct, sans raisonnement aucun de l'action qu'il commet. Cette action se produit toujours de la même façon et toujours de même.

Chez l'homme, les sexes sont attirés par l'instinct. Le rapprochement des sexes est tout-à fait instinctif.

L'appétit, la faim est instinct; mais la raison, le raisonnement, chez l'homme, modifient les instincts: ils sont réprimés, repoussés, si la raison, le raisonnement le commandent.

L'instinct est inné, il ne s'acquiert pas, l'intelligence s'acquiert, se développe, se perfectionne. Nous nous replions sur nous-même; nous nous livrons, par la réflexion, aux idées les plus élevées, à l'intelligence des choses les plus abstraites, aux connaissances abstraites de la Divinité!

Enfin, doué d'intelligence, l'homme est pourvu de raison; et cette intelligence réside dans les *lobes cérébraux*.

C'est au cerveau qu'est le siége de l'intelligence....

Instinct chez les animaux, intelligence, raisonnement chez l'homme; mais l'homme a aussi des instincts.

Si on examine les animaux des classes inférieures, et si on les compare à ceux des classes élevées, chez les vertébrés, on trouve que le cerveau est de plus en plus développé, au fur et à mesure que l'on s'élève dans l'échelle animale.

Les circonvolutions s'accroissent aussi, dans la même proportion; car il ne suffit pas qu'un cerveau soit volumineux, l'intelligence n'y sera qu'en raison du développement et de la multiplicité de ses circonvolutions et de leurs anfractuosités, ce qui multiplie considérablement sa surface.

Si l'on pouvait déplisser et étaler le cerveau, de manière à effacer les circonvolutions, il présenterait une surface immense. Chez les animaux, les circonvolutions ne sont jamais aussi marquées que chez l'homme.

Mais, où est l'intelligence? Quel est son siège, sa place? Il y a-t-il un endroit spécial, déterminé, où elle existe? Ou bien cette intelligence est-elle répartie, sur toutes les surfaces et dans la masse des hémisphères cérébraux?

M. Flourens fait, sur un animal, des coupures, par tranches, dans le cerveau, sans occasionner de la douleur ; du moins l'animal ne semble pas en éprouver ; il ne le témoigne en aucune façon. Au fur et à mesure qu'il enlève une plus grande quantité du cerveau, l'animal perd une partie de son instinct....., plus d'instinct, plus de mémoire, plus de volonté dans ses besoins physiques, car, si on lui met des aliments dans la bouche, il les y laissera sans les avaler, à moins qu'on les lui enfonce jusque dans l'œsophage, où il s'opère un acte qui n'est plus sous l'influence de la volonté ; il appartient à la 8e paire, dite vague ; dont l'origine est au bulbe rachidien, contre les corps restiformes.

Les sens, chez l'animal, ont reçu une atteinte profonde. Il ne voit plus, n'entend plus. Les instincts, l'intelligence, résident donc dans les lobes du cerveau (lobes cérébraux).

Le cerveau est l'organe matériel de la pensée ; l'intelligence a des conditions matérielles (GALL).

C'est en effet au cerveau que réside la pensée ; mais on ne peut raisonnablement assimiler la pensée de l'homme, ses sentiments, ses passions, à des propriétés de tissus, à des produits de secrétions.

C'est cependant au cerveau qu'appartiennent la pensée, la volonté (1).

Au *cervelet*, les mouvements, la coordination des mouvements.

Le *bulbe rachidien* est l'organe spécialement affecté aux mouvements qui président à la respiration. Nous avons dit que M. Flourens s'était appliqué à désigner le lieu précis de l'action du

(1) On a dit que la pensée, la volonté, était la sécrétion de cet organe (fluides animaux) de *anima animæ* (Stahl).

bulbe encéphalique (portion renflée de la moelle contenue dans le crâne), et il a fixé l'endroit du bulbe (qu'on peut regarder comme la matière incitatrice des mouvements respiratoires), à la partie supérieure du bulbe, n'ayant guère plus d'un demi centimètre d'étendue sur le lapin.

Le *mésocéphale*, pont de varole, est pourvu de la sensibilité à sa partie postérieure, et de la motilité à sa partie antérieure.

En résumé, les hémisphères cérébraux sont le point de départ de l'incitation motrice volontaire, et au préalable, le centre et l'aboutissant de la sensibilité (1).

La moelle allongée et ses dépendances peuvent, après l'ablation du cerveau, déterminer encore des mouvements involontaires ou réflexes, dont l'animal n'a pas la conscience.

§ 120. Action physiologique du système nerveux, et de son influence sur certaines fonctions de l'économie. Les impressions qui ont lieu dans notre économie, sont transmises au cerveau par les tubes sensitifs (nerfs sensitifs) et perçues en cet endroit.

Elles déterminent une volonté qui met en action le système musculaire (mouvements) si cette action est nécessaire.

Une impression arrive par les nerfs sensitifs dans la moelle épinière ; elle est transmise au cerveau qui la perçoit ; et elle est réfléchie par les tubes moteurs qui déterminent l'action.

La substance grise est substance active, sensitive, et la substance blanche, substance qui transmet l'impression reçue, ou pour mieux dire, une impression est transmise par les nerfs sensitifs à l'axe cérébro-spinal, traverse les parties latérales et postérieures de cet organe par le sillon longitudinal, pénètre dans la substance grise, et comme cette dernière communique avec la substance blanche par les cornes ou les filaments qui s'en détachent, et qui établissent cette communication, l'action réflexe a lieu par les tubes moteurs de la substance blanche. Il y

(1) Les hémisphères cérébraux sont le siége organique des facultés intellectuelles et des déterminations instinctives. — J. Béclard, page 1006.

aurait donc un courant en sens inverse, l'un, le *courant sensitif*, marchant de la périphérie au centre, et l'autre du *centre* à la *périphérie*, courant moteur.

Il en est ainsi de toutes les impressions : un aliment est introduit dans la bouche ; l'impression qu'il y produit par sa présence est perçue, et des mouvements pour la mastication vont se produire ; et des fluides, sous cet excitant, vont affluer en ce point ; et cela par action réflexe et en partie volontaire ; mais une fois l'aliment parvenu dans l'œsophage, il n'est plus sous l'empire de la volonté, il chemine, et par son propre poids, et par la contraction du tube pharyngien, dont les mouvements sont sous l'influence d'un autre ordre de nerfs qui n'en détermine pas moins aussi une action réflexe, mais dont nous n'avons pas conscience. C'est toujours une action réflexe, mais où la volonté n'intervient en aucune façon.

Ce même aliment parviendra dans l'estomac, et dans ce moment, il se passera une foule de phénomènes, du même ordre que le dernier, et dont nous n'aurons pas conscience : c'est-à-dire que cet aliment y sera brassé par les mouvements internes de l'estomac, qu'il y fera affluer par sa présence les liquides nécessaires à la digestion : suc gastrique, pepsine, etc., et nous n'aurons encore de cette action intérieure aucune conscience.

Aucune conscience, parceque les filets nerveux de la 8e paire, *pneumo-gastrique* et ceux du *grand sympathique* qui se distribuent les uns et les autres à l'œsophage, aux poumons, à l'estomac, ne sont pas sous l'empire de la volonté. Et cependant, l'action réflexe n'en aura pas moins lieu ; car l'estomac a reçu une impression (inconsciente) de la présence des aliments, impression qui a été transmise au centre nerveux ; et l'action réflexe a mis en mouvement, et à notre insu, les organes, les tissus qui doivent sécréter le suc gastrique pour amener ces aliments à un état de coction (comme on disait autrefois), ou chimification ; qui doit préparer, favoriser leur transmutation et leur absorption, lorsqu'ils seront à l'état où ils doivent arriver pour servir à la nutrition.

Mais là ne se borne pas l'action digestive, l'action réflexe ; elle se continue de même dans tout le canal intestinal, où l'élaboration et la production de divers fluides des organes de l'appareil digestif vont avoir lieu sous l'impression des substances alimentaires, dont la présence détermine leur afflux, et toujours sans intervention ou participation de notre volonté : jusqu'au moment où les aliments, après avoir livré à l'absorption ce qu'ils contenaient de substances alibiles, ne renferment plus que des matières inutiles à l'entretien du corps, et qui, vrais résidus de nos aliments, doivent être rejetés au dehors.

Alors se fera sentir le besoin de la défécation, et, par une action réflexe, déterminée par la présence de ces mêmes matières sur l'extrémité ou plutôt la fin du tube intestinal. La volonté intervenant en ce moment, leur rejet hors du corps est déterminé au moyen du mécanisme que nous avons indiqué dans une autre circonstance, à l'article digestion.

Il y a, comme on le voit, des actions réflexes qui s'accomplissent dans notre économie sous l'influence de l'action nerveuse et sans notre participation (comme volonté). Il y a aussi d'autres cas dans lesquels, si la volonté intervient, ce n'est que pour modifier l'action, ralentir sa marche, abréger sa durée; mais sans jamais pouvoir l'arrêter sans danger : ainsi le sommeil, pendant lequel *la respiration* s'exécute sans notre volonté absolue, et que nous ne pourrions arrêter (la respiration), sans qu'il en résulte des accidents graves; ainsi la sécrétion du mucus, qui se fait dans les bronches en dehors de notre volonté; mais que, par action réflexe, nous expectorons (quand il est en certaine quantité) par un besoin déterminé par une action réflexe, et que nous ne pourrions pas ne pas expectorer, si, comme dans une bronchite, il y a sentiment de gêne et de picotement au larynx.

Il en est de même dans le coryza, où un éternument obligé semble vaincre toutes les résistances que la volonté pourrait y apporter. Nous pourrions quelquefois modifier cette espèce de quinte, diminuer sa durée, mais l'arrêter, non, quoi qu'on en ait dit.

Il y a certaines actions, certains mouvements, qu'il est assez difficile de faire appartenir à l'action réflexe nerveuse. Le rire, la chair de poule, la peur, qui fait, non pas dresser les cheveux sur la tête (*horrescit coma*. Sen.), mais plisser les muscles du front, le *sourcilier*, le *frontal*, et les porter en haut vers le sommet de la tête, ne paraissent pas occasionner d'action réflexe, ou du moins ne semblent pas lui appartenir en propre : l'émotion de la peur, la vue, le spectacle d'un objet horrible (*horribile visu*), agissent, comme toutes les émotions, directement sur l'organe qui entre en fonction pour produire l'acte, mais sans action réflexe. C'est une action directe du centre nerveux. La colère n'est aussi qu'une émotion, et ses effets sont une action directe. C'est l'action centrale, l'action nerveuse directe. Nous avons admis ce mode.

Le vomissement, quoiqu'on en ait dit, ne peut être considéré comme une action réflexe, c'est-à-dire produit par une impression ressentie par l'estomac qui déterminerait, par action réflexe, cet acte qui a été interprété différemment par certains physiologistes, et selon les circonstances.

Le vomissement, cela s'entend ici de l'effet du tartre stibié ou de toute substance vomitive ingérée dans l'estomac, n'agit pas par une action réflexe, déterminée par sa présence en ce lieu :

On sait, par les expériences de Magendie, qu'on vomit sans estomac ; ou plutôt avec un estomac d'emprunt...... Lorsqu'on introduit le poison dans les veines d'un animal au lieu de le faire parvenir dans l'estomac lui-même et qu'on a mis à sa place une vessie, le vomissement se produit de même.

Mais dans les cas de plénitude de l'estomac et dans ceux qui ne sont pas rares de la présence (par reflux) de la bile dans cet organe, de la présence également de vers, d'aliments indigestes, il semble que le vomissement, s'il a lieu, doive appartenir à l'action réflexe, aussi bien dans cette circonstance que dans celle où on a introduit une substance liquide quelconque dans la partie inférieure de l'intestin, lavement, pour déterminer l'évacuation des matières qui y sont retenues, et dont, la présence du liquide, par action réflexe, provoque l'expulsion.

§ 121. **Action nerveuse sur la respiration, la nutrition, la circulation et quelques sécrétions**. Le *bulbe encéphalique*, a été reconnu précédemment comme étant le centre de l'action respiratoire. Il diffère, sous ce rapport, du cerveau et de la moelle ; et sous celui surtout qui en fait le siége de la vie et non de l'âme. L'âme, c'est-à-dire la pensée, le jugement, la raison, sont dans le cerveau.

C'est dans les lobes que paraissent résider les phénomènes intellectuels, les phénoménes moraux, etc.

Le *bulbe* est le rendez-vous des principaux nerfs moteurs. Il est le point de départ des nerfs faciaux, des nerfs accessoires de *willis* ou spinaux, des hypoglosses, de la racine motrice des trijumeaux. Il est aussi l'origine des nerfs vaso-moteurs.

A ces différents points de vue, il n'est pas étonnant qu'on en ait fait le siége de la vie.

Ce qu'il y a d'incontestable, c'est que l'influence nerveuse venant à être détruite en cet endroit, c'est à dire à la partie supérieure du bulbe, près le pneumo-gastrique, il n'y a plus de respiration.

Par conséquent plus de phénomènes chimiques ; plus d'oxygénation du sang ; changement alors complet dans sa composition.

Les sécrétions par cela même, sont aussi changées, modifiées, quelques-unes détruites.

Le cœur lui-même, n'est plus impressionné par le sang qui a perdu sa composition naturelle. Il n'envoie plus au cerveau ce liquide dans l'état qui lui convient ; et de là des désordres nombreux ; la cessation graduelle de la vie, la *mort* enfin. Preuves manifestes de l'influence de l'action nerveuse de cette partie des centres nerveux sur les phénomènes physiques et chimiques de la respiration ; action nerveuse qui les régit et les domine tous.

L'influence nerveuse sur la nutrition proprement dite n'est pas moins évidente :

On détruit le pneumo-gastrique au cou d'un animal, en ayant soin d'ouvrir la trachée pour éviter l'asphyxie qui aurait inévitablement lieu par l'occlusion de la glotte à l'ouverture de laquelle le pneumo-gastrique préside (et qui se fermerait sous la pression atmosphérique).

Alors, le pneumo-gastrique, étant le nerf moteur de la muqueuse de l'estomac, les mouvements de cette membrane et de ce sac musculo-membraneux, sont paralysés, et les désordres les plus graves doivent s'en suivre dans la digestion et dans la nutrition.

Mais le suc gastrique n'en continuera pas moins d'être sécrété, la pepsine par conséquent. La fonction de l'organe est enrayée mais non complétement détruite.

Si on vient à couper le pneumo-gastrique au-dessous de l'ouverture œsophagienne, oh ! alors, tout s'arrête.

Les fluides nécessaires à la digestion ne sont plus sécrétés comme ils l'étaient lorsqu'on avait fait la section au *cou:* parce qu'alors le pneumo-gastrique communiquant avec le grand sympathique par les nerfs splanchniques, la sécrétion se faisait par ce moyen quoiqu'on eut coupé le pneumo-gastrique dans cet endroit (au cou) ; influence donc de l'action nerveuse sur la nutrition et témoignage de l'action du grand sympathique dans la production des fluides gastriques. Les troubles de nutrition dans certains organes, l'œil et d'autres parties du corps, par paralysie, par contracture, sont dûs à l'action réflexe des nerfs vaso-moteurs.

M. Cl. Bernard, coupe une des branches du maxillaire inférieur qui vient du trifacial (le lingual), la salive cesse à l'instant. Il agit ensuite au moyen de l'électricité sur le bout central et la salive reparait.

Les sécrétions sont placées sous l'influence de la force nerveuse ; la force chimique n'est que secondaire et elle est dominée par l'influence ou l'effet de la force nerveuse.

« Ainsi, vous coupez l'artère rénale et par conséquent, le nerf qui se distribue au rein : la sécrétion de l'urine cesse : l'urée n'est plus sécrétée ; des désordres, sans nombre, vont avoir lieu dans toute l'économie. » — P. Bérard.

Dans toutes les affections nerveuses : l'épilepsie, l'hystérie et dans d'autres névroses, les sécrétions urinaire et salivaire sont modifiées, et dans leur nature et dans leur quantité.

Sur le *cœur*, il faut en dire autant. Son action, ses mouvements sont changés, modifiés par l'action nerveuse. Qui ne connait le trouble qui se manifeste dans cet organe, sous l'influence de différentes impressions (motions) gaies, tristes ou pénibles qui peuvent l'assaillir ?

La crainte, la frayeur, la colère, tout état de trouble dans les centres nerveux y vont retentir en impressionnant cet organe, et en changeant le rythme de ses mouvements ; si même ces violentes secousses ne les détruisent pas, ne les arrêtent pas complétement et pour toujours. Car, on cite des exemples de personnes qui sont mortes de peur, de frayeur ; d'autres de contentement et de plaisir. La physiologie des passions (Alibert) témoigne d'accidents de ce genre, et dans lesquels les troubles mortels dans l'organe de la circulation n'ont pas reconnu d'autres causes.

Au total, tous ces effets n'ont lieu qu'au moyen du grand sympathique, car, dans les mammifères le cœur reçoit ses filets nerveux du pneumo-gastrique et du grand sympathique (1).

La destruction d'une certaine portion d'un centre nerveux détruit aussi toute action du cœur.

Si vous enlevez la moelle épinière dans une certaine partie ou si vous la détruisez dans une certaine étendue, les battements du cœur s'amoindrissent, s'affaiblissent ensuite de plus en plus et finissent par cesser complétement. Et cela, non sous l'effet de la douleur causée par l'opération, puisque l'animal ne semble pas en avoir éprouvé. Et cependant le cœur est mort !

Lui, dont on a dit que arraché du corps d'un animal vivant, il semblait vivre de sa propre vie; et qu'il battait encore sur la table ou dans la main de l'expérimentateur ! que dire à cela ?

Il est vrai que le cœur d'un animal que l'on sacrifie dans l'intention de faire cette expérience, continue à exécuter ses mouvements quoique extrait complétement de la poitrine et placé sous les yeux des personnes qui suivent ce genre d'expérience ; mais ces contractions après quelques moments, peu d'instants même ne se montrent que faiblement ; puis il n'y en a plus.

Mais si on y réfléchit, on verra que ces battements, dilatations et contractions, quoique s'exerçant dans le vide, puisqu'il n'y a plus

(1) Si vous portez une excitation au moyen du courant d'un appareil d'induction sur les branches cervicales du grand sympathique qui concourent à la formation du plexus cardiaque, on observe généralement une accélération remarquable dans les battements du cœur. — J. Béclard, *Traité de physiologie*, page 1014.

de sang dans le cœur et que le sang est l'excitant des contractions de cet organe, on verra, disons-nous, que ce n'est plus qu'une continuation (encore pour quelques moments) des mouvements dont cet organe est pour ainsi dire coutumier, et dont il a fait un long et constant usage. Si le cœur n'est pas le premier à naître, il est le dernier à mourir. C'est en lui que la vie semble se réfugier ; c'est lui qu'elle semble abandonner en dernier. C'est lui, le cœur, qui témoigne encore d'un reste de vie ; et tant qu'il bat, tout espoir n'est pas perdu.

« Pour ce qui est de l'action nerveuse en elle-même, nous ne connaissons ni ses qualités ni sa nature, et encore moins son essence. Est-ce un fluide circulant? Est-ce une pile électrique? Seraient-ce des cordes qui vibrent comme celles d'un violon et qui résonnent lorsqu'on les touche? Mais pour qu'il en fut ainsi, il faudrait que, comme les cordes d'un instrument, les nerfs fussent tendus et vibrassent sous un choc. Et l'on sait que les nerfs reposent lâchement et mollement dans nos tissus, dans notre économie. »

Pour l'électricité, on sait que les métaux sont bons conducteurs de l'électricité, à tel point qu'une section dans leur continuité n'interrompt nullement, chez eux, la faculté conductrice, et qu'il suffit d'affronter seulement leurs extrémités et d'établir leur continuité pour voir le courant se rétablir.

Dans les nerfs, il n'y a rien de cela ; le nerf coupé, toute communication est interrompue et cesse à l'instant. Ce n'est que par la suite et après des soins mis en œuvre pour rétablir la continuité, que le sentiment paraît se réveiller le long du nerf, et encore, les cas ne sont pas rares où l'on a échoué dans le rétablissement de la sensibilité et de la motilité. La continuité sans interruption est donc nécessaire à l'action nerveuse.

Ils sont conducteurs de l'électricité ! S'ils sont conducteurs de l'électricité, on devrait pouvoir démontrer qu'ils sont bons conducteurs ; eh bien, ils ne la conduisent pas bien. — P. Bérard.

Les tubes nerveux transmettent l'électricité avec peu de rapidité : elle est chez eux de 30 mètres par seconde (Helmholtz). Le fluide électrique parcourt 144,000 lieues par seconde, ou 576,000 kilomètres, en employant le langage voulu de notre système métrique. « La vitesse de l'électricité est, d'après les évaluations de M. Wheatston et celles de M. Fizeau, à peu près la même que celle de la lumière, c'est-à-dire de plus de 500,000 kilomètres (ou 500 millions de mètres) par seconde. La vitesse des courants nerveux sur leurs conducteurs (nerfs) serait donc environ seize millions de fois moins rapide que celle des courants électriques sur les conducteurs métalliques de nos appareils télégraphiques. » — J. Réclard, p. 937.

Les différentes évaluations qui se rencontrent à ce sujet dans différentes expériences, ne présentent pas des variations considérables ; elles se rapprochent plutôt qu'elles ne s'éloignent les unes des autres.

§ 122. De quelques phénomènes intimes de l'action nerveuse. L'innervation peut se diviser en trois actions principales ou influences, c'est-à-dire que le système nerveux agit : 1° comme agent spécial des sensations ; 2° comme auteur des mouvements et des expressions volontaires ; 3° enfin, comme présidant aux fonctions dites organiques.

Les tubes sensitifs, dans l'une comme dans l'autre de ces influences, transmettent la sensation, l'impression, au centre nerveux qui accomplit l'action réflexe par les tubes moteurs ; ceci a été expliqué.

Mais la question de savoir de quelle façon cette impression a été transmise, et de quelle manière, par quel fluide, par quel corps l'action réflexe a lieu aussi ou a eu lieu, nous a amené à des appréciations (qui se rencontrent dans tous les auteurs), mais qui, après avoir été passées en revue et examinées avec soin, comme agents auxquels on avait attribué cette faculté, *sensibilité, motilité*, ne nous en a pas moins fait rester à l'attribuer à une force vitale, à une propriété vitale qui ne rentre ni dans les propriétés physiques, ni dans les phénomènes chimiques de la matière, et que nous sommes forcés de considérer comme appartenant à cette force, à cette propriété que possède *la vie*, de déterminer des actions qui ne peuvent s'expliquer d'aucune autre manière que par ce mot : *la vie*, propriétés de la vie.

Mais connaissons-nous cette force vitale dont nous parlons ?

Peut-on l'apprécier? Connaissons-nous ses lois? Pas plus que, dans un autre ordre d'idées, on ne connaît la force d'affinité, la force d'attraction et ses lois. On sait bien que pour qu'il y ait affinité, il faut que les corps, dans leurs molécules, aient une disposition à s'unir. Mais en vertu de quelle loi et pour quelle cause cette affinité, cette disposition à s'unir, existe-t-elle dans certains corps et dans d'autres non?

Nous constatons seulement que la chose existe; qu'il faut bien certaines conditions pour qu'elle ait lieu; comme on sait qu'il faut que l'impression soit sentie, et que le centre nerveux soit dans un état à manifester l'action réflexe...

L'attraction s'explique bien aussi par la gravitation pour les corps célestes, et par les lois de la pesanteur, quand elle est relative à la terre et aux corps qui en dépendent. On sait bien que les corps s'attirent en raison directe de leur masse, et inverse du carré des distances; mais la cause de l'attraction est ignorée et inconnue jusqu'à ce jour.

Il faut bien faire intervenir ici le mot force : force d'attraction, force de gravitation. « La grande force d'attraction est la cause qui produit l'attraction. » (Newton). Force signifie toute cause d'action produisant un effet quelconque, mesurable ou non d'après cet effet produit. En est-il ainsi dans l'espèce? La force étant une qualité très-distincte de la matière, nulle force n'est matérielle. Et quand même le mot force signifierait la puissance, l'intensité ou l'énergie d'action d'une chose, elle pourrait être physique, morale et intellectuelle, *vitale* enfin.

Quoi qu'il en soit, les forces *vitales* régissent les corps animés, comme les forces générales régissent l'*univers*.

L'électricité paraît être une des causes, sinon l'unique cause de l'attraction et de la gravitation. Nous sommes peut-être près de connaître les causes des actions organiques sous le rapport des phénomènes vitaux qui s'y passent; mais jusque-là, contentons-nous de ce que les physiciens et les chimistes se contentent, en expliquant divers phénomènes dont ils sont les témoins, et qu'ils interprètent par les mots de force d'attraction, force chimique, affinité, catalesie, catalyse, catalysie; autrement dit action de présence, dans les corps inorganiques, qui produisent des phénomènes sans rien changer eux-mêmes de leur forme et de leur nature. Et disons forces *vitales* pour tous les phénomènes organiques que nous ne pourrons expliquer ni par la physique ni par la chimie. Ne nous croyons pas plus inexplicables, dit Richerand, sur les causes des phénomènes vitaux, que ne le sont les *astronomes* par leur mot attraction, au sujet de la cause régulatrice de l'*univers*.

Au point où nous en sommes arrivés, il n'existerait donc pas de transmission d'un fluide nerveux.

L'action nerveuse n'est pas l'action chimique, n'est pas l'action électrique, c'est l'action vitale, la force vitale. On a dit qu'on ne connaissait pas ses lois; mais la continuité dans les tubes nerveux est une loi, tout au moins une condition; mais le suc gastrique, le suc pancréatique est une loi aussi dans la digestion, ou pour mieux dire dans la *nutrition*.

Il faut qu'ils soient sécrétés, ces fluides, et mis en présence de l'aliment. Cette sécrétion est une action *vitale*, car après la mort il ne se forme plus ni suc gastrique, ni pepsine, ni bile, ni suc pancréatique. C'est par une action vitale qu'ils sont formés; car il n'y a aucun de ces corps tout formé dans le sang; leur présence est une condition dans l'estomac et dans l'intestin, pour former le chyle, comme la présence de l'hydrogène et de l'oxygène est nécessaire pour former de l'eau. Et encore ici, faut-il un dégagement de calorique ou plutôt d'électricité, pour faire entrer ces corps en combinaison; comme il faut aussi certaines conditions de température pour former le chyle, et une certaine affinité entre les corps, comme dans le phénomène chimique que l'on vient de citer, car, par rapport à ce qui va se passer pour la transformation des aliments, ce n'est plus de l'albumine que nous aurons dans le tube digestif, si nous avons ingéré des substances protéïques, albuminoïdes, mais de l'albuminose, de la peptone ou de la peptose, de l'acide lactique, etc., etc.

Ainsi, d'une part, action *vitale* pour la production du suc gastrique, de la pepsine; puis action chimique de ces liquides sécrétés, de ces produits, sur les aliments, comme elle pourrait se prononcer dans un matras, dans une cornue, si on y avait introduit ces substances; en les soumettant à une certaine température. Ainsi donc et d'abord, force *vitale*, puis action chimique.

ction *vitale* prime, ici, l'action chimique.

Il y a-t-il force vitale en dehors des organes?

« On est bien obligé d'admettre une cause spéciale, quand il y a spécialité dans les faits. On est forcé d'admettre cette cause spéciale, puisque pour les faits qui sont de notre intelligence, nous ne pouvons les rattacher aux phénomènes physiques et chimiques. Tels sont ceux qui ont rapport aux *impressions*, à la *volonté*, au *jugement*, à l'*intelligence*, aux *passions*, etc. — P. Bérard.

Le siège où ces opérations se passent est plus que présumé pour certains d'entre eux. Mais par quelle cause, par quel moyen ces faits se produisent-ils ? Nous ne pouvons que le répéter : c'est par une action qui n'appartient qu'à la vie ; c'est par la puissance vitale qu'ils se produisent.

Le trépied *vital* de Bichat, était : le *centre nerveux* (cerveau), le *poumon*, le *cœur*. Le système nerveux comme on voit occupait la première place dans cette trilogie; et ce n'est pas sans raison que ce physiologiste l'avait placé en tête. Il lui reconnaissait une puissance d'action supérieure à toute autre, dans notre économie; car le système nerveux régit, pour ainsi dire, tous les autres systèmes, quoique son action, *action nerveuse*, se trouve avoir des dépendances avec les organes.

P. Bérard, dans son *Cours de physiologie*, page 515, dit, en parlant du point de départ de l'influx nerveux, nécessaire pour la respiration, et au sujet de ses relations avec les organes : « Dans ce séduisant ouvrage, où Bichat examine les rapports physiologiques des trois parties qui composent le trépied de la vie, cerveau, cœur et poumon ; il faudrait presque partout, substituer le mot bulbe rachidien au mot cerveau. »

Pour exemple de l'influence nerveuse sur les fonctions physiologiques, le poumon se présente de suite, comme témoignage évident de la dépendance nerveuse où se trouve sa fonction physiologique.

Le poumon, centre de l'hématose, ne peut se trouver empêché, enrayé, dans son action, sans que le système nerveux ne se trouve engagé dans les désordres qui peuvent s'y produire ; puisque c'est de lui que l'organe tire son principe d'action. N'y aurait-il même qu'un changement dans la composition du sang par le fait de l'absence de l'hématose, par ralentissement de la respiration, que ce serait suffisant pour prouver le fait. Le sang est le liquide vivifiant de l'économie, il anime les organes sans en soustraire le système nerveux qui éprouve à son tour les effets du changement survenu. Les organes sont d'ailleurs solidaires les uns des autres, les systèmes aussi.

Le cerveau, centre des opérations de l'intelligence et des actes qui en dépendent, forme la plus grande masse du système nerveux. A lui, vont retentir les impressions senties par les différents organes ; et de lui, partent les *volitions* (de *volere*, vouloir), résultat de nos pensées, de nos sentiments moraux et de nos facultés intellectuelles. Protégé du choc des corps extérieurs, par une enveloppe osseuse assez résistante, sa texture molle et pulpeuse aurait eu néanmoins à souffrir de la part du cours rapide du sang qui s'y projette, si la nature n'avait paré au danger d'une trop forte et trop rapide impulsion de ce liquide dans son intérieur (et même à sa surface) au moyen d'une disposition particulière des vaisseaux qui forment alors des flexuosités, et présentent des divisions et des subdivisions nombreuses. Elles sont destinées à ralentir la marche du liquide sanguin dans cet organe (le cerveau).

Son tissu, d'une mollesse extrême, ses membranes fines et ténues, auraient pu se rompre sous les efforts continus de propulsion du sang, par le cœur.

On voit donc que les flexuosités des vaisseaux, auxquelles s'ajoute la station verticale chez l'homme, qui est celle qu'il affecte le plus ordinairement, tendent à conjurer le danger en empêchant le sang d'être projeté avec force, dans certaines circonstances, par les contractions énergiques, et parfois exagérées, du cœur.

L'ébranlement que la substance du cerveau aurait pu en recevoir, et la rupture qui aurait pu survenir dans ses vaisseaux, se trouvent en partie annulés par cette disposition.

La nature toujours prévoyante dans son œuvre, a doué les animaux d'une disposition anatomique encore plus admirable : les quadrupèdes qui n'ont pas, comme l'homme, la tête placée verticalement à la partie supérieure du corps, mais bien horizontalement, et quelquefois pendante, sont pourvus du *réseau admirable*.

Ce réseau, ainsi appelé, à juste titre, par sa disposition, fait que les artères arrivées, ou près d'arriver au cerveau se divisent à l'infini, pour former un réseau capillaire, lequel se réunit plus loin, à son tour, pour former de nouveaux troncs qui, bientôt, se divisent aussi à l'infini, et forment en dernier lieu, ce qu'on appelle le réseau admirable (rete mirabile).

On voit combien il était nécessaire que les *ondées sanguines* n'arrivassent pas trop brusquement chez les quadrupèdes, qu'*elles* fussent, par conséquent, ralenties par ces divisions, dans leur cours; et qu'enfin ces animaux fussent à l'abri des accidents de rupture de vaisseaux, ou d'altération de la substance cérébrale, dans les endroits où le choc se serait fait trop fortement sentir par suite de l'arrivée du sang propulsé par le cœur.

Chez l'homme, dans les artères de la partie céphalique, il y a bien aussi une espèce de réseau formé à la base du cerveau par les branches des artères carotides internes et vertébrales, anastomosées entre elles, mais ce n'est pas à ce point d'organisation.

Les veines ne présentent pas moins d'heureuses dispositions dans leur distribution à l'organe cérébral.

Dans la pie-mère, leurs rameaux, d'une ténuité extrême, forment bientôt des branches, par leur réunion avec le réseau qui parcourt l'arachnoïde et la dure-mère, pour aller directement s'ouvrir dans les différents sinus qui sont situés près d'elles.

Ceux-ci leur offrent un espace d'autant plus considérable, que leur place trace un sillon profond dans la substance même de l'os; ce qui les met, d'abord, à l'abri de tout choc, et les préserve de toute possibilité de comprimer le cerveau; retenus d'ailleurs qu'ils sont, ces canaux veineux, par un tissu conjonctif qui les fixe solidement en place.

Tous ces sinus se versent dans le golfe de la veine jugulaire interne, qui est logée, elle-même, dans une cavité osseuse connue sous le nom de fosse jugulaire, et que l'on observe sur la suture résultant de l'articulation de l'occipital avec la portion pierreuse du temporal.

Enfin, cette veine jugulaire interne, se déverse, comme la jugulaire externe, dans la sous-clavière, et de chaque côté, afin que le sang se rende de là dans la veine cave supérieure et enfin au poumon, puis au cœur.

L'*arachnoïde*, d'une ténuité que son nom même indique, est transparente dans toute son étendue, appartenant à la classe des séreuses, elle est par conséquent formée de deux feuillets, qui représentent un sac sans ouverture.

Son feuillet extérieur, c'est-à-dire son feuillet viscéral, par sa face externe, est appliqué sur la pie-mère.

Elle revêt la convexité des hémisphères, sans pénétrer dans les anfractuosités, et laisse, par conséquent, un espace plus ou moins considérable entre elle et la pie-mère, dans les endroits où celle-ci s'enfonce dans les anfractuosités qu'elle tapisse de toutes parts.

Son autre feuillet, le feuillet pariétal, par sa face externe ou extérieure, s'applique à la face interne de la dure-mère, à laquelle elle est intimément unie dans une partie de son trajet.

Entre les deux feuillets de l'arachnoïde, il y a comme dans toutes les séreuses, un peu de sérosité qui lubrifie les surfaces.

Il part des filaments de tissu conjonctif qui unissent parfois lâchement le feuillet viscéral de la pie-mère; c'est un tissu aréolaire qui ne pénètre pas non plus dans les anfractuosités; tandis que la pie-mère couvre complètement le cerveau, s'enfonce dans les anfractuosités, laissant, comme on l'a dit, un intervalle entre elle et l'arachnoïde dans les endroits où la pie-mère s'introduit dans toute la profondeur des anfractuosités. Nulle part l'*arachnoïde* n'est adhérérente à la pie-mère, tandis qu'elle est lâchement unie, par son feuillet extérieur, à la dure-mère, dans une grande partie de son trajet; tapissant, comme cette dernière, les parois intérieurs du crâne et du canal vertébral; mais s'en séparant, toutefois, au niveau des trous dans lesquels la dure-mère s'enfonce pour accompagner encore quelque temps les vaisseaux artériels ; tandis que l'arachnoïde se replie du côté du cerveau (1). L'arachnoïde se prolonge donc, comme on voit, dans le canal vertébral, autour de la moelle, fournit une gaîne conique à chacun des nerfs cérébraux, et forme, à l'extrémité de ce canal, un cul de sac, d'où elle se réfléchit sur la dure-mère.

Toutes ces dispositions anatomiques ont leur importance pour certains phénomènes qui se passent dans l'encéphale, et pour lesquels, quelques physiologistes organiciens ou matérialistes, ont cru voir l'explication dans l'arrangement particulier du cerveau ; mais, en faisant la part de ce qui appartient aux spiritualistes et aux matérialistes, on se trouvera dans la vérité, quand on y procèdera avec réflexion et sans parti pris d'avance.

En entrant dans les descriptions anatomiques qui précèdent, nous nous sommes proposé, sans entrer davantage dans l'anatomie du cerveau, d'expliquer un phénomène physiologique qui ne pourrait l'être sans ces développements préalables. Toutefois, nous devons ajouter que des communications existent entre les ventricules latéraux et le ventricule moyen ; entre ce dernier et le 4e ventricule par l'acqueduc de Sylvius, c'est-à-dire entre le ventricule moyen du cerveau et entre le ventricule du cervelet ; et enfin, un liquide appelé céphalo-rachidien, est sécrété entre la pie-mère et l'arachnoïde.

Ce liquide, dont la quantité ne dépasse guère, dans l'état ordinaire, 50 et quelques grammes (Magendie), se trouve entre les feuillets des deux membranes arachnoïde et pie-mère, liquide sécrété, comme nous l'avons dit, par cette dernière, dans cet endroit et non ailleurs, et toujours par la pie-mère, qui est par-

(1) De récentes recherches *histologiques*, faites à ce sujet, démontrent que la dure-mère aussi bien que l'arachnoide, la première par sa face interne et l'autre par son feuillet pariétal, glissent l'une sur l'autre au moyen d'un épithélium pavimenteux dont elles sont réciproquement pourvues dans ces endroits.

Cet épithélium permet à un intervalle très peu considérable d'exister entre elles.

Elles ne seraient donc pas intimément unies comme on l'avait pensé.

courue par une grande quantité de vaisseaux, non-seulement pour sa propre substance, mais pour l'entretien de l'encéphale en entier. Deux considérations qui ont une certaine importance pour l'explication de certains faits que nous apprécierons ailleurs, et dont nous ne dirons pour le moment que ceci : c'est que les *méningites* reconnaissent plus particulièrement pour cause l'affection et l'inflammation de la pie-mère, que celle de l'arachnoïde, à cause surtout de cette dernière disposition anatomique, c'est-à dire son injection vasculaire sanguine portée à un haut degré.

Maintenant, en nous reportant à ce que nous connaissons de la contexture du cerveau, et de sa composition, en substance grise et en substance blanche (corticale et médulaire), nous verrons que la substance blanche occupe tout l'intérieur et la base du cerveau : le pont de varole, les pédoncules cérébraux et cérébelleux ont la substance blanche également. Cette substance blanche est parsemée de ramuscules vasculaires. La substance grise en est moins abondamment fournie ; elle est plus molle et est située, plus particulièrement, à la surface de l'organe. C'est le contraire dans la moelle épinière. Le cerveau reçoit de nombreux vaisseaux artériels qui sont fournis par la carotide interne et la vertébrale. Enfin les veines du cerveau si nombreuses et formant les sinus, ainsi que nous l'avons dit, aboutissent aux sinus de la dure-mère.

Avec ce qui a été exposé aussi plus haut, de la disposition des méninges et des communications entre les ventricules, nous nous trouvons avoir une description sommaire, sans doute, et bien incomplète du cerveau, mais qui nous suffira pour l'intelligence de ce qui sera dit plus loin.

Nous avons expliqué dans un autre endroit pourquoi l'expiration était plus prolongée que l'inspiration : nous avons dit que pendant l'expiration, tout l'air qui était introduit dans le poumon, ne pouvait être complètement chassé, et qu'une partie de cet air restait en contact avec le sang, à travers les parois des vaisseaux, jusqu'à ce qu'une nouvelle inspiration remplaçât cet air qui se trouve alors plus raréfié et qui doit en sortir à la première expiration, entraînant avec lui une certaine quantité d'acide carbonique, de la vapeur d'eau et quelques parcelles de matières organiques.

L'acide carbonique qui a été produit se trouve de cette manière expulsé de l'économie, et il est remplacé par de l'oxygène absorbé. Il y a évidemment échange de gaz dans les poumons, puisqu'il y a moins d'oxygène rendu, et plus d'acide carbonique exhalé qu'il n'y en avait dans l'air introduit pendant l'inspiration.

En faisant autre part cette explication (à l'article de la respiration), nous n'avons pu entrer dans l'exposition des effets que produit au cerveau cette même expiration aussi bien que l'inspiration, qui la suit de très-près, parceque ce n'était pas le lieu de traiter cette matière (*non erat hìc locus*), autrement que ne le comportait le sujet qui devait nous occuper alors.

Aujourd'hui, le phénomène dont nous allons parler, se trouvera bien plus intelligible avec les connaissances que nous possédons sur la composition et la distribution des parties, dans l'encéphale ; et sur la manière dont l'air agit sur la surface intérieure des conduits aériens, c'est-à-dire sur les vésicules, dernières terminaisons des divisions bronchiques, dans l'un comme dans l'autre poumon.

Au moment de l'*expiration*, le cerveau semble être soulevé et porté en haut de la voûte crânienne, comme s'il fesait effort pour sortir de la boîte osseuse où il est contenu.

Cet effet n'est appréciable que lorsque le cerveau est mis à découvert, et qu'une perte de substance assez considérable, faite aux os du crâne, permet cette expansion, qui paraît se produire de la base au sommet.

Ce mouvement est très-évident chez l'enfant, dont les fontanelles ne sont pas encore *fermées*, car plus tard, il n'est plus appréciable.

Si nous examinons l'état du cerveau pendant l'*inspiration* (et lorsque la chose est possible), il semble que le contraire de ce qui arrive pendant l'expiration, se produit alors ; c'est-à-dire que l'organe s'affaisse sur lui-même, qu'il s'abaisse, en un mot ; et qu'il ne remplit plus la cavité crânienne. Ces deux mouvements répondent : le premier (l'élévation), à la systole ; et le deuxième (l'abaissement), à la diastole du cœur.

Chez l'adulte et le vieillard, on le pense bien, le phénomène ne peut être constaté à cause de l'épaisseur de la boîte osseuse, et pour une cause que nous dirons bientôt.

Chez l'enfant, le peu d'épaisseur de ses fontanelles), formées alors seulement du péricrâne et de la dure-mère), leur souplesse aussi, permettent de sentir manifestement le mouvement d'élévation et d'abaissement du cerveau tout entier.

Ces mouvements, dans ces deux circonstances, ont été mesurés au moyen d'un tube de verre que l'on a adapté au feuillet viscéral d'un mammifère et que l'on a rempli au trois-quarts d'une eau colorée et communiquant avec la sérosité céphalo-rachidienne (Magendie).

On a vu alors évidemment le liquide montant et descendant, selon que l'expiration ou l'inspiration avait lieu chez le sujet soumis à cette expérience.

Il y a donc dans le rachis et dans les ventricules du cerveau, un liquide qui les baigne en partie. Ce liquide permet au cerveau de se porter dans les endroits qui ne présentent aucune résistance ; mais chez l'adulte et le vieillard le mouvement de totalité n'existe pas : il y a tendance au vide sans effet d'expansion, à cause de la solidité des parois du crâne, à moins qu'il y ait eu, comme cela s'est vu, chez certains individus, des pertes assez considérables de portions osseuses qui permettent alors de constater, par le toucher, les mouvements dont nous parlons, à travers le tissu cellulo-fibreux qui remplace, dans ces cas et avec bonheur, l'os absent.

Le liquide céphalo-rachidien est placé entre la pie-mère et le feuillet viscéral de l'arachnoïde.

Nous avons dit que dans l'expérience précitée, le double mouvement de l'encéphale était en rapport avec ceux de la respiration. En effet, le liquide contenu dans le tube de verre descend à chaque inspiration et monte au contraire à chaque expiration.

« Dans le premier cas, au moment de la dilatation du thorax, le sang veineux affluant de toutes parts et particulièrement du centre nerveux vers le cœur, sa quantité diminue à la surface et dans les profondeurs de la masse nerveuse centrale. Et, ainsi, le vide que la sérosité *céphalo-rachidienne* est destinée à remplir augmente : or, cette sérosité se disséminant sur un plus large espace, sa pression diminue ; et l'abaissement du liquide contenu dans le tube de verre devient la conséquence nécessaire de cette diminution. Au moment où le thorax se resserre un phénomène inverse s'accomplit : le sang reflue vers le centre nerveux ; l'espace réservé à la sérosité céphalo-rachidienne diminue ; la pression qu'elle supporte s'accroît et, sous l'influence de cet excès de pression, le liquide s'élève dans le tube. » — NYSTEN, art. *arachnoïdien* du dictionnaire.

On a, pour compléter l'expérience de Magendie, ci-dessus relatée, adapté un robinet au tube de verre que l'on avait rempli d'une eau colorée. En fermant le robinet solidement fixé à sa place, et après avoir assujetti le tube à l'ouverture du crâne, on a constaté que la colonne liquide restait parfaitement immobile, et pendant l'inspiration et pendant l'expiration. On a ainsi substitué une colonne d'eau incompressible à un os inextensible, et l'on s'est préservé de l'influence de la pression atmosphérique.

Il a été démontré directement par ce fait qu'il ne se formait pas de vide dans la cavité crânienne au moment de l'inspiration. Mais, se demande M. J. Béclard, a-t-on réellement prouvé ainsi qu'il n'y a pas de mouvement dans la masse encéphalique, ne peut-on pas concevoir que l'encéphale puisse éprouver de faibles mouvements ou déplacements, sans pourtant qu'à aucun moment la cavité du crâne cesse pourtant d'être remplie ? Le liquide céphalo-rachidien, par exemple, qui communique si facilement de la cavité du crâne dans le canal rachidien, ne peut-il éprouver des déplacements alternatifs correspondant aux gonflements et aux affaissements alternatifs de l'encéphale ? L'état de réplétion et l'état de vacuité des sinus encéphaliques peuvent d'ailleurs s'accommoder avec les mouvements de la masse nerveuse. » — J. BÉCLARD, page 974.

Nous avons dit, dans un autre endroit, que la moelle rachidienne était pour ainsi dire suspendue au milieu de ce fluide *céphalo-rachidien ;* et qu'ainsi elle se trouvait légèrement comprimée par lui, quoiqu'il lui servît de coussinet et la préservât du choc ou du frottement, contre les parois du canal rachidien.

Elle se trouve être, par cela, toujours dans les mêmes conditions. « Il y a surtout dans la région lombaire un espace rempli de tissu cellulaire adipeux qui communique avec le tissu cellulaire extra-rachidien, par l'intermédiaire des nombreux et larges trous de conjugaison ; de telle sorte que les enveloppes de la moelle peuvent facilement céder d'une certaine quantité sous le flux et le reflux du liquide *céphalo-rachidien* qu'elles contiennent.

« D'où, M. J. Béclard conclut qu'il est vraisemblable que la respiration et la circulation déterminent dans la masse nerveuse plutôt des ébranlements que de véritables mouvements. » — J. Béclard, *Traité de physiologie*, page 975.

Maintenant, quelle est la composition de *ce liquide?* D'abord sa production parait être le résultat d'une simple exsudation du plasma du sang par les vaisseaux de la *pie-mère.* Et, ce qui parait confirmer ce mode de formation, c'est que sa composition ne varie guère, à moins qu'il ne soit, comme cela arrive pour les autres liquides de l'économie, sous l'influence d'une grande quantité d'urée contenue dans le sang.

Alors cette substance ne s'écoulant pas suffisamment par les urines, elle en surcharge certains points de l'économie, comme cela s'est vu pour le sang des cholériques, et comme cela s'est rencontré dans la sérosité des hydropiques, chez les personnes atteintes de la maladie de bright.

Quoiqu'il en soit, l'état normal ne fournit, pour le liquide *céphalo-rachidien*, qu'une quantité de soixante et quelques grammes, et dont la composition ne varie guère.

Elle renferme d'après l'analyse :

98 pour 100 d'eau, du chlorure de sodium, d'autres sels, une très-faible proportion d'albumine ; et quelques matières extractives. On peut comparer ce liquide au serum du sang dans lequel la proportion d'albumine serait très-diminuée.

Les substances solubles injectées dans le sang passent avec une grande facilité dans ce liquide. Il y a une remarque de Magendie; c'est que les substances qui modifient ou qui suspendent les fonctions du système nerveux, agissent probablement par cette voie. La rapidité de l'action de certaines de ces substances et leur prompte généralisation sur tout le système nerveux, semblent pouvoir s'expliquer par cette voie.

§ 123. **Sommeil.** Les fonctions du système nerveux ne sont pas dans une constante continuité d'action ; c'est-à-dire qu'elles sont soumises à une intermittence ou périodicité, d'où résultent l'état de *veille* et celui de *sommeil :* avec cette observation que les fonctions de la vie animale sont effectivement soumises à cette influence, mais que celles de la vie organique continuent de s'exécuter pendant le *sommeil* comme pendant l'état de *veille*. Ces fonctions n'éprouvent qu'un très-faible ralentissement pour ce qui a rapport à la nutrition ; car, pour la respiration et les sécrétions, elles s'accomplissent avec une régularité parfaite dans l'un et l'autre de ces états.

Le besoin de sommeil, comme réparateur des forces employées pendant l'état de veille, est en rapport surtout avec la dépense qui a été faite de ces forces ; mais ce besoin n'existe pas moins, en tout autre état, quoique d'une manière moins impérieuse. Les animaux sont soumis à ce besoin ; et l'histoire du sommeil d'*été* pour quelques-uns, comme le sommeil d'*hiver* pour quelques autres, tient à des particularités, comme celle du tanrec de Madagascar, pour lequel M. Humboldt a fait la remarque, ainsi que Ch. Coquerel, que cet animal a des habitudes nocturnes ; et qu'il résulte, par ce fait, qu'on le trouve toujours endormi pendant le jour ; mais que dans les plus grandes sécheresses, comme dans la saison des pluies, il se meut très-activement pendant la nuit.

Le besoin du sommeil est, comme celui des aliments, un besoin de conservation. On ne peut pas résister plus à l'un qu'à l'autre. La privation du sommeil, hors les cas de maladies, est la chose du monde la plus pénible pour l'homme. « En état de santé, il y consacre généralement le tiers de sa vie ; l'enfant plus de la moitié ; le nourrisson ne fait guère que dormir et manger. » — J. Béclard.

Le silence et l'obscurité favorisent l'arrivée du sommeil, que l'on cherche parfois vainement dans le bruit et la clarté du jour. Il faut cependant à ce sujet faire des exceptions, qu'on peut mettre sur le compte de l'habitude : « Le meûnier s'endort au tic-tac de son moulin, et s'éveille lorsqu'il s'arrête. » On a vu, dans les longs siéges des places fortes, des artilleurs dormir malgré le bruit du canon, qui tirait assez près d'eux.

Quelle est la cause prochaine du sommeil ? On l'attribue à une cause sanguine du cerveau. Broussais, en voyant dormir parfois un élève à son cours : voilà un jeune homme qui éprouve une congestion sanguine à la partie antérieure du cerveau ! disait-il...

Le sommeil enlève chez l'homme le sentiment de son existence. Il est là comme s'il n'existait pas. Il y a des personnes qui ont le sommeil si profond, qu'on peut les changer de place, les enlever même assez loin, sans qu'elles s'en aperçoivent.

Il y a cependant quelque chose qui veille en nous : les songes, les rêves se continuent avec une suite quelquefois surprenante, et à son réveil, l'homme se demande s'il a vraiment rêvé ce qui vient de se passer dans son esprit, tant la chose lui paraît réelle, véritable. Qui de nous n'a pas fait le rêve de Peau-d'âne, et qui n'a pas éprouvé une déception à la démonstration de la triste réalité ? L'engourdissement complet des organes des sens nous avait, comme le dit M. J. Béclard, enlevé la conscience du monde extérieur, et nous avions, pendant le sommeil, attribué aux images de la mémoire la réalité des objets qu'elles représentent. Au moment du réveil, les organes des sens rentrent en exercice; la vivacité de leurs impressions fait pâlir les notions de la mémoire, et la réalité supposée de ces notions s'évanouit par la comparaison.

Généralement, les images de la mémoire pendant les songes ne portent, le plus souvent, que sur les idées qui nous ont le plus occupé ou préoccupé pendant la veille. Pendant le sommeil, la comparaison des idées, c'est-à-dire le jugement, s'accomplit parfois avec une netteté remarquable ; cependant aucune idée primitive (découvertes scientifiques et autres) n'est provenue d'un rêve ou d'un songe. Pharaon, dans le songe expliqué par Joseph, n'avait aperçu que six vaches maigres mangeant, dévorant six vaches grasses. C'était une fiction que la sagacité de son prisonnier interpréta de la façon que tout le monde connaît, et qui se trouva être une réalité préjugée. C'était un songe, mais non un rêve, ce qui semble ne pas être tout-à-fait la même chose : le songe est plus suivi dans ses détails ; il en reste, au réveil, une impression plus commémorative, plus durable :

le rêve a moins de suite, il est plus fugitif, et semble laisser moins de traces dans l'esprit ; c'est, comme on le dit, un rêve qui a disparu quelquefois d'une manière si complète, qu'on n'est plus capable d'en rappeler le moindre élément au moment même du réveil. On est dans l'habitude de dire, en parlant des idées émises sur certains sujets où l'ordre et la raison ne prédominent point : ce sont des rêvasseries.

Le *somnambule* est-il un individu sous l'empire d'un songe ou d'un rêve ?

Le *somnambulisme* est un mode de sommeil dans lequel des mouvements de l'appareil locomoteur s'exercent ou s'exécutent. Ce sont les idées, sous l'empire desquelles le somnambule se trouve qui commandent ces mouvements, mais qui n'ont pas le jugement pour appréciateur de leur justesse et de leur régularité. Les sens sommeillent aussi, et n'ont point leur libre exercice : le somnambule ne voit ni n'entend, sa démarche est incertaine, et, sur le sommet d'un toit comme sur le rebord d'une fenêtre, il risque de tomber dans la rue, en prenant l'un pour un chemin, et l'autre pour la porte.

Il n'est pas reconnu que le somnambule réponde aux questions qu'on lui adresse, ni qu'il voie les objets dans l'obscurité, pas plus qu'il écrive sans lumière. Il n'y a pas eu d'expériences confirmatives de ces faits.

« Quant au somnambulisme provoqué ou magnétisme animal, état dans lequel l'individu qui y serait plongé aurait la faculté de sentir les odeurs par le creux de l'estomac, de lire avec le nez, avec les doigts ou avec la nuque, de prédire l'avenir, de ressusciter le passé, de savoir les sciences sans jamais les avoir apprises, et de se livrer enfin à une foule d'exercices plus ou moins divertissants ; quant au magnétisme animal, dis-je, et à ses prétendues merveilles, ce qu'il y a de plus surprenant, c'est la crédulité humaine. » (1).

M. J. Béclard rappelle aussi, à ce sujet, l'histoire des tables tournantes et frappantes, dont il accuse également la crédulité de s'être emparée et de l'avoir amenée à se faire jour, avec éclat,

(1) J. Béclard, *Traité de physiologie*, page 1027.

en plein dix-neuvième siècle, de manière à menacer un instant de prendre les proportions d'un évènement scientifique (1).

§ 124. Système nerveux dans la série animale. C'est dans le système nerveux chez les animaux, que l'anatomie comparée trouve particulièrement ses points de rapprochement, sinon de ressemblance.

Le système des mammifères est composé des mêmes parties fondamentales que celui de l'homme. Il n'offre que des différences peu importantes, qui portent principalement sur le nombre des nerfs crâniens et rachidiens, sur les renflements encéphaliques, et, enfin, sur le nombre des ganglions et des plexus du nerf grand sympathique (2).

Disons d'abord que les hémisphères ou lobes cérébraux, chez presque tous les animaux, sont les parties les plus volumineuses de l'encéphale ; mais les circonvolutions n'existent pas, et ces hémisphères ou lobes cérébraux sont moins réunis entre eux, car le corps calleux fait défaut.

D'autres parties de l'encéphale présentent des différences en plus ou en moins, et occupent plus ou moins d'espace dans les lieux où on les trouve placées.

Ainsi, les lobes cérébraux, chez les mammifères, se projettent en avant et ne portent pour ainsi dire point sur le cervelet. Chez les oiseaux, le cervelet est réduit à son lobe moyen, et le cerveau le laisse complètement à découvert. Chez ces derniers, le pont de varole manque en entier.

Dans les reptiles, dans les poissons, l'encéphale est peu développé. Les *hémisphères* perdent de leur prépondérance, les circonvolutions n'existent pas; mais les lobules optiques et les lobules olfactifs sont généralement assez volumineux.

Les invertébrés étant privés de vertèbres, par conséquent de cavité rachidienne et de cavité crânienne, on ne peut établir la

(1) *Ibidem.*

(2) Le renflement olfactif, situé à l'extrémité du pédoncule olfactif, acquiert, chez les mammifères, un assez grand développement. Il est souvent creux intérieurement. — J. Béclard, page 1028.

distinction, comme chez les vertébrés, entre le système nerveux cérébro-rachidien et le système nerveux du grand sympathique. Leur système nerveux est étendu le long du corps : « C'est une série de renflements communiquant entre eux, et fournissant des nerfs à toutes les parties. » — J. BÉCLARD.

Les éléments anatomiques du système nerveux des invertébrés sont les mêmes que ceux du système nerveux des mammifères.

« Enfin les invertébrés (mollusques, radiaires et spongiaires, ont un système nerveux constitué par une série de ganglions; il a été assimilé, par quelques physiologistes, au système du nerf grand sympathique des vertébrés.

« On suppose, dans cette manière de voir, que les invertébrés sont privés du système nerveux correspondant à l'axe cérébro-rachidien. Rien ne justifie cette manière de voir : le système central unique des invertébrés représente les deux systèmes des animaux supérieurs.

« Il préside et aux fonctions de sensibilité et de mouvement; et aux fonctions de nutrition, ainsi que le prouve l'expérience. » — Voir J. BÉCLARD, *Traité de physiologie*, page 1029.

LIVRE IV

FONCTIONS DE REPRODUCTION

CHAPITRE Ier.

OVULATION ET MENSTRUATION.

§ 125. Génération. — DÉFINITION : La *génération* est cet acte par lequel les corps vivants et organisés reproduisent des individus semblables à eux et perpétuent ainsi leurs races et leurs espèces.

La plupart des êtres animés se reproduisent par *génération*. Dans l'espèce humaine, le concours des deux sexes est nécessaire, comme il l'est également dans la série animale, chez les êtres supérieurs de cette série.

Il n'y a guère que dans les animaux invertébrés que l'organe mâle et l'organe femelle se trouvent réunis sur le même individu, ce qui rapproche, sous ce rapport, ces animaux des végétaux, où une enveloppe florale contient les organes des deux sexes.

Enfin, il y a dans la série animale, des êtres imparfaits, qui ont un mode de génération analogue à celui des végétaux-cryptogames ; c'est-à-dire que chez eux la reproduction s'effectue à l'aide de parties qui se détachent de l'animal, et qui possèdent la propriété de croître et de se développer (1).

(1) Génération par spores, 2° génération gemmipare, 3° génération par scission, ou scissipare. — (J. BÉCLARD, page 1049).

Les polypes hydraires, les cellules embryonnaires éprouvent la scission.

Quelle que soit la manière dont les organes de la génération sont placés, c'est-à-dire qu'ils se trouvent sur des individus distincts (mâle et femelle), ou réunis sur un même individu (hermaphrodite), « il y a toujours ce procédé ou caractère fondamental, savoir : l'organe femelle produit un œuf, et l'organe mâle fournit un liquide qui féconde cet œuf, et lui donne le pouvoir de se développer. »

Il a été dit que dans les animaux d'une classe supérieure, les organes sexuels sont portés par un individu différent ; mais la fécondation s'effectue dans certaines espèces (sans accouplement) : la femelle produit des œufs sur lesquels le sexe mâle verse un fluide fécondant ; d'autres fois, c'est dans les organes mêmes de la femelle (par copulation, par accouplement), que le fluide du sexe mâle est porté sur le germe fourni par la femelle.

Dans ce dernier cas, l'individu mâle est pourvu d'un organe particulier destiné à porter dans les organes femelles le fluide prolifique.

Et encore, dans ce cas, bien des différences se présentent ; ou bien l'œuf fécondé est aussitôt pondu, et n'éclôt qu'après la ponte, *génération ovipare* ; ou l'œuf fécondé chemine si lentement dans les organes destinés à son excrétion, qu'il y éclôt, et que le nouvel individu naît tout formé, *génération ovovivipare* ; ou, encore, l'œuf fécondé, se détachant aussitôt de l'ovaire, est reçu dans une sorte de réservoir appelé matrice, à la paroi duquel il s'attache, d'où il tire les matériaux nécessaires à son développement ; et d'où il est enfin expulsé sous sa forme propre (génération vivipare), mais dans un tel état de faiblesse qu'il a besoin d'être nourri avec un fluide animal sécrété par la mère. (NYSTEN, *dict.*, *art. génération*.)

L'homme naît d'un œuf, dit M. J. Béclard, *Traité de physiologie*, page 1050. « Cet œuf formé dans l'ovaire de la femme, et auquel on donne le nom d'*ovule*, se détache à certaines époques.

Il arrive le plus souvent que l'ovule se détache de l'ovaire sans être fécondé ; alors, il passe inaperçu à cause de sa petitesse, et disparait dans le mucus des parties génitales, ou dans le sang des règles, époque dans laquelle la rupture de la vésicule de Graaf se fait le plus ordinairement. Ceci permet, alors, à la liqueur mâle secrétée par l'homme et introduite dans l'intérieur des organes de la femme, de féconder l'ovule. Alors, celui-ci s'arrête dans l'utérus, s'y fixe, s'y développe, s'y accroît, et donne naissance au nouvel être (1).

Mais n'anticipons pas sur la fécondation, et disons, tout d'abord, que l'organe principal et qui joue un rôle important dans l'acte de la génération, est l'ovaire, dont il vient d'être question, et dont nous continuons l'histoire.

§ **126. De l'ovaire.** Cet organe est situé à l'entrée du bassin de chaque côté de la matrice. Il représente un corps demi-ovale, aplati, long de 3 à 5 millimètres sur 1 ou 2 millimètres de large.

Il est constitué par une base celluleuse, parcourue par un grand nombre de vaisseaux.

Il est recouvert, dans toute sa partie extérieure, par le péritoine, qui y est très-adhérent, et qui forme, dans cet endroit, un des ailerons du ligament large.

C'est par ce bord que l'organe (l'ovaire), reçoit les nerfs et les vaisseaux.

L'ovaire possède en outre, une membrane propre, enveloppe fibreuse, blanche et solide. Sous cette membrane, on trouve un tissu mou, cellulaire et fibro-plastique, rougeâtre, parsemé de nombreux vaisseaux sanguins, que Baer a nommé *stroma*.

La face interne se continue avec le tissu conjonctif de l'ovaire, et semble s'introduire dans l'ovaire lui-même, laissant des intervalles par lesquels les vaisseaux et les nerfs pénètrent dans l'organe.

Il y a dans ces parties des plexus veineux très-nombreux. Il y a des muscles à fibres lisses autour de l'utérus et dans l'ovaire.

Vésicules de Graaf. Leur évolution. Enfin, il y a des œufs

---

(1) Regnier de Graaf, anatomiste hollandais, n'est pas le premier (dit M. J. Béclard) qui ait observé les vésicules qui portent son nom, mais il est le premier qui les ait suivies, étudiées avec soin.

Il ne leur assigne cependant pas leur véritable rôle, car il les considère, à tort, comme les ovules eux-mêmes. — J. Béclard, *Traité de physiologie*, page 1051.

situés dans des cellules, espèces de capsules appelées *vésicules de Graaf*. Ces vésicules sont innombrables; on en compte de 16 à 20 à l'œil nu. Il y en a dans la profondeur de l'ovaire.

Ces vésicules, elles-mêmes, contiennent, dans leur intérieur, un corps plus petit qui n'est autre que l'ovule de Baer (vésicules de Baer.) Ce dernier auteur assure que l'ovaire d'une femme apte à procréer, fait découvrir, au microscope, des milliers de *vésicules*, dont quelques-uns sont à la surface de l'ovaire et d'autres s'engagent dans la profondeur, et semblent comme refoulées dans le fond de l'organe.

Le nombre de vésicules de Graaf n'est pas le même dans toutes les espèces; leur nombre est en rapport avec la fécondité de l'animal et avec celui des petits qu'il peut produire dans une même portée.

« Les vésicules de Graaf présentent un volume très-variable, qui correspond aux diverses périodes de leur évolution ; on en voit dans le fond de l'organe, c'est-à-dire dans la profondeur de l'ovaire qui n'ont que 1 ou 2 millimètres de diamètre; tandis que, au moment de leur maturité, elles peuvent souvent présenter un centimètre de diamètre. « Chez la femme, leur développement peut atteindre le volume d'une noix et même plus encore. » (J. Béclard), page 1052.

Si vous divisez l'ovaire par une coupe antéro-postérieure, vous en trouverez dessus, à la surface, et d'autres près de la surface : les premiers faisant saillie quelquefois.

Chaque vésicule a une tunique externe peu sanguine; les vaisseaux qui la traversent, ne sont pas destinés à la tunique, mais bien à l'organe lui-même. Plus intérieurement, il y a une autre tunique plus épaisse, peu élastique et très-vasculaire.

Dans l'intérieur de la vésicule se trouve groupée, autour de l'ovule qu'elle contient, une masse de cellules. Cette couche de cellules forme comme un épithélium intérieur; on lui a donné le nom de membrane granuleuse. Et autour de l'ovule, il y a une grande quantité de ces cellules agglomérées (comme nous l'avons dit en premier lieu). C'est le *cumulus proliger, disque proligère*, entourant l'ovule.

Il y a en outre dans la vésicule, un liquide jaunâtre, transparent, analogue au serum du sang, et comme lui, coagulable par la chaleur.

§ 127. **De l'ovule.** Pendant longtemps, on a pris les vésicules de Graaf pour des œufs, et l'on a cru que le liquide qu'elles renfermaient, épanché dans les trompes, à la suite d'un coït fécondant, fournissait les matériaux nécessaires à la formation de l'embryon futur et de ses enveloppes; mais Baer a démontré que les choses ne se passaient pas ainsi, et qu'à la face interne de la vésicule se trouve appliquée une membrane délicate et grenue, après laquelle vient un liquide albumineux limpide comme de l'eau.

C'est sur un point de cette membrane, correspondant au côté libre de la vésicule, qu'est fixé l'*ovule*.

Ainsi, les œufs existent tout formés dans la vésicule de Graaf; mais cet ovule est l'œuf, véritablement l'œuf qui, au moment du développement maximum de la vésicule de Graaf qui le contient, n'a guère, chez les mammifères et dans l'espèce humaine, plus de 1/5 à 1/10 de millimètre de diamètre; d'autres disent de 1 à 2 dixièmes de millimètres. Les ovules sont donc très-petits.

Lorsque la vésicule de Graaf et les enveloppes de l'ovaire se rompent, l'ovule s'échappe facilement au dehors.

Les différences qu'ils offrent, sous le rapport de leur volume, ne sont pas proportionnées à celles qui existent entre les animaux, eu égard à leur taille.

L'œuf, l'*ovule*, examiné au microscope, a, lui aussi, une membrane et un contenu.

La membrane, ou le contenant, est la membrane *vitelline*, ou membrane transparente. Relativement au volume de l'ovule, elle a une assez grande épaisseur, *zona pellucida* de quelques auteurs. Le contenu est granuleux, c'est le vitellus. Il y a encore une vésicule diaphane, incluse dans le vitellus; c'est la vésicule germinative. On a pensé que la vitelline était percée de trous *micropyles*, pour expliquer sa pénétration par les spermatozoïdes, lors de la fécondation.

Le contenu de l'ovule, le jaune, ou le vitellus, est un liquide albumineux, dans lequel il y a des granulations: il y a un point, ou une partie plus épaisse qui forme la vésicule germinative dont nous avons parlé — WAGNER.

« On désigne quelquefois, dit M. J. Béclard, page 1053, la vésicule germinative sous le nom de vésicule de Purkinje, du nom de l'anatomiste qui l'a découverte dans l'œuf des oiseaux, C'est M. Coste qui a signalé, plus tard, sa présence dans l'œuf des mammifères.

La vésicule dite germinative, est très-délicate; elle se détruit avec une grande facilité, et se dérobe parfois ainsi à l'observation microscopique. Elle n'a, sur l'ovule arrivé à son développement, qu'un trentième de millimètre de diamètre. »

On voit, d'après ce qui vient d'être dit, que les vésicules de Graaf, sont un des éléments essentiels de l'ovaire, puisqu'elles contiennent dans leur intérieur, l'ovule qui est, par la vésicule germinative, le point de départ de la formation d'un être nouveau, lorsqu'il y a eu fécondation; mais il faut au préalable que l'ovaire éprouve un travail et les vésicules aussi, pour que l'évolution de ces derniers ait lieu.

L'accumulation du liquide, contenu dans la vésicule, ou les vésicules de Graaf, prépare, par le fait d'une espèce de turgescence, les tuniques à se rompre. Le liquide contenu dans l'ovaire, et qui s'est accru, a distendu les deux tuniques communes; la trompe se trouve en érection; et par l'afflux toujours croissant de ce liquide (l'ovule ayant un peu suivi le développement qui s'est produit). La vésicule vient faire saillie à la surface de l'ovaire; la tumeur s'accroît et finit par éclater. C'est alors que l'ovule, situé vers la partie la plus proéminente de la vésicule de Graaf, s'échappe aussitôt, et se trouve projeté dans la trompe, dont nous venons de parler, avec la petite masse ou *cumulus proliger*, qui l'entoure, c'est ce qui favorise son expulsion; en y joignant l'élasticité dont la membrane externe de la vésicule paraît être douée.

« Ainsi, l'évolution de la vésicule de Graaf, c'est-à-dire son accroissement, sa proéminence à la surface de l'ovaire, et l'accumulation de liquide à son intérieur, a pour but sa rupture, c'est-à-dire la sortie de l'ovule. Une fois l'œuf sorti, son rôle est terminé; et la trace disparait par un travail de cicatrisation. — J. BÉCLARD, page 1055.

Il y a eu, d'après ce que nous venons de dire, rupture dans le corps organique de l'ovaire, dans un moment où il y a eu congestion dans la vésicule. Quelquefois cette rupture est accompagnée d'une petite quantité de sang.

Enfin le liquide est sorti, le disque proligère aussi ; et ceci, par l'action de la membrane externe qui est élastique et qui était distendue par l'accumulation de liquide dans son intérieur. Elle se retracte ensuite, cette membrane, la tunique interne se plisse pour suivre cette réaction; et tous les phénomènes d'une plaie se manifestent sur l'ovaire et forment les *corps jaunes*.

La cicatrice qui doit succéder à cette rupture se forme lentement, il ne reste plus alors qu'un petit enfoncement linéaire. Il existe dans le point de l'ovaire, que la cicatrice occupait, une petite masse à laquelle on a donné le nom de *corps jaune*. Les corps jaunes existent tant que la cicatrisation n'est pas complète. Après ce temps il n'existe plus qu'une cicatrice linéaire.

On estime généralement que les corps jaunes disparaissent trois ou quatre mois après la rupture de la vésicule. « Le travail de cicatrisation peut être cependant plus long dans certaines circonstances : lorsque l'ovule a été fécondé, et qu'il se développe dans l'utérus ; le corps jaune prend un développement considérable, et à la fin de la grossesse il n'a pas toujours disparu. » J. BÉCLARD, page 1056.

Ce n'est pas seulement après la fécondation, que ce phénomène a lieu : la rupture peut se faire spontanément ; l'ovulation peut s'accomplir sans qu'il y ait fécondation, car à chaque mois la rupture se produit, pour les femmes, au moment des règles.

Cette rupture peut se manifester à la suite de l'union des sexes, et elle peut dépendre d'excitations des organes génitaux, autres que celles qui tiennent au coït et à la fécondation (1).

On croit, aujourd'hui, que chacun des retours de la menstruation s'accompagne du développement d'une vésicule de Graaf et d'un ovule qui, si la fécondation ne survient pas, aboutit, tout

(1) Chez les animaux la présence du mâle hâte le retour du rut.

simplement, à la formation d'un corps jaune (faux) que l'on distingue de celui qui se produit après la fécondation, qui est plus persistant et que pour cela on a appelé *vrai* (1).

Bischoff, a toujours reconnu, sur les ovaires des femmes mortes pendant l'époque de la puberté, une surface tuberculeuse et cicatrisée, et, du moins, sur plusieurs, des traces de corps jaunes, incomplétement développés, même lorsqu'il n'y avait pas eu conception auparavant. Aussi, regarde-t-il, comme indubitable, que cette apparence était due aux menstruations antécédentes dont, suivant lui, chacune s'accompagne de l'évolution, en sens direct d'abord; puis en sens rétrograde, d'un folicule de Graaf et d'un ovule.

Le second de ces deux actes, détermine une formation analogue à celle d'un corps jaune, mais toujours moins complète et plus promptement réduite à une simple cicatrice, que le corps jaune, qui doit naissance à la fécondation d'un œuf.

Le corps jaune, ou les corps jaunes ne sont donc pas l'*indice* de grossesses antérieures comme on l'avait avancé dans un temps encore peu éloigné.

§ 128. **De la trompe**. Il y a une seconde annexe de la matrice et qui joue un rôle important dans la progression de l'ovule vers l'endroit où il doit être reçu pour se développer, c'est la *trompe*, dite trompe de Fallope.

C'est elle qui doit conduire l'ovule, l'*œuf*, jusque dans la matrice, lorsque les choses se passent normalement, et que rien n'est venu faire obstacle à son cheminement, ou le faire dévier de la route qu'il doit suivre (2).

La trompe ou les trompes (car il y en a deux) longues de six à huit centimètres : Nysten (*dictionnaire*) dit de dix à douze centimètres et même treize centimètres (3) occupent chacune l'un

---

(1) Les corps jaunes représentent une phase transitoire de la cicatrisation des vésicules de Graaf. — J. Béclard

(2) Il y a des exemples de grossesses sur l'ovaire, dans les trompes et dans la cavité abdominale, dites extra-utérines.

(3) Il y a probablement erreur, en plus, dans cette désignation de Nysten.

des angles supérieurs de la matrice et se portent à l'ovaire correspondant.

Elle est essentiellement musculaire, à fibres lisses, et percée par un canal qui va diminuant, du pavillon qui la surmonte, vers l'orifice utérin.

Le tissu des trompes est spongieux, vasculaire et susceptible d'érection, comme les corps caverveux de la verge et du clitoris.

Leur tunique interne est le point d'union de la membrane séreuse qui tapisse l'abdomen, avec la muqueuse qui se trouve à l'intérieur de la matrice.

L'intérieur de la trompe est muni d'un épithélium à fibres vibratiles ; circonstance essentielle à noter, et qui fait que les mouvements intérieurs de la trompe, ont lieu de son pavillon vers l'utérus. Un corps mû par ces fibres cheminera de ce premier endroit vers le second. Et, ce corps, que nous supposons l'œuf (l'ovule) s'augmentera par des couches albumineuses qui ne produiront qu'un léger dépôt autour de lui, sans formation de membrane.

Il arrivera ainsi dans la matrice.

Cette chute de l'ovule (vésicule de Baer) ou son entrée dans la trompe, est favorisée par cette circonstance : la trompe est d'abord droite et étroite : ensuite elle s'élargit et devient flexueuse ; son extrémité voisine de l'*ovaire*, est libre, évasée, flottante et découpée dans son contour, en franges ou languettes, ce qui a fait donner à cette partie de la trompe, le nom de morceau frangé. « C'est par une ou deux de ces languettes, plus longues et plus fortes que les autres, que la trompe s'attache par cette extrémité à l'ovaire. »

« L'on pense qu'au moment où l'œuf, ou l'ovule se détache de la vésicule de Graaf, ce morceau frangé de la trompe, autrement appelé *pavillon*, s'applique étroitement contre l'ovaire, et forme un conduit non interrompu de l'ovaire à l'utérus. »

Ainsi l'œuf fécondé ou non fécondé, est transmis de ces organes (ovaire et trompe) dans le dernier, la matrice, qui est son lieu de développement, et où il est le plus ordinairement fécondé.

Car, l'œuf (l'ovule) peut être fécondé dans tout le trajet de ce parcours et arriver dans la matrice. Chez les vierges, l'ovule, non fécondé peut parcourir tout ce trajet, et être enfin absorbé, n'ayant pas eu de fécondation pendant ce temps et pendant celui qu'il peut passer dans l'utérus.

Le rut est chez les animaux tout-à-fait instinctif. Cette époque est celle où l'œuf est arrivé dans la trompe et se trouve à son point de maturation. La vésicule de Graaf s'est préalablement rompue ; l'ovule s'en est échappé.

A cette époque aussi il y a plus de chaleur dans les parties génitales ; il y a afflux de liquide dans les parties qui en sont le siége ; le sang y arrive en plus grande abondance ; et le désir de se rapprocher du mâle se manifeste chez la femelle des animaux.

Chez la femme il y a une époque appelée époque menstruelle, où il y a aussi afflux de liquide et de sang dans les parties de la génération.

C'est une congestion, une fluxion, mots qui rendent plus ou moins bien le phénomène.

De la matrice. Chez la femme, la matrice, qui est principalement le siége de cette fluxion, est un des organes de l'appareil générateur ; elle est destinée à contenir le produit de la conception, depuis la fécondation jusqu'à la naissance.

Chez la femme, la matrice est placée dans la cavité du petit bassin, entre la vessie et le rectum ; de manière que son fond se trouve en haut et un peu en arrière, et son ouverture en bas et un peu en avant.

Elle est maintenue dans cette position par les ligaments larges, expansion membraneuse résultant de l'adossement de deux feuillets du péritoine qui se réfléchit de la face postérieure de la vessie pour former les petits replis, dits ligaments antérieurs. Elle est aussi assujettie par les ligaments postérieurs, replis analogues ; enfin, par les ligaments ronds. La matrice a la forme d'une petite poire un peu aplatie.

Le tissu de la matrice n'a pas, à la vérité, la couleur rouge des muscles proprement dits, mais il n'en présente pas moins les caractères essentiels du tissu musculaire, puisqu'il jouit de la contractilité et qu'il contient de la fibrine. Les fibres de la matrice forment d'abord au-dessous du péritoine une couche qui est évidemment musculeuse ; on rencontre ensuite (toujours dans son tissu) une couche plus épaisse de fibres transversales : plus profondément encore, on trouve de ces fibres transversales ; mais les fibres longitudinales et obliques abondent et prédominent surtout au col. Enfin, en haut, on voit le prétendu *detrusor placentæ* de Ruisch, sorte de muscle orbiculaire ou de disque musculaire, auquel il supposait, pour fonction, de décoller le placenta lors de l'accouchement.

« Toutes ces couches ont pour base un tissu cellulo-fibreux, jaune, surchargé de fibres. » — NYSTEN.

M. Longet a vu qu'à part de ce muscle énorme, eu égard à la petitesse de l'organe et qui est composé de trois couches, comme il vient d'être dit, il y avait des muscles de la trompe et des ovaires qui vont se rendre dans le tissu environnant.

§ **129. Menstruation.** (Epoque des règles). Il y a, comme il a été exposé plus haut, afflux de sang, à une époque déterminée, dans les veines qui rampent dans toutes les parties de la génération chez la femme, pendant le travail ovarique et au moment de la sortie de l'œuf, l'*ovule* : Il y a alors compression des veines et rupture des vaisseaux capillaires ; des fissures microscopiques se forment et le sang coule.

« Le sang des règles provient des vaisseaux de la muqueuse utérine très-tuméfiée en ce moment ; il se fait jour, non pas au travers des parois vasculaires (les globules du sang ne traversent nulle part les parois des vaisseaux), mais par de petites déchirures ou gerçures microscopiques. La sortie du sang a lieu à la surface de l'utérus, de la même manière qu'elle s'opère dans toutes les hémorrhagies spontanées. » — J. BÉCLARD.

Il faut bien remarquer que toutes ces fibres lisses entourent les veines comme une espèce de sphincter ; et que le sang amené par les artères, qui sont de deux ordres : les utérines, fournies par l'artère hypogastrique et les ovariques, données par l'aorte et par les émulgentes, ne peut rentrer facilement dans la circulation, pliées et repliées qu'elles sont sur elles-mêmes, et formant des dilatations connues sous le nom de *sinus utérins*, que l'on a regardés même comme des cavités où stagne le sang pour être ensuite exprimé dans l'utérus à l'époque des règles.

C'est un exposé de M. Longet qui a fait connaître ces faits et qui ont donné l'explication de l'afflux du sang à une certaine époque, c'est-à-dire à l'époque mensuelle des règles chez la femme.

Règles voudrait donc dire qu'un œuf est arrivé, à ce moment, à maturation, et qu'il provoque toute la série des phénomènes dont il vient d'être question. Phénomènes qui se renouvellent un certain nombre de fois dans la vie d'une femme ; car l'état de fécondité chez elle ne dure pas, non plus, toute sa vie.

Les femmes, le plus ordinairement, cessent d'être réglées de 45 à 50 ans. Il n'y a pas d'époque bien fixée pour la ménopause. Le climat a une influence manifeste sur l'époque à laquelle cessent les règles chez les femmes : alors elles ne produisent plus d'œufs arrivant à l'état de maturité et toujours sous l'influence de l'action ovarique.

Le temps critique chez la femme, c'est-à-dire le moment de la disparition des règles, n'a rien de fixe ; tantôt c'est vers 35 à 40 ans, chez environ un huitième des femmes ; tantôt c'est de 40 à 45, chez environ un quart ; d'autres fois c'est de 45 à 50, chez environ la moitié ; et enfin de 50 à 55 chez quelques-unes : ce qui donne en moyenne trente-deux ans pour le temps dans lequel est possible la reproduction de l'espèce.

« Dans les climats froids, la ménopause arrive plus tard. Enfin, en thèse générale, plus une femme est précoce, par rapport à la première éruption des règles, plus elle a de disposition à avoir beaucoup d'enfants, et en même temps la ménopause s'effectue à un âge plus avancé, du moins en Europe, car il ne semble pas en être ainsi dans les pays chauds, où les filles sont nubiles vers 10 à 12 ans, et voient disparaître leurs règles vers 35 ans. » — Nysten.

Chez les vierges, comme chez les femmes, il y a une ovulation spontanée que l'on pourrait dire mensuelle, ou plutôt menstruelle, puisque c'est à cette époque qu'il y a rupture de l'enveloppe de l'œuf (l'ovule), qui est formé dans la vésicule de Graaf, contenue elle-même dans l'ovaire. C'est cet ovule, arrivé à maturation, et après la rupture de ses enveloppes, qui est pris par le pavillon de la trompe, et chemine dans ce conduit pour se rendre dans la matrice, où il disparaît ensuite s'il n'est pas fécondé.

La vésicule ovarique se rompt-elle toujours ? Non; mais selon quelques auteurs, le fait arrive le plus ordinairement, et l'œuf, l'ovule (vésicule de Baer), après s'être échappé de la vésicule de Graaf et être arrivé dans la trompe, ainsi que nous l'avons dit, continue son chemin, mû qu'il doit être par les fibres, ou cils vibratiles, que celle-ci renferme.

Voilà ce qui a lieu le plus communément.

Est-ce toujours à l'époque des règles que l'œuf pénètre jusque dans la matrice, après s'être introduit dans la trompe ?

Dans un état d'excitation, et après la copulation, l'arrivée de l'œuf peut être hâtée, cela peut dépendre, plus ou moins, de l'excitation et de la fréquence du coït.

Dans cet état, l'orgasme vénérien peut occasionner ce que l'époque menstruelle produit dans un certain moment.

Il est présumable que l'accouplement n'est pas sans influence sur la rupture des vésicules; mais c'est souvent après les règles, et lorsque l'œuf chemine dans la trompe, dans laquelle, du reste, il peut séjourner, dit-on, quelque temps (douze jours) intact, et pour ainsi dire en station (comme l'œuf de l'oiseau dans l'oviducte, pour se revêtir de la coque), que la *fécondation* a lieu. Mais, dans la généralité des cas, l'œuf ou l'ovule est fécondé dans la matrice.

Enfin, disons que les règles n'ont ni la même durée, ni la même abondance chez toutes les femmes ; et que, selon aussi leur constitution, l'œuf chemine plus ou moins rapidement dans la trompe, ce qui permet de croire que l'œuf, l'ovule, peut y être fécondé.

« Car il est vrai que la fécondation, qui consiste essentiellement dans la rencontre de l'ovule et du sperme, peut s'accomplir dans des points divers des organes internes de la génération; et qu'on ne sait pas, d'une manière certaine, combien de temps un ovule détaché de l'ovaire et engagé dans la trompe, ou même arrivé dans l'utérus, combien de temps, dis-je, il peut rester intact et conserver le pouvoir d'être fécondé. » — J. Béclard, page 1058, *Traité de physiologie*.

D'après ces explications, la période menstruelle serait, pour l'espèce humaine, comme le rut pour les animaux, c'est-à-dire l'époque correspondante au développement et à la maturation des vésicules de Graaf.

Ce qui distingue, dans l'espèce humaine, l'évolution de la vésicule de Graaf et la sortie de l'ovule, c'est qu'une seule de ces vésicules arrive généralement à maturité dans le même temps, et laisse échapper son ovule dans la trompe. Chez les animaux, dans les mammifères notamment, le nombre des vésicules de Graaf qui arrivent en même temps à maturité, est en rapport avec la quantité de petits que chaque portée doit produire.

Par ce rapprochement, les grossesses multiples de la femme seraient dûes, comme celle des animaux, à la maturation et à la rupture simultanée de deux, ou d'un plus grand nombre de vésicules. On a vu cependant, chez les animaux, et dans des cas assez rares, deux ovules qui étaient contenues dans une vésicule de Graaf.

« Si ce fait, dit M. J. Béclard (*loco cit.*), peut se présenter, exceptionnellement, dans l'espèce humaine, on conçoit aussi qu'il en puisse résulter des *grossesses gémellaires.* »

Au sujet de l'ovulation et de la menstruation chez la femme, et en même temps de la fécondation, il s'est produit récemment des opinions, des idées, des théories, qui ont été agitées dans le sein des sociétés de médecine et à l'académie des sciences ; elles y ont été plus ou moins controversées. Elles n'en expriment pas moins une tendance à compléter nos connaissances sur ce point. Si ce n'est pas un progrès constaté dans ces connaissances, les discussions auxquelles elles ont donné lieu encourageront de nouvelles recherches, et viendront éclairer ce point de physiologie utérine encore un peu dans les suppositions (nous ne dirons pas dans les ténèbres), comme mystères ou secrets que la nature ne nous a pas encore dévoilés.

Nous reparlerons de ces idées, presque nouvelles, à l'article *fécondation.*

« Du reste, la génération est le plus grand mystère que nous offre l'économie des corps vivants. » -- DUVERNOY, *Anatomie comparée*, t. VIII, p. 2.

CHAPITRE II.

DU SPERME.

§ **130. De la semence ou sperme.** Les organes essentiels de la femme, au point de vue de la génération, sont les ovaires; chez l'homme, ce sont les testicules.

Testicules. Il y a stérilité, pour l'homme, si les testicules ne sont pas sortis de l'abdomen. « Il arrive quelquefois qu'aucun des deux testicules ne se porte au dehors. Dans ce cas, les testicules rudimentaires ne donnent qu'un sperme infécond, c'est-à-dire privé de spermatozoïdes. » — J. Béclard, p. 1065.

S'ils ne sont pas dans un état sain et normal, la stérilité peut s'en suivre; comme il y a stérilité chez la femme si les ovaires ne sont pas dans un état de santé parfaite.

On peut n'avoir qu'un testicule et procréer, nonobstant l'absence de l'autre, fut-il retenu dans l'abdomen ou ailleurs (1).

Les *testicules* sont des corps glanduleux, de forme ovoïde, dont le tissu vasculaire est composé d'une multitude de vaisseaux, entortillés de nerfs, de tissu conjonctif et de quelque chose de spécial. Les canaux séminifères sont de petits vaisseaux d'une ténuité extrême, dont l'assemblage forme presqu'en entier la substance du testicule, et dans lesquels se sépare et circule la semence ou le sperme. Leur nombre est incalculable. Tous aboutissent à l'épididyme.

Les testicules ont trois enveloppes distinctes ou tuniques : 1° celle formée par le muscle crémaster ou suspenseur du testicule ; 2° la tunique vaginale, très-contractile, et qui est un prolongement du péritoine ; 3° l'albuginée, qui est une membrane fibreuse forte et résistante, enveloppant immédiatement le testicule. Elle reçoit les vaisseaux spermatiques.

De la face interne de la tunique albuginée, partent des filaments qui se rendent au testicule, et qui envoie des prolon-

(1) Richerand dit que Sylla, Tamerlan, n'avaient qu'un testicule.

gements dans l'intérieur. Ces filaments forment des espèces de loges triangulaires qui divisent l'intérieur. Les testicules reçoivent des artères de l'aorte, sous le nom d'artères spermatiques, et des veines de l'émulgente et de la veine cave. Un renflement de la membrane albuginée forme, le long du bord supérieur du testicule, une saillie allongée appelée corps d'hygmore (*meatus seminarius*), que les vaisseaux séminifères traversent obliquement, pour se rendre à la tête de l'épididyme : c'est-à-dire qu'à travers la partie supérieure du corps d'hygmore, passent les conduits *afférents* (vaisseaux séminifères), qui forment de nombreuses flexuosités et se terminent dans la tête de l'épididyme. Il y a une tunique externe pour chacun de ces canaux, puis un épithélium à l'intérieur. Chez l'adulte, ces canaux sont remplis de cellules épithéliales, qui bientôt vont former les *spermatozoïdes*. Il y avait antérieurement un liquide, bientôt il n'y en aura plus.

Les vaisseaux afférents sont au nombre de 25 à 30, ils se trouvent sur le bord du testicule, et se jettent, comme il a été dit, dans l'épididyme. Ce conduit est formé par la réunion de tous les vaisseaux séminifères repliés sur eux-mêmes, après qu'ils ont traversé le corps d'hygmore. Sa partie inférieure ou sa queue se recourbe en haut et se continue avec le canal déférent ; son extrémité opposée est appelée la tête. La longueur de ce conduit, replié sur lui-même et décrivant de nombreuses flexuosités, est d'environ 10 mètres. — NYSTEN.

A sa partie inférieure ou queue, commence le conduit déférent, conduit excréteur du sperme, qui remonte le long de la partie postérieure du cordon spermatique, qu'il concourt à former. Il se dirige ensuite en haut, gagne l'anneau inguinal, pénètre sous le péritoine, se sépare du cordon spermatique au-delà de l'anneau dans l'abdomen, descend en arrière et en dedans sur les côtés de la vessie, se joint aux canaux excréteurs de la vésicule séminale. Et, enfin, les canaux déférents, après avoir reçu, chacun d'eux (il y en a un de chaque côté), celui de la vésicule séminale correspondante, se réunissent ensemble et forment le canal *éjaculateur*, qui vient s'ouvrir dans l'urèthre, près de la crête uréthrale.

Les vésicules spermatiques ou séminales sont de petits réservoirs membraneux situés près de la face postérieure et un peu inférieure de la vessie, au-dessus de l'intestin rectum, en dehors des conduits déférents, et en dehors des muscles releveurs de l'anus. Ces petites vésicules sont flexueuses ; on y trouve du sperme, qu'elles sont destinées à contenir jusqu'à ce que l'orgasme vénérien en détermine la sortie et l'éjaculation par le canal de l'urèthre (1). Les spermatozoïdes y sont en moins grande quantité, parce qu'elles ont sécrété un liquide qui a dilué le sperme. Chacune de ces vésicules présente, dans son intérieur, un canal flexueux dans lequel s'ouvrent, latéralement, des appendices en nombre variable ; son extrémité antérieure, allongée et étroite, se termine par un canal très-court qui va s'ouvrir dans le canal déférent. Nous avons dit que ce dernier canal descendait en arrière et en dedans sur les côtés de la vessie, et que, par sa réunion avec le petit canal venant des vésicules séminales, il constituait le canal éjaculateur qui, lui, traverse obliquement la prostate, s'adosse à celui du côté opposé, au-dessous de l'urèthre, pour s'ouvrir dans ce canal par deux orifices oblongs, sur les côtés de l'extrémité antérieure du vérumontanum ou crête uréthrale.

Les glandes de *Cowper* fournissent aussi un liquide muqueux qui vient se joindre au sperme ; et qui, se mêlant avec lui, en augmente la quantité et le dilue davantage, le canal de l'urèthre produit aussi une sécrétion qui concourt au même effet ; c'est-à-dire à le rendre (le sperme) plus fluant, moins épais.

§ 131. Du sperme et des spermatozoïdes. Les cellules qui remplissent les canaux séminifères, sont revêtues d'un épithélium cylindrique, ce sont des corpuscules microscopiques. Cet épithélium forme, ou engendre des cellules. Il y a des cellules-mères, elle contiennent une membrane à l'intérieur et un noyau (*cellulæ nucleatæ*), et chacunes d'elles se segmente en plusieurs cellules-filles, de manière à avoir une génération ; car

(1) Richerand dit qu'il en est à cet égard des poches destinées à servir de réservoirs à la semence, comme de la vésicule du fiel.

chaque cellule-fille contient un liquide dans lequel existe un *spermatozoïde*, ayant tête et queue.

Il peut y avoir vingt cellules-filles dans la cellule-mère, et par conséquent vingt spermatozoïdes.

La cellule-mère en se rompant, d'elle-même, donne la liberté à tous les spermatozoïdes que les cellules-filles contiennent ; et tout cela dans les canaux séminifères.

Dans l'épididyme et le canal déférent, il y a peu de cellules, mais beaucoup de spermatozoïdes, parce qu'à ce moment les transmutations ont eu lieu. Dans ce moment aussi, il y a du sperme (la moitié) avec les animalcules. Ils forment, dans la même proportion, le poids du liquide qui s'y trouve.

On leur a reconnu une tête et une queue, ils se meuvent toujours du côté de leur tête et en allant devant eux.

Il semblerait que s'ils rencontrent un obstacle, ils se détournent.

Nous avons dit qu'ils formaient la moitié au moins de la masse où ils se trouvaient, mais, malgré leur nombre et au moyen des différents liquides qui se mêlent au sperme, il leur est permis de se mouvoir avec facilité. Ils peuvent parcourir une étendue de deux décimètres en une minute (1).

Ce qu'il y a de vrai, dans le microscope à ce sujet, c'est que la vitesse est accrue comme la forme est grossie....

Il semble donc qu'ils font beaucoup plus de chemin qu'ils n'en parcourent réellement.

Le sperme est demi solide; il a peu d'odeur avant d'être éjaculé.

Le liquide secrété par le testicule est un liquide formé par les cellules et il est mêlé à des corpuscules de mucus et à des fragments de cellules épithéliales.

---

(1) M. Henle a calculé qu'en trois secondes ils peuvent parcourir un espace de $0^{mm}1$ égal à leur longueur.

Les spermatozoïdes continuent de se mouvoir, après la mort de l'animal auquel ils appartiennent, dans le liquide des canaux spermatiques. Au bout de 24 heures on les retrouve encore mobiles.

Quand ils ont été portés dans les organes génitaux de la femme, par le coït, ils conservent leur mouvement beaucoup plus longtemps. — J. Béclard, *Traité de physiologie*, page 1068.

« Le produit sécrété est élaboré par des milliers de canaux, d'une ténuité extrême et d'une longueur immense. La partie liquide du sperme peut être comparée au plasma albumineux du sang, aux sécrétions des muqueuses ; et sa partie solide est la partie la plus organisée de l'organisme élémentaire.

« Les spermatozoïdes, seuls capables de donner la vie à l'œuf, jouissent d'un mouvement propre, qui les fait toujours marcher en avant. Ils sont, pour ainsi dire, la génération spontanée, créée au sein de l'organisme vivant. » — MATTEI.

Le sperme qui est formé par les testicules, ne contient pas les spermatozoïdes que nous avons dit former la moitié de la masse du sperme contenu dans les canaux séminifères. Le sperme arrive au canal déférent, conduit excréteur du testicule, à l'endroit où il se joint au canal très-court des vésicules séminales.

Une portion du liquide des vésicules séminales s'est mêlée à celui sécrété par les testicules, et le tout est porté (ainsi qu'il a été dit plus haut) par les canaux éjaculateurs dans la portion prostatique du canal uréthral près la crête de ce nom (1). Là une sécrétion (liquide prostatique) a étendu le sperme, et l'a rendu plus coulant, pour faciliter son émission au dehors (l'éjaculation).

C'est alors qu'il produit une odeur fade et nauséabonde, que l'on attribue aux spermatozoïdes qui ont été désagrégés et qui répandent alors plus facilement leur odeur.

L'analyse chimique n'apprend presque rien au sujet de leur composition.

Lorsque le sperme se dessèche, la partie la plus liquide se vaporise et si au bout d'un certain temps vous le dissolvez, vous pouvez retrouver les spermatozoïdes (2).

---

(1) Dans les explications qui sont fournies sur la génération, il ne peut se faire autrement que de s'y trouver des redites : tout se tient et s'enchaîne étroitement dans tous ces actes qui se succèdent rapidement. Et sur quelques-uns d'entre eux, les données que nous possédons, ne sont pas aussi claires et aussi précises qu'il ne faille parfois commettre des répétitions, qui du reste tendent toujours à éclaircir les faits.

(2) Ils seraient dans le cas du rotifère, de vibrion, qui se dessè-

Richerand seul, parle de cette circonstance toute particulière, et dit qu'un étudiant en médecine fut le premier qui découvrit les spermatozoïdes, comme Pecquet qui, n'étant encore qu'étudiant, découvrit l'ampoule, le réservoir du canal thoracique qui porte son nom, réservoir de Pecquet.

Les spermatozoïdes auraient, suivant celui qui les a découverts, des mœurs, des manières (c'est un pur roman, ajoute Richerand) ils présenteraient une substance homogène ; or, comme animal, aucun animal n'est homogène ; pas de canal intestinal, pas de vaisseaux, pas de nerfs ; mais des mouvements ! Eh bien, les cils vibratiles sont-ils des animaux ? Mais comme les cils vibratiles, ont des mouvements réguliers, ils sont des organes.

« Dans la trompe de Fallope, par exemple, ces cils sont animés d'un mouvement (du pavillon à l'utérus) comme un champ de blé agité par le vent ; ils s'abaissent et se relèvent : ce sont donc moins des animaux que des organes. C'est un microrganum. » — Richerand.

« Ce que l'on sait positivement, c'est que les spermatozoïdes perdent le mouvement quand on étend d'eau le sperme, ils le perdent également sous l'influence du froid, d'une température élevée, des acides, des alcalis, de l'opium, de la strychnine, de la bile, et aussi, d'après M. Donné, sous l'influence de certaines qualité du mucus vaginal de la femme (acidité et alcalinité) les spermatozoïdes conservent leurs mouvements dans l'urine, à peu près aussi longtemps que dans le sperme abandonné au contact de l'air. » J. Béclard, page 1069.

L'analyse quantitative du sperme a été faite par Vauquelin, elle a donné les résultats suivants :

Eau	90
Spermatine	6
Phosphate calcaire et autres sels	3
Soude	1

Quant à ses qualités, on sait que le sperme n'existe pas avant

---

chent sans périr, roulés en boule, pendant les sécheresses, ils reprennent le mouvement, quand on les humecte ou qu'on les place dans des parties humides.

la puberté chez l'homme ; c'est-à-dire que la spermatine n'existe que dans la semence de l'homme pubère, ou dans la semence des animaux à l'époque du rut. » Dans le jeune âge, et dans les époques intermédiaires au rut, chez les animaux, la matière organique du liquide qu'on trouve dans les voies spermatiques ressemble, sous le rapport chimique, à peu près complétement à de l'albumine. » — J. BÉCLARD, page 1067 (1).

CHAPITRE III.

DE LA COPULATION.

(ACCOUPLEMENT OU COÏT)

§ 132. De l'érection chez l'homme. L'érection chez l'homme, est cette turgescence qui se manifeste dans le membre viril, et cet état de dureté et de direction, qu'il prend, dans certains moments, sous l'effet d'un excitant local, et souvent aussi par suite de simples idées de lubricité (désirs érotiques).

Cet état de la verge facilite l'introduction du pénis dans les organes génitaux de la femme, lui permet de porter, ainsi, dans la profondeur du vagin, le liquide (liqueur spermatique) destiné à la fécondation ; but final de l'acte vénérien ; bien que cette dernière condition ne soit pas d'une nécesssité absolue, ainsi qu'il sera expliqué dans le cours de cet article.

La verge chez l'homme est un *organe* cylindroïde, membraneux, vasculaire et érectile, situé à la partie antérieure et inférieur de l'abdomen, au-dessous et au-devant de la symphyse du pubis. Il se termine à son extrémité par un renflement conoïde qu'on appelle le *gland*.

(1) Le globule spermatique, naît au sein du liquide spermatique contenu dans les canaux séminifères, comme l'ovule naît au sein du contenu liquide des vésicules de Graaf. Le globule spermatique reste stationnaire pendant l'enfance, comme l'ovule, et les métamorphoses ultérieures qui doivent donner naissance aux spermatozoïdes s'accomplissent de la même manière que les métamorphoses ultérieures de l'ovule. — J. Béclard, page 1070.

La peau de la verge est la continuation des téguments du scrotum et du pubis.

Elle se termine, aussi, par un prolongement, auquel on donne le nom de *prépuce*.

Cette partie recouvre souvent le gland complétement, et devient en quelque sorte un obstacle (par son trop grand développement) à la copulation ou coït, car une souffrance souvent fort vive, et des accidents peuvent résulter, pour l'homme, d'une introduction forcée du pénis (dans ces circonstances).

C'est cette partie de peau que l'on incise et qu'on enlève dans l'opération de la *circoncision*, qui, chez certains peuples, est pratiquée comme moyen hygiénique (les mahométans), et qui, chez d'autres (les israélites), se trouve comprise dans des lois religieuses, tout en restant hygiénique aussi.

La verge, appelée également *pénis*, membre viril, est formée en grande partie (les deux tiers environ), par le corps caverneux qui est allongé, concave en bas, convexe en haut, étendu depuis la partie interne et antérieure des deux tubérosités sciatiques, jusqu'au gland, endroit où ce dernier forme un cône légèrement applati dans le même sens que le corps caverneux, et dont la base embrasse l'extrémité de ce même corps caverneux, auquel il est uni par des vaisseaux et un tissu cellulaire très-dense.

Le tissu du gland est spongieux, érectile, de même nature que celui de l'urèthre.

Entre les deux racines du corps caverneux, le long de la face inférieure de la verge, se trouve logé le canal de l'urèthre, dont la portion spongieuse s'épanouit en avant pour former le gland qui semble, par cela, n'en être que la continuation. C'est au sommet de celui-ci que se trouve l'orifice du canal de l'urèthre qui s'étend depuis le corps de la vessie jusqu'au bout de la verge.

L'urèthre a été divisé en deux parties : une mobile et l'autre fixe. La portion fixe s'étend depuis l'orifice vésical du canal jusqu'au niveau de la face antérieure de l'arcade et des branches pubiennes.

L'autre commence où la première finit et s'étend jusqu'à l'orifice externe (méat urinaire), et porte ordinairement le nom de partie spongieuse du canal de l'urèthre.

La portion fixe a été divisée en trois parties : *prostatique, membraneuse* et *bulbeuse.*

Le corps caverneux de la verge a une composition qui, sous le rapport du phénomène de l'érection, mérite de fixer un moment l'attention.

Dans le corps caverneux se trouve un tissu aréolaire, qui permet aux vaisseaux qui s'y distribuent, de parcourir le fond et les côtés de ces espèces d'alvéoles, qui sont formées par des fibres du tissu conjonctif élastique, et qui envoie des prolongements en long et en travers, des trabécules enfin, qui se croisent en longueur et en largeur, de manière à former, par cet arrangement, ces espèces de vacuoles, dans lesquelles rampent sinueusement les vaisseaux.

Les artérioles qui arrivent à ce tissu, ne forment pas, comme ailleurs, un réseau capillaire auquel succède un autre réseau veineux pour le passage du sang dans ces deux ordres de vaisseaux : les veines semblent naître directement et sans intermédiaires, des vaisseaux capillaires artériels; autrement dit, les dernières ramifications des artères, que leur volume rend encore visibles, s'abouchant tout-à-coup avec l'orifice très-large des veines.

Des muscles à fibres lisses existent dans les parois des alvéoles; de telle sorte que, par le fait de l'érection, c'est-à-dire sous un stimulant quelconque, le sang des vaisseaux artériels affluant en abondance, ne peut être repris rapidement par les veines, parceque les fibres musculaires lisses s'appliquent sur le réseau vasculaire veineux.

De telle façon que le sang séjourne un certain temps dans les alvéoles, s'accumule dans les corps caverneux et les distend, d'autant plus facilement que, comme il vient d'être dit, il ne peut être repris par les veines : les fibres lisses dont elles sont pourvues, se trouvant appliquées sur leurs ouvertures ou embouchures ; car les veines, ici, ont des embouchures.

C'est peut-être le seul endroit, dit Richerand, où il y en ait dans les veines.

Le tissu de la verge se trouve ainsi gorgé, gonflé, et l'érection est maintenue. C'est tellement de cette façon que l'érection a lieu et se continue que si vous injectez, par les artères, un liquide solidifiable, la verge se tend, et l'érection se produit sur le cadavre : et même si ce n'est pas un liquide solidifiable que vous avez introduit, et que ce soit de l'eau ou tout autre liquide, et si vous avez, au préalable, lié les veines du bassin, le phénomène de l'érection se produit de la même façon.

Mais il y a, pendant la vie, des moyens adjuvants dont la nature dispose pour procurer l'érection : les muscles ischio et bulbo-caverneux, muscles à fibres striés viennent joindre leur action à celle des muscles à fibres lisses. L'ischio caverneux, comme son nom l'indique se rend, chez l'homme, de la tubérosité de l'ischion, et chez la femme, de la branche de cet os au corps caverneux de la verge ou du clitoris.

Le bulbo-caverneux, lui, appartient exclusivement à l'homme; il est remplacé, chez la femme, par le constricteur du vagin. Il est situé au périné, au-dessous et de chaque côté de l'urèthre ; il appartient au bulbe de l'urèthre et au corps caverneux, de telle sorte qu'il y a entre eux un léger espace dans lequel, au moyen de l'érection et par la contraction de ces muscles, un flot de sang se projette dans les corps caverneux.

Si ces muscles sont accélérateurs de l'urine et du sperme, ils sont aussi, dans ce moment, accélérateurs de la circulation ; ils projettent, comme nous venons de dire, le sang dans les corps caverneux, pour gonfler et tendre la verge pendant l'érection, et cela par leur contraction. De sorte que les corps caverneux, la partie spongieuse de l'urèthre, le gland et le bulbe de l'urèthre, sont tout à coup congestionnés de sang et la tension de ces parties se maintient aussi longtemps que l'orgasme vénérien, qui l'a fait naître, se continue.

Il est encore à noter que par la contraction de ces muscles, auxquels viennent se joindre, comme mouvements associés l'action du sphincter et du releveur de l'anus ; la verge se trouve prendre une direction oblique de bas en haut qui la rapproche du pubis ; et que, dans cette position relevée, les veines dorsales du pénis sont elles-mêmes comprimées près de la racine de la verge, de façon qu'elles augmentent encore par leur turgescence sanguine, la roideur et le volume de l'organe.

L'érection ne peut avoir lieu que dans les circonstances, et par les causes que nous venons d'indiquer.

Il y a cependant des circonstances où l'érection peut se produire sans que le mécanisme soit précisément celui que nous venons d'indiquer, car la douleur qu'occasionne une blennorrhagie aiguë, vulgairement appelée *chaude pisse cordée*, peut produire le même phénomène, c'est-à-dire l'érection. La vessie pleine d'urine, peut aussi faire prendre à la verge une certaine direction, avec rigidité, par la compression des veines caverneuses de la verge. Un décubitus dorsal longtemps prolongé, peut aussi, en engorgeant les veines du bassin donner lieu à une érection. C'est ce qui arrive souvent pendant le sommeil, et dont on s'aperçoit le matin au réveil. Mais ces causes sont toutes mécaniques et n'appartiennent pas complètement au même ordre de faits que les précédents.

§ 133. De l'érection chez la femme. Il se manifeste chez la femme un état d'érection comme chez l'homme; car à l'époque des menstrues, il y a une congestion de sang qui se fait dans les organes sexuels; les vaisseaux se fendillent souvent (Ch[les] Longet), et l'évacuation sanguine a lieu, mais comme nous l'avons dit, ceci n'a jamais lieu sans turgescence préalable des parties.

Il y a chez la femme comme chez l'homme, des organes érectiles: le clitoris, le mamelon du sein. Les corps caverneux sans l'urèthre, c'est le clitoris en grand.

Le corps du clitoris se renverse en bas ; sa direction est à l'encontre de celle du pénis chez l'homme ; plus il est congestionné, plus il s'incline dans ce sens; c'est en vue d'une finalité qu'on peut soupçonner.

L'extrémité du clitoris n'est pas la même (au point de vue anatomie) que celle du pénis chez l'homme ; puisque cette partie est caverneuse chez la femme et non spongieuse comme chez l'homme.

Le bulbe du vagin forme l'extrémité postérieure du canal de

l'urèthre ; ce corps caverneux est en communication avec le corps caverneux du clitoris.

Le muscle, dit constricteur du vagin et l'ischio caverneux, se comportent de façon qu'il y a dépression dans le même endroit que chez l'homme, c'est-à-dire à la réunion des corps nerveux ; et le même effet s'y produit.

Le muscle constricteur du vagin comprime le bulbe et fait arriver le sang du bulbe dans le clitoris ; l'érection de cet organe est augmentée et maintenue par ce moyen.

Plus il y aura du sang dans ces parties, plus il y aura de sensibilité ; c'est une première finalité.

Seconde finalité : les parois du vagin sont en contact, dans toute leur étendue, pour assurer la reproduction de l'espèce : la nature a voulu que le frottement qui résulte du contact des parties sexuelles, mâles et femelles, fut accompagné de plaisir, et que ce frottement fit naître une excitation très-vive dans ces parties pendant l'acte de *la copulation*.

Le vagin est un canal cylindroïde qui est continu par une de ses extrémités avec la vulve, aboutissant par l'autre à la matrice, dont il embrasse le col. Il peut avoir de 14 à 16 centimètres de long, il est situé dans l'intérieur du petit bassin, entre la vessie et le rectum.

Le vagin est formé de fibres lisses, avec une membrane muqueuse, garnie de papilles surtout à son fond. Il y a un épithélium pavimenteux stratifié.

Le vagin de la femme, comme celui de la fille, présente inférieurement des rugosités pour augmenter le frottement ; sa structure est molle et dilatable. Une fois que cet organe est préparé par les désirs vénériens à l'acte de la copulation, il y a action des centres nerveux qui réagissent pour effectuer le complément de l'action.

§ 134. **Du coït.** L'acte du coït est l'union des sexes en vue de la génération. Cette union existe dans toutes les espèces ; elle prend différents noms d'après les diverses espèces d'animaux qui y prennent part ; et se produit aussi, suivant elles, de différentes manières (1). Nous devons nous occuper ici que de ce qui a trait à l'espèce humaine.

Il consiste dans l'introduction de la verge (préalablement érigée), dans les organes génitaux de la femme. Le membre viril devenu plus rigide et plus volumineux, éprouve des frottements sur les rugosités, dont la partie inférieure du vagin est remplie, et qui, étant plus rétrécie que le fond, s'accommode au volume variable de la verge par ses dispositions anatomiques.

Le vagin, à son orifice inférieure, est environné par un corps spongieux, dont les cellules se remplissent et se vident de sang comme celles des corps caverneux, du clitoris et de la verge; on le nomme plexus *rétiforme.* C'est son gonflement dans l'érection qui peut rétrécir l'entrée du vagin. « Les contractions du muscle constricteur, qui tient ici la place du bulbo-caverneux chez l'homme, et qui est couché sur le plexus rétiforme, peuvent également rendre l'entrée de ce canal plus étroit. » — Richerand.

« Les glandes bulbo-vaginales ou glandes de Bartholin, situées de chaque côté, en bas et en arrière, sécrètent alors un mucus particulier, visqueux, filant, assez sembable à de la salive et doué d'une odeur vive et caractéristique, qui éveille chez l'homme les désirs vénériens. » — J. Béclard, page 1075.

C'est ce liquide qui, excrété parfois en forme de jet, comme la salive pourrait l'être à la vue d'un met savoureux, a été, quelquefois, désigné sous le nom *d'éjaculation* de la femme ; mais il n'a rien de commun avec le sperme que les canaux éjaculateurs lancent pendant le coït. Le liquide dont nous venons de parler n'en a aucune des qualités ; il ne sert qu'à favoriser, comme il a été dit, l'entrée du pénis ; à adoucir les frottements, et à rendre plus vive la sensation de plaisir qui en résulte en ce moment.

« Du côté de la femme, la sensation du plaisir ne peut être inférieure, vu l'étendue des organes qui entrent en action. Il y a,

(1) Il s'appelle accouplement chez les animaux pourvus de sexe. Chez l'homme il s'appelle coït, acte vénérien, cohabitation. Chez certains animaux, le cheval, il prend le nom de monte; pour le taureau, c'est le mot saillir qui rend l'action. On dit cocher pour les oiseaux, le coq surtout, etc. — Dictionnaire de Nysten.

chez elle, pendant l'orgasme vénérien, non-seulement des mouvements dans les muscles du périnée, mais encore une hypersécrétion des glandes de Bartholin, et probablement aussi des contractions utérines, de manière que le col utérin, s'ouvrant et se resserrant par des mouvements convulsifs, attire en quelque sorte dans sa cavité, la liqueur prolifique. » (J. Béclard), page 1076.

Il n'est pas indispensable pour la fécondation que cet acte soit accompagné, chez la femme, d'une sensation voluptueuse; des femmes peuvent devenir grosses sans la ressentir.

Chez l'homme, l'émission du sperme peut aussi avoir lieu sans qu'elle soit accompagnée de cet ébranlement nerveux qui, généralement, se fait sentir au moment de l'éjaculation.

L'orifice vaginal de la fille vierge ne permet pas toujours l'entrée facile du membre viril, quand elle se produit surtout pour la première fois; il y a, en arrière des petites lèvres, une cloison membraneuse incomplète qui est déchirée alors par les tentatives d'introduction du pénis.

La rupture de cette membrane, quoique assez mince, est alors accompagnée de quelque douleur et d'une perte légère de sang; car elle est pourvue de vaisseaux et de nerts (1). Il faut savoir cependant qu'elle peut, par une laxité qui lui serait propre, céder sans se rompre; et l'état de grossesse, qui pourrait être le résultat d'un coït de ce genre, amènerait un enfant, au moment de l'accouchement, avec les signes persistants de la virginité chez la mère : comme il est reconnu aussi que cette même membrane, l'*hymen*, peut éprouver une déchirure par le peu de solidité dont elle serait pourvue, car elle est assez souvent médiocre (cette solidité), pour céder facilement, non-seulement à l'introduction du pénis, mais aussi à celle d'autres corps étrangers. « La conséquence de tout ceci est que la présence de l'hymen est une probabilité, mais non pas un signe certain de *virginité* ; car s'il était lâche (l'hymen), il a pu céder et permettre l'introduction du pénis sans se rompre, et d'autre part, il peut y avoir eu copulation incomplète à l'orifice externe de

(1) C'est la membrane de l'hymen.

vulve, et même fécondation ; le jet du sperme ayant traversé l'ouverture circonscrite par lui. (J. Béclard), page 1077.

Nous avons dit, page 646 de cet ouvrage (art. érection), qu'il n'était pas nécessaire pour la fécondation, que la liqueur prolifique (le sperme), fut portée par la verge jusque dans la profondeur du vagin, pour le but final, la reproduction, et nous voyons ici, qu'en effet, des femmes ont pu concevoir sans que cette circonstance ait eu lieu. Il existe dans la science des faits qui témoignent que ça n'a pas été toujours une condition indispensable. Richerand dit, page 273, T. III de la dixième édition de sa physiologie, revue et augmentée par Bérard aîné « que, dans certains cas, on a vu la membrane de l'hymen boucher complètement l'orifice du vagin chez certaines jeunes filles, et produire des rétentions de menstrues. D'autres fois, l'oblitération n'étant pas entière, la fécondation a pu s'opérer à la faveur d'une très-petite ouverture, et sans introduction (1)

§ 135. **Ejaculation**. Par suite de l'orgasme vénérien, c'est-à-dire de l'état d'excitation et de turgescence qu'éprouvent les organes génitaux s'effectue le complément de l'action, l'*éjaculation*.

L'épididyme, le canal déférent, les vésicules séminales sont en action. Il y a eu impression sentie sur le gland et sur d'autres endroits des parties génitales par suite des excitations qui peuvent y être produites, ces impressions vont aux centres nerveux qui réagissent.

Le canal déférent a une cavité très-petite ; des parois très-épaisses, mais il y a un tissu élastique et trois couches de fibres circulaires ou longitudinales.

(1) L'hymen se rompt par la consommation du premier acte vénérien, mais il peut persister après la copulation. Son existence chez les vierges est à peu-près constante ; cependant des règles abondantes des écoulements leucorrhéiques, ou un accident quelconque, peuvent l'altérer ou le détruire, on l'a trouvé effacé chez des filles qui venaient de naître ; d'où il résulte que la présence ou l'absence de cette cloison ne fournit que des présomptions de virginité ou de défloration. — Nysten, Dictionnaire, art. *hymen*.

Il pourra diminuer sa longueur au moyen de ces fibres musculaires lisses ; et le liquide contenu dans son intérieur, sera expulsé au dehors, par ses contractions, avec force et facilité.

Dans l'épididyme, ce sera aussi un peu par ce moyen que les choses se passeront ; mais mieux aussi par le *vis à tergo*.

Les vésicules séminales ont aussi leurs fibres musculaires lisses, et un tissu conjonctif compacte : elles se contractent alors, et tendent à pousser le liquide en avant, c'est-à-dire dans l'urèthre, par les canaux éjaculateurs qui y viennent s'ouvrir, et qui portent enfin le sperme sur les côtés de la crête uréthrale où sont leurs ouvertures.

Alors le col de la vessie se trouve contracté derrière, et le sperme ne peut faire autrement que d'être poussé en avant.

Il ne tarde pas à arriver dans la portion membraneuse de l'urèthre, puis dans la partie spongieuse, au niveau du bulbe, dans une partie très-dilatable ; mais l'action du muscle bulbo-caverneux, en se contractant, efface bientôt la cavité et lance le sperme au dehors.

Il est ici une chose à noter, c'est que, vu le peu de capacité de ces réservoirs et de ces canaux, le sperme puisse se trouver parfois en si grande quantité, surtout chez certains animaux, dont l'éjaculation se répète un certain nombre de fois et pendant un certain temps. « Il est probable, dit à ce sujet M. J. Béclard (*Traité dé physiologie*, page 1079), que le sperme qui est évacué au dehors des voies spermatiques au moment de l'éjaculation, provient des vésicules séminales, du canal déférent et de l'épididyme ; mais la capacité de ces réservoirs et de ces canaux étant peu considérable, il est à présumer qu'il provient aussi des canaux séminifères du testicule lui-même, dont l'action sécrétoire se trouve notablement augmentée au moment du coït. Lorsque l'éjaculation se répète un certain nombre de fois, en peu de temps, le fait est évident. Il ne l'est pas moins chez les animaux en rut, le bélier, par exemple, qui en l'espace de moins d'une heure peut s'accoupler trente ou quarante fois, et chez lequel l'éjaculation est presque continue.

§ **136. Hermaphrodisme.** Nous ne dirons que deux mots

sur cette singularité que présente la nature dans les espèces animale et végétale, et qui fait que, sur le même individu, des organes mâles et des organes femelles, se trouvent réunis de façon à pouvoir se reproduire lui-même, sans intervention d'un autre individu ; lui seul réunissant les conditions nécessaires à cet objet.

Mais, il n'y a vraiment que certaines plantes qui renferment ces conditions et quelques animaux invertébrés (entozoaires, annélides et mollusques) qui tantôt se fécondent réciproquement, et tantôt se fécondent eux-mêmes.

Chez l'homme, il se présente parfois des apparences d'*hermaphrodisme*, qui ne sont du reste qu'extérieures (hermaphrodisme anormal) et où il y a excès, dans l'appareil génital, qui reste essentiellement unique, mais offre quelques parties femelles surnuméraires. Tantôt c'est l'appareil mâle qui offre ce phénomène, tantôt c'est l'appareil femelle qui présente quelques parties mâles surnuméraires. Il y a encore d'autres anomalies avec prédominance d'un appareil sexuel incomplet sur l'autre.

Mais l'hermaphrodisme réel, caractérisé par la présence simultanée des *testicules* et des *ovaires*, n'a point encore été constaté, d'une manière positive, dans l'espèce humaine. Il y a toujours prédominance du sexe masculin, ou du sexe féminin ; et c'est l'existence des testicules ou des ovaires qui détermine cette prédominance (1).

(1) M. J. Béclard dit, en observation, page 1079 : qu'à Lisbonne en 1807, un individu a présenté un pénis développé et des testicules (ou du moins des tumeurs dans les bourses qu'on désignait ainsi) ; une vulve avec grandes et petites lèvres très bien conformées, une menstruation régulière. La grossesse eut lieu deux fois ; mais elle se termina par deux fausses couches ; à trois et à cinq mois.

Durant la copulation, le pénis entrait en érection. Cet individu n'avait aucun penchant pour les femmes. Il était agé de 28 ans, la taille svelte, le teint brun, un peu de barbe, la voix d'une femme.

Il est évident, ajoute M. J. Béclard, que cet individu hermaphrodite était une femme. Les prétendus testicules étaient des ovaires anormaux, situés dans l'intérieur des grandes lèvres. Le pénis n'était qu'un clitoris développé.

CHAPITRE IV.

FÉCONDATION.

§ **137. De la fécondation.** DÉFINITION : La fécondation est le résultat de la transmission, molécule à molécule, de la matière mâle (le sperme) dans celle de la femelle (l'ovule). Dans cette espèce de fusion, on pense qu'il y a mélange de la substance organisée du mâle avec celle de l'ovule femelle, qui reçoit ainsi l'impression de la constitution du mâle ; fait qui, à l'état élémentaire, représente la transmission héréditaire.

Il est donc indispensable, pour la fécondation, qu'il y ait rencontre de cette matière du mâle (pourvue de spermatozoïdes) avec la substance (l'ovule) de la femelle ; et pénétration dans l'œuf, du spermatozoïde. Là il se dissocie, se résout en granulations, sans qu'on puisse pousser plus loin cette investigation, et expliquer la transformation, la métamorphose qui s'opère alors ; pas plus qu'on ne sait pourquoi l'*oxygène* et l'*hydrogène* mis en contact, et dans certaines circonstances, avec l'*électricité*, produisent de l'eau. Y aurait-il dans le premier cas, comme dans le second, un effet électro-magnétique ; le premier animant la substance organique ; le second produisant un nouveau corps.

Dans quel endroit des organes génitaux se fait cette rencontre, suite de la copulation ou accouplement des deux sexes ?

Autrefois, on pensait que le sperme arrivait jusqu'au pavillon pour féconder l'œuf dans l'ovaire ; d'autres croyaient que le sperme n'était pas porté jusqu'à l'ovaire ; mais, comme la croyance était aussi que la fécondation pouvait seulement s'accomplir dans l'ovaire, on admettait : « que les parties les plus déliées de semence absorbées après le coït, dans les organes de la génération, étaient portées dans toutes les parties de l'organisme femelle et que la fécondation s'opérait à l'aide d'une sorte de vapeur à laquelle on donnait le nom d'*aura seminalis*. » — J. BÉCLARD.

Aujourd'hui, par suite d'observations microscopiques, et par des recherches plus précises, on vient prouver que la fécondation peut s'opérer dans toutes les parties génitales internes de la femme, depuis la matrice jusqu'à l'ovaire, ces recherches ont prouvé aussi que la rencontre de la liqueur spermatique et de l'ovule peut avoir lieu dans toute cette étendue et que le contact direct du sperme et de l'ovule, est indispensable à la fécondation. On sait de plus que la rupture des vésicules de Graaf, peut s'opérer et s'opère d'une manière spontanée et que, par cette circonstance, la rencontre des deux éléments ou liquides nécessaires à la reproduction, doit se trouver avoir lieu (par un contact matériel) plus souvent qu'on ne le croyait autrefois.

C'est ce contact seul qui est nécessaire, indispensable ; le reste qui accompagne le rapprochement, n'est pour ainsi dire qu'un accessoire, pour arriver à mettre le sperme et l'ovule en état de se pénétrer l'un l'autre (1).

Mais où se fait, et à quel moment se produit cette rencontre de la liqueur spermatique avec l'ovule ; et la pénétration, par conséquent, du spermatozoïde ?

On suppose que l'œuf, l'ovule, qui a quitté l'ovaire (encore non fécondé) met quelque temps pour arriver dans l'utérus, et que c'est dans cette migration ou dans son trajet dans la trompe, qu'il peut être fécondé. En effet les fécondations ont lieu le plus souvent après les règles (jusqu'à deux ou trois semaines) car, l'œuf peut rester quelque temps en station, même dans l'utérus, où il disparaît après ce temps, *par absorption*, s'il n'est pas fécondé.

La copulation peut bien accélérer la rupture de la vésicule organique, mais l'œuf n'en peut pas moins rester un certain temps dans cette espèce de station ou d'attente, que nous lui faisons faire ici. L'on a même trouvé des spermatozoïdes dans l'utérus de lapines, de chiennes, au bout de dix ou quinze jours, et il peut se faire, là aussi, une fécondation (2).

---

(1) L'érection, la copulation, le sentiment instinctif qui pousse à l'union des sexes, sont destinés à assurer l'accomplissement de cette fonction : la fécondation. — J. Béclard, page 1081.

(2) M. J. Béclard, dit que les spermatozoïdes dans l'intérieur des organes génitaux de la femelle peuvent se conserver un assez long

L'ovule lui-même, peut aussi rester en station pendant un temps variable, après lequel il est absorbé, s'il n'est pas fécondé.

Cependant M. J. Béclard se demande, page 1085 : « si la fécondation peut s'opérer dans l'intérieur même de l'utérus, alors que le coït aurait eu lieu à une époque plus éloignée de la chute de l'ovule ? Ce fait, dit-il, n'est pas probable, et, en tous cas, il n'est pas démontré : l'œuf non fécondé, séjourne peu dans la cavité, relativement très-grande de l'utérus, il est promptement entraîné au dehors, par les voies externes de la génération, ou dissous par les mucosités utérines. D'ailleurs, lorsque l'ovule n'a pas été fécondé durant sa migration assez lente, par le canal de la trompe, il est déjà détruit, ou probablement infécondable, quand il arrive dans la cavité utérine. » — J. BÉCLARD.

D'après les nouvelles recherches faites à ce sujet, il n'est plus possible de soutenir que la fécondation s'opère d'une manière instantanée, au moment du coït, comme on le pensait autrefois. Le contact du sperme et de l'ovule, ne peut avoir lieu qu'après le temps nécessaire à la progression du sperme du côté de l'ovaire, et à celle de l'ovule du côté de l'utérus.

Mais c'est-il là le seul procédé de la nature pour accomplir la fécondation, et le seul endroit où elle puisse se faire, dans l'espèce humaine ? N'a-t-on pas vu des fécondations s'opérer sur l'ovaire, dans la trompe et dans d'autres endroits des organes génitaux de la femme (1).

Comme il faut, ainsi que nous l'avons dit, un certain temps aux spermatozoïdes, pour parvenir jusqu'à l'ovaire et que le lieu

---

temps. Les spermatozoïdes continuent à se mouvoir après la mort de l'animal dans le liquide des canaux spermatiques, au bout de 24 heures on les retrouve encore mobiles. — J. Béclard, page 1068.

(1) Il est certain, dit M. J. Béclard, page 1034, que la fécondation peut avoir lieu sur l'ovaire lui-même ; car on a quelquefois trouvé du sperme en ce point, chez les animaux ouverts le lendemain ou le surlendemain du coït. Les grossesses extra-utérines, le démontrent également.

On conçoit dès-lors que la fécondation puisse s'opérer alors, même que l'ovule était encore dans l'ovaire au moment que l'accouplement a eu lieu.

de la rencontre de l'ovule et du sperme n'est pas circonscrit en un point spécial ; comme, d'une autre part, les spermatozoïdes peuvent rester intacts dans les organes femelles, c'est-à-dire y conserver leur propriété fécondante, pendant plusieurs jours, il est admissible que la fécondation puisse avoir lieu plusieurs jours après le coït, au moment où la vésicule de Graaf se rompra, et dans l'endroit où l'ovule et le sperme se rencontreront et viendront en contact pour la pénétration des spermatozoïdes (1).

Le zoosperme existe-t-il réellement ?

C'est à l'abbé Spalanzani que revient l'honneur d'avoir le premier fait une série d'expériences sur les principaux phénomènes qui précèdent ou qui suivent la fécondation. Quelques auteurs admettaient (Fabrice d'Aquapendente) une émanation spiritueuse provenant de la semence du mâle, qui fécondait les œufs. Cet *aura seminalis* pouvait exercer une influence à distance. Bory de St-Vincent et Mayer, ont considéré les spermatozoïdes comme colporteurs du sperme. Un autre auteur, Leuwenhoeck, a émis l'opinion de la pénétration des spermatozoïdes dans l'ovule en nombre assez notable, leur forme, leurs mouvements, ce qui suggéra à quelques auteurs la théorie de l'*homunculus*, jeune animal qui pénètre dans l'ovule et s'y développe pour devenir un être semblable à ses parents : il fournirait, en se métamorphosant et se développant, la corde dorsale (*corde dorsalis*) du fœtus, encore à l'état embryonnaire (2).

La pénétration des spermatozoïdes aurait été reconnue par les micropyles que l'on a découverts dans la zône pellucide de différentes espèces d'animaux.

Dans l'ovule du lapin, par exemple, où Barry décrit certaines

(1) M. Coste (cité par M. J. Béclard) signale, dans son grand ouvrage (art. *Histoire du développement*, où il traite de la fécondation) l'entrée des spermatozoïdes, dans l'œuf, comme indispensable. Il en a été témoin lui-même, sur le lapin. — J. Béclard, page 1084.

(2) Selon Baer, la corde dorsale *(corde dorsalis)* est une petite languette gélatiniforme, formée de grandes cellules sans noyau, placée sous la moelle épinière de l'embryon.

Elle occupe l'axe du corps des vertèbres, qui n'existent pas encore, sans en être le rudiment.

ouvertures dans la *zona pellucida*, micropyle qui n'a été revu depuis que par Meissner, et encore incomplètement.

Mais s'il n'a été jusqu'à ce jour qu'incomplètement étudié chez les mammifères, et que, malgré les assertions de Barry et celles non moins importantes d'un physiologiste aussi distingué que Meissner, il ait été nié par quelques-uns, il est d'autant mieux connu dans les animaux inférieurs. Ainsi, dans les rayonnés, il a été étudié chez les halothurides par Meiller ; dans l'embranchement des mollusques par Keber, chez les articulés, par Meissner.

Chez les insectes, d'une manière particulière, par Leuckart.

Et enfin, après la classe des insectes, c'est peut-être celle des poissons dans laquelle le micropyle est le plus généralement observé et le mieux décrit.

Quant aux vertébrés, on a signalé, comme nous l'avons dit, le micropyle dans un certain nombre d'animaux ; mais son existence n'est prouvée d'une manière définitive que pour les poissons et les batraciens.

« Toujours est-il que dans l'état actuel de la science, il nous est impossible d'affirmer que le micropyle soit un caractère général de l'œuf, du moins pour les animaux supérieurs, et par conséquent pour l'homme.

« Il faudra, pour avoir cette certitude, faire encore de nombreuses recherches et avoir de nouvelles confirmations des faits décrits par Barry, Keber et Meissner.

« Il est possible que plus tard on puisse admettre, comme un fait général, que l'œuf présente dans ses enveloppes une ou plusieurs ouvertures destinées à livrer passage aux spermatozoïdes : le fait est constaté pour les animaux dont l'œuf, au moment de sa rencontre avec la semence, est déjà muni d'enveloppes plus ou moins épaisses et consistantes.

« Il faut remarquer ici que l'œuf des mammifères ne se trouve pas précisément dans ces conditions. Peut-être que la faible consistance de la zône pellucide permet aux spermatozoïdes de la perforer sans ouvertures préalables.

« Une observation que Bischoff rapporte, semblerait le prouver : ce physiologiste a vu des zoospermes, arrivés sur la membrane vitelline, y rester fixés et recourbés comme une épingle que l'on aurait cherché à introduire dans un corps très-dur. » — Ed. BRUCH, *Thèse de Strasbourg*, 1860, pour obtenir le grade de docteur ès-sciences.

Le même auteur ajoute « que ces ouvertures pourraient n'être aussi que passagères, s'ouvrant sous l'effet de la copulation et à une certaine époque, comme le col de l'utérus au moment de l'accouchement

« Il serait possible qu'il y eût là aussi un amincissement des parois par une sorte de résorption, et se reformant ensuite.

« Cette opinion a été émise par quelques physiologistes. »

Nous nous sommes déjà demandé ce que devient le zoosperme une fois qu'il a pénétré dans l'ovule, et nous avons dit, d'après les auteurs, qu'il se désagrège, se dissocie ; car on s'est beaucoup inquiété de son sort dans l'intérieur de l'œuf, bien avant que sa pénétration à travers les enveloppes de celui-ci fut constatée par l'observation.

Une fois l'existence du zoosperme connue, on a cherché à rattacher à ce corps quelque changement survenu dans la constitution de l'une des parties de l'ovule, voire même quelque formation organique de l'embryon. Et nous avons rapporté qu'il avait été considéré comme formant la corde dorsale du nouvel être, les globules du vitellus, etc.

Il est inutile d'insister davantage sur ce point, qui est encore, pour ainsi dire, en litige : ce que nous savons comme une chose positive, c'est que le zoosperme existe, et qu'il disparaît après la copulation, même dans les organes génitaux de la femelle, s'il y est resté sans emploi.

Ainsi, de la fusion (par la fécondation) de ces deux produits épithéliaux (1), résulterait un organisme nouveau, complet et

(1) Le zoosperme est un produit épithélial de la glande spermagène. Il est un produit de sécrétion.

L'ovule est produit par la vésicule de Graaf, qui est, sans contredit, l'élément glandulaire proprement dit de la glande mixte, appelée l'ovaire (produit ovigène).

L'ovaire est un follicule clos dont la face interne est revêtue d'une couche épithéliale (membrane granuleuse des auteurs).

semblable à celui qui lui a donné naissance, puisque dans le vitellus le spermatozoïde disparaît après avoir pénétré dans l'intérieur de l'ovule, pénétration active par effort du spermatozoïde à travers les membranes du vitellus, et, qu'en définitive, le spermatozoïde, en disparaissant dans le vitellus, éprouve une décomposition graisseuse, soluble dans l'éther, sans changement bien notable dans la constitution du vitellus.

Il a été dit, page 639 de cet ouvrage (à l'article *ovulation* et *menstruation*), que des idées *presque nouvelles* s'étaient produites (dans ces derniers temps) concernant ces deux phases ou états : l'*ovulation* et la *menstruation*, dans l'intention de déterminer d'une manière exacte et rigoureuse (ce qui n'a pu se faire jusqu'à présent) l'époque à laquelle la fécondation peut avoir lieu, et son lieu d'élection, s'il y en a un.

Nous avons dit que ces idées, ces opinions, revêtaient *presque* un caractère de nouveauté, parce que si on les rapproche de ce qui est dit à ce sujet dans les derniers ouvrages où l'on traite cette matière, on voit que ces mêmes idées, ces mêmes explications y sont relatées pour ainsi dire *in extenso*, et que la différence entre elles et celles nouvellement produites n'est, pour ainsi dire, qu'apparente (si nous jugeons bien), et qu'il n'y a rien qui puisse être considéré comme une découverte, une nouveauté.

Or, d'après ces découvertes (nouvelles), la fécondation serait soumise à une *loi invariable*, qui comporterait d'abord l'explication suivante : la période mensuelle, qui ramène chez la femme l'écoulement menstruel, composée de vingt-huit jours (normalement), se partagerait en deux parties ou périodes d'inégale durée. La première, datant de l'éruption des règles et se continuant jusqu'à la fin du quatorzième jour, qu'on pourrait appeler époque *génésique ;* et la deuxième, depuis le quinzième jour jusqu'au retour des règles. L'imprégnation restant à peu près impossible pendant cette deuxième période, on l'appellerait *hypnotisme génésique, torpeur, impuissance de l'utérus, période agénésique, sommeil utérin.*

M. Avrard, propagateur de cette doctrine, dit que « pendant l'écoulement des règles (qu'il appelle période ménorrhagique), il y aurait abstention du rapprochement des sexes, ce temps pouvant exposer la femme aux inconvénients d'une conception défectueuse, et vicier la constitution du produit (1). »

Mais la nature a, sur ce point, trompé parfois toutes les prévisions et les calculs qu'on a pu faire. Elle les dément encore pour ainsi dire tous les jours. Elle ne nous a pas encore confié tous ses secrets, et le voile qui couvre le mystère de la conception n'est pas tellement transparent que nous puissions encore voir à travers.

Du reste, toutes ces assertions auraient besoin, pour être vraies et admissibles, de se trouver appuyées de preuves irréfragables; elles demanderaient une sanction plus complète, pour que la règle du Dr Avrard fut élevée en loi dans la physiologie utérine, et pour que la population d'un pays, d'un État, ne s'en ressentit pas, car ces allégations, si elles n'étaient pas soutenues par des faits avérés, nuiraient à la reproduction et arriveraient au dépeuplement d'une nation, en restreignant à de certains temps, à de certaines époques, le rapprochement des sexes. Le résultat en serait aussi nuisible, sous ce rapport, que l'*onanisme conjugal*, contre lequel les préceptes anciens s'élèvent avec tant de force et de puissance dans ces seuls mots : *croissez et multipliez*.

Sous le rapport de l'abstention du coït pendant l'époque ou plutôt la période des règles (durée ménorrhagique), le précepte n'est pas non plus nouveau : la loi mosaïque défend absolument les rapports du mari avec sa femme pendant tout ce temps ; et les Israélites se gardent bien d'y manquer. Maintenant, sous le rapport de la viciation que le fruit pourrait venir à éprouver de la rencontre charnelle pendant ce laps de temps, on n'a pas remarqué que la constitution des Juifs fut plus belle et plus saine qu'aucune autre, pour avoir observé le précepte.

Les Orientaux observent également le même précepte : les

---

(1) Du reste, M. Avrard n'admet pas la conception possible pendant ce temps, parce que le liquide cataménial, qui n'est pas du sang, mais un produit excrémentitiel, doit être toxique pour les spermatozoïdes, et parce que l'ovule pourrait être détruit également par l'excrétion utérine.

femmes restent confinées loin de la présence du mari, pendant tout le temps que dure le flux menstruel ; elles ne reparaissent que quand tout est fini, et que la femme a pris un bain, ce qui porte le moment de l'action conjugale à 8 ou 10 jours, et qui serait l'époque à laquelle M. Avrard donne le plus de chance pour la réussite de la fécondation. La population en à t-elle pris plus d'accroissement pour cela ?

Cette pratique est-elle plus souvent couronnée de succès chez les Orientaux que chez les autres peuples qui n'usent pas rigoureusement de ce procédé? Et les produits de l'accouplement humain chez ceux qui en ont fait une loi religieuse, sont-ils plus sains, plus beaux, mieux constitués et préservés des maladies dont on pourrait rapporter la cause à un coït pratiqué dans un temps qu'on pourrait appelé *prohibé* et malheureux.

D'après ces explications, on voit que le précepte date des temps les plus anciens ; et quant à l'indication de l'époque où la conception (la fécondation) semble devoir réussir, elle n'est pas nouvelle non plus : Voici ce que dit à ce sujet. M. J. Béclard, *Traité de physiologie*, page 1086, quatrième édition, 1862 :

« La menstruation étant pour la femme l'époque naturelle de l'évolution et de la maturation des œufs, les moments qui suivent l'écoulement menstruel sont *les plus favorables* à la fécondation.

« Mais comme des influences accessoires peuvent retarder ou accélérer la maturité ou la rupture des vésicules de Graaf, il en résulte qu'on ne peut pas affirmer, comme quelques physiologistes l'ont fait, que la fécondation n'est possible que dans les huit à dix jours qui suivent les règles. Si cela était, il s'en suivrait qu'il y aurait une période de deux semaines environ, pendant laquelle le coït serait toujours infécond.

« L'expérience de tous les jours dément cette supposition. »

« Il est probable que l'ovule abandonne l'ovaire vers la fin des règles, et que, d'une autre part, il est fécondable pendant plusieurs jours. On peut donc dire d'une manière générale que la période la plus favorable à la fécondation est comprise dans les quinze jours qui suivent le début de l'éruption menstruelle. » *Traité de physiologie*, 1862 (J. Béclard).

D'après cela, les préceptes de M. Avrard (1) offrent-ils quelque chose de nouveau, et doivent-ils être particulièrement pris en considération pour arriver à une certitude dans le moment et dans l'endroit où la fécondation doit avoir lieu ?

D'abord, elle peut avoir lieu sur l'ovaire lui-même, puisqu'on a trouvé du sperme en ce point, chez les animaux ouverts le lendemain ou le surlendemain du coït; ensuite, elle peut avoir lieu dans différents endroits des organes génitaux de la femme; et comme (ainsi qu'il a été dit), il faut un certain temps aux spermatozoïdes pour parvenir jusqu'à l'endroit où ils rencontreront l'ovule, et qu'ils peuvent rester intacts dans les organes femelles en y conservant leurs mouvements et leurs propriétés fécondantes, *la fécondation n'a donc rien de spontané*. Elle peut s'accomplir plusieurs jours après le coït et au moment où la vésicule de Graaf se rompra (2). La circonstance la plus favorable pour la promptitude de la conception sera celle où les spermatozoïdes auront rencontré l'ovule au plus bas de la trompe.

Quant aux cas où le coït aurait eu lieu à une époque plus éloignée de la chute de l'ovule dans l'intérieur même de l'utérus, M. J. Béclard pense qu'alors la fécondation n'est pas probable (3); mais si le coït a précédé cette chute, et que les spermatozoïdes, en vertu du pouvoir qu'ils ont de rester intacts dans les organes femelles et de conserver leurs mouvements et leurs propriétés pendant plusieurs jours, se trouvent alors en contact, dans l'intérieur de la matrice, avec l'ovule qui vient y opérer sa chute, la fécondation pourra-t-elle avoir lieu ? c'est

(1) Recommandés postérieurement (1867) à ceux de M J. Béclard en 1862.

(2) Il n'y a pas simultanéité entre le moment du rapprochement des sexes et celui de la conception.

« Ces deux choses ne sont pas simultanées, dit M. J. Béclard, page 1127; car elles peuvent être séparées l'une de l'autre, par un intervalle de plusieurs jours.

(3) Par les raisons exposées à la page 659 de cet ouvrage, où il est dit que l'ovule en arrivant non fécondé dans l'utérus, ne tarde pas à disparaître : absorbé, ou entraîné au dehors par les voies extérieures de la génération au milieu de quelques sécrétions qui s'y produisent.

probable. La propriété « que possèdent les spermatozoïdes de féconder l'ovule au bout d'un temps plus ou moins long, cette propriété, disons-nous, est bien remarquable chez les insectes. Chez beaucoup d'entre eux, il existe une cavité (*bursa copulatrix*), dans laquelle la semence peut se conserver *un mois ou deux*, jusqu'au moment du passage de l'ovule dans le canal avec lequel communique cette cavité.

Mais au total, et d'après M. Coste, ce doit être dans la partie la plus reculée des trompes, et sur l'ovaire lui-même que la fécondation s'opère sans doute le plus souvent. Dans beaucoup d'animaux, en effet, ainsi qu'on le remarque, l'accouplement a lieu avant la maturité de l'œuf ; un seul accouplement peut féconder, sur la poule, de 5 à 7 œufs. Or, l'évolution de ces œufs est successive ainsi que leur sortie, la fécondation s'accomplit ici dans l'ovaire. (J. Béclard), page 1085.

Voici ce que les contradicteurs du docteur Avrard opposent à sa doctrine de la fécondation : Ils disent : 1° que MM. Coste et Pouchet avaient avancé quelque chose de très-approchant avant M. Avrard, ce qui détruirait le mérite de la nouveauté, et ne serait plus que l'extension ou la continuation des idées de ces deux auteurs; 2° les contradicteurs exposent aussi que le rapprochement des sexes a lieu le plus communément (*entre les époux*), dans le cours de la semaine qui suit celle de la cessation des règles, et ils sont loin d'y voir un effet infaillible, c'est-à-dire toutes les grossesses en être la conséquence.

Ces opposants assurent que si le *rapprochement* ne se fait que pendant les quatorze derniers jours du mois cataménial, loin d'être infructueux (1), il est souvent prospère, la grossesse peut s'en suivre, comme dans les autres moments du rapprochement des sexes (Mattei); c'est précisément ce que nient les adhérents à la doctrine Avrard ; 3° la femme ne pond pas chaque mois, dit le même auteur Mattei, car s'il en était ainsi, les règles et l'ovulation seraient étroitement liées ; or, il est rare qu'une fille, quoique menstruée, soit apte à devenir mère à douze ou treize ans ; tandis que si elle atteint l'âge de seize à dix-huit ans, elle

(1) Comme l'affirme le docteur Avrard.

peut devenir mère sans être *menstruée*. Il y a des nourrices qui sont devenues *grosses* avant que la menstruation ait reparu ; 4° les femmes ne sont pas aptes à concevoir pendant tout le temps qu'elles sont réglées, attendu que sauf quelques exceptions, elles ne font guère d'enfants de trente-cinq à quarante ans, bien qu'elles soient menstruées jusqu'à quarante-cinq ou cinquante. D'ailleurs, comment expliquer les grossesses des femmes qui n'ont jamais été réglées, bien que ces faits soient rarement observés (MATTEI).

S'il y avait une ponte mensuelle, la plupart des femmes devraient être fécondées dès qu'elles ne seraient pas grosses. Les filles publiques devraient avoir le plus de grossesses ; les femmes des villes auraient autant d'enfants que celles des campagnes ; les grossesses seraient aussi nombreuses dans toutes les saisons ;

5° Le *corpus luteum* se trouve constamment dans l'ovaire qui a pondu, c'est à peine si l'on peut citer quarante observations d'autopsie, où l'on trouve une vésicule de Graaf ouverte ou sur le point de s'ouvrir en dehors de la grossesse ; tandis que dans le premier cas, le *corpus* se trouve constamment, parcequ'il y a eu ponte réelle.

Elle n'existe, véritablement, cette ponte, ou cette rupture de la vésicule, qu'une ou deux fois par an. Alors les femmes se trouvent dans un état identique au rut des femelles des animaux (MATTEI).

En résumé, l'ovulation n'a aucun rapport avec les règles ; elle peut survenir avant, pendant et après les règles (MATTEI, *Clinique obstétricale*).

Les partisans de l'ovulation spontanée répondent par ces affirmations (1) du Dr Avrard :

1° les femmes pondent tous les mois : on observe souvent chez elles et en dehors de leur écoulement cataménial, un phénomène pathologique identique à la spermatorrhée et qu'on appelle *ovorrhée*. Il peut être la cause de symptômes hystériques. L'ovor-

---

(1) *De la génèse et de la durée de la grossesse dans l'espèce humaine*, par le Dr AVRARD.

rhée (dit l'auteur (1)) est une des nombreuses causes de stérilité qu'une injection fait disparaître plus facilement que toute autre médication.

L'objection tirée des lois juives ne paraît pas sérieuse (2) au Dr Avrard.

Il appuie ses dires sur une grande quantité de faits (des centaines, dit-il) observés avec une exactitude mathématique par lui (sinon quand au mode, au moins quand au temps de leur production) et par les femmes, ses clientes. Il renvoie à ce sujet au *Journal de médecine et de chirurgie pratiques*, 1867, page 64.

D'où il résulte que la fécondation est (d'après M. Avrard) impossible pendant la menstruation, parce que le liquide cataménial qui n'est pas du sang, mais un produit excrémentitiel, doit être toxique pour les spermatozoaires;

2° Parce qu'on ne saurait admettre que l'animalcule spermatique puisse remonter dans l'utérus, alors que le canal cervical (le col) est rempli et parcouru de haut en bas par l'excrétion utérine (les règles);

3° Parce que l'écoulement menstruel étant toujours terminé avant la fin de l'*ovulation*, les spermatozoïdes qui, par impossible, pénétreraient dans l'utérus pendant un temps de suspension des règles, n'y rencontreraient pas d'ovule;

4° Parce qu'en admettant que l'ovulation parcourut ses périodes assez rapidement pour que l'ovule tombât dans l'utérus avant la fin de la menstruation, l'ovule serait détruit par le liquide cataménial, toxique pour lui comme pour les spermatozoïdes. Et, dans tous les cas, il lui serait impossible de trouver un point où se fixer à la surface de la muqueuse qui exhale, par tous ses pores, le liquide cataménial. J'ajoute, dit l'auteur (voyez la page 14 de ma brochure sur la genèse), que la fécondation est impossible pendant les règles, parce que je ne l'ai jamais observée mal-

(1) *Ibidem.*

(2) M. Mattei, dans la séance de la Société de médecine pratique du 5 septembre 1867, dit qu'un confrère a fait remarquer que les lois juives défendaient le rapprochement des sexes pendant la semaine qui suit les règles. — *Réforme médicale*, 13 octobre 1867, n° 39.

gré toutes les recherches que j'ai faites spécialement en vue d'éclairer ce point de physiologie.

L'ovulation n'étant pas complète quand finissent les règles, la fécondation n'est pas alors possible ; il s'écoule toujours un certain laps de temps entre la fin de l'écoulement menstruel et le moment où la femme peut être fécondée. A ce laps de temps dont la durée est en raison inverse de celle des règles, j'ai donné, dit-il, le nom de phase interpériodique. (Société de médecine pratique, 5 septembre, 1867).

Dans la même séance de la Société de médecine pratique du 5 septembre 1867, le Dr Avrard a déclaré que, selon lui, cette doctrine, bien loin de nuire à l'accroissement de la population, lui serait au contraire favorable : les époux ne s'épuiseraient plus en efforts impuissants, en tentatives infructueuses de reproduction, et, en agissant à coup sûr à cette époque, leur fruit ne s'en trouverait que plus fort.

Car, par suite des ménagements, pratiqués antérieurement à ce moment, le produit viendrait moins chétif que lorsqu'il est si souvent le résultat éphémère de l'épuisement. La population y gagnerait ensuite sous le rapport de la force, de la vigueur et de son accroissement.

En résumé, et pour M. Avrard, l'ovulation commence de deux à quatre jours avant l'apparition des règles ; il faut à l'ovule, pour se développer, rompre sa vésicule, se dégager de l'ovaire, parcourir la trompe et arriver dans l'utérus, de huit à douze jours.

Alors commence la période génésique qui finit toujours quel qu'ait été le moment hâtif ou retardé de son début, quelle qu'ait été la durée de la menstruation, qui finit toujours, dit l'auteur, quatorze fois vingt-quatre heures après le moment, après l'heure de l'apparition des règles. De tous les faits observés, deux seulement jusqu'à ce jour m'ont prouvé, dit M. Avrard, que la fécondation était possible pendant la quatorzième période de vingt-quatre heures, en comptant à partir de l'heure à laquelle l'écoulement cataménial avait commencé ; dans l'un de ces faits, le rapprochement fécondant a eu lieu treize jours et huit heures et dans l'autre treize jours et douze heures après l'apparition des règles.

La *fécondation normale*, d'après le même auteur, se produit toujours dans l'*utérus*, quel que soit le moment de la période génésique pendant lequel a lieu l'arrivée de l'ovule et la pénétration du spermatozoïde. Les grossesses extra-utérines, selon M. Avrard, ne sont qu'une objection sans valeur à cette proposition dogmatique qui est pour lui une loi : la *fécondation normale* se produit toujours dans l'utérus.

La grossesse ovarique est impossible ;

La grossesse extra-utérine est anormale et n'a lieu que lorsqu'il y a collapsus ; c'est-à-dire que par suite d'un coup, d'une frayeur, il y a eu collapsus du conduit tubaire qui ne lui permet pas de porter l'ovule, alors le spermatozoaire (1) au lieu de rester dans l'utérus passe dans le conduit tubaire non contracté. M. Ponchet (ajoute M. Avrard) a émis une opinion différente : il a dit que la fécondation pouvait avoir lieu dans la deuxième moitié du canal tubaire.

La période génésique (toujours d'après M. Avrard) dure jusqu'au quatorzième jour à partir de l'apparition des règles ; après cette période, l'appareil générateur se repose complétement et la fécondation est impossible ; mais dans tous les cas elle ne doit avoir lieu qu'après la disparition des règles.

Telles sont les opinions émises à ce sujet par le Dr Avrard, dans sa brochure sur la genèse, et qu'il a publiquement développées dans la séance du 5 septembre 1867, à la Société de médecine pratique.

Il n'a pas trouvé des adhésions complètes à cette doctrine sur l'ovulation et la fécondation.

Les propositions dogmatiques, que le Dr Avrard voudrait voir ériger en lois, ont trouvé des oppositions parmi les membres de la docte assemblée : et M. le professeur Mattei, un des plus autorisés en cette matière, a objecté, sous le rapport de l'époque assignée par M. Avrard à la fécondation, et des jours pour ainsi fixés d'avance, comme les plus favorables à la réussite de cet acte générateur, M. Mattei, disons-nous, a exposé que les lois juives qui défendent la copulation à peu près 10 ou 12 jours pendant le

(1) C'est l'expression consacrée pour M. Avrard.

temps que M. Avrard la préconise, n'empêchent pas les femmes d'avoir beaucoup d'enfants.

« Les femmes juives (dit encore M. Mattei), d'après les idées de M. Avrard, devraient être presque toutes stériles, tandis que tout prouve le contraire. J'ajouterai une foule de faits consignés dans les annales de la médecine légale, où la femme est devenue grosse après un seul coït, et ces cas ne rentrent pas, pour la plupart, dans la théorie de M. Avrard. Cette théorie est, du reste, une application des idées de MM. Ponchet, Raciborski et autres, sur l'ovulation spontanée qui aurait lieu tous les mois chez la femme et qui demandant un certain nombre de jours pour que l'œuf descende de l'ovaire à l'utérus rendrait la femme stérile entre cette ponte et celle du mois suivant. Le même, M. Mattei, professeur de clinique obstétricale aurait entendu dire, lui-même, à M. Paul Dubois, autre professeur distingué d'accouchements, qu'il avait été d'abord séduit par cette doctrine, mais qu'au bout de quelque temps il lui avait fallu admettre la possibilité de la fécondation à toutes les époques du mois. »

» Si les idées de M. Avrard étaient vraies et qu'on désirât la fécondation, il faudrait opérer les rapprochements sexuels dans le cours de la semaine qui suit la cessation des règles, or, c'est là ce qui se pratique le plus habituellement par les époux, et ils sont loin de voir toutes les grossesses en être la conséquence. Si, au contraire, on ne désirait pas la fécondation, il faudrait n'avoir de rapprochements que pendant les quatorze jours qui précèdent l'apparition de nouvelles règles. Mais je suis certain, dit M. Mattei, que la grossesse peut arriver dans ces cas comme dans les cas précédents, et il ajoute : depuis longtemps mes observations m'ont convaincu que les femmes loin de perdre ou de pondre un ou plusieurs œufs par mois, n'en font guère qu'un ou deux par an. » — Société de médecine pratique, séance du 5 septembre 1867.

Il s'est fait depuis quelque temps un certain bruit autour de la question de l'*ovulation spontanée* et de la *fécondation*. C'est une question remise pour ainsi dire sur le tapis. Elle a donné lieu à des discussions au sein des sociétés de médecine et à des articles dans les journaux qui traitent des questions médicales. Le procès n'est pas encore jugé; nous en avons rassemblé quelques pièces afin que chacun puisse apprécier.

§ 138. **Des fécondations multiples et de la superfétation; 2° Du sexe des enfants.** Quelques espèces animales mettent au jour un certain nombre de petits; d'autres, comme il arrive pour l'espèce humaine, n'en produisent qu'un, et, exceptionnellement, plusieurs. Les animaux les plus petits, rats, souris, lapins, font des portées de dix à douze. Les plus grandes et les plus fortes espèces, ne produisent que un ou deux petits, lion, léopard, rhinocéros, éléphant. Ceci tient à des conditions organiques, et semble être ainsi institué pour que dans l'ordre de la nature, les espèces les plus fortes trouvent leur alimentation sur les espaces qu'elles sont habituées à fréquenter, et qui semblent leur être réservés, faisant la chasse aux plus petites espèces, dont quelques-unes leur servent de pâture.

Hélas! de tout temps,
Les petits ont été la pâture des grands.

Cette multiplicité de petits chez les animaux, dépend de la maturation et de la rupture des vésicules de Graaf, et tient aussi à ce que nous avons dit, page 660 de ce volume, c'est-à-dire à la pénétration de plusieurs ovules, en un même temps, par le sperme du mâle qui contient une infinité de spermatozoïdes.

Certaines femmes présentent une disposition aux grossesses multiples qui les rapprochent, sous ce rapport, des femelles des animaux. Chez elles comme chez ces dernières, ces grossesses proviennent d'une fécondation simultanée ou à peu près simultanée de plusieurs ovules, ce qui n'est pas du fait de l'homme, mais bien de celui de la femme dont plusieurs vésicules de Graaf sont arrivées en même temps à maturité, ou dont une seule a présenté plusieurs ovules dans son intérieur; lesquels se sont engagés en même temps dans la trompe (1). On rapporte dans la

(1) M. J. Béclard, dit à ce même sujet : Les grossesses gémellaires pourraient tenir aussi, à ce qu'une seule vésicule de Graaf contiendrait, anormalement, plusieurs ovules dans son intérieur. — J. Béclard, page 1087.

science, dit M. J. Béclard, des exemples de femmes dont toutes les grossesses ont été multiples, ce qui lui fait dire que le paysan russe qui avait eu quatre-vingt-dix enfants, et qui fut présenté à l'impératrice Catherine, ne méritait guère la curiosité dont il fut l'objet ; attendu qu'il n'avait eu que la singulière chance de rencontrer des femmes dont toutes les grossesses avaient été quadruples, triples ou doubles et qu'à ce titre, il n'était qu'une rareté.

La superfétation, ou conception d'un second fœtus, pendant le cours d'une grossesse, ainsi que le mot l'indique, est très-contestée.

On rapporte les cas qui ont été cités, à des grossesses doubles, gémellaires si on veut, dans lesquelles un des produits, fœtus, mort avant terme, s'est conservé dans les membranes jusqu'au moment de la naissance de celui qui avait continué de vivre.

Le second cas auquel on les rapporte encore, est celui où deux fœtus jumeaux se sont inégalement développés, et dont le développement du plus faible a nécessité un plus long séjour dans le sein de la mère, ou enfin, il a pu y avoir gestation naturelle dans un utérus bicorne, c'est à-dire partagé en deux cavités.

Dans le cas où une négresse donne naissance à deux jumeaux, dont l'un est noir et dont l'autre est blanc (ou tout au moins sang mêlé) ; et dans celui où une blanche donne naissance à deux jumeaux dont l'un est blanc et l'autre mulâtre, M. J. Béclard dit que cette surconception n'est vraisemblablement qu'une double fécondation survenant presqu'au même moment chez ces deux femmes, dont plusieurs vésicules de Graaf, arrivées simultanément à maturité, se sont rompues en même temps ou presqu'en même temps. Ces deux femmes avouant avoir eu des rapports, presque simultanés, avec un blanc et un nègre : ici, ajoute M. J. Béclard, point de difficulté, *Traité de physiologie*, page 1087.

Ce qui n'est pas du tout la même chose, que, lorsqu'une femme après être accouchée d'un enfant à terme, en met un autre au monde, au bout de trois, quatre ou cinq mois, à terme également. Il est plus difficile de se rendre compte de la manière dont la seconde fécondation a pu s'opérer. Et ce cas, peut rentrer dans ceux que nous avons préalablement indiqués et s'y rapporter.

Dans tous les cas de superfétation reconnue vraie, il est à présumer que la double fécondation remonte à la même époque ou à deux époques très-rapprochées l'une de l'autre; car il n'est guère probable que la rencontre du sperme avec un nouvel ovule, puisse s'effectuer, lorsque nous savons, qu'après fort peu de temps, l'utérus est déjà occupé et distendu par le produit de la conception ; et qu'une tuméfaction considérable de la membrane muqueuse utérine, ne tarde pas à oblitérer l'orifice utérin des trompes, qu'il y a cessation de menstrues, et repos de l'ovaire après fécondation.

On a pendant longtemps songé aux moyens de procréer des enfants de tel sexe, plutôt que de tel autre. On a cherché à établir que la position de la femme, lors de la copulation, avait une influence décisive sur le résultat, et l'on est allé jusqu'à attribuer la faculté génératrice mâle, au testicule droit chez l'homme; et à l'ovaire droit, celle de développer des ovules mâles chez la femme, et, par contre, des ovules femelles dans l'ovaire gauche ; toutes choses banales et que l'observation n'a pas confirmées comme vraies, fables que toutes ces idées (dit M J. Béclard) que rien ne justifie ; et que les faits démentent suffisamment, pour n'avoir d'autre but que de piquer la curiosité du lecteur.

Mais une autre question est celle-ci, le sexe de l'enfant dépend-il de l'ovule, ou de l'action fécondante du sperme ? En un mot les œufs sont-ils mâles ou femelles, ou bien, du moment qu'ils se détachent de l'ovaire, l'action du sperme n'a-t-elle d'autre effet que de donner à l'œuf la puissance de se développer ; ce qui préjugerait la préexistence des germes dont on n'est pas encore certain, pas plus que des questions précédentes ?

Il est à remarquer que les auteurs se sont abstenus, jusqu'ici, de donner une définition catégorique de la fécondation, aussi bien qu'il n'a jamais été question, dans les cas de fécondation multiple, de faire jouer un rôle simultané aux deux ovaires, qui pourraient alors produire, pour chacun d'eux, les actes que l'on attribue à un seul (1).

CHAPITRE V.

DÉVELOPPEMENT DE L'ŒUF.

§ 139. Développement de l'œuf depuis le moment de la fécondation jusqu'à l'apparition du blastoderme. Il a été expliqué que l'œuf ou l'ovule sorti de la vésicule de Graaf, cheminait dans la trompe où il pouvait être fécondé, M. Ponchet, dit que la fécondation pouvait avoir lieu dans la deuxième moitié du canal tubaire; M. Avrard, dit que l'ovule est toujours fécondé dans la matrice, et très-exceptionnellement autre part.

Quoiqu'il en soit, l'œuf ou l'ovule dans sa pérégrination dans la trompe, et même sans être fécondé, subit (dit M. J. Béclard) quelques changements qui le préparent à la fécondation. D'abord il y a disparition, ou dissolution de la vésicule germinative, ce premier changement s'accomplit, soit lorsque l'ovule est encore contenu dans la vésicule de Graaf, soit lorsqu'il est engagé dans la trompe.

« Ce changement n'est pas sous l'influence de la fécondation, car la vésicule germinative disparaît spontanément dans les œufs des animaux qui pondent avant la fécondation, et aussi, dans l'œuf des oiseaux qui pondent en l'absence du mâle. »

Les œufs dans lesquels la *vésicule* germinative a disparu, peuvent encore être fécondés. Tous ces changements, et bien d'autres, ont été suivis avec soin chez les animaux, et ont été appliqués à l'espèce humaine, parcequ'il est permis, chez eux, d'étudier avec soin, ces premiers phénomènes, en sacrifiant ces animaux, à toutes les époques de la gestation.

Les résultats obtenus de cet examen, fait avec beaucoup de

(1) Il y a deux trompes ; l'action qui se passe dans un de ces organes pourrait bien se passer simultanément dans l'autre et donner lieu ainsi à un double produit. Ceci éclairerait peut-être aussi les superfétations.

précision, ont pu être appliqués à l'espèce humaine, attendu que le développement ultérieur de l'œuf humain a été reconnu suivre la même marche que chez les mammifères.

Nous rappelons ici, que l'ovule, ou l'œuf, qui sort de la vésicule de Graaf, est composé d'une enveloppe (membrane vitelline ou zône transparente, *zona pellucida*), d'un contenu granuleux (ou vitellus), et d'une vésicule diaphane incluse dans l'œuf (vésicule germinative) présentant un point plus foncé ou *tache germinative*.

Nous avons dit aussi, que l'ovule, dans la vésicule de Graaf, était entouré d'une petite masse de cellules, *disque proligère*.

Et bien, ces cellules sont entraînées avec lui, lors de sa sortie de la vésicule de Graaf, elles se dissolvent et disparaissent.

L'ovule en s'avançant dans la trompe, s'entoure d'une couche albumineuse, qui n'a, chez les mammifères, qu'une très-faible épaisseur. Chez l'oiseau elle forme la masse épaisse du blanc de l'œuf.

Cette différence tient à ce que dans l'œuf des oiseaux son développement étant extérieur, cette couche doit servir d'aliment à l'être qu'il renferme ; c'est-à-dire que chez les *mammifères* ce sera au sein de la mère, et au milieu des organes qui entourent le petit ou les petits qu'ils puiseront leurs moyens d'existence ; tandis que dans les oiseaux, c'est par le blanc de l'œuf que le petit, qui y est contenu, se développera.

« Du reste, cette couche albumineuse n'a qu'une existence éphémère chez les mammifères, et elle a presque complètement disparu lorsque l'ovule arrive dans l'utérus, où il doit se fixer.

« Cette couche retient autour de l'ovule les spermatozoïdes, et favorise ainsi la fécondation. En outre, elle sert probablement au premier développement de l'œuf, car celui-ci s'accroît pendant son passage au travers de la trompe. Lorsqu'on examine l'ovule fécondé, extrait de la trompe d'un mammifère, on constate, dans l'épaisseur de la couche albumineuse, un nombre assez considérable de *spermatozoïdes*, qui font corps avec la petite masse que représente l'ovule. » — J. Béclard, p. 1090.

Segmentation du vitellus. La segmentation s'opère dans l'œuf de la plupart des animaux.

Cette métamorphose remarquable s'accomplit par l'apparition, au milieu de la masse jaune du vitellus, d'un point plus clair; c'est un noyau pourvu d'un nucléole. D'autres bientôt (d'autres noyaux) se forment, et la masse vitelline se divise bientôt aussi en deux masses juxtaposées. Par la réunion de ces noyaux (qui eux-mêmes subissent la segmentation en plusieurs sphères, se groupant autour des noyaux nouveaux), se forme une multiplication de noyaux et de sphères de segmentation, qui se continue jusqu'à un nombre considérable de petites sphères, qui ne tardent pas à remplir la cavité de l'œuf.

Dans les oiseaux cependant, le jaune n'est pas employé tout entier au phénomène de la segmentation; « il n'y a, dit M. J. Béclard, qu'une partie du jaune qui y concourt : celle que l'on désigne sous le nom de cicatricule, et qui se segmente après la fécondation. »

C'est cette partie seule de l'œuf des oiseaux qui peut être comparée au vitellus de l'œuf des mammifères, le restant du jaune, chez les oiseaux, devient, comme l'albumine, un aliment destiné (et tout-à-fait nécessaire) au nouvel être qui procédera de la cicatricule.

« Ces sphères de segmentation, arrivées à leur dernière limite, s'épaisissent à leur surface, et chacune d'elles devient une véritable cellule, constituée par une enveloppe, un contenu liquide et granuleux, et un noyau intérieur. »

C'est du rassemblement de ces cellules, de leur développement et de leur application contre la surface interne de la vitelline, que se forme une membrane sphérique (incluse dans la membrane vitelline), à laquelle on donne le nom de vésicule *blastodermique*, ou, par abréviation, blastoderme. Elle contient dans son intérieur un liquide albumineux dans lequel nagent des granulations. L'étymologie de ce mot est de *blastos*, germe, et de *derma*, peau, et nous allons voir que c'est sur lui que se montre, en effet, le premier vestige de l'embryon.

§ **140. Blastoderme, apparition de l'embryon.** Pour nous conformer aux idées admises sur la fécondation et sur le lieu où elle peut s'opérer, nous dirons, avec M. J. Béclard (voir page 1091 de son ouvrage, *Traité de physiologie*, 4e édit., 1862), que pendant que les phénomènes dont nous avons parlé jusqu'ici s'accomplissent, l'œuf fécondé poursuit son trajet à travers la trompe : arrivé dans l'utérus, vers le huitième jour qui suit la fécondation, ayant éprouvé déjà un épaississement dans un *point* de la membrane blastodermique (qui est celui où s'est formé la tache embryonnaire, premier vestige de l'embryon). L'œuf fécondé, disons-nous, s'arrête le plus ordinairement vers l'embranchement des trompes (1). Il se fixe en ce point par la membrane vitelline et forme le premier chorion (2). De sa surface externe, la vitelline pousse des villosités qui s'enfoncent dans la membrane muqueuse de l'utérus, déjà tomenteuse et disposée à cet effet. Ces villosités augmentent encore la surface d'imbibition, de manière que l'œuf recevra une plus grande somme d'entretien ou de nourriture (nutrition de l'œuf).

Si on examine cet œuf vers les six premiers jours, le *blastoderme* est déjà plus compacte ; la tache embryonnaire s'allonge et devient elliptique. C'est sur le plan médian qu'existe la tache embryonnaire. Ce sont les premiers linéaments de l'embryon.

Le blastoderme ne formait encore qu'une tunique, vésicule simple, maintenant il y a deux feuillets appliqués l'un sur l'autre, c'est-à-dire qu'avec le feuillet externe, il y a trois tuniques emboîtées : la vitelline et les deux blastodermes. La tache (*area germinativa*) se trouve sur le feuillet qui touche à la vitelline, c'est-à-dire entre le feuillet interne et externe du blastoderme. C'est entre ces deux feuillets qu'apparaît promptement

---

(1) Quelques physiologistes pensent que la fécondation ne se fait que très-exceptionnellement autre part que dans l'utérus. Alors les premiers phénomènes que nous venons de décrire s'y passeraient comme ailleurs.

(2) Suivant Bischoff, cette membrane, le *chorion*, résulterait de la soudure du feuillet séreux de la vésicule blastodermique, avec l'enveloppe qui, sous le nom de zône transparente ou vitelline, entoure le jaune dans l'ovaire.

De texture simple et homogène, le chorion ne possède jamais de vaisseaux dans l'espèce humaine. Sa face externe est couverte de villosités qui s'enfoncent et pénètrent dans la membrane caduque. — NYSTEN.

le blastème primitif au sein duquel se développeront les organes du fœtus, toujours sur celui qui est le plus externe.

La ligne qui forme cette tache (tache embryonnaire) représente une sorte de nacelle partagée en deux. Il y a, dans cette nacelle, une concavité et deux extrémités. La première représente le ventre, et les deux extrémités la tête et les pieds.

Amnios. Il y a, pendant la vie fœtale, une membrane séreuse appelée amnios, qui sécrète un liquide. Cette membrane enveloppe le fœtus. Elle est une dépendance du blastoderme. L'amnios est la plus interne des membranes qui enveloppent le fœtus. Elle est unie au chorion par sa face externe. Sa face interne, lisse et polie, n'est séparée du fœtus que par un liquide albumineux qu'elle exhale, et que l'on appelle *eau de l'amnios*. Ce liquide est limpide, jaunâtre ou blanchâtre, d'une odeur fade, d'une saveur légèrement salée. Il environne l'embryon dès l'instant de son développement, et s'amasse pendant la durée de la gestation ; il préserve l'utérus de l'action immédiate du fœtus et réciproquement (1).

Nous avons dit que l'embryon se trouvait entre le feuillet interne et le feuillet externe du blastoderme, mais qu'il était appliqué sur le plus externe ; il se trouve donc en contact avec le chorion. Mais l'embryon en nacelle est entouré complètement du blastoderme, car le feuillet externe, feuillet séreux, s'est recourbé en arrière sur le dos de l'embryon, et la partie qui part de l'extrémité céphalique se porte vers l'extréminé caudale, et réciproquement elles ont poussé progressivement (développement des membranes).

Ces parties se réunissent et arrivent toutes au contact, c'est-à-dire au centre, pour constituer le feuillet interne, feuillet muqueux destiné à former la vésicule ombilicale ; c'est un fil ou filament qui disparaît ensuite. « Chez la femme, la vésicule ombilicale ne prend qu'un faible développement, perd de très-bonne heure toute importance à l'égard de l'embryon et

(1) Dans le travail de l'accouchement, il est poussé (ce liquide) avec les membranes qui le contiennent vers le col de l'utérus, et forme ce qu'on appelle la poche des eaux.

de l'œuf, et disparaît complètement tôt ou tard. » — NYSTEN.

Quoi qu'il en soit, au point où nous en sommes arrivé, l'embryon est en nacelle, c'est-à-dire dans une cavité, entouré par l'amnios (dépendance du blastoderme), qui est appliqué sur lui, tandis que le feuillet interne tapisse la cavité de la nacelle, par suite de la réunion (ainsi qu'il a été dit) des deux extrémités céphalique et caudale du blastoderme.

Les annexes du fœtus sont, jusqu'à ce moment :

1° La membrane extérieure de l'œuf ou membrane vitelline, appelée désormais (par les replis du blastoderme qui se sont joints et qui la doublent) *chorion;*

2° L'amnios, formé par les replis du feuillet externe du blastoderme, qui se sont réunis du côté de la partie dorsale du fœtus;

3° La vésicule ombilicale, portion extra-fœtale du feuillet muqueux du blastoderme.

§ 141. **Vésicule ombilicale.** Dans le feuillet interne qui a formé une cavité, il y a un liquide nutritif. Le feuillet externe forme tout l'extérieur de l'embryon ; mais le feuillet interne forme l'intestin ou du moins la membrane muqueuse, et le point où sera l'ombilic constituant déjà la *vésicule ombilicale.*

Le canal omphalo-mésentérique est le résultat du rapprochement des extrémités des deux feuillets formant d'abord une espèce de canal ; mais la vésicule ombilicale n'est qu'un organe transitoire qui disparaît promptement à la fin du premier mois : le pédicule s'étrangle, et la communication avec l'intestin n'existe plus.

De la partie inférieure de l'intestin (portion rectale ou caudale, formée aux dépens du feuillet interne du blastoderme) se produit un petit tubercule ; c'est la vésicule allantoïde.

Vésicule allantoïde. De cette vésicule partent deux artères et deux veines, artères allantoïdes, veines allantoïdes, qui, examinées au 21me jour, se dirigent évidemment vers le point ombilical. La vésicule allantoïde, avec les deux artères et les deux veines, sortent de l'anneau ombilical et se trouvent entre la veine ombilicale, qui est en dedans, et le feuillet du blastoderme, devenu deuxième chorion. Elle va tapisser la face interne de ce chorion et former le troisième chorion. Au 30me jour, ce chorion commence à se vasculariser, et forme, par l'arrivée et l'épaississement de la vésicule allantoïde, des villosités qui s'accroissent progressivement.

Plus tard, il cesse d'être vasculaire ; les villosités s'atrophient peu à peu, excepté dans les endroits qui correspondent au placenta, où elles prennent un développement considérable. C'est à la fin du troisième mois que le travail est terminé.

Il y a donc trois chorions successivement formés, le premier par la vésicule germinative, le second par le feuillet externe du blastoderme, et le troisième par la vésicule allantoïde. Elle sort, avons-nous dit, de l'extrémité inférieure de l'embryon sous la forme d'une petite vésicule, acquiert de très-bonne heure des communications, tant avec le canal intestinal qu'avec les conduits excréteurs du corps de Wolff et les uretères. Elle s'allonge jusqu'à ce qu'elle ait atteint le chorion ; s'étale à sa face interne, s'y soude de toutes parts, et va concourir à la formation du chorion. Elle sert de conducteur aux vaisseaux qui la recouvrent.

« Les villosités du chorion jusque-là invasculaires deviennent vasculaires dans une certaine étendue ; des communications s'établissent avec les prolongements des vaisseaux allantoïdiens, et le placenta se développe (portion fœtale). »

Les vaisseaux allantoïdiens deviennent plus tard les vaisseaux du placenta ou plutôt du cordon, *artères* et *veine ombilicales*.

Lorsque les parois abdominales se forment et que les vaisseaux du cordon qui rampent sur elle ont été portés à la périphérie, cette vésicule se trouve comme étranglée à l'ombilic ; la communication avec la vessie urinaire s'oblitère; toute la partie qui dépasse cet orifice disparait ; celle qui reste dans le corps de l'embryon affecte d'abord la forme d'un cylindre étendu de l'intestin à l'ombilic : mais bientôt la région supérieure de celle-ci s'oblitère à son tour.

L'inférieure seule, continuant à se développer, il en résulte la vessie, qui tient à l'ombilic par un canal appelé *ouraque*, qui est lui-même promptement réduit en un cordon ligamenteux.

« Chez les mammifères, la portion de l'allantoïde qui dépasse l'ombilic persiste plus ou moins longtemps, et se comporte d'une manière diverse selon les ordres de cette classe ; mais partout cette vésicule sert de conducteur aux vaisseaux qui, de l'embryon, vont gagner la mère, et changer totalement le mode de nutrition qu'avait eu jusque là le fœtus. »

« La membrane allantoïde formée par la vésicule allantoïde et dont l'histoire n'est pas encore parfaitement éclaircie dans l'espèce humaine, ne dure pas au-delà des deux premiers mois de la gestation.

La vésicule d'où elle provient se développe, comme on le sait, sur le feuillet interne de la vésicule blastodermique, extrémité caudale ; il y a alors un troisième chorion qui résulte de l'épanouissement, de l'allongement de cette vésicule qui va toujours gagnant les parties de la mère (1). »

C'est au point où les vaisseaux allantoïdiens vont d'abord s'épanouir que correspondra le placenta. Les villosités que forment ce chorion deviennent de plus en plus nombreuses ; un état vasculaire s'établit dans ces parties, mais ces villosités s'atrophient sur quelques points pour se concentrer sur ceux qui correspondront au placenta ; la surface du chorion devient glabre dans tous les points autres que ceux que nous venons d'indiquer ; dans ce dernier point, au contraire, les villosités s'accroissent, et prennent un développement considérable.

« C'est vers la fin du troisième mois que ce travail est terminé, alors la partie du chorion qui correspond au placenta est seule demeurée vasculaire. » — J. Béclard.

§ 142. **Placenta**. — Le placenta est un organe formé par le fœtus, c'est un corps mollasse, doux, spongieux, aplati, ova-

(1) M. J. Béclard, page 1099 dit à ce sujet : qu'il y ait fusion de ces divers éléments en un seul, ou qu'ils se substituent les uns aux autres, dans le cours du développement ; toujours est-il que le chorion n'offre pas le même aspect aux diverses périodes de la gestation.

Les membranes fœtales, celles qui forment la coque de l'œuf humain, sont la caduque, le chorion et l'amnios.

Au niveau du placenta, l'amnios est très-peu adhérent ; il l'est beaucoup plus autre part par suite de la pression de l'eau amniotique.

laire ou circulaire. Il est l'intermédiaire, pendant la gestation, entre la mère et l'enfant.

Il adhère, par une de ses faces, à la paroi interne de la matrice et donne naissance, par l'autre, aux vaisseaux ombilicaux.

Il a, au moment de l'accouchement, de 15 à 20 centimètres de diamètre, et de 1 à 2 centimètres d'épaisseur au centre. Cette épaisseur va en diminuant vers la circonférence. Dans tous les cas, c'est-à-dire quelque soit son épaisseur, qui est souvent inégale, il est continu sur sa circonférence, avec le chorion, auquel il adhère par sa surface fœtale qui le supporte, et dont il est tapissé, ainsi que par l'amnios, qui peut toujours en être séparé à l'aide de légères tractions (1).

Sa face externe ou utérine est poreuse, comme fongueuse, mais irrégulière ; une simple pellicule la tapisse et en réunit les diverses bosselures ou saillies cotylédonnaires qu'elle présente en cette partie.

Le placenta est redevable de sa première formation, comme il a été dit plus haut, à ce que les vaisseaux omphalo-mésentériques, qui sortent de l'embryon avec l'allantoïde, s'insinuent dans le chorion au côté de l'œuf appliqué contre la matrice, le traversent et pénètrent dans les villosités situées sur ce point. Les villosités continuent de croître et poussent sans cesse de nouvelles branches, dans chacune desquelles s'insinue aussi une anse des vaisseaux omphalo-mésentériques ; laquelle anse artérielle d'un côté est veineuse de l'autre.

Nous avons dit que certaines villosités du chorion ne s'atrophient pas comme les autres ; elles s'accroissent par une sorte de bourgeonnement qui leur fait former, assez promptement, des touffes ou cotylédons qui deviennent vasculaires. Ces touffes s'enfoncent dans les profondeurs des parois utérines, tandis que du côté de l'utérus, il pousse des productions vasculaires, dues à la turgescence intérieure de l'organe, qui vont à la rencontre des premières.

Ainsi se trouve établi une sorte d'engrènement réciproque

(1) Une mince couche de tissu existe entre le chorion et l'amnios, toujours moins adhérent au niveau du placenta que partout ailleurs.

qui multiplie les contacts vasculaires entre le placenta maternel et celui de l'enfant.

Quant aux rapports ainsi établis entre le placenta et la matrice, on n'admet qu'une simple superposition des deux organes.

§ 143. **Cordon ombilical.** Nous avons établi précédemment que le développement de la vésicule est très-rapide et qu'au moment de l'étranglement ombilical du fœtus, la communication entre l'intestin et la vésicule ombilicale est réduite à un canal qui divise cet endroit en deux parties renflées. La vésicule allantoïde, déjà développée, se trouve donc pour ainsi dire, étranglée par la formation de l'ombilic, la partie qui se trouve du côté du fœtus, c'est-à-dire située dans l'abdomen, formera plus tard la vessie urinaire, tandis que la partie de l'allantoïde restée en dehors de l'étranglement, se développe; elle est très-riche en vaisseaux (vaisseaux allantoïdiens), qui deviendront plus tard les vaisseaux du cordon, *artères* et *veine ombilicales*, (voir page 682 de cet ouvrage). Ce cordon forme la communication entre le fœtus et le placenta. Il est constitué par l'assemblage des vaisseaux dont nous venons de parler, et de la gaîne que lui fournit, dans le principe, le chorion.

Le cordon ombilical se forme de bonne heure, à mesure que le fœtus se développe et que le placenta s'accroit, le pédicule de la vésicule allantoïde se resserre et n'est bientôt plus représenté que par un cordon fibreux.

« Dans le principe, le col allongé de la vésicule allantoïde et celui de la vésicule ombilicale, y compris leurs vaisseaux, représentent ce qui deviendra plus tard le cordon, puis la vésicule ombilicale s'atrophie et disparait, et le col allongé de la vésicule allantoïde se transforme en un cordon fibreux. Le cordon ombilical n'est plus représenté alors que par les vaisseaux de l'allantoïde, et par le cordon fibreux qui remplace la communication de l'allantoïde avec l'intestin. » — J. Béclard, page 1100.

L'insertion du cordon a lieu le plus communément au centre du placenta; mais cette insertion peut dévier. Il a en moyenne, au moment de la naissance, 50 centimètres de longueur sur une épaisseur d'un centimètre. Il est constitué par les deux artères et la veine ombilicales ; par une certaine quantité de tissu cellulaire et par une substance demi-fluide (matière albumineuse) à laquelle on a donné le nom de gélatine de Warthon. De plus, il a une gaîne formée doublement par le chorion et l'amnios, et par quelques vestiges de l'allantoïde.

Les artères du cordon, auxquelles on donnait d'abord le nom d'allantoïdiennes, prennent le nom d'artères ombilicales, quand la vésicule allantoïde a subi ses métamorphoses.

Les artères ombilicales communiquent du côté du fœtus avec les artères iliaques de l'embryon dont elles ne sont que la prolongation. Les veines que l'on désignait aussi, dans le principe, sous le nom de veines allantoïdiennes se réduisent bientôt à une seule (veine ombilicale) qui se met, du côté de l'embryon, en communication avec la veine porte et la veine cave inférieure.

Dans le cordon ombilical la veine et les deux artères s'enroulent de gauche à droite comme les plantes grimpantes ; et l'amnios est autour. L'amnios n'est qu'un prolongement de la peau du fœtus : c'est par l'amnios que les artères et les veines vont du fœtus au placenta.

« L'amnios est de toutes parts appuyée sur le chorion. Les artères et la veine ombilicales arrivées au placenta s'y divisent à l'infini en s'anastomosant ensemble.

« Engagés avec les cotylédons du placenta fœtal dans les anfractuosités du placenta maternel, les deux systèmes sanguins se trouvent en rapport; et les échanges de la nutrition peuvent s'opérer. » — J. Béclard, page 1101.

§ 144. Développement de l'embryon. Nous venons de nous occuper des annexes du fœtus et nous les avons prises du moment de leur première formation (vésicule germinative) jusqu'à leur complète constitution ; chorion, amnios, placenta, etc.

Ici la *tache embryonnaire* sera notre point de départ et c'est de ce point que procédera le corps de l'embryon qui s'accroît progressivement, ainsi que les divers tissus et les divers organes qui prennent naissance en même temps que lui.

L'évolution de ces organes achevés, le fœtus ayant accompli une période de neuf mois à parfaire cette évolution, il sera expulsé au dehors de l'utérus par un acte physiologique : l'*accouchement*, dont nous dirons quelques mots et qui nous servira à suivre l'enfant pendant une certaine période de sa vie, dans laquelle nous aurons à examiner un autre acte physiologique qui se passe du côté de la mère, nous voulons dire la *lactation*.

Dans l'exposé du développement embryonnaire que nous traitons ici, nous serons bref sur quelques points, dont une étude approfondie ne peut appartenir au titre de cet ouvrage ; étude pour laquelle nous rappellerons les ouvrages qui en traitent plus longuement et plus spécialement (1).

Constatons d'abord que les premiers phénomènes du développement de l'être qui doit paraître est la *segmentation* du jaune ou vitellus, c'est-à-dire la formation de *cellules* qui se multiplient pour se diviser encore ; et c'est de ces cellules que dérivent tous les tissus de l'être organisé.

C'est par l'étude histologique que l'on est arrivé à la compréhension de ces développements, de ces métamorphoses que subissent ces cellules ; c'est enfin la *théorie cellulaire* qui nous a initié à ces changements pour ainsi dire à vue ; et sur la manière desquels il y a encore quelques dissidences, parmi les auteurs, sur leur mode de production principalement.

Ces formations libres ou spontanées (à la naissance de l'être) se rencontrent aussi, sous le rapport des cellules, à une période plus avancée du développement.

Tous les tissus n'ont pas le même mode de génération : cependant, peau, séreuses, muqueuses, surfaces glandulaires auraient le même mode de génération spontanée que les cellules. — Ch. Robin.

Mais dans la plupart des tissus de l'économie, les cellules se transforment pour donner naissance aux éléments nerveux, musculaires, conjonctifs, élastiques, fibreux, cartilagineux, osseux, etc. Ici il y a une divergence d'opinion sur la manière dont ces

(1) Cette étude a pris dans ces derniers temps une extension considérable, par suite des recherches nombreuses dont elle a été l'objet. Aujourd'hui elle forme à elle seule une branche importante de l'anatomie ; et sous le nom d'anatomie de développement elle a fait éclore plusieurs ouvrages qui sont fort appréciés.

transformations ont lieu, selon les uns (et c'est l'école allemande, inaugurée par Schwan, qui professe cette manière de voir), les métamorphoses successives par lesquelles les nouveaux tissus prennent naissance sont le résultat de l'allongement de ces cellules qui s'accolent, se pénètrent, perdent peu à peu, par résorption, les parois par lesquelles elles correspondent et ainsi se trouveraient constituées les fibres des tissus musculaire, cellulaire, fibreux, les tubes nerveux et les réseaux vasculaires initiaux.

« Suivant MM. Lebert et Robin, les éléments anatomiques définitifs des tissus ne résultent point des métamorphoses des éléments embryonnaires. Les éléments nouveaux ne feraient que prendre la place des éléments primordiaux. En d'autres termes, ce serait aux dépens du blastème résultant de la fluidification spontanée des cellules élémentaires que naîtraient les divers éléments des tissus. Les cellules embryonnaires ne seraient que des éléments transitoires qui disparaîtraient par dissolution et le tissu nouveau se formerait au fur et à mesure que le tissu primitif disparait (1). »

Il y a de part et d'autre des faits qui plaident en faveur de chacune de ces manières de voir.

§ **145. Formation de l'embryon et successivement des parties du fœtus**. Les premières formations embryonnaires s'accomplissent avec une extrême rapidité ; et c'est là surtout ce qui rend (dit M. J. Béclard) difficile l'étude des phases du développement de l'embryon et parfois un peu confuse.

Le mot embryon de *en* dans *bruoon* qui croit, qui pullule, est appliqué au germe dès que les formes du corps et des membres commencent à être visibles ; plus tard on lui donne le nom de fœtus lorsque ces mêmes parties, qui le composent, ont acquis assez de développement pour être aisément distinguées à l'œil nu ; c'est-à-dire vers le deuxième mois de la grossesse; époque à laquelle le produit de la conception mérite véritablement le nom de fœtus.

---

(1) J. Béclard, *Traité de physiologie*, page 1110, 4e édition.

L'activité du mouvement de nutrition est d'autant plus grande qu'on se rapproche davantage de l'époque de la conception.

Haller observe, et tous les auteurs l'ont dit après lui, qu'à la fin du premier jour d'incubation, l'embryon d'oiseau est quatre-vingt-dix fois plus pesant qu'il ne l'était au commencement de ce jour; tandis que au vingt-et-unième jour de l'incubation (c'est-à-dire au dernier), l'accroissement de l'animal est six cents fois moins considérable que celui du premier jour.

Lorsque l'œuf (l'œuf humain) arrive dans l'utérus, il n'a pas un millimètre de diamètre ; à la fin du premier mois du développement, l'embryon a déjà près de 1 centimètre de longueur; et l'œuf est, par conséquent, mille fois plus volumineux, au moins, qu'il ne l'était à son arrivée dans l'utérus. Les progressions dans son développement sont les suivantes :

Au bout de cinq semaines l'embryon a environ 1 centimètre 1/2 ; et sa tête alors bien distincte mesure à peu près la moitié de sa longueur.

A six semaines le fœtus a 2 centimètres. Il s'isole nettement de ses annexes; et le cordon qui commence à établir ses rapports avec le chorion et avec l'utérus a déjà un centimètre de longueur.

Le fœtus de deux mois a près de 3 centimètres.

Celui de deux mois et demi a 4 centimètres 1/2 et pèse 50 grammes.

Celui de trois mois à 10 centimètres de longueur et pèse 80 grammes.

Celui de quatre mois à 18 centimètres de longueur et pèse 200 grammes.

A cinq mois il a 25 centimètres de longueur et pèse 400 grammes.

Celui de six mois a 35 centimètres de longueur et pèse 700 grammes.

Celui de 7 mois a 40 centimètres et pèse de 1,200 grammes à 1,300.

Le fœtus de huit mois a 45 centimètres de longueur et pèse 2 kilogrammes à 2 kilogrammes 1/2.

Enfin, celui de neuf mois a 48 ou 50 centimètres de longueur et pèse 3 ou 4 kilogrammes.

Les nombres que nous venons de transcrire d'après M. J. Béclard, ne sont que des moyennes qui peuvent varier aux diverses périodes de l'évolution. Ainsi, un enfant en naissant peut mesurer 60 centimètres et peser jusqu'à 5 ou 6 kilogrammes, d'autres peuvent ne présenter que des chiffres bien inférieurs, 2 kilogrammes par exemple.

CHAPITRE VI.

FONCTIONS DE L'EMBRYON.

146. Circulation du fœtus. L'appareil vasculaire sanguin du fœtus n'est pas resté en arrière pendant le développement des tissus et des organes dont nous venons de nous entretenir.

L'évolution de ce système se confond pour ainsi dire avec la circulation fœtale, puis que celle-ci subit des changements qui sont en rapport avec les développements et les transformations qui s'opèrent pendant la formation des tissus et des organes eux-mêmes.

Première circulation. C'est dans la couche de blastème, qui se dépose entre les deux feuillets de la vésicule blastodermique, qu'apparaissent les premiers vestiges de l'appareil vasculaire sanguin, et qu'ils s'y développent ; et c'est au quinzième jour que se montrent les premiers rudiments de la circulation.

Ce ne sont d'abord que quelques vaisseaux appliqués sur le feuillet interne de la vésicule blastodermique. Ils forment en se répandant, en s'étendant sur cette membrane, un cercle plus ou moins parfait, que l'on désigne sous le nom de *sinus terminal*, « d'où partent, d'un côté, des rameaux qui communiquent avec le corps de l'embryon, et de l'autre, d'autres rameaux qui recouvrent toute l'étendue du feuillet interne de la vésicule blastodermique, lequel devient bientôt la vésicule ombilicale. » J. Béclard, page 1112.

Du côté de l'embryon, ces vaisseaux se mettent en rapport avec le cœur, qui s'est développé simultanément dans la région céphalique.

Il y a deux circulations fœtales, la première embryonnaire

extra-fœtale est dite circulation blastodermique devenue bientôt, comme nous l'avons dit, circulation de la vésicule ombilicale.

La deuxième circulation de l'embryon, intra-fœtale, commence quand la communication de l'intestin avec la vésicule ombilicale disparaît.

C'est vers la fin du premier mois que les vaisseaux omphalo-mésentériques qui se ramifient sur le feuillet interne de la vésicule ombilicale, s'atrophient et disparaissent avec la vésicule ombilicale. Nous avons dit que la première circulation est en grande partie extrà-fœtale et que cette circulation est subordonnée à l'existence de la vésicule ombilicale; elle n'a comme elle qu'une courte durée.

Deuxième circulation. Pendant la première circulation le fœtus reçoit ses moyens de nutrition par les vaisseaux qui circulent sur la vésicule ombilicale, lesquels reçoivent, par absorption, les matériaux liquides contenus dans cette vésicule; et ces matériaux sont portés à l'embryon par les voies omphalo-mésentériques. Des deux portions de la veine omphalo-mésentérique, la portion intrà-fœtale persistera après que les autres vaisseaux (deux artères et deux veines) se seront atrophiés et auront disparu ensuite, avec la vésicule ombilicale (1).

Cette portion intrà-fœtale continuera à recevoir le sang veineux des intestins par la veine mésentérique, et formera, plus tard, le tronc de la veine porte.

Mais aussitôt que la communication de l'intestin avec la vésicule ombilicale s'est trouvée interrompue et que les vaisseaux omphalo-mésentériques ont disparu avec la vésicule ombilicale, on n'a pas tardé à voir apparaître la vésicule allantoïde.

C'est sur la partie inférieure de l'intestin de l'embryon que se montrent des ramifications vasculaires, premier vestige de la vésicule allantoïde.

(1) Les vaisseaux omphalo-mésentériques sont fournis au niveau de l'ombilic par les arcs aortiques et par le sinus terminal. Les 2 artères fournis par le cœur ou arcs aortiques, artères omphalo-mésentériques, se ramifient sur le feuillet interne de la vésicule blastodermique. Les veines qui naissent du sinus terminal, vont se terminer à l'extrémité inférieure du cœur rudimentaire.— J. Béclard, page 1113.

Ainsi qu'il a été dit page 681 de ce volume, elle se développe par un petit tubercule qui apparaît à la partie inférieure de l'intestin, et qui est bientôt, en s'allongeant, dirigé du côté de l'anneau ombilical, d'où la vésicule allantoïde sort enfin, avec les deux veines et les deux artères auxquelles elle sert de conducteur.

Cette vésicule croît rapidement par bourgeonnement, a-t-il été dit, et les vaisseaux qu'elle porte s'anastomosent à la périphérie, avec les ramifications vasculaires qui se développent dans le chevelu du chorion.

Il a été dit aussi que les vaisseaux de l'allantoïde étaient deux artères et deux veines. Mais du moment que l'allantoïde a rempli son rôle, une des veines s'atrophie et il ne reste plus que deux artères et une veine qui persisteront jusqu'à la naissance et formeront les vaisseaux du cordon ombilical.

Ces deux artères communiquent dans l'intérieur du fœtus, avec les iliaques, branches de l'aorte descendante. L'aorte descendante, d'abord double dans l'origine est bientôt transformée en un seul tronc. « La veine du cordon se réunit, et avec la veine porte, et avec la veine cave, qui s'est développée dans le même temps. » J. Béclard, page 1114.

« Les communications de l'embryon avec la mère par l'intermédiaire du placenta, se trouvent établies dès le commencement du second mois (1). »

Les deux artères et la veine allantoïde, qui persistent après que une des veines s'est atrophiée, forment les vaisseaux du *cordon ombilical*, nous venons de le dire ; mais nous ajoutons, que cette seconde circulation, qui doit persister jusqu'à la naissance, n'est tout-à-fait établie qu'au commencement du troisième mois.

Il nous importe maintenant de connaître de quelle manière se constituent les vaisseaux qui composent l'appareil du système

(1) A la fin du 1er mois, il y a donc une période où la circulation fœtale comprend en même temps la circulation de la vésicule ombilicale, qui disparaît, et la circulation de la vésicule allantoïde, qui s'établit. — J. Béclard, page 1113.

sanguin du fœtus, pour établir ensuite ses rapports avec celui de la mère.

Dans la première circulation qu'on pourrait dire circulation blastodermique, il y a le canal omphalo-mésentérique, conduit qui établit communication entre la vésicule ombilicale et l'intestin; mais il y a aussi les vaisseaux omphalo-mésentériques, deux artères et une veine, par le moyen desquelles s'accomplit la circulation de l'embryon à la vésicule.

Pour la seconde circulation, les vaisseaux de la vésicule allantoïde qui se répandent sur elle et gagnent promptement le chorion, sont d'abord au nombre de quatre, deux artères et deux veines; mais bientôt une des veines s'atrophie; les deux artères et la veine persistent jusqu'à la naissance, et forment, ainsi qu'il a été dit précédemment, les vaisseaux du cordon ombilical.

Les deux artères communiquent dans le fœtus avec les iliaques, branches de l'aorte descendante. Cette aorte descendante était double dans l'origine. Elle s'est promptement transformée en un seul tronc, et la veine du cordon se réunit à la fois, avec la veine porte, et avec la veine cave, qui s'est développée dans le même temps.

Dans tout ce travail de formation, il n'y aura pas eu moins de changements du côté du cœur.

D'abord simple tube, le cœur se courbe de plus en plus; la partie supérieure qui fournissait les artères, devient inférieure, la partie inférieure devient supérieure; elle recevait les veines : les deux aortes ou arcs aortiques se sont réunis.

A quatre mois, l'artère aorte part du ventricule gauche, l'artère pulmonaire du ventricule droit; celle-ci va s'ouvrir dans la partie supérieure de la crosse de l'aorte, au moyen du *canal artériel*, qui disparaît après la naissance : mais ces vaisseaux ne peuvent partir de ces cavités qu'autant que le cœur s'est cloisonné : c'est ce qui est arrivé.

Le cloisonnement des ventricules est précoce; il est terminé à la fin du second mois. Le cloisonnement des oreillettes se fait plus tard; il n'est guère prononcé avant le troisième ou le quatrième mois. Il reste encore, alors, une large communication entre les deux oreillettes. Et cette communication (trou de Botal) persistera pendant toute la vie intrà-utérine du fœtus (1). Pendant ce temps, les arcs aortiques, réunis en un seul tronc, à leur insertion au cœur, se sont multipliés par les progrès du développement.

Ces arcs, en se modifiant, forment, pour la partie céphalique, la crosse de l'aorte, l'artère pulmonaire, la sous-clavière, les carotides et leurs branches.

Entre l'aorte et l'artère pulmonaire, il s'établit, par cette force de formation ou de transformation, une communication, par l'intermédiaire d'un canal qui ne s'oblitérera qu'après la naissance : ce canal est le *canal artériel*.

C'est de la partie gauche du cœur, ventricule gauche, que part, chez le fœtus comme chez l'adulte, l'artère aorte. C'est de la partie droite, ventricule droit, chez le fœtus comme chez l'adulte, que part l'artère pulmonaire; mais comme cette dernière ne fournit, chez le fœtus, que deux rameaux aux poumons pour leur entretien (leur nutrition), elle remonte bientôt, comme fait l'aorte, et, sous le nom de *canal artériel,* vient s'ouvrir dans l'aorte elle-même, à l'endroit où celle-ci se recourbe (crosse de l'aorte), un peu plus à gauche par conséquent que la naissance des artères carotides et sous-clavières qui, elles, sont véritablement fournies par l'aorte ascendante, à l'endroit où commence sa courbure, mais plus à droite. De sorte que le canal artériel, qui provient du ventricule droit, se trouve placé plus à gauche (et nous le répétons avec intention) que les artères carotides et sous-clavières déjà indiquées, circonstance qui a sa finalité dans un fait physiologique que nous signalerons plus tard.

L'aorte a donc reçu le canal artériel dans la concavité de sa partie qui se recourbe, et qui forme la crosse de l'aorte. Elle descend ensuite le long de la colonne vertébrale, et, sous le nom d'aorte descendante, elle va fournir les artères iliaques du fœtus. C'est là, près de la bifurcation, qu'elle donne naissance aux deux artères ombilicales qui ramènent le sang du fœtus vers le pla-

(1) Quelques physiologistes prétendent que cette ouverture n'est entièrement oblitérée qu'au dix-huitième mois de la vie après la naissance. — FLOURENS.

centa, formant, avec la veine de ce nom, le cordon ombilical qui envoie à la mère le sang du fœtus, et qui amène celui de la mère à ce dernier, lorsque les communications sont établies par le placenta.

Maintenant, comment s'opère cette réciprocité d'action qui se continue pendant toute la durée de la vie intrà-utérine du fœtus ? D'abord, le ventricule droit a fourni, ainsi qu'il a été dit, le *canal artériel* ; l'oreillette a reçu dans son intérieur la veine cave inférieure qui, en remontant des parties inférieures du fœtus, après que les veines iliaques se sont réunies à elle, a rencontré l'embouchure du canal veineux qui est fourni, comme on le sait, par la veine ombilicale formant une partie du cordon ; laquelle veine ombilicale, après s'être mise du côté du fœtus en communication avec la veine-porte, forme *le canal veineux* qui n'est que la continuation de cette même veine ombilicale, apportant le sang de la mère au fœtus.

Cette veine, avec les deux artères ombilicales qui viennent du fœtus, sont plus ou moins enroulées ensemble autour du cordon et sont maintenues en place par une enveloppe fournie par l'amnios, et se trouvent protégées par une matière albumineuse (gélatine de Warton), qui infiltre les interstices de ce cordon, et lui donne la forme plus ou moins arrondie qu'il présente. Voy. page 686).

Ainsi, la veine ombilicale est en communication du côté du fœtus, avec la veine porte (1) et avec la veine cave inférieure, par le canal veineux qui n'en est que la continuation. Du côté opposé, c'est avec le placenta, d'où elle émane, que la veine ombilicale est en rapport. Les artères, au contraire, sont en rapport, et nous l'avons démontré, du côté de la mère avec le placenta et du côté du fœtus avec les iliaques primitives sur lesquelles elles s'implantent, pour ainsi dire, par une légère bifurcation (2).

(1) Par une branche qu'elle envoie au foie.

(2) Il se rencontrera parfois des redites dans les explications que nous devons donner ici sur la circulation fœtale. Cela est pour ainsi dire inévitable : devant traiter ce sujet sur trois points de vue différents : 1° de la composition des organes qui y prennent part ; 2° de

Maintenant quel est le trajet que suit le sang dans ces différents ordres de vaisseaux?

Le sang du fœtus, ramené dans l'oreillette droite par la veine cave inférieure, laquelle contient celui des veines des parties inférieures, est mêlé, en cet endroit, avec celui que la veine cave supérieure apporte des parties supérieures du fœtus.

Ce sang traverse cette cavité (l'oreillette droite), passant par le trou de Botal, il dilate l'une et l'autre oreillettes.

Il pénètre, d'une manière simultanée (dès que la contraction de celles-ci a cessé), dans les deux ventricules par les orifices auriculo-ventriculaires. Du ventricule gauche, le sang est poussé dans l'aorte par la contraction de ce ventricule. Et, par la contraction également, du ventricule droit, le sang est introduit dans l'artère pulmonaire qui ne fournit alors, comme on le sait, que deux petites branches aux poumons pour la nutrition de ces organes qui ne respirent pas encore (1). Ce qui fait que la totalité ou presque la totalité de ce sang passe (au moyen du canal artériel, formé par l'artère pulmonaire) dans l'aorte à laquelle il s'abouche, concourant ainsi à former l'aorte descendante (2).

Le sang veineux continuant son trajet dans l'oreillette droite par la veine cave supérieure est celui qui provient des veines jugulaires et sous-clavières ; il a plus de tendance à passer dans le ventricule droit qu'à s'introduire dans l'oreillette gauche avec le sang qui arrive du placenta par le canal veineux, et qui gagne directement la veine cave inférieure, bien qu'il se mêle

---

la distribution de ces organes, et particulièrement des vaisseaux du système ou plutôt de l'appareil sanguin du fœtus, car c'est tout un appareil ; 3° enfin de la manière dont le sang circule dans les vaisseaux de cet appareil.

(1) L'existence du canal veineux, du canal artériel, et celle du trou de Botal, introduisent, dit M. J. Béclard, page 1115, dans la circulation du fœtus, certaines différences avec la circulation de l'adulte.

(2) Une petite partie du sang s'engage dans les poumons par les artères pulmonaires, qui sont au nombre de deux, mais de petit volume, les poumons étant alors comme ces deux artères, peu développés, ainsi qu'il a été dit précédemment.

cependant avec lui dans cet endroit du cœur (l'oreillette droite).

Du ventricule droit, le sang s'engage dans l'artère pulmonaire qui ne fournit, ainsi qu'il vient d'être dit, que deux petits rameaux pour la nutrition du poumon. Cette artère pulmonaire le transmet dans la crosse de l'aorte *par le canal artériel*, avec celui que nous avons fait revenir des parties inférieures et de l'abdomen du fœtus par le tronc de la veine cave inférieure.

Ainsi donc, le sang de la mère apporté par la veine ombilicale et qui vient du placenta se déverse dans la veine cave inférieure au moyen du *canal veineux*, qui n'est que la continuation de la veine ombilicale après qu'elle a fourni les branches qui communiquent avec la *veine porte*. Le sang qui s'est introduit dans le foie, est destiné à rejoindre la veine cave inférieure par les veines sushépatiques à l'embouchure même du *canal veineux*.

Le sang qui arrive du placenta par la veine ombilicale, est un sang artériel fourni au fœtus ; celui qui retourne du fœtus à la mère par les deux artères ombilicales est un sang veineux.

Cette circonstance de sang artériel dans la veine ombilicale et de sang veineux dans les deux artères ombilicales peuvent introduire quelque confusion dans ce double parcours du sang, ainsi que l'existence du *canal veineux* qui amène du sang artériel, et du canal artériel qui charrie du sang veineux ; à tel point que quelques auteurs ont cru devoir aider leur description de la circulation fœtale, par des figures qui représentent les vaisseaux qui contiennent le sang artériel, coloriés en rouge, et ceux qui renferment le sang veineux, teintés en bleu ; mais avec un peu d'attention, on démêle les uns et les autres ; et ce qui, au premier abord, paraissait obscur, s'éclaircit, et la question s'élucide insensiblement.

Quoiqu'il en soit, nulle part le sang artériel ne doit se trouver à l'état de pureté parfaite, puisqu'il se trouve, en partie mêlé, dans l'oreillette droite ; cependant le sang qui parvient aux extrémités supérieures, quoique mélangé dans l'oreillette droite du cœur, avec une certaine proportion de sang veineux, est plus hématosé que celui qui se répand dans les extrémités inférieures et dans la partie inférieure du tronc.

« La tête et les extrémités inférieures, dit M. J. Béclard, page

1115, reçoivent en effet le sang des artères carotides et sous-clavières avant la jonction du canal artériel ; tandis que les extrémités inférieures reçoivent le même sang que celui qui est entraîné par les artéres ombilicales, vers le placenta, pour être soumis à l'hématose. « Il en résulte que le développement des parties supérieures l'emporte, au moment de la naissance, sur celui des parties inférieures du corps. »

M. le docteur Patin, professeur d'anatomie et de physiologie à l'école de médecine d'Alger signale aussi, dans ses cours, cette disposition anatomique comme cause du plus grand développement des parties supérieures, au moment de la naissance.

Et comme tous les peuples se servent, *de préférence*, du membre thoracique droit à celui du côté opposé, et surtout de la main droite, de préference à la main gauche, il en induit qu'on pourrait aussi en rapporter la cause à la même disposition anatomique, c'est-à-dire que la tête et les extrémités supérieures reçoivent le sang des artères carotides et sous-clavières, avant la jonction du canal artériel ; tandis que les extrémités inférieures sont animées par un sang moins vivifiant, et qui est entraîné par les artères ombilicales (sang veineux du fœtus), vers le placenta pour être soumis à l'hématose.

Que si l'on objectait que le membre pelvien droit est, généralement, plus développé que le gauche, quoique recevant ce dernier sang, il pourrait être répondu qu'il est parcouru par une plus grande somme du liquide vivifiant, puisque l'artère iliaque droite du fœtus est d'un calibre supérieur à celui de l'artère iliaque gauche.

La preuve de la première assertion surtout, est impossible à établir ; il faudrait pouvoir constater que sur un sujet *gaucher*, les dispositions anatomiques des vaisseaux de la circulation, sur ce point, avaient été différentes pendant la vie intrà-utérine ; et comme cet état ne dure qu'un temps, la constatation devient impossible.

Mais, comme d'après M. Flourens, l'occlusion complète du trou de Botal, et la disposition du canal veineux et du canal artériel, n'ont lieu complètement chez l'homme, qu'au 18e mois de la naissance ; ce laps de temps, en maintenant, plus ou moins, ces parties dans le même état, pourrait peut-être concourir à établir, dans l'espèce humaine, cette singulière élection, et en rendre, en même temps, la cause plus probable. L'habitude, ensuite, en consacrerait l'usage pour toute la vie.

Quoiqu'il en soit, et d'après ce qui précède, on peut conclure :

1° que la circulation embryonnaire, blastodermique si l'on veut, se fait sans la coopération de la mère ; l'embryon faisant son sang lui-même ;

2° Que la deuxième circulation, dite circulation fœtale, commence lorsque l'embryon a cessé de prendre sa nourriture dans la vésicule ombilicale (2e mois), c'est-à-dire au moment où les les vaisseaux de l'allantoïde ont gagné le chorion et que ces vaisseaux se sont anastomosés avec les ramifications vasculaires, qui se développent dans le chevelu du chorion ; et que le cordon et le placenta se sont constitués ;

3° Que c'est dès le commencement du deuxième mois, que les communications de l'embryon avec la mère se sont établies, par l'intermédiaire du placenta, les anastomoses vasculaires s'étant jointes du côté de la mère et de l'enfant ;

4° Qu'à cette époque, des deux artères et des deux veines de l'allantoïde, une de ces dernières s'atrophie, et qu'il ne reste plus que deux artères et une veine (artères et veine ombilicales) ;

5° Que ces deux artères et cette veine, vont persister jusqu'à la naissance, formant les vaisseaux du cordon *ombilical* ;

6° Que les deux artères ombilicales s'abouchent dans le corps du fœtus avec les iliaques, branches de l'aorte descendante, laquelle aorte, double dans l'origine, n'existe plus pendant tout le reste de la vie intrà-utérine que par un seul tronc ;

7° Que la veine du cordon (veine ombilicale) qui amène le sang (sang artériel) de la mère au fœtus, s'est réunie à la veine porte, dans l'intérieur du fœtus ; et qu'en continuant son trajet elle est venue se joindre sous le nom de canal veineux, à la veine cave inférieure, dans laquelle elle se jette en même temps que les veines sushépatiques qui proviennent du foie ;

8° Que le placenta est le lieu où se rendent les vaisseaux du fœtus, artères ombilicales, et d'où part la veine ombilicale qui doit apporter le sang de la mère à l'enfant, et qui est un sang artérialisé (hématosé) ;

9° Enfin, c'est dans cet organe, le *placenta*, que les échanges entre le sang de la mère et celui du fœtus ont lieu, par le développement qui s'est fait du côté du fœtus et du côté de la mère, de touffes vasculaires.

Mais, dans aucun endroit, les vaisseaux de la mère ne s'anastomosent avec ceux du fœtus. C'est au travers des parois des vaisseaux juxta-posés, et pour ainsi dire confondus ensemble, que cet échange a lieu. C'est par la force d'impulsion du cœur de la mère, et par celle de celui du fœtus, que le sang va de l'un à l'autre.

« La pression exercée par la matrice sur toute la surface du corps du fœtus, peut favoriser la progression du sang veineux, dans tous les organes de celui-ci. Cette pression s'exercerait, selon le docteur Wanner, sur le produit, qu'il soit à l'état d'embryon ou de fœtus.

Il n'y a pas, sans doute, que cette action ; d'autres causes, comme la pression de la matrice, par son développement et ses contractions permanentes, *sur la face externe du placenta maternel*, favorisent sans doute, et particulièrement, le passage du sang de la mère à l'enfant, au travers des porosités, des radicules, des vaisseaux placentaires, et de la membrane inter-utéro placentaire, comme aussi, dit-on, la pression des eaux de l'amnios sur le fœtus.

§ **147. Nutrition du fœtus**. Nous avons établi précédemment que les artères ombilicales, arrivées au placenta, se divisent et se perdent dans son épaisseur, sans s'aboucher directement avec les vaisseaux du placenta maternel, dont les productions vasculaires s'engrènent et s'engagent avec les cotylédons ou expansions du placenta fœtal, comme les doigts des deux mains pourraient le faire entre eux.

Et, ce rapprochement, cette juxta-position, est tellement intime, qu'on ne pourrait les séparer qu'en occasionnant une effusion de sang : ce qui avait fait penser que le sang du fœtus, pouvait bien revenir au fœtus, à l'aide des anastomoses, entre les extrémités des artères et de la veine ombilicale.

Mais les choses ne se passent pas ainsi, c'est par voie d'absorption, que le sang du fœtus, comme celui de la mère, passe de l'un à l'autre, au travers des porosités des extrémités des vaisseaux placentaires. Les vaisseaux du placenta fœtal étant intimement appliqués et mélangés avec les vaisseaux des parois utérines, qui se trouvent augmentées en ce point, sous forme de placenta, entretiennent entre le sang maternel et le sang fœtal un contact médiat, d'où résulte une série continue d'échanges: les parties dissoutes, et sans doute les gaz du sang de la mère, entrent dans le sang du fœtus, et le rendent propre à la nutrition ; tandis que les parties devenues impropres à entretenir la vie du fœtus, rentrent dans le sang de la mère et s'échappent ensuite chez elle, par les diverses voies de sécrétions.

La première nutrition de l'embryon se fait par voie d'imbibition et d'endosmose, au travers de l'épaisseur des membranes de l'œuf qui ne sont, elles-mêmes, que le résultat de l'assimilation que l'œuf s'est faite des matériaux plastiques qu'il a puisés, dans son trajet dans les trompes, ou qu'il a pris, dans l'utérus, au travers de ses enveloppes, à lui. C'est ainsi que la dimension de la vésicule blastodermique s'est augmentée, aussi bien que la masse de blastème, accumulée entre les feuillets du blastoderme. « On sait que c'est aux dépens du blastème que se forment les premiers rudiments du système nerveux, ceux du cœur et ceux des vaisseaux. » L'absorption à cette époque se trouve favorisée par les appendices ou villosités dont se couvre le chorion. Et cet état se continue jusqu'à ce que les rapports soient établis entre le fœtus et la mère.

La nutrition, pendant la première circulation, s'opère aussi (lorsque celle-ci est établie) à l'aide des vaisseaux qui se sont développés. Ils agissent par absorption, sur les liquides contenus dans la vésicule ombilicale, de la même manière, dit M. J. Béclard, page 1117, que les veines mésentériques de l'adulte, absorbent au travers de leurs parois, les sucs digestifs déposés à la surface intestinale.

§ 148. **Sécrétions du fœtus**. Le fœtus, dans le sein de sa mère, opère-t-il des sécrétions ? Nous avons vu à l'article précédent que la nutrition du fœtus était toute d'absorption pendant l'état embryonnaire; c'est-à-dire qu'à ce moment, ou pendant ce temps, l'embryon travaille à son accroissement et à la formation de ses organes. Tant que la nature n'est pas arrivée à ce point il n'y a pas de sécrétions, car elles ne se font pas sans organes. Mais du moment que le fœtus ne fait plus son sang lui-même, et que les moyens d'entretien ne consistent plus dans l'endosmose qui les lui fournissait aux dépens des parties environnantes, et que c'est la mère qui les lui fournit par les communications qui sont dorénavant établies par le placenta entre elle et l'enfant; alors, il peut se faire quelques sécrétions qui sont, du reste, assez limitées, et qui ne consistent qu'en un certain produit du foie, qu'on reconnaît aujourd'hui, plutôt formé par la sécrétion biliaire, que par un travail de digestion intestinale (1).

Le fœtus dès la fin du troisième mois, présente ce produit qui n'appartient aucunement à la fonction digestive, car le fœtus ne digère pas : ses aliments lui arrivent tout préparés, par les vaisseaux du cordon, et sont immédiatement portés aux organes par les voies de la circulation. « Le foie agit comme le rein; il élimine du sang une partie des matériaux devenus impropres à la nutrition. Ce produit biliaire, appelé méconium, s'accumule dans le gros intestin, et au moment de la naissance de l'enfant il est évacué par l'anus. Quelquefois cette évacuation se fait, extemporanément, dans les eaux de l'amnios, mais en partie seulement.

C'est aussi dans ce liquide que se mélange une certaine proportion d'urine que l'enfant émet par le canal de l'urèthre (2).

Il y a souvent un enduit, analogue au produit des glandes sébacées, qui est sécrété à la surface du corps du fœtus

(1) Le fœtus ne se nourrit pas des eaux de l'amnios. Ces eaux ne sont qu'un moyen protecteur, pour l'enfant, dans les divers mouvements de la mère.

(2) Le vice de conformation congénitale, consistant dans l'imperforation de l'urèthre, est accompagné d'une distension énorme de la vessie, et quelquefois de sa rupture. — J. BÉCLARD, page 1119.

vers le cinquième ou le sixième mois de la vie intra-utérine.

Cette substance grasse, adhérente à la peau, est une matière de sécrétion, et n'est pas un dépôt fourni par les eaux de l'amnios, puisqu'on n'observe rien de semblable à la face interne de la membrane amnios.

Au moment de l'accouchement, ce vernis caséeux est destiné à faciliter le passage du fœtus par les voies de la génération.

§ **149. Mouvements du fœtus**. Ce n'est guère que vers le cinquième mois que la femme sent, généralement, remuer son enfant. Pour que les mouvements du fœtus s'exécutent (quoiqu'ils soient bornés dans le sein de la mère), il faut que le système ait acquis un certain développement.

On a parlé de mouvements respiratoires qu'on aurait observés sur des animaux (chiens et chats) encore contenus dans les les membranes et les liquides de l'œuf.

Ces mouvements n'ont point pour but d'introduire dans les bronches et dans les poumons les eaux de l'amnios, et de les expulser ensuite, car le fœtus ne trouve pas dans ce liquide les gaz de la respiration.

Nous en dirons autant des mouvements des lèvres et des mouvements de déglutition qu'on a parfois observés dans les mêmes circonstances. Le fœtus, a-t-il été dit, ne se nourrit pas aux dépens des eaux de l'amnios; mais par l'intermédiaire des vaisseaux du cordon.

CHAPITRE VII

GESTATION ET LACTATION

§ **150. Etat de l'utérus pendant la grossesse.** Par suite de la fécondation de l'œuf, et pendant son séjour dans l'utérus, cet œuf acquiert successivement un volume qui force cette cavité à se développer aussi. D'abord, situé dans le petit bassin, qui est du reste sa place naturelle, l'utérus va gravitant vers la cavité abdominale où, trouvant un espace assez facile à sa dilatation, il s'élève jusqu'à l'ombilic.

Tous les accoucheurs signalent ainsi son ascension : vers la fin du troisième mois, le fond de l'utérus dépasse le niveau du pubis, au sixième mois, il arrive à la hauteur de l'ombilic; au neuvième mois, enfin, il est parvenu au creux de l'estomac, refoulant, pour ainsi dire, le colon transverse et l'estomac, circonstance qui explique la difficulté dans les digestions de la mère, et la gêne de sa respiration par l'obstacle que le diaphragme éprouve à sa facile expansion.

Toutes les parties constituantes de l'utérus se développent sous cet accroissement de volume, et acquièrent plus de consistance et de force.

La membrane muqueuse surtout, se modifie profondément, elle s'hypertrophie, pour ainsi dire, pour former autour de l'œuf une enveloppe qui le fixe dans l'endroit où il s'est arrêté, et qui est ordinairement près de l'embranchement de l'orifice des trompes.

Cette membrane d'enveloppe est désignée sous le nom de membrane caduque ; elle est appliquée sur le chorion de l'œuf, se détache peu à peu de l'utérus pour se confondre avec les autres enveloppes de l'œuf, dont elle forme la tunique la plus extérieure, et est enfin expulsée avec elles au moment de l'accouchement.

Il y a peu de temps encore, on donnait le nom de caduque à une membrane que l'on croyait de nouvelle formation, et qui se produisait à la surface utérine, au moment de la fécondation, par l'intermédiaire d'une lymphe plastique qui y était alors sécrétée, et que l'œuf fécondé trouvait ainsi toute préparée pour l'entourer et l'enfermer, comme dans un sac sans ouverture.

L'œuf alors, la refoulait et s'en coiffait ; d'où le nom de *caduque réfléchie* ; parcequ'elle était soulevée par lui et refoulée de plus en plus, par son développement, jusqu'à la partie opposée de l'utérus où, se joignant, en cet endroit, à la *caduque directe*, elle finissait par se fondre avec ce feuillet, et n'en formait plus qu'un seul. On supposait, dit M. J. Béclard, page 1121, que ces deux feuillets réunis par fusion, enveloppaient l'œuf sur tous les points par lesquels il n'adhérait point à l'utérus. »

Par suite de nombreuses recherches et observations faites à ce sujet, on a reconnu que la membrane caduque n'est autre que la membrane muqueuse de l'utérus qui, en effet, s'hypertrophie pour renforcer encore les membranes de l'œuf; « qu'elle se détache à chaque grossesse ; s'échappe au dehors avec les membranes de l'œuf et se reproduit ensuite. »

Il a été dit que l'œuf, arrivé dans la cavité utérine, se fixait ordinairement au voisinage de la trompe; en effet, il est rare qu'il descende jusque dans la partie la plus proche du col.

Lorsque cela arrive, il est à craindre que le développement des liens vasculaires qui doivent s'établir entre la mère et l'enfant (par les villosités du chorion), ne gagne la partie voisine du col, et ne détermine une implantation vicieuse du placenta en cet endroit.

Cette implantation, quand elle existe, donne lieu à des hémorrhagies graves qui compliquent la grossesse, et empêchent assez souvent l'accouchement de se faire à son terme, quoique la muqueuse utérine se soit constituée en espèce de troisième membrane entourant complètement l'œuf, par le rapprochement qui se fait de plus en plus de ce qu'on appelait autrefois caduque réfléchie, et qui vient gagner la muqueuse de la paroi utérine, caduque directe, au côté opposé.

Les feuillets de cette dernière, confondus, après avoir été juxtaposés, ainsi qu'il a été dit précédemment, diminuent sensiblement d'épaisseur.

Les vaisseaux qu'ils contenaient d'abord, s'atrophient, et au septième mois, ces deux feuillets de la caduque n'ont guère plus de 1 millimètre d'épaisseur.

Par suite de ce changement, les adhérences avec la tunique musculeuse de l'utérus, deviennent moins intimes, et lorsque, au moment de l'accouchement, la membrane caduque sera expulsée avec les autres membranes de l'œuf (1), le travail de régénération de la muqueuse sera presque terminé aux points où elle s'est amincie et détachée.

Il a déjà été question de cette circonstance dans un autre en-

(1) Les membranes de l'œuf, au moment de la naissance, sont, avons-nous dit page 683, la caduque, le chorion et l'amnios.

droit de cet ouvrage, où nous avons établi que pour le placenta fœtal, les villosités du *chorion*, en s'étendant, étaient devenues de plus en plus nombreuses ; et qu'alors un état vasculaire s'était établi dans ces parties ; mais que bientôt ces villosités s'atrophiaient sur quelques points pour se concentrer sur ceux qui correspondront au placenta.

Un pareil changement s'opère du côté de l'utérus ; c'est-à-dire que les feuillets réfléchis et directs de la caduque, loin de s'amincir, dans le point de la muqueuse sur laquelle l'œuf s'est primitivement fixé, continuent au contraire, à augmenter d'épaisseur et à s'hypertrophier. Les vaisseaux, alors, au lieu de disparaître, comme dans les autres points de la caduque, prennent un développement considérable.

Cette portion de la caduque utérine, dont le développement vasculaire va croissant, contient dans son épaisseur l'ensemble ramifié des vaisseaux auxquels on donne le nom de *placenta maternel ;* et c'est aussi le lieu où les cotylédons du *placenta fœtal*, développés aux dépens du chorion, s'engrènent avec les bourgeonnements vasculaires, produits (en cet endroit) par cette caduque utérine, à laquelle on a donné le nom de *caduque utéro-placentaire*.

§ **151. L'état de gestation.** La grossesse peut être confondue avec d'autres états de l'économie ; ou plutôt ceux-ci peuvent simuler des grossesses dont il est important de les distinguer.

Les commencements de la grossesse s'annoncent, presque toujours, par des troubles nerveux qui se manifestent par des nausées, des vomissements. Le dérangement de la sensibilité, par l'affection des grands sympathiques, peut aller, lorsque la grossesse est un peu avancée, jusqu'à provoquer des goûts dépravés, de ces appétits bizarres, auxquels le vulgaire croit qu'il est important d'obéir (1).

(1) Le début de la grossesse s'annonce le plus ordinairement par l'absence des règles chez la femme ; c'est la première présomption à tirer de cet état. Cependant les règles peuvent manquer sans qu'il y

Le développement du ventre a aussi son importance dans les signes caractéristiques de la grossesse: dans les commencements, et tant que la matrice est renfermée dans le bassin, elle conserve la tendance à s'élever dans une direction verticale.

En se développant aussi dans les autres sens, elle presse sur le canal de l'urèthre et occasionne parfois des rétentions d'urine, qui nécessitent l'emploi de la sonde, mais le plus ordinairement la compression qui se fait sur la vessie, et le rectum, ne détermine que des envies fréquentes, au contraire, d'uriner et d'aller à la garde-robe.

Lorsque la matrice a dépassé le détroit supérieur, elle cesse d'être soutenue et s'incline en avant, en arrière, ou sur les côtés.

« Ces inclinaisons portées à un certain degré, constituent les vices de situation que les accoucheurs nomment obliquités de la matrice. » — RICHERAND.

La compression que l'utérus exerce sur les vaisseaux du bassin est la cause aussi de la dilatation variqueuse des veines, de l'œdème, ou de l'infiltration des membres inférieurs et des parties extérieures de la génération. Les crampes et les engourdissements des membres abdominaux qui tourmentent souvent les femmes dans les dernières périodes de la grossesse ne reconnaissent, non plus, d'autre cause que la compression des nerfs pelviens et cruraux.

La respiration à une époque assez avancée de la grossesse, se trouve souvent, si ce n'est toujours, gênée par suite du refoulement de la masse intestinale et du diaphragme, par le globe utérin, surtout dans les derniers temps.

La dilatation de l'utérus, dit Richerand, n'est pas l'effet d'une simple distension de ses parois, puisque celles-ci, loin de s'amincir à mesure que le viscère croît en capacité, augmentent, au contraire d'épaisseur, par la dilatation des vaisseaux de toute espèce, et l'affluence des liquides.

---

ait grossesse; et, d'autre part, elles peuvent persister, dans quelques cas rares, surtout pendant les premiers mois quoiqu'il existe un fœtus dans l'utérus. — J. BÉCLARD, page 1125.

Toutes les parties de la matrice sont actives, et ne cèdent point aux efforts que le fœtus pourrait exercer sur elles.

« Cependant le col de ce viscère, par sa plus grande consistance, a résisté d'abord à la dilatation ; mais il finit par céder à l'effort que les fibres du fond exercent sur le contour du museau de tanche.

Les bords de cette ouverture s'amincissent, le col s'efface, l'orifice s'agrandit, et l'on sent (à travers) le fœtus plongé au milieu des eaux que contiennent ses membranes. Sur les derniers temps de la grossesse, l'économie, en général, paraît se ressentir de la déperdition des matériaux que la mère fournit à son enfant, l'état de fatigue et d'épuisement dans lequel tombent les femmes, est dû à une diminution notable dans le chiffre des globules de leur sang.

Ces explications peuvent, en grande partie, être considérées comme signes de la grossesse ; mais comme le développement de l'utérus peut avoir d'autres causes que la présence du fœtus dans cet organe, il n'y a véritablement que la présence du fœtus, bien constatée, qui en fournisse la preuve irrécusable (1).

§ **152. Accouchement.** C'est ordinairement lorsque le fœtus a acquis assez de développement pour supporter le nouvel état dans lequel il va être placé, que les lois de la nature s'exécutent à son égard, et qu'il est mis au monde.

Cet acte qui s'accomplit par l'expulsion du fœtus du sein de la mère, au moyen d'un travail particulier, constitue l'accouchement. Il n'a lieu qu'au 275me jour après le moment de la conception. Ce terme peut cependant être avancé ou reculé, mais dans certaines limites qui ne peuvent se trouver dépassées que

(1) D'autres signes cependant peuvent venir donner encore plus de certitude au diagnostic.

1° Les mouvements de l'enfant ressentis par la mère, vers trois mois et demi, à quatre mois et demi.

2° Les battements du cœur du fœtus distinctement entendus, à cette époque, à l'aide du stéthoscope appliqué sur l'abdomen de la femme. Battements du cœur du fœtus, qui sont plus fréquents que ceux de la mère, 100 à 150 pulsations par minute ; c'est-à-dire à peu près le double des pulsations maternelles.

jusqu'à un certain point. Ainsi il y a des femmes qui comptent des grossesses de dix mois; mais comme leur calcul commence, pour elles, du jour du rapprochement des sexes, et qu'il n'y a pas concordance parfaite entre ce moment et la fécondation (ainsi que nous l'avons expliqué page 659 de cet ouvrage) et qu'un intervalle de quelques jours peut exister entre eux; les jours en plus de 275 appartiennent à cet espace de temps où la conception n'avait pas encore eu lieu.

Quant aux grossesses qui n'ont pas atteint les neuf mois, elles tiennent à des causes qui sont nombreuses et variées.

Mais sans qu'il y ait influence de ces causes, pour déterminer un accouchement prématuré, il peut arriver que des grossesses n'atteignent pas le terme plus avancé de cinq ou six mois.

A sept ou huit mois l'enfant naît *viable*, mais les premiers moments de sa vie sont pénibles : il semble être encore dans cet état de repos et de tranquillité qu'il avait pendant sa vie intrà-utérine.

Il lui manque, donc, un ou deux mois, temps pendant lequel il aurait accru sa force et sa vitalité s'il fut resté tout ce temps dans le sein maternel.

Si à l'époque de sept à huit mois il a besoin de soins, de précautions infinies, que doit-il en être de l'enfant né à un terme plus rapproché ? Lorsque l'accouchement a lieu avant les deux époques que nous venons d'indiquer, c'est-à-dire avant le 210me ou 240me jour, depuis la conception, la naissance est dite prématurée, et prend le nom d'avortement.

Quelques enfants nés à six mois et demi et même à six mois, ont pu survivre ; mais ce sont des cas exceptionnels.

L'avortement peut être naturel ou avoir été provoqué, soit par des violences extérieures, soit par des manœuvres coupables.

Le fœtus peut, de même, ne quitter le sein de sa mère que tardivement ; c'est-à-dire qu'il peut y rester plus longtemps que le terme voulu, pour prendre, dans l'utérus, ce qui lui manque par suite d'un accroissement moins rapide ; et n'être expulsé que plusieurs jours, plusieurs semaines, plusieurs mois, après l'époque présumée ; et alors, dit Richerand, combien n'est-il pas difficile d'assigner un terme précis, au-delà duquel il ne soit plus permis de croire à la possibilité d'une naissance tardive. On croit avoir des exemples certains d'enfants nés plus de dix mois après l'acte de la fécondation ; et cependant les lois, qui ne peuvent être établies sur des exceptions, ne prorogent point, jusqu'à cette époque, la légitimation des enfants nés après la dissolution civile du mariage. » — RICHERAND, *Nouveaux éléments de physiologie*, page 360, du tome III.

Quoiqu'il en soit, et le plus ordinairement, il est, pour le produit de conception, une époque de maturité, c'est-à-dire un terme après lequel il peut exister (sans prolongation) séparé de sa mère, ayant acquis le degré de force nécessaire à son existence isolée, alors il s'en détache, entraînant après lui les parties qui lui servaient d'enveloppes et qui l'unissaient à l'utérus : c'est l'*accouchement*.

Quelques jours avant ce moment, la matrice semble effectuer un travail préparatoire, et se disposer à l'expulsion du fœtus. La saillie que la poche des eaux commence à former, et qui s'engage dans l'orifice de l'utérus, ce que le toucher fait reconnaître, indique déjà les préparatifs qui se font de ce côté. Les parties génitales sont alors le siège d'un afflux de liquide qui les gonfle. Alors, *probablement* (d'après Richerand), le fœtus refuse d'admettre le sang que lui apporte la veine ombilicale, le placenta s'engorge ; cette stagnation des sucs s'étend de proche en proche à la matrice et aux parties voisines.

Stimulées par leur présence, ces organes entrent en action ; la femme ressent des douleurs qui d'abord vagues, irrégulières, et semblables à des tranchées (mouches ou fausses douleurs), changent bientôt de caractère, deviennent plus vives, s'accompagnent d'un sentiment de constriction, se dirigeant de haut en bas, c'est-à-dire du fond vers le col de la matrice : ce sont les premières contractions de l'utérus.

Alors cette poche, aidée par le diaphragme et par les muscles abdominaux redouble d'efforts pour se débarrasser ; les douleurs deviennent plus vives, plus souvent répétées ; la poche des eaux s'engage en manière de coin dans l'orifice de l'utérus, dont les bords, près du col, sont prodigieusement amincis ; les efforts redoublent, les membranes se déchirent, l'eau de l'amnios s'écoule ; la tête de l'enfant s'engage à son tour et franchit l'orifice du vagin.....

Les douleurs excessives que la femme a ressenties dans ces moments, sont dues à la compression violente, par la tête de l'enfant, sur les nerfs du plexus crural : surtout, ainsi que le dit Richerand, lorsque le sacrum de la femme est trop peu concave. Et puis, il faut le dire aussi, par toute cette distension forcée qu'éprouvent tous les organes environnants, y compris, à un certain moment, l'orifice vulvaire qui est violenté à tel point, quelquefois, qu'il y a rupture, déchirure à la commissure inférieure de la vulve (fourchette).

La position qu'affecte le plus ordinairement le fœtus dans cette poche ovoïde, l'*utérus*, est que sa plus forte extrémité est en haut, et la plus petite par en bas, cette position est en rapport avec celle de la matrice elle-même, c'est-à-dire que la plus petite extrémité (du fœtus), est dirigée par en bas, le siége tourné en haut, et les membres fléchis dans leurs articulations. « Les cuisses sont appliquées contre l'abdomen, les jambes légèrement croisées et fléchies sur les cuisses, la plante du pied dirigée en haut, se trouve au même niveau que le siège.

Les membres antérieurs, également fléchis, sont appliqués contre la poitrine.....

Quelquefois, la tête est tournée par en haut, et le siège par en bas ; ou bien encore le fœtus est placé transversalement dans la cavité de l'utérus ; de manière à se présenter par le côté à l'ouverture utérine.

Ce sont là des cas rares qui appartiennent à la pathologie obstétricale et qui rendent souvent nécessaire l'intervention de l'art. »

Mais les cas les plus ordinaires sont ceux dans lesquels l'enfant se présente par la tête, l'occiput dirigé en avant et la face en arrière, puisque sur douze mille six cent trente-trois enfants nés à l'hospice de la Maternité, depuis le 10 décembre 1797, jusqu'au 31 juillet 1806, c'est-à-dire dans l'intervalle d'à peu près dix années, *douze mille cent vingt* ont offert cette position, tandis que des cinq cent soixante-treize restants, 63 sont, à la vérité, venus par la tête, mais la face tournée en avant ; et des autres, *cent quatre vingt dix-huit* se sont présentés par le siège; *cent quarante-sept* par les pieds ; *trois* par les genoux, et dans d'autres positions qui rendaient l'accouchement plus difficile. (Voyez l'*Art des accouchements*, par Baudeloque, 4e édition.)

Mentionnons aussi que l'enfant est toujours accompagné ou plutôt suivi de ses annexes ; que sa venue au monde est précédée de la rupture des membranes où il est contenu ; et de l'écoulement des eaux de l'amnios, dans lesquelles il se trouve.

Ces eaux, en s'écoulant, lubrifient les parois du vagin, et les préparent au passage de l'enfant.

Lorsque la rupture de la poche des eaux a lieu prématurément, et à l'époque où le col n'est pas suffisamment dilaté pour donner passage à l'enfant, il en peut résulter un certain retard dans l'accouchement.

Si, au contraire, la rupture est tardive, ou que la tête de l'enfant s'engage immédiatement dans l'ouverture du col, les eaux s'écoulent alors, soit après la sortie de l'enfant, soit avec l'enfant, aussitôt que la tête est passée ; la couche est dite *sèche*.

Il est très-rare qu'au moment où l'enfant apparait au dehors, toutes les parties de l'œuf l'accompagnent.

L'enfant, quoique entièrement sorti du corps de la mère, y tient encore par le cordon ; les membranes et le placenta sont encore dans l'utérus. La section du cordon et sa ligature, pratiquée à quelques centimètres de l'ombilic, les séparent définitivement.

On pourrait, à la rigueur, dit M. J. Béclard, se dispenser de cette intervention, car l'accouchement est une fonction naturelle ; et l'enfant, dont la respiration commence aussitôt qu'il est né, pourrait rester entre les cuisses de sa mère, continuer à vivre et à respirer, jusqu'au moment où les membranes et le placenta se détachent de l'utérus.

« Le cordon qui ne livre plus passage au sang se dessècherait, s'atrophierait ensuite au niveau de l'ombilic, et s'en détacherait par un travail analogue à la chute des escharres, et le fœtus se trouverait débarrassé de ses annexes. Mais la séparation artificielle du fœtus présente des avantages incontestables qui en font un précepte universellement suivi. »

Indépendamment de ce que la sortie du délivre, *membranes* et *placenta*, peut être quelquefois tardive; on soustrait, d'une autre part, l'enfant au contact des liquides qui se sont écoulés des organes de la mère pendant l'accouchement; et on peut, plus commodément, le préserver du froid auquel il est extrêmement sensible.

Après la section du cordon, lorsque la sortie des membranes se fait trop attendre, une demi-heure, une heure au plus; car le délivre, devenu inutile, se détache de lui-même souvent avant ce temps, il devient nécessaire de procéder à son extraction. L'on hâte sa sortie par des tractions modérées sur la portion du cordon restée au dehors des organes maternels.

Cette manœuvre doit être faite avec beaucoup de ménagements, afin de ne pas occasionner d'hémorrhagie, de rupture du cordon ou de renversement de la matrice.

Il ne faut pas non plus trop tarder de procéder à cette extraction, car la matrice délivrée de son produit revient assez promptement sur elle-même; et le col, en éprouvant également ce retrait, ne permettrait plus au placenta, qui est quelquefois volumineux, de passer par son ouverture qui tend à diminuer de largeur; des portions de membranes et même du placenta, pourraient bien rester au passage.

La matrice en diminuant de volume et en revenant sur elle-même, exprime une certaine quantité de sang.

Cet écoulement se continue encore pendant quelques jours; d'autant plus abondant que le système sanguin est plus développé chez l'accouchée; et parce que aussi le décollement du placenta entraîne avec lui des lambeaux de la caduque *utéro-placentaire*, et que ce décollement n'a pu se faire sans déchirure de quelques vaisseaux qui rampent à la surface ou qu'elle contient dans son épaisseur.

Quelquefois aussi ou même presque toujours, il se forme des caillots dans la cavité de l'utérus qui occasionnent, par leur expulsion, des douleurs assez vives.

Enfin, cet écoulement diminue d'abondance, il cesse progressivement, et une mucosité rousseâtre lui succède au bout de quelques jours. Alors, lorsque la fièvre de lait est terminée, il ne sort plus des parties génitales qu'un liquide albumineux légèrement coloré.

Cet écoulement est désigné sous le nom de lochies et dure de 15 à 20 jours plus ou moins.

Mais ce n'est qu'au bout de six semaines ou deux mois que l'utérus a repris ses dimensions premières ; et ce n'est guère qu'à cette époque que l'écoulement menstruel reparait.

§ **153. Lactation.** Le lait est la première nourriture de l'enfant; et, comme nous l'avons dit précédemment, c'est en allaitant son enfant que la mère entretient encore les rapports de son fruit avec elle.

Cette nouvelle existence pour le nourrisson a lieu pendant une période de quinze à vingt mois, après lesquels les organes digestifs de l'enfant lui permettent de prendre une nourriture plus solide : les quelques dents dont il est alors pourvu lui donneront les moyens de diviser les aliments en les imprégnant de sa salive.

Les mamelles, organes sécréteurs du lait, sont constituées essentiellement par des glandes dites glandes en grappes, et qui sont formées par la réunion de vésicules terminées par de petits conduits qui se réunissent et forment de petits canaux.

Les seins, chez les femmes, diffèrent sous le rapport de la forme et sous celui du volume ; ce qui ne tient pas toujours au développement de la glande, ni à la quantité de lait dont les canaux peuvent être remplis ; les mamelles sont formées par un tissu cellulaire infiltré de tissu adipeux qui prend souvent un grand développement ; c'est pour cette raison que les mamelles volumineuses ne sont pas toujours le signe d'un grand développement de la partie *glandulaire*.

Il n'est pas rare de voir des nourrices fournir beaucoup de lait avec des seins qui ne présentent pas beaucoup d'apparence.

Et le contraire peut avoir lieu, c'est-à dire qu'avec un sein bien développé et fourni en tissu cellulaire, la glande ne donne que peu de lait. Il y a même une troisième catégorie qui fait que des femmes, tout en réunissant les conditions pour allaiter, ne peuvent cependant élever ni leur enfant ni celui des autres sans les rendre malades. On pense que cela tient à ce que le lait de ces femmes contient certains principes dans des proportions exagérées et souvent c'est celle du beurre qui est augmentée (corps gras).

Les éléments vésiculeux ou glanduleux de la mamelle sont parcourus par des vaisseaux dont le développement augmente pendant la gestation (1). Ils sont réunis entre eux par un tissu cellulaire infiltré de tissu adipeux qui peut donner un grand développement aux seins sans qu'ils soient pour cela le signe d'un grand développement de la partie glandulaire, ni d'une grande abondance de lait.

Il y a, dit M. J. Béclard, page 1130, quelque chose de particulier dans la disposition des canaux excréteurs de la glande mammaire. Ces canaux avant d'atteindre l'aréole du mamelon, vers lequel ils convergent, offrent des dilatations nombreuses qui constituent des réservoirs multiples dans lesquels s'accumule le lait sécrété pendant les intervalles de l'excrétion.

Les canaux qui traversent l'épaisseur du mamelon, à la surface duquel ils s'ouvrent par de petits pertuis, sont beaucoup plus fins que ceux qui servent à contenir le lait mis en réserve. Ces derniers renferment dans leurs parois (comme celles de tous les canaux excréteurs des glandes), des fibres musculaires lisses, qui représentent des sortes de sphincters qui s'opposent à l'écoulement continuel du lait.

Le lait a été longtemps regardé comme très-analogue au chyle, dont il a la saveur, l'odeur et la blancheur.

Ce qui pendant longtemps avait fait croire que les vaisseaux lymphatiques après s'être ramifiés dans les glandes voisines et principalement dans celles qui remplissent le creux de l'aisselle, venaient se rendre aux mamelles, où, dit Richerand, un grand nombre de vaisseaux lymphatiques se rencontrent, et dont la proportion comparée à celles des vaisseaux sanguins est comme 8 à 1 :

« Ces canaux, ajoute encore ce physiologiste, entrent dans la

---

(1) Mais les mamelles ne sont jamais plus gonflées qu'après l'*accouchement*.

composition des mamelles et augmentent beaucoup de calibre chez les femmes qui allaitent. » — Voyez RICHERAND, tome III, page 375 de la 10e édition.

Ce n'est du reste, pour cet auteur, qu'une hypothèse, appuyée il est vrai d'une certaine probabilité, dit-il, mais qui lui fait donner plus de vraisemblance à l'opinion généralement admise, et, suivant laquelle le lait, comme toutes les humeurs sécrétées, à l'exception de la bile, provient du sang apporté par les artères.

« Le passage des injections des artères dans les conduits lactifères et réciproquement de ceux-ci dans les vaisseaux artériels; le sang pur que fournit une mamelle quand le nourrisson l'épuise par une succion trop prolongée, ne permettent pas de douter de la véritable source du fluide sécrété par les mamelles. » — RICHERAND, p. 377, t. III, 10e édition.

En effet, c'est aux dépens du sang que les mamelles sécrètent le lait, comme toutes les autres glandes sécrètent le produit de leur sécrétion, avec cette différence que la sécrétion laiteuse est subordonnée à l'état de gestation, surtout sur la fin et après l'accouchement; qu'elle est périodique, et sous l'influence d'une action extérieure, *succion*, *pression*, de la part de l'enfant. Les autres sécrétions se font d'elles-mêmes, et sont sous la seule influence des contractions de leurs réservoirs ou de leurs canaux d'excrétion.

Cependant le sein gonflé par le lait (et les réservoirs étant remplis de ce liquide) s'en débarrasse par la seule contraction des canaux, et alors le trop plein s'écoule au dehors.

On a vu de jeunes filles, n'ayant jamais conçu, avoir cependant du lait dans les seins à pouvoir allaiter. La sécrétion du lait s'est même rencontrée, parfois, chez l'homme. — Voyez la note de J. BÉCLARD de la page 1131.

Du moment que la femme nourrit, et tant que la sécrétion du lait s'accomplit, les règles sont généralement suspendues chez la femme, et ne reparaissent que quand l'allaitement est terminé.

Ceci est vrai dans la majorité des cas, mais il n'est pas rare, cependant, de voir des nourrices conserver leurs règles pendant tout le temps de l'allaitement, et d'en constater l'apparition régulière tous les mois, sans que le nourrisson en souffre dans sa santé, et par conséquent dans son développement.

L'écoulement du lait est entretenu et même déterminé par la succion que le nouveau-né exerce sur le mamelon de sa mère ou de sa nourrice.

Le lait cesse de s'y diriger lorsque, par un motif ou par un autre, l'enfant est confié aux soins d'une autre nourrice.

Ces changements de lait ne sont pas sans inconvénients, car le lait contient des principes qui sont variables, dans leur quantité et leur qualité, selon les nourrices et selon l'époque plus ou moins éloignée où la sécrétion du lait a commencé à se faire chez une femme.

C'est dans le lait qu'on retrouve la nature et la composition de certains aliments et de quelques médicaments. Il acquiert les qualités purgatives lorsque l'on administre à une nourrice les préparations de ce genre, dans l'intention de remédier à un état de maladie chez un enfant, et de le rendre à la santé. Aussi Richerand dit que le lait acquiert des qualités purgatives et agit de cette manière sur les intestins du nourrisson, quand on a purgé la femme qui allaite ; et il ajoute que le lait est avec le chyle la liqueur animale la plus douce, celle que l'action organique a le moins dénaturée, et qui conserve le plus les qualités tranchantes des aliments qu'a pris la nourrice. Sa qualité est en général relative à celle des aliments et sa quantité aussi ; sa qualité nutritive tient à leur nature à la fois humide et farineuse. — RICHERAND, p. 378 de sa *Physiologie*, t. III, 10e édition.

Le lait est constitué par un véhicule liquide tenant en suspension des parties solides, ou globules du lait. Dans la partie liquide on trouve de l'eau, des sels, le caseum à l'état de dissolution, et le sucre de lait.

Au bout de quelques jours, cette dernière substance, *sucre de lait*, se transforme spontanément en un principe acide, *acide lactique*, lequel détermine la *coagulation du caseum* et la séparation du petit lait.

L'analyse du lait a été souvent pratiquée. Voici celles de MM. Lehmann, Regnault, et de MM. Vernois et Becquerel. Elles ne diffèrent, ces analyses, que par quelques variantes :

EAU	CASEUM ET SELS INSOLUBLES	BEURRE	SUCRE DE LAIT ET SELS SOLUBLES
89,8	3,5	2,0	4,7
88,6	3,9	2,6	4,9
89,9	3,9	2,7	4,5

Les principes volatils de quelques végétaux passent dans le lait et lui communiquent leur odeur. Des substances salines variées passent dans le lait, et on les retrouve aussi bien que dans les divers produits de la sécrétion urinaire (1).

Comparé au lait de vache, de chèvre ou d'ânesse, celui de femme semble plus léger dans sa composition pour les mêmes principes, excepté celui d'ânesse, qui est vraiment plus léger.

Dans les premiers jours de l'allaitement, le lait que prend l'enfant n'a pas les caractères physiques ni les caractères chimiques qu'il présentera plus tard. Ce lait, désigné sous le nom de *colostrum*, offre un aspect jaunâtre, il est peu nourrissant, et il agit sur l'enfant comme un léger purgatif qui concourt à l'expulsion du méconium; il ne passe au degré de lait parfait qu'au bout du premier mois.

Les parties solides, caseum et beurre, augmentent pendant les trois ou quatre premiers mois. Du dixième ou du quatorzième mois au vingt-quatrième, les matériaux solides commencent à diminuer, mais alors l'enfant peut faire usage d'aliments, que ses dents lui permettent de diviser, et ses organes digestifs, devenus plus forts, de digérer.

---

(1) On a conseillé, d'après cela, de faire prendre à la nourrice certaines substances médicamenteuses, qu'on veut faire parvenir dans les voies digestives du nouveau-né. — Voyez J. Béclard, p. 1135.

TABLE DES MATIÈRES

CONTENUES DANS CET OUVRAGE

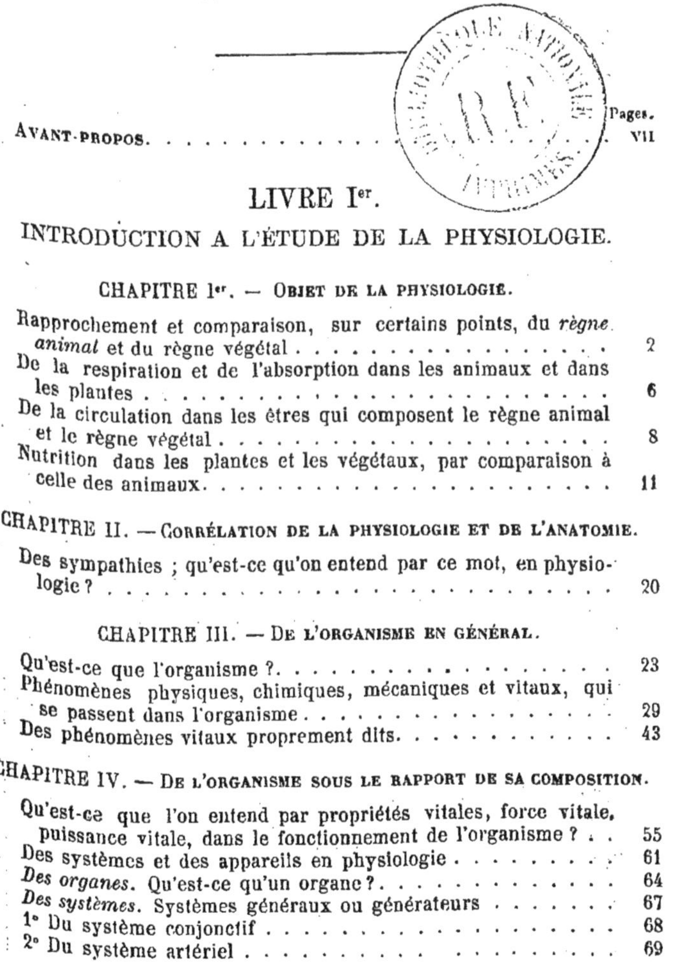

LIVRE Ier.

INTRODUCTION A L'ÉTUDE DE LA PHYSIOLOGIE.

CHAPITRE V. — HISTOLOGIE.

CHAPITRE VI. — TISSUS SIMPLES DE L'ÉCONOMIE ANIMALE OU DE L'ORGANISME HUMAIN.

CHAPITRE VII. — DES DIFFÉRENTS SYSTÈMES QUI ENTRENT DANS LA COMPOSITION DE L'ORGANISME HUMAIN.

LIVRE II.

FONCTIONS DE NUTRITION.

CHAPITRE Ier. — Des fonctions en général et de la digestion.

CHAPITRE II. — Absorption.

CHAPITRE III. — CIRCULATION GÉNÉRALE.

CHAPITRE IV. — RESPIRATION.

CHAPITRE V. — CHALEUR ANIMALE.

CHAPITRE VI. — NUTRITION PROPREMENT DITE.

Pages.

CHAPITRE VII. — SÉCRÉTIONS.

LIVRE III.

FONCTIONS DE RELATION.

CHAPITRE Ier. — MOUVEMENTS.

CHAPITRE II. — VOIX ET PAROLE.

CHAPITRE III. — SENS DE LA VUE.

CHAPITRE IV. — SENS DE L'OUIE.

CHAPITRE V. — SENS DE L'ODORAT.

CHAPITRE VI. — SENS DU GOUT.

CHAPITRE VII. — SENS DU TOUCHER.

CHAPITRE VIII. — FONCTIONS DU SYSTÈME NERVEUX.

LIVRE IV.

FONCTIONS DE REPRODUCTION.

CHAPITRE Ier. — Ovulation et menstruation.

CHAPITRE II. — Du sperme.

CHAPITRE III. — De la copulation, accouplement ou coït.

CHAPITRE IV. — Fécondation.

CHAPITRE V. — Développement de l'œuf.

Alger. — (Maison Bastide). Typ. A. JOURDAN.

ERRATA

PAGE	LIGNE	AU LIEU DE :	LISEZ :
1	2	acceptation	acception
14	9	excrémentiels	excrémentitiels
46	1	présentent	présentant
78	3	fonctions de la relation	fonctions de relation
104	10	Le cytoblaste et le noyau	Le cytoblaste est le noyau
143	28	*vésicules*	*veinules*
211	31	Stenoz	Stenon
242	33	des corps	des corps gras
281	5	anastomiques	anastomotiques
445	23	y a introduit	y a introduits
447	5	par un trou	par un tronc
457	32	des écrétions	de sécrétions
528	8	anguis	unguis
531	7	acqueuse	aqueuse
561	1	non-seulement	particulièrement
582	21	vavole	varole
663	4	à travers les	au travers des
677	31	au travers de la	à travers la
698	35	la disposition	la disparition

NOTA. N'ayant pas de caractères grecs, l'imprimeur les a remplacés à peu près par des lettres italiques.

NOUVEL ABRÉGÉ

DES

ÉLÉMENTS DE PHYSIOLOGIE

PAR

Toussaint MARTIN

DOCTEUR EN MÉDECINE

CHEVALIER DE LA LÉGION-D'HONNEUR, MÉDECIN DE L'HOPITAL CIVIL D'ALGER,
CHIRURGIEN-MAJOR DE PREMIÈRE CLASSE EN RETRAITE, MÉDAILLÉ DE Ste-HÉLÈNE,
MÉDAILLÉ DE LA VILLE DE PARIS, POUR LE CHOLÉRA, EN 1832,
MEMBRE DE PLUSIEURS SOCIÉTÉS SAVANTES.

ALGER
(MAISON BASTIDE, FONDÉE EN 1833)
A. JOURDAN, LIBRAIRE-ÉDITEUR
4, PLACE DU GOUVERNEMENT, 4.

1872

www.ingramcontent.com/pod-product-compliance
Ingram Content Group UK Ltd.
Pitfield, Milton Keynes, MK11 3LW, UK
UKHW020126220726
13923UKWH00001B/13